中国国家标准汇编

2008年修订-86

中国标准出版社　编

中国标准出版社
北京

图书在版编目（CIP）数据

中国国家标准汇编：2008年修订．86/中国标准出版社编．—北京：中国标准出版社，2009

ISBN 978-7-5066-5588-0

Ⅰ．中…　Ⅱ．中…　Ⅲ．国家标准-汇编-中国-2008

Ⅳ．T-652.1

中国版本图书馆CIP数据核字（2009）第203967号

中国标准出版社出版发行
北京复兴门外三里河北街16号
邮政编码：100045
网址 www.spc.net.cn
电话：68523946　68517548
中国标准出版社秦皇岛印刷厂印刷
各地新华书店经销

*

开本 880×1230　1/16　印张 37　字数 1 090 千字
2009年12月第一版　2009年12月第一次印刷

*

定价 200.00 元

ISBN 978-7-5066-5588-0

出 版 说 明

1.《中国国家标准汇编》是一部大型综合性国家标准全集。自1983年起，按国家标准顺序号以精装本、平装本两种装帧形式陆续分册汇编出版。它在一定程度上反映了我国建国以来标准化事业发展的基本情况和主要成就，是各级标准化管理机构，工矿企事业单位，农林牧副渔系统，科研、设计、教学等部门必不可少的工具书。

2.《中国国家标准汇编》收入我国每年正式发布的全部国家标准，分为"制定"卷和"修订"卷两种编辑版本。

"制定"卷收入上年度我国发布的、新制定的国家标准，顺延前年度标准编号分成若干分册，封面和书脊上注明"20××年制定"字样及分册号，分册号一直连续。各分册中的标准是按照标准编号顺序连续排列的，如有标准顺序号缺号的，除特殊情况注明外，暂为空号。

"修订"卷收入上年度我国发布的、被修订的国家标准，视篇幅分设若干分册，但与"制定"卷分册号无关联，仅在封面和书脊上注明"20××年修订-1，-2，-3，……"字样。"修订"卷各分册中的标准，仍按标准编号顺序排列（但不连续）；如有遗漏的，均在当年最后一分册中补齐。需提请读者注意的是，个别非顺延前年度标准编号的新制定的国家标准没有收入在"制定"卷中，而是收入在"修订"卷中。

读者配套购买《中国国家标准汇编》"制定"卷和"修订"卷则可收齐上一年度我国制定和修订的全部国家标准。

3. 由于读者需求的变化，自1996年起，《中国国家标准汇编》仅出版精装本。

4. 2008年制修订国家标准共5946项。本分册为"2008年修订-86"，收入新制修订的国家标准41项。

中国标准出版社

2009年10月

目　　录

ICS 25.040.99
N 18

中华人民共和国国家标准

GB/T 15969.2—2008/IEC 61131-2:2007
代替 GB/T 15969.2—1995

可编程序控制器 第2部分:设备要求和测试

Programmable controllers—Part 2:Equipment requirements and tests

(IEC 61131-2:2007,IDT)

2008-06-30 发布 2009-01-01 实施

中华人民共和国国家质量监督检验检疫总局
中国国家标准化管理委员会 发布

前　言

GB/T 15969《可编程序控制器》分为 8 个部分：

——第 1 部分：通用信息；

——第 2 部分：设备要求和测试；

——第 3 部分：编程语言；

——第 4 部分：用户导则；

——第 5 部分：通信；

——第 6 部分(待定)；

——第 7 部分：模糊控制编程；

——第 8 部分：编程语言的应用和实现导则。

本部分为 GB/T 15969 的第 2 部分。

本部分等同采用 IEC 61131-2:2007《可编程序控制器　第 2 部分：设备要求和测试》(英文版)。

本部分代替 GB/T 15969.2—1995。

本部分相对以前的版本作了如下方面的重大技术改进：

a)　将直流电源端口要求方面的内容从第 8 章调至第 5 章。

b)　对第 6 章中的以下试验作了修改：

- 电压范围试验；
- 电源电压快速变化试验；
- 电源电压平缓变化试验；
- 平缓停机/启动试验。

c)　对第 8 章中的 EMC 要求作了修改：

- 表 33 中对射频干扰的要求(B 区装置)，从 3V 改为 10V；
- 参考最近版本的 EMC 基本标准；
- 参考通用标准 GB/T 17799.X；
- 电缆长度符合通用标准。

d)　对第 9 章中的以下试验作了修改：

- 电压跌落和中断——电源端口型式试验和验证。

e)　第 11 章中的新内容：

- 装置类型和保护；
- 开放式 PLC 系统装置；
- 封闭式 PLC 系统装置：
  - ——Ⅰ类装置；
  - ——Ⅱ类装置；
  - ——Ⅲ类装置。
- 防电击保护；
- 不产生触电危险的二次电路的定义：
  - ——2 类电路；
  - ——限压/限流电路；
  - ——电压小于/等于交流 30 V 或峰值 42.4 V 的限能电路；

——限阻抗电路。

- 在限定电源电路内防止火焰蔓延的保护；
- 封闭式装置的保护接地要求；
- 各章节中的细微修改；
- 仅用于验证电气间隙的脉冲试验。

本部分的附录A、附录B、附录D、附录E为资料性附录，附录C为规范性附录。

本部分由中国机械工业联合会提出。

本部分由全国工业过程测量和控制标准化技术委员会可编程序控制器及系统分技术委员会(SAC/TC 124/SC 5)归口。

本部分负责起草单位：中国机电一体化技术应用协会。

本部分主要起草人：刘云男、陈思亮、张萌、杨昌焜、李百煌。

本部分所代替标准的历次版本发布情况为：

——GB/T 15969.2—1995。

引　言

GB/T 15969 的本部分是可编程序控制器(PLC)及其外围设备的系列标准的第 2 部分，因此阅读本部分时应结合该系列标准的其他部分。

在可编程序控制器及其相关外围设备领域内，在本部分与其他 IEC 标准（基本安全性标准除外）发生冲突处，应以本部分中的条款作为指导。

除非满足本部分 7.2 中的要求，否则不能声称符合本部分。

服务和环境要求在第 4 章中规定；基本要求在第 5 章中规定；电磁兼容性要求在第 8 章中规定；安全性要求在第 11 章中规定。

在 GB/T 15969 的第 1 部分中定义了通用术语。专用术语分别在各个部分中定义。

可编程序控制器 第2部分:设备要求和测试

1 概论

1.1 范围和目的

GB/T 15969 的本部分规定了可编程序控制器(PLC)及其相关外围设备(例如,编程和调试工具(PADT),人机界面(HMI)等)的要求和相关试验,它们具有(按其预期使用)机械、工业过程的控制和命令。

PLC 及其相关外围设备是用于工业环境的,它们可作为开放式装置或封闭式装置来提供。如果要将 PLC 或其相关外围设备用于其他环境(例如轻工业,商业,住宅等),则还必须对 PLC 及其相关外围设备采用适用于这类其他环境的特殊要求、标准及安装准则。

本部分还适用于执行可编程序控制器(PLC)和/或其相关外围设备功能的任何产品。

本部分覆盖的装置适用于过电压类型Ⅱ(GB/T 16935.1—1997)的低电压设施,其额定电网供电电压不超过交流 1 000 V(均方根值)(50/60 Hz)或直流 1 500 V(如果将可编程序控制器(PLC)及其相关外围设备用于过电压类型Ⅲ的设施,则还需要附加的分析,以判定该装置对这些应用的适合性)。

本部分不涉及整个自动化系统的功能安全或其他方面。可编程序控制器(PLC)及其应用程序,以及其相关外围设备都被作为一个控制系统的组成部件来考虑。

由于 PLC 是部件设备,因此整体自动化系统(包括安装和应用)的安全性考虑不属本部分的范畴。关于电气安装和导则,可参阅 GB 16895 或可采用的国家/地区规范。

但本部分陈述了有关 PLC 系统操作的抗电击和防火灾、抗电干扰和差错检测的 PLC 安全性(例如,使用奇偶校验,自测试诊断等)。

本部分的目的在于:

a) 建立定义,鉴别与选择、应用 PLC 及其相关外围设备有关的主要特点;

b) 规定对 PLC 及其相关外围设备可应用的功能特性、电气特性、机械特性、环境和结构特性、工作条件、安全性、EMC、用户编程和测试方面的最低要求。

本部分还规定了:

a) 对 PLC 及其相关外围设备的服务、存储和传输要求(第 4 章);

b) 对 PLC 及其相关外围设备的功能要求(第 5 章);

c) 对 PLC 及其相关外围设备的 EMC 要求(第 8 章);

d) 对 PLC 及其相关外围设备的安全性要求(第 11 章);

e) 制造厂应提供的信息(第 7 章、第 10 章和第 14 章);

f) 对 PLC 及其相关外围设备符合性验证所使用的测试方法和步骤的要求(第 6 章、第 9 章和第 12 章);

g) 对 PLC 及其相关外围设备的安全性常规试验(第 13 章)。

这些试验是型式试验或生产常规试验,而不是与采用 PLC 系统的方式有关的试验。

1.2 与本部分的符合性

在没有资质证明的情况下指明与本部分的符合性时,必须验证与本部分中所有章节的符合性,包括本部分中所要求的所有试验和验证。此外,如果不要求型式试验,或者如果由于实际原因而使试验条件受到限制,则应坚持执行本部分中所阐明的制造厂的义务。

当指明与本部分中某些部分的符合性时,则只需针对它所声明的某些条款的符合性进行验证。上述制造厂的义务仍然适用。关于符合性方面,本部分在其相关章节中(如第5章,第8章,或第11章)予以陈述。

为便于特定符合性评估要求的实施,现提供了与本部分中某个部分的符合性(例如,第8章、第9章和第10章是对EU电磁兼容性规范的符合性要求;第11章、第12章、第13章和第14章是对EU低电压规范的符合性要求)。

对结构要求及制造厂所提供的信息要求的符合性,应通过合适的检查、外观检查和/或测量进行验证。

对于不按相关试验及验证章节中的要求进行试验的所有要求,应按制造厂与用户协商而制定的规程进行验证。

制造厂应根据其声明的陈述内容,提供符合本部分的所有章节或部分章节中规定的所有要求的符合性验证资料信息。

制造厂的责任是,保证他所发运的PLC及其相关外围设备与已根据本部分进行型式试验的样机等同。因此,它们符合本部分的所有要求。

对于重大修改,应通过采用合适的版本等级注脚和标记予以指示(见5.11和11.15),而且这些修改也应符合本部分。

注:为了确认符合性,可能需要一个新的型式试验。

在允许制造厂在若干个选项中进行选择的情况下,制造厂应在产品手册和/或数据单中明确规定PLC系统设备的哪些部分符合这些选项。这适用于电压跌落的严酷等级(即PS1或PS2)和数字输入的类型(即类型1或类型3)。

1.3 规范性引用文件

下列文件中的条款通过GB/T 15969的本部分的引用而成为本部分的条款。凡是注日期的引用文件,其随后所有的修改单(不包括勘误的内容)或修订版均不适用于本部分,然而,鼓励根据本部分达成协议的各方研究是否可使用这些文件的最新版本。凡是不注日期的引用文件,其最新版本适用本部分。

GB/T 2423.2—2001 电工电子产品环境试验 第2部分:试验方法 试验B:高温(idt IEC 60068-2-2:1974)

GB/T 2423.4—2008 电工电子产品环境试验 第2部分:试验方法 试验Db 交变湿热(12 h+12 h循环)(IEC 60068-2-30:2005,IDT)

GB/T 2423.5—1995 电工电子产品环境试验 第2部分:试验方法 试验Ea和导则:冲击(idt IEC 60068-2-27:1987)

GB/T 2423.7—1995 电工电子产品环境试验 第2部分:试验方法 试验Ec和导则:倾跌与翻倒(主要用于设备型样品)(idt IEC 60068-2-31:1982)

GB/T 2423.8—1995 电工电子产品环境试验 第2部分:试验方法 试验Ed:自由跌落(idt IEC 60068-2-32:1990)

GB/T 2423.10—2008 电工电子产品环境试验 第2部分:试验方法 试验Fc:振动(正弦)(IEC 60068-2-6:1995,IDT)

GB/T 2423.22—2002 电工电子产品环境试验 第2部分:试验方法 试验N:温度变化(IEC 60068-2-14:1984,IDT)

GB 4208—2008 外壳防护等级(IP代码)(IEC 60529:2001,IDT)

GB 4793.1—2007 测量、控制和实验室用电气设备的安全要求 第1部分:通用要求(idt IEC 61010-1:2001,IDT)

GB/T 5169.11—2006 电工电子产品着火危险试验 第11部分:灼热丝/热丝基本试验方法 成品的灼热丝可燃性试验方法(IEC 60695-2-11:2000,IDT)

GB/T 5169.16—2002 电工电子产品着火危险试验 第16部分:50 W水平与垂直火焰试验方法

(IEC 60695-11-10:1999,IDT)

GB/T 5465.2—2008　电气设备用图形符号　第2部分:图形符号(IEC 60417:2007,IDT)

GB/T 6113.102—2008　无线电骚扰和抗扰度测量设备和测量方法规范　第1-2部分:无线电骚扰和抗扰度测量设备　辅助设备　传导骚扰(CISPR 16-1-2:2006,IDT)

GB/T 6113.104—2008　无线电骚扰和抗扰度测量设备和测量方法规范　第1-4部分:无线电骚扰和抗扰度测量设备　辅助设备　辐射骚扰(CISPR 16-1-4:2005,IDT)

GB 14048.5—2008　低压开关设备和控制设备　第5-1部分:控制电路电器和开关元件　机电式控制电路电器(IEC 60947-5-1:2003,MOD)

GB/T 14048.7—2006　低压开关设备和控制设备　第7-1部分:辅助器件　铜导体的接线端子排(IEC 60947-7-1:2002,MOD)

GB/T 15969.1—2007　可编程序控制器　第1部分:通用信息(IEC 61131-1:2003,IDT)

GB/T 15969.3—2005　可编程序控制器　第3部分:编程语言(IEC 61131-3:2002,IDT)

GB/T 15969.4—2007　可编程序控制器　第4部分:用户导则(IEC 61131-4:2004,IDT)

GB/T 16895.1—2008　低压电气装置　第1部分:基本原则、一般特性评估和定义(idt IEC 60364-1:2005)

GB/T 16935.1—1997　低压系统内设备的绝缘配合　第1部分:原理、要求和试验(idt IEC 60664-1:1992)

GB/T 16935.3—2005　低压系统内设备的绝缘配合　第3部分:利用涂层、罐封和模压进行防污保护(idt IEC 60664-3:2003,IDT)

GB/T 17626.2—2006　电磁兼容　试验和测量技术　静电放电抗扰度试验(IEC 61000-4-2:2001,IDT)

GB/T 17626.4—2008　电磁兼容　试验和测量技术　电快速瞬变脉冲群抗扰度试验(IEC 61000-4-4:2004,IDT)

GB/T 17626.5—2008　电磁兼容　试验和测量技术　浪涌(冲击)抗扰度试验(IEC 61000-4-5:2005,IDT)

GB/T 17626.6—2008　电磁兼容　试验和测量技术　射频场感应的传导骚扰抗扰度(IEC 61000-4-6:2006,IDT)

GB/T 17626.8—2006　电磁兼容　试验和测量技术　工频磁场抗扰度试验(IEC 61000-4-8:2001,IDT)

GB/T 17626.11—2008　电磁兼容　试验和测量技术　电压暂降、短时中断和电压变化的抗扰度试验(IEC 61000-4-11:2004,IDT)

GB/T 17626.29—2006　电磁兼容　试验和测量技术　直流电源输入端口电压暂降、短时中断和电压变化的抗扰度试验(IEC 61000-4-29:2000,IDT)

IEC 60060-1:1992　高电压试验技术　第一部分:一般试验要求

IEC 60068-2-1:2007　电工电子产品环境试验　第2部分:试验方法　试验A:低温

IEC 60364-4-41:2005　建筑物电气装置　第4-41部分:安全防护　电击防护

IEC 60947-5-2:2004　低压开关设备和控制设备　控制电路电器和开关元件　第2部分:接近开关

IEC 60950-1:2001　信息技术设备的安全　第1部分:通用要求

IEC 61000-4-3:2006　电磁兼容　试验和测量技术　射频电磁场辐射抗扰度试验

IEC 61000-4-18:2006　电磁兼容性　测试和测量技术　衰减振荡波抗扰度试验

IEC 61000-6-1:2005　电磁兼容　通用标准　居住、商业和轻工业环境中的抗扰度试验

IEC 61000-6-2:2005　电磁兼容　通用标准　工业环境中的抗扰度试验

IEC 61000-6-4:2006 电磁兼容 通用标准 工业环境中的发射标准

CISPR 14-1:2005 电磁兼容 家用电器、电动工具和类似器具的要求 第1部分:发射

CISPR 16-2-1:2005 无线电骚扰和抗扰度测量设备和测量方法规范 第2-1部分:无线电骚扰和抗扰度测量方法 传导骚扰测量

CISPR 16-2-3:2006 无线电骚扰和抗扰度测量设备和测量方法规范 第2-3部分:无线电骚扰和抗扰度测量方法 辐射骚扰测量

2 型式试验

本章的目的是规定如何验证PLC及其相关外围设备对本部分中前面部分所提出要求的符合性。这种符合性验证包括:

a) 通过第6章,第9章和第12章中给出的型式试验进行验证;

b) 通过合适的检查、外观检查和/或测量进行验证。

这些试验是质量鉴定试验,与PLC使用方法无关。根据本部分的适用范围,上述符合性验证可以不涉及PLC系统为满足预期自动化系统要求所具备的能力的验证。本部分没有涉及的特殊测试(在需要场合)应由制造厂和用户协商。

此外,在第13章中规定了常规试验。

注:在与PLC系统的相同环境下使用的外围设备,必须满足与PLC系统所应满足的相同要求。

2.1 被测设备(EUT)

PLC系统的范围从单机产品至模块化设计,这就导致了品种繁多的用户构建的实际PLC系统配置。由于显而易见的实际原因,在多数情况下,不可能在等同于用户构建的PLC系统的EUT上进行型式试验,而且必需进行工程评估。因此,要求制造厂定义EUT并编制相应的试验计划和试验程序,以满足以下原则。

试验/EUT/试验程序的组合应该是这样的,可以理性地认为由用户根据制造厂规定和安装指南而构建的任何配置都将令人满意地通过相同的试验,并且它们在常规操作中能正常地工作,而上述这些方面也正是希望通过这些试验能够得到验证的。

除非本部分中另有规定,制造厂应选用各种EUT以达到特定型式试验的目的。

如果代表一个基本PLC或一个远程I/Os (RIOS) 的EUT是模块化结构,那么它应满足以下最低要求。

应在一个或几个EUT配置中表达所有类型的模块,在配置中允许模块的任意组合。

应在这些EUT中配置所有类型的模块,并应对这些模块至少试验一次。

注:对于数量大的I/O而言(例如大于100个),适宜考虑基于样品的满意准则。

如果在单个EUT中包含太多的产品系列,那么制造厂应定义如下若干个EUT:

a) 对很相似的模块系列(即采用同一原理和基本构造的模块,其主要差别是(例如)输入和输出的个数不同)的型式试验,制造厂可以选择包括在基本PLC系统之内的该系列中的任一模块进行试验。如果型式试验与这些模块之间的差别有关,则不得使用单一系列的模块。

b) 应选取合适的产品,如电源单元、应用存储器、处理单元等来构成相关EUT(s)。

c) 如果本地总线扩展属于PLC系统的一部分,而且如果其最大电缆长度不大于3 m,则应考虑它是一个内部PLC总线。这样,不应将它视为试验的一个端口。

d) 如果本地总线扩展属于PLC系统的一部分,而且它能够驱动的电缆长度大于3 m,那么只有该链接的一个终端才属于EUT的组成部分,而且应将它视为一个通信端口。

在发布PLC系统产品目录(已通过本部分规定的试验)之后推出新单元/模块时,可规定比原先所使用的试验配置更简单的EUT。但只有在这类EUT和制造厂所提供的相关测试程序承诺正确验证的情况下才允许这样做,如同这些新单元/模块已经在原先试验的EUT内进行过试验一样。

除非本部分另有规定，制造厂可以选择的型式试验是，或者在一个新的 EUT 上完成每个型式试验，或者在同一 EUT 上连续地完成若干型式试验。

某些试验可容易地针对单一项目完成，其他一些试验更适用于组态在一起的一组项目。需试验的装置必须反映这种需要。关于 EUT 的建议，请参阅特定试验的相关章节。

2.2 抗扰性和 EMC 试验的特殊装置

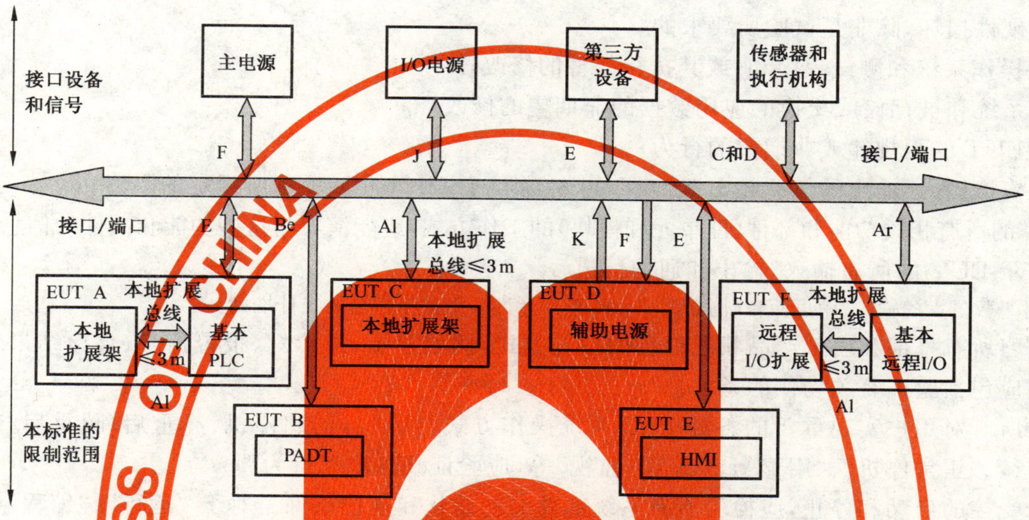

所示接口/端口用以表示主要/示例的链接，而不是所有的链接。

在试验期间，多数 EUT 将有多个接口/端口处于活动状态。

图 1 EUT 的配置

PLC 系统的每个子部分(如图 2 所示)构成图 1 中所表示的 EUT，如 EUT A，EUT B，EUT C，EUT D，EUT E 和/或 EUT F。为了运用每个 EUT 的不同端口，制造厂可定义子系统，并依次试验这些不同的 EUT。

在任何时候只有一个子系统处于被测试状态，其他子系统被视为辅助装置。

例如，为了在 EUT A 上完成特定的测试，可接入其他 EUT 的装置，但它们不处于测试台中。

例如，为了检查 PLC 系统的抗电干扰，制造厂可以在以下可采纳的方式中进行选择：

a) 构建一个包括 PADT/TE/RIOS 在内的单一全局 EUT，并检查整个配置；

b) 定义一套较简单的 EUT(例如，没有任何 PADT/TE/RIOS 的 PLC 系统，以及单个 PADT、单个 RIOS、单个 PADT、单个 TE；或者由它们中的某些部分组合而成的任何其他组合)，但通过测试台(测试该 EUT 所必需的实验室装置)的某个装置部件相应地运用每个 EUT 的合适端口充当实际不存在的 PADT/TE/RIOS。出于实际原因，制造厂可以选用实际的 PADTs/TEs/RIOS 作为 EUT 端口。

EUT 的每种类型 I/O 端口中或具代表性的若干 I/O 端口中，必须接入至少一个 I/O 端口并且它能正常地工作。

考虑到只能试验最典型的 PLC 功能，因此应选择具有代表性的功能模式。

2.3 耐试验条件

一般说来，如果若干混合在一起的模块不影响试验结果，则应对制造厂目录中所列模块单独进行试验。详见论述特殊耐试验的有关章节。

2.4 验证步骤

除非另有规定，型式试验应在 2.1 中规定的 EUT 上进行。

对于每种试验，制造厂应：

a） 规定此配置必须如何安装和外部接线；

b） 提供在试验期间必须运行的合适测试程序；

c） 提供正确的运行验证程序，包括测量模拟输入/输出的精度和瞬态偏差的方法。

由制造厂提供的合适测试程序和正确的功能验证规程(PFVP)应符合 2.5 中给出的要求。

2.5 对制造厂提供的试验程序和正确的功能验证规程(PFVP)的要求

在型式试验期间不应发生：

a） 硬件损坏，除非是试验所要求的；

b） 操作系统和测试程序和/或其执行交替的修改；

c） 系统和被存储或交换的应用数据的非期望的修改；

d） EUT 的无规律或非期望的行为；

e） 模拟输入/输出的偏差超出 7.10.2 的 4)项和 7.11.2 的 3)项中所规定的限值。

EUT 的所有相关功能和部件(即单元和模块)的工作方式，应能演习与这些功能和部件的信息路径。

应演示 EUT 的所有输入/输出和通信信道。

注：对于数量大的输入/输出而言(例如大于 100 个)，允许采用基于样品的统计准则。

应演习所有外部和内部产品状况信息的报告方式，例如显示、指示灯、报警信号、自检结果寄存器。测试程序应包括验证有关动作的条件。

对于所有对用户实现重要的各种 PLC 系统操作方式，例如启动和停机、冷重启/暖重启/热重启、“正常运行”、“正常停机”、“用 PADT 编程/监视”等，应验证其性能和行为。

对于受控的启动和停止，应检验所有系统部件的初始化和复位条件。对于“运行”、“编程”、“监视”等各种方式，应验证其性能和行为。

对于在本部分中虽然没有包括但是它们对基本 PLC 系统的正常工作又是必不可少的任何特性/性能，也应进行演习和测试。

2.6 通用试验条件

试验应按照特定的试验程序进行。

除非另有规定，试验应在表 1 给出的通用试验条件下进行。

除非另有规定，对于型式试验没有顺序要求。

表 1 通用试验条件

	测试条件
设备电源	额定电压和频率
温度	15 ℃ ～ 35 ℃
相对湿度	≤75%
气压	86 kPa ～ 106 kPa (650 mm Hg ～ 800 mm Hg)
输出负载	输出加载到额定负载
污染	污染等级 2

3 术语和定义

除了 GB/T 15969.1 中给出的术语和定义外，本部分还采用下列术语和定义。

3.1

模拟输入 analogue input

把一种连续信号转换成供 PLC 系统使用的离散量的一个多比特二进制数的设备。

3.2

模拟输出 analogue output

把来自 PLC 系统的一个多比特二进制数转换成一种连续信号的设备。

3.3

可接触　accessible

按设计要求安装时，能被关节式试验探头或试验探针接触。见12.1.2,12.1.3和附录C。

3.4

基本PLC(系统)　basic PLC(-system)

至少由一个处理单元、电源和输入/输出构成的配置，见图2。

3.5

电池　battery

可充电或不可充电的一种电化学能源。

3.6

电气间隙　clearance

两个导电部件之间的空间最短距离。

[GB/T 16935.1,1.3.2]

3.7

保护涂层　coating，protective

合适的绝缘材料的涂层，它密封印刷线路板的电气间隙和/或爬电距离，并使印刷板表面与环境隔绝，从而使电气间隙和/或爬电距离能耐受所要求的冲击电压和持续电压。

注：涂层一般用来隔绝大气的影响，提高电气间隙和/或爬电距离的介电性能，无涂层通常不能满足介电要求。效果较差的涂层可以隔绝大气的影响，但不能依靠它来提高介电性能。

3.8

相比漏电起痕指数　comparative tracking index;CTI

材料承受50滴NH_4Cl(氯化氨)溶液而不发生漏电时的最大电压的数字值。

[GB/T 4207,3.5,修订]

3.9

爬电距离　creepage distance

沿绝缘固体材料表面两个导电部件之间的最短距离。

[IEV 151-15-50]

3.10

电流阱　current sinking

接收电流的作用。

3.11

电流源　current sourcing

提供电流的作用。

3.12

一类数字输入　digital input，type 1

用于检测机械式接触开关元件(如继电器触点，按钮，开关等)信号的器件，它把一个两态信号转换成一个单比特二进制数。

注：1类数字输入不适用于固态器件，如传感器，接近开关等。

3.13

二类数字输入　digital input，type 2

用于检测固态开关元件(如两线接近开关)信号的器件，它把一个两态信号转换成一个单比特二进制数。

注1：这里所指的两线接近开关是按GB/T 14048.10设计的。

注2：这类数字输入也可用于一类数字输入或三类数字输入的应用范围。

3.14

三类数字输入　digital input，type 3

用于检测固态开关元件(如两线接近开关)信号的器件，它把一个两态信号转换成一个单比特二进制数。

注1：这类数字输入也可用于一类数字输入的应用。

注2：三类数字输入的功率特性比二类数字输入低。一般而言，这使得每个模块或产品具有更高的输入信道密度。三类数字与二类数字的差别在于，它与符合 GB/T 14048.10 的器件(在关断(off)状态下提供低电流)兼容。其工作范围，详见表8。接近开关兼容性是指，多数具有2类兼容性的接近开关也具有3类兼容性。

3.15

数字输出　digital output

把一个单比特二进制数字转换成一种两态信号的器件。

3.16

地　earth

地球的导电物质，在其任一点上的电位按惯例都被视为零。

[IEV 60151-01-01]

3.17

电磁兼容性　EMC；electromagnetic compatibility

一个装置或系统在其所处的电磁环境下能够令人满意地正常工作的能力，而对此环境中的其他事物不产生不可容许的电磁干扰。

[IEV 60161-01-07]

3.18

封闭式装置　enclosed equipment

为了防止操作人员意外触及装置中的带电部件或运动部件，防止中等大小的固体外物进入装置，并满足机械强度、易燃性和稳定性(可用场合)的要求，除其安装表面外，其他所有表面都封闭的装置。保护等级必须≥IP 20。

3.19

外壳　enclosure

提供适用于预期应用保护类型和保护等级的壳体。

[IEV 60195-02-35]

3.20

被测装置　equipment under test；EUT

按制造厂规定用于型式试验的具有代表性的配置(见第2章)。

3.21

外部接线　external wiring

由用户安装的 PLC 系统装置的接线。

3.22

现场接线　field wiring

外部接线。

3.23

功能接地导体　functional earthing conductor

为了改善抗干扰能力，与大地电连接的导体。

3.24

手持装置　hand-held equipment

一种可用一手提携而另一手操作的装置。

3.25

危险带电 hazardous live

指能够在正常使用条件或单一故障条件下引起电击或电气着火。

注：适用于正常使用条件下的值见11.2.1.1；适用于单一故障条件下的值见11.2.1.2。

3.26

抗扰性 immunity (to a disturbance)

在出现电磁干扰的情况下，设备、装置或系统不受影响地正常运行的能力。

[IEV 161-01-20]

注：在本部分中不专指EMC，它还指（例如）振动、湿度等。

3.27

抗扰性型式试验 immunity type test

抗扰性试验 immunity test

验证基本PLC操作不因施加所规定的接近于正常工作情况出现的干扰量而改变的型式试验。

3.28

绝缘 insulation

用以绝缘一个器件的导电部分的所有材料和部件。

[IEV 151-15-41]

注1：绝缘材料可以是一种固体物质、液体物质、气体物质（如大气），或者它们的任意组合。按照IEV 151-03-30。

注2：绝缘——用以防止各导电体之间传导电。按照IEV 151-03-28。

注3：隔离——使器件或电路与其他器件或电路完全断开连接。

——（通过分隔）提供任何带电电路的规定保护等级。按照IEV 151-03-29。

3.29

基本绝缘 basic insulation

危险带电部件的绝缘，它提供基本保护。

[IEV 195-06-06]

注：此概念不适用于专用于功能目的的绝缘。

3.30

双重绝缘 double insulation

由基本绝缘和补充绝缘构成的绝缘。

[IEV 195-06-08]

3.31

加强绝缘 reinforced insulation

危险带电部件的绝缘，它提供等效于双重绝缘的防电击保护等级。

注：加强绝缘可包含若干层，对这些层不能单独地作为基本绝缘或附加绝缘进行试验。

[IEV 195-06-09]

3.32

附加绝缘 supplementary insulation

除了基本绝缘外还采用的独立的绝缘，用于故障保护。

[IEV 60195-06-07]

3.33

接口 interface

所考虑的系统与另一个系统之间、或一个系统的部件之间的共享界面，通过它传输信息或电能。

3.34

内部接线　internal wiring

PLC 系统装置内部的接线，它由制造厂安装。

3.35

隔离的(器件，电路)　isolated (devices, circuits)

彼此之间没有电连接的器件或电路。

3.36

带电部件　live part

期望在正常使用中通以电流的导体或导电部件，包括中性导体，但按约定不包括 PEN 导体、PEM 导体或 PEL 导体。

注：此概念不一定指触电的危险。

[IEV 195-02-19]

注 1：PEN 导体——综合了保护接地导体和中性导体功能的导体。按照 IEV 195-02-12。

注 2：PEM 导体——综合了保护接地导体和中点导体功能的导体。按照 IEV 195-02-13。

注 3：PEL 导体——综合了保护接地导体和(母)线导体功能的导体。按照 IEV 195-02-14。

3.37

材料组　material group

对绝缘材料根据相比漏电起痕指数(CTI)范围进行的分类(见 11.4.3)。

3.38

微环境　micro-environment

在所考察的电气间隙或爬电距离周围的环境条件。

注：电气间隙或爬电距离的微环境决定着绝缘的效果，而不是装置的环境决定绝缘的效果。微环境比装置的环境可能更好，也可能更差。它包括影响绝缘的所有因素，例如，气候、电磁、污染等。按照 IEC 60664。

3.39

模块　module

包含确定功能(MPU，模拟输入等)可以插入底板或基板的 PLC 系统的组成部件。

3.40

多信道模块　multi-channel module

包含多个输入和/或输出信号接口的模块。这些信号接口彼此之间可以被隔离，也可以不被隔离。

3.41

正常使用　normal use

根据使用的指令或所期望的明确目的所进行的操作，包括后备(stand by)。

注：正常工作条件在第 4 章中阐述。

3.42

正常条件　normal condition

所有防范危险的保护措施均完善的条件，即无故障条件。

3.43

开放式装置　open equipment

一种含有可接触带电部件的装置，如主处理器单元。应将开放式装置装入到其他具有安全性的组装件内。

3.44

操作员　operator

通过与 PLC 连接的人机界面，对机械或过程进行操作和监视的人员。操作员不改变 PLC 的硬件配置、软件程序或应用程序。PLC不得由未经培训的人员使用。操作员应了解工业环境下的一般危险性情况。

3.45

过电压类别(线路或在电气系统内的)　overvoltage category (of a circuit or within an electrical system)

以限制(或控制)线路中(或一个具有不同标称电压的电气系统内)可能出现的瞬时过电压为基础,并依据用来影响过电压所采用的措施而进行的分类。

[GB/T 16935.1,1.3.10,修订]

注1:在一个电气系统中,从一个过电压类别降至另一个较低等级的过电压类别,其间的转换是通过适当的符合接口要求的措施来实施的。这些接口要求可以是过电压保护器件或串并联阻抗,它们能够耗散、吸收或转换有关浪涌电流的能量,以使瞬时过电压值降低到所期望的较低过电压类别的值。

注2:本部分中所涉及的装置将用于过电压类别Ⅱ。

3.46

永久性设备　permanent installation

PLC系统中完成预期应用功能的部分。

注:见附录A。

3.47

污染等级(在微环境中)　pollution degree (in the micro-environment)

为了测定电气间隙和爬电距离,将微环境的污染等级定为以下3个等级。

注1:外部物质和水分的积聚会引起被污染的绝缘体导电。

注2:对污染等级2和污染等级3给出的最小电气间隙是基于经验而不是原始数据。

3.48

污染等级1　pollution degree 1

没有污染或只出现干燥、不导电的污染。这种污染没有影响。

3.49

污染等级2　pollution degree 2

通常指只出现不导电的污染。但必须预料到偶然因凝露引起暂时的导电。

3.50

污染等级3　pollution degree 3

出现导电污染;或者出现干燥、不导电的污染,但如所预料的因凝露而引起的导电。

3.51

端口　port

与设备或网络的接口,通过它可提供或接收电磁能量或信号或者可以观察或测量设备或网络变化。

注:最常用于EMC。

[IEV 131-12-60]

3.52

便携式装置　portable equipment

一种封闭式装置,它在操作中可移动,或者可连同电源把它方便地从一个地点移至另一个地点。

注:例如,编程和调试工具(PADT)和测试装置(TE)。

3.53

保护导体　protective conductor

为安全目的(例如,防电击保护)而提供的导体。

[IEV 195-02-09]

3.54

保护特低电压(PELV)线路　protective extra-low voltage (PELV) circuit

在正常工作条件和单一故障条件下，电压不超过交流 30 V 均方根值、42.4 V 峰值或直流 60 V 的电气线路，在其他线路中的接地故障除外。

PELV 电路类似于与保护地连接的 SELV 电路。

3.55

保护阻抗　protective impedance

被视为无故障的单一部件，部件的组合，或者基本绝缘与限流/限压器件的组合。其阻抗、结构和可靠性是这样的，在危险带电部件与可接触导电部件之间进行连接时，它提供正常条件和单一故障条件下本部分所要求的一定程度的保护。

3.56

公共电网　public mains

建筑物的永久性设施的导体/电网的电源。

3.57

重复峰值电压　recurring peak voltage

在某些规定的时期内重复出现的峰值电压。

3.58

常规试验　routine test

在制造期间或之后，对各项技术指标所做的一致性测试。

[IEV 151-16-17]

3.59

安全特低电压线路(SELV 线路)　safety extra-low voltage circuit (SELV circuit)

在正常条件和单一故障条件下，电压不超过交流 30 V 均方根值、42.4 V 峰值或直流 60 V 的电气线路，包括在其他线路中的接地故障。

SELV 线路不与保护地连接。

3.60

维护人员　service personnel

更改或修复 PLC 硬件配置或应用程序的人员。

维护人员还可安装由制造厂提供的软件更新。他们应该是 PLC 装置的编程、操作及其使用方面的训练有素的人员。

维护人员应该是已通过合适技能培训并具备安全方面所必须的工作经验的人员，因此当他们置身于执行任务的过程中时，他们了解其中的危险性(尤其是电气危险性)，并且能够采取措施减少对他们自己或他人或装置可能构成的危害。

3.61

(输出模块的)总输出电流　total output current (of an output module)

一个多信道输出模块在最不利的组合情况下正常工作时能够提供的电流，而它的任何部分(绝缘，端子，外露的导电部件等)都不超过规定的温度限值。

注：对于多信道模块而言，总输出电流一般小于各信道输出电流的总和。

3.62

型式试验　type test

对产品的一个或多个具代表性项目所做的符合性测试。

[IEV 151-16-16]

3.63

单元 unit

单元是一个完整的组合件(由在该组合件内插入的或连接的模块组成),对于永久性安装的单元用电缆与系统内的其他单元连接,对于便携式单元用电缆或其他方法与系统内的其他单元连接。

3.64

耐型式试验(耐受性试验) withstand type test (withstand test)

一种型式试验,它验证对基本PLC系统施加多种严重干扰量并不降低其完成预期任务的能力。

3.65

工作电压 working voltage

在以额定电压(U_e)给装置供电时可能出现的越过任何特定绝缘的最高交流电压(均方根值)或直流电压值。

不考虑瞬时电压。

应考虑开路和正常使用两种情况。

4 正常工作条件和要求

用户的责任是保证不超出装置的工作条件。PLC和PLC系统被设计用于工业环境。

用户必须保证安装条件符合本部分中给出的环境条件。

4.1 气候条件和要求

4.1.1 工作环境气温

装置应适用于表2中给出的工作温度范围。

表2 PLC系统的工作环境气温

	限值类别	封闭式装置	开放式装置
温度范围	最大	40 ℃	55 ℃
	最小	5 ℃	5 ℃

对于通过自然通风进行冷却的无通风的装置,装置周围的环境气温是在机壳中心点垂线上方距离该装置不超过50 mm处的水平面上测得的室温。

对于有通风的装置,装置周围的环境温度是距离该装置的气流进入点的平面不超过50 mm处进入空气的温度。

如果没有强制的外部冷却,作为PLC系统组成部分的永久性安装的开放式外围设备应满足PLC的工作温度范围。

某些型式的装置(如HMI触模屏等)可使用开放式和封闭式特性的组合。

对本条的要求依据6.2和6.2.1进行验证。

4.1.2 相对湿度

装置应适用于相对湿度范围从10% 至95%,无凝露。

对本条的要求依据6.2.2进行验证。

4.1.3 海拔高度

装置安装地点的海拔高度应不超过2 000 m。

不要求试验。

4.1.4 污染等级

除非制造厂另有规定,装置应适用于污染等级2。

4.2 机械工作条件和要求

振动、冲击和自由跌落条件随安装和环境的不同差异很大,因此很难对此作出规定。

本部分中，工作条件由下列适用于固定装置、无包装的便携和手持装置的试验要求来间接规定(见4.2.2中的例外)。它们不适用于组合装置，仅适用于PLC系统和/或相关的外围设备。

经验表明，满足这些试验要求的装置适用于固定安装的工业应用。

固定装置是永久性设施的一部分。

4.2.1 振动

抗振性要求见表3。

表3 PLC系统的正弦振动工作条件

频率范围/Hz[2]	连续的[1]	随机的[1]
$5 \leqslant f < 8.4$	1.75 mm位移，恒定振幅	3.5 mm位移，恒定振幅
$8.4 \leqslant f \leqslant 150$	0.5 g 加速度，恒定振幅	1.0 g 加速度，恒定振幅
1 所有振幅均为峰值。 2 应将跨越频率(约8.4 Hz)调整为从恒定振幅位移要求到恒定振幅加速度要求的连续平滑跨越。		
注：$g_{peak} = 0.004\,024\ f^2\ D_{peak}$		

振动作用于3个相互垂直的每个轴上。

制造厂应规定在试验装置上安装便携和手持外围设备的方法。

对本条的要求依据6.3.1进行验证。

4.2.2 冲击

抗冲击要求是在3个相互垂直的每一个轴上，随机振幅为15 g、11 ms的半正弦波。

包含CRT的装置不在本要求之内。

机电式继电器可短时承受15 g 的冲击。在试验期间，允许有暂时的误动作，但在试验后，装置应完全恢复正常工作。

对本条的要求依据6.3.2进行验证。

4.2.3 自由跌落(便携装置和手持装置)

抗自由跌落的要求见表4。

表4 便携装置和手持装置自由跌落在水泥地面上

	便携和手持 (任意质量)(耐)	手持 (任意质量)(抗)	注
随机跌落		1 000 mm;2次	1,2,4
平直跌落	100 mm;2次		1,4
受支撑跌落	30°或100 mm;2次		1,3,4
1 注意：着地时允许有暂时的误动作，但在试验后装置应完全恢复正常工作。因此，如果跌落时装置正在工作，则因撞击可能引起误操作，这就需要操作者纠正。 2 从预定的高度(使用中的正常位置)跌落，按表18。 3 见表18。 4 随机跌落指跌落在任意边沿、表面或角落。平直跌落仅指跌落在表面上。受支撑跌落指仅跌落在边沿上。			

对本条的要求依据6.3.3进行验证。

4.3 运输和贮存条件和要求

以下要求适用于放置在制造厂原包装内的PLC单元。

无包装的便携装置的运输和贮存不得超出4.2中的要求。

当部件被包括在有特殊限制要求(如CMOS部件，电池等)的装置内时，制造厂应为运输和贮存的安排作出规定。

4.3.1 温度

允许的温度范围是－40 ℃～＋70 ℃。

温度范围－25 ℃～＋70 ℃是可接受的，但不推荐用于将来的设计。

对本条的要求依据6.2进行验证。

4.3.2 相对湿度

相对湿度范围是10％～95％，无凝露。

对本条的要求依据6.2.2进行验证。

4.3.3 海拔高度

运输的设计大气压应相当于0 m～3 000 m海拔高度(不低于70 kPa)。

不要求试验。

4.3.4 自由跌落(制造厂原始包装内的PLC部件)

表5对原包装内的PLC部件给出了耐自由跌落要求。试验后，这些PLC部件应完全能恢复正常工作，并没有物理损伤的痕迹。

表5 在制造厂原包装内的PLC部件自由跌落于水泥地面

带包装的发运质量/kg	随机自由跌落，下落高度/mm		跌落次数
	带发运包装	带产品包装	
＜10	1 000	300	5
10 ～ 40	500	300	5
＞40	250	250	5

对本条的要求依据6.3.4进行验证。

4.3.5 其他条件

对于本部分中未规定的机械条件，用户应与制造厂进行协商。这包括如超低温贮存，更高海拔高度的运输等方面。

4.4 电气工作条件和要求

4.4.1 交流装置电源和直流装置电源

参阅5.1.1。

4.4.2 过电压类别，瞬时过电压的控制

设备应具备不超过过电压类别Ⅱ的条件特性。

在与装置电源连接点上的瞬时过电压应控制在过电压类别Ⅱ以内，即不能高于与基本绝缘的额定电压相对应的脉冲电压。装置或瞬时抑制器件应能吸收瞬时能量。

4.4.3 非周期性过电压

在工业环境中，由于大功率设备的断路，可能在装置电源上出现非周期性过电压峰值(例如，三相线路中一相的熔断器烧断)。这就会在比较低的电压电平上引起大电流脉冲(接近2倍的峰值电压)。用户应采取必要的措施，以防止PLC系统遭受损坏(例如，添加变压器)。

4.5 特殊工作条件和要求

当工作条件比4.1,4.2,4.3和4.4中给出的条件更为恶劣，或存在其他不利环境条件时(例如，由灰尘、烟雾、腐蚀性或放射性颗粒、水蒸气或盐分造成的空气污染，霉变的侵蚀，昆虫或小动物的叮咬)，用户应向制造厂咨询以决定装置的适用性或应采取的措施。

5 功能要求

一个典型的PLC系统及其接口/端口如图2所示。

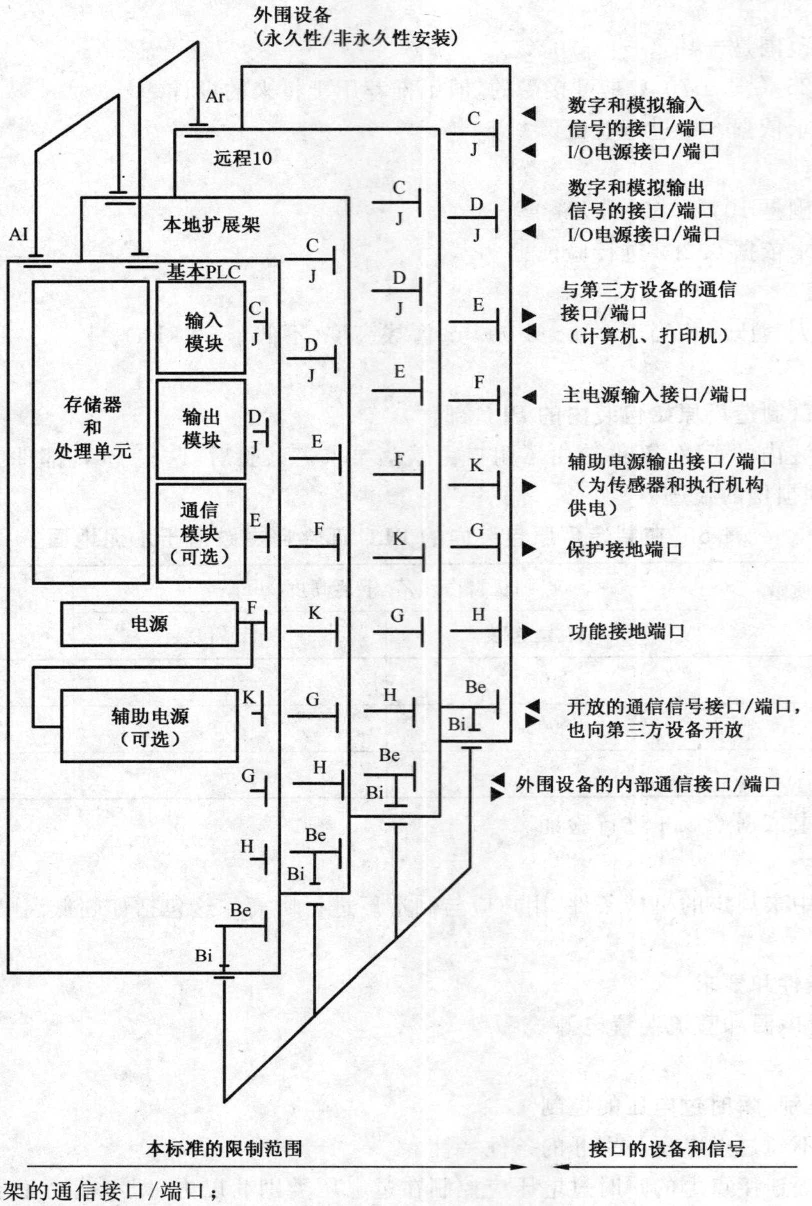

Al——本地扩展架的通信接口/端口;

Ar——远程 I/O 站、控制网络、现场总线的通信接口/端口;

Be——也向第三方设备开放的开放型通信接口/端口(例如,PADT(编程和调试工具),编程用的个人计算机);

Bi——外围设备的内部通信接口/端口;

C——数字和模拟输入信号的接口/端口;

D——数字和模拟输出信号的接口/端口;

E——与第三方设备进行数据通信的串行或并行通信接口/端口,例如,计算机,打印机;

F——装置电源接口/端口,带端口 F 的设备要求在开启电源、关闭电源和中断电源期间保持下游设备的智能信息;

G——保护接地端口;

H——功能接地端口;

J——I/O 电源接口/端口;

K——辅助电源的输出接口/端口,用来给传感器和执行机构供电。

图 2 PLC 系统的典型接口/端口图

5.1 工作电源和后备存储器要求

5.1.1 交流电源和直流电源

对本条的要求依据 6.4.1,6.4.2 和 6.4.3 进行验证。

5.1.1.1 额定值和工作范围

PLC 系统以及由外部供电的 I/O 模块的输入电源的额定值和工作范围应如表 6 所示。

表 6 输入电源的额定值及工作范围

电压		频率		推荐使用(R)		规范的条款和注[3]
额定 U_e	容差 min/max	额定 F_n/Hz	容差 min/max	电源	I/O 信号[5]	
DC 24 V	−15%/+20%			R	R	1
DC 48 V				R	R	1,2
DC 125 V						
AC 24 V 均方根值	−15%/+10%	50 Hz 或 60 Hz	−6%/+4%			(注)
AC 48 V 均方根值						(注)
AC 100 V 均方根值				R	R	
AC 110 V 均方根值				R	R	
AC 120 V 均方根值				R	R	(注)
AC 200 V 均方根值				R	R	
AC 230 V 均方根值				R	R	(注)
AC 240 V 均方根值				R	R	
AC 400 V 均方根值				R		4,(注)

注:这些额定电压可参考 GB/T 999 确定。

1 除电压容差外,还允许存在一个峰值是额定电压 5% 的交流成分。绝对限值如下:对于 DC 24 V 是 DC 30/19.2 V;对于 DC 48 V 是 DC 60/38.4 V。

2 如果有可能使用二类数字输入,则见表 8 中的注 5。

3 对于那些在本表中没有给出的输入电压如 DC 110 V 等,本表内给出的容差及其注也适用。这些电压容差应被用来计算表 8 中的输入限值,运用附录 B 中的等式计算。

4 三相供电。

5 关于模拟 I/O 的电源,见 7.10.3 中的 5)和 7.11.3 中的 3)。

对本条的要求依据 6.4.1 进行验证。

5.1.1.2 电压谐波

交流电压是指在装置接入点处测得的总均方根电压值。

小于 10 倍标称频率的真谐波(标称频率的整数倍)的总均方根值可能达到总电压的 10%。更高频率的谐波和其他频率含量可能达到总电压的 2%。但为了取得恒定的比较结果,只应在 3 次谐波上对装置进行试验(10%,在相位角 0°和 180°)。

当供电电源的输出阻抗比 PLC 系统电源的输入阻抗高时,PLC 系统供电电源的总谐波含量可能受到影响;因此,PLC 系统的专用电源(如变换器)要求用户与制造厂所使用的电源必须完全一致,并应考虑采用线性调节器。见 GB/T 15969.4。

对本条的要求依据 6.4.1.2 进行验证。

5.1.1.3 电压中断电源端口

这些限制适用于图 2 中的装置电源接口/端口(F)。

对于短时电源扰动(如表7中规定的),PLC系统(包括远程输入/输出站(RIOS)(见5.6)和非永久性安装的外围设备)应保持正常工作。

对于较长时间的电源扰动,PLC系统或者维持正常工作,或者进入预先规定的状态,并且在恢复正常工作之前具有一个明确规定的行为。

注:由同一个电源供电的输出和快速响应输入将会对电源的这些变化作出响应。

表7　电压中断(功能要求)

电源型式[5]	严酷等级[3,4]	最大中断时间	低压,$U_{e\,min}$至%U_e[2]
DC	PS1	1 ms	%
DC	PS2	10 ms	%
AC	PS2	0.5周期[1]	%

1 任意相角,F_n=50 Hz或60 Hz(见6.4.2.3)。
2 $U_{e\,min}$是表6中最小容差时的U_e。
3 PS1适用于由电池供电的PLC系统。
4 PS2适用于由交流电源、整流的交流电源以及直流电源供电的PLC系统。
5 电压中断是来自$U_{e\,min}$。

对本条的要求依据6.4.2.3进行验证。

5.1.2　后备存储器

在正常工作条件下当能源在额定容量时,易失存储器的后备电源能保持所存储信息的时间应至少为300 h,在温度不高于25 ℃时,应至少为1 000 h。(对于需要更换的后备电源,额定容量是指示更换电源的过程和时间间隔的值。)

如与所述持续时间有异,则制造厂应规定与易失存储器相关的存储时间信息。

在更换后备电源或向其充电时,应不丢失后备存储器部分中的数据。(见4.3,7.6中的8)和7.13中的4)。

如果置有后备存储器电池,则应有“电池电压低”的警示。

对本条的要求依据6.4.4进行验证。

5.2　数字输入/输出

图3示出了一些输入/输出参数的定义。

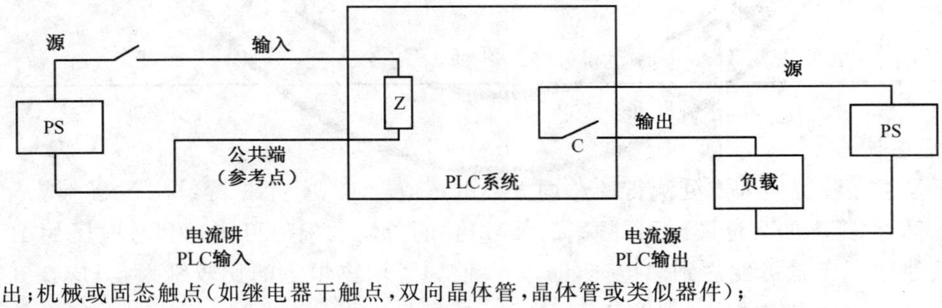

C——输出;机械或固态触点(如继电器干触点,双向晶体管,晶体管或类似器件);
Z——输入;输入阻抗;
PS——外部电源。

注:某些应用中输入、输出和PLC系统可以仅用一个电源共用端。

图3　输入/输出参数

数字输入/输出应符合下列要求:

PLC系统至少应设有一种输入接口和一种输出接口,对这些接口在5.2.1,5.2.2和5.2.3中分别作了规定。

数字输入应符合5.2.1中给出的标准额定电压的要求。非标准电压数字输入应与附录B中给出设计公式的计算结果一致。

数字输出，交流应符合5.2.2.1中给出的标准额定电压的要求，直流应符合5.2.3.1中给出的标准额定电压的要求。

通过正确选择上述数字输入/输出，应能使输入和输出互连，使PLC系统正确运行(必要时附加的外部负载应由制造厂规定)。

隔离的多信道交流输入模块应能由不同的相位馈电，因此这些模块应符合相与相之间可能出现的最大电压差的要求，否则，用户手册中应加以说明，所有信道都必须由同一相位馈电。

如果把多信道交流线路作多相使用，则线路应符合电气间隙和爬电距离的要求，并使相间电压对应于介电试验。

PLC系统可以提供本部分中未包括的接口，如TTL和CMOS线路的接口等。在此情况下，制造厂的资料中应给出与用户有关的全部资料。

注：本部分中没有涉及某些应用需要的电流源输入和电流阱输出，在使用时应特别注意。在使用正逻辑电流阱输入和电流源输出的场合，任何对参考电位的短路和断路都被输入和负载解释为“断开状态”；在使用负逻辑电流阱输入和电流源输出的场合，接地故障被理解为“导通状态”。见图3。

5.2.1 数字输入(电流阱)

对本条的要求依据6.5.2进行验证。

5.2.1.1 专用术语(电压/电流(*U*/*I*)工作区)

图4用图示法表示了本部分中用以说明电流阱数字输入电路特性的各种限制和工作范围。

工作区由“导通区”、“过渡区”和“关断区”组成。脱离“关断区”必须使电流大于 $I_{T\ min}$，同时电压大于 $U_{T\ min}$；在进入“导通区”之前，必须使电流大于 $I_{H\ min}$，同时电压大于 $U_{H\ min}$。所有输入 *U-I* 曲线应保持在这些边界条件内。低于零电压的区是直流输入“关断区”的有效部分。

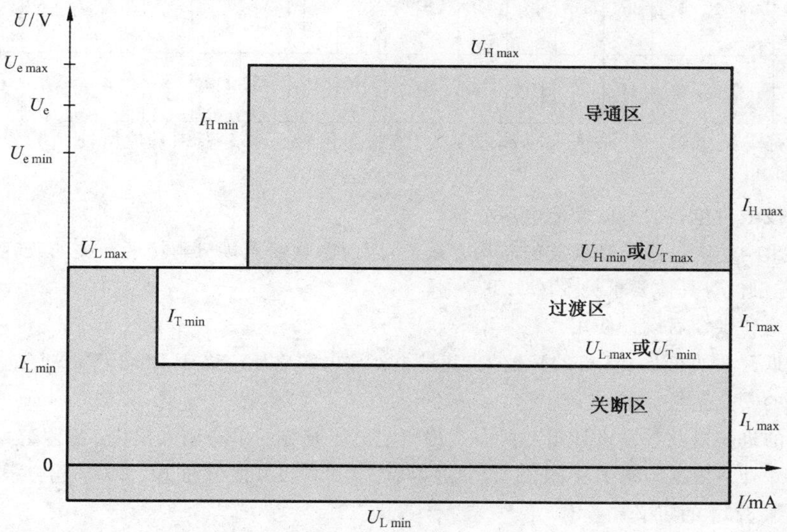

U_{Hmax} 和 U_{Hmin} 是导通状态(“1”状态)的电压极限值；

I_{Hmax} 和 I_{Hmin} 是导通状态(“1”状态)的电流极限值；

U_{Tmax} 和 U_{Tmin} 是过渡状态(通或断)的电压极限值；

I_{Tmax} 和 I_{Tmin} 是过渡状态(通或断)的电流极限值；

U_{Lmax} 和 U_{Lmin} 是关断状态(“0”状态)的电压极限值；

I_{Lmax} 和 I_{Lmin} 是关断状态(“0”状态)的电流极限值；

U_{Lmax} 是电流大于或等于 I_{Tmin} 的 U_{Hmin}；

U_e、$U_{e\ max}$ 及 $U_{e\ min}$ 是外部电源的额定电压及其上下极限值。

图4 电流阱输入的 *U-I* 工作区

5.2.1.2 数字输入(电流阱)的标准工作范围

电流阱数字输入应在表 8 给出的限值之内工作。

表 8 数字输入(电流阱)的标准工作范围

额定电压 U_e	额定频率 F_n/Hz	限值形式	第 1 类限值[7]						第 2 类限值[7],(注)						第 3 类限值[7]						注
			状态“0”		过渡状态		状态“1”		状态“0”		过渡状态		状态“1”		状态“0”		过渡状态		状态“1”		
			UL V	IL mA	UT V	IT mA	UH V	IH mA	UL V	IL mA	UT V	IT mA	UH V	IH mA	UL V	IL mA	UT V	IT mA	UH V	IH mA	
DC24V		Max	15/5	15	15	15	30	15	11/5	30	11	30	30	30	11/5	15	11	15	30	15	1,2,4,5
		Min	−3	ND	5	0.5	15	2	−3	ND	5	2	11	6	−3	ND	5	1.5	11	2	
DC48V		Max	34/10	15	34	15	60	15	30/10	30	30	30	60	30	30/10	15	30	15	60	15	1,2,4
		Min	−6	ND	10	0.5	34	2	−6	ND	10	2	30	6	−6	ND	10	1.5	30	2	
AC24V 均方根值	50/60	Max	14/5	15	14	15	27	15	10/5	30	10	30	27	30	10/5	15	10	15	27	15	1,3
		Min	0	0	5	1	14	2	0	0	5	4	10	6	0	0	5	2	10	5	
AC48V 均方根值	50/60	Max	34/10	15	34	15	53	15	29/10	30	29	30	53	30	30/10	15	30	15	53	15	1,3
		Min	0	0	10	1	34	2	0	0	10	4	29	6	0	0	10	2	30	5	
AC100V AC110V AC120V 均方根值	50/60	Max	79/20	15	79	15	1.1 U_e	15	74/20	30	74	30	1.1 U_e	30	74/20	15	74	15	1.1 U_e	15	1,3,4,6
		Min	0	0	20	1	79	2	0	0	20	4	74	6	0	0	20	25	74	5	
AC200V AC230V AC240V 均方根值	50/60	Max	164/40	15	164	15	1.1 U_e	15	159/40	30	159	30	1.1 U_e	30	159/40	15	159	15	1.1 U_e	15	1,3,4,6
		Min	0	0	40	2	164	3	0	0	40	5	159	7	0	0	40	2.5	159	5	

1 所有逻辑信号都是正逻辑。开路输入应被理解为“0”状态信号。求本表中各值所使用的公式、假设及附注见附录 B。

2 给出的各电压极限值包括所有的交流电压分量。

3 静止开关可能影响输入信号的真谐波的总均方根值,因而影响输入接口与接近开关的兼容性,特别是第 2 类的交流 24 V 均方根值。具体要求见 5.1.1.1。

4 建议作一般用途和供今后设计使用。

5 连接到 2 线接近开关的第 2 类 DC 24V 输入,其最小外部电源电压应高于 DC 20V,或 $U_{H\,min}$ 低于直流 DC 11V,以保证有足够的安全余量。

6 随着当前技术的进步以及鼓励设计出与所有常用额定电压兼容的单一输入模块,极限值是绝对的并与额定电压无关($U_{H\,max}$除外),根据附录 B 中的公式,分别为 AC 100V 均方根值和 AC 200V 均方根值。

7 见 3.12,3.13 和 3.14 的定义。

ND=未定义

注:依据 GB/T 14048.10 与二线接近开关的兼容性能够与 2 类兼容。见上述 3。

5.2.1.3 补充要求

每一输入信道都应设有一个指示灯或相应的器件,当指示器通电时表示输入为“1”状态。

5.2.2 交流电流(电流源)的数字输出

对本条的要求依据 6.5.3 进行验证。

5.2.2.1 额定值及工作范围(交流)

数字交流输出应符合表 9 给出的额定值,输出电压由制造厂根据 5.1.1.1 指明。

表 9　交流电流源数字输出的额定值和工作范围

额定电流（“1”状态）		I_e/A	0.25	0.5	1	2	注
“1”状态的电流范围（在最大电压处连续）		Min.（mA）	10[5]	20	100	100	1,2
		Max.（A）	0.28	0.55	1.1	2.2	1
“1”状态的电压降 U_d	无保护输出	Max.（V）	3	3	3	3	1
	保护和耐短路	Max.（V）	5	5	5	5	1
“0”状态的漏电流	固态输出	Max.（mA）	5[3]	10	10	10	1,2,3
	机电式输出	Max.（mA）	2.5	2.5	2.5	2.5	1,3
暂时过载的工作周期时间重复率（见图 5）	固态输出	Max.（s）	1	2	2	2	
	继电器输出	Max.（s）	10	10	10	10	

1 电流和电压的均方根值。

2 [　]内的数字适用于没有 RC 网络或等效浪涌抑制器的模块。所有的其他值适用于带抑制器的模块。

3 固态输出的漏电流大于 3 mA，意味着要使用附加外部负载来驱动第二类数字输入。

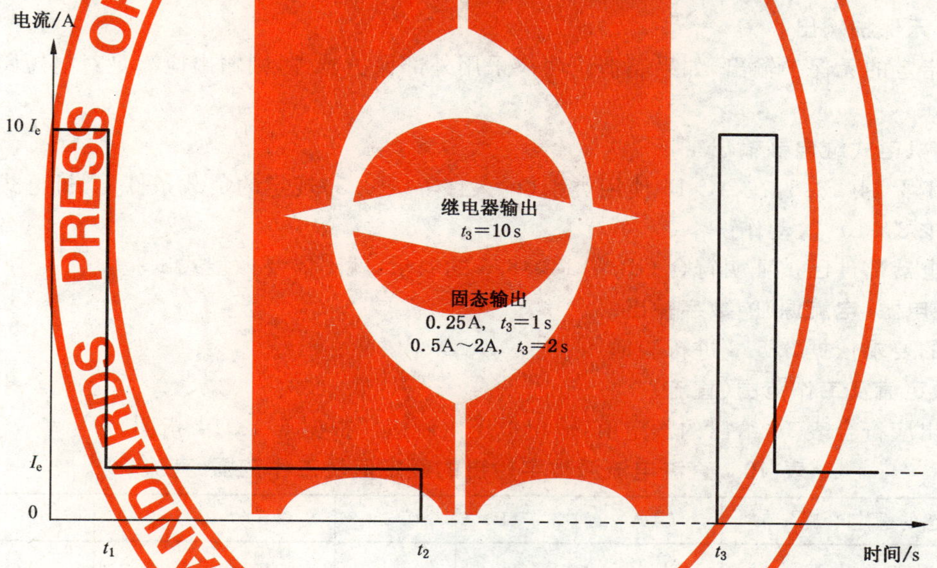

t_1：在 F_n 时的 2 个周期（F_n＝额定电网频率）；

t_2：“导通”时间；

t_3-t_2：“关断”时间（“关断”时间＝“导通”时间）；

t_3：工作时间。

图 5　交流数字输出的瞬时过载波形图

5.2.2.2　补充要求

5.2.2.2.1　输出指示器

每一个输出信道都应设有一个指示灯或类似器件，当指示器通电时表示输出为“1”状态。

5.2.2.2.2　保护输出

制造厂指定的需受保护的输出：

1）　该输出应能承受所有输出电流稳态值大于 1.1 倍额定值的输出，和/或有关的保护器件应能正常工作，以保护这样的输出；

2）　在复原或单独更换保护器件后，PLC 系统应恢复正常工作；

3）　可在以下 3 种类型中选择重启功能选项：

- 自动重启保护输出：在消除过载后自动恢复的保护输出；
- 受控重启保护输出：通过信号(例如，远程控制)重新复原的保护输出；
- 手动重启保护输出：靠人为动作恢复的保护输出(保护可以是熔断器，电子联锁等)。

对本条的要求依据 6.5.3.2 进行验证。

注 1：在过载状态下持续工作会影响模块的工作寿命。

注 2：保护输出不一定保护外部接线。需要时，用户自己负责提供保护。

5.2.2.2.3 耐短路输出

制造厂指定的需耐短路的输出：

1) 对于所有大于 $I_{e\,max.}$ 和高达 2 倍额定值 I_e 的输出电流，输出应能工作并耐瞬时过载。这种瞬时过载的量值应由制造厂规定。

2) 对于所有可能超过 20 倍额定值的输出电流，保护器件应能工作。在复原或单独更换保护器件后，PLC 系统应恢复正常工作。

3) 对于在 2 倍至 20 倍 I_e 范围内的输出电流，或瞬时过载超出制造厂所规定的限值(如上述列项 1))的输出电流，模块可能需要修理或更换。

对本条的要求依据 6.5.3.2 进行验证。

5.2.2.2.4 无保护输出

制造厂指定的无保护输出，如果制造厂建议采用外部保护器件，则输出应满足对耐短路输出所规定的所有要求。

5.2.2.2.5 机电式继电器输出

根据 GB/T 14048.5，在 AC-15 使用类别(耐久性等级 0.3)规定的负载条件下，机电式继电器输出应能完成至少 3×10^5 次动作。

如果继电器部件已被证明符合 GB/T 14048.5 的要求，就不需要做型式试验。

5.2.3 直流电源(电流源)的数字输出

对本条的要求依据 6.5.3 进行验证。

5.2.3.1 额定值及工作范围(直流)

数字输出应符合表 10 给出的额定值，输出电压由制造厂根据 5.1.1.1 指明。

表 10 直流电流源数字输出的额定值及工作范围(直流)

"1"状态的额定电流		I_e(A)	0.1	0.25	0.5	1	2	注
最大(连续)电压下"1"状态的电流范围		Max.(A)	0.12	0.3	0.6	1.2	2.4	
电压降 U_d	无保护输出	Max.(V)	3	3	3	3	3	
	保护和耐短路	Max.(V)	3	3	3	3	3	1
"0"状态的漏电流		Max.(mA)	0.1	0.5	0.5	1	1	2,3
瞬时过载		Max.(A)	见图 6 或按制造厂规定					

1 对 1A 和 2A 额定电流，如果具有相反极性的保护，则允许电压下降 5 V。这使输出与相同的额定电压的一类输入不相容。

2 如果没有附加的外部负载，得出的直流输入与直流输出之间的相容性如下：

额定输出电流 I_e	(A)：	0.1	0.25	0.5	1	2
	一类：	是	是	是	否	否
	二类：	是	是	是	是	是
	三类：	是	是	是	是	是

3 加上适当的外部负载，所有直流输出可成为与所有一类直流输入、二类直流输入和三类直流输入相容。

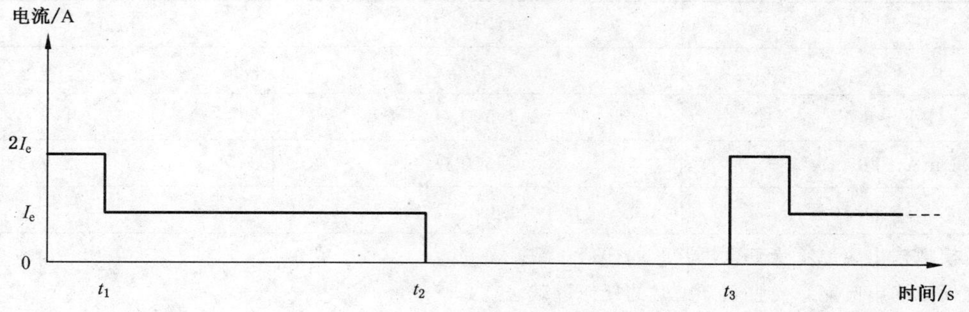

t_1＝浪涌时间＝10 ms

t_2＝“导通”时间

t_3-t_2＝“关断”时间(“关断”时间＝“导通”时间)

t_3＝运行时间＝1 s

图 6　直流数字输出的瞬时过载波形图

5.2.3.2　补充要求

除了以下方面以外，其他要求与在 5.2.2.2 中对交流电流源输出规定的要求相同。

1)　保护输出：限值是 1.2 I_e 而不是 1.1 I_e；

2)　机电式继电器输出：以 DC-13 替代 AC-15。

5.3　模拟输入/输出

可以给 PLC 系统提供本部分中未包括的接口，即特殊电路或器件等的接口。在此情况下，制造厂的资料中应给用户提供相关的全部资料。

对本条的要求按照 6.5.4 中模拟输入/输出试验的验证步骤进行验证。

5.3.1　模拟输入

PLC 系统的模拟输入的信号范围及阻抗的额定值应符合表 11 的规定。

表 11　模拟输入的额定值及阻抗限值

信号范围	输入阻抗限值	注
±10 V	≥10 kΩ	
0 V～10 V	≥10 kΩ	
1 V～5 V	≥5 kΩ	
4 mA～20 mA	≤300 Ω	
0 mA～20 mA	≤300 Ω	1
1 不推荐在今后的设计中使用。		

模拟输入可以设计成与标准热电偶或标准电阻温度计(RTD)(如 PT 100 传感器)相容。热电偶模拟输入应提供冷端补偿方法。

5.3.2　模拟输出

PLC 系统的模拟输出的信号范围及负载阻抗的额定值应符合表 12 的规定。

表 12 模拟输出的额定值及阻抗限值

信号范围	负载阻抗限值	注
±10 V	≥1 000 Ω	1
0 V～10 V	≥1 000 Ω	1
1 V～5 V	≥500 Ω	1
4 mA～20 mA	≤600 Ω	2
0 mA～20 mA	≤600 Ω	2,3
1 电压模拟输出应能承受直至短路时的任何过载。 2 电流模拟输出应能承受直至开路时的任何过载。 3 不推荐在今后的设计中使用。		

5.4 通信接口要求

按本部分第 2 章所进行试验的配置，应装有适用的通信接口模块和由制造厂规定的通信链路。

对本条的要求依据 6.6 进行验证。

5.5 PLC 系统的主处理单元及存储器的要求

阅读本条应结合 GB/T 15969.1 和本部分中的 5.6 和 5.7(分别是远程输入/输出站(RIOS)和外围设备)。

PLC 系统主处理单元(MPU)、主存储器和本条中使用的其他术语的定义和图例说明，见图 2 和附录 A。

主处理单元和存储器都属 PLC 永久性设施的组成部分，因此必须对它们进行相应的试验。

对本条的要求依据 6.7 进行验证。

5.6 远程输入/输出站(RIOS)的要求

远程输入/输出站(RIOS)是 PLC 永久性设施的组成部分，因此必须对它们进行相应的试验。但为了试验方便，在合适场合可对隔离的远程输入/输出站(RIOS)分开试验。

电源的电压跌落和电源中断的各项要求完全适用于远程输入/输出站(RIOS)。这些要求在 5.1.1 中说明。

当与主处理单元(MPU)的应用程序失去通信时，远程输入/输出站(RIOS)应能够在规定的延迟时间内，而且不通过未作规定的状态，将其输出状态固定在规定的值上，并应能提供故障指示信号。

主处理单元(MPU)系统应把有关远程输入/输出站(RIOS)当前状态的相关信息提供给用户的应用程序。

对本条的要求依据 6.8 进行验证。

5.7 外围设备(PADT,TE,HMI)的要求

不属 PLC 系统的永久性部件的外围设备，当其与操作系统进行通信或中断通信时，应不引起系统的误动作。

对本条的要求依据 6.3.5 进行验证。

用于外围设备的连接器应具有防止极性误接的定位措施，或 PLC 系统应在设计上保证在极性误接的情况下也不产生误动作。

由外围设备和 PLC 系统组成的系统，应在设计上保证 PLC 系统中执行的编辑程序与外围设备上显示的编辑程序在功能上是相同的。

如果能通过外围设备在线修改 PLC 系统的应用程序和/或工作模式(即当 PLC 系统正在控制一种机械或一个工业过程时)，则

1) 外围设备应自动地给出类似于“正处于在线修改，程序显示可能与应用程序不同；在某一时段(ms)内机械/过程的控制会被中断，等等”的明确警示。

2) 外围设备应询问操作者“你确实要执行该动作吗?”或某些类似问话，并只在操作者给出肯定的回答后才执行这一命令。

3) 应能将新的应用程序加载到制造厂提供的数据媒介上，并能在线验证这些记录在功能上的确与应用程序相同。

4) 应提供相应的手段来防止非授权使用这些功能(硬件或软件)。

对本条的要求依据 6.9 进行验证。

5.8 PLC 系统自检和诊断要求

制造厂应提供对 PLC 系统的运行实行自检和诊断的手段。这种手段应是 PLC 系统的内置服务，和/或为实现预期应用而推荐的方法。

应提供下列手段：

1) 监控用户应用程序的手段(如监视(看门狗)定时器等);

2) 检验存储器完整性的硬件或软件手段;

3) 检验存储器、处理单元和输入/输出模块之间所交换的数据正确性的手段(如应用程序回送检查);

4) 检验电源单元不超过硬件设计所允许的电流限值和电压限值的手段;

5) 监控主处理单元(MPU)状态的手段。

永久性安装的 PLC 系统应能在报警输出上给出报警信号。当检测到系统“功能正常”时，该报警输出端应处于预先确定的状态。在其他情况下，则应处于相反的状态。制造厂应规定“功能正确状态”的条件，以及为驱动该报警输出而执行的自检的条件。

远程输入/输出站(RIOS)在掉电或者不能与主处理单元(MPU)正常通信的情况下，应能在报警输出上(例如，通过一个数字输出模块)给出报警信号，并进入预先规定的状态(见 5.6)。

对本条的要求依据 6.10 进行验证。

5.9 功能接地

功能接地端子(除 5.11.3 中给出的标记要求外)，没有如抗干扰控制、射频干扰(RFI)保护等结构上的要求。

5.10 安装要求

应对装置与支撑表面之间的紧固安装作出规定。

不同的安装方法(如安装 DIN 轨)也应提供装置的紧固安装。

用来安装装置部件的螺栓、螺钉或其他零件等，不得被用来紧固装置与支撑表面、DIN 轨等。

5.11 一般标记要求

对于所有装置，设备上标出的信息至少应标明制造厂(向市场投放产品的公司)和设备型号。其他信息应在设备的数据单中提供。见第 7 章。

以下信息应由制造厂提供：

1) 制造厂名称，商标或其他标识;

2) 型式/系列号，型号或名称;

3) 软件系列号和/或版本等级(见 1.2);

4) 硬件系列号(或系列)和/或版本等级(见 1.2)，以及日期代码或类似数据。

对本条的要求依据 6.11 进行验证。

5.11.1 功能标识

每个输入/输出模块在插入其工作位置运行时，借助制造厂的标记应能方便无误地辨认。

所有操作开关、指示灯和接插件应能被辨认，或具有识别措施。

5.11.2 模块位置和模块标识

在模块上或模块附近，应留出标注每个模块和输入/输出信道的标识符号的空间。

5.11.3 功能接地端子标记

对功能接地端子(即用于非安全目的,如改善抗干扰性),应使用以下符号作出标记:

注:正确的表示(尺寸大小),见 GB/T 5465.2-5018(2002-10)。

5.12 正常工作和功能型式试验及验证的要求

正常工作和功能的试验及验证应由制造厂按第 6 章的要求完成。

5.13 关于正常工作和功能方面信息的要求

关于正常工作和功能方面的信息应由制造厂按第 7 章的要求提供。

6 正常工作和功能型式试验及验证

6.1 气候试验

试验在无包装的装置上进行。

通常使用的易拆卸的温度传感器,在制造厂允许的条件下,可由用户自行拆除。

6.2 耐干热和干冷试验

表 13 耐干热和干冷试验

	干热	冷
参考试验	GB/T 2423.2,试验 Bb	GB/T 2423.1,试验 Ab
预处理	按制造厂的规范	
初始测量	按 PFVP,见 2.5	
检验	不连接电源	
温度[3]	+70 ℃±2 ℃	−40 ℃±3 ℃[2]
试验持续时间	16 h±1 h	16 h±1 h
检验时的测量和/或加载	无	
恢复步骤		
时间	最少 1 h	
气候条件	见 6.1 和 2.6[1]	
特别注意		无凝露[1]
电源	不连接电源	
最终测量	按 PFVP,见 2.5	

1 在基本 PLC 系统再次与电源连接之前,应通风除去内外部的所有凝露。

2 −25 ℃±3 ℃是可接受的,但不推荐在将来的设计中使用。

3 对于有通风的装置,其环境温度是距离该装置的气流进入点的平面不超过 50 mm 处测得的温度;对于无通风的装置,其环境气温是在机壳中垂线上方距离该装置不超过 50 mm 处测得的室温。

6.2.1 温度的变化

表 14 耐/抗温度变化试验

	耐温度变化试验	抗温度变化试验
参考试验	GB/T 2423.14,试验 Na	GB/T 2423.14,试验 Nb
预处理	按制造厂的规范	
初始测量	按 PFVP,见 2.5	

表 14(续)

		耐温度变化试验	抗温度变化试验
检验		不连接电源	连接电源
检测时测量和/或加载		无	3
低温[6]		−40 ℃±3 ℃[5]	+5 ℃±2 ℃
高温[6]	开放式装置	+70 ℃±2 ℃	+55 ℃±2 ℃
	封闭式装置	+70 ℃±2 ℃	+40 ℃±2 ℃
每一温度的试验时间		3 h±30 min	
转换时间		小于 3 min	不规定
温度变化率		不规定	3 ℃/min±0.6 ℃/min
循环次数		5	2
恢复步骤			
时间		小于 2 h	不规定
气候条件		见 6.1 和 2.6[4]	不规定
电源			不规定
最终测量		1	2

1 恢复后按照 PFVP(2.5)进行验证。

2 试验期间按照 PFVP(2.5)进行验证。

3 多信道输出模块的额定值应按制造厂的规定降低。

4 在基本 PLC 系统再次与电源连接之前,应通风除去内外部的所有凝露。

5 −25 ℃±3 ℃是可接受的,但不推荐在将来的设计中使用。

6 对于有通风的装置,其环境温度是距离该装置的气流进入点的平面不超过 50 mm 处测得的温度;对于无通风的装置,其环境气温是在机壳中垂线上方距离该装置不超过 50 mm 处测得的室温。

6.2.2 耐交变湿热试验

表 15 耐交变(12+12)湿热试验

参考试验	GB/T 2423.4,试验 Db
预处理	按制造厂的规范
初始测量	按 PFBP,见 2.5
检验	无
检验时测量和/或加载	无
安装/支撑的细则	无
变化形式	2
特别注意	不连接电源
温度[2]	+55 ℃
循环次数	2

表 15（续）

参考试验	GB/T 2423.4,试验 Db
恢复步骤时间	
气候条件	在 GB/T 2423.4 所述的受控条件下[1]
电源	不连接电源[1]
最终测量	恢复后按 PFVP(2.5)进行试验

1 在基本 PLC 系统再次与电源连接之前,应通风除去内外部的所有凝露。

2 对于有通风的装置,其环境温度是距离该装置的气流进入点的平面不超过 50 mm 处测得的温度;对于无通风的装置,其环境气温是在机壳中垂线上方距离该装置不超过 50 mm 处测得的室温。

6.3 机械试验

6.3.1 振动(正常工作条件下的型式试验)

表 16 抗振试验

参考试验	GB/T 2423.10,试验 Fc
预处理	按制造厂的规范
初始测量	按 PFVP,见 2.5
安装/支撑的细则	便携式和手持式装置,按制造厂的规范
运动	正弦
振幅/加速度	
5 Hz≤f<9 Hz[1]	3.5 mm_{peak}位移,恒定振幅
9 Hz≤f≤150 Hz[1]	1.0 g_{peak}加速度,恒定振幅
振动类型	以每分钟一倍频程(±10%)的速率扫描
振动持续时间	在三个相互垂直轴的每个轴上,分别扫描 10 次
加载时的测量和验证	按 PFVP,见 2.5
试验后的验证	按 PFVP,见 2.5

1 应将跨越频率(约 8.4 Hz)调整为从恒定振幅位移要求到恒定振幅加速度要求的连续平滑跨越。

6.3.2 冲击(正常工作条件下的型式试验)

表 17 抗冲击试验

参考试验	GB/T 2423.27,试验 Ea
预处理	按制造厂的规范
初始测量	按 PFVP ,见 2.5
安装/支撑的细则	便携式和手持式装置,按制造厂的规范。
冲击类型	半正弦
冲击强度	15 g_{peak} ,持续时间 11 ms
施加	在三个相互垂直轴的每个轴上,每轴向分别冲击 3 次 (共冲击 18 次)
加载时的测量和验证	按 PFVP ,见 2.5
试验后的验证	按 PFVP ,见 2.5

6.3.3 自由跌落(正常工作条件下的型式试验)

表 18 抗/耐自由跌落试验(便携装置和手持装置)

参考试验	随机跌落和平台跌落	GB/T 2423.8,规程 1
	有支撑的跌落	GB/T 2423.7,3.2.1
预处理		按制造厂的规范
初始测量		按 PFVP,见 2.5
安装/支撑的细则		(如有的话)使用制造厂的标准电缆装备的被试装置(EUT)
加载时的测量和验证		按 PFVP,见 2.5
试验后的验证		按 PFVP,见 2.5

6.3.4 自由跌落(与运输和贮存条件相关的型式实验)

表 19 耐自由跌落试验(在制造厂原始包装内的单元)

参考试验	GB/T 2423.8,规程 1
样品选择	每种类型用制造厂的原始包装中的最重单元
初始测量	按 PFVP ,见 2.5
安装/支撑的细则	(如有的话)使用制造厂的标准电缆装备的被试装置(EUT)
加载时的测量和验证	无
试验后的验证	按 PFVP ,见 2.5

6.3.5 可插/拔式单元的插/拔

表 20 可插拔式单元的插/拔

参考试验	无
永久性安装单元的试验说明	在不带电的条件下插/拔 50 次,然后装置应通过 PFVP (见 2.5)验证程序
非永久性安装单元的试验说明	在基本 PLC 系统执行如 PFVP (见 2.5)所要求的功能试验程序时,插/拔 500 次。 插/拔应不影响基本 PLC 系统的正常工作。 不要求在试验期间有物理链路上的通信

6.4 电源端口和后备存储器的特殊功能要求的验证——电源端口的特殊抗扰性限制

在下面的 6.4.1 和 6.4.2 中,在试验期间执行正确功能验证规程(PFVP)(见 2.5)。

电源端口是装置电源输入端口(图 2 中的端口 F)。

6.4.1 装置电源输入端口的验证(交流或直流)

6.4.1.1 电压范围、电压纹波和频率范围试验

表 21 抗电压纹波和频率范围试验

参考试验	无	
EUT 配置	按制造厂的规范	
初始测量	按 PFEP,见 2.5	
试验说明[1]	最小工作电压	最大工作电压
交流电压($k \times U_e$)[2]	$k=0.85$	$k=1.10$
交流频率($k \times F_n$)[2]	$k=0.94$	$k=1.04$

表 21（续）

参考试验	无	
直流电压($k\times U_e$)[2]	k=0.85	k=1.20
纹波连续($k\times U_e$)[2]	k=0.05	k=0.05
试验持续时间	30 min	30 min
加载期间的测量和验证	按 PFEP，见 2.5	
试验后的验证	按 PFEP，见 2.5	
合格/不合格准则	A	
1 如果 PLC 系统的装置电源是独立的，则在每一个电源上分别进行试验。 2 详见表 6 中的规定。		

6.4.1.2 抗 3 次谐波试验

表 22 抗 3 次谐波试验

参考试验	无
EUT 配置	按制造厂的规范
初始测量	按 PFVP，见 2.5
试验说明[1]	把调整到额定电网电压的 10% 的三次谐波电压(150 Hz 或180 Hz)迭加到 0°和 180°相位的交流装置电源上(见图 7)
每个相位的持续时间	5 min
加载期间的测量和验证	按 PFVP，见 2.5
试验后的验证	按 PFVP，见 2.5
1 如果 PLC 系统的装置电源是独立的，则在每一个电源上分别进行试验。	

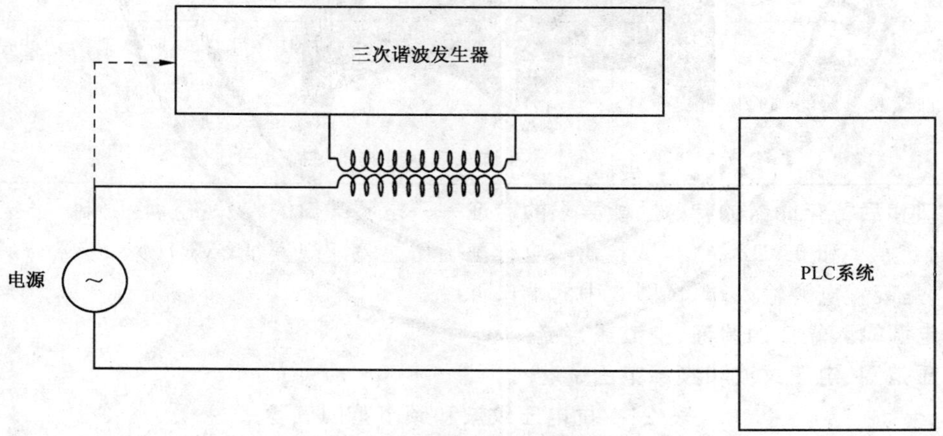

图 7 抗三次谐波的试验

6.4.1.3 停机试验(突然中断供电)

试验说明：在由于供电中断而停机期间，应观察系统的变化情况。此试验重复两次。

合格/不合格准则：

应满足上面给出的要求。此外，从中断供电开始到停机，应没有由非正常试验程序所引起的变化，也没有操作系统错误或任何意想不到的错误。

6.4.1.4 启动试验

当加上外部电源的一定时间后(时间的长短由制造厂规定),PLC 系统应按制造厂的技术要求重新启动(自动再启动或手动再启动,初始化顺序等)。在启动期间,应没有操作系统错误或任何意想不到的错误。

6.4.2 外部电源变化试验(抗扰性试验)

当电压低于正常工作条件的最小限值和/或频率超过正常工作条件的范围时,PLC 系统应"维持正常工作,或转入预先规定的状态,而且有明确规定的行为特性,直到系统恢复正常工作为止"。

合格/不合格准则:在试验期间,PFVP (见 2.5) 应确保基本 PLC 系统的行为特性与制造厂所规定的一样,而且应没有由非正常 PFVP 试验程序所引起的变化,也没有操作系统错误或任何意想不到的错误。

6.4.2.1 平缓停机/启动试验

表 23 平缓停机/启动试验

参考试验	无
EUT 配置	按制造厂的规范
初始测量	按 PFVP,见 2.5
试验说明	平缓停机/启动(见图 8)
初始/最终条件	电源在额定值(U_e,F_n),无纹波
最低电压/V	0
在最低电压时的等待时间/s	10±2
试验次数	3
两次试验的时间间隔	1 s<时间间隔≤10 s
加载时的测量和验证	按 PFVP,见 2.5
停机电压限值(SDL)	在逐渐降低电压期间,PLC 系统执行制造厂规定的停机顺序,或不按照 PFVP 启动一种行为特性时的电压
平均停机极限电压 SDL(SDLav)	三次测得的 SDL 的平均值
合格/不合格准则	按 6.4.2

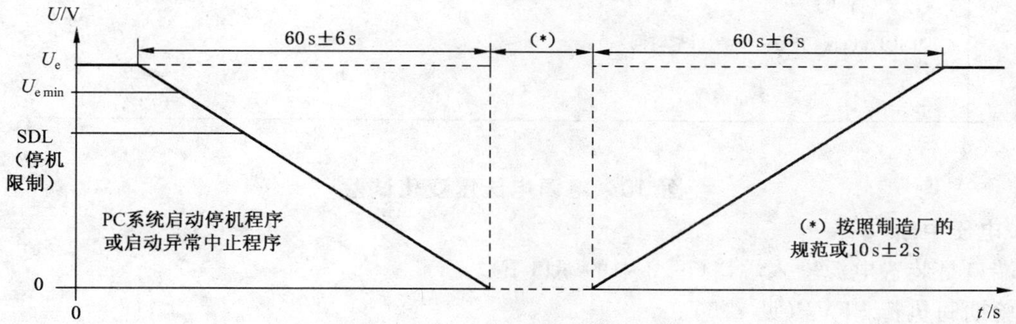

图 8 平缓停机/启动试验

6.4.2.2 电源电压变化试验

表 24 电源电压变化试验

参考试验	无	
EUT 配置	按制造厂的规范	
初始测量	按 PFVP,见 2.5	
试验说明	电源电压快变化(见图 9)	电源电压慢变化(见图 10)
初始/最终条件	电源在额定值($U_{e\ min}$,F_n),无纹波	
最低电压(U)	0	0.9 SDL_{av}^{1}(1±10%)
在最低电压时的等待时间/s	0	0
试验次数	3	3
两次试验的时间间隔	1 s<时间间隔≤5 s	
加载时的测量和验证	按 PFVP,见 2.5	
合格/不合格准则	按 6.4.2	
1 SDL_{av} 是平缓停机试验的结果(6.4.2.1)。		

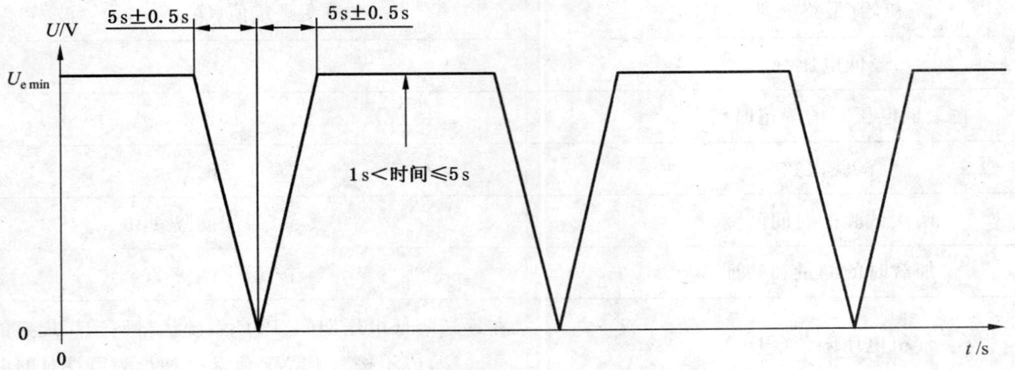

图 9 电源电压快变化试验

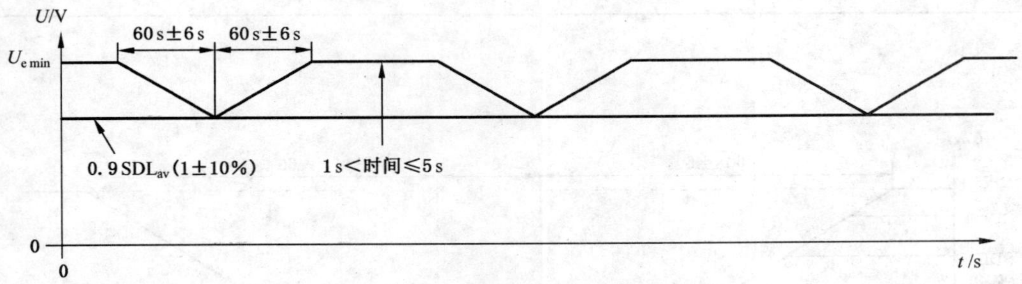

图 10 电源电压慢变化试验

6.4.2.3 电压中断

电源端口是装置电源输入端口(图 2 中的端口 F)。

在试验期间执行 PFVP(见 2.5)。

表 25 抗电压中断试验(功能试验)

参考试验	GB/T 17626.11	GB/T 17626.29	
EUT 配置	按制造厂的规范		
初始测量	按 PFVP,见 2.5		
电源电压和频率	$U_{e\,min}$, F_n [5]	$U_{e\,min}$ [5]	
	交流电源中断	直流电源中断	
持续时间	0.5 周期,跨零点开始[1,2]	PS1:≥1 ms[2]	PS2:≥10 ms[2]
$U_{e\,min}$至%$U_{e\,min}$ [5]	0%	0%	0%
执行准则	PLC 系统应继续按预期规定运行 无功能或性能丢失[4]		
试验次数	20		
两次试验间的时间间隔	1 s<时间间隔≤10 s		
试验期间的测量和验证	应保持正常工作[3] 按 PFVP,见 2.5		
试验后的验证	PLC 系统应继续按预期规定运行 按 PFVP,见 2.5		

1 可选地,制造厂可选择在任意相位角中断供电。

2 制造厂可规定较长时间的中断。

3 由同一电源供电的输出和快速响应输入可能在干扰期间暂时受到影响,但在干扰结束后应恢复正常工作。

4 这些标准与表 31 中性能等级 A 相同。

5 $U_{e\,min}$是表 6 中最小容差时的U_e。

6.4.3 装置电源极性误接试验

6.4.3.1 耐直流电源极性反向试验

应施加额定极性反向电压,时间长达 10 s。试验结果应与制造厂指定的情况相符(如熔断器烧断)。

在试验之后,基本 PLC 系统应能通过正常的验证程序(见 2.5)。可以在验证之前重新安装保护器件,如熔断器。

6.4.3.2 不正确的电压电平和/或频率试验

对于电压电平超过正常工作条件的最大限值($U_{e\,max}$)和/或频率超过正常工作条件的限值范围($F_{n\,max}$和$F_{n\,min}$)的试验,应由用户与制造厂进行协商。

6.4.4 后备存储器要求的验证

6.4.4.1 存储器数据保存时间试验

表 26 存储器数据保存时间试验

参考试验	无	
EUT 配置	按 PFVP,见 2.5	
准备工作时间	按制造厂的规范(电源需要时间以进行充分充电)	
要完成的试验	下面规定的试验 A 或试验 B	
试验说明	试验 A	试验 B
初始条件	电源完全充电;外部电源断开	
温度	开放式装置 55 ℃ 封闭式装置 40 ℃	通用条件 (见 2.6)
持续时间	300 h	1 000 h
试验后的验证	按 PFVP,见 2.5。PLC 系统应完全能正常工作,不应丢失保持的数据	

6.4.4.2 制造厂更换电源方法的验证

表 27 更换电源试验

参考试验	无
EUT 配置	按 PFVP,见 2.5。
电源更换	按制造厂的规定(电源需要时间以进行充分充电)
试验后的验证	按 PFVP,见 2.5。PLC 系统应完全能正常工作,不应丢失保持的信息

6.4.4.3 其他要求的验证

应检查所要求的电池“电池电压低”的警示(见 5.1.2 中的要求)。(拆下电源,用合适的可控电压来替换电源。)

6.5 输入/输出要求的验证

6.5.1 概述

从此往后对试验程序不作详细规定。详细步骤应由用户与制造厂协商规定,但不得使 1.2 中所规定的条件受到削弱。

虽然对试验程序没有作出详细规定,但应完成所提及的所有试验。

除非本条中另有规定,所有试验均应在同一个输入/输出信道上进行两次:

——第一次试验:在最低工作温度(T_{min}),即 5 ℃或表 2 中给出的 T_{min}。

——第二次试验:在最高工作温度(T_{max}),即 40 ℃/55 ℃或表 2 中给出的 T_{max}。

只需对每种类型的一个模拟输入信道和一个数字输入信道进行试验,但对基本 PLC 系统配置的所有不同类型的信道都应进行试验。

对多信道输出模块的所有信道都应进行试验。

6.5.2 数字输入的验证

6.5.2.1 工作范围试验

应进行满足所有要求的验证。

试验程序:按制造厂与用户共同协商的程序。

6.5.2.2 耐信号极性反向试验

试验程序:应在数字输入端施加反极性信号,时间长达 10 s。

验证:

试验结果应与制造厂规定的相同。器件应通过 PFVP(见 2.5)。保护器件(如熔断器)可以在验证前重新安装。

6.5.2.3 其他要求的验证

数字输入/输出应满足 5.2.1 的一般要求和 5.2.1.3 要求的验证。

6.5.3 数字输出的验证

6.5.3.1 工作范围试验

应进行满足所有要求的验证。

试验程序:

——电流范围:按用户与制造厂的协商。

——电压跌落:按用户与制造厂的协商。

——漏电流:不得拆除用于输出保护的器件/电路。

——温度过载:按 GB/T 14048.5,(AC-15 或 DC-13)。对于耐短路保护输出,电流值应为 $2I_e$～$20I_e$(按 5.2.2.2.3 中的要求)。

6.5.3.2 保护输出、无保护输出和耐短路输出的试验

表 28 数字输出的过载试验和短路试验

参考试验	无				
EUT 配置	按制造厂的规范				
安装/支撑的细则	按制造厂的规范				
加载	试验中只需对每一类型中的一个 I/O 信道进行检查				
初始测量	按 PFVP，见 2.5				
试验说明	A	B	C	D	E
预期电流($k \times I_e$)	1.2/1.3[1]	1.5	2	5	21
试验持续时间(min)	5	5	5	5	5
试验次序					
第一批(在 T_{min} 处)	1	2	3	4	5
第二批(在 T_{max} 处)	6	7	8	9	10
两次试验的时间间隔	10 min≤时间间隔≤60 min				
施加保护输出试验	是	是	是	是	是
耐短路输出	否	否	是[2]	否	是[4]
无保护输出[3]	否	否	是[2]	否	是[4]
测量和验证	见 5.2.2.2 和 5.2.3.2 中的要求				
在过载期间	按 PFVP，见 2.5				
紧接在过载后	按 PFVP，见 2.5				
在过载后的正确重新设置	按 PFVP，见 2.5				

1 1.2 用于交流输出，1.3 用于直流输出。

2 电流范围在 $2I_e \sim 20I_e$ 时，模块可能需要修复或更换。

3 应安装由制造厂提供的或指定的保护器件。

4 保护器件应动作。若用于下面的试验，则应重新设置或更换保护器件。

6.5.3.3 耐信号极性反向试验

如果装置设计有防止信号极性反向的措施，则可以不做本试验，而用合适的外观检查来代替。

试验程序：

应在数字直流输出端施加反极性信号，时间长达 10 s。

验证：

试验结果应与制造厂规定的相同。

器件应通过 PFVP(见 2.5)。保护器件(如熔断器)可以在验证前重新安装。

6.5.3.4 其他要求的验证

应进行如下验证，即，数字输入/输出满足 5.2.2 或 5.2.3 的一般要求和 5.2.2.2 或 5.2.3.2 的其他要求(输出指示器和机电式继电器输出)。

6.5.4 模拟输入/输出的验证

6.5.4.1 工作范围试验

应进行满足所有要求的验证。

试验程序：按制造厂与用户共同协商的程序。

6.5.4.2 模拟输入的耐过载试验

试验程序：

按用户与制造厂共同的协商。

测量和验证：

在加载期间：在施加所规定的最大过载期间，应没有物理损坏或异常现象。

在试验后：应按 PFVP（见 2.5）验证输入范围最小值和最大值的准确度。

6.5.4.3 短路试验（电压输出）和开路试验（电流输出）

在进行短路（电压输出）试验或开路（电流输出）试验时，应没有物理损坏或异常现象。在试验后，执行 PFVP（见 2.5）。

6.5.4.4 电源电压变化试验

本试验应在模拟输入/输出模块由外部独立电源（即独立于 PLC 系统的其他输入/输出模块电源）供电时进行。

电源用一个可变电源代替。电压调整到所规定的电压范围的极限值。这时，该模块应通过 PFVP，输出的变化应在所规定的范围之内（见 2.5）。

6.5.4.5 耐信号极性反向试验

如果装置设计有防止信号极性反向措施，则可以不做本试验，而用合适的外观检查来代替。

试验程序：

应在单极性模拟输入端施加反极性信号，时间长达 10 s。

验证：

试验结果应与制造厂规定的相同。器件应通过 PFVP（见 2.5）。保护器件（如熔断器）可以在验证前重新安装。

6.5.4.6 其他要求的验证

不需要进行型式试验。未经试验的所有要求应按制造厂与用户共同协商的程序进行验证。

6.6 通信接口要求的验证

不需要进行型式试验。未经试验的所有要求应按制造厂与用户共同协商的程序进行验证。

6.7 MPU 要求的验证

不需要进行型式试验。未经试验的所有要求应按制造厂与用户共同协商的程序进行验证。

6.8 远程输入/输出站的验证

6.8.1 响应时间试验

本试验验证对传输时间的影响，传输时间是指把远程输入信息和远程输入输出站（RIOS）的状态提供给应用程序并将其逻辑判断传送到远程输出端所用的时间。

验证程序：

运行由输入状态复制到输出构成的应用试验程序，有如下四种相似的配置：

1） 本地输入到本地输出；

2） 远程输入到本地输出；

3） 本地输入到远程输出；

4） 远程输入到远程输出。

合格/不合格准则：

系统总响应时间和其后的传递时间的变化，应符合制造厂制定的技术规范。

6.8.2 通信丢失试验

当取消通信时，输出应在制造厂规定的时间间隔内呈现制造厂所规定的状态，而且没有错误的或意想不到的行为动作；同时应给用户发送通信出错的信号。

验证程序：

本试验通过断开 a)链路、b)远程输入/输出站(RIOS)外部电源，并观察基本 PLC 系统(即主处理单元、远程输入/输出站和它们的输出)的行为特性来完成。

合格/不合格准则：

按要求决定。

6.8.3 其他要求的验证

不需要进行型式试验。未经试验的所有要求应按制造厂与用户共同协商的程序进行验证。

6.9 外围设备(PADT,TE,HMI)要求的验证

不需要进行型式试验。所有不进行试验的要求应按制造厂与用户共同协商的程序进行验证。

6.10 PLC 系统自检和诊断的验证

不需要进行型式试验。未经试验的所有要求应按制造厂与用户共同协商的程序进行验证。

6.11 标记和制造厂技术文件的验证

通过外观检查来验证 5.1.1 的要求。

7 制造厂提供的资料

制造厂应向用户提供关于 PLC 系统的应用、设计、安装、调试、操作和维护方面的资料。此外，制造厂还应对用户进行培训。

提供的资料除打印形式以外，也可以其他形式提供。

7.1 资料文件的类型和内容

规定了三种资料文件的类型：

1) 样本和数据单；

2) 用户手册；

3) 技术文件。

注：关于这些规章指南的准备，参阅 GB/T 19678 和 GB/T 19898。

7.1.1 样本和数据单应提供的信息

这些文件应包括 PLC 系统及其相关外围设备的描述和规格。另外，它们还应包含有助于理解这些产品应用和使用的其他有关信息，包括功能特性、装置配置规则、正常工作条件、实际外形尺寸及重量，以及所符合标准和认证的说明。

7.1.2 用户手册应提供的信息

这些文件应包括 PLC 系统的正确安装、接线、故障查询、用户编程和调试所必需的信息。它们至少应包括：

1) 安装和调试须知；

2) 编程和故障查询说明；

3) 运行和维护要求；

4) 附件和备件表(如熔断器)。

7.1.3 技术文件应提供的信息

制造厂可以(可选地)提供一套比在用户手册中所包含的更多信息的文件，如原理图、内部或外部数据协议、总线分配、物理尺寸要求、可用的电源、固件、内部测试程序或维修方法等。

7.2 关于与本部分符合性的信息

制造厂应提供关于与本部分符合性方面的信息，对此可从以下两个层面来说明：

1) 完全符合本部分中所有章节所提出的要求，例如，在无资质证明的情况下，指明与本部分的符合性；

2) 符合本部分中的某个部分，文件中明确说明产品所符合的本部分中的具体特定条款。

详见 1.2。

7.3 关于可靠性的信息

如果制造厂提供了在正常工作条件下任一组件或模块的平均无故障时间值(MTBF),以及型式试验配置(PLC系统)的值,那么,制造厂还应说明用来确定这些值的方法。

7.4 关于其他条件的信息

对于本部分中未作出规定的任何机械条件,用户应与制造厂共同协商以达成一致意见。

7.5 关于运输和储存的信息

制造厂应提供运输和贮存须知。

7.6 关于交流电源和直流电源的信息

制造厂应提供以下信息:

1) 提供的数据可允许选择一个合适的配电网使之在每个用电点得到所规定的电压数值。该信息包括满负荷情况下的启动峰值(在冷启动和暖重启)、重复峰值及静态输入电流的均方根值。
2) 电源接口的外部接线端子标志。
3) 电源系统的典型示例。
4) 若需要专用电源,则应说明通过多电源或使用5.1.1.1中未包括的电压和频率供电的PLC系统的专用电源的要求。
5) 以下不正确的电源连接导致的影响:
   - 极性接反;
   - 电压电平和/或频率不匹配;
   - 引线连接错误。
6) 关于PLC系统性能受典型电源升降时序影响的全部信息。
7) 能估算不影响任一PLC系统配置正常工作的最长中断时间值的数据;直流供电设备的PS类别(PS-1或PS-2)。
8) 后备存储器时间与温度及维护要求的关系。
9) 推荐的电源更换的时间间隔和更换步骤,以及由此产生的对PLC系统的影响。
10) 启动电流峰值(在冷启动和暖重启),或推荐的熔断器规格及熔点。

7.7 关于数字输入(电流阱)的信息

制造厂应提供以下信息:

1) 整个工作区的U—I特性曲线,容差或类似参数;
2) 从“0”状态转换到“1”状态和从“1”状态转换到“0”状态的数字输入延迟时间(TID);
3) 信道之间存在的公共点;
4) 输入端连接错误导致的影响;
5) 在正常工作条件下,信道与其他线路(包括“地”)之间,信道与信道之间的隔离电位;
6) 输入类型(第一类,第二类或第三类);
7) 直观指示器的监视点和二进制状态;
8) 插/拔带电输入模块时的影响;
9) 在互连输入与输出时附加的外部负载(若需要);
10) 信号评定的说明(例如,静态/动态评定,中断释放等);
11) 根据电缆型号和电磁兼容性而推荐的电缆和导线的长度;
12) 端子的排列;
13) 外部连接的典型示例。

7.8 关于交流数字输出(电流源)的信息

制造厂应提供交流数字输出方面的以下信息:

1) 保护类型(即保护输出,耐短路输出,无保护输出):

- 对保护输出：超过 1.1I_e 的工作特性，包括保护器件通电时的电平，电流的其他行为特性及其使用的时间；
- 对耐短路输出：更换或重新安装保护器件所需要的信息；
- 对无保护输出：如果需要，应说明由用户提供的保护器件。

2) 从“0”状态转换到“1”状态和从“1”状态转换到“0”状态的数字输出延迟时间(TQD)。
3) 换流特性及有关过零点电压的转换电压。
4) 信道之间存在的公共点。
5) 端子的排列。
6) 外部连接的典型示例。
7) 输出的数量及类型(例如，常开/常闭(NO/NC)触点，固态，独立的隔离信道等)。
8) 对于机电式继电器，额定电流和电压应符合 5.2.2.2.5。
9) 其他负载(如白炽灯)的输出额定值。
10) 多信道模块的总输出电流(见 3.38)。
11) 为防止因电感逆转产生的电压峰值而接入输出电路的阻尼网络的特性。
12) 外部保护网络的类型(若需要)。
13) 输出端不正确连接导致的影响。
14) 在正常工作条件下，信道与其他线路(包括“地”)之间，信道与信道之间的隔离电位。
15) 信道内直观指示器的监视点(例如，MPU 一侧或负载一侧)。
16) 更换输出模块的推荐步骤。
17) 主处理单元(MPU)控制的中断、电压跌落和中断期间的输出特性，以及电源升/降时序(见 5.6)。
18) 工作方式(即闩锁/非闩锁方式)。
19) 多路过载对隔离的多信道模块的影响。

7.9 关于直流数字输出(电流源)的信息

关于制造厂提供的直流数字输出的信息应与 7.8 中所规定的关于交流数字输出的信息相同。但是，过零点电压的转换规范不适用。对于机电式继电器输出，用 DC-13 代替 5.2.2.2.5 中的 AC-15。

7.10 关于模拟输入的信息

除类型和标准范围外，制造厂还应提供以下信息。

7.10.1 关于模拟输入静态特性的信息

静态特性		单位及示例
1) 信号范围内的输入阻抗(制造厂应规定是处于“导通”状态，还是处于“关断”状态)		Ω
2) 模拟输入误差：	温度系数	全量程的± %
	25 ℃时的最大误差	全量程/K 的± %
3) 温度范围的最大误差		全量程的± %
4) 数字分辨率		二进制位数
5) 返回应用程序的数据格式		二进制，BCD 码，等
6) 最低有效位(LSB)的值		mV，mA
7) 允许的永久性最大过载(无损害)		V，mA
8) 过载情况下读得的数字输出		例如：标志
9) 输入类型		例如：差动

续表

静态特性		单位及示例
10） 共模特性(DC,AC 50Hz～60Hz)，如果适用		CMRR-dB, CMV-V
11） 对于其他输入(热电偶,RTD等)：	传感器类型	J,K,T 等：Pt 100 等
	测量范围	最小℃至最大℃
	线性化方法	内部提供或用户提供

7.10.2 关于模拟输入动态特性的信息

动态特性		单位及示例
1） 采样持续时间(包括设定时间)		ms
2） 采样重复时间		ms
3） 输入滤波器特性：	阶次	一阶，二阶等
	过渡频率	Hz
4） 在每个规定的电噪声试验期间的最大瞬时偏差		全量程的± %

7.10.3 关于模拟输入通用特性的信息

通用特性	单位及示例
1） 转换方式	双斜坡，S. A 等
2） 工作模式	触发，自扫描等
3） 保护类型	RC(阻容网络)，光电隔离，MOV(金属氧化物压敏电阻)，等
4） 正常工作条件下，信道与 a)其他线路(包括“地”)，b)信道间，c)电源之间，d)接口之间的隔离电位	V
5） 如果需要，提供外部电源数据	
6） 如果有各信道之间的公共点，提供该信息	技术数据
7） 为抗干扰提供保证而推荐的电缆型号、长度及安装规则	双绞线，最长 50 m
8） 为保持设计精度的校准或验证	月，年
9） 端子的排列	
10） 外部连接的典型示例	
11） 输入端连接错误导致的影响	

7.10.4 关于模拟输入其他特性的信息

其他特性	单位及示例
1） 无遗失码的单一性	是，否
2） 在 DC,AC 50 Hz 和 AC 60 Hz 时信道间的串扰	dB
3） 非线性	全量程的 %
4） 在规定的稳定时间后，在固定温度点的重复性	全量程的 %
5） 电磁继电器多路复用开关的寿命	动作次数，小时数

7.11 关于模拟输出的信息

除类型和标准范围外，制造厂还应提供以下信息。

7.11.1 关于模拟输出静态特性的信息

静态特性		单位及示例
1) 信号范围内的输出阻抗(制造厂应规定是处于“导通”状态，还是处于“关断”状态)		Ω
2) 模拟输出误差：	25 ℃时的最大误差	全量程的± %
	温度系数	全量程/K的± %
3) 整个温度范围的最大误差		全量程的± %
4) 数字分辨率		二进制位数
5) 返回应用程序的数据格式		二进制，BCD码等
6) 最低有效位(LSB)的值		mV，mA

7.11.2 关于模拟输出动态特性的信息

动态特性	单位及示例
1) 全量程变化的设定时间	ms
2) 超调量	全量程的 %
3) 在每个规定的电噪声试验期间的最大瞬时偏差	全量程的± %

7.11.3 关于模拟输出通用特性的信息

通用特性	单位及示例
1) 保护类型	光电隔离，等
2) 在正常工作条件下信道与其他线路(包括“地”)之间以及信道之间的隔离电位	V
3) 若需要，提供外部电源数据	技术数据
4) 对于使用外部供电的电流输出，在整个输出范围内输出端的最大和最小电压降	V
5) 为抗干扰提供保证而推荐的电缆型号、长度及安装规则	双绞线，最长 50 m
6) 为保持设计精度的校准或验证	月，年
7) 端子的排列	
8) 如果有各信道之间的公共点，提供该信息	
9) 允许的负载形式	无接地，接地
10) 最大容性负载(对电压输出)	pF
11) 最大感性负载(对电流输出)	mH
12) 外部连接的典型示例	
13) 电源升/降时的输出响应	
14) 输入端连接错误导致的影响	

7.11.4 关于模拟输出其他特性的信息

其他特性	单位及示例
1) 单一性	是,否
2) 在DC,AC 50 Hz和AC 60 Hz时信道间的串扰	dB
3) 非线性	全量程的 %
4) 在规定的稳定时间后,在固定温度点的重复性	全量程的 %
5) 输出波纹	全量程的 %

7.12 通信接口方面的信息

如果制造厂给其他厂家的设备提供通信接口,则应提供正确操作所必须的信息。要做到这一点,可以参考某个特定的标准或规范,以及选项的详细情况如波特率、所用的电缆类型等。

7.13 关于PLC系统的主处理单元和存储器的信息

制造厂应提供的主处理单元和存储器方面的信息是:

1) 程序存储器的结构、容量。
2) 数据存储器的结构、容量,以及每个字的位数。
3) 可用的存储器类型(如CMOS-EPROM,等等)。
4) 如果有后备存储器,则提供其功能及工作条件方面的信息。
5) 确定一个所要求的配置(机架、电缆、总线扩展器、电源单元、每个类型的最大I/O数、最多的I/O模块数等)的数据、各种制约条件及步骤。
6) PLC系统(编程调试工具(PADT)与主处理单元的配合)所支持的编程语言的描述。
7) 对GB/T 15969.3中所定义语言的支持程度,包括可能存在的差别(对象,指令,语义及语法规则等)。
8) 确定每个存储器利用率的计算方法(用户的应用程序和数据,可用的固件程序和数据),以及每个相关时间(扫描时间,系统响应时间,传递时间,执行时间)的平均值。
9) 处理输入/输出的三种机制即,使用由系统进行周期刷新的输入/输出映象寄存器,使用立即"GET/PUT"型指令,使用中断和事件驱动程序等。这些机制对以下方面的影响:
   - 系统响应时间;
   - 重新启动能力(即冷重启、暖重启、热重启);
   - 用于输入、输出、处理等的具体时间。
10) 在把非永久性安装的外围设备在PLC系统接口上插入/拔出、连接/拆除时,它们对每种相关时间的影响(见本节的第8项)。
11) 有关冷重启、暖重启、热重启的PLC系统状态信息(若适用)。可用来确定暖重启与热重启之间有关过程差别的可编程定时器的说明和用途。
12) 执行的自检和诊断功能(见5.8)。

7.14 关于远程输入/输出站(RIOS)的信息

制造厂应提供以下信息:

1) 选择用于通信链路所需合适电缆和其他器件用的规范;
2) 用于正确安装整个系统的规范(包括选择合适的电源);
3) 输入/输出通信网络的类型(点对点,星型,多分支,环型等);
4) 通信链路上所使用的原理、规程和传输速率;从/向远程输入/输出站(RIOS)传递关于检测差错/差错编码的数据的能力,以及在最佳、最可能、最坏情况下传输延迟的能力;
5) 采用将远程输入信息及远程输入/输出站(RIOS)状态提供给用户应用程序,并将其逻辑判断传送给远程输出的方式时,对传输时间的影响;

6) 按 5.6 规定的值和延迟时间；

7) 与配置有关的数据：单个 PLC 系统配置内远程输入/输出站(RIOS)的最大数量，每个站的最大/最小规模；

8) 在整个输入/输出系统中，哪些输入/输出模块不能用于远程输入/输出站(RIOS)，和/或(如果有的话)其中哪些功能要改变；

9) 如果有冗余，则其类型、体系结构和特性；

10) 调制解调器/中继器(如果适用)，带/不带中继器的最长距离；

11) 提供终端器件的信息(若需要)；

12) 通信接口的物理特性，包括隔离特性、可接受的最高共模电压、内置短路保护等；

13) 标准链路接口的类型(即 RS 232,RS 422,RS 485,RS 511 等)；

14) 功能接地和安全接地的规范；

15) 接通/关断远程输入/输出站(RIOS)与 PLC 系统的逻辑连接和物理连接的步骤(例如“在线”)。

7.15 关于外围设备(PADT,TE,HMI)的信息

制造厂应通过适当的文件和标记提供如下信息：

1) 当使用能改变控制条件的功能时，例如，PLC 系统的状态修改、更改存储器中的数据或程序、强制输入或输出信号等，应提供能看到的醒目警示和预防措施；

2) 外围设备在远程输入/输出站(RIOS)的可用性；

3) 其所处的预期工作环境比第 4 章中所述严酷环境较佳的外围设备的工作条件(把这些外围设备通过通信电缆远距离地连接到 PLC 系统的其余部分)；

4) 用于选择通信链路所需合适电缆和其他器件的规范；

5) 用于正确安装整个系统的规范(包括选择合适的电源)；

6) 通信网络的类型(点对点，星型，多分支，环型等)；

7) 通信链路上所使用的原理、规程和传输速率；从/向远程输入/输出站(RIOS)传递关于检测差错/差错编码的数据的能力，以及在最佳、最可能、最坏情况下传输延迟的能力；

8) 提供终端器件的信息(若需要)；

9) 通信接口的物理特性，包括隔离特性、可接受的最大共模电压、内置短路保护等；

10) 标准链路接口的类型(即 RS 232,RS 422,RS 485 等)；

11) 功能接地和安全接地的规范。

7.16 关于自检和诊断的信息

制造厂应通过适当的文件和标记提供以下信息：

1) 实现自检和诊断的说明，以及其执行时间的说明(即永久性，周期性，按用户应用程序的要求，在启动过程期间等)；

2) 正确的功能状态和驱动报警输出的条件(见 5.8)。

8 电磁兼容性(EMC)要求

本章规定 PLC 系统装置(即主处理单元(MPU)、远程输入输出站(RIOS)、永久性/非永久性安装的外围设备)的电磁兼容性(EMC)要求。

注：本部分中的第 8 章、第 9 章和第 10 章是对 EU 电磁兼容性规范的符合性要求。

8.1 概述

作为潜在的发射装置，安装的 PLC 系统及其他装置可能发射传导的、辐射的电磁干扰。

作为潜在的接收装置，PLC 系统可能受到外部产生的传导干扰、辐射电磁场及静电放电的影响。

8.2 和 8.3 中的要求规定了 PLC 系统装置的 EMC 性能特性，这些是对制造厂职责的要求。制造厂建议，用户负责所安装产品的电磁兼容性。

由于 PLC 系统仅仅是整个自动化系统中的一个部件，因此本部分不涉及整个自动化系统的 EMC 兼容性。

如果可选的 EMC 外壳（如机柜）或其他保护器件（如滤波器）是由制造厂指定的，则它应属被测装置（EUT）的组成部分。

EMC 外壳端口是 PLC 系统的物理边界，电磁场可通过它发射或接收。见 3.51。

8.2 辐射要求

除非制造厂的资料另有规定，PLC 被设计用于 GB/T 17799.4 涵盖的工业环境。

8.2.1 辐射的一般要求

对于辐射，表 29 中所列要求的目的是确保对无线电频谱的保护。

8.2.2 低频范围内的辐射限制

由于 PLC 系统不与公共电网相连，因此不要求频率高达 150 kHz。

8.2.3 高频范围内的辐射限制

表 29 辐射限值

端口	频率范围	严酷等级（标准）	严酷等级（可选）	基本标准
外壳端口（辐射）		在距离 10 m 处测得	在距离 30 m 处测得	GB/T 17799.4
	30 MHz～230 MHz	40 dB(μV/m)准峰值	30 dB(μV/m) 准峰值	
	230 MHz～1 000 MHz	47 dB(μV/m) 准峰值	37 dB(μV/m) 准峰值	
交流电源端口（传导）[1]	0.15 MHz～0.5 MHz	79 dB(μV) 准峰值		GB/T 17799.4
		66 dB(μV)平均值		
	0.5 MHz～30 MHz	73 dB(μV) 准峰值		
		60 dB(μV)平均值		

1 若每分钟出现脉冲干扰的次数少于 5 次，则不予考虑。若每分钟出现脉冲干扰的次数多于 30 次，则这些限值适用。若每分钟出现脉冲干扰次数的范围是 5～20 次，则允许限值的衰减为 20 lg(30/N)（其中，N 是脉冲干扰的次数）。合格/不合格的准则可参阅 CISPR 14 - 1。

对本条的要求依据 9.3 和 9.4 进行验证。

8.3 EMC 抗干扰要求

除非制造厂的资料另有规定，PLC 被设计用于 GB/T 17799.2 所覆盖的工业环境。

8.3.1 概述

图 11 中的所示图形用以说明在一个工厂环境中 EMC 与耦合干扰机制。区域的划分由电源配电、安装的实际情况、输入/输出接线确定。

C 区＝ 工厂电网（通过专用变压器与公共电网隔离），第 1 级浪涌保护和严酷的耦合干扰。该区的工业环境比 GB/T 17799.2 所覆盖的一般工业环境在一定程度上还要严酷。

B 区＝ 专用配电，第 2 级浪涌保护和中等等级的耦合工业干扰。该区的工业环境相当于 GB/T 17799.2所覆盖的一般工业环境。

A 区＝ 本地配电，被保护的和低干扰耦合。该区的周围是一般工业环境（B 区）。通常采用的典型措施有：短接线，受到良好保护的电源（SELV/PELV），I/O 阻抗限制，安装保护网络，交流/直流变换器，隔离变压器，浪涌抑制器，等等。A 区干扰环境类似于 GB/T 17799.1（轻工业环境）。

除非制造厂的资料另有规定，PLC 被设计用于 B 区（GB/T 17799.2 所覆盖的工业环境）。B 区包括 A 区。

如果产品将用于多个区域，则应按其所用区域的最严酷环境的综合要求对其进行设计和试验。

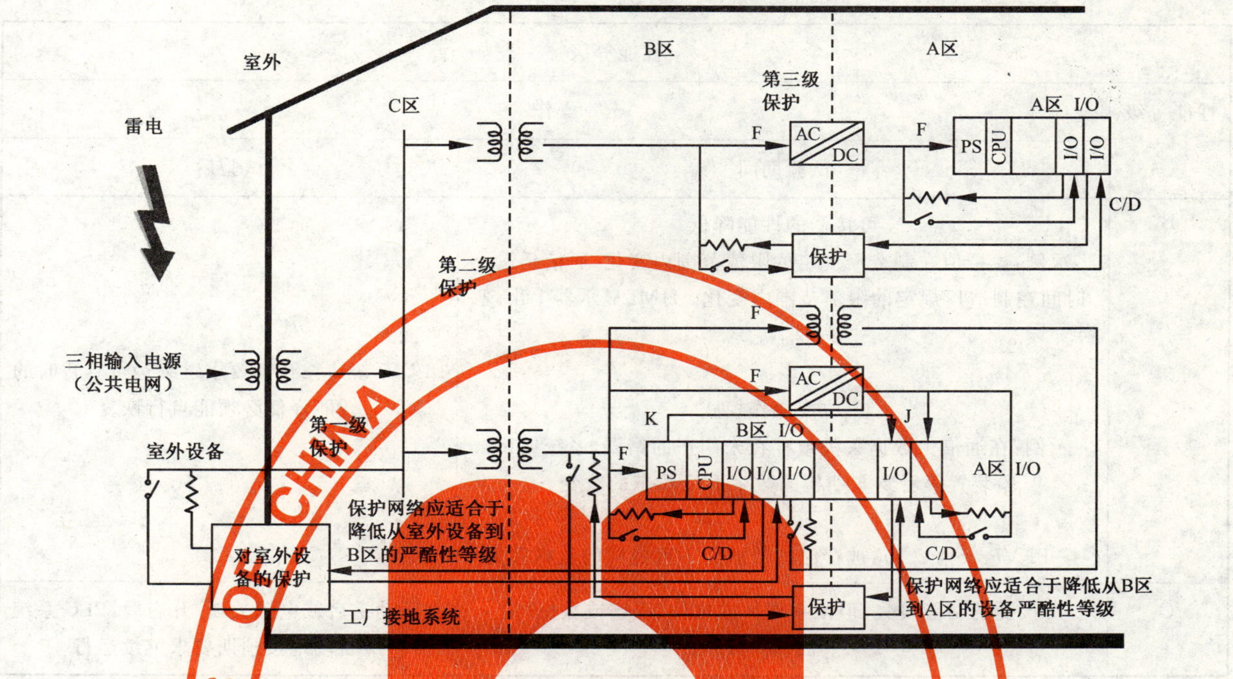

图 11　EMC 抗干扰区

图 11 中的虚线并不表示物理分隔或隔离。图 11 中的字母(F,K,C,D 等)与图 2 中的字母一一对应,它们描述接口/端口。

表 30　EMC 抗干扰区(关于浪涌的示例)

EMC 区	EMC 条件		
C 区	工厂电网配电 高额定电压	第 1 级浪涌保护	极高电压耦合浪涌 4 000 V
B 区	专用配电 额定电压≤300 V	第 2 级浪涌保护 I/O 阻抗限制	中等电压耦合浪涌 2 000 V
A 区	本地配电 额定电压 ≤120 V 额定电压 ≤100 V 额定电压 ≤50 V	I/O 阻抗限制	低压耦合浪涌 1 000 V 800 V 500 V

8.3.2　性能等级

表 31　验证 PLC 系统抗 EMC 干扰的性能等级

性能等级		
性能等级	操作	
	试验期间	试验后
A	PLC 系统应按预期要求继续运行。按 PFVP (见 2.5),没有功能或性能丧失	PLC 系统应按预期要求继续运行

表 31（续）

性能等级		
性能等级	操作	
	试验期间	试验后
B	可接受的性能降低 示例：模拟值在制造厂规定的限值范围内变化，通信延迟时间在制造厂规定的限值范围内变化，HMI 显示器上出现闪烁，等等 不改变操作模式 示例：在通信中数据丢失或存在未纠正的错误，系统或试验装置等看到非期望的数字 I/O 状态的改变。 按 PFVPs（见 2.5），被存储的数据无不可挽回的数据丢失	PLC 系统应按预期要求继续运行。暂时的性能降低必须能自行恢复
C	可接受的功能丧失，但没有硬件或软件（程序或数据）的破坏	在手动重启或电源关断/开启后，PLC 系统应自动地按预期要求继续运行

8.3.3 抗辐射等级

表 32 外壳端口试验，A 区和 B 区

环境现象	参考标准	试验		试验等级	试验内容	注	性能等级
静电放电	GB/T 17799.2	触点		±4 kV	表 38	1	B
		空气		±8 kV			
射频电磁场调幅	GB/T 17799.2	80% AM，1 kHz 正弦波	2.0 GHz～2.7 GHz	1 V/m	表 39	4	A
			1.4 GHz～2.0 GHz	3 V/m			
			80 MHz～1 000 MHz	10 V/m			
电源频率磁场	GB/T 17799.2	60 Hz		30 A/m	表 40	2，3	A
		50 Hz		30 A/m			

1 应将 ESD（静电放电）试验施加于

a) 操作员可接触的装置（例如，HMI，PADT 和 TE）；

b) 外壳端口；

c) 没有安装意外接触保护的可接触工作部分（例如，开关，键盘，保护接地/功能接地，模块外壳，带连接器和金属连接器的通信端口）。

对于不带连接器的通信端口、I/O 端口或电源端口，不进行 ESD 试验。

2 本试验是试验装置对一般在工厂产生的磁场的灵敏度。本试验只适用于包含对磁场敏感器件的装置，例如，霍尔效应器件，CRT 显示器，软盘驱动器，磁性存储器，以及类似装置。基本 PLC 系统一般不包含这类器件；但其他装置（如 HMI）可能包含这类器件。本试验不模拟高强度磁场，例如，有关焊接和感应加热过程的磁场。此要求可通过在设备制造厂对敏感器件施加的试验来满足。

3 偏差不得大于 3 A/m。若大于 3 A/m，制造厂应规定 CRT 显示接口的允许偏差。

4 此等级并不代表在紧靠 PLC 系统处由收发器所辐射的场强。

B 区等级是最典型的工业环境等级。

表 33 抗传导性试验,B 区

	环境现象	电快速瞬变脉冲群	高能量浪涌	射频干扰	
	参考标准	GB/T 17799.2	GB/T 17799.2	GB/T 17799.2	
	试验内容	表 41	表 42	表 43	
	性能等级	B	B	A	
接口/端口 (按图 2 表示方法)	特定 接口/端口	试验等级	试验等级	试验等级	值 来自
数据通信 (用于 I/O 机架的 Al，Ar； 用于外围设备的 Be，Bi，E)	屏蔽电缆	1 kV[4]	1 kV CM[2]	10V[4]	GB/T 17799.2 表 2
	非屏蔽电缆	1 kV[4]	1 kV CM[2]	10V[4]	
数字 I/O 和模拟 I/O (C 和 D)	交流 I/O (非屏蔽)	2 kV[4]	2 kV CM[2] 1 kV DM[2]	10V[4]	GB/T 17799.2 表 4
	模拟 I/O 或直流 I/O (非屏蔽)	1 kV[4]	1kV CM[2]	10V[4]	GB/T 17799.2 表 2
	所有屏蔽线 (对地)	1 kV[4]	1 kV CM[2]	10V[4]	GB/T 17799.2 表 2
装置电源(F)	交流电源	2 kV	2kV CM 1 kV DM	10V	GB/T 17799.2 表 4
	直流电源	2kV[1]	0.5 kV CM[3] 0.5 kV DM[3]	10V	GB/T 17799.2 表 3
I/O 电源(J) 和 辅助电源输出(K)	交流 I/O 和 交流辅助电源	2 kV[4]	2 kV CM[2] 1 kV DM[2]	10V	GB/T 17799.2 表 4
	直流 I/O 和 直流辅助电源	2 kV[1,4]	0.5 kV CM[2] 0.5 kV DM[2]	10V	GB/T 17799.2 表 3

1 不适合于使用电池或可充电电池的输入端口,因更换电池或充电的需要必须把它们从装置上取出或断开连接。对于使用交-直流电源适配器的输入端口,应在制造厂所规定的交-直流电源适配器的交流电源输入上进行试验;如果制造厂未规定,则使用典型的交直流电源适配器。对于永久性连接的输入/输出端口,若电缆长度≤3 m,则不需要进行试验。

2 对于规定电缆长度≤30 m 的端口,不需要进行试验。

3 不适合于使用电池或可充电电池的输入端口,因更换电池或充电的需要必须把它们从装置上取出或断开连接。对于使用交-直流电源适配器的输入端口,应在制造厂所规定的交直流电源适配器的交流电源输入上进行试验;如果制造厂未规定,则使用典型的交直流电源适配器。对于不会接在 DC 分布电源网络中而且线长总是小于 30 m 的输入输出端口,则不需要进行试验。

4 对于规定电缆长度≤3 m 的端口,不需要进行试验。

A 区等级适用于安装保护措施使工业环境等级降低到低于 B 区的工业环境等级的场合。见图 11,它们可能是保护网络的设施、交流/直流转换器、隔离变压器、浪涌抑制器、I/O 阻抗限制,短接线,受良好保护的电源(SELV/PELV)等。

表 34　抗传导性试验，A 区

	环境现象	电快速瞬变脉冲群	高能量浪涌	射频干扰	
	参考标准	GB/T 17799.1	GB/T 17799.1	GB/T 17799.1	
	试验内容	表 41	表 42	表 43	
	性能等级	B	B	A	
接口/端口 （按图 2 表示）	特定 接口/端口	试验等级	试验等级	试验等级	值 来自
数据通信 （用于 I/O 机架的 Al，Ar； 用于外围设备的 Be，Bi，E）	通信 屏蔽电缆	— 0.5 kV[4]	— 不试验	— 3V[4]	GB/T 17799.1 表 2
	非屏蔽电缆	— 0.5 kV[4]	— 不试验	— 3V[4]	
数字 I/O 和模拟 I/O （C 和 D）	交流 I/O （非屏蔽）	1 kV[4]	2 kV CM[2] 1 kV DM[2]	3V[4]	GB/T 17799.1 表 4
	模拟 I/O 或直流 I/O （非屏蔽）	0.5 kV[4]	不试验	3V[4]	GB/T 17799.1 表 2
	所有屏蔽线 （对地）	0.5 kV[4]	不试验	3V[4]	GB/T 17799.1 表 2
装置电源(F)	交流电源	1 kV	2 kV CM 1 kV DM	3V	GB/T 17799.1 表 4
	直流电源	0.5 kV[1]	0.5 kV CM[3] 0.5 kV DM[3]	3V	GB/T 17799.1 表 3
I/O 电源(J) 和 辅助电源输出(K)	交流 I/O 和 交流辅助电源	1 kV[4]	2 kV CM[2] 1 kV DM[2]	3V	GB/T 17799.1 表 4
	直流 I/O 和 直流辅助电源	0.5 kV[1,4]	0.5 kV CM[2] 0.5 kV DM[2]	3V	GB/T 17799.1 表 3

1 不适合于使用电池或可充电电池的输入端口，因更换电池或充电的需要必须把它们从装置上取出或断开连接。对于使用交-直流电源适配器的输入端口，应在制造厂所规定的交-直流电源适配器的交流电源输入上进行试验；如果制造厂未规定，则使用典型的交直流电源适配器。对于永久性连接的输入/输出端口，若电缆长度≤3 m，则不需要进行试验。

2 对规定电缆长度≤30 m 的端口，不需要进行试验。

3 不适合于使用电池或可充电电池的输入端口，因更换电池或充电的需要必须把它们从装置上取出或断开连接。对于使用交-直流电源适配器的输入端口，应在制造厂所规定的交直流电源适配器的交流电源输入上进行试验；如果制造厂未规定，则使用典型的交直流电源适配器。对于与直流电源配电网络永久性连接的输入/输出端口，若电缆长度≤30 m，则不需要进行试验。

4 对规定电缆长度≤3 m 的端口，不需要进行试验。

使用条件可要求在 C 区中的设施。制造厂可使用附录 D 中给出的等级进行选择，以便为该设施提供装置。

对本条的要求依据 9.5，9.6，9.7，9.8，9.9 和 9.10 进行验证。

8.3.4　电压跌落和中断电源端口

这些限制适用于图 2 中的装置电源接口/端口（F）。

对于如表35中规定的电源的短时间扰动，PLC系统（包括RIOS（见5.6）和非永久性安装的外围设备）应维持正常工作。

对于较长时间的电源中断，PLC系统或者维持正常工作，或者进入预先规定的状态，并在恢复正常工作前有一个明确规定的行为。

注：由同一个电源供电的输出和快/慢速响应输入将会对电源的这些变化作出响应。

表35 电压跌落和中断（EMC要求）

电源型式[4]	严酷等级[3]	最大跌落和中断时间	低电压，U_e 至 $\%U_e$[2]	性能等级
交流电源	PS2	0.5周期[1]	0	A
		250/300周期[5]	0	C
		10/12周期[5]	40	C
		20/50周[5]	70	C

1 任意相角，F_n＝50 Hz或60 Hz（见9.12）。
2 U_e 是表6中的标称电压下的额定电压 U_e。
3 PS2适用于由交流电源供电的PLC系统。
4 电压中断从 U_e 开始。
5 F_n＝50/60Hz

注：表35中关于EMC电压中断的限制与GB/T 17799.2中的要求略有差别。

理论根据：电压中断的要求是出自本部分的第1版、第2版。另外，GB/T 17799.2规定了性能等级B，它并不适用于PLC系统的应用。特殊应用要求性能等级A，其电压中断的时间范围是0.5～1周期。长期安装PLC系统的实际经验表明，上述要求满足工业环境的要求。

对本条的要求依据9.12进行验证。

8.4 EMC试验和验证的要求

对于EMC的试验和验证应由制造厂依据第9章中的要求完成。

8.5 关于EMC信息的要求

制造厂应依据第10章的要求提供关于EMC的信息。

9 电磁兼容性（EMC）型式试验和验证

关于EMC型式试验，也参照合格/不合格准则（表31）。

9.1 有关电磁兼容性的试验

对于PLC系统的传导和辐射噪声及抗扰性，必须按照制造厂的安装导则进行试验。

所有EMC试验都应以明确规定的、可重复的方式进行。

所有EMC试验都是型式试验。

可从电气特性和特定电器用法的角度考虑，以决定某些试验是不合适的，因此是不必要的。在这种情况下，要求将不进行某些试验的决定及其理由记录在试验报告中。

9.2 试验环境

被试装置（EUT）位于指定的试验场所，而且任何辅助装置都应位于试验环境的影响范围之外。对于某些环境，希望至少将潜在的受干扰物安置在离辐射器的最小距离处。在工业环境中，此距离是30 m。

一般可将所有输入/输出电缆构成环路以供监视和试验，和/或用一个具代表性的负载将它们端接。

一般来说，对于多信道I/O，可试验能代表所有信道的1个信道。必须试验On /off（导通/关断）状态，和/或代表允许的负载范围的那些点。

9.3 辐射干扰的测量

表 36 射频辐射测量

参考试验	GB/T 6263.203
试验配置	GB/T 6263.203[2]
距离和方法[1]	见表 29
安装/支撑的细则	按制造厂的规范安装
频率范围	见表 29
限值	见表 29
1 测量距离是 EUT(或其外壳)与用于试验现场测量的接收天线之间的距离。或者是装置所在建筑物的外墙与用于现场测量的接收天线之间的距离。 2 试验可在不具备户外试验场的物理特点的辐射试验场进行。如果按 GB/T 6113.104 测得的水平和垂直场强衰减测量值处于 GB/T 6113.104 中给出的理论场强衰减±4 dB 之内,则频率范围在 30 MHz～1 GHz 的辐射试验场应是可接受并有效的。这些辐射试验场地应该考虑到并验证在 30 MHz 到 1 GHz 频率范围内的测试距离。必须有证据证明这些场地能得到有效的测试结果。	

9.4 传导干扰的测量

表 37 传导辐射测量

参考试验	GB/T 6113.201 和 GB/T 6113.102
试验配置和方法	按 GB/T 6113.201,7.4.1 和 GB/T 6113.102,4.3
施加端口	交流装置电源端口(F)
安装/支撑的细则	按制造厂的规范安装
频率范围	见表 29
限值	见表 29

9.5 静电放电

表 38 抗静电放电试验

参考试验	GB/T 17626.2
EUT 配置	按制造厂的规范
初始测量	按 PFVP,见 2.5
安装/支撑的细则	按制造厂的规范和 GB/T 17626.2 条款
施加点的选择	应将 ESD 试验施加于: a) 操作员可接触到的器件(例如,HMI、PADT 和 TE); b) 外壳端口; c) 不提供意外接触保护的可接触到的工作部分(例如,开关、键盘、保护接地/功能接地、模块外壳、带连接器和金属连接器的通信端口)。 对于不带连接器的通信端口、I/O 端口或电源端口,不进行 ESD 试验。
试验方法	
接触放电	EUT,水平和垂直耦合面
空气放电	EUT

表 38（续）

试验方法	
试验等级	见表 32 或表 D.1
两次放电的时间间隔	≥1 s
在每一被选点上的放电次数	在装置对大地放电后放电 10 次
在加载期间的测量和验证	按 PFVP，见 2.5
性能等级	见表 32 或表 D.1[1]
1 如果在试验期间系统仅一次发生偏差，则第二轮试验需做 10 次放电；若再次观察到不允许的偏差，则 ESD 试验应为不合格。	

9.6 射频电磁场——调幅

表 39 抗射频电磁场试验

参考试验	GB/T 17626.3
EUT 配置	按制造厂的规范
初始测量	按 PFVP，见 2.5
安装/支撑的细则	EUT 被放置在标定的试验场中
扫描的频率范围	见表 32 或表 D.1，（注）
调制	见表 32 或表 D.1
试验场强	见表 32 或表 D.1[1]
在加载期间的测量和验证	按 PFVP，见 2.5
性能等级	见表 32 或表 D.1[1]
1 除 ITU 广播调频波段外：87 MHz～108 MHz，174 MHz～230 MHz 和 470 MHz～790 MHz，这些频段等级应是 3 V/m。	
注：见附录 H，GB/T 17626.3。	

9.7 电源频率磁场

表 40 抗电源频率磁场试验

参考试验	GB/T 17626.8
EUT 配置	按制造厂的规范
初始测量	按 PFVP，见 2.5
安装/支撑的细则	EUT 被投放在一个 1 m×1 m 感应线圈的磁场中
频率（电源线）	见表 32 或表 D.1
试验条件	在连续磁场中的安放方法
试验场强	见表 32 或表 D.1
加载期间的测量和验证	按 PFVP，见 2.5
性能等级	见表 32 或表 D.1[1]
1 对于 CRT，如果场强 ≥3A/m，则性能等级是 B。	

9.8 电快速瞬变脉冲群

表 41 抗电快速瞬变脉冲群试验

参考试验	GB/T 17626.4
EUT 配置	按制造厂的规范
初始测量	按 PFVP，见 2.5
安装/支撑的细则	EUT 的配置必须达到，通过规定的电容耦合以消除 I/O 线接收到辐射的电磁干扰
额定电压下的严酷等级	见表 33，表 34 或表 D.2
持续时间	最少 1 min
施加端口	施加方法
通信（Al，Ar，Be，Bi 和 E），I/O（C 和 D），I/O 电源（J）和辅助电源输出（K）	50-200 pF 电容耦合夹
装置电源(F)	33 nF 直接耦合
在加载期间的测量和验证	按 PFVP，见 2.5
性能等级	见表 33，表 34 或表 D.2
注：本试验的重复性与在电容耦合夹内导线的数量和相对位置密切相关。	

9.9 抗高能量浪涌

表 42 抗高能量浪涌试验

参考试验	GB/T 17626.5
EUT 配置	按制造厂的规范
初始测量	按 PFVP，见 2.5
安装/支撑的细则	按制造厂的规范
额定电压下的严酷等级	见表 33，表 34 或表 D.2
放电次数	正负极性各放电 5 次
重复率	最大 1/min
施加端口	施加方法
屏蔽的通信(Al，Ar，Be，Bi，E)和屏蔽的 I/O(C 和 D)	在屏蔽接地与参考接地之间接入电容 2 Ω/10 nF
非屏蔽的通信(Al，Ar，Be，Bi，E)，非屏蔽的 I/O (C 和 D)，I/O 电源(J)和辅助电源输出(K)	42 Ω/0.5 μF CM，42 Ω/0.5 μF DM
装置电源(F)	12 Ω/9 μF CM，2 Ω/18 μF DM
在加载期间的测量和验证	按 PFVP，见 2.5
性能等级	见表 33，表 34 或表 D.2

9.10 抗传导性射频干扰

表 43 传导性射频抗扰度实验

参考试验	GB/T 17626.6
EUT 配置	按制造厂的规范
初始测量	按 PFVP，见 2.5

表 43（续）

安装/支撑的细则	EUT 的配置必须达到，通过规定的磁场耦合以消除 I/O 线接收到辐射的电磁干扰
额定电压下的严酷等级	见表 33，表 34 或表 D.2
扫描的频率范围	150 kHz～80 MHz
调制	通过一个 1 kHz 正弦波的 80 % 幅度调制
试验等级(未调制的)	见表 33，表 34 或表 D.2
施加端口	施加方法 (在 EUT 与耦合钳或 CDN 之间的所有电缆应尽可能短)
通信(Al，Ar，Be，Bi 和 E)，I/O(C 和 D)，装置电源 (F)，功能接地(H)，I/O 电源(J)和辅助电源输出(K)	CDN(耦合去耦网络)，EM(电磁钳)或电流耦合夹
在加载期间的测量和验证	按 PFVP，见 2.5
性能等级	见表 33，表 34 或表 D.2

9.11 抗衰减震荡波(仅用于 C 区)

表 44 抗衰减震荡波试验

参考试验	IEC 61000-4-18
EUT 配置	按制造厂的规范
初始测量	按 PFVP，见 2.5
安装/支撑的细则	按制造厂的规范
波形	衰减震荡波，在 3～6 个周期后，其包络线达到初始峰值的 50 %(验证波的正弦形状)
频率	1(1±10%)MHz
源阻抗	200(1±10%)Ω 非屏蔽
重复率	400/s
试验持续时间	最小 2 s
接线长度	最长 2 m
额定电压下的严酷等级	见表 D.2
施加点	施加方法
I/O (C 和 D)，装置电源(F)，I/O 电源(J)和辅助电源输出(K)	CM，DM
在加载期间的测量和验证	按 PFVP，见 2.5
性能等级	见表 D.2

9.12 电压跌落和中断

电源端口是装置电源输入端口，即图 2 中的端口 F。

在试验期间执行 2.5 中所述的正确功能验证规程(PFVP)。

表 45 电压跌落和中断抗扰度

参考试验	GB/T 17626.11			
EUT 配置	按制造厂的规范			
初始测量	按 PFVP，见 2.5			
供电电压和频率	U_e，F_n[5]			
试验持续时间	0.5 周期，从过零点开始[1,2]	250/300 周期[4]	10/12 周期[4]	25/30 周期[4]
U_e 至%U_e[5]	0%	0%	40%	70%
性能准则	见表 35			
试验次数	20			
两次试验间的时间间隔	1 s<时间间隔<10 s			
试验期间的测量和验证	按 PFVP（见 2.5），应维持正常运行[3]			
试验后的验证	按 PFVP，见 2.5			

1 可选地，制造厂可选择在任意相位角中断供电。
2 制造厂可规定较长时间的中断。
3 由同一电源供电的输出和快/慢速响应输入可能在干扰期间暂时受到影响，但在干扰结束后应恢复正常工作。
4 F_n=50/60 Hz。
5 表 6 中标称电压下的 U_e。

10 由制造厂提供的电磁兼容性(EMC)信息

信息可以通过非打印的形式来提供。

在 GB/T 15969.4 中阐述了安装的通用规则。特殊的安装信息应由制造厂提供。

制造厂应说明其装置是用于正常工作环境还是用于不太严酷的工作环境(如办公环境)。如果 PLC 用于除 B 区(含 A 区)以外的环境，则制造厂应说明装置的预期应用区域。

试验报告应说明所有试验和 EUT 的(具代表性的典型)配置的选择原则，以及试验结果。

应将试验期间所使用的 EUT 软件编入文档。

11 安全性要求

本章对 PLC 系统装置(即：MPU、RIOS、永久性安装/非永久性安装的外围设备)规定了电气安全、防火安全和机械/物理安全方面的要求。

注：本部分中第 11 章、第 12 章、第 13 章、第 14 章包含 EU 低电压规范的符合性要求。

11.1 装置类型和保护

11.1.1 开放式 PLC 系统装置

开放式 PLC 系统装置是一种包含可接触带电部件(例如，I/O 模块的端子)的装置。

对于表 46 中所标识的接口/端口应提供防电击保护。

开放式装置应配套使用其他具有安全性的组装件。

11.1.2 封闭式 PLC 系统装置

封闭式 PLC 系统装置是一种除其安装表面外的其他所有表面上都封闭的装置，这样可防止操作人员意外触及装置中的带电部件或运动部件，防止直径≥12.5 mm 的外物固体进入装置。这种装置满足机械强度、易燃性和稳定性(可用场合)的要求。保护等级必须≥IP20。

注：IP 等级按 GB 4208 中的规定。

作为提供防电击保护要求的部分，封闭式PLC系统的每个实体应符合Ⅰ类装置、Ⅱ类装置、Ⅲ类装置的要求，或它们组合而成的装置的综合要求。保护等级应是≥ IP20。

应为表46中所列的接口/端口提供防电击保护。

11.1.2.1 装置类别

装置类别用来指明所安装的装置在正常条件和单一故障条件下通过何种方法提供防电击保护。

注：源自GB/T 17045，第7章。

11.1.2.1.1 Ⅰ类装置

Ⅰ类装置是通过基本绝缘同时提供可导电部分（在基本绝缘失效时可能带有危险电压）与保护接地导体的连接来提供防电击保护的装置。

注：Ⅰ类装置可以包含具有双重绝缘或加强绝缘的部件，或者包含在安全特低电压（SLEV）下运行的部件。

如果使用软线连接，则Ⅰ类装置应规定，保护接地导线必须属于软线组成部分。

PLC系统中可接触的导电部件应与PLC系统的保护电路连接，因为这些导电部件在单一故障条件下可能成为危险带电体。对于在单一故障条件下可成为危险带电体的导电部件（如螺钉、铆钉和铭牌），应采取其他方法如双重绝缘/加强绝缘给予保护，这样它们就不会成为危险带电体。

当把PLC系统的某个部件从外壳中取出时（例如，正常维护），不得切断PLC系统中为其他部分提供保护的保护电路。

保护接地要求应按11.9.1中的规定。

11.1.2.1.2 Ⅱ类装置

Ⅱ类装置是其内部不仅依赖于基本绝缘而且还提供附加的安全预防措施（如双重绝缘或加强绝缘）来提供防电击保护的装置。Ⅱ类装置无保护接地措施，也不依赖于安装条件。

可采用保护阻抗代替双重绝缘。

如果这些线路与装置的可接触线路之间采用双重绝缘，则Ⅱ类装置提供维持线路连续性的措施（接地的内部器件或导体表面）是允许的。

如果出于保护目的仍然提供双重绝缘系统，则Ⅱ类装置因功能目的（如射频干扰抑制）采用与接地端子相连的结构是允许的。

这类装置可以是下列类型之一：

1） 绝缘外壳的Ⅱ类装置：这类装置具有由绝缘材料做成的充分连续的能包容所有导电部件（小零件如铭牌、螺钉和铆钉除外）的牢固外壳。通过至少等效于加强绝缘的措施使它与危险带电部件隔离。

2） 金属外壳的Ⅱ类装置：这类装置具有充分连续的金属外壳装置，其内部除使用加强绝缘的部件外，全部使用双重绝缘。

3） 由1）和2）组合而成的装置。

注1：Ⅱ类装置的绝缘外壳形成整个补充绝缘或加强绝缘的一部分。

注2：如果具有整体双重绝缘和/或加强绝缘的装置有一个保护接地端子或触点，则认为它属于Ⅰ类装置结构。

注3：Ⅱ类装置含有在安全特低电压（SLEV）下运行的部件。

11.1.2.1.3 Ⅲ类装置

Ⅲ类装置是其内部通过安全特低电压（SELV）供电的电路来提供防电击保护的装置，而且所供给的电压不超过SELV的限值。

Ⅲ类装置因功能目的（如射频干扰抑制）而与接地端子相连是可接受的。

SELV/PELV线路的接线应与非SELV/PELV线路的接线隔离，或者应将所有导线的绝缘规定在较高电压。另一种方法，应在SELV/PELV线路接线的周围或其他线路接线的周围安置接地屏蔽或附加绝缘（按照GB 16895.21）。

11.2 防电击保护

在正常工作条件和单一故障条件下，PLC 系统应具备防电击保护能力。装置的可接触部分不得带电，或不得在单一故障条件下变为危险的带电体。尽管这些要求主要是针对封闭式装置，但它们也适用于开放式装置。在将这些要求用于开放式装置时，应考虑按制造厂的规范来安装这类装置。

保护应符合 11.2.2 中的介电强度要求，11.2.3 中的防电击保护要求，11.2.4 中的正常工作条件要求，11.2.5 中的单一故障要求，以及 11.4 中的电气间隙和爬电距离要求。

SELV/PELV 电路不存在触电的危险，因此不要求对触电危险作附加的评估。

以下二次电路也不存在触电的危险，因此不要求对触电危险作附加的评估：

1) 2 类电路；

2) 限压/限流电路；

3) 限电压电路；

4) 开路电压小于/等于交流 30 V 或峰值 42.4 V 的限能电路；

5) 限阻抗电路。

这些电路在 11.2.6.1，11.2.6.2，11.2.6.3，11.2.6.4 和 11.2.6.5 中描述。

11.2.1 对可接触部件的允许限值

为保证可接触部件不危险带电，在可接触部件与参考试验接地之间，或者在同一装置上的两个可接触部件之间，在 1.8 m 距离内(通过表面或空气传导)的电压、电流、电荷或能量，在正常工作条件下不得超过 11.2.1.1 中的规定值，在单一故障条件下不得超过 11.2.1.2 中的规定值。

应测量可接触电压。如果电压低于 11.2.1.1 或 11.2.1.2 中的限值，则无需测量可接触电流和电容。如果电压超过这些限值，则应测量电流和电容。

11.2.1.1 正常工作条件下的限值

若在正常工作条件下相应的值高于下述 1)，2) 或 3) 中的等级，则应被认为危险带电。

1) 电压等级：交流 30 V 均方根值和 42.4 V 峰值，或直流 60 V。

2) 如果电压超过 1)中的任一值，那么

- 当使用 GB 4793.1(见附录 A，图 A.1)的测量电路测量时，电流等级是交流 0.5 mA 均方根值，正弦波；或 0.7 mA 峰值，非正弦波或混合频率；或直流 2 mA。另一种可能是，如果频率不超过 100 Hz，则可使用 GB 4793.1(见附录 A，图 A.2)的测量电路。
- 当使用 GB 4793.1(见附录 A，图 A.3)的测量电路测量时，电流等级是交流 70 mA 均方根值 。

注：这与较高频率时可能的过热有关。

3) 如果电压超过 1)中的任一值，则电容等级的电荷或电能是

- 对于电压小于/等于 15 kV 峰值或直流，电荷是 45 μC；
- 对于电压高于 15 kV 峰值或直流，所储存的电能是 350 mJ。

11.2.1.2 单一故障条件下的限值

若在单一故障条件下相应的值高于下述 1)，2) 或 3) 中的等级，则应被认为危险带电。

1) 电压等级是交流 50 V 均方根值、70 V 峰值，或直流 120 V。

2) 如果电压超过 1)中的任一值，那么

- 当使用 GB 4793.1(见附录 A，图 A.1)的测量电路测量时，电流等级是交流 3.5 mA 均方根值，正弦波；或 5 mA 峰值，非正弦波或混合频率；或直流 15 mA。另一种可能是，如果频率不超过 100 Hz，则可使用 GB 4793.1 (见附录 A，图 A.2)的测量电路。
- 当使用 GB 4793.1(见附录 A，图 A.3)的测量电路测量时，电流等级是交流 500 mA 均方根值。

注：这与在较高频率时可能的过热有关。

3) 如果电压超过 1)中的任一值，则电容等级是 GB 4793.1 中的数值(见图 2)。

11.2.2 介电强度

应该在规定了防电击保护的基本绝缘、加强绝缘或双重绝缘的所有部件和电路之间进行 12.2.1 中的耐介电强度型式试验。

例外：

在下述情况中的两者之间无需做耐介电强度试验：

1) SELV/PELV 线路与操作员可接触的导电部件(机架，外壳，接地端子等)；

2) SELV 与其他 SELV 线路。

已分别按相关标准对它们作过试验的单元(基本 PLC 系统中的部件)，不需要进行耐介电强度型式试验，但前提是：

——已满足表 60 或表 61 中给出的值；

——其介电强度不随组装改变。

11.2.3 需要防电击保护的端口

表 46 规定了 PLC 系统的端口是否是操作员可接触的端口，并因此是否需要防电击保护。除端口 Ar、Be 和 E 外，其他端口可采用把带电部件安排在不可接触的部件内的措施来达到防电击保护，部件是否是危险带电体由 12.2.1 中的条款来判定。

表 46 开放式装置及封闭式装置的防电击保护要求

端口	是否需要防电击保护	
	开放式装置	封闭式装置
Al 本地扩展机架的通信接口/端口	否	是
Ar 远程 IO 站、控制网络、现场总线的通信接口/端口[1]	是	是
Be 也向第 3 方设备开放的通信接口/端口，例如，PADT，用于编程个人计算机	是	是
Bi 外围设备的内部通信接口/端口	否	否
C 数字和模拟输入信号的接口/端口	否	是
D 数字和模拟输出信号的接口/端口	否	是
E 与第 3 方设备进行数据通信的串行或并行通信接口/端口[1]，例如计算机，打印机	是	是
F 装置电源接口/端口	否	是
G 保护接地的接口/端口	否	是
H 功能接地的接口/端口	否	是
J I/O 电源接口/端口	否	是
K 给传感器和执行机构供电的辅助电源输出接口/端口)	否	是
1 端口 Ar、Be、E 包含可以接入其他装置的电路，因此应把这些端口视为可接触的。在 PLC 内，这些电路应给予保护以防它们在正常工作和单一故障条件下变成危险带电。		

在特殊情况下，无论是开放式装置还是封闭式装置的某些端口，可认为是(或不是)操作员可接触的。这必须在制造厂与用户之间共同协商确定。

11.2.4 正常工作条件下的保护

为防止操作员可接触的导电部件和表 46 中的端口在正常工作条件下成为危险的带电部件，应提供以下方法中的一项或多项措施：

1) 基本绝缘；

注：这可通过合适的绝缘材料、变压器和光电隔离器来提供。

2) 外壳或隔离栅；

3) 保护阻抗(见 11.2.5.3)。

外壳和隔离栅应满足 11.7.2.2 中的刚性要求。如果外壳和隔离栅通过绝缘提供保护，则它应满足基本绝缘的要求。

可接触部件与危险带电部件之间的电气间隙、爬电距离和绝缘应满足 11.4 中的要求，以及基本绝缘的应用介电强度要求。

符合性通过以下方面来检查：

1) 12.1.2 中的试验确定；

2) 基本绝缘的介电强度要求，按 11.2.2；

3) 外壳和隔离栅的刚性试验，按 12.1.7。

注：不考虑将易损材料（如油漆、搪瓷、氧化层、阳极氧化层）作为合适的绝缘材料。不饱和吸湿材料（如纸、纤维、纤维材料）也不能考虑作为合适的绝缘材料。

11.2.5 单一故障条件下的保护

为确保防止操作员可接触的导电部件和表 46 中的端口在出现单一故障时成为危险的带电部件，应提供附加的保护措施。这种附加保护应通过以下方法中的一项或多项措施来提供：

1) 保护接地和连接（见 11.2.5.1)；

2) 附加绝缘(见 11.2.5.2)；

3) 保护阻抗(见 11.2.5.3)。

当采用单一保护措施不能继续提供这种保护时，例如某个组件短路或基本绝缘失效，则应认为出现了单一故障。

故障试验或分析应从保护阻抗、预期短时或间歇操作的部件、隔离变压器、输出、冷却设施和绝缘方面着手进行。试验或分析应判断其结果，如短路、开路、中断等，试验时装置处于基本合适的试验条件下工作。每次应采用一种试验。如果故障是由于熔断器的断开而引发，而且如果该熔断器在大约 1 s 的时间内不断开 ，则装置应运行一段时间，即所规定的熔断器最长断开时间。

在施加故障后应对装置作以下方面的验证：装置不含操作员可接触的任何危险带电部件，满足 12.2.1中无预处理的耐介电强度验证。

对本条的要求依据 12.3.1、12.3.2、12.3.3、12.3.4 进行验证。

11.2.5.1 保护接地和连接

在 11.2.4 中规定的主要保护措施的单一故障条件下，如果操作员可接触的导电部件变成危险带电体，则应将操作员可接触的导电部件与保护导体端子连接。另一种方法，通过与保护导体端子连接的导电保护屏蔽或隔离栅，将可接触部件与危险带电的部件隔离。

如果操作员可接触的导电部件与危险带电部件之间通过双重绝缘或加强绝缘隔离，则这些导电部件不需要与保护接地端子连接。

对本条的要求通过检查来检验，并依据 12.2.2 验证其符合性。

11.2.5.2 附加绝缘

电气间隙应符合 11.4.1 和 11.4.2 中的要求。爬电距离应符合 11.4.3 中的要求。满足双重绝缘或加强绝缘的要求也满足单一故障条件下的保护要求。

11.2.5.3 保护阻抗

保护阻抗应限制操作员可接触部件上的电压，使之在正常工作或者单一故障条件下不变成危险带电体。正常工作条件下的电压限值依据 11.2.1.1，单一故障条件下的电压限值依据 11.2.1.2，或把电压值限制为 SELV 的值。

可使用无潜缺陷的单一部件，这样就不可能导致危险的发生(见 GB 4793.1，14.6)。

对本条的要求依据 12.3.3 进行验证。

11.2.6 无触电危险的二次电路

11.2.6.1 2 类电路

2 类电路应由一个隔离电源供电，它提供双重绝缘和加强绝缘，其最高输出电压是交流 42.4 V 峰值(交流正弦波或非正弦波)或直流 60 V(连续直流);或者 24.8 V 峰值,在 200 Hz 的额定值或小于占空度约 50%的额定值时中断的直流。

2 类电源的最大输出电流取决于它是固有限定电源还是非固有限定电源。对于固有限定电源,采用表 47 中的值;对于非固有限定电源,采用表 48 中的值。

11.2.6.2 限压/限流电路

限压/限流电路应由一个隔离电源供电,它提供双重绝缘和加强绝缘,对这种电路提供的最大开路电压不超过交流 30 V 交流均方根值、42.4 V 峰值;对可提供电流的限制是,运行 1 min 后所测得的电流不超过 8 A。

可采用隔离变压器的二次绕组来符合此要求。

用来限制电流的二次熔断器或其他类似二次电路保护器件的额定值应是:对于额定电压小于/等于交流峰值 20 V 电路,电流不超过 5.0 A;对于额定电压范围是交流 20 V～30 V 峰值的电路,功耗不超过 100 VA。

如果在主电路中提供限流器件,那么,只要它把提供的二次电流限制在 8 A 内,则对其额定电流没有限制。

11.2.6.3 限压电路

限压电路应由一个隔离电源供电,它提供双重绝缘和加强绝缘,其最高开路电压不超过交流 30 V 均方根值、42.4 V 峰值,对于电流或 VA 容量没有限制。应提供过流保护以防止由于过载或短路导至二次电路电缆/接线的烧毁或损坏。也可以在主电路中提供这种保护,它是通过给装置安装过电流保护器件或通过分支电路器件来实现的。

11.2.6.4 开路电压小于或等于交流 30 V 均方根值、42.4 V 峰值的限能电路

限能电路应由一个隔离电源供电,它提供双重绝缘和加强绝缘,对这种电路可提供的最大 VA 是,在最高开路电压为 100 V 交流均方根值时,功率小于/等于 200 VA。可采用隔离变压器的二次绕组来符合此要求。可使用主熔断器、辅助熔断器或其他保护器件来限制最大 VA 容量。

11.2.6.5 限阻抗电路

限阻抗电路应由符合以下两个要求的阻抗来满足:

1) 所计算的阻抗功耗(由于在该阻抗的下游电路直接短接)不得超过该阻抗的额定功率;

2) 在该阻抗上的功耗应小于 15 W。

如果上面所计算的功耗超过该阻抗的额定功率,那么如果此功耗小于 15 W 而且如果在该阻抗的下游电路直接短接时该阻抗不断开或短路,则仍然使用该阻抗。

在单一故障条件下限制阻抗应能起作用,除非该阻抗所限制的电路是封闭的。

符合 11.12 的单一电阻或单一线间电容被认为符合本条款的限阻抗要求。

11.3 防火保护

对于在以下电路内防止火情蔓延的保护没有提出要求:

1) 2 类电路(11.2.6.1);

2) 限压/限流电路(11.2.6.2);

3) 限阻抗电路(11.2.6.5);

4) 限定电源电路(11.3.1)。

对于这些电路、元器件和接插件不需要进行评估,11.5 也不适用。

对于防火保护的评估,必须在限定电源电路、2 类电路、限压/限流电路、限阻抗电路与其他线路之间进行。

在涉及部件故障的场合,其符合性依据 12.3.2 进行验证。

11.3.1 限定电源电路

限定电源电路是一种由(例如)电池或变压器绕组供电的线路,在这种电路中开路电位差不超过交流

30 V均方根值、42.4 V峰值,或直流60 V。给这类电路供电的能量,应按以下措施之一来予以限制:

1) 最大输出电流和功率被固有地限制在不超过表47中的值;

2) 所有情况下的最大输出电流和功率,由阻抗将其限制在不超过表47中的值;

3) 过电流保护器件将最大输出电流和功率限制在不超过表48中的值;

4) 在正常使用情况下控制网络将最大输出电流和功率限制在不超过表47中的值,或者作为控制网络中一个故障的结果;

5) 在正常使用情况下控制网络将最大输出电流和功率限制为不超过表47中的值,而且过电流保护器件将最大输出电流和功率限制在不超过表48中的值,或作为控制网络中一个故障的结果。

在使用过电流保护器件的场合,一般是一个熔断器或一个不可调的非自行重置器件。

表 47 固有限定电源的输出电流和输出功率的限值

开路输出电压 U/V		最大输出电流/A	最大输出功率/V·A
交流电压均方根值	直流电压		
≤20	≤20	8.0	5×U
20<U≤30	20<U≤30	8.0	100
	30<U≤60	150/U	100

对于波纹超过10 %的非正弦交流和直流,峰值电压不得超过42.4 V峰值。

表 48 非固有限定电源的输出电流、输出功率的限值,过电流保护器件的额定电流值

开路输出电压 U/V		最大输出电流/A	最大输出功率/V·A	过电流保护器件的额定值/A
交流电压均方根值	直流电压			
≤20	≤20	1 000/U	250	≤5
20<U≤30	20<U≤60	1 000/U	250	≤100/U

过电流保护器件的额定电流值是为熔断器和断路器而设的,在电流值处于表48最后一列中值的210%且持续时间在120 s内,它们中断电流。

对本条的要求依据12.4进行验证。

11.4 电气间隙和爬电距离要求

电气间隙和爬电距离应设计为符合本条的要求。

爬电距离值主要针对应用场所的污染情况。电气间隙值主要针对应用场所的过电压情况:

线路间的电气间隙和爬电距离应满足与线路间的最大工作电压相关联的要求,这包括操作员可接触的线路中的功能接地要求。

对于多层印刷线路板的内部各层,没有电气间隙和爬电距离的要求。

实际电气间隙和爬电距离要求应根据(1)评估的线路工作电压和(2)制造厂所规定的污染等级。

仅允许用作装置的功能但不需要满足电隔离要求的特定线路内的电气间隙和爬电距离,仅需防止导致火灾危险的故障所要求的尺寸规格。

采用爬电距离的线性插补法是允许的。电气间隙的插补法仅允许用于不直接与外部电网连接而是从变压器、转换器或类似隔离装置供电的线路或部件。另一种途径,减少电气间隙也可能符合GB 4793.1的6.7.3中的要求。

这些电气间隙和爬电距离要求适用于安装在印刷线路板上的元器件,除非对这些元器件已按相应元器件(例如,光耦合器,线间电容)标准中所要求施加的电压进行过验证。只有对装置的安全性至关重要的(无论是其功能还是其所处位置)元器件才必须遵守这些要求。对此应按表52,表53,表54,表55和表56的要求或按表60或表61中的试验要求来确定。

对于SELV/PELV线路和非接地可接触部件，双重绝缘的要求适用于这些与危险带电部件之间的电气间隙和爬电距离。SELV/PELV线路内的电气间隙和爬电距离根据功能需要，对它们在安全方面没有作出规定。

在所有条件下都应满足或不超过给定的值。

注：制造过程应能控制机械容差，其控制程度决定了实际电气间隙和爬电距离的限值能达到表49，表50，表51，表52，表54，表55和表56中给出的理论最小值。

- 当装置是在制造厂受控条件下制造，并在装置投入运行前完成，除连接现场接线端子外，不需要任何附加辅助装置时，电气间隙和爬电距离能达到最小值。
- 通常在修理车间或正常使用中进行的部件更换（如熔断器），被认为是受控条件的一部分。
- 当装置在现场安装和现场接线时，由于必须考虑安装方法和现场接线端子的接线方式，因此需要增大电气间隙。

对本条的要求依据12.1.8进行验证。

11.4.1 过电压类别Ⅱ的电气间隙

11.4.1.1 非现场接线端子的电气间隙

表49给出了有关基本绝缘和附加绝缘的电气间隙，表50给出了有关双重绝缘和加强绝缘的电气间隙。

表49 对应于过电压类别Ⅱ条件（现场接线端子除外），大气中基本绝缘/附加绝缘的最小电气间隙

工作电压 U_e/V 交流电压均方根值或直流电压	最小电气间隙/mm 污染等级		
	1	2	3
50[2]	0.04	0.2[1]	0.8
100	0.1	0.2[1]	0.8
150	0.5	0.5	0.8
300	1.5	1.5	1.5
600	3.0	3.0	3.0
1 000	5.5	5.5	5.5

1 对于印刷接线材料，采用污染等级1的值。

2 对于直流产品，该值为60 V。

注：本表摘自GB/T 16935.1。

表50 对应于过电压类别Ⅱ条件（现场接线端子除外），大气中双重绝缘/加强绝缘的最小电气间隙

工作电压 U_e/V 交流电压均方根值或直流电压	最小电气间隙/mm 污染等级		
	1	2	3
50[1]	0.1	0.2	0.8
100	0.5	0.5	0.8
150	1.5	1.5	1.5
300	3.0	3.0	3.0
600	5.5	5.5	5.5
1 000	11	11	11

1 对于直流产品，该值为60 V。

注：本表摘自GB/T 16935.1。

电气间隙可用机械测量或按 12.2.1 的耐介电强度试验(无预处理)进行检验。

到可能挠曲的金属外壳壁的电气间隙应不得小于 12 mm。

上述电气间隙不适用于具有符合 12.1.6 和完全覆盖所有元器件的保护涂层的印刷线路板。

上述电气间隙不适用于过电压已知并受控制的情况。见 11.4.2 和表 52。

11.4.1.2 现场接线端子的电气间隙

在现场接线端子处,端子与端子之间、端子与外壳之间的最小电气间隙应符合表 51 的要求。

表 51 在现场接线端子处大气中的最小电气间隙

工作电压 U_e/V 交流电压均方根值或直流电压	端子电气间隙/mm		
	一般用途	限制的额定[1,2]	到可能挠曲的金属外壳壁
$0<U_e\leqslant 50$	1.6	1.6	12
$50<U_e\leqslant 300$	3.2	1.6	12
$300<U_e\leqslant 600$	6.4	4.8	12
1 适用于其额定值不大于 15 A/51 V～150 V、10 A/151 V～300 V 或 5 A/301 V～600 V 的装置。 2 适用于控制不止一个负载的装置,只要在同一时刻所连接的总负载不超过 30 A/51 V～150 V,20 A/151 V～300 V)或 10 A/301 V～600 V)。			

11.4.2 电压已知并受控制的微环境的电气间隙

在峰值电压已知并受控制的情况下,在表 52 中给出了对应于这些峰值电压的最小电气间隙。峰值电压被认为已知并受控制的情况下,产品设计应将电压值限制在表 52 所给出的合适值。对此可通过测试来验证,或者通过在承受表 60 脉冲电压试验时展示线路上的电压控制来验证。

表 52 电压已知并受控制的微环境空气中的最小电气间隙

峰值电压/V (包括所有暂态的和脉冲的)	最小电气间隙/mm		
	污染等级		
	1	2	3
330	0.01	0.20[1]	0.80
500	0.04	0.20[1]	0.80
800	0.1	0.2	0.80
1 500	0.5	0.5	0.80
2 500	1.5	1.5	1.5
4 000	3.0	3.0	3.0
6 000	5.5	5.5	5.5
8 000	8.0	8.0	8.0
1 对于印刷线路板,在污染等级 2 的情况下,峰值电压为 330 V 和 500 V 的电气间隙是 0.04 mm。			
注:本表摘自 GB/T 16935.1。			

电气间隙应用机械测量或按 12.2.1 的耐介电强度试验(无预处理)进行验证。

到可能挠曲的金属外壳壁的电气间隙应不小于 12 mm。

11.4.3 基本绝缘和附加绝缘的爬电距离

爬电距离不能小于相应的电气间隙,因此,可能的最小爬电距离等于所要求的电气间隙。但是,大气中的最小电气间隙与允许的最小爬电距离之间除了这种尺寸限制外没有物理关系。

小于表 49、表 50 或表 52 中所要求电气间隙的爬电距离,只能用于污染等级 1 和 2 的情况,此时,耐脉冲电压(符合 12.2.1 中表 60 和表 61)对于电气间隙距离也是足够充分的。

这可出现于线路设计使用同质场配置(configuration)的情况,这种配置在相同的电气间隙下能够比非同质场(inhomogeneous field)设计达到更高的耐脉冲电压。

注:关于同质场和非同质场的解释,见 GB/T 16935.1。

绝缘材料按其相比漏电起痕指数(CTI)值被分为 4 组。爬电距离取决于表 53 中规定的特定材料的 CTI 。

表 53　按相比漏电起痕指数(CTI)值的材料组分类

CTI	材料组别
100≤CTI<175	Ⅲb
175≤CTI<400	Ⅲa
400≤CTI<600	Ⅱ
600≤CTI	Ⅰ

注 1:绝缘材料的分组根据 GB/T 16935.1。

注 2:相比漏电起痕指数(CTI)值根据 GB/T 4207。

11.4.3.1　最小爬电距离(基本绝缘和附加绝缘)

11.4.3.1.1　非印刷线路板的最小爬电距离

爬电距离应不小于表 54 给出的值,也不小于相应的电气间隙值。

表 54　非印刷线路板的最小爬电距离[1]

工作电压 U_e/V 交流电压均方根值或直流电压[2]		污染等级 1	爬电距离[3]/mm					
			污染等级 2			污染等级 3		
		所有材料组	材料组			材料组		
			Ⅰ	Ⅱ	Ⅲa,Ⅲb	Ⅰ	Ⅱ	Ⅲa,Ⅲb
基本绝缘和附加绝缘	50	0.18	0.6	0.85	1.2	1.5	1.7	1.9
	100	0.25	0.71	1.0	1.4	1.8	2.0	2.2
	125	0.28	0.75	1.05	1.5	1.9	2.1	2.4
	160	0.32	0.8	1.1	1.6	2.0	2.2	2.5
	250	0.56	1.25	1.8	2.5	3.2	3.6	4.0
	320	0.75	1.6	2.2	3.2	4.0	4.5	5.0
	630	1.8	3.2	4.5	6.3	8.0	9.0	10.0
	1 000	3.2	5.0	7.1	10.0	12.5	14.0	16.0[4]

1 本表中给出的爬电距离适用于不含重复峰值电压的交流或直流电压。对于会出现重复峰值电压的微环境,要采用表 56。

2 正弦波交流电压的均方根值。

3 线路间的爬电距离(和电气间隙)应与最高工作电压和相应耐介电电压相符。

4 仅用于材料组别Ⅲa。在工作电压超过 630 V 的场合,材料组别Ⅲb 一般不推荐用于污染等级 3。

注:本表摘自 GB/T 16935.1。

11.4.3.1.2　印刷线路板的最小爬电距离

有保护涂层和无保护涂层的印刷线路板,其基本绝缘和附加绝缘的爬电距离应不小于表 55 中给出的值,也应不小于相应电气间隙值。

表 55 印刷线路板的最小爬电距离[1,6,9]（基本绝缘和附加绝缘）

工作电压 U_e/V 交流电压均方根值或直流电压[2]	有保护涂层的印刷线路板区域/mm[3,4,5,6]	无保护涂层的印刷线路板区域/mm	
		污染等级 1[7]	污染等级[8]
50	0.025	0.025	0.04
100	0.1	0.1	0.16
125	0.16	0.16	0.25
160	0.25	0.25	0.4
250	0.56	0.56	1.0
320	0.75	0.75	1.6
630	1.8	1.8	3.2
1 000	3.2	3.2	5.0

1 本表中给出的爬电距离适用于不含重复峰值电压的交流或直流电压。对于会出现重复峰值电压的微环境，要采用表 56。

2 正弦波交流电压的均方根值。

3 保护涂层应固着在印刷板的绝缘上以形成一个坚实有效的绝缘层，从而能防止湿气和污染，并能承受 11.2.2 中规定过电压。

4 适用于所有材料组别和污染等级 1，2 和 3。

5 如果制造厂能提供已对该保护涂层满足 12.1.6 中要求的资质证明，则不需要再行试验。焊料膜不被视为保护涂层，除非它符合 12.1.6 的要求。

6 有保护涂层但没有元器件的试验板，应能承受 11.2.2 中规定的相应介电试验电压。

7 适用于所有材料组别。

8 适用于材料组别 Ⅰ，Ⅱ，Ⅲa。

9 线路间的爬电距离（和电气间隙）应对应于最高工作电压和相应的耐介电电压。

注：本表摘自 GB/T 16935.1。

11.4.3.2 重复峰值电压的爬电距离要求

11.4.3.2.1 基本原理

在长期处于高湿度和重复峰值电压（脉冲）环境的表面，会出现局部放电现象。这些重复峰值电压会导致导体间的小区域变干，从而产生火花，留下小段痕迹，最终会在导体间产生大片痕迹并发生击穿。表 56 给出的值将防止任何局部放电现象的产生，它们对于污染等级 1 和 2 均有效。

11.4.3.2.2 重复峰值电压的爬电距离要求

当出现峰值电压时，除了前面所述的电气间隙和爬电距离要求外，还应满足表 56 给出的爬电距离要求。

表 56 无保护涂层印刷线路板上重复峰值电压的最小爬电距离[1]（污染等级 1 和 2）

最大重复峰值电压[2,3]	爬电距离/mm	最大重复峰值电压[2,3]	爬电距离/mm
330	0.1	1 150	1.6
400	0.2	1 250	1.8
450	0.25	1 650	3.0
600	0.4	1 700	3.2
640	0.5	2 200	5.0
800	0.75	2 300	5.5
1 140	1.5	2 800	8.0

1 本表不适用于装置电源为 50 Hz/60 Hz 波形的峰值电压。但它适用于叠加在 50 Hz/60 Hz 波形上持续时间短暂的峰值电压。

2 重复峰值电压的值是根据对局部放电数据所作的统计得出的。

3 重复峰值电压的存在可由线路分析确定。

11.4.4 双重绝缘/加强绝缘的爬电距离

爬电距离应是基本绝缘值的两倍。

11.4.5 现场接线端子的爬电距离

现场接线端子的爬电距离应按表 54 的规定,但应不小于表 51 中规定的电气间隙。

11.5 非金属材料的阻燃性要求

本条不适用于以下电路:

1) 2 类电路(11.2.6.1);

2) 限压/限流电路(11.2.6.2);

3) 限阻抗电路(11.2.6.5);

4) 限定电源电路(11.3.1)。

11.5.1 非金属外壳材料

构成最外层壳体部分的非金属材料应具备一定的阻燃性,以防止或减小火焰的蔓延,并且应符合 V-0,V-1 和 V-2 的火焰蔓延率。

火焰蔓延率在 GB/T 5169.16 中给出。

用于装饰目的(例如标签)或功能目的(例如,衬垫,键盘罩)且不构成外壳的主要部分的非金属材料,不需要有特殊的阻燃添加剂,也没有对火焰蔓延率的要求。

11.5.2 支撑带电部件的非金属材料

用于支撑带电部件的非金属材料(例如,印刷线路板,变压器线圈架,电池盒等),应具备一定的阻燃性,以防止或减小火焰的蔓延。这些性能特性的例子如:火焰蔓延率 V-0,V-1 或;对热灯丝的试验,温度 750 ℃,持续时间 30 s,按 GB/T 5169.11 应在小于或等于 30 s 时熄灭;而且,相比漏电起痕指数(CTI)≥175。

如果 PLC 制造厂提供符合上述要求或类似要求的证明,就不需要再进行试验。本节要求不包括在部件中使用的非金属材料(例如,晶体管,集成电路和电容器)。

11.5.3 非金属部件

非金属部件应具备按 GB/T 5169.16 或等同标准的 V-2 级别的火焰蔓延率或更好的性能。

11.5.4 装饰性和标签类材料

对装饰性(装饰性非金属材料)和标签类材料,不需要符合 11.5。

11.5.5 内部接线或连接线缆

在非限定线路中使用的有绝缘护套的导线,应具备按 GB/T 5169.16 或等同标准的 V-1 级别的火焰蔓延率或更好的性能。

在限定电源电路内的接线无阻燃性要求。

11.6 温度限制

温度限制如下:

1) 部件温度限制(如 11.12 中所规定的):部件和材料(包括本部分的安全性方面对其应用所要求的性能或特性),不应在超过其额定温度限值或额定温升的情况下使用。

2) 易接触的部件:操作员正常工作中或维修人员可能接触的部件(如表 46 中所规定的),不应超过表 57 中所列的温度限值。

在温度试验期间,应监控现场接线端子的温度。该数据与装置的额定环境温度相结合,用来确定现场接线绝缘的额定温度。

表 57 温度限制

最大绝对温度	接触时间	金属	非金属	示例
操作员手持式装置	连续	55 ℃	70 ℃	手持终端器
操作员在工作中通常可接触的部件	短暂	70 ℃	85 ℃	控制柜的按钮
在维修期间可接触的部件， 在工作中通常可接触到的部件	短暂	70 ℃	85 ℃	PLC 的按键开关
在维修期间可接触的部件， 在工作中一般不能接触到的部件	短暂	100 ℃[1]	100 ℃[1]	散热器
1 如果温度超过所示的等级，则必须有警示标签。见第 14 章。				

11.7 机壳

机壳应提供保护措施，以防止运动部件和接触带电部件造成的伤害。

装置的机壳应符合 11.7.1 或 11.7.2 中的要求。

11.7.1 开放式装置

开放式装置的机壳并不是一个封闭的壳体。制造厂的安装须知应规定如何安装开放式装置才能满足本部分的机壳要求。

11.7.2 封闭式装置

封闭式装置最低应满足 IP20 的要求，还应在操作员使用的所有情况下提供这种保护。

11.7.2.1 手柄和按钮

机壳外面的可导电性键盘、手柄和按钮应不得与危险的带电部件相接触。如果在正常工作中需要操作者用手直接接触这些部件，则手柄和按钮所具备的绝缘性能应该在发生绝缘损坏的情况下也没有带电的危险。

11.7.2.2 机械强度

机壳的机械强度应能使其承受正常使用的最恶劣情况。机壳具有的机械强度保护，应通过施加 12.1.1 中的耐碰撞试验和 12.1.7 中的刚性试验来验证。

11.8 操作员可接触的危险带电现场接线端子的结构要求

端子应设计成在按制造厂说明书接插线时也应符合电气间隙/爬电距离要求。对此应依据 12.1.9 进行验证。

注：按安装说明书，不应出现接线松动。

端子上维持接触和载流的所有部件，都应是具有足够机械强度的金属。对此应依据 GB/T 14048.7或等同 IEC 标准进行验证。

端子应是可以用螺钉、弹簧或其他类似手段如绕接、插套连接、夹紧连接等方法进行连接，以保证在整个使用期间保持必要的接触压力。

端子应能不使导线移位或端子自行位移，从而影响装置的运行，而且电气间隙和爬电距离不应降低至低于所要求的值。

接口的机械设计应使各导体在移去基本构成部分(铠装，护套，填充物)后，不会受到曲率半径小于其直径 6 倍的弯曲。

接线端子与接地部件的端子之间的电气间隙见 11.4.1.2。

11.9 保护接地措施

下面所规定的要求不适用于不需要保护接地的安全特低电压(SELV)线路。

11.9.1 封闭式装置的保护接地要求

Ⅰ类装置的可接触部件(例如，机箱，框架和金属外壳的固定金属部分)，除那些不会构成危险的以外，在电气上都应互相连接，并连接到保护接地端子上，以与外部保护导体相连。此要求可通过具有足够电连续性的结构部件来满足，该要求既适用于单独使用的装置，也适用于配套使用的装置。

给Ⅰ类便携式外围设备供电的导线或电缆，应配备保护接地导体。

保护接地导体的绝缘材料(若提供)的颜色应是绿色，并有黄色条纹。

注：在北美，也允许用绿色。

如果可接触的隔离导电部件的位置不与任何带电部件接触，并能承受表61中相当于设备最高额定工作电压的加强绝缘的介电试验电压，则就不认为它们构成危险。

Ⅱ类装置可以有内部功能性连接导线，但在装置电源输入线中应不配备保护接地端子或保护接地导体。

若PLC系统配备有保护接地端子(Ⅰ类装置)，则除了前述一般性连接规范外，还应满足如下要求：

1) 保护接地端子应使用方便，并应设计成在卸去外盖或任何可拆卸部件时仍保持装置与保护接地导体的连接。
2) 拟用电线连接的产品(如外围设备)应配备有一个与插头和插座组成一体的保护接地端子(若可拆卸的导线束)。
3) 保护接地端子应是螺钉、螺栓、或压接型的，并且应由合适的耐腐蚀材料制成。
4) 保护接地端子的夹紧装置应充分锁紧以防意外松动，而且只能借助工具才能将其松开。
5) 保护接地端子和接地触点不应直接与PLC系统内的中性线端子连接。这不能防止在保护接地端子与中性线之间接入适当的标定容量的装置(如电容器或浪涌抑制器)。
6) PLC系统内部的保护接地端子和其后的保护设备，应符合12.2.2中的试验。
7) 保护接地端子不兼有其他功能。

11.9.2 开放式装置的保护接地要求

开放式装置应符合11.9.1的要求，所不同的是其保护措施不是通过与外部保护导体连接，而是通过与最外层外壳连接。

11.10 接线

以下要求适用于制造厂为PLC系统的内部和/或外部接线提供的所有接线。

11.10.1 内部接线

装置内部所有接线的绝缘(当提供时)应以使用的电压和温度条件来确定。

所有接头和连接在机械上应可靠并具有电连续性。

内部接线的布线和固定，应使其及其有关的电气连接都不会受到应力或机械损坏。在工作或维修中遭受弯折而且其接线导体是实心或其绝缘护套厚度小于0.8 mm的内部接线，应对其进行如12.1.4中所规定的挠性试验。

电气连接应是锡焊、熔焊、夹紧，或其他可靠连接。

承受机械应力的锡焊连接的焊接处机械上应是可靠的，这种连接手段不应用于如固定结构部件的其他目的。

螺钉连接应该是防松动的可靠连接型式。

此要求不适用于SELV/PELV线路。

11.10.2 互连接线

本条仅适用于PLC系统和制造厂提供的带连接器的电缆，不适用于采用PLC系统的整个工业控制系统。

用于装置互连的电缆和电线应符合11.10.1的要求。

用于装置各部分之间或PLC系统的各单元之间互连的电缆组件和软线的类型应符合有关电压和温度条件，而且应提供合适的电缆支架(释放应力)，限定电源电路除外。

插头连接器和插座连接器不匹配(例如，把一个多针脚插头插入一个与之不匹配的插座中)，以及操作人员插拔接插件应不会导致对PLC系统的机械损坏或起火，也不会造成对PLC系统操作人员的触电或人身伤害。

11.10.3 装置电源输入线

由制造厂提供的装置电源输入线应符合GB 4793.1的6.10中关于装置电源输入线的要求。

与导线束连接的（可拆卸的或固定的）电路应设计成，当接触插头针脚和/或插座针脚的时间达1 s后，无触电危险（如11.2中所说明的）。试验应按12.2.3中的要求进行。

11.11 开关器件

控制输出的开关器件应在其额定值范围（按GB/T 14048.5）内使用，或者，使用它们的装置应承受分别在12.2.4和12.2.5中规定的过电压试验和耐久性试验。首先应对样件进行过电压试验，然后对同一样件做耐久性试验。12.2.1中规定的介电耐压试验应紧跟在耐久性试验或过电压试验（当单独做此试验时）之后。

对于一般性使用或阻抗使用的固态输出器件，应不做耐久性试验。

11.12 元器件

元器件应满足本部分在安全方面考虑的要求。

元器件应符合相关IEC产品标准的应用安全要求，或者，若通过授权的验证机构审查认证说明其符合应用安全要求，则不需要再进行试验。

不存在相关IEC元器件标准或者在线路中所使用的元器件不符合其规定额定值的情况下，应在装置中发生最坏情况的条件下对这些器件进行试验。

注：元器件是PLC系统单元的组成部分；例如，电容器，电阻，印刷线路板，继电器，变压器，开关等。

11.13 电池要求

电池盒（或电池间）应设计成能防止可燃气体的积聚或腐蚀液体泄漏的危害。

可充电电池和不可充电电池（如果在PLC中使用的话）应具有适当的保护（电池盒的内部或外部），从而使电池的爆炸危险减到最小。在设计中要考虑的参数应包括温度、反向电流的可能性/预防、放电限值等。

应具有在正常工作和单一故障条件下限制不可充电电池的放电电流和防止充电的措施。

符合性应通过分析或通过12.3.2中试验的结果进行验证。

11.14 最大电压和最小电压

在承受最大电压或最小电压条件时，装置应按所预期要求运行，不发生火灾或触电的危害。对此要求依据12.1.5进行验证。

11.15 标记和标识

下面所标明的标记，应从封闭式装置的外部就能看到；或者如果必须由操作人员打开盖或门，则不需借助任何工具打开盖或门后就能看到。对于开放式装置，允许将标记安置在从机架或面板移开该装置后就能看到的任何表面。

对于所有装置，在设备上至少应标注制造厂（向市场投放该产品的公司）和设备名称。其余信息应在随同该设备的设备数据单中提供。

制造厂应提供以下信息：

1） 制造厂名称、商标或其他信息；

2） 型号/系列号，型号或名称；

3） 硬件系列号或系列，和/或版本级别（见1.2），日期代码或类似表述；

4） 熔断器更换方面的信息，包括电流、电压和型号；

5） 带电部件（见11.15.2）和保护接地端子（见11.15.3）标记应按要求标出。

11.15.1 外部接线端子标识

对外部接线端子应加上标识，以指出电源、负载、控制电路等的正确连接，或提供编有端子标记的接线图。还应提供标记或制造厂的安装说明，以标明与接线端子连接的现场接线的额定温度。

11.15.2　**带电部件**

超过 SELV 限值范围(如 11.2.1.1 所规定的)和可能被误认为不活动金属(不导电金属)以及对工作人员裸露的带电部件，应标记如下所示的“危险电压”符号：

注：符号按照 GB/T 5465.2-5036(2002-10)。

11.15.3　**保护接地端子标记**

保护接地端子标记应具耐久性且易识别。

应采用标记 PE，或用于电气设备的图形符号，或黄绿色来标识。

注 1：标记 PE 依据 GB/T 4026 的 5.3。

注 2：在北美，可只用绿色。

所使用的图形符号应是：

注：符号按照 GB/T 5465.2-5019(2002-10)。

11.15.4　**Ⅱ类封闭式装置**

用双重绝缘/加强绝缘进行整体保护的装置(Ⅱ类)应用以下符号来标记，除非它配备有保护端子。

仅部分地用双重绝缘/加强绝缘保护的装置，不应享用此符号。

注：符号按照 GB/T 5465.2-5172(2003-02)。

11.15.5　**由 SELV/PELV 供电的装置**

仅由 SELV 或 PELV 电源供电的装置，应在装置上进行标记和/或在产品文字中给予说明。

11.15.6　**额定值信息**

应给装置标出如下信息：

1)　额定电压或额定电压范围(V)；

2)　额定频率(Hz)；

3)　供电系统的型式(AC,DC,或 AC/DC；或采用 GB/T 5465.2 的符号 5032,5031 或 5033)；

4)　相位导体的个数(若不止一个)；

5)　额定电流(A)；和/或额定输入功率和/或额定输出功率(W 或 VA)。

对于开放式装置，此信息应在装置上或手册中标明。

11.16　**安全型式试验和验证的要求**

对于安全方面的试验和验证应由制造厂按第 12 章中的要求完成。

11.17　**安全常规试验和验证的要求**

安全常规试验或等效验证方法(见第 13 章)应由制造厂按 13.1 和 13.3 中的要求完成。

11.17.1 介电强度验证的要求

对于防电击保护的验证应在(1)非 SELV 电路与 SELV 电路之间,(2)非 SELV 电路与可接触部件之间,以及 (3)隔离的非 SELV 电路之间进行。验证应通过下述的任一种方法进行。

1) 按 13.2 进行产品的常规介电耐压试验;
2) 在产品开发期间验证产品的所有有关绝缘材料和爬电距离及电气间隙,并验证所有隔离部件应满足以下任一项要求:
   - 11.12 的元器件要求;
   - 100%介电耐压试验;
   - 通过测量验证是否满足所要求的爬电距离和电气间隙。

11.17.2 保护接地验证的要求

制造厂应按 13.3 中的说明进行试验,以验证保护接地接口/端口与被要求接地的操作员可接触的所有部件之间的接地保护连续性。

11.18 安全方面信息的要求

安全方面的信息应由制造厂按第 14 章的要求提供。

12 安全型式试验和验证

12.1 安全有关的机械试验和验证

12.1.1 耐碰撞试验

表 58 耐碰撞试验[1]

参考试验	GB/T 16895.1
样品的选择	电压大于 SELV/PELV 的封闭式装置
例外	对手持装置、显示器或指示灯都不进行此项试验
试验说明	见图 12
试验次数	每个表面一次
试验后的验证	完成操作员可接触性试验(12.1.2 和 12.1.3) 完成耐介电电压试验(12.2.1)

1 试验之前和之后,单元的功能可能会不正常。

碰撞是用一个直径约 50 mm,质量 500 g ± 25 g 的光滑实心钢球撞向样品(见图 12)。

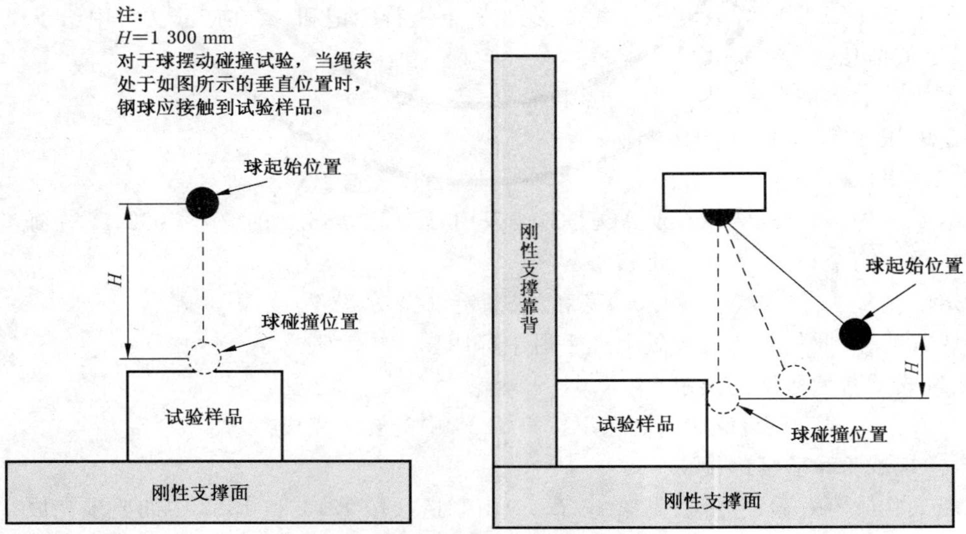

图 12 耐碰撞试验过程

顶面碰撞:钢球从离顶面 1 300 mm 处垂直自由落体到此顶面。

垂直面碰撞:钢球用一根绳索悬吊并象摆锤样摆动,从垂直距离 1 300 mm (H)处落下向钢球碰撞位置碰撞。

12.1.2 操作员可接触性试验

本试验确定是否能通过不接触方式来实现防电击保护。封闭式装置以及在表 46 中标识为可接触的端口都是所要评估项目的示例。

表 59 操作员可接触性试验

参考试验	GB 4208
样品的选择	封闭式装置
样品数量	每种类型一台装置
预处理	干净而且是新的
安装/支撑的细节	按制造厂的规范
排气/通风孔	运行条件下使用的配置
运动部件试验	通电且运行的装置
电击试验	断电的装置
试验说明	试验中,关节式测试探头(IP2X)和探针不应和任何危险带电部件或任何运动部件(平滑旋转轴除外)接触

除能明显判断的情况外,应按 12.1.3 中的规定来确定一个部件是否是操作员可接触的。除非规定中说明需施加外力,无需对采用关节式测试探头(图 C.1)和测试探针(图 C.2)施加外力。如果部件在用关节式测试探头或测试探针时能触及到,或者如果它们在无任何覆盖物(不认为需提供合适的绝缘)的情况下能被触及到,则认为它们是可接触的。

对于允许插入模块的装置,如果某些部件在用关节式测试探头(见 12.1.3)从装置的开口处插入 180 mm 深度时仍不能触及到,则认为这些部件是不可接触的。如果部件距开口处的深度大于 180 mm,则也认为这些部件是不可接触的。

如果操作员在正常工作中(用或不用工具)执行任何动作(这将加大与部件接触的可能性),那么这些动作应在执行 12.1.3 中的检查之前执行。这些动作如,移去盖,打开门,调整控制,更换消耗性材料,拆卸部件等。

12.1.3 开口的一般检查

关节式测试探头(图 C.1)可适用于每个可能的位置。通过施加力才能接触到某个部分的场合,应采用具有刚性联接的测试探头,可施加 10 N(牛顿)的力。该力可由具有刚性联接的测试探头的末端产生,从而避免挤推和杠杆动作。此试验适用于所有外表面(包括底面)。

应将测试探针(图 C.3)插入上述部件的任何开口处,它们是危险带电的。测试探针应能自由地悬吊,并允许其深入 100 mm。因为某个部件只能通过此试验才可触及,因此不需要用于在单一故障条件下保护的 11.2.5 中的附加安全措施。

为了预设置控制(需用螺丝刀或其他工具),测试探针(图 C.4)应插入孔中。测试探针应能够在通过该孔的任意方向活动。穿透深度应不超过从外壳表面至控制轴距离的 3 倍或 100 mm(取其中的较小值)。

12.1.4 导线弯折试验

弯折试验适用于在正常工作或维护期间受到弯折的导线,且导线是实心的或绝缘厚度小于0.8 mm。

试验过程:弯折试验包括在 2 个端点之间弯折的电线/电缆。

弯折循环的次数:

1） 500 次，若在正常工作条件下发生弯折；

2） 25 次，若仅在维护期间发生弯折。

合格/不合格准则：

如果在该试验后，绝缘通过耐介电强度试验(12.2.1)和下述绝缘击穿试验，则应认为接线合格。

绝缘击穿试验方法：

从装置上拆下需试验的接线，用导电箔将已被弯折的电缆部分包裹好。然后用表 60 和表 61 中规定的试验电压依次施加在每一导体与所有其他导体的公共连接点和导电箔之间。

12.1.5 温度试验

温度应在装置产生其最大消耗时进行测量。这种消耗可以由负载电流、输入电压、输入频率、输入/输出占空度等综合因素造成。装置应安装在其正常使用的位置，试验环境温度等于其最大额定运行的大气温度(见表 2)。但是，如果测量的温度由于装置的最大额定运行温度与实际试验环境温度之间的差距而增加，则可将装置置于较低的试验环境温度。应达到稳定状态条件，还应监视试验环境温度：对于有通风的装置，则在离装置的气流进入点不超过 50 mm 处监测；对于无通风的装置，则在装置的中垂线上离装置不超过 50 mm 处监测。在被测装置周围的环境应不受非被测装置部分的源所引起的空气流通的影响。

导线(粗细)应是适用于装置最大额定电流下的最小截面，并按制造厂规定。

温度试验应在耐介电试验(12.2.1)之前进行。

12.1.6 保护涂层试验

本试验应按类型 1(GB/T 16935.3 中的涂层要求)进行，或应通过授权的试验机构按适用的安全要求进行认证。

12.1.7 刚性试验

装置应被牢固地固定在刚性支撑上，并应承受直径 12 mm 钢杆的半球形端部所施加的 30 N(牛顿)的力。此杆施加于外壳的任何部位，这些部位是在使用装置时可接触到的，如果发生变形这些部位可能会造成危害。对于使用非金属外壳的装置，该试验在环境温度 40 ℃，或在装置的最大工作环境大气温度下进行，如 4.1.1 中的规定。

在施加力之前和之后，应按 12.1.2 进行验证。

12.1.8 电气间隙和爬电距离验证

对于 11.4 中的电气间隙和爬电距离要求，应通过机械测量(可使用机械测量的场合)来验证。在产品样本中可以使用制造厂的技术规范(电气图等)。

12.1.9 现场接线端子结构的验证

端子应设计成符合 11.4 中的要求。对此的验证应是，将一根多芯电缆剥去 8 mm 长(或安装说明书中的规定长度)的绝缘部分，取出其中的一根导线并全部插入端子，在不撕开绝缘部分将它以每个可能的方向弯曲或围绕障碍物拐急弯时，它应不接触不同极性的部分或可接触的导电部件。

注：按安装说明书，不应出现接线松动。

12.2 与安全有关的电气试验

警告：为保护与被测的基本 PLC 系统连接的试验装置，必须安装一个外部阻抗(滤波器)。

12.2.1 耐介电验证试验

耐介电试验是在下列条件下进行 48 h 预处理的装置样品上完成的：温度处于 40 ℃ ± 2 ℃或在装置的最大额定运行大气温度，湿度为 92.5% RH ± 2.5% RH 。耐介电试验必须在预处理完成后的 1 h 内进行。

对于紧接其他试验(例如，12.1.1 的碰撞试验，12.1.5 的温度试验)之后的耐介电试验，则不需要预处理。

三种试验型式中的一种：

1） 交流或直流应在表 60 或表 61 中规定的试验电压下进行试验。试验电压按相关电路中的最高工作电压。

2） 在电气间隙小于表 49、表 50、表 52 中规定的值时，仅需作脉冲试验。

3） 选择表 60 或表 61 是根据 11.2 中规定的绝缘要求。

试验特性：

1） 脉冲试验，根据 GB/T 16927.1 和以下条件：

- 波形： 1.2/50 μs
- 源阻抗： 500 Ω (1±10%)
- 源能量： 0.5 J (1±20%)
- 接线长度： ≤ 2 m
- 两次脉冲之间的时间间隔： ≥ 5 s

2） 交流电压试验，根据 GB/T 16927.1 和以下条件：

- 试验时间： 1 min
- 电压信号： 从 0 V 开始(跨零点)
- 短路电流： ≤ 5 mA

3） 直流电压试验，根据 GB/T 16927.1 和以下条件：

- 试验时间： 1 min
- 短路电流： ≤ 5 mA

注：通常，在使用滤波电容的场合(接地)，建议选用直流电压试验。

在下列电路之间施加介电试验电压：

1） 在隔离的非 SELV 线路；

2） 在隔离的非 SELV 线路与 SELV 线路；

3） 在隔离的非 SELV 线路和可接触部件。

这些试验是在试验电路中连接的每一单元和模块上进行，如图 13 所示。若需要的话，试验可在单个模块上进行，而其余的模块都被移开。所有机械开关应在“导通”位置。应将外壳的任何可接触绝缘部分覆盖金属箔，而且将该箔视为可接触的导电部件。

在试验期间应没有意外的“飞弧”闪烁或绝缘击穿现象(正常的闪烁可能是装在装置内的浪涌抑制器正常动作的结果)。部件上保护装置的偶尔动作，不应被视为故障。

表 60 基本绝缘/附加绝缘的交流脉冲电源频率和直流的耐介电电压试验[5]

电路的工作电压[1]/V 交流均方根值或直流 对基本绝缘和附加绝缘	0 m～2 000 m 的试验电压/V		
	1.2/50 μs 峰值[2]	交流 1 min	直流 1 min
$0<U_e\leqslant 50$[3]	500	350	500
$50<U_e\leqslant 100$[4]	800	490	700
$100<U_e\leqslant 150$	1 500	820	1 150
$150<U_e\leqslant 300$	2 500	1 350	1 900
$300<U_e\leqslant 600$	4 000	2 200	3 100
$600<U_e\leqslant 1\,000$	6 000	3 250	4 600

1 器件或电路的现场接线端子上的工作电压。

2 三个正脉冲和三个负脉冲，每个之间至少相隔 1 s。

3 对于直流产品，此范围至 60 V。

4 对于直流产品，此范围开始于 60 V。

5 对于 SELV/PELV 线路/单元，不需要试验。

表 61　双重绝缘/加强绝缘的交流脉冲电源频率和直流的耐介电电压试验[5]

电路的工作电压[1]/V 交流均方根值或直流 对双重绝缘和加强绝缘	0 m～2 000 m 的试验电压/V		
	1.2/50 μs 峰值[2]	交流 1 min	直流 1 min
0 $<U_e\leqslant$ 50[3]	850	510	720
50 $<U_e\leqslant$100[4]	1 360	740	1 050
100 $<U_e\leqslant$150	2 550	1 400	1 950
150$<U_e\leqslant$300	4 250	2 300	3 250
300$<U_e\leqslant$600	6 800	3 700	5 250
600$<U_e\leqslant$1 000	10 200	5 550	7 850

1 器件或电路的现场接线端子上的工作电压。

2 三个正脉冲和三个负脉冲，每个之间至少相隔 1 s。

3 对于直流产品，此范围至 60 V。

4 对于直流产品，此范围开始于 60 V。

5 对于 SELV/PELV 线路/单元，不需要试验。

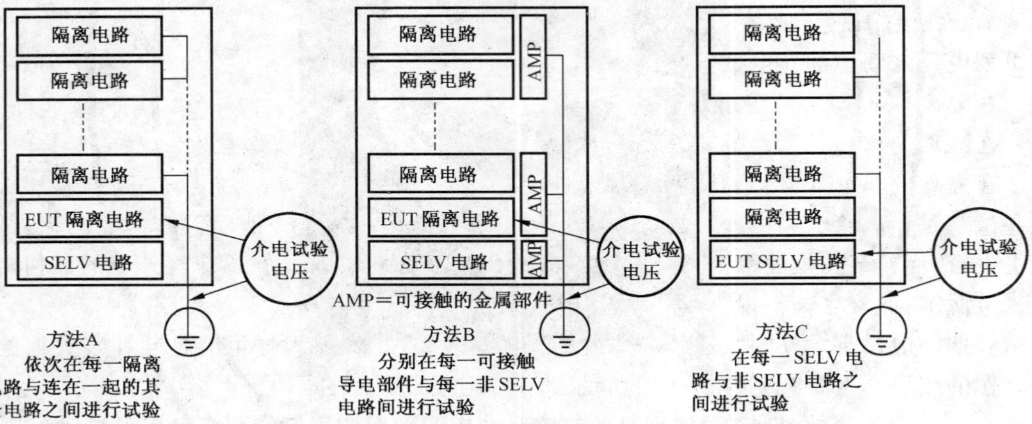

图 13　耐介电试验过程

12.2.2　保护接地连续性试验

试验说明：在接地端子(或触点)与每个需接地的可接触金属部件之间注入恒定电流 30 A，持续时间至少 2 min。在试验期间，应将电流维持在或相应地调整到 30 A。可使用不超过 12 V 的任何合适的低电压。应在电流通过的两点之间测量电压降，测量时要注意到测量探头的尖端与其下面的金属部件之间的接触电阻不应影响试验结果。

合格/不合格准则：所计算的电阻应不超过 0.1 Ω。

12.2.3　储能伤害危险试验

装置应设计成，在装置电源断开连接的外部触点上不存在来自与装置电源电路连接的电容器上所储存电荷电击的危险。

符合性是通过审查装置及相关电路图来检验的，要考虑到“通/断”开关在任一位置(若有的话)断开电源连接的可能性。

如果其额定电容超过 0.1 μF 且与外部装置电源电路连接的任何电容器具有在不超过下列恒定时间内放电的手段，则应认为装置具备符合性：

1)　1 s，可插拔装置；

2） 10 s，永久性连接的装置。

有关的时间常数是有效电容（微法拉）与有效放电电阻（兆欧）的乘积。在难以确定有效电容和电阻值的场合，可测量电压降。在一个时间常数内，电压已降至其原始值的37％。

12.2.4 过载试验

开关器件应“接通”和“断开”的试验电路，该电路具有表62中所列的电流值、电压值和功率因数值。应完成50个循环，每个循环包括“接通”、“断开”动作各一次，一个循环的时间应是“断开”1 s、“接通”9 s。如果按11.11要求，则在完成50个循环后，装置应能承受12.2.5中的耐久性试验。

表62 过载试验电路值

应用场合	电流	电压	功率因数
交流，一般用途	1.5×额定值	额定值	0.75～0.80
交流，一般用途	1.5×额定值	额定值	1.0
交流，电阻	1.5×额定值	额定值	1.0
直流，电阻	1.5×额定值	额定值	1.0
交流，试验负载	额定值[1]	1.1×额定值[2]	＜0.35
直流，试验负载	额定值[1]	1.1×额定值[2]	1.0
1 除非另有规定，启动电流应是稳态电流的10倍。 2 EUT设定为其额定电压和额定电流，然后在不再调整负载的情况下使电压增加10％。			

合格/不合格依据完成该试验未发生装置的电气/介电/机械故障来判定。

12.2.5 耐久性试验

在完成12.2.4中的过载试验后，开关器件将“接通”和“断开”具有表63中所列的电流值、电压值和功率因数值的试验电路。总共应完成6 000个循环，每个循环包括“接通”、“断开”动作各一次。一个循环的时间应是“断开”1 s、“接通”9 s，前1 000个循环的前导试验除外。前1 000个循环的前导试验应是每秒1个循环，但其中的前10～12个循环应尽可能快。

对于一般用途或电阻用途的固态输出器件，不需要做耐久性试验。

表63 耐久性试验电路值

应用场合	电流	电压	功率因数
交流，一般用途	额定值	额定值	0.75 ～ 0.80
直流，一般用途	额定值	额定值	1.0
交流，电阻	额定值	额定值	1.0
直流，电阻	额定值	额定值	1.0
交流，前导试验[1]	额定值	额定值	＜0.35
直流，前导试验[1]	额定值	额定值	1.0
1 试验电路等同于过载试验电路，但其电压是额定电压。			

合格/不合格由完成试验未发生装置的电气/介电/机械故障来判定。

12.3 单一故障条件试验——整体试验

12.3.1 单一故障条件——概述

应检验装置及其线路图，以确定有可能产生危害的故障条件。这些故障条件应在装置运行于最低限度的正常条件时施加。某些特殊的单一故障条件试验在12.3.2，12.3.3和12.3.4中阐述。

只要不发生因施加故障而产生的进一步变化，就应使装置运行。这种试验一般限制为1 h。如果在1 h结束时有火灾、电击或人身伤害危险的征兆，则试验仍应继续进行直至上述任一种灾害确实发生或者最长持续时段达 4 h。

对于开放式装置，可用一个外形尺寸为该装置 1.5 倍的金属丝网罩来模拟外壳。通过一个 3A 快速熔断器（没有时间延迟），把外壳或丝网罩（若有的话）和任何接地或裸露的不活动金属（不导电金属）部件连接到供电线路中接地的那个极（几乎不可能产生到地的电弧）。

应以任意合适的次序每次施加一种故障条件，不应同时施加多种故障条件。

在施加每种故障条件后，应

1） 无火焰或熔化材料，也没有引燃散放在被试装置周围的棉花；
2） 无可接触的危险带电部件；
3） 3A 熔断器未断路。

12.3.2 单一故障条件——元器件击穿试验

各种元器件如电容器、二极管或其他固态元件，都应进行短路或开路试验。

例外：对于下述情况，不需要试验。

1） 如果电路分析指出，无其他元器件或部分线路因另一元器件的开路或短路而导致严重过载；
2） 对于其故障可能引发火灾或电击的元器件，以前已对它们进行过审查并发现适合于此应用。

12.3.3 单一故障条件——保护阻抗试验

如果保护阻抗是由元器件组合而成，那么应对每个元器件进行短路或开路试验，以了解哪一个元器件不合适。

如果保护阻抗是由基本绝缘和限流/限压器件组合而成，则基本绝缘和限流/限压器件应能承受单一故障，每次施加一种故障条件。对基本绝缘应进行短路试验，对限流/限压器件应进行短路或开路试验，以了解哪一个不合适。

12.3.4 单一故障条件——隔离变压器试验

应对隔离变压器的二次绕组进行短路试验，每次试验一个绕组。

在试验期间应连接二次绕组。

12.4 限定电源电路试验

符合性应通过在以下条件下测量输出电压、最大输出电流和最大输出功率来验证。

1） 在无负载条件下测量输出电压。
2） 在运行60 s后测量输出电流和可用功率，可采用短路的任何过流保护器件或分别产生最高电流和功率的电阻负载进行试验。

13 安全常规试验

13.1 耐介电试验

按第 11 章的要求来确定绝缘和/或隔离栅的安全性。绝缘和/或隔离栅的制造质量也必须按以下方法之一来确定。

1） 按 13.2 进行产品的耐介电常规试验。

   在选择此方法时，应只在包含操作员可接触导电部件的装置上做 13.2 的试验。

   除非它能说明后续的加工不影响这些试验的结果，否则这些试验都应在已装配的模块或装置上进行。

2） 验证在模块或装置的生产中所使用的所有隔离部件均作为部件进行了 100％耐介电试验，或者这些供应的部件已满足 11.12 中对部件的要求。

   在选择此方法时，必须结合以下内容：

   a） 通过型式试验验证其满足 11.2.2 中的介电强度要求；
   b） 验证所设计的产品满足 11.4 中的爬电距离和电气间隙；
   c） 自动装配和制造过程质量控制保证了所制造产品的一致性。

13.2 耐介电验证试验

应将表 64 中规定的试验电压施加在危险带电端子和电路以及所有可接触导电部件(包括需要与其他非危险带电但可接触装置的电路连接的端子)之间。应进行表 64 中所列出的某一项试验。

表 64 常规耐介电试验[5]

线路的工作电压[1]/V 交流电压均方根值或直流电压	0 m～2 000 m 的试验电压/V		
	1.2/50 μs 脉冲峰值[2]	交流 2 s	直流 2 s
$U_e \leqslant 30$	无需试验	无需试验	无需试验
$30 < U_e \leqslant 50$[3]	500	350	500
$50 < U_e \leqslant 100$[4]	800	490	700
$100 < U_e \leqslant 150$	1 500	820	1 150
$150 < U_e \leqslant 300$	2 500	1 350	1 900
$300 < U_e \leqslant 600$	4 000	2 200	3 100
$600 < U_e \leqslant 1\ 000$	6 000	3 200	4 600

1 在所有操作员可接触的装置或线路端子上的工作电压。

2 三个正脉冲和三个负脉冲,每个之间至少相隔 1 s。

3 对于直流产品,此范围至 60 V。

4 对于直流产品,此范围开始于 60 V。

5 对于 SELV/PELV 线路/单元,不需要试验。

13.3 保护接地试验

应在保护接地接口/端口与需接地的操作员可接触的所有金属部件之间进行简单的连续性试验。试验应在所有非 SELV/PELV 额定电压的单元上进行。

电阻应不超过 0.1 Ω。

14 制造厂应提供的安全信息

制造厂的资料至少应包括以下信息:

1) 保护接地要求和有关防触电的人身安全方面的建议;

2) 保护器件如保护接地线路、过流保护器件和用于后备存储器的电池等的维护要求;

3) 如果 PLC 系统作为"开放式装置"提供,则要求外壳能提供必要的安全等级、环境保护、安装及所需空间,和/或内部隔离或屏蔽(若出于安全的需要)等方面的指南;

4) 预防措施说明,例如,如果在装置运行时拆卸模块,则可能导致与电击、火灾有关的安全和电气损坏;

5) 与过压类别有关的 PLC 系统的使用说明,按 3.45 中的规定;

6) 在正常工作条件下信道与其他线路(包括接地)之间,以及信道之间的隔离电位。

所有信息都可以以非打印格式提供。

14.1 关于评估开放式装置外壳的信息(功耗)

制造厂的文件应提供评估每个 PLC 配置、部件和模块的功耗方面的信息,并提供为保证正常工作条件下的充分冷却而需要的最小空间方面的信息。

14.2 关于机械端子连接的信息

制造厂应通过合适的文本和/或标记提供以下信息:

1) 可以与 PLC 系统连接的导线的类型、截面积和材料;

2) 推荐使用的屏蔽电缆,以及如何连接和接地的建议。

附 录 A
（资料性附录）
PLC 系统硬件定义图示

图 A.1 以图解说明由 GB/T 15969.1 和 GB/T 15969.2 定义的 PLC 系统中的硬件。

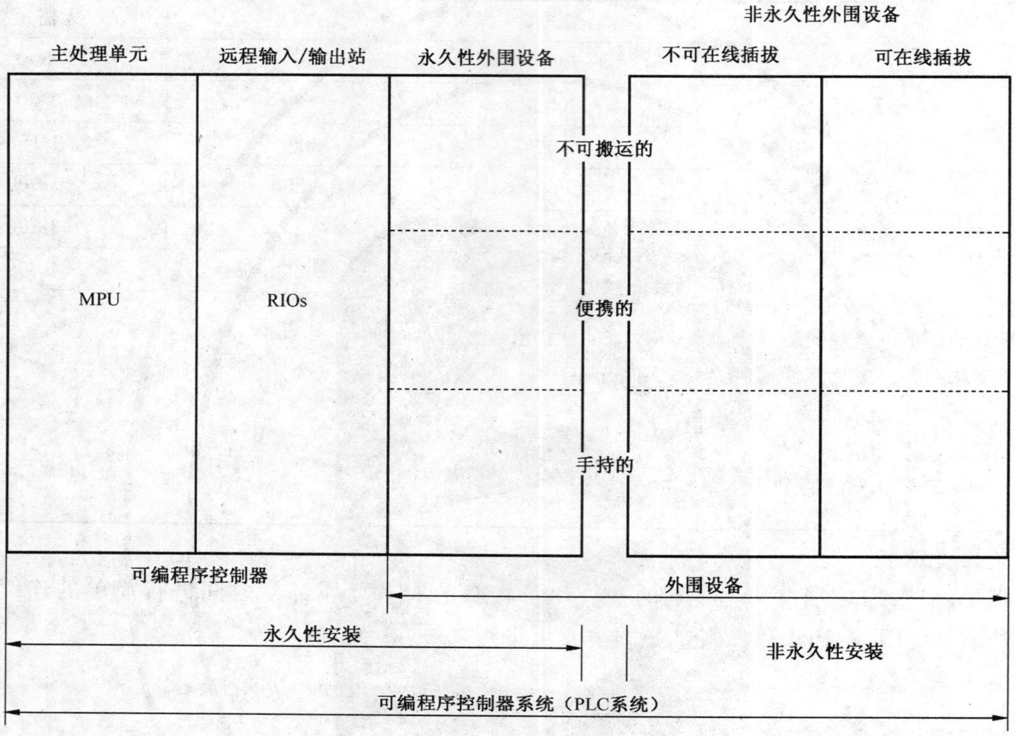

图 A.1 可编程序控制器系统（PLC 系统）

便携式和手持外围设备都有特殊要求，因而必须将它们与永久性安装的外围设备相区别（见 4.2.3）。

附 录 B
（资料性附录）
数字输入标准工作范围公式

以下公式被用来生成表 8(对于某些例外，在注中予以解释)

直流公式	交流公式	
$U_{H\,max} = 1.25\,U_e$	$U_{H\,max} = 1.1\,U_e$	
$U_{H\,min} = 0.8\,U_e - U_d - 1V$	$U_{H\,min} = 0.85\,U_e - U_d - 1V$	(注 1,注 2)
$U_{T\,max} = U_{H\,min}$	$U_{T\,max} = U_{H\,min}$	
$U_{L\,max} = U_{H\,min}(I \leqslant I_{T\,min})$	$U_{L\,max} = U_{H\,min}(I \leqslant I_{T\,min})$	
$U_{T\,min} = 0.2\,U_e$	$U_{T\,min} = 0.2\,U_e$	(注 1)
$U_{L\,max} = U_{T\,min}(I > I_{T\,min})$	$U_{L\,max} = U_{T\,min}(I > I_{T\,min})$	
$U_{L\,min} = -3$ V (直流 24 V)	$U_{L\,min} = 0$	
$U_{L\,min} = -6$ V (直流 48 V)		
$I_{L\,min} =$ ND (未规定)	$I_{L\,min} = 0$	
1 类输入：	1 类输入：	
$I_{H\,max} = I_{T\,max} = I_{L\,max} = 15$ mA	$I_{H\,max} = I_{T\,max} = I_{L\,max} = 15$ mA	
$I_{H\,min} \approx I_{T\,min} + 1$ mA	$I_{H\,min} \approx I_{T\,min} + 1$ mA ($U_e \leqslant 120$ V 均方根值) 或 $I_{H\,min} \approx I_{T\,min} + 2$ mA ($U_e > 120$ V 均方根值)	
$I_{T\,min} \approx U_{H\,max}/Z$	$I_{T\,min} \approx U_{H\,max}/Z$	(注 5)
$U_d = 3$ V (表 10)	$U_d = 5$ V (表 9)	(注 3)
2 类输入：	2 类输入：	
$I_{H\,max} = I_{T\,max} = I_{L\,max} = 30$ mA	$I_{H\,max} = I_{T\,max} = I_{L\,max} = 30$ mA	
$I_{H\,min} = I_m + 1$ mA $= 6$ mA	$I_{H\,min} \approx I_m + 1$ mA $= 6$ mA	
$I_{T\,min} = I_r = 1.5$ mA	$I_{T\,min} \approx I_r = 3$ mA	(注 4)
$U_d =$ 直流 8 V	$U_d =$ 交流 10 V 均方根值	(注 4)
3 类输入：	3 类输入：	
$I_{H\,max} = I_{T\,max} = I_{L\,max} = 15$ mA	$I_{H\,max} = I_{T\,max} = I_{L\,max} = 15$ mA	
$U_{H\,max}/Z \leqslant I_{H\,min} \leqslant I_m = 5$ mA	$I_{H\,min} = I_m = 5$ mA	
$I_{T\,min} = I_r = 1.5$ mA	$I_{T\,min} \approx I_r = 3$ mA	(注 4)
$U_d =$ 直流 8 V	$U_d =$ 交流 10 V 均方根值	(注 4)

注 1：为使单个模块能与各种电源电压相容，对所有的交流 100/110/120 V 均方根值和所有的交流 200/220/230/240 V 均方根值输入，已选择 U_e 分别为交流 100 V 均方根值和交流 200 V 均方根值。

注 2：假定连接线有 1 V 电压降(交流电压均方根值或直流电压)。

注 3：U_d，交流和直流数字输出的最大电压降。

注 4：I_r，U_d 和 I_m 的值符合在 GB/T 14048.10 中所采用的相应值。

注 5：Z＝经验的最坏情况继电器触点，开路触点阻抗 ＝ 100 kΩ。

附　录　C
（规范性附录）
测　试　工　具

C.1　关节式测试探头

单位为毫米

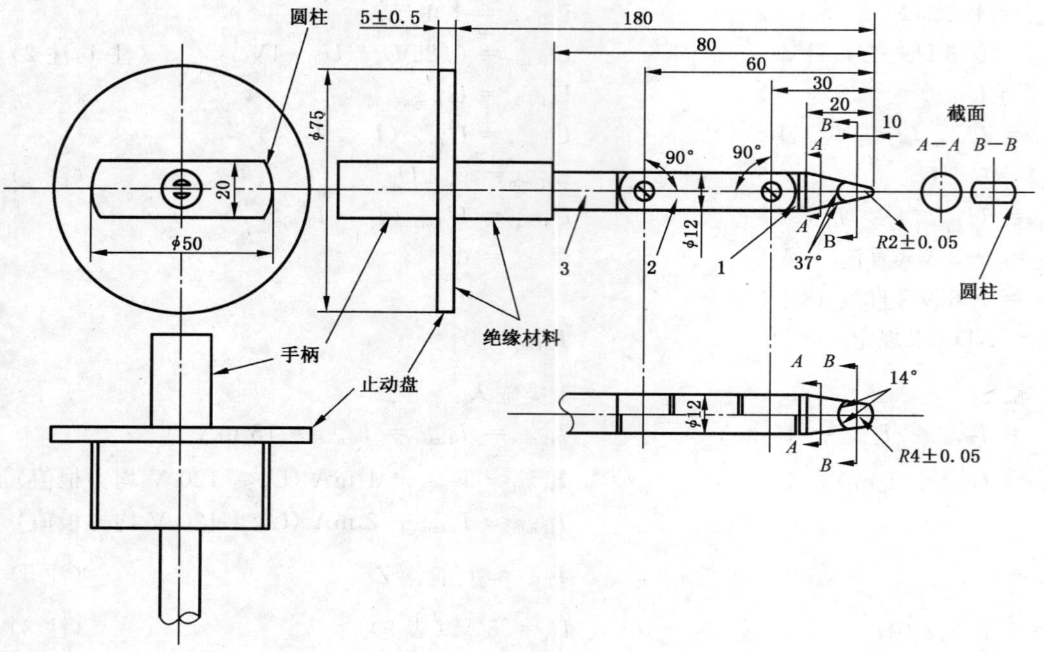

图 C.1　关节式测试探头

无特殊容差的尺寸公差

——角度：$^{0'}_{-10'}$

——线性尺寸：≤25 mm，$^{0}_{-0.05}$ mm

——线性尺寸：>25 mm，±0.2 mm

探头的材料应是热处理钢，并有合适的绝缘体。

探头的两个联结部分可被弯曲的角度范围是 $90^{\circ}{}^{+10^{\circ}}_{-0^{\circ}}$，但只能在一个且同一的方向进行弯曲。

C.2 测试探针

单位为毫米

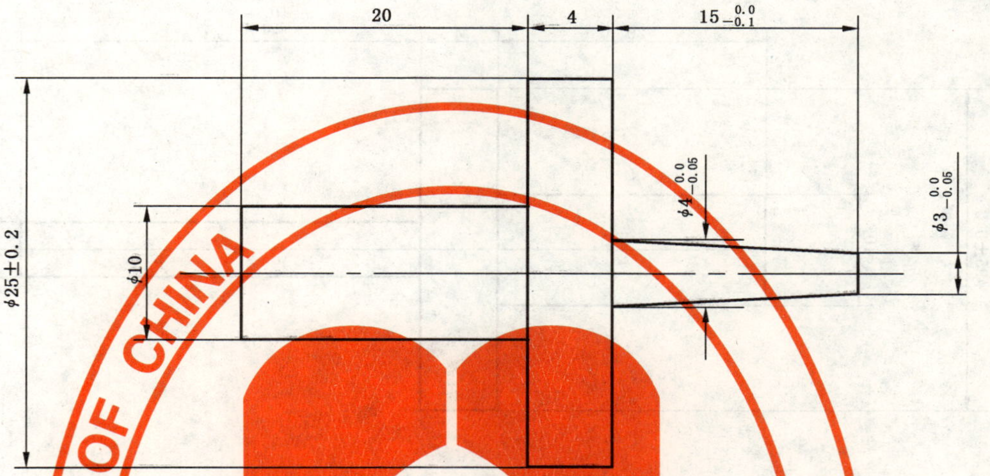

图 C.2 15 mm×3 mm 测试探针

单位为毫米

图 C.3 100 mm×4 mm 测试探针

单位为毫米

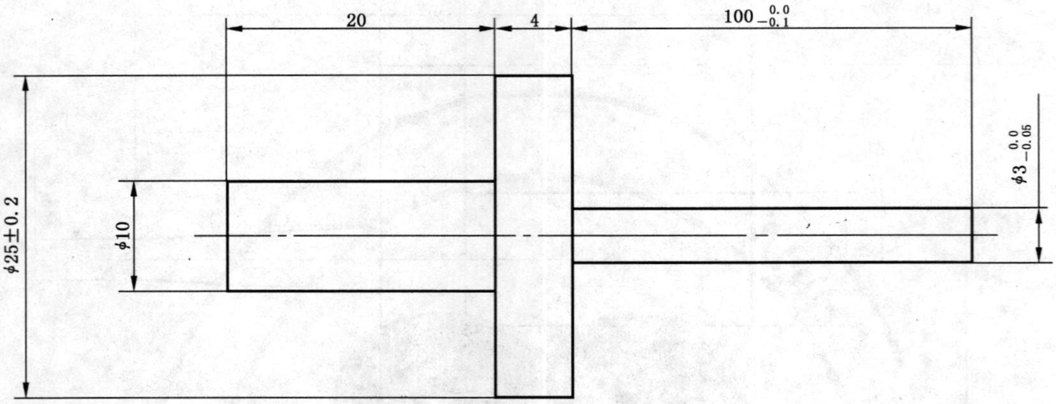

图 C.4　100 mm×3 mm 测试探针

附　录　D
（资料性附录）
C 区——EMC 抗干扰等级

当处于干扰等级高于 B 区的环境时，下列试验（与 C 区相关）可适用。

表 D.1　外壳端口试验，C 区

环境现象	参考标准	试验		试验等级	测试内容	注	性能等级
静电放电	GB/T 17799.2	触点		± 4 kV	表 38	1	B
		大气		± 8 kV			
射频电磁场调幅	GB/T 17799.2	80% AM，1 kHz 正弦	2.0 GHz～2.7 GHz	1 V/m	表 39	4	A
			1.4GHz～2.0 GHz	3 V/m			
			80MHz～1 000 MHz	10 V/m			
电源频率磁场	GB/T 17799.2	60 Hz		30 A/m	表 40	2,3	A
		50 Hz		30 A/m			

1 应将 ESD（静电放电）试验施加于：

a）　操作员可接触的装置（例如，HMI，PADT 和 TE）；

b）　外壳端口；

c）　没有安装意外接触保护的工作的可接触工作部分（例如，开关，键盘，保护接地/功能接地，模块外壳，带连接器和金属连接器的通信端口）。

对于不带连接器的通信端口、I/O 端口或电源端口，不进行 ESD 试验。

2 本试验是试验装置对一般在工厂级产生的电磁场的灵敏度。本试验只适用于包含对电磁场敏感器件的装置，例如，霍尔效应器件，CRT 显示器，软盘驱动器，磁性存储器，以及类似装置。基本 PLC 系统一般不包含这类器件；但其他装置（如 HMI）可能包含这类器件。本试验不模拟高强度磁场，例如，有关焊接和感应加热过程的磁场。此要求可通过在设备制造厂对敏感器件施加的试验来满足。

3 偏差不得大于 3 A/m。若大于 3 A/m，制造厂应规定 CRT 显示接口的允许偏差。

4 此等级并不代表在紧靠 PLC 系统处由收发器所辐射的场强。

表 D.2　抗传导噪声，C 区

	环境现象	快速瞬态脉冲串	高能量浪涌	射频干扰	衰减振荡波
	参考标准	GB/T 17799.2	GB/T 17799.2	GB/T 17799.2	GB/T 17799.18
	试验内容	表 41	表 42	表 43	表 44
	性能等级	B	B	A	B
接口/端口（图 2 表示）	特定接口/端口	试验等级	试验等级	试验等级	试验等级
数据通信（用于 I/O 机架的 Al 和 Ar；用于外围设备的 Be，Bi 和 E）	通信屏蔽电缆 非屏蔽电缆	1 kV[4] 1 kV[4]	2 kV CM[2] 2 kV CM[2]	10 V[4] 10 V[4]	0.5 kV CM 不试验 —

表 D.2（续）

	环境现象	快速瞬态脉冲串	高能量浪涌	射频干扰	衰减振荡波
	参考标准	GB/T 17799.2	GB/T 17799.2	GB/T 17799.2	GB/T 17799.18
	试验内容	表 41	表 42	表 43	表 44
	性能等级	B	B	A	B
数字 I/O 和模拟 I/O (C 和 D)	交流 I/O (非屏蔽)	2 kV[4]	2 kV CM[2] 1 kV DM[2]	10 V[4]	2.5 kV CM 1 kV DM
	模拟 I/O 或直流 I/O (非屏蔽)	2 kV[4]	1 kV CM[2]	10 V[4]	1 kV CM 0.5 kV DM
	所有屏蔽线 (屏蔽)	2 kV[4]	2 kV CM[2]	10 V[4]	0.5 kV CM
装置电源(F)	交流电源	4 kV	4 kV CM 2 kV DM	10 V	2.5 kV CM 1 kV DM
	直流电源	2 kV[1]	1 kV CM[3] 1 kV DM[3]	10 V	2.5 kV CM 1 kV DM
I/O 电源(J)和辅助电源输出(K)	交流 I/O 和交流辅助电源	4 kV[4]	4 kV CM[2] 2 kV DM[2]	10 V	2.5 kV CM 1 kV DM
	直流 I/O 和直流辅助电源	2 kV[1,4]	1 kV CM[2] 1 kV DM[2]	10 V	2.5kV CM[1] 1 kV DM[1]

1 不适合于使用电池或可充电电池的输入端口，因更换电池或充电的需要必须把它们从装置上取出或断开连接。对于使用交-直流电源适配器的输入端口，应在制造厂所规定的交-直流电源适配器的交流电源输入上进行试验；若制造厂未规定，则使用典型的交-直流电源适配器。对于使用永久性连接的输入/输出端口，若电缆长度≤3 m，则不需要进行试验。

2 对于规定电缆长度≤30 m 的端口，不需要进行试验。

3 不适合于使用电池或可充电电池的输入端口，因更换电池或充电的需要必须把它们从装置上取出或断开连接。对于使用交-直流电源适配器的输入端口，应在制造厂所规定的交-直流电源适配器的交流电源输入上进行试验；若制造厂未规定，则使用典型的交-直流电源适配器。对于不会接在 DC 分布电源网络中而且线长总是小于 30 m 的输入输出端口，则不需要进行试验。

4 对于规定电缆长度≤3 m 的端口，不需要进行试验。

对本条的要求依据 9.5，9.6，9.7，9.8，9.9，9.10 和 9.11 进行验证。

附 录 E
（资料性附录）
过 电 压 示 例

图 E.1 说明适用于电源典型设计的每个部分的要求。在本例中作出如下假设：过电压类别Ⅱ，污染等级 2，材料组别Ⅱ，无过电压保护，额定电流 8 A。除非另有解释，所有值都是用内插法计算出适用于 230 V 均方根值的值。

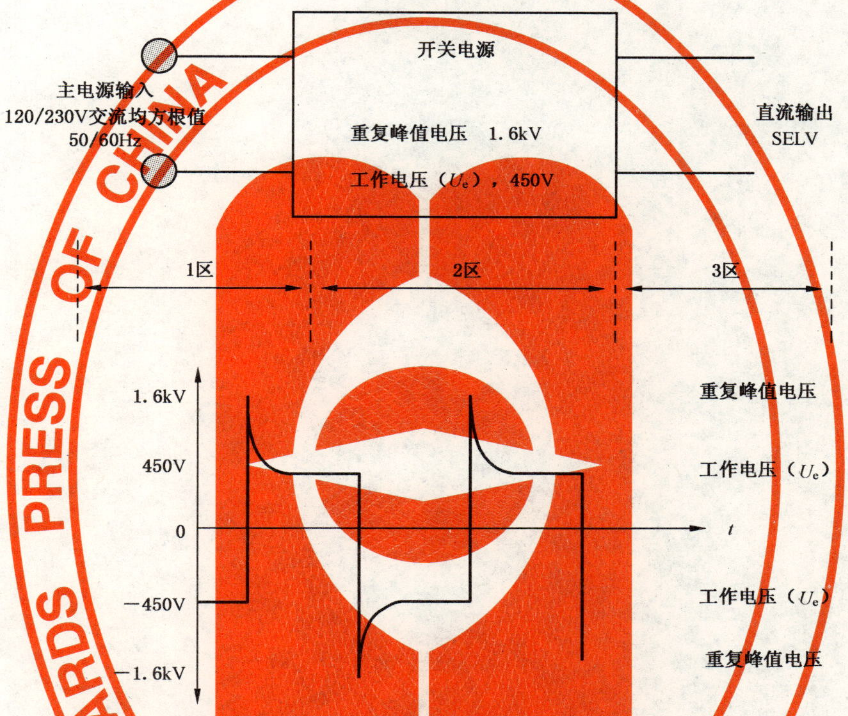

图 E.1 产生重复峰值电压的电路中的爬电距离

1 区：在现场接线端子上，表 51 的电气间隙 1.6 mm 优于表 54 的爬电距离 1.64 mm。因此，必须维持电气间隙和爬电距离的最小值 1.6 mm。现场接线端子以外，基本电气间隙（根据表 49）必须等于或大于 1.50 mm，爬电距离（根据表 54）必须等于或大于 1.64 mm。

2 区：在印刷线路板上，根据表 49 当工作电压为 450 V 时必须维持最基本的电气间隙是2.25 mm；由于 1 600 V 重复峰值电压，因此爬电距离（根据表 56）是 2.85 mm。

在与 SELV 线路的隔离分界处，表 50 的电气间隙2.3 mm优于爬电距离1.73 mm，此值（1.73 mm）是通过把表 55 的插入值 0.87 乘以 2（依据 11.4.4，双重绝缘）计算而得的。因此，必须维持在最小电气间隙和爬电距离 2.3 mm。

3 区：对于 SELV 线路，不出现重复峰值电压，因此只采用一般安全要求。

ICS 25.040.40
N 18

中华人民共和国国家标准

GB/T 15969.7—2008/IEC 61131-7:2000
代替 GB/T 17165.3—2001

可编程序控制器
第7部分：模糊控制编程

Programmable controllers—Part 7: Fuzzy control programming

(IEC 61131-7:2000, IDT)

2008-06-30 发布 2009-01-01 实施

中华人民共和国国家质量监督检验检疫总局
中国国家标准化管理委员会 发布

前　言

GB/T 15969《可编程序控制器》分为以下几部分：

——第1部分：通用信息；

——第2部分：设备特性；

——第3部分：编程语言；

——第4部分：用户导则；

——第5部分：通信；

——第6部分：基于现场总线的可编程控制器通信；

——第7部分：模糊控制编程。

本部分为 GB/T 15969 的第7部分。

本部分等同采用 IEC 61131-7:2000《可编程序控制器　第7部分：模糊控制编程》(英文版)。

根据 GB/T 1.1—2000《标准化工作导则　第1部分：标准的结构和编写规则》，对 IEC 61131-7:2000 进行了下列编辑性修改：

a) “本标准”改为了“本部分”；

b) 删除了 IEC 61131-7:2000 的前言；

c) 凡有“IEC 61131”的地方改为“GB/T 15969”；

d) 用小数点“.”代替作小数点的逗号“,”；

本部分代替 GB/T 17165.3—2001《模糊控制装置和系统　第3部分：可编程控制器　模糊控制编程》。

本部分与 GB/T 17165.3-2001 相比，主要变化如下：

——将“模糊控制装置和系统　第3部分：可编程控制器　模糊控制编程”改为了“可编程序控制器　第7部分：模糊控制编程”；

——将标准号由“GB/T 17165.3—2001”改为“GB/T 15969.7—2008”；

——“定义”改为“术语和定义”(GB/T 17165.3—2001 的第3章；本部分的第3章)；

——将第3章中术语的排列顺序，按照 IEC 61131-7:2000 中术语的排列顺序进行了调整(GB/T 17165.3—2001的第3章；本部分的第3章)；

——根据 GB/T 1.1—2000，进行了重新排版。

本部分的附录A、附录B、附录C、附录D、附录E都是资料性附录。

本部分由中国机械工业联合会提出。

本部分由全国工业过程测量和控制标准化技术委员会第五分技术委员会归口。

本部分负责起草单位：西南大学、中国四联仪器仪表集团。

本部分参加起草单位：机械工业仪器仪表综合技术经济研究所、北京机械工业自动化研究所。

本部分主要起草人：唐雁、陈映萍、黄巧莉、刘进。

本部分参加起草人：冯晓升、谢兵兵。

本部分所代替标准的历次发布情况为：

——GB/T 17165.3—2001。

可编程序控制器
第7部分:模糊控制编程

1 范围

GB/T 15969 的本部分定义了在可编程控制器中应用模糊控制的编程语言。

本部分规定了制造商和用户将模糊控制应用集成于 GB/T 15969.3—2005 规定的可编程序控制器语言中的基本方法,以及在不同编程系统之间交换可移植模糊控制程序的可能性。

为了帮助读者理解本部分内容,附录 A 简单介绍了模糊控制和模糊逻辑的最基本内容。

2 规范性引用文件

下列文件中的条款通过 GB/T 15969 的本部分的引用而成为本部分的条款。凡是注日期的引用文件,其随后所有的修改单(不包括勘误的内容)或修订版均不适用于本部分,然而,鼓励根据本部分达成协议的各方研究是否可使用这些文件的最新版本。凡是不注日期的引用文件,其最新版本适用于本部分。

GB/T 2900.56—2002 电工术语 自动控制(IEC 60050-351:1998,IDT)

GB/T 15969.3—2005 可编程序控制器 第3部分:编程语言(IEC 61131-3:2002,IDT)

3 术语和定义

下列术语和定义适用于本部分。

其他有关编程语言的定义由 GB/T 15969.3—2005 确定。

注:本章定义的术语在定义主体中以黑体字出现。

3.1

综合 accumulation

把各条控制规则推理的结果汇总成一个总的推理结果。

注:即推理结果的聚集。

3.2

聚集 aggregation

由一条规则的多个子条件的隶属度计算该条规则条件(前件部分)的满足程度。

注:即确定一条规则的激活程度。

3.3

激活 activation

规则条件的满足程度作用于一个输出模糊集的过程。

3.4

结论 conclusion

简单或多维模糊条件语句“若……,则……”中的“则……”部分。

注:控制规则的输出,也称后件(consequent)。

3.5

条件 condition

简单或多维模糊条件语句“若……,则……”中的“若……”部分。

注:也称前件(antecedent),由模糊算子 AND,OR,NOT 结合各子条件组成的一个表达式。

3.6

清晰集　crisp set

模糊集的一种特例，其隶属函数仅取两个值，通常规定为 0 和 1。

3.7

清晰化　defuzzification

将模糊(逻辑)推理后得到的模糊集转变成为用作控制的清晰值的过程。

3.8

隶属度　degree of membership

隶属函数的函数值。表示指定元素隶属于一个模糊集合的程度，其取值范围为[0,1]区间。

3.9

模糊化　fuzzification

将输入量的清晰值转变为可用于模糊(逻辑)推理的模糊集合的过程。

注：在本部分中具体指求出清晰的输入值对于相应的输入语言变量的每一个语言项的隶属度。

3.10

模糊控制　fuzzy control

用模糊(逻辑)推理方法，模拟人的操作技能、控制经验和知识的一种控制方法。

3.11

模糊逻辑　fuzzy logic

应用模糊集合理论对模糊的概念、判断和推理进行量化处理和分析的一种非经典逻辑。

注：模糊逻辑的狭义理解是指真值在[0,1]区间上取值的无限多值逻辑。

3.12

模糊算子　fuzzy operator

在模糊逻辑中所采用的算子。

注：例如 AND,OR,NOT 等。

3.13

模糊集　fuzzy set

带有隶属程度(以[0,1]区间上的数表示)的事物(物体、对象或概念)的整体。

推理　inference

以已知的模糊命题为前提(包括大前提和小前提)，提出新的模糊命题作为结论的过程。

3.14

语言规则　linguistic rule

"IF-THEN"规则"if-then"rule，表征模糊控制策略的模糊条件语句。

注：规则是一个形如"若＜条件部分＞，则＜结论部分＞"的语句，其中条件部分和结论部分二者之一或全部是语言项。

3.15

语言项　linguistic term

语言变量的取值。语言项是以模糊集来定义的。

注：即语言值(linguistic value)。

3.16

语言变量　linguistic variable

以人工或自然语言的词、词组或句子(语言项)作为值的变量。

3.17

隶属函数　membership function

表征论域中每一元素隶属于一个模糊集合的程度的函数。

3.18

单点集 singleton

隶属函数仅在一点为1而在其余点为0的模糊集。

3.19

子条件 subcondition

形式为一个变量或“语言变量IS语言项”的基本表达式。

3.20

规则库 rule base

为实现某些目标而建立的控制规则的总和。

3.21

加权因子 weighting factor

描述控制规则的重要程度、可信程度和置信程度的、其值介于0～1之间的一个数。

4 模糊控制在可编程序控制器中的集成

模糊控制应用参照本部分第5章规定的模糊控制语言(FCL)进行编程时，应封装于GB/T 15969.3—2005所定义的功能块(或程序)内。GB/T 15969.3—2005给出的功能块类型和功能块实例均适用于本部分。

以模糊控制语言(FCL)定义的功能块类型将对输入输出参数、模糊控制具体规则和说明给出规定。

相应的功能块实例应包含该模糊控制应用的具体数据。

以模糊控制语言(FCL)定义的功能块可以用于按GB/T 15969.3给出的任一种语言(如梯形图、指令表等)所编写的程序或功能块。用FCL编写的功能块或程序的输入输出参数的数据类型应与相应的“调用环境”的参数的数据类型相匹配，如图1所示。

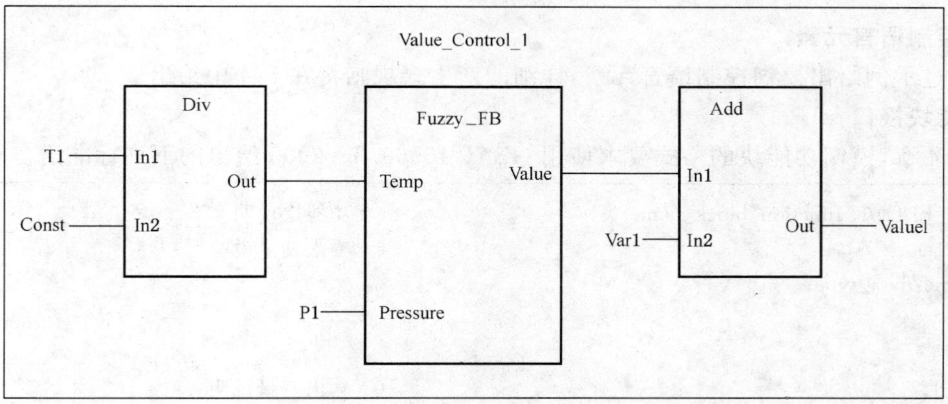

图1 用功能块图FBD表示的模糊控制功能块示例

图1中Valve_Control_1是功能块类型Fuzzy_FB的一个用户定义的功能块实例，功能块类型Fuzzy_FB可以用本部分第5章所规定的模糊控制语言(FCL)编制。本例所示功能块Fuzzy_FB用在以GB/T 15969.3—2005的图形语言FBD(功能块图)表示的程序或功能块中。

5 模糊控制语言(FCL)

5.1 模糊控制程序的交换

模糊控制语言(FCL)以GB/T 15969.3—2005规定的编程语言的定义为基础。模糊控制算法与程序环境的交互使它在程序中“隐藏”起来。所以，模糊控制算法外部表示成GB/T 15969.3—2005规定的模块形式。描述模糊控制功能块内部的语言部分所必需的元素，如隶属函数、规则、算子和推理方法均必须按照本章来定义。

FCL 的语言元素把不同厂家的模糊控制组态工具之间的数据交换标准化成通用形式，如图 2 所示。用这种通用形式，每个生产可编程序控制器的厂家均可保持自己的硬件、软件编辑器和编译器不变。厂家只需在其编辑器中支持数据接口，用户的模糊控制项目就可以在不同厂家的产品之间交换。

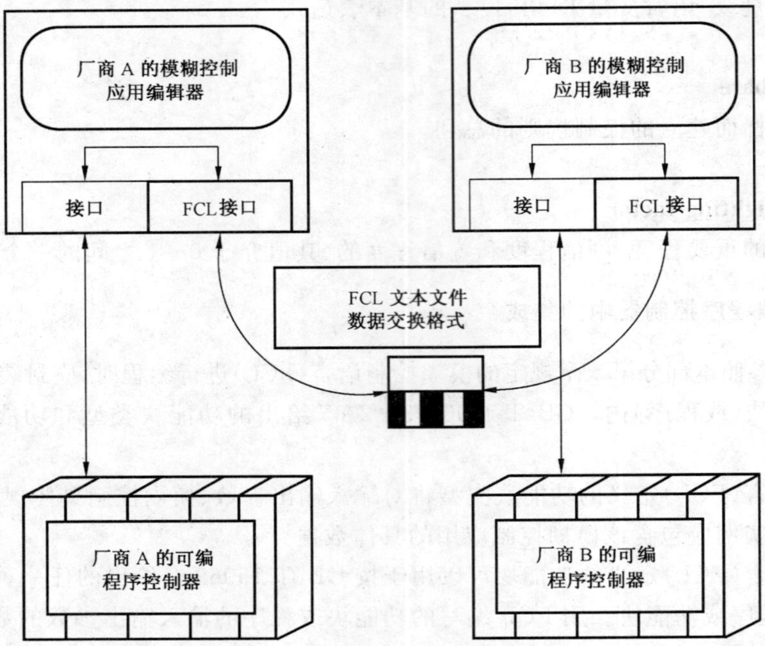

图 2　模糊控制语言(FCL)程序的数据交换

5.2　模糊控制语言元素

本条通过示例给出模糊控制语言元素，详细的产生式规则将在 5.4 中给出。

5.2.1　功能块接口

按照第 4 章，模糊功能块的格式要求使用 GB/T 15969.3—2005 给出的下列标准语言元素。

```
FUNCTION_BLOOK function_block_name                 (* 功能块说明 *)
VAR_INPUT                                          (* 输入变量说明 *)
Variable_name:data_type;
...
END_VAR
VAR_OUTPUT                                         (* 输出变量说明 *)
Variable_name:data_type;
...
END_VAR
VAR                                                (* 局部变量说明 *)
...
variable_name:data_type;
END_VAR
END_FUNCTION_BLOCK
```

用这些语言元素便可以描述一个功能块的接口。功能块接口由输入输出功能块的参数来定义。这些参数的数据类型应按 GB/T 15969.3—2005 来定义。

图 3 是用结构化文本(ST)语言和功能块图(FBD)语言来描述功能块说明的示例。

```
FUNCTION_BLOCK Fuzzy_FB
    VAR_INPUT
        Temp:       REAL;
        Pressure:   REAL;
    END_VAR
    VAR_OUTPUT
        Valve:      REAL;
    END_VAR
END_FUNCTION_BLOCK
```

结构化文本(ST)

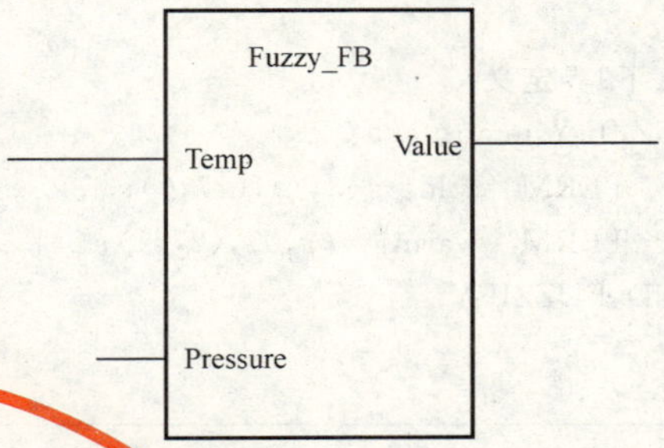

功能块图(FBD)

图 3 使用 ST 语言和 FBD 语言的功能块接口说明示例

5.2.2 模糊化

输入变量的清晰值必须变换成定义于该变量论域上的隶属函数的隶属度,这一变换在关键字 FUZZIFY 和 END_FUZZIFY 之间说明。

```
FUZZIFY   variable_name
    TERM            term_name:=membership_function;
    ……
END_FUZZIFY
```

要进行模糊化的变量名称应在关键字 FUZZIFY 之后列出。该名称应是在前面 VAR_INPUT 段已定义过的变量名。对该语言变量应赋予一个或多个语言项。由关键字 TERM 引导的语言项由隶属函数来描述,以用于计算输入变量的清晰量的隶属度。隶属函数一般是分段线形函数,由含有多个点的一张表来定义。

```
Membership_function::=(point i),(point j),…
```

每个点由一个数对,即该变量的值及相应的隶属度的值来表示,其间用逗号分开。每个数对均用括号括起来,其间也用逗号隔开。

```
point i::=value of input i | variable_name of input i, value i of membership degree
```

通过这一定义,所有简单形式的隶属函数如上(下)界型(如图 4 所示)、三角型等都易于定义。这些点应按输入变量值递升的顺序给出,隶属函数在相邻点之间约定为直线。相对每一语言项的隶属度都可以通过相邻隶属函数点之间的线性插值计算出来。

点的数目最小为 2,其最大值应受第 6 章规定的相符性等级所限制。

用三个点表示的语言项“warm”的隶属函数示例如下:

```
TERM warm:=(17.5,0.0),(20.0,1.0),(22.5,0.0);
```

小于第一个点的全部输入变量值的隶属度均取与第一个点同样的隶属度值。

大于最后一个点的全部输入变量的隶属度均取与最后一个点同样的隶属度值。

```
上(下)界定义:
FUZZIFY temp;
    TERM  cold:=(3,1),(27,0);
    TERM  warm:=(3,0),(27,1);
END_FUZZIFY
```

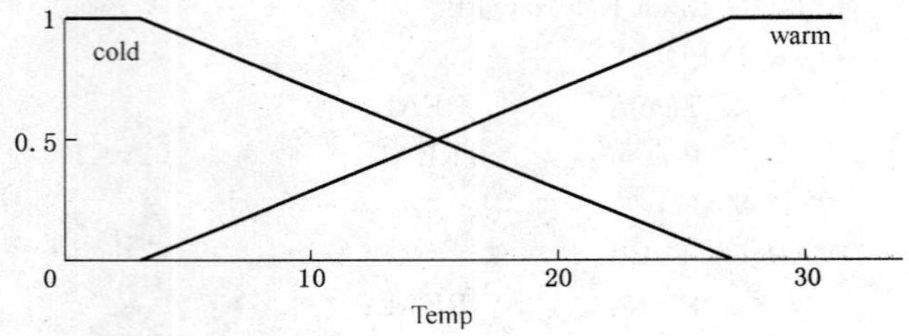

注:隶属函数的点的数据类型未加定义,厂商必须提供适应任何变换需要的编译器。

图 4　上(下)界型示例

为使模糊控制能实现在线自适应调整,隶属函数的基点应可以调整。这种调整可以通过输入到功能块的变量来实现。这些变量必须在功能块的 VAR_INPUT 部分中加以说明。用变量来定义隶属函数某些点的示例见图 5。

注:隶属函数的点的值在运行时,次序可能变化。

```
VAR_INPUT
    temp:REAL;                                         (*该输入应被模糊化*)
    pressure:REAL;                                     (*该输入应被模糊化*)
    bp_warm1,bp_warm2:REAL;                            (*这些输入用于在线调整*)
END_VAR
FUZZIFY temp
    TERM warm:=(bp_warm1,0.0),(21.0,1.0),(bp_warm2,0.0);
    ……
END_FUZZIFY
```

图 5　隶属函数的变量用法示例

5.2.3　清晰化

输出变量的推理结果一般为一个模糊集,必须变换成一个清晰值,这种变换在关键字 DEFUZZIFY 和 END_DEFUZZIFY 之间描述。

要清晰化的变量须在关键字 DEFUZZIFY 之后列出其名称,它应是在前面 VAR_OUTPUT 部分中已定义过的变量名。

```
DEFUZZIFY variable_name
    RANGE (min..max);
    TERM term_namemembership_function;
    defuzzification_method;
    default_value;
END_DEFUZZIFY
```

语言项的定义见 5.2.2。

为了简化清晰化的过程,输出隶属函数常用单点集,它的每一个语言项仅用一个单值来描述。图 6 给出了示例。

单点集定义：

```
DEFUZZIFY      valve
    RANGE(-100,100)
    TERM drainage:=-100;
    TERM closed:=0;
    TERM inletl=100;

END_DEFUZZIFY
```

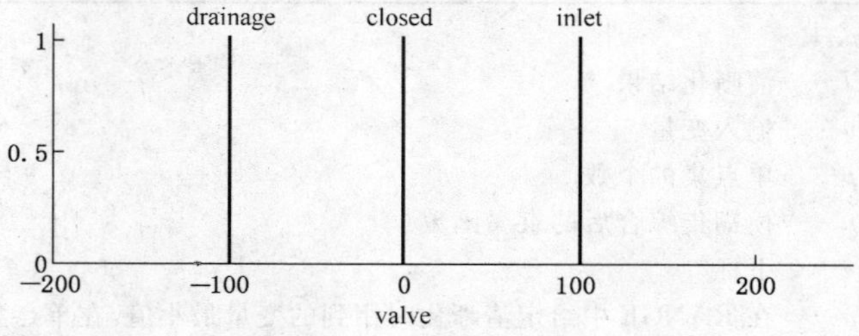

图 6　单点集语言项的示例

清晰化方法用语言元素 METHOD 来定义。

```
METHOD:defuzzification_method;
```

允许使用下列清晰化方法(见表 1 和表 2)。

表 1　清晰化方法

关　键　字	解　　释
CoG CoGS	重心(注 1)法
CoA	面积中心(注 2 和注 3)
LM	左取大(注 4)
RM	右取大(注 4)

注 1：重心法等同于求面积重心。

注 2：面积中心法等同与求面积平分线的坐标值

注 3：单点集不能使用 CoA。

注 4：LM 和 RM 清晰化方法对 0 点是非对称的。

表 2　清晰化方法的公式

CoG	$U = \dfrac{\int_{Min}^{Max} u\mu(u)\mathrm{d}u}{\int_{Min}^{Max}\mu(u)\mathrm{d}u}$
CoGS	$U = \dfrac{\sum_{i=1}^{p}[u_i\mu_i]}{\sum_{i=1}^{p}[\mu_i]}$
CoA	$U = u', \int_{Min}^{u'}\mu(u)\mathrm{d}u = \int_{u'}^{Max}\mu(u)\mathrm{d}u$
RM	$U = \sup(u'), \mu(u') = u \in \overset{\sup}{[Min, Max]}^{\mu(u)}$
LM	$U = \inf(u'), \mu(u') = u \in \overset{\sup}{[Min, Max]}^{\mu(u)}$

表 2（续）

式中： U——清晰化结果 u——输入变量 p——单点集的个数 μ——模糊集综合后的隶属函数 i——下标 Min——在 RANGE 中给定清晰化时用到的变量最小值，在单点集的情况下 $Min=-$ Max——在 RANGE 中给定清晰化时用到的变量最大值，在单点集的情况下 $Min=+$ sup——最大值 inf——最小值

如果对一个输出变量所有语言项的隶属度都为 0，则表示对该变量无规则被激发。在这种情况下，清晰化不能生成一个有效的输出。此时，可以为输出指定一个缺省值。只有在无任何规则激发时，输出值才取缺省值。

```
DEFAULT：=value|NC
```

缺省值应在关键字 DEFAULT 之后给定。亦可用关键字 NC(不改变)来表明无规则激发时输出值保持上一步推理结果不变。

范围是指定的一个最小值和一个最大值，其间用两点分开。

```
RANGE：=(minimum value..maximum value)；
```

RANGE 是用来限定输出变量的每一个隶属函数均在输出的范围之内。如果输出隶属函数采用单点集，则 RANGE 不起作用。

如果未定义其范围，则缺省范围为 GB/T 15969.3—2005 中所规定的该变量数据类型的范围。

5.2.4 规则块

模糊推理算法应在一个或多个规则块中加以定义。为适应将规则库分成几个不同模块的可能情况，可以使用若干个规则块。每个规则块有一个唯一的名称。

规则应定义在关键字 RULEBLOCK 和 END_RULEBLOCK 之间。

```
RULEBLOCK ruleblock_name
    operator_difinition;
    [activation_method;]
    accumulation_method;
    rules;
END_RULEBLOCK
```

模糊算子用于规则块中。

```
operator_difinition::=operator:algorithm
```

根据德·摩根定律，运算符 AND 和 OR 是对偶的，例如若 MIN 用于 AND，则 MAX 用于 OR。

表 3 OR 和 AND 对偶算法

OR 算子		AND 算子	
算法关键字	算　　法	算法关键字	算　　法
MAX	$Max(\mu_1(x),\mu_2(x))$	MIN	$Min(\mu_1(x),\mu_2(x))$
ASUM	$\mu_1(x)+\mu_2(x)-\mu_1(x)*\mu_2(x)$	PROD	$\mu_1(x)*\mu_2(x)$
BSUM	$Min(1,\mu_1(x)+\mu_2(x))$	BDIF	$Max(0,\mu_1(x)+\mu_2(x)-1)$

规则块示例：

```
RULEBLOCK first
  AND:MIN;
  …
END_RULEBLOCK
RULEBLOCK second
  AND:PROD;
  …
END_RULEBLOCK
```

下面的语言元素定义了激活方法：

```
ACT:activation_method;
```

表 4 列出了可选用的激活方法。

表 4 激活方法

名　称	关键字	算　法
乘积	PROD	$\mu_1(x) * \mu_2(x)$
取小运算	MIN	$Min(\mu_1(x), \mu_2(x))$
注：激活方法与是否用单点集无关。		

下面的语言元素定义了综合方法：

```
ACCU:accumulation_method;
```

表 5 列出了可用的综合方法。

表 5 综合方法

名　称	关键字	公　式
取大算法	MAX	$Max(\mu_1(x), \mu_2(x))$
归一化求和	NSUM	$\frac{\mu_1(x)+\mu_2(x)}{Max(1, Max_{x' \in X}(\mu_1(x')+\mu_2(x')))}$
有界和	BSUM	$Min(1, \mu_1(x)+\mu_2(x))$

规则块的输入是带有各自语言项集合的语言变量，每一个语言项赋有一个隶属函数。

规则定义在规则块内，每条规则以关键字 RULE 开始，后面是规则序号，并以分号结束。在规则块内的每一规则只能有唯一的序号。

```
RULE numbers:IF condition THEN conclusion [WITH weighting factor];
```

规则本身以关键字 IF 开始，紧接着为条件(condition)，条件后面是以关键字 THEN 开头的结论(conclusion)。

可以把几个子条件(subcondition)和输入变量(variable)组合在一条规则的条件(condition)之中。变量的作用是将模糊隶属度导入模糊功能块。所有的输入项应定义在关键字 IF 和 THEN 之间，并通过以关键字 AND、OR 或 NOT 表示的运算符组合在一起。

运算符的优先级(见表 6)按表 3 所示布尔代数的运算规律。

表 6　运算符优先级

优　先　级	运　算　符
1	()括号
2	NOT
3	AND
4	OR

规则的简化示例：

```
RULE1:IF subcondition1 AND variable1 OR variable2 THEN conclusion;
```

在相符性的基本级中，OR 操作可以通过定义成两条规则来实现：

```
    RULE3:IF subcondition1 OR subcondition2 THEN conclusion;
替代为：
    RULE3a:IF condition1 THEN conclusion;
    RULE3b:IF condition2 THEN conclusion;
```

子条件以语言变量名开始，后面是关键字 IS 带一可选项 NOT 和条件中用到的语言变量的一个语言项。

```
subcondition:=linguistic_variable IS [NOT] linguistic_term
```

条件中的语言项应与该条件中的语言变量相匹配，用到的语言项必须预先用关键字 TERM 定义。

子条件示例：

```
temp IS hot
temp IS NOT hot
```

关键字 NOT 也可以用在子条件之前，此时可使用括号将子条件括起。

```
IF NOT temp IS hot THEN…      或 IF NOT (temp IS hot) THEN…
```

结论可以分为几个子结论和输出变量，各子结论之间用逗号隔开。

子结论以语言变量开始，随后是关键字 IS 和该语言变量的一个语言项。

```
subconclusion:=linguistic_variable IS linguistic_term
```

有几个子结论(写成一行或多行)的示例：

```
IF temp IS cold AND pressure IS low THEN var1,valve1 IS inlet,valve2 IS closed;
或写在多行上：
IF temp IS cold AND pressure IS low
THEN var1,
     valve1 IS inlet,
     valve2 IS closed;
```

可以选择给任一个子结论指定一个介于 0.0 和 1.0 之间的实数作为加权因子。这可以通过关键字 WITH 后跟加权因子来实现。

加权因子与子结论的结果相乘使子结论的隶属度(隶属函数)减小。

为了在外部操纵模糊控制应用的参数，加权因子允许是一个变量。这种情况下，该变量必须在 VAR_INPUT 部分加以说明。这样，便可以在运行时通过调整加权因子使模糊控制程序适应过程控制的要求。

如果子结论后面没有 WITH 语句，则视加权因子为缺省值 1.0。

```
IF condition THEN subconclusion [WITH weighting_factor],subconclusion;
```

常数加权因子的示例：

```
IF temp IS cold AND pressure IS low THEN valve1 IS inlet WITH 0.5.
                                          valve2 IS closed;
```

变量加权因子的示例：

```
VAR_INPUT
    w_myrule1:REAL:=0.8;
END_VAR
RULEBLOCK temp_rule
    RULE1:IF temp IS cold AND pressure IS low
            THEN valve IS inlet WITH w_myrule1;
...
END_RULEBLOCK
```

5.2.5 可选参数

为在不同的目标系统上实现模糊控制应用，可能需要给出附加信息，使这些应用在不同的系统之间可能取得最佳的转换。这些附加信息用语言元素写在关键字 OPTIONS 和 END_OPTIONS 之间。

```
OPTIONS
    application_specific_parameters
END_OPTIONS
```

这些语言元素将用于按第 6 章规定的相符性开放级的特征描述。

5.3 模糊控制语言(FCL)示例

图 7 是模糊控制语言示例。

```
FUNCTION_BLOCK Fuzzy_FB
VAR_INPUT
        Temp:           REAL;
        Pressure:       REAL;
END_VAR
VAR_OUTPUT
        Valve:          REAL;
END_VAR
FUZZIFY temp
        TERM cold        :=(3,1),(27,0);
        TERM hot         :=(3,0),(27,1);
END_FUZZIFY
FUZZIFY pressure
        TERM low         :=(55,1),(95,0);
        TERM high        :=(55,0),(95,1),
END_FUZZIFY
DEFUZZIFY valve
        TERM drainage     :=-100;
        TERM closed       :=0;
        TERM inlet        :=100;
        METHOD:         CoGS;
        DEFAULT           :=0;
END_DEFUZZIFY
```

图 7 模糊功能块示例

```
RULEBLOCK No1
        AND:            MIN;
        ACCU:           MAX;
        RULE1:          IF temp IS cold AND pressure IS low THEN valve IS inlet;
        RULE2:          IF temp IS cold AND pressure IS high THEN valve IS closed WITH 0.8;
        RULE3:          IF temp IS hot AND pressure IS low THEN valve IS closed;
        RULE4:          IF temp IS hot AND pressure IS high THEN valve IS drainage;
END_RULEBLOCK
END_FUNCTION_BLOCK
```

图 7(续)

5.4 模糊控制语言(FCL)的产生式规则和关键字

GB/T 15969.3—2005 的附录 A 定义了可编程序控制器文本语言的说明方法,这里,FCL 要用到这种说明方法。

GB/T 15969.3—2005 的附录 B 有文本编程语言的语言元素的正式规定。FCL 要用到下列 GB/T 15969.3—2005 的语言元素的子集;

B1.1 字母、数字、标识符

B1.2 常数

B1.3 数据类型

B1.4 变量

5.4.1 产生式规则

除了上面列出的 GB/T 15969.3—2005 的语言元素外,还要用到下列的语言元素:

```
function_block_declaration::='FUNCTION_BLOCK'function_block_name
                              {fb_io_var_declarations}
                              {other_var_declarations}
                              Function_block_body
                              'END_FUNCTION_BLOCK'
fb_io_var_declarations::=input_declarations | output_declarations
other_var_dedlarations::= var_declarations
funcition_block_body::={fuzzify_block}
                        {defuzzify_block}
                        {rule_block}
                        {option_block}
fuzzify_block::=        'FUZZIFY'variable_name
                          {linguistic_term}
                        'END_FUZZY'
defuzzify_block::=      'DEFUZZIFY'f_variable_name
                          [range]
                          {linguistic_term}
                          defuzzification_method
                          default_value
                        'END_DEFUZZIFY'
rule_block::=           'RULE_BLOCK'rule_block_name
                          operator_definition
```

```
                              [activation_method]
                              accumulation_method
                              {rule}
                            'END_RULEBLOCK'
option_block::=             'OPTION'
                              any manufacturer specific parameter
                            'END_OPTION'
linguistic_term::=          'TERM'term_name':='membership_function';'
membership_function::=singleton | points
```

注：单点集，请参阅 5.2.3。

```
singleton::=                numeric_literal | variable_name
points::=                   {'('numeric_literal|varable_name',
                                 numeric_literal')'}
```

注：关于允许的点数，请参阅 5.2.2。

```
defuzzification_method::=      'METHOD'':''CoG'|'CoGS'|'CoA'|'RM'|'LM'
default value::=               'DEFAULT'':='numeric_literal |'NC'';'
range::=                       'RANGE('numeric_literal '..'numeric_literal ')'';'
operator_defintion::=          [('OR''MAX'|'ASUM'|'BSUM')]
```

注：关于对偶的算法，见表 3。

```
activation_method::=     'ACT'':''PROD'|'MIN'';'
accumulation_method::='ACCU' ':' 'MAX'| 'BSUM'| 'NSUM' ';'
rule::=                        'RULE'integer_literal ':'
                               'IF' condition 'THEN' conclusion ['WITH'weighting_factor] ';'
condition::=                   x{('AND'x)| ('OR'x)}
x::=                           ['NOT'](subcondition|('('condition ')'))
subcondition::=                variable_name|(variable_name 'IS'[NET]term_name)
conclusion::=                  {(variable_name|(variable_name 'IS'term_name)) ','}
                                 (variable_name|variable_name 'IS'term_name)
weighting_factor::=            variable|numeric_literal
function_block_name::=         identifier
rule_block_name::=             identifier
term_name::=                   identifier
f_variable_name::=             identifier
variable_literal::=            identifier
numeric_literal::=             identifier_literal|real_literal
input_declarations::=          见 GB/T 15969.3—2005 附录 B
output_declarations::=         见 GB/T 15969.3—2005 附录 B
var_declarations::=            见 GB/T 15969.3—2005 附录 B
identifier::=                  见 GB/T 15969.3—2005 附录 B
```

5.4.2 关键字

表 7 保留关键字

关键字	意义	参见
()	条件、语言项、范围中用到的符号	5.2.4
ACCU	综合方法	5.2.4
ACT	激活方法	5.2.4
AND	AND 算子	5.2.4
ASUM	OR 算子、代数和	5.2.4
BDIF	AND 算子、有界差	5.2.4
BSUM	综合方法,OR 算子,有界和	5.2.4
CoA	面积中心清晰化方法	5.2.3
CoG	重心清晰化方法	5.2.3
CoGS	单点集重心清晰化方法	5.2.3
DEFAULT	没有规则触发时的默认输出值	5.2.3
DEFUZZIFY	输出变量的清晰化	5.2.3
END_DEFUZZIFY	清晰化说明结束	5.2.3
END_FUNCITION_BLOCK	功能块说明结束	5.2.1
END_FUZZIFY	模糊化说明结束	5.2.2
END_OPTIONS	可选项说明结束	5.2.5
END_RULEBLOCK	规则块说明结束	5.2.4
END_VAR	输入输出变量定义结束	5.2.1
FUNCTION_BLOCK	功能块	5.2.1
FUZZIFY	输入变量模糊化	5.2.2
IF	规则的开始,后跟条件	5.2.4
IS	用于条件和结论中,跟在语言变量之后	5.2.4
LM	左取大清晰化方法	5.2.3
MAX	最大值综合方法,OR 算子	5.2.4
METHOD	清晰化方法	5.2.3
MIN	作为 AND 算子取小,激发方法	5.2.4
NC	没有规则激发时输出值维持不变	5.2.3
NOT	NOT 算子	5.2.4
NSUM	归一化代数和综合方法	5.2.4
OPTIONS	可选参数定义	5.2.5
OR	OR 算子	5.2.4
PROD	作为 AND 算子求积,激活方法	5.2.4
RANGE	输出变量范围的限定	5.2.3
RM	右取大清晰化方法	5.2.3
RULE	模糊规则说明的开始	5.2.4
RULEBLOCK	规则块说明的开始	5.2.4
TERM	为语言变量定义其一个语言项(隶属函数)	5.2.2
THEN	将条件和结论隔开	5.2.4
VAR	局部变量定义	5.2.1
VAR_INPUT	输入变量定义	5.2.1
VAR_OUTPUT	输出变量定义	5.2.1
WITH	加权因子定义	5.2.4

6 相符性

6.1 模糊控制语言(FCL)的相符性等级

应用模糊控制语言(FCL)的控制系统相符性等级划分如图 8 所示。这个级别体系包括以下三级：

基本级　包含 GB/T 15969.3—2005 中规定的功能块和数据类型的定义。

扩展级　允许选择表 9 中所列出的特性。

开放级　允许使用本部分中未包括的附加特性，由厂家用表列出。

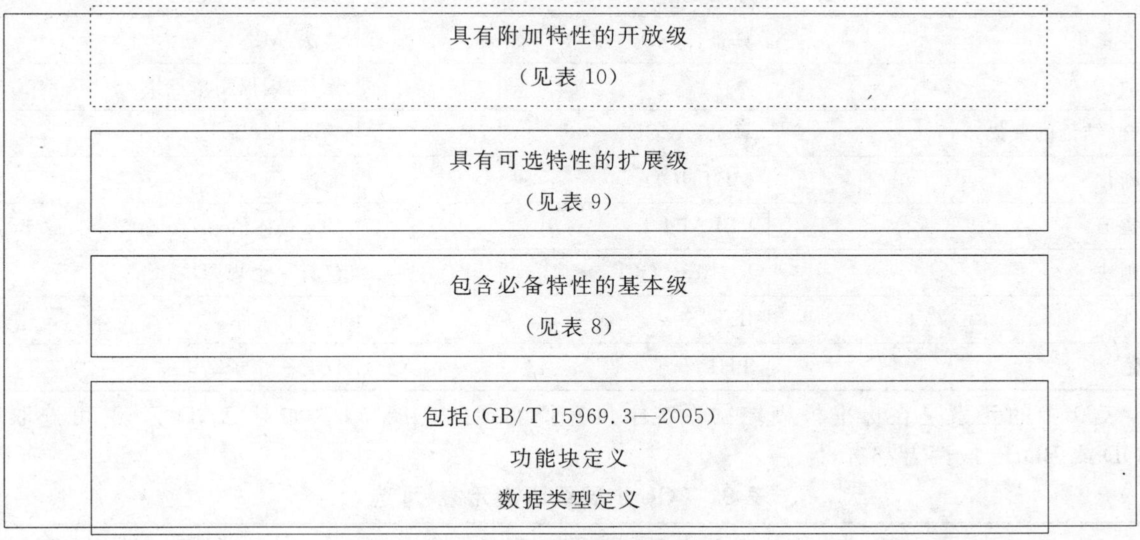

图 8　相符性等级

采用模糊控制语言(FCL)且符合本部分规定的控制系统，应遵循以下规定：

a) 应使用 GB/T 15969.3—2005 规定的功能块特性来实现模糊控制功能。因此，功能块的定义及模糊控制功能块需要的输入输出参数的数据类型的定义均应符合 GB/T 15969.3—2005 的规定。

b) 表 8 所定义的模糊控制功能的所有特性均应依据本部分的各条予以实现。该表定义了所有遵循本部分的控制系统均应具备的基本级元素的集合。

c) 在基本特性之外，表 9 所定义的扩展级的元素子集是可选择实现的附加元素。其实现应准确地根据本部分各条的定义。应将这些特性注明为标准的扩展，并用如表 9 的形式，把所实现的特性列成表作为系统文件的一部分。

d) 可以有基本级和扩展级之外的特性，只要这些特性没有与标准特性相同或相似的功能或表示，以避免任何可能的混淆。这些特性应注明为开放级特性，并且用如表 10 的形式列出来作为系统文件的一部分。

e) 在不同模糊控制系统之间应用程序的交换，应以本部分规定的 FCL 文本形式进行。输入输出的格式要符合本部分，以有效地保证交换。

f) 为了使用户最方便且不影响其进一步的改善，模糊控制应用程序的设计、输入和测试等外部表示可采用任何的图形或文本的方式来实现。

表 8 中的元素是所有遵循本部分的模糊控制系统均应实现的基本特性的集合。

表 8　FCL 基本级语言元素(必备)

语　言　元　素	关　键　字	详　细　说　明
功能块说明	VAR_INPUT VAR_OUTPUT	包括输入、输出变量
隶属函数	输入变量:TERM	最多三个常数点 (隶属度取值 0 或 1)
	输出变量:TERM	仅用常数单点集
条件聚集	算子:AND	算法:MIN
激活	—	无关,因仅用单点集
综合(结论的聚集)	算子:ACCU	算法:MAX
清晰化	METHOD	算法:CoGS
缺省值	DEFAULT	NC,具体值
规则块	RULEBLOCK	仅有一个规则块
条件	IF…IS…	n 个子条件
结论	THEN	仅有一个子结论

表 9 中的元素是在标准模糊控制系统中可选择实现的扩展特性(如对 AND 算子,可选取算法 PROD 或 BDIF,或两者都选)。

表 9　FCL 扩展级语言元素(可选)

语　言　元　素	关　键　字	详　细　说　明
功能块说明	VAR	包含局部变量
隶属函数	输入变量:TERM	最多四个点(隶属度取值 0 或 1)
	输出变量:TERM	最多四个点(隶属度取值 0 或 1)
条件聚集	算子:AND	算法:PROD,BDIF
	算子:OR	算法:ASUM,BSUM
	算子:NOT	算法:1——(变元)
	括号	()
激活	算子:ACT	算法:MIN,PROD
综合	算子:ACCU	算法:BSUM,NSUM
清晰化范围	算子:RANGE	RANGE(最小值,最大值)对输出变量的范围的限定
清晰化方法	算子:METHOD	算法:CoG,CoA,LM,RM
规则块	算子:RULEBLOCK	n 个规则块
条件	IF	n 个子条件,n 个输入变量
结论	THEN	n 个子结论,n 个输出变量
加权因子	WITH	常数或赋给在说明部分 VAR_INPUT…END_VAR 中定义的变量的值

表10给出了一个开放级语言元素清单的例子，该清单应是系统文件的一个组成部分。

表10 开放级语言元素清单示例

自由定义输入输出隶属函数(如:高斯函数,指数函数)
多于四个点的隶属函数
隶属度取值可以从0到1
隶属度的值可取变量

6.2 数据检查清单

数据检查清单(见表11)应随技术文档一同提交。在该清单中，可编程序控制器、模糊编程工具和应用软件的厂商应描述其模糊控制系统特有的性能特征。为了方便模糊控制应用在不同的厂商系统之间移植，下面的数据检查清单可用来检查程序移植的可能性。表11不可能全面，只是作为一个例子而已，厂商可予以补充。

表11 数据检查清单

技术数据	制造商声明(例)
功能块输入输出数据类型	REAL,INT
FCL程序中的注释行	YES,NO
执行时间(ms)	20,30
所需存储器(KB)	3,4
将加权因子和隶属度的变化从0.0到1.0映射到整数值范围	0～200,0～400
标识符长度(如变量名,规则块名,语言项名)	6,8
需模糊化的输入变量的最大数目	6,8
每个输入变量隶属函数语言项的最大数目	5,7
所有输入变量隶属函数语言项总的最大数目	30,56
每个输入变量语言项对应的隶属函数的最大点数	3,4,10
所有输入变量语言项对应的隶属函数总的最大点数	90,224
需清晰化的输出变量的最大数目	6,8
每个输出变量隶属函数语言项的最大数目	5,7
所有输出变量隶属函数语言项总的最大数目	30,56
与每一个输出变量语言项相应的隶属函数的最大点数	1,4,10
与所有输出变量语言项相应的隶属函数总的最大点数	90,224
规则块的最大数目	1,10
每个规则块中规则的最大数目	10
每个规则子条件的最大数目	4,10
所有规则总数的最大数目	60
每条规则子结论的最大数目	4
()的嵌套深度	1,3

附 录 A
（资料性附录）
理论

本附录为对第3章中所做定义的解释。

A.1 模糊逻辑

在传统开环、闭环控制系统中，物理变量用相应的名称或数字（通常为实数）来描述，而在模糊逻辑中，则用语言值和表达式来描述。词“低”或“大开”可以用作物理变量“温度”或“加热阀开度”的语言项。如果某输入变量用语言项来描述，它就被视为一个语言值。

每个语言项用一个模糊集 M 来描述。这样它就从数学上被基本集（论域）G 和隶属函数 μ 明确地加以定义。隶属函数用一个0和1之间的数值来表示论域 G 上的每一个元素（如时间尺度的数值[以岁数表示年龄]）在集合 M（如“年轻”）中的隶属度。如果某个特定值的隶属函数为1，则表示对应于该语言项的语句完全成立（如“年轻”对于20岁）；相反，如其值为0，则表示完全不成立（如“非常老”对于20岁）。

模糊集可以用下面的符号来描述：

对有限集：采用递增形式的数值对集合：

$$M=\{(x_1,\mu_M(x_1)),(x_2,\mu_M(x_2)),\cdots,(x_n,\mu_M(x_n))\}\ x_i\in G,i=1,2,\cdots,n \quad (A.1)$$

这里 $\mu_M(x_i)$ 以其数字取值列出。

对无限集：

$$M=\{(x,\mu_M(x))\}\ x\in G \quad (A.2)$$

为了更清楚地说明清晰词和模糊词的差别，语言变量“年龄”的语言项“成年人”表示如图A.1。“法定年龄”由法律明确规定，因此对应隶属函数呈现不连续的跳变，而对“成年人”就不可能给出一个清晰的年龄界限。

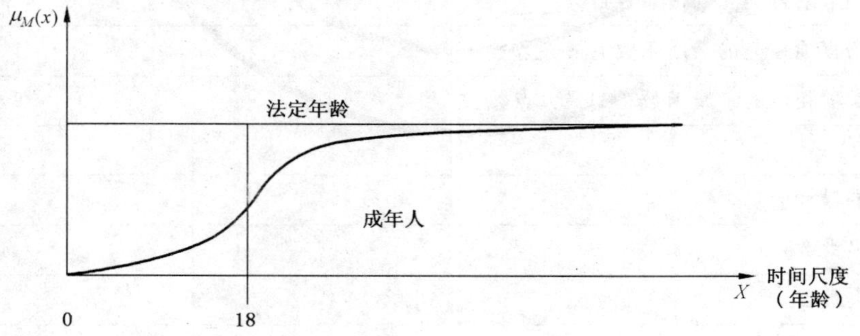

图A.1 语言项“法定年龄”和“成年人”的隶属函数

作为示例，图A.2示出用语言项描述语言变量“年纪”以及用隶属度的方法描述在时间尺度“年龄”上的对应关系。

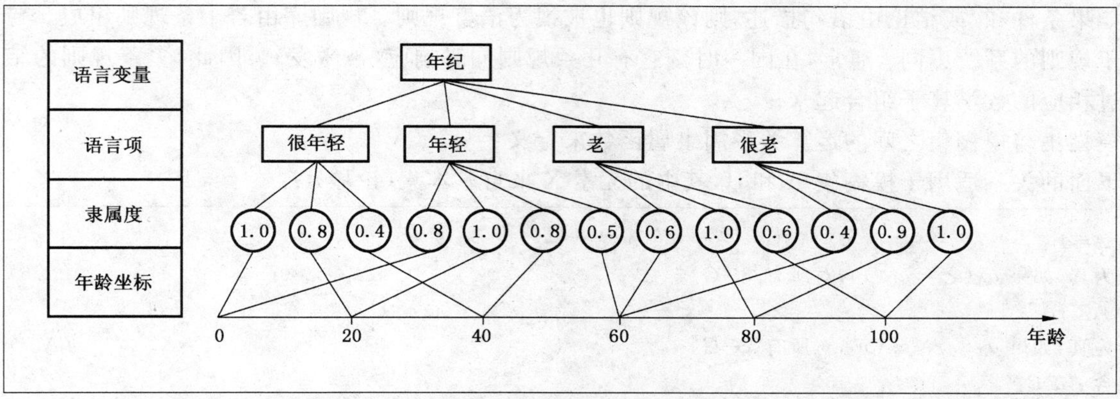

图 A.2 用语言形描述语言变量“年纪”和其在时间尺度(年龄)上的对应关系

隶属函数的典型形式如图 A.3 所示,下面是几个特殊形式:

——用矩形(即区间)来定义,以描述多个值;

——“单点集”,作为输出变量的另一种表示。

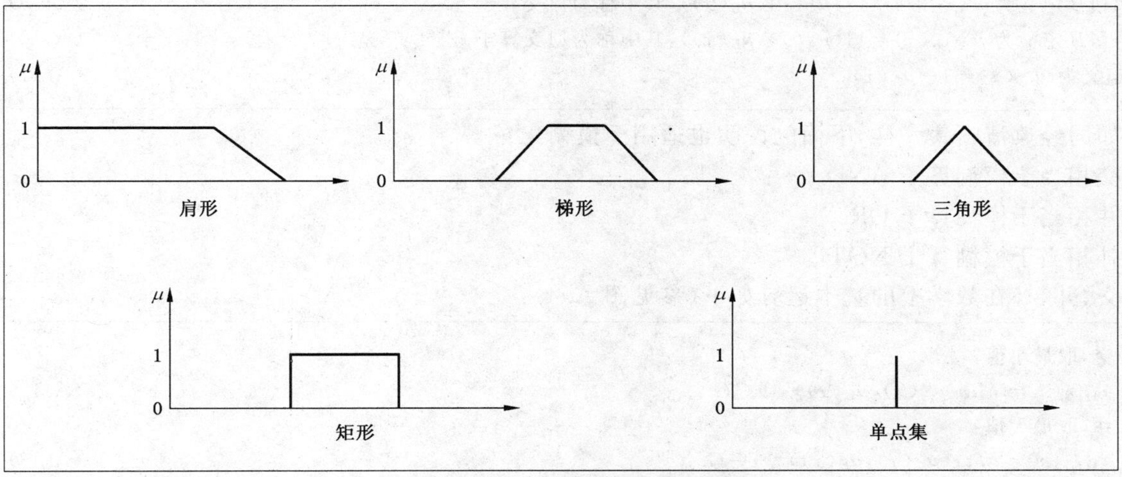

图 A.3 常用的隶属函数的形状

一个表达式,其中一些语言变量和一些语言项相联系,在模糊逻辑中就表示一个语句。像“温度是高”或“温度是低”这样具有以下简单的基本结构的表达式就被视为语句:

Linguistic variable-Symbol of comparsion-Linguistic term (A.3)
(Temperature IS low)

与经典逻辑假定命题仅仅取“真”和“假”两个真值不同,模糊逻辑中的语句有一个 0～1 之间的隶属度。

经验知识可以表示成规则,规则 R_K 的形式如下:

R_K: IF condition P_K THEN conclusion C_K (A.4)

每条规则的条件由单条或多条语句(多输入变量)组合而成。而结论则是输出变量的动作指令。

$P_K = A$ AND B OR (NOT C) (A.5)

如果条件和/或结论由语句描述，则该规则也被视为语言规则。规则库由若干条规则组成。与经典的基于规则的系统不同，通常，在同一时刻它有几条规则同时响应(被激发)。因此，多条规则的结果必须通过相应的数学算子组合起来。

模糊集与模糊集之间的运算关系用隶属函数来定义：

下面的关系适用于模糊集 A 和 B，其中的元素 X 来自基本集(论域)G：

相等 $A=B$：

为真，如果 $\mu_A(x)=\mu_B(x)$，对所有 $x\in G$ (A.6)

包含 $A\subseteq B$：

为真，如果 $\mu_A(x)\leqslant\mu_B(x)$，对所有 $x\in G$ (A.7)

真包含 $A\subset B$：

为真，如果 $\mu_A(x)\leqslant\mu_B(x)$，对所有 $x\in G$

并且 $\mu_A(x)<\mu_B(x)$，至少有一个 $x\in G$ (A.8)

下面规定两个模糊集 A 和 B 之间的运算，其元素 x 来自基本集(论域)G：

交：$A\cap B$ 定义为 $\mu_{A\cap B}(x)=\bigcap(\mu_A(x),\mu_B(x))$，其中称为$\cap$交算子 (A.9)

并：$A\cup B$ 定义为 $\mu_{A\cup B}(x)=\bigcup(\mu_A(x),\mu_B(x))$，其中称为$\cup$交算子 (A.10)

补：定义为 $\mu_{\overline{A}}(x)=1-\mu_A(x)$ (A.11)

如同经典清晰集一样，下面的说明也适用于模糊集：

交相当于模糊算子 AND

并相当于模糊算子 OR

补相当于模糊算子 NOT

交、并、补在数学上的基本运算如下(参见图 A.4)：

对于交，取最小值：

$\mu_{A\cap B}(x)=Min(\mu_A(x),\mu_B(x))\quad x\in G$ (A.12)

对于并，取最大值：

$\mu_{A\cup B}(x)=Max(\mu_A(x),\mu_B(x))\quad x\in G$ (A.13)

对于补，用 1 减去该值：

$\mu_{\overline{A}}(x)=1-\mu_A(x)\quad x\in G$ (A.14)

对于模糊逻辑算子 AND 和 OR，还有许多可能的算法。但应指出，AND 和 OR 算子不能随便地选用。

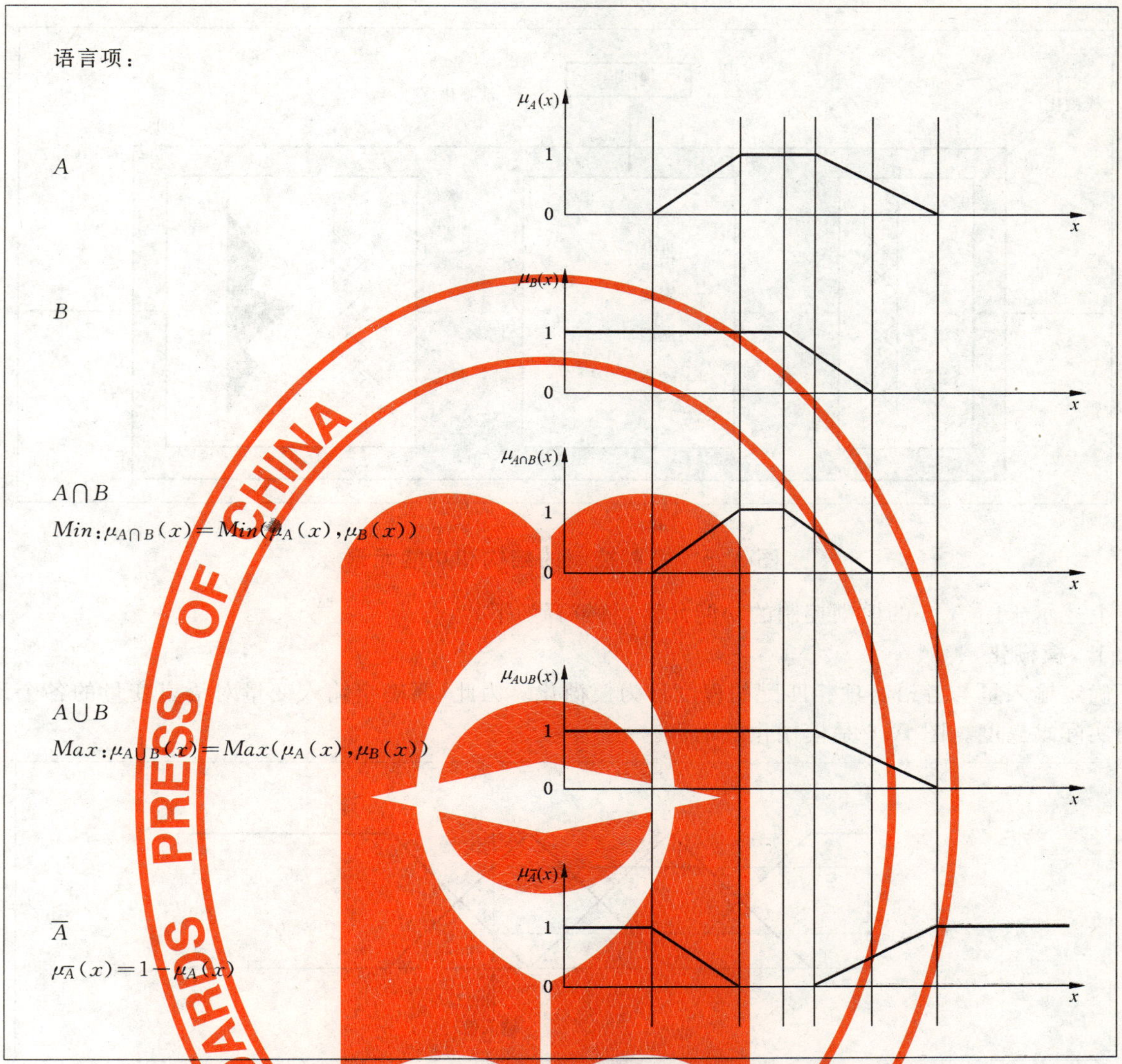

图 A.4 两个隶属函数之间运算的算法

A.2 模糊控制

模糊控制是指对测量值的处理是基于模糊规则并用模糊逻辑算法对这些规则进行处理的生产工艺过程的开环或闭环控制。

输入信息包括可测量的过程变量的实变量、导出变量和设定值。输出变量是校正变量的实变量。需要在过程的输入输出变量和模糊集合之间进行变换(模糊化，清晰化)。模糊控制的核心部分是规则库中的控制规则和推理。

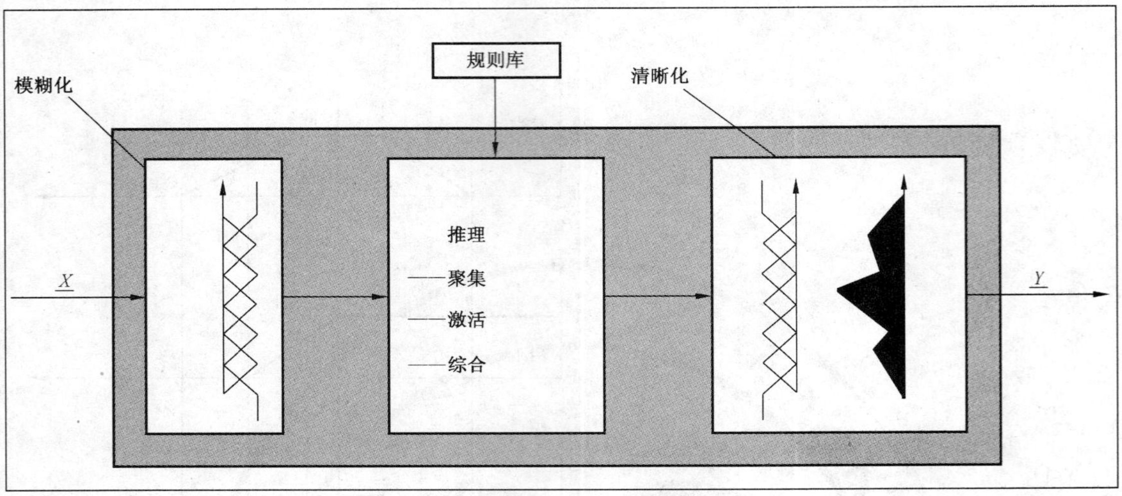

图 A.5　模糊控制的结构和功能元素

上述示于图 A.5 的模糊控制的功能元素，将解释如下。

A.2.1　模糊化

确定输入量与各语言项相匹配的程度称为模糊化。为此，要确定输入变量对语言变量的各个语言项的实际隶属度。图 A.6 是模糊化的示例。

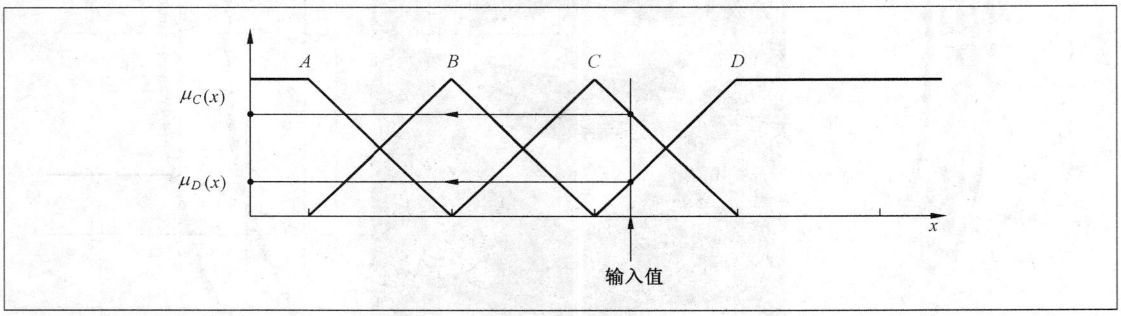

图 A.6　模糊化原理（示例）

A.2.2　规则库

规则库包含与所考虑的特定过程操作有关的经验知识。控制规则就是用来描述表示这些经验的。只要模糊算子 AND 取 MIN、OR 取 MAX，当一条模糊规则 R_j 的前件由 OR 结合的 m 条语句组成时，可以将其拆分成前件仅包含 AND 语句的 m 条规则来替代。图 A.7 和图 A.8 是不同规则表示的例子。

规则库

——以文本形式定义的规则库

R1：IF 条件 P_1 THEN 结论 C_1

R2：IF 条件 P_2 THEN 结论 C_2

R3：IF 条件 P_3 THEN 结论 C_3

…

Rn：IF 条件 P_n THEN 结论 C_n

其中条件可以是多条语句的结合，如对于规则 K

$P_K = P_{K1}$ AND P_{K2} OR (NOT P_{K3})

结论也可能不止一个，如

$C_K = C_{K1}, C_{K2}$

图 A.7　用控制规则形式表示的知识库

如果有两个输入和一个输出，且这两个输入变量仅以 AND 结合起来，则规则库可以用矩阵形式给出，其中，输入变量的值排成矩阵的列和(或)行，矩阵内的元素则是输出变量的值。

输入变量 X_2 \ 输入变量 X_1	NB	NS	Z	PS	PS
NB	NB	NS	Z	PS	PS
NS	NS	NS	PS	PS	PB
Z	Z	Z	PS	PB	PB
PS	Z	Z	PS	PB	PB
PB	Z	PS	PB	PB	PB

NB＝Ngeative Big　NS＝Negative Small　Z＝Zero

PB＝Positive Big　PS＝Positive Small

图 A.8　两个变量的矩阵表示

A.2.3　推理

模糊规则库的更一般和数学上证明过的定义乃是基于广义取式和模糊蕴涵原理。这里所使用的原理和定义是用于模糊规则库的简单情况，它基本上是取之于广泛使用的 Mamdani 推理方法。更复杂的推理方法此处不予讨论。

推理包括三个子功能：聚集、激活和综合，如图 A.9 所示。参见图 A.10。

规则库的推理可以分成以下的步骤：

- 聚集：

  从一条规则前件的子条件的隶属函数确定前件条件的满足程度

  $$P_{K1}\ \text{AND}\ \overrightarrow{P_{K2}\ \text{OR}\ (\text{NOT}\ P_{K3})} = P_K$$

- 激活：

  对所有 n 条规则，由 IF 条件部分的满足程度激活 THEN 部分的结论

  IF　条件　P_K　THEN　结论　C_K

  当规则有加权因子时，还应考虑每条规则的加权因子

- 综合：

  由各条规则的加权结果组合成一个总的结果

图 A.9　推理元素

——聚集：

如果条件只含有一个子条件，条件的确认与子条件的确认乃一回事，即条件的满足程度就是该子条件的满足程度。但如果条件含有几个子条件，则满足程度必须由各个子条件的满足程度通过聚集来确定。如果条件是由子条件用 AND 组合起来的，那么满足程度就用模糊算子 AND 计算。

——激活：

在结论中，各子结论对应输出变量。以通过聚集确定的条件的满足程度为基础来确定结论或子结论的隶属度。通常，MIN 或 PROD 算子用于激活。

如果规则库包含有带加权因子 W_K 的规则，其中 $W_K \in [0,1]$，此时用以激活结论的条件满足程度取：

$$C_K^* = W_K \times C_K \tag{A.15}$$

注：用乘法实现，其中 C_K 为通过聚集确定的条件的满足条件。

——综合：

各条规则的结果组合到一起得到一个总结果，综合通常用取大算法。表 A.1 给出了各个推理步骤通常应用的算子。

各个步骤中算子的不同结合导致不同的推理策略。其中最有名的是 MaxMin 推理和 MaxProd 推理，二者都用取大算子作综合，但用取小或代数积来激活。在 MaxMin 推理中，结论模糊集的隶属函数用条件的满足程度来限制，然后，用取大来合成一个模糊集。在 MaxProd 推理中则不同，结论模糊集合的隶属函数同条件的满足程度相乘，然后用取大来合成。

表 A.1　推理步骤和常用算法

推理步骤	算子	算法
聚集(Aggregation)		
对于 AND	Minimum	$a_K = Min\{a_{K1}(x_1), a_{K2}(x_2)\}$
对于 OR	Maximum	$a_K = Max\{a_{K1}(x_1), a_{K2}(x_2)\}$
激活(Activation)		
IF…THEN 结论的变换		
	Minimum	$c'_K = Min\{a_K, \mu_{\infty}(u)\}$
每条规则的加权因子		
	Multiplication	$c_K = Mult\{\omega_K, c'_K\} = \omega_K \times c'_K$
综合(Accumulation)	Maximum	$\mu = Max\{c_i(u)\}$

$$P_K = \underbrace{\underbrace{P_{K1} \ \text{AND} \ P_{K2}}_{Min\{a_{K1}, a_{K2}\}} \ OR \ \underbrace{(\text{NOT} \ P_{K3}}_{(1-a_{K3})}}$$

$$a_K = Max[Min\{a_{K1}, a_{K2}\}, (1-a_{K3})]$$

图 A.10a）聚集原理（举例说明）

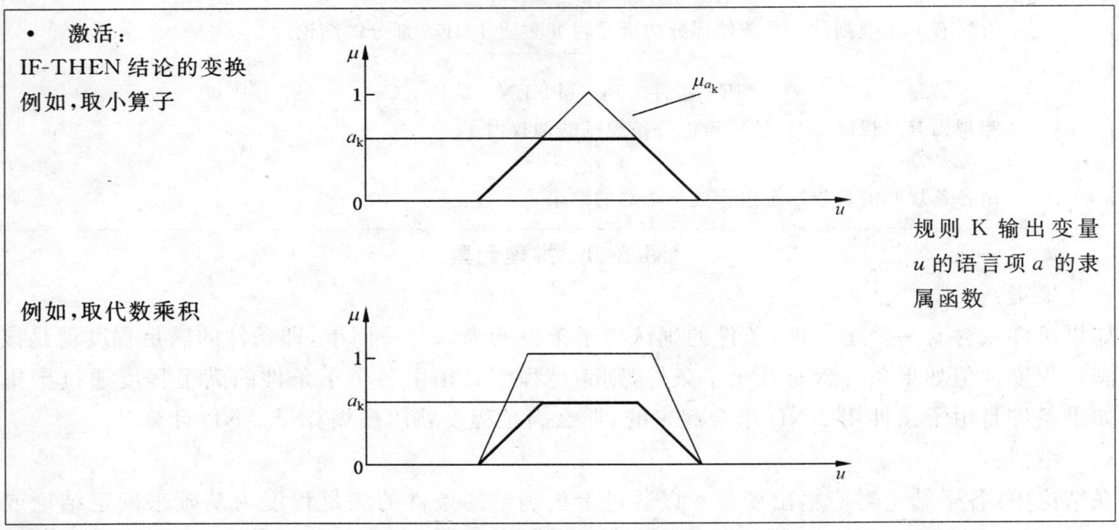

图 A.10b）激活原理（举例说明）

- 综合：

例如，取小算子

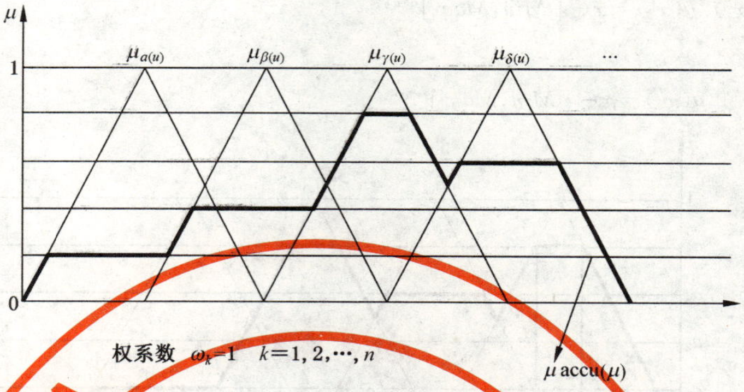

图 A.10c） 综合原理（举例说明）

A.2.4 清晰化

推理导出的结果一般是一个模糊集或它的隶属函数。控制机构不能直接地处理这样的模糊信息，所以，推理的结果必须转化成清晰的数字量（见图 A.11）。从这个意义上说，待定的清晰数（通常是一个实数）应该很好地代表模糊集中所包含的信息。

清晰化

将推理的模糊结果转换成一个清晰的输出变量 U

重心（CoG）法

清晰的输出值取隶属函数面积重心所对应的一个横坐标值 U

- 重心法举例

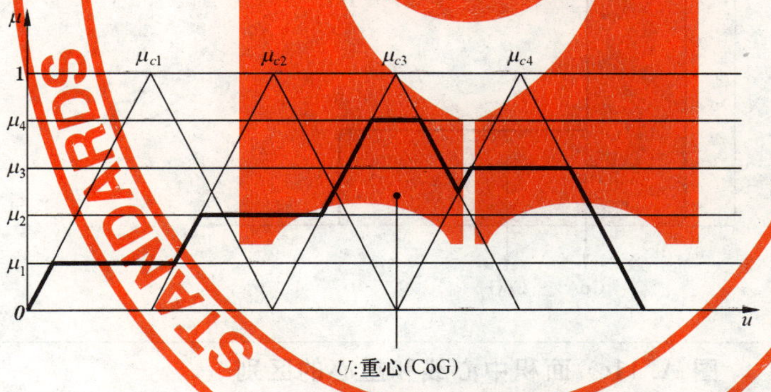

$$U=\frac{\int_{\mathrm{Min}}^{\mathrm{Max}} u\mu(u)\,\mathrm{d}u}{\int_{\mathrm{Min}}^{\mathrm{Max}} \mu(u)\,\mathrm{d}u}$$

图 A.11a） 清晰化方法

除此之外，常用的方法还有：

左取大法（LM）：

输出变量值取输出隶属函数达到最左极大值所对应的值。

右取大法（RM）：

输出变量值取输出隶属函数达到最右极大值所对应的值。

右取大法：$\sup(x')/\mu(x')=x\in[Min,\overset{\sup}{Max}]^{\mu(u)}$

左取大法：$\inf(x')/\mu(x')=x\in[Min,\overset{\sup}{Max}]^{\mu(u)}$

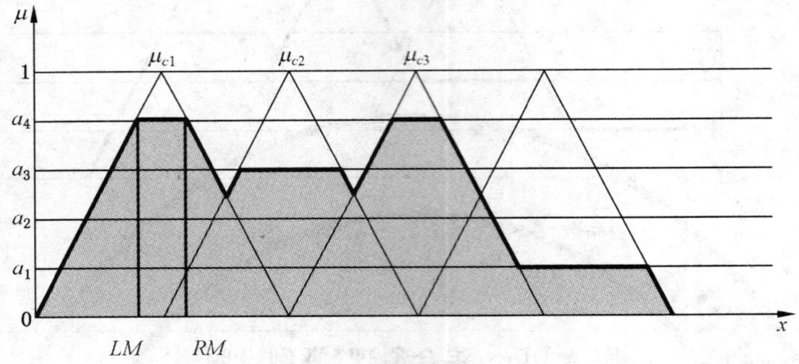

图 A.11b）左取大和右取大的区别

面积中心线方法

此法，将等分隶属函数面积的垂直线所对应的横坐标值作为输出值。

注 1：重心等价于面积重心（centroid）。

注 2：面积中心线等价面积平分。

注 3：面积中心线（CoA）不适用于单点集。

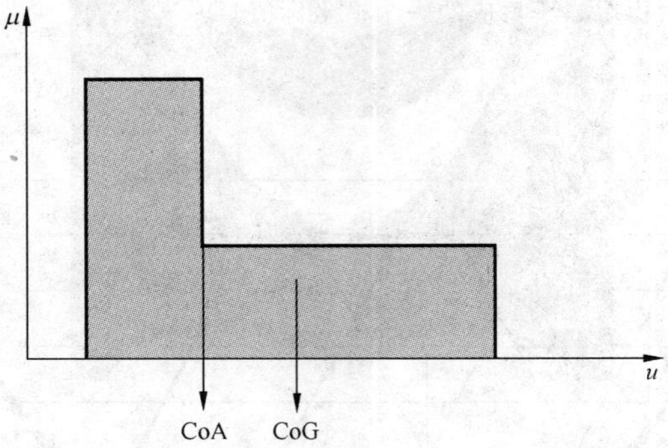

图 A.11c）面积中心线和重心的区别

注：清晰化方法 CoA 和 CoG 由表 2 给出。

清晰化

假如输出值的隶属函数是单点集，其计算给定如下：

• 单点集重心法(CoGS)

$$U=\frac{\sum_{i=1}^{p}[U_i\cdot\mu_i]}{\sum_{i}^{p}[\mu_i]}$$

其中 μ 是综合的结果

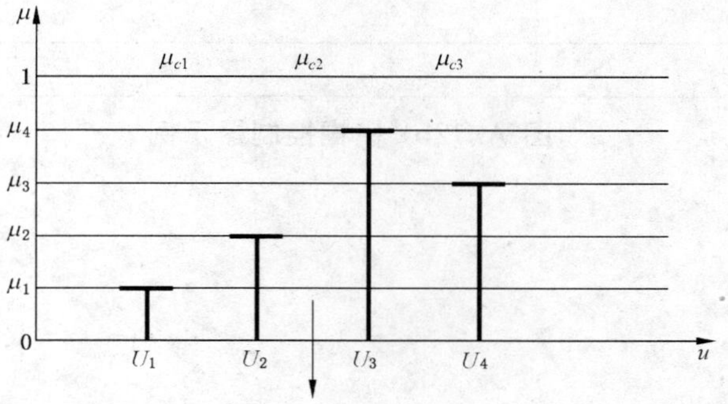

面积中心线方法不适应于单点集

上图所示的四个单点集示例如下：

$$U=\frac{[U_1\cdot\mu_1+U_2\cdot\mu_2+U_3\cdot\mu_3+U_4\cdot\mu_4]}{[\mu_1+\mu_2+\mu_3+\mu_4]}$$

图 A.11d) 清晰化方法

A.3 模糊控制的性能

从信息技术的观点来看，模糊控制是一种基于语言规则的专家系统。从控制系统技术的观点来看，它是属于非线性特征领域控制器。除了没有规则被激发又没有定义缺省值的情况之外，输出变量的当前值只取决于输入变量的当前值，而与过去的值无关。如果控制器要具备动态特点，则必须在模糊功能块之外给出相关的动态函数。

这些函数一般是一阶微分和积分元件。它们的输出变量是模糊控制的附加输入变量。这对于控制偏差也同样适用，也要在模糊控制功能块以外形成。反之，模糊控制的输出变量可以传给对校正变量进一步处理的运算器，例如，给速度算法一个积分元件，或分配到不同的控制元件中。

图 A.12a)给出了模糊控制器的基本结构，而图 A.12b)给出一个例子：过程变量和设定值之差形成了控制偏差，该偏差和其时间导数作为两个输入变量送给模糊控制系统。将输出变量对时间积分可以得出校正变量。如果规则库设计成带有一个速度算法，则模糊控制器表现出与 PI 控制器相似的动态特性。

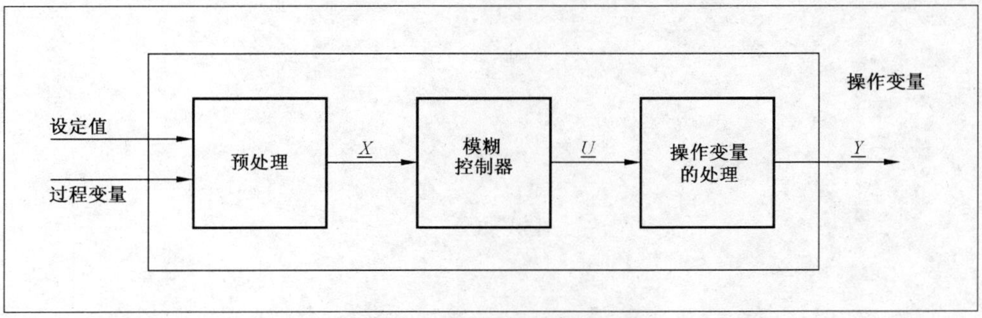

图 A.12a) 模糊控制器：基本结构

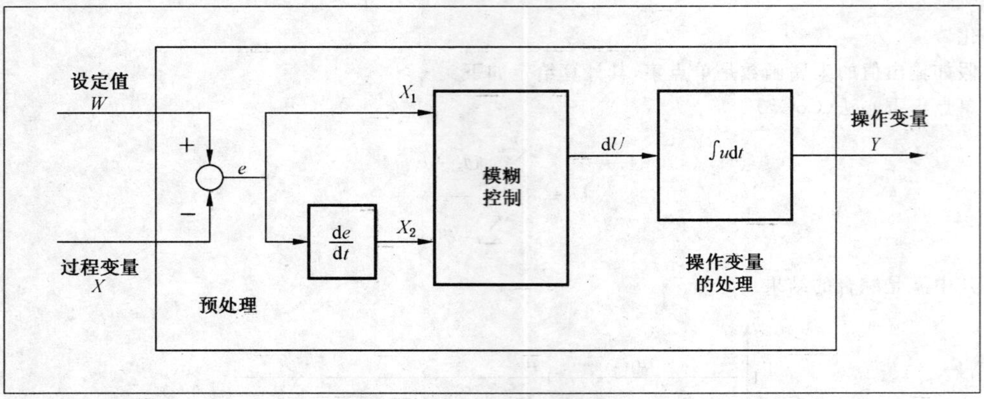

图 A.12b）模糊控制器示例

附　录　B
（资料性附录）
示例

在可编程控制器范围内模糊控制的主要应用领域之一是与传统 PID 控制器相结合以便改进 PID 控制器的控制品质。下面的这些例子提供了一些可能应用模糊控制的地方。

B.1　预先控制

模糊控制器通过对被操作值提供一个校正信号来补充传统闭环控制器(见图 B.1)。

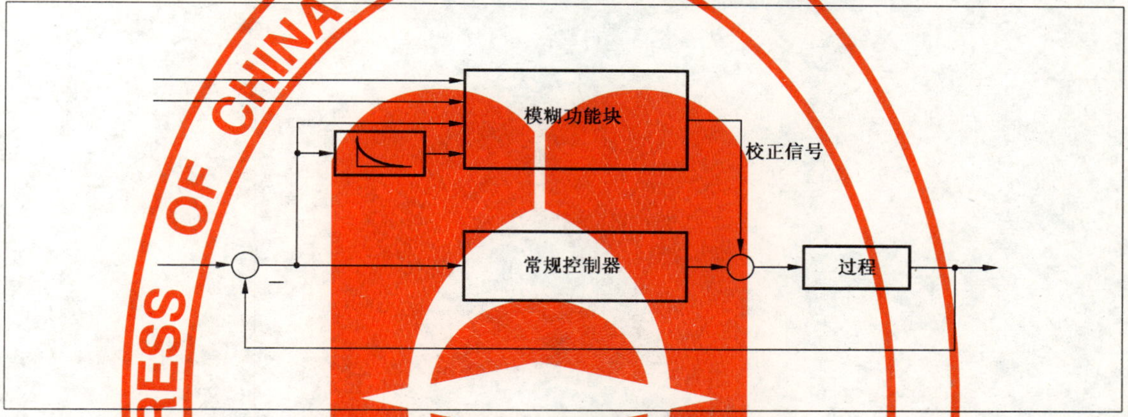

图 B.1　预先控制示例

B.2　常规 PID 控制器的参数自调整

模糊控制器可用来自适应调整 PID 控制器参数(见图 B.2)。

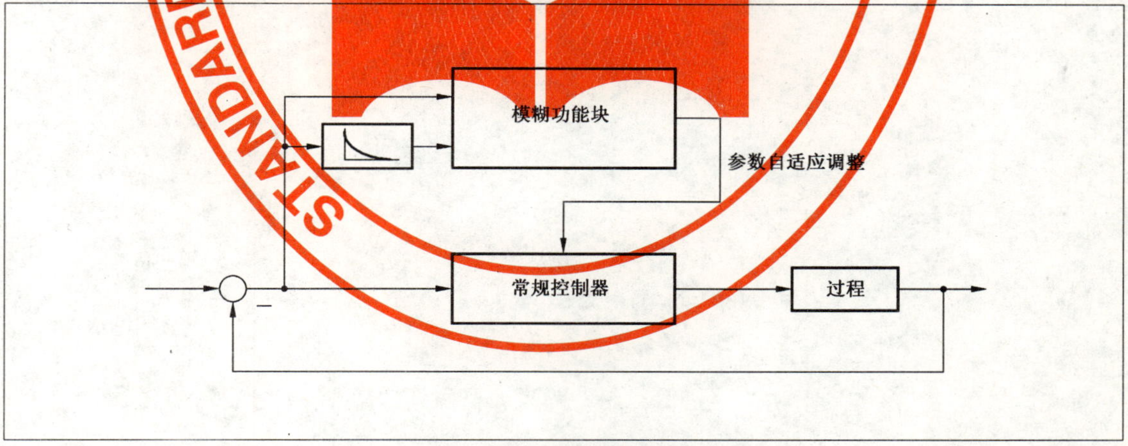

图 B.2　参数自适应调整举例

B.3　过程的直接模糊控制

模糊控制的另一个应用领域是把生产过程的经验知识和语言控制策略直接用于工业自动化中。它可应用于需要操作员干预的许多生产过程(见图 B.3)。

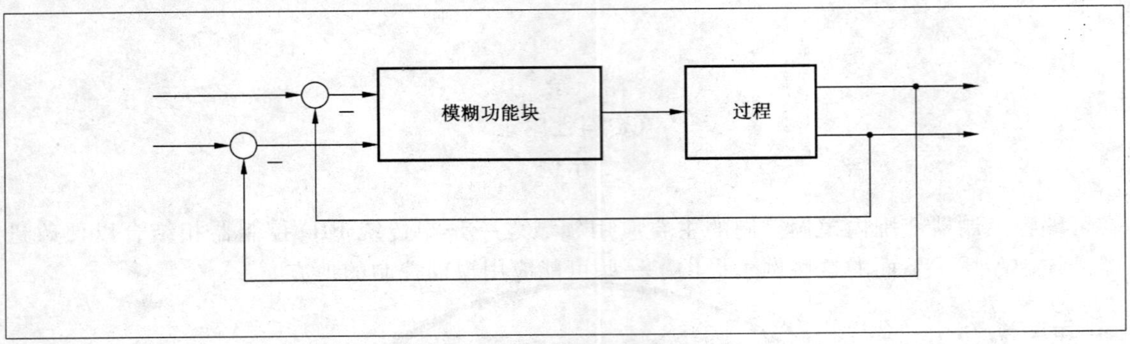

图 B.3　直接模糊控制示例

附 录 C
（资料性附录）
工业实例:集装箱吊车

大多数港口集装箱的装卸都采用集装箱吊车。它用安装在吊车头上的缆绳吊起集装箱。吊车头在水平轨道上移动。一个集装箱被吊起后吊车头就开始移动。集装箱开始如图 C.1 所示那样摇摆。在运送过程中出现摇摆不是什么大问题，但摇摆着的集装箱放不下来。为使集装箱快速精确定位，操作者凭经验来控制吊车头的运动策略。

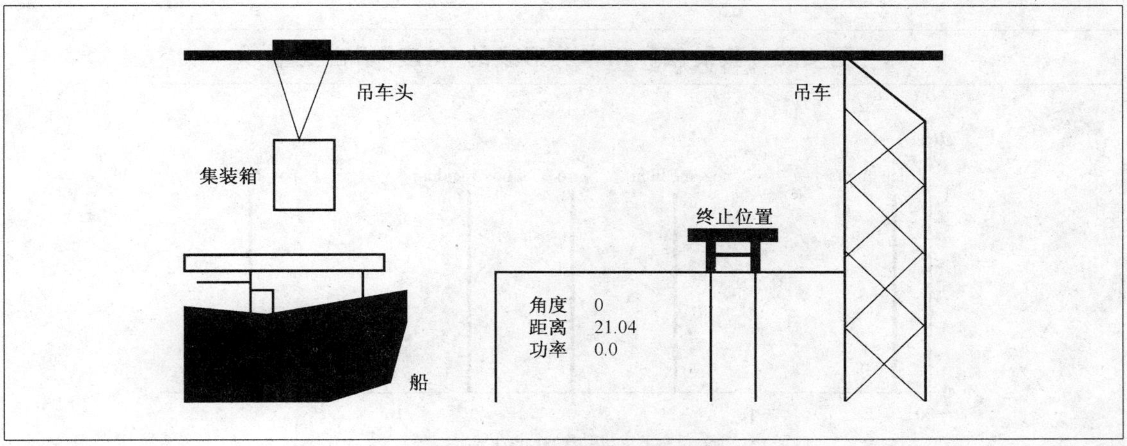

图 C.1 工业实例:集装箱吊车

操作者的动作分析表明，操作者运用的“经验规律”可描述成如下的控制策略：

a) 开始用中等的功率。

b) 如果开始后还离目的地很远，调整电动机功率使集装箱稍落后于吊车头。

c) 靠近目的地时，降低功率而使集装箱稍前于吊车头。

d) 当集装箱靠近目的地时，根据摇摆方向，使用+/－中等功率。

e) 集装箱在目的地上方，摇摆为零时，停止电动机运行。

为自动控制该吊车，使用了吊车头位置(“距离”)和集装箱摇摆角度(“角度”)传感器。输出是电动机功率。首先，对所有变量须定义其语言变量。语言变量距离、角度和电动机功率(见图 C.2、图 C.3、图 C.4)均划分成五个语言项。隶属函数使用的形式有上(下)界型、三角型和单点集。语言变量和语言项如下图所示。

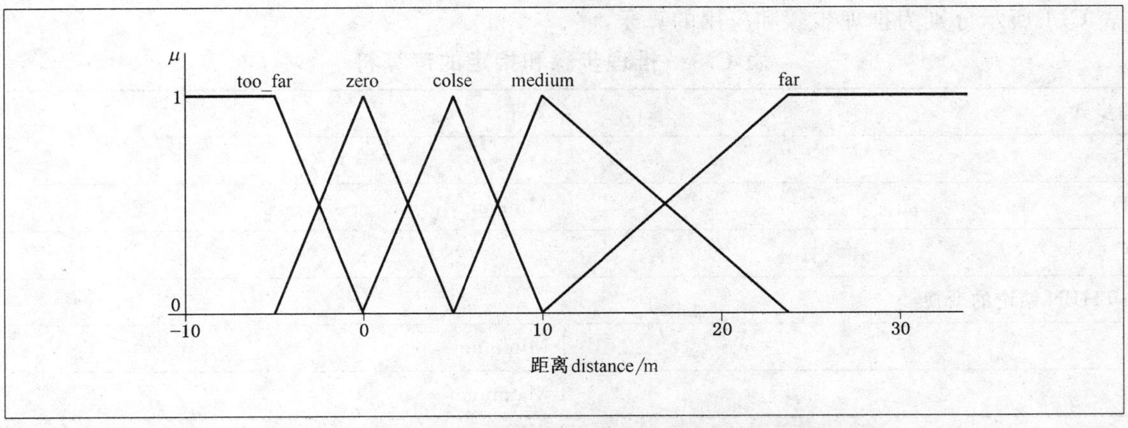

图 C.2 吊车头与目的地之间的“距离”语言变量

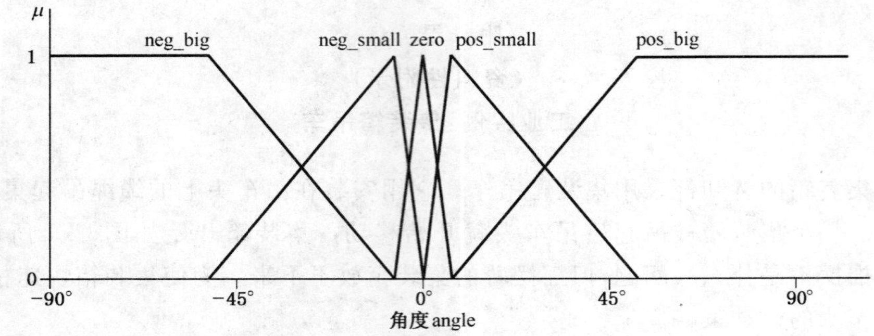

图 C.3 集装箱和吊车头形成的"角度"语言变量

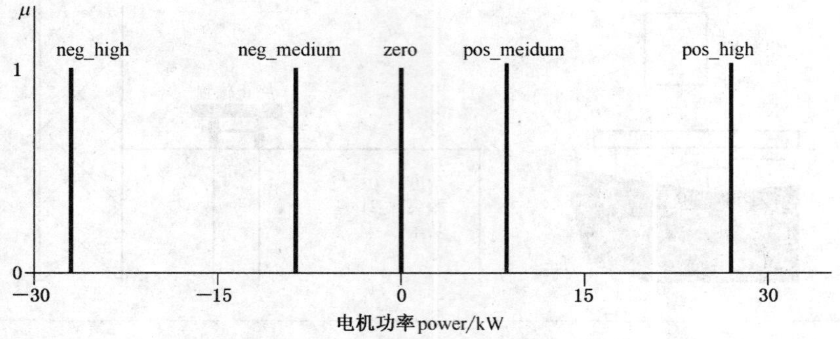

图 C.4 "功率"语言变量

用这些语言项来描述当前吊车的情况,规则库由5条经验规则组成。图C.5示出了用FCL概念定义的规则库。

RULE1:IF distance IS far	AND angle IS zero	THEN power IS pos_medium
RULE2:IF distance IS far	AND angle IS neg_small	THEN power IS pos_big
RULE3:IF distance IS far	AND angle IS neg_big	THEN power IS pos_medium
RULE4:IF distance IS medium	AND angle IS pos_small	THEN power IS neg_medium
RULE5:IF distance IS close	AND angle IS pos_small	THEN power IS pos_medium
RULE6:IF distance IS zero	AND angle IS zero	THEN power IS zero

图 C.5 规则库

表C.1所示分别为推理步骤和应用的算子。

表 C.1 推理步骤和指定的运算符

推理步骤	算子
聚集	
AND	Minimum
激活	
IF…THEN 结论的变换	
	Minimum
综合	Maximum

考虑吊车当前的一种情况，这时吊车头与目的地的距离是 12m，集装箱的角度是＋4°。为了说明情况，假定子集由三个规则组成。

图 C.6 和图 C.7 给出了这种情况下模糊化如何进行。

12 m 距离对应下述语言项模糊集的隶属度：

far 对应隶属度为 0.1

medium 对应隶属度为 0.9

close 对应隶属度为 0

zero 对应隶属度为 0

too_far 对应隶属度为 0

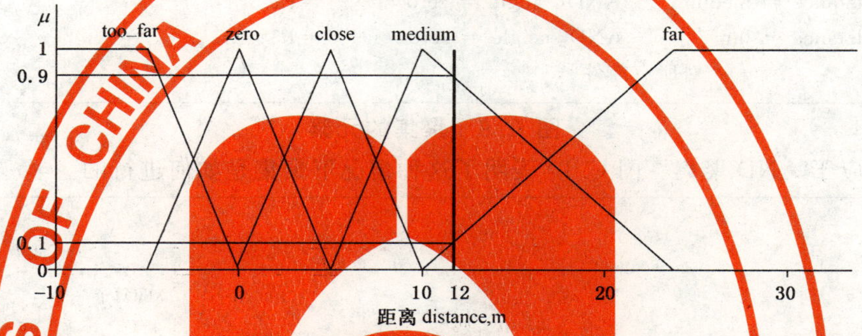

图 C.6 “距离”语言变量的模糊化

角度＋4°对应下述语言项模糊集的隶属度：

neg_big 对应隶属度为 0

neg_small 对应隶属度为 0

zero 对应隶属度为 0.2

pos_small 对应隶属度为 0.8

pos_big 对应隶属度为 0

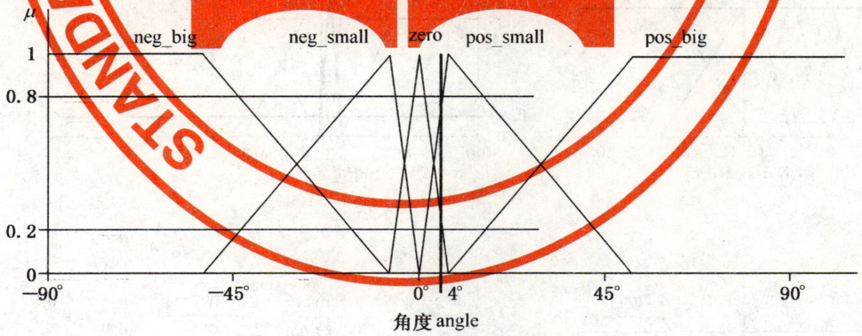

图 C.7 “角度”语言变量的模糊化

12 m 的距离被转化成语言变量值{0.1,0.9,0,0,0}，它可以说成是“中等，稍远”；4°的角度被转化成语言变量值{0,0,0.2,0.8,0}，可视为“正小，接近于零”。

推理

所有的输入变量都已转换成语言变量值之后，模糊推理步骤能够识别适用于当前状态的规则并计算出输出语言变量的值。图 C.8 给出了三条规则的子集来加以说明：

RULE1:IF distance IS medium	AND angle IS pos_small	THEN power IS pos_medium
RULE2:IF distance IS medium	AND angle IS zero	THEN power IS zero
RULE3:IF distance IS far	AND angle IS zero	THEN power IS pos_medium

图 C.8 三个规则的子集

推理包括三个部分——聚集、激活和综合。

——聚集(见图 C.10)：

由基本语句的隶属度确定前件的符合程度。例子见图 C.9。

RULE 1：	distance	=	medium	AND	angle	=	pos_small	=P1
RULE 2：	distance	=	medium	AND	angle	=	zero	=P2
RULE 3：	distance	=	far	AND	angle	=	zero	=P3
			对所有前件					

图 C.9 聚集的元素

Min 算子对应于 AND 聚集。图 C.10 表明了这种情况下聚集是如何进行的。

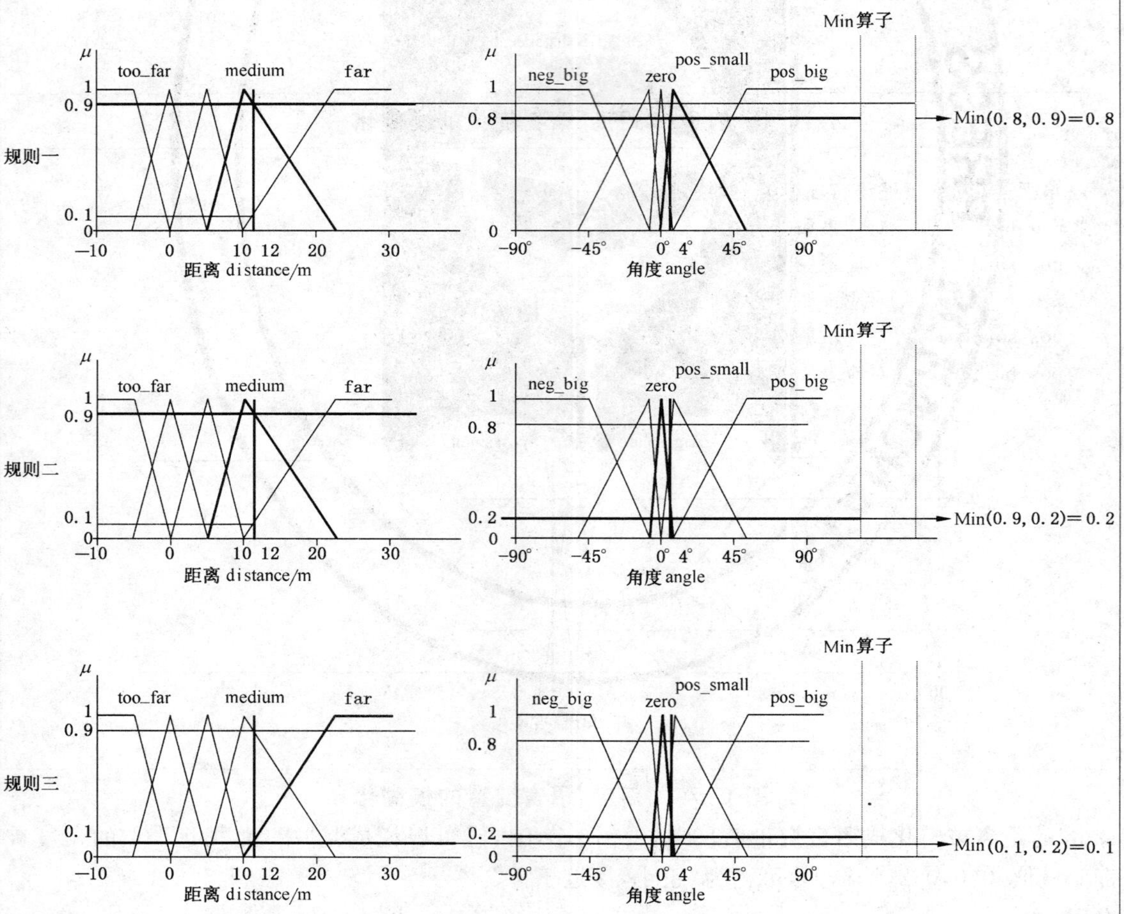

图 C.10 聚集原理

——激活(见图 C.12):

IF-THEN 结论的转换。例子见图 C.11。

IF 条件 P_1 THEN 结论 C_1
IF 条件 P_2 THEN 结论 C_2
IF 条件 P_3 THEN 结论 C_3

对所有规则

图 C.11 激活的元素

图 C.12 表明了这种情况下激活是如何进行的。聚集的结果表示在左边,激活的结果表示在右边。

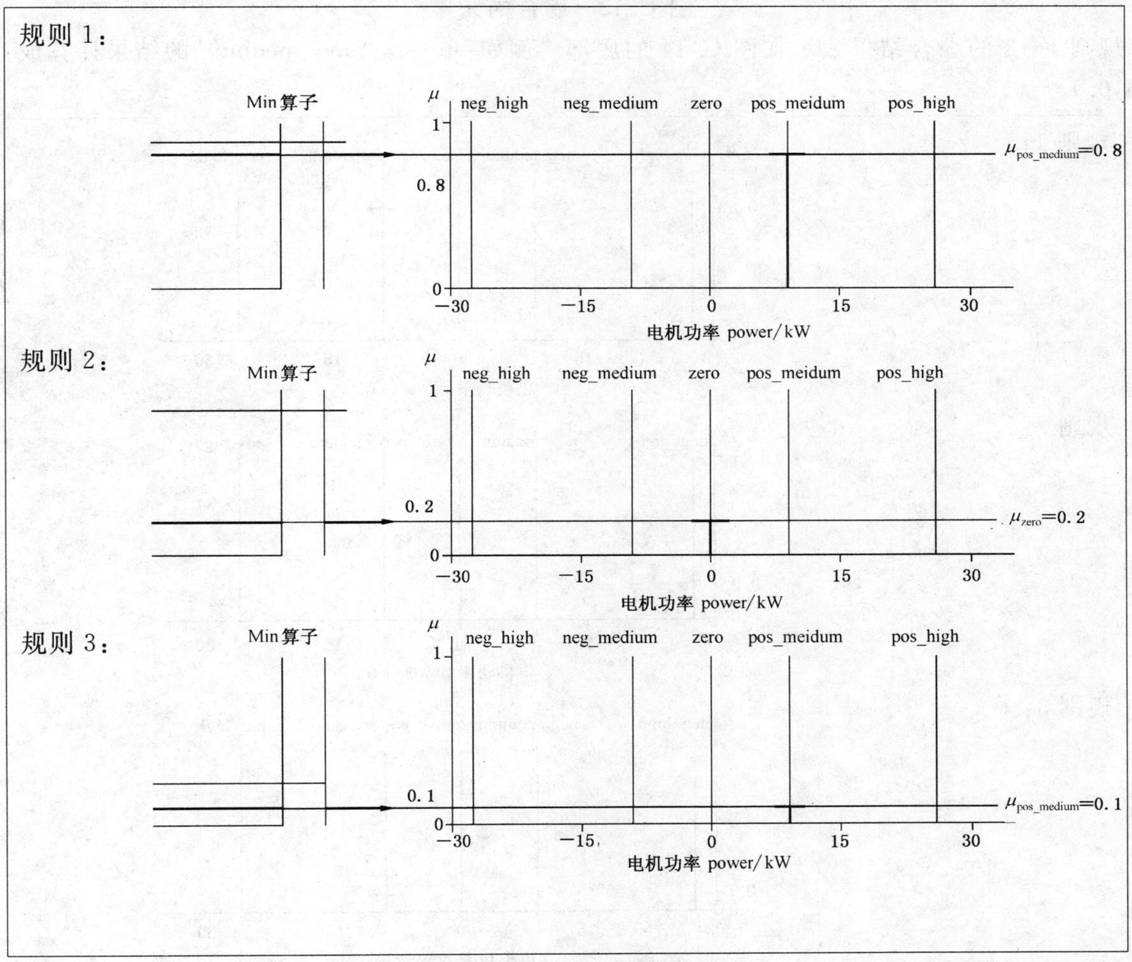

图 C.12 激活原理

——综合(见图 C.14):

规则的加权结果综合成一个总结果。例子见图 C.13。

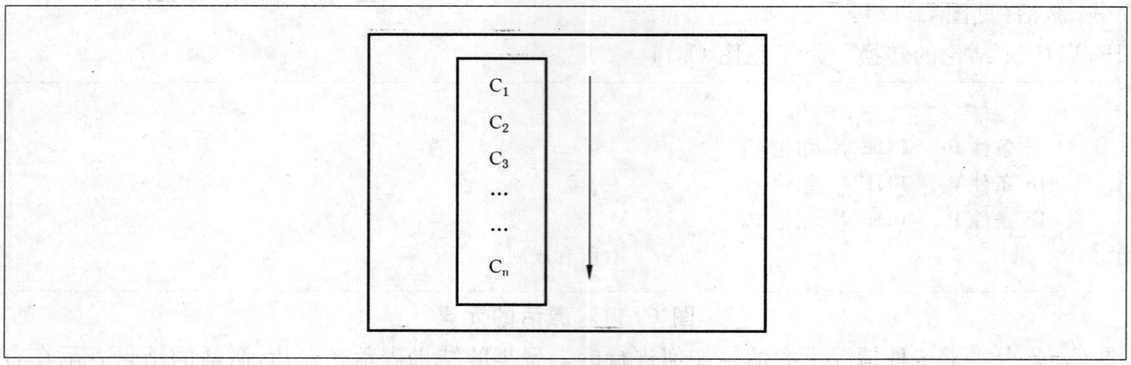

图 C.13　综合的元素

规则 1～3 的综合结果表示在图 C.14 的底部。例如：单点集“pos_medium”的结果计算成：Max(0.8,0.1)＝0.8

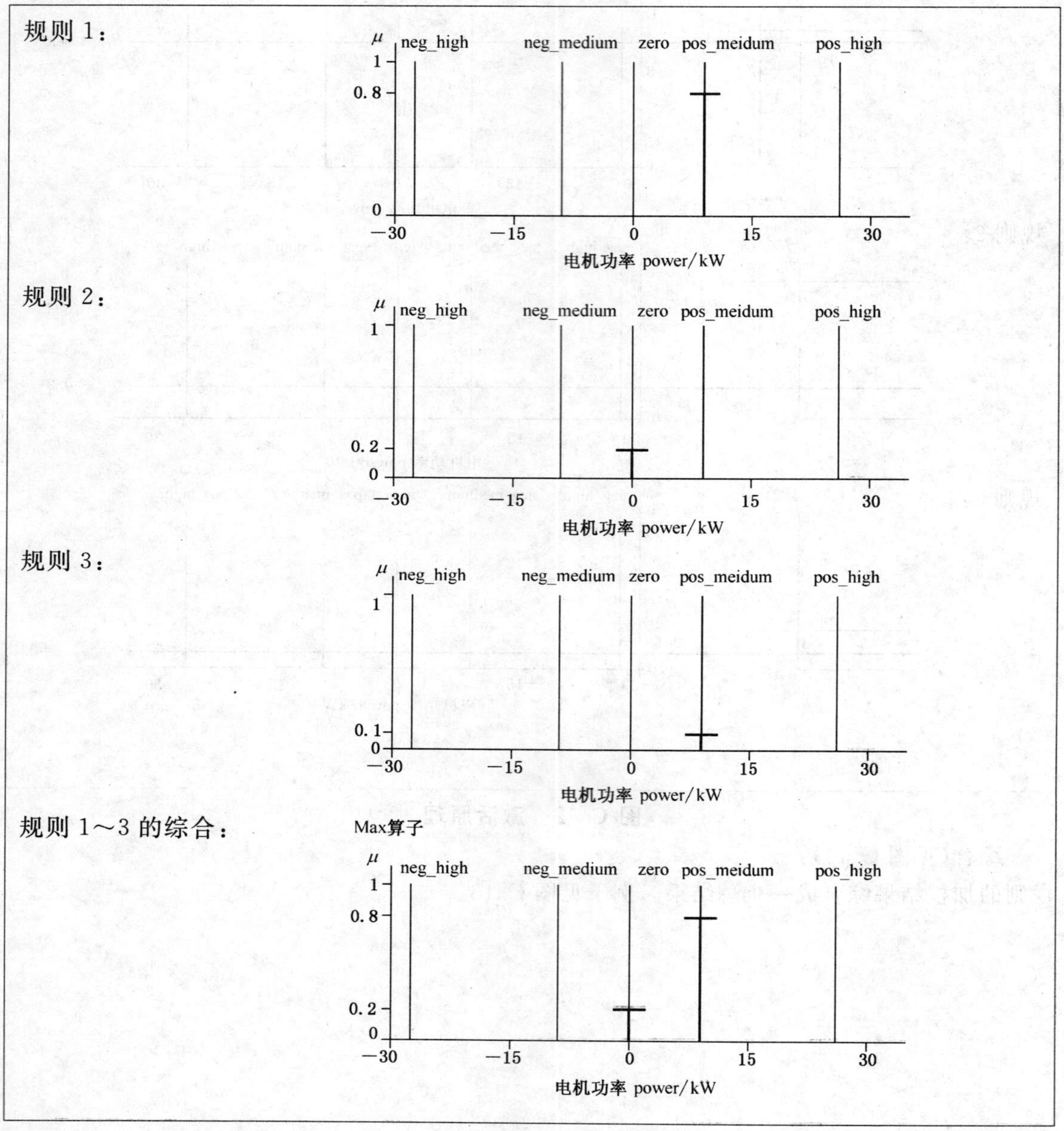

图 C.14　综合原理

清晰化(见图 C.15)

推理产生一个模糊集或它的隶属函数作为结果。要用它来设定电机功率,必须把它变换为清晰数值。从这个意义上说,待定值(通常为实数)应尽可能好地表征已求得的模糊集中所包含的信息。运用单点集重心法,输出变量清晰值——电机功率的计算如下:

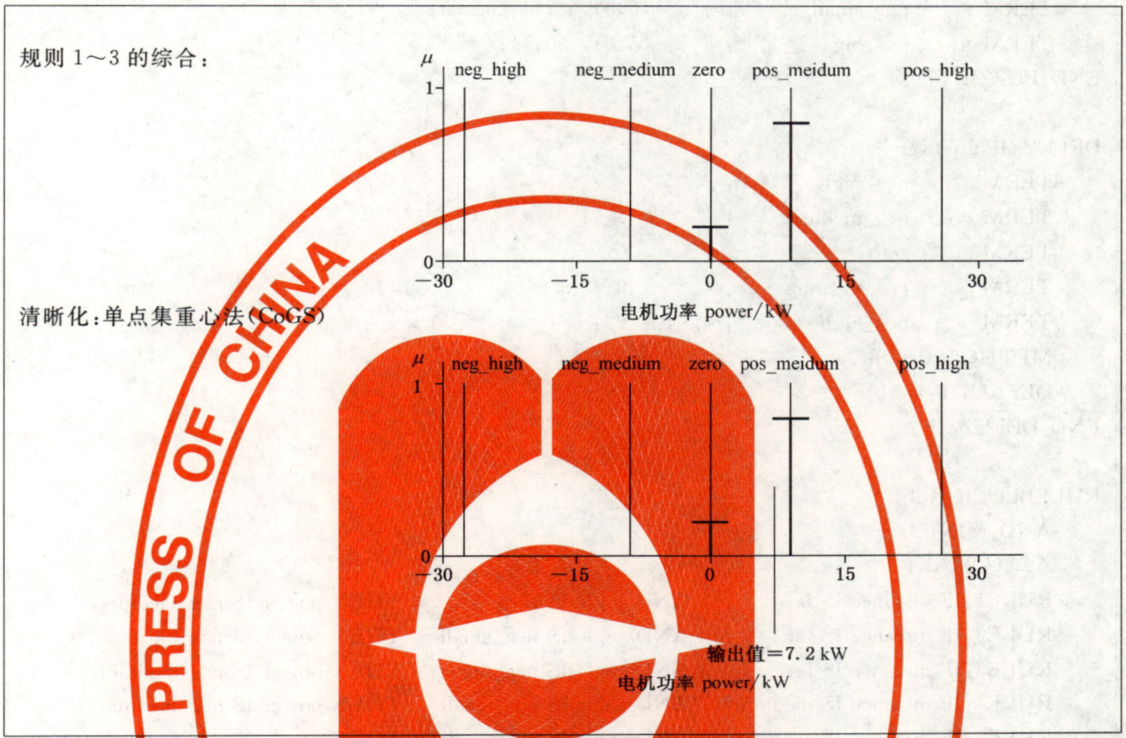

图 C.15 清晰化

用 FCL 语言描述的集装箱吊车模糊控制的例子(见图 C.16):

```
FUNCTION_BLOCK container_crane

VAR_INPUT
    distance:        REAL;
    angle:           REAL;
END_VAR

VAR_OUTPUT
    power:     REAL;
END_VAR

FUZZIFY distance
TERM     too_far     :=     (−5,1),(0,0);
TERM     zero        :=     (−5,0),(0,1),(5,0);
TERM     close       :=     (0,0),(5,1),(10,0);
TERM     medium      :=     (5,0),(10,1),(22,0);
TERM     far         :=     (10,0),(22,1);
END_FUZZIFY
```

图 C.16 FCL 应用实例

```
FUZZIFY angle
    TERM      neg_big       :=    (-50,1),(-5,1);
    TERM      neg_small     :=    (-50,0),(-5,1),(0,0);
    TERM      zero          :=    (-5,0),(0,1),(5,0);
    TERM      pos_small     :=    (0,0),(5,1),(50,0);
    TERM      pos_big       :=    (5,0),(50,1);
END_FUZZIFY

DEFUZZIFY power
    TERM      neg_high      :=     -27;
    TERM      neg_medium    :=     -9;
    TERM      zero          :=     0;
    TERM      pos_medium    :=     9;
    TERM      pos_high      :=     27;
    METHOD:CcGS;
    DEFAULT:=0;
END_DEFUZZIFY

RULEBLOCK Nol
    AND:MIN;
    ACCU:MAX;
    RULE1:IF distance IS far       AND angle IS zero       THEN power IS pos_medium;
    RULE2:IF distance IS far       AND angle IS neg_small  THEN power IS pos_big;
    RULE3:IF distance IS far       AND angle IS neg_big    THEN power IS pos_medium;
    RULE4:IF distance IS medium    AND angle IS pos_small  THEN power IS neg_medium;
    RULE5:IF distance IS close     AND angle IS pos_small  THEN power IS pos_medium;
    RULE6:IF distance IS zero      AND angle IS zero       THEN power IS zero;
END_RULEBLOCK

END_FUNCTION_BLOCK
```

图 C.16(续)

FCL 功能块应按 GB/T 15969.3—2005 规定的程序调用方式调用。其所以如此是因为模糊块仅能通过变量来与外部接口。

根据 GB/T 15969.3—2005 编程语言,上述例子的调用如下所示:

```
container_crane(distance:=INP_DIS, angle:=INP_ANG);
A:=container_crane.power;
```

变量 INP_DIS 和 INP_ANG 的值可以直接在控制器的输入语句中给出或由其他值计算得出。

附　录　D
（资料性附录）
在规则块中使用变量的例子

饼干在管状炉中烤制，饼干的颜色由安放在炉子末端的颜色传感器检测。颜色是三维测量值，用模糊分级方法来评定所测颜色归属于褐、亮、暗 3 挡的隶属度。湿度也在炉内测量。炉子由两个温度回路控制，一个用于前半部，另一个用于后半部。

图 D.1 和 D.2 给出了控制原理。

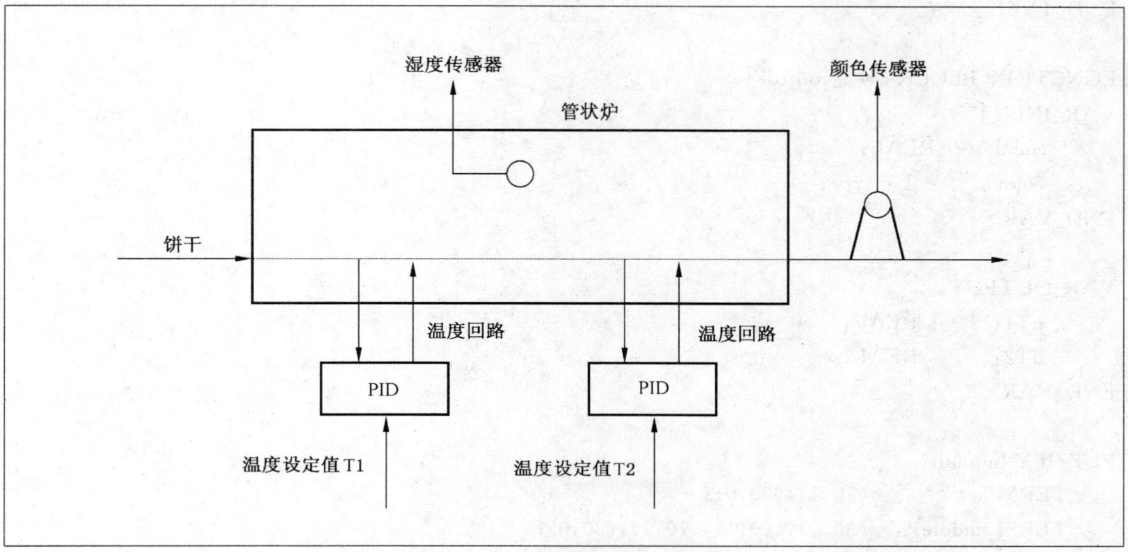

图 D.1　受控系统原理

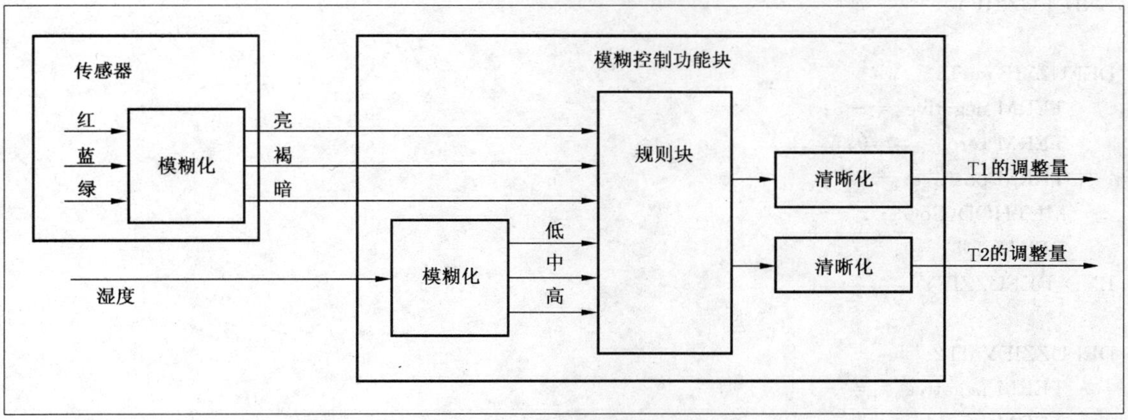

图 D.2　烤炉的模糊控制原理

规则块包括以下 5 条规则(见图 D.3)：

```
IF humidity IS middle AND color IS brown      THEN dT1   IS zero AND dT2 IS zero
IF humidity IS high                           TEHN dT1   IS positive
IF humidity IS low                            THEN dT1   IS negative
IF humidity IS middle AND color IS light      THEN dT2   IS positive
IF humidity IS middle AND color IS dark       THEN dT2   IS negative
```

图 D.3　规则块

图 D.4 给出了此例 FCL 语法规则。

注：取代亮、褐、暗 3 变量，而用 GB/T 15969.3—2005 中规定的列举数据类型 color 一个变量也可以。在此例中，若 humidity 只取 high 或 low，则 dT2 无定义。

```
TYPE
STRUCT color_type
      brown:     REAL;
      light:     REAL;
      dark:      REAL;
END_STRUCT
END_TYPE

FUNCTION_BLOCK oven_control
VAR_INPUT
      humidity: REAL;
      color:    color_type;
END_VAR

VAR_OUTPUT
      dT1:       REAL;
      dT2:       REAL;
END_VAR

FUZZIFY humidity
    TERM low      :=(30,1),(50,0);
    TERM middle  :=(30,0),(50,1),(70,1),(80,0);
    TERM high     :=(70,0),(80,1);
END_FUZZIFY

DEFUZZIFY dT1
    TERM negative:=-5;
    TERM zero    :=0;
    TERM positive :=5;
    METHOD:CoGS;
    DEFAULT:=0;
END_DEFUZZIFY

DEFUZZIFY dT2
    TERM negative   :=-3;
    TERM zero        :=0;
    TERM positive    :=3;
    METHOD:CoGS;
    DEFAULT:=0;
END_DEFUZZIFY
```

图 D.4　FCL 示例

```
RULEBLOCK inference
    AND:MIN;
    ACCU:MAX;
    RULE1:IF humidity IS middle AND color=brown     THEN dT1 IS zero AND dT2 IS zero;
    RULE2:IF humidity IS high                       THEN dT1 IS positive;
    RULE3:IF humidity IS low                        THEN dT1 IS negative;
    RULE4:IF humidity IS middle AND color=light     THEN dT2 IS positive;
    RULE5:IF humidity IS middle AND color=dark      THEN dT2 IS negative;
END_RULEBLOCK
END_FUNCTION_BLOCK
```

图 **D.4**（续）

附　录　E
（资料性附录）
符号、缩写、同义词

表 E.1　符号、缩写

CoA	面积中心线
CoG	重心法
CoGS	单点集重心法
FB	功能块
FBD	功能块图
FCL	模糊控制语言
IL	指令表
ISO	国际标准化组织
MAX	取大算子
MIN	取小算子
PROD	乘法算子
ST	结构化文本
μ	隶属度
ω	加权因子

表 E.2　同义词

Conclusion	Consequent
Accumulation	Result aggregation
Activation	Composition
Condition	Antecedent
Centre of Gravity	Centroid of Area
Centre of Area	Bisector of Area

ICS 33.180.10
M 33

中华人民共和国国家标准

GB/T 15972.10—2008
代替 GB/T 15972.1—1998

光纤试验方法规范 第10部分:测量方法和试验程序——总则

Specifications for optical fibre test methods—Part 10: Measurement methods and test procedures—General and guidance

(IEC 60793-1-1:2002,Optical fibres—Part 1-1:Measurement methods and test procedures—General and guidance,MOD)

2008-03-31 发布　　2008-11-01 实施

中华人民共和国国家质量监督检验检疫总局
中国国家标准化管理委员会　发布

前　言

GB/T 15972《光纤试验方法规范》由若干部分组成，其预期结构及对应的国际标准和将代替的国家标准为：

——第10部分～第19部分：测量方法和试验程序总则(对应IEC 60793-1-10至IEC 60793-1-19；代替GB/T 15972.1—1998)；

——第20部分～第29部分：尺寸参数的测量方法和试验程序(对应IEC 60793-1-20至IEC 60793-1-29；代替GB/T 15972.2—1998)；

——第30部分～第39部分：机械性能的测量方法和试验程序(对应IEC 60793-1-30至IEC 60793-1-39；代替GB/T 15972.3—1998)；

——第40部分～第49部分：光学特性和传输特性的测量方法和试验程序(对应IEC 60793-1-40至IEC 60793-1-49；代替GB/T 15972.4—1998)；

——第50部分～第59部分：环境性能的测量方法和试验程序(对应IEC 60793-1-50至IEC 60793-1-59；代替GB/T 15972.5—1998)。

本部分为GB/T 15972的第10部分。本部分修改采用国际电工技术委员会标准IEC 60793-1-1:2002《光纤　第1-1部分：测量方法和试验程序——总则》(英文版)。本部分根据IEC 60793-1-1:2002重新起草。本部分与IEC 60793-1-1:2002主要差异如下：

——按照我国标准的编排格式和表述要求，对一些内容安排做了调整。本部分第1章删除了IEC 60793-1-1第1章某些叙述，增加了第9章、第10章和第11章，IEC 60793-1-1第9章和第10章作为本部分第12章和附录A；

——本部分表2中增加了表注，表3中增加了B5类非零色散单模光纤和表注；

——纠正了某些不恰当的叙述。

本部分代替GB/T 15972.1—1998，《光纤总规范　第1部分：总则》。

本部分与GB/T 15972.1—1998相比主要变化如下：

——将题目由《光纤总规范　第1部分：总则》修改为《光纤试验方法规范　第10部分：测量方法和试验程序——总则》；

——将原第2章和第3章标题更改为"规范性引用文件"和"术语和定义"，同时增加了一些内容；增加了第4章"测量和试验分类"、第5章"测量和试验标准大气条件"、第6章"校准准则"和第7章"基准试验方法"；删除了原第6章、第10章和附录A；增加了新的附录A；

——将原第4章部分内容移到第8章的相应部分，删除了原4.2.1和4.3的内容；

——增加了表1，将原表1、表2改为表2、表3，并对原表2内容进行了较大的修改，增加了B5类非零色散单模光纤；

——将原第5章、第7章、第8章和第9章的相应内容移到第9章、第10章、第11章、第12章表述。

本部分的附录A为资料性附录。

本部分由中华人民共和国信息产业部提出。

本部分由中国通信标准化协会归口。

本部分起草单位：武汉邮电科学研究院。

本部分起草人：陈永诗、程淑玲、李海清、刘泽恒、吴金良、张艳。

本部分为第一次修订。

光纤试验方法规范
第10部分：测量方法和试验程序——总则

1 范围

GB/T 15972的本部分规定了光纤特性测量方法和试验程序的通用要求，包括测量和试验分类、测量和试验的标准大气条件、校准准则、试样制备等，还规定了光纤分类、光纤材料和结构、识别标志和包装等要求。

本部分适用于对通信设备和使用类似技术装置中用的A类多模光纤和B类单模光纤的检验。

2 规范性引用文件

下列文件中的条款通过GB/T 15972的本部分的引用而成为本部分的条款。凡是注日期的引用文件，其随后所有的修改单(不包括勘误的内容)或修订版均不适用于本部分，然而，鼓励根据本部分达成协议的各方研究是否可使用这些文件的最新版本。凡是不注日期的引用文件，其最新版本适用于本部分。

GB/T 191　包装储运图示标志(GB/T 191—2000，eqv ISO 780：1997)

GB/T 4892　硬质直方体运输包装尺寸系列

GB/T 5848　防潮包装

GB/T 15972(其他所有部分)　光纤试验方法规范[IEC 60793-1，MOD(其他所有部分)]

GB/T 14733.12　电信术语　光纤通信

IEC 61931　纤维光学　术语

3 术语和定义

本部分使用GB/T 14733.12和IEC 61931中有关的术语和定义。

注：GB/T 14733.12中没有规定的术语和定义可参考IEC 61931中规定的术语和定义。

4 测量和试验分类

a) 参数测量；

b) 性能试验；

c) 合格检验。

5 测量和试验的标准大气条件

测量和试验的标准大气条件需要控制在一定范围内，以保证在不同地点和设备测量得到的数据的可对比性。除非另有规定，都应在如下的大气条件下进行测量和试验。有些情况下，需要特别的环境条件，这可在详细规范中规定。

表1给出了进行测量和试验的标准大气条件范围。在进行一系列测量期间，需保持环境温度和湿

度稳定，使其变化最小。

表 1 大气条件标准范围

大气条件	标准范围
温度/℃	23±5
相对湿度/%	20～70
大气压	现场环境气压

6 校准准则

校准程序可定义为，在规定条件下，为建立系统测量值和基准(参考)物质给定值之间关系而规定的操作程序。这种关系一旦确立，它可用来调整测量系统，校准测量偏差。例如，可以通过硬件形式或一个软件来实现系统调整。

为保证成功的应用试验规程文件，应按照文件中的说明进行操作，这对于设备的调整和校准是必要的。如果没有合适的基准(参考)物质，则宜考虑选择合适的办法来减小测量的不确定度。

纪录校准过程中的相关信息，例如校准值、基准(参考)物质或所用测量设备的不确定度。

7 基准试验方法

一些属性具有一致认可的基准试验方法。基准试验方法用于对测量结果有争议的仲裁时。

8 光纤分类

8.1 A 类——多模光纤

多模光纤类别根据折射率分布指数 g 和光纤材料来划分(见表 2)。

归一化的折射率分布表示为：

$$\delta(x) = 1 - x^g \qquad (1)$$

式中：

$\delta(x)$——相对折射率差，$\delta(x)=\dfrac{n(x)-n(1)}{n(0)-n(1)}$；

$n(x)$——x 处的折射率，$x=\dfrac{r}{a}(0\leqslant r\leqslant a)$；

$n(1)$——芯包交界处的折射率；

$n(0)$——芯中心处的折射率；

a——纤芯半径；

r——径向距离。

表 2 多模光纤类别

类别	材料	折射率分布	g 的限定范围
A1	玻璃纤芯/玻璃包层	渐变型	$1\leqslant g<3$
A2	玻璃纤芯/玻璃包层	准突变和突变型	$3\leqslant g<\infty$
A3	玻璃纤芯/塑料包层	渐变型和突变型	$1\leqslant g<\infty$
A4	塑料纤芯/塑料包层	渐变型和突变型	$1\leqslant g<\infty$

表 2(续)

类别	材料	折射率分布	g 的限定范围
注 1：折射率分布应在产品规范中指出，对于某些应用，g 可以被规定为 x 的函数。 注 2：g 的数值是根据最佳拟合的归一化折射率分布确定的。 注 3：A1 类光纤包括：A1a(50/125 μm，分为 A1a.1、A1a.2)、A1b(62.5/125 μm)、A1d (100/140 μm)子类别；A2 类光纤包括：A2a(100/140 μm)、A2b(200/240 μm)、A2c (200/280 μm)子类别；A3 类光纤包括：A3a(200/300 μm)、A3b(200/380 μm)、A3c (200/230 μm)、A3d (200/230 μm)子类别；A4 类光纤包括：A4a (包层直径 1 000 μm，NA 0.50)、A4b (包层直径 750 μm，NA 0.50)、A4c (包层直径 500 μm，NA 0.50)、A4d (包层直径 1 000 μm，NA 0.30)、A4e(包层直径 750 μm，NA 0.25)、A4f (200/490 μm，NA 0.19)、A4g(120/490 μm，NA 0.19)、A4h (62.5/245 μm，NA 0.19) 子类别。			

8.2 B 类——单模光纤

现在所用单模光纤类别主要根据零色散波长区域来划分，然后再根据特定波长衰减和截止波长划分子类别(见表 3)。

表 3 单模光纤类别和子类别

类　别	子类别	名　称	特征描述
B1	B1.1	非色散位移单模光纤	这种单模光纤的零色散波长在 1 310 nm 区域，既可以使用在 1 310 nm区域，也可以使用在 1 550 nm 区域。在 1 550 nm 区域，根据链路长度和传输比特率要求，可能需要调节色散
	B1.2	截止波长位移非色散位移单模光纤	这种单模光纤的零色散波长在 1 310 nm 区域，而截止波长移位到大于 1 310 nm，在 1 550 nm 附近的衰减最低，只可以使用在 1 550 nm 区域
	B1.3	波长段扩展的非色散位移单模光纤	这种单模光纤的零色散波长在 1 310 nm 区域，基本消除了 1 383 nm 处的水峰，最大可能的扩展了传输波段范围，从 1 310 nm 区域扩展到 1 360 nm～1 530 nm，但在这一波段范围内色散将对最大链路长度造成影响，或需要调节色散
B2		色散位移单模光纤	这类单模光纤的零色散波长在 1 550 nm 区域，在用于 1 550 nm 波长单通道传输时最佳，用于多通道传输时，要谨慎考虑为避免四波混频效应的因素，例如合适的间距、通道的布置和功率水平
B4		非零色散位移单模光纤	这类单模光纤在 1 530 nm～1 565 nm 波长范围上色散系数为非零，可为正值或负值，截止波长大于 1 310 nm，它的最佳工作波长在 1 550 nm 区域，适用于多通道传输。根据色散特性，可以在高于或低于标称 1 550 nm 区域的波段上进行多通道传输
B5		宽带光传输用非零色散单模光纤	这类单模光纤的色散值在 1 460 nm～1 625 nm 整个波段范围内都保持非零，规定的光纤适用于 S＋C＋L 三个连续波段的多信道窄间隔 DWDM 应用或 CWDM 应用
注：B1.1 光纤相应于 ITU-T G.652A、G.652B 光纤，B1.3 光纤相应于 G.652C、G.652D 光纤；B1.2 光纤相应于 G.654 光纤；B2 光纤相应于 G.653 光纤；B4 光纤相应于 G.655 光纤；B5 光纤相应于 G.656 光纤。			

9 光纤的结构、材料和识别标志

光纤的结构应在产品规范中规定，应包括光纤的纤芯、包层、涂覆层直径及厚度。

制造光纤用的材料应满足对光纤光学性能、传输性能、机械性能和环境性能的要求，并应按照有关产品标准中的规定验收后使用。

光纤的识别标志应采用本色或着色。色标应鲜明，不褪色，不易迁移到其他直接接触的材料上。色标应从蓝、橙、绿、棕、灰、白、红、黑、黄、紫、粉红、青绿 12 种颜色中优先选用。

10 试样制备

光纤试样端面除应清洁、平滑、并垂直于光纤轴外，对于不同特性的测量应有不同要求。

11 测量方法和试验程序

尺寸参数的测量方法和试验程序见 GB/T 15972 的第 20～29 部分；
机械性能的测量方法和试验程序见 GB/T 15972 的第 30～39 部分；
传输特性和光学特性的测量方法和试验程序见 GB/T 15972 的第 40～49 部分；
环境性能的测量方法和试验程序见 GB/T 15972 的第 50～59 部分。

12 包装和标志

12.1 包装

为了便于光纤的处理和运输，成品光纤的包装及标志除应符合 GB/T 191、GB/T 4892、GB/T 5848 的有关规定外，包装方式还应满足如下要求：

a) 卷绕方式应使光纤承受住运输和规定的环境条件；
b) 标准线盘的尺寸。

12.2 标志

盘绕成品光纤的线盘上应有内外端头标志。
成盘光纤产品包装上应标明：

a) 制造厂名称；
b) 光纤型号、出厂编号；
c) 光纤色别；
d) 光纤长度；
e) 毛重和包装外形尺寸；
f) 制造日期；
g) 保证运输安全的其他标志。

附　录　A
（资料性附录）
新旧版本对照参考

下列各表给出了新制定的测量方法和试验程序各部分版本与原版本 GB/T 15972—1998 的对照参考。

表 A.1　尺寸参数的测量方法（原版本 GB/T 15972.2—1998）

特　　性	现版本编号	包括的测量方法	原版本测量方法称谓
光纤几何尺寸	GB/T 15972.20	折射近场法　方法 A	GB/T 15972-A1A
		横向干涉法　方法 B	GB/T 15972-A1B
		近场光分布法　方法 C	GB/T 15972-A2
		机械法　方法 D	GB/T 15972-A4
涂覆层尺寸	GB/T 15972.21	侧视光分布法	GB/T 15972-A3
长度	GB/T 15972.22	机械法	GB/T 15972-A5
		传输和/或反射脉冲延迟法	GB/T 15972-A6
		光纤伸长量	GB/T 15972-A7
		相移法	GB/T 15972-A8
		后向散射法	GB/T 15972-C1C

表 A.2　机械性能的测量方法（原版本 GB/T 15972.3—1998）

特　　性	现版本编号	包括的测量方法	原版本测量方法称谓
光纤张力筛选	GB/T 15972.30	光纤筛选试验	GB/T 15972-B1
抗拉强度	GB/T 15972.31	抗张强度	GB/T 15972-B2
可剥性	GB/T 15972.32	机械法	GB/T 15972-B6
应力腐蚀敏感性	GB/T 15972.33	轴向张力法的动态疲劳	GB/T 15972-B7A
		两点弯曲法的动态疲劳	GB/T 15972-B7B
		轴向张力法的静态疲劳	GB/T 15972-B7C
		两点弯曲法的静态疲劳	GB/T 15972-B7D
		均匀弯曲法的静态疲劳	GB/T 15972-B7E
翘曲特性	GB/T 15972.34	侧视显微法	GB/T 15972-B8A
		激光束散射	GB/T 15972-B8B

表 A.3 传输特性和光学特性的测量方法(原版本 GB/T 15972.4—1998)

特　　性	现版本编号	包括的测量方法	原版本测量方法称谓
衰减	GB/T 15972.40	截断法	GB/T 15972-C1A
		插入损耗法	GB/T 15972-C1B
		后向散射法	GB/T 15972-C1C
		谱衰减模型	GB/T 15972-C1D
带宽	GB/T 15972.41	冲击响应法	GB/T 15972-C2A
		频率响应法	GB/T 15972-C2B
色散	GB/T 15972.42	相移法	GB/T 15972-C5A
		脉冲时延法	GB/T 15972-C5B
		微分相移法	GB/T 15972-C5C
		干涉法	GB/T 15972-C5D
数值孔径	GB/T 15972.43	远场光分布法	GB/T 15972-C6
截止波长(光纤/光缆)	GB/T 15972.44	光缆截止波长,未成缆传输功率法 A	GB/T 15972-C7B
		光缆截止波长,成缆传输功率法 B	GB/T 15972-C7B
		光纤截止波长,传输功率法 C	GB/T 15972-C7A
		跳缆截止波长,传输功率法 D	—
模场直径	GB/T 15972.45	直接远场扫描法	GB/T 15972-C9A
		远场可变孔径法	GB/T 15972-C9B
		近场扫描法	GB/T 15972-C9C
透光率变化	GB/T 15972.46	传输功率法	GB/T 15972-C10A
		后向散射法	GB/T 15972-C10B
宏弯损耗	GB/T 15972.47	功率监测	GB/T 15972-C11A
		截断法	GB/T 15972-C11B
偏振模色散	GB/T 15972.48	固定分析器、琼斯矩阵本征分析、干涉法	GB/T 18900—2003
微分模时延	GB/T 15972.49		—

表 A.4 环境性能的测量方法(原版本 GB/T 15972.5—1998)

特　　性	现版本编号	包括的测量方法	原版本测量方法称谓
湿热特性	GB/T 15972.50	湿热试验	—
干热特性	GB/T 15972.51	干热试验	—
温度循环	GB/T 15972.52	温度循环试验	GB/T 15972-D1
浸水特性	GB/T 15972.53	浸水试验	—
耐核辐射特性	GB/T 15972.54	伽玛辐照试验	GB/T 15972-D3

ICS 33.180.10
M 33

中华人民共和国国家标准

GB/T 15972.20—2008
部分代替 GB/T 15972.2—1998

光纤试验方法规范 第20部分:尺寸参数的测量方法和试验程序——光纤几何参数

Specifications for optical fibre test methods—Part 20: Measurement methods and test procedures for dimensions—Fiber geometry

(IEC 60793-1-20:2001,Optical fibres—
Part 1-20: Measurement methods and test procedures—
Fiber geometry,MOD)

2008-04-10 发布　　2008-11-01 实施

中华人民共和国国家质量监督检验检疫总局
中国国家标准化管理委员会　发布

前 言

GB/T 15972《光纤试验方法规范》由若干部分组成，其预期结构及对应的国际标准和将代替的国家标准为：

——第10部分～第19部分：测量方法和试验程序总则(对应IEC 60793-1-10至IEC 60793-1-19；代替GB/T 15972.1—1998)；

——第20部分～第29部分：尺寸参数的测量方法和试验程序(对应IEC 60793-1-20至IEC 60793-1-29；代替GB/T 15972.2—1998)；

——第30部分～第39部分：机械性能的测量方法和试验程序(对应IEC 60793-1-30至IEC 60793-1-39；代替GB/T 15972.3—1998)；

——第40部分～第49部分：光学特性和传输特性的测量方法和试验程序(对应IEC 60793-1-40至IEC 60793-1-49；代替GB/T 15972.4—1998)；

——第50部分～第59部分：环境性能的测量方法和试验程序(对应IEC 60793-1-50至IEC 60793-1-59；代替GB/T 15972.5—1998)。

其中GB/T 15972.2×由以下部分组成：

——第20部分：尺寸参数的测量方法和试验程序——光纤几何参数；

——第21部分：尺寸参数的测量方法和试验程序——涂覆层几何参数；

——第22部分：尺寸参数的测量方法和试验程序——长度。

本部分为GB/T 15972的第20部分。本部分修改采用国际电工技术委员会标准IEC 60793-1-20:2001,《光纤　第1-20部分：测量方法和试验程序——光纤几何参数》。本部分与IEC 60793-1-20:2001主要差异如下：

——按照我国标准的编排格式和表述要求，对一些内容安排做了调整，第1章某些内容放在第4章，删除了第5章和第11章，将其内容分别放在第4章和第9章，其他章号重编；

——纠正了某些不恰当的叙述。

本部分代替GB/T 15972.2—1998《光纤总规范　第2部分：尺寸参数试验方法》的第5章、第6章和第8章。

本部分与GB/T 15972.2—1998第5章、第6章和第8章相比主要变化如下：

——删除了"折射率剖面法"的提法，将其包括的试验方法直接作为本部分的两种试验方法：方法A：折射近场法，方法B：横向干涉法(1998年版的第5章；本版的附录A、附录B)；

——修改了折射近场法对单模光纤聚焦光斑尺寸要求，光斑尺寸改为小于1.5 μm(1998年版的第5章；本版的附录A中A.2.2)；

——规定了光纤几何参数的基准试验方法(见本版的第4章)；

——对每一种试验方法的特定要求分别用附录的形式给出(1998年版的第5章、第6章、第8章；本版的附录A、附录B、附录C和附录D)。

本部分的附录A、附录B、附录C和附录D为规范性附录。

本部分由中华人民共和国信息产业部提出。

本部分由中国通信标准化协会归口。

本部分起草单位：武汉邮电科学研究院。

本部分主要起草人：陈永诗、程淑玲、刘泽恒、吴金良。

本部分为第一次修订，它与GB/T 15972.2×其他部分一起代替GB/T 15972.2—1998。

光纤试验方法规范
第20部分：尺寸参数的测量方法和
试验程序——光纤几何参数

1 范围

GB/T 15972的本部分规定了测量未涂覆光纤几何参数的试验方法，确立了测量的统一试验程序和技术要求。

本部分适用于对A类多模光纤和B类单模光纤的测量和成品光纤光缆的商业性检验。

2 规范性引用文件

下列文件中的条款通过GB/T 15972的本部分的引用而成为本部分的条款。凡是注日期的引用文件，其随后所有的修改单（不包括勘误的内容）或修订版均不适用于本部分，然而，鼓励根据本部分达成协议的各方研究是否可使用这些文件的最新版本。凡是不注日期的引用文件，其最新版本适用于本部分。

GB/T 15972.10—2008 光纤试验方法规范 第10部分：测量方法和试验程序——总则（IEC 60793-1-1:2002，Optical fibres—Part 1-1：Measurement methods and test procedures—General and guidance，MOD）

3 术语和定义

下列术语和定义适用于本部分。

3.1

基准面 reference surface

基准面应在产品规范中规定，它可以是纤芯或包层的表面。

3.2

芯同心度误差 core concentricity error

——B类光纤：近场剖面中心到包层中心的间距；

——A类光纤：芯区中心到包层中心的间距。

3.3

A类多模光纤的芯直径 core diameter of category A multimode fibre

多模光纤芯直径从折射率剖面确定，定义为在折射率剖面上通过芯区中心与折射率剖面在n_3点相交的直径，n_3的位置由下式确定：

$$n_3 = n_2 + k(n_1 - n_2) \qquad (1)$$

式中：

n_1——纤芯的最大折射率；

n_2——最内均匀包层的折射率；

k——称为“k因子”的常数。

折射率剖面可通过折射近场法（RNF）或横向干涉法（TI）获得，也可以用近场光分布法（TNF）测量被全部照明的纤芯近场来获得。

为改善芯直径测量精度,建议在测量折射率剖面时采用曲线拟合技术。

注 1: 对拟合的 RNF 或不拟合的 TNF 法,k 的典型取值为 0.025,这与拟合的 TNF 法的 k 值为零等效。

注 2: 对纤芯/包层交界区域折射率剖面是渐变的光纤,不拟合的 TNF 法的 k 值取为 0.05 等效于拟合的 TNF 法的 k 取值为零。

注 3: 对于 B 类光纤,用近场图中心而不是用折射率剖面图中心作为芯区的中心,不规定芯区边界而是规定模场边界。

4 测量方法概述

未涂覆光纤的几何特性是光纤的基本特性,在进行光纤熔接、连接、成缆和测量等后续工序时需要预知未涂覆光纤的几何特性。

本部分给出了测量光纤几何参数的四种试验方法,四种试验方法及其适用范围如表 1 所列。

表 1 光纤几何特性的试验方法

试验方法	适用光纤类型	适用的参数	1998 年版本方法称谓
方法 A:折射近场法 (见附录 A)	所有 A 类和 B 类光纤	包层直径 包层不圆度 纤芯直径 纤芯不圆度 芯/包同心度误差 理论数值孔径 折射率剖面	GB/T 15972-A1A
方法 B:横向干涉法 (见附录 B)	所有 A 类光纤	纤芯直径 纤芯不圆度 理论数值孔径	GB/T 15972-A1B
方法 C:近场光分布法 (见附录 C)	A1 类、A2 类、A3 类和所有 B 类光纤	除理论数值孔径外的所有参数	GB/T 15972-A2
方法 D:机械直径法 (见附录 D)	所有光纤	包层直径 不圆度	GB/T 15972-A4
注 1: 不规定单模光纤的芯直径。 注 2: 纤芯直径、纤芯不圆度和理论数值孔径仅适用于 A 类光纤。 注 3: 近场扫描法可以用于测量 A1 类光纤的芯区直径,但由于纤芯不圆度的影响,其测量结果与实际的芯直径可能有差别。纤芯不圆度可通过多轴扫描来确定。 注 4: 在实际应用中,对于平滑的和充分圆的光纤,用方法 D 可给出同方法 A、方法 B 和方法 C 相近的结果,并且也能得到光纤的不圆度的测量结果。			

上述四种试验方法中,方法 C 是测量 A 类光纤几何参数(纤芯直径除外)和 B 类光纤几何参数的基准试验方法(RTM),可用作仲裁试验;方法 A 是测量 A 类光纤纤芯直径的基准试验方法(RTM)。

注: A 类光纤的芯区是根据方法 A 测定的折射率剖面定义的,因此方法 C 不可以作为 A 类光纤纤芯直径的仲裁试验方法。

本部分的第 2～9 章中给出了对上述四种试验方法共同的要求,而对每一种试验方法的特定要求分别见附录 A、附录 B、附录 C 和附录 D 中的详细叙述。

5 装置

在附录 A、附录 B、附录 C 和附录 D 中分别提供了每一种试验方法的装置图和对仪器的相应要求。

6 试样

6.1 试样长度

分别见附录 A、附录 B、附录 C 和附录 D 中的应用要求。

6.2 试样端面

仅对于方法 A 和方法 C，试样的光输入端和输出端的端面应清洁、光滑并与光纤轴垂直。在用方法 A、方法 C 测量时端面倾斜会影响测量精度，其端面倾斜角应小于 1°。

对端面更详细的要求见方法 C 中的 C.2。

由于方法 D 是使用侧视法测量，对于试样端面不作要求。

7 程序

测量应在 GB/T 15972.10—2008 规定的标准大气测量和试验条件下进行。对于方法 A、方法 B、方法 C 和方法 D 分别见附录 A、附录 B、附录 C 和附录 D 中的程序。

8 计算

对于方法 A、方法 B、方法 C 和方法 D 分别见附录 A、附录 B、附录 C 和附录 D 中的计算方法。

9 结果

9.1 测量结果报告应包括下列内容：

——试验名称；

——试样识别号；

——试验结果(见相应附录)；

——试验日期和操作人员。

9.2 根据要求报告中也可包括下列内容：

——所用试验方法；

——试样长度；

——被测光纤类型；

——失效或合格判据；

——环境温度和相对湿度；

——仪器装置说明；

——试验装置最近校准日期。

附　录　A
（规范性附录）
方法A——折射近场法的特定要求

A.1　概述

折射近场法直接测量光纤（纤芯和包层）横截面折射率变化，经定标可给出折射率绝对值。折射近场法能得到单模光纤和多模光纤的折射率剖面。

A.2　装置

折射近场法原理示意图和试验装置如图A.1、图A.2所示。

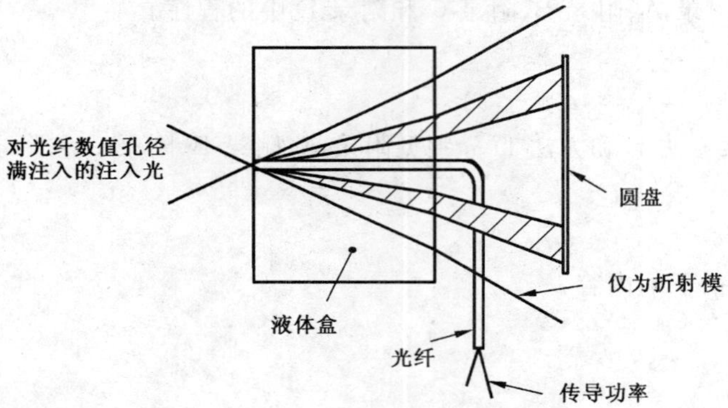

图A.1　折射近场法示意图

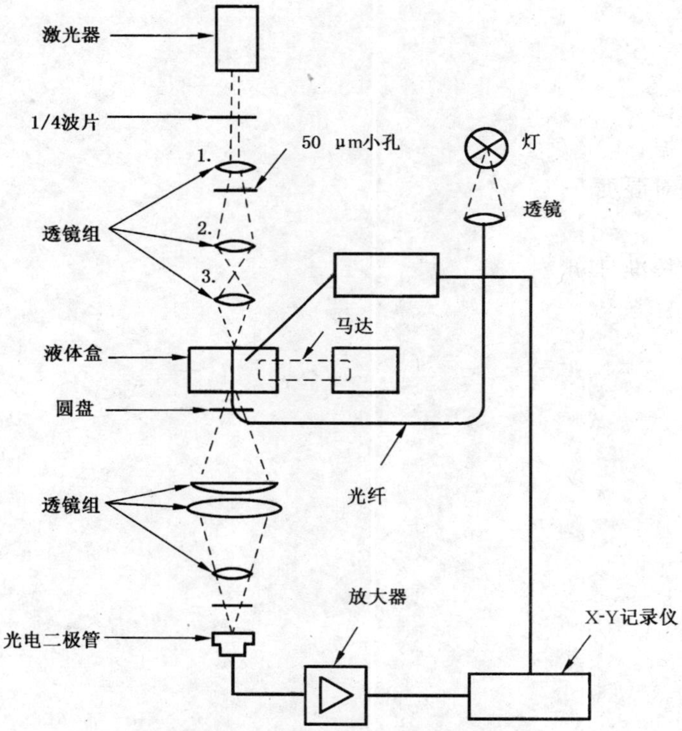

图A.2　折射近场法试验装置框图

A.2.1 光源

应采用一个输出功率为毫瓦级的稳定激光器，输出模式为 TEM_{00} 模。

可采用波长为 633 nm 的氦氖(He-Ne)激光器，但外推到其他波长时必须用修正系数对其结果加以修正。

光在空气—玻璃界面的反射与角度和偏振状态密切相关，应加入一个 1/4 波片将光束从线偏振变为圆偏振。

如必要，用一个置于透镜 1 焦点处的小孔作为空间滤波器。

A.2.2 注入光学系统

注入光学系统应对光纤的数值孔径满注入，并将光束聚焦到光纤平坦的输入端面上。光束光轴与光纤轴夹角应在 1°以内。装置的分辨率取决于聚焦光斑尺寸，为了使分辨率最高，聚焦光斑尺寸应尽可能小，对多模光纤和单模光纤，光斑尺寸均小于 1.5 μm。聚焦光斑应能沿光纤直径扫描。

A.2.3 液体盒

盒中折射率匹配液的折射率应稍高于光纤包层折射率。

A.2.4 光检测器

可采用任何方便的方法收集到全部的折射光并将其传到检测器。通过计算确定圆盘尺寸及在中心轴上的位置。

注：选择合适的圆盘尺寸，使其相应的数值孔径近似等于注入光的数值孔径除以$\sqrt{2}$。

A.3 试样

试样长度应小于 2 m，浸入液体盒中光纤段上的全部涂覆层应去除。

A.4 程序

A.4.1 折射率剖面测量

折射近场法试验装置图见图 A.2。

将被试光纤注入端浸在液体盒中。用一钨灯从后端照明光纤，透镜 2 和 3 产生一个光纤的聚焦像。

调节透镜 3 的位置使光纤像对中并聚焦；同时激光束对中并聚焦到光纤端面上。

将圆盘与输出光锥对中。对多模光纤，圆盘在光轴上的位置应恰好阻挡住漏模；对单模光纤，圆盘的定位还要给出最佳分辨率。

收集通过圆盘的全部折射光并聚焦到光电二极管上。聚焦的激光光斑横扫光纤端面，直接获得光纤的折射率分布曲线。

A.4.2 仪器校准

从液体盒中取出光纤对装置进行校准。测量期间，光锥角随入射点处光纤折射率的不同而变化(即通过圆盘功率的变化)。如已从液体盒中取出光纤，并且已知液体折射率及液体盒厚度，可通过沿光轴平移圆盘模拟角度的变化。通过把圆盘移动到若干个预定位置，可得到相对折射率剖面图。如果精确知道在测量波长和温度下包层或匹配液的折射率，就可准确确定绝对折射率 n_1 和 n_2 值。

用国家标准机构等部门提供的多重校准用介质，根据说明对仪器进行校准。

A.5 计算

通过上面测得的折射率剖面，计算出：

——纤芯直径；

——包层直径；

——纤芯/包层同心度误差；

——纤芯不圆度；

——包层不圆度；
——最大理论数值孔径；
——折射率差；
——相对折射率差；
——精度和重复性。

可以使用不同的方法确定包层边界，例如可采用定位基准线法，若用此方法确定包层边界，在校准仪器和测量样品时均应用同样的定位基准线。

A.6　结果

除了第 9 章中结果报告应包括的内容外，根据规范要求在报告中也应包括下列内容：

——在指定波长上通过纤芯和包层中心的折射率剖面；
——在指定波长上沿纤芯长、短轴的折射率剖面；
——在指定波长上沿包层长、短轴的折射率剖面；
——仪器装置图和波长修正方法(光源波长不是 633 nm 时)。

附 录 B
（规范性附录）
方法 B——横向干涉法的特定要求

B.1 概述

横向干涉法可通过测量光纤试样的折射率剖面来计算光纤玻璃区域的几何特性参数。

横向干涉法用干涉显微镜在被垂直照射的光纤试样侧面聚焦，得到干涉图形，用视频探测器采集干涉条纹并经计算机处理使干涉条纹数字化，从而得到光纤的折射率剖面。

本试验方法特别适合测量A类光纤的芯直径和最大理论数值孔径，但不太适合对光纤包层几何参数的测量。

B.2 装置

横向干涉法试验装置如图B.1所示。

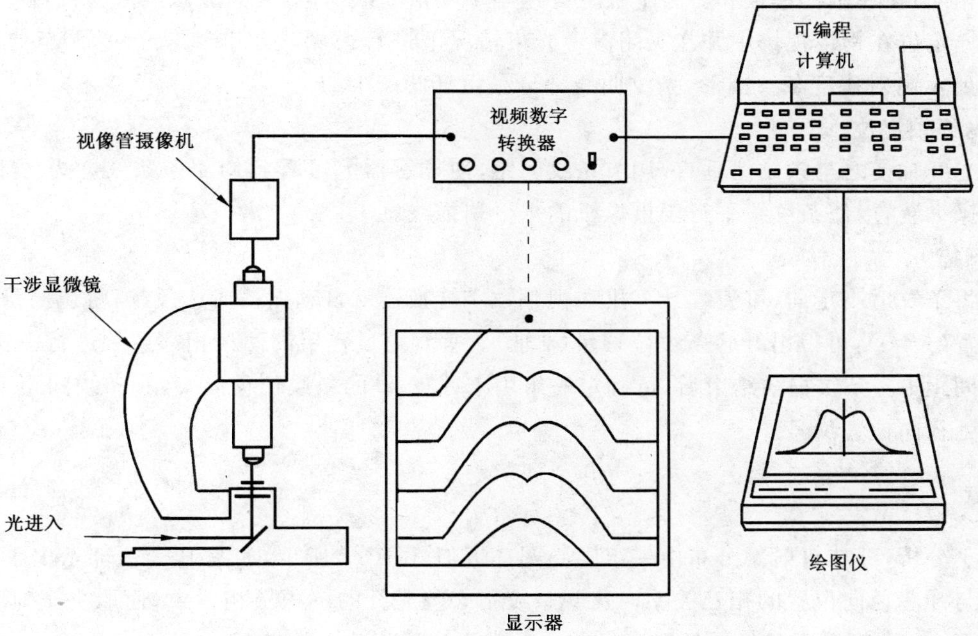

图 B.1 横向干涉法试验装置

B.2.1 透射光干涉显微镜

这种特定用途的干涉显微镜是两台显微镜和一台干涉仪的组合，它使试验物体的放大像与干涉条纹一起出现。一个平行光聚光镜和物镜系统产生试样的试验光路和参考光路，它采用窄带滤光器和白光光源得到准相干照明光。

B.2.2 视像管摄像机和显示器

摄像机产生一个能使条纹明暗度量化的电子图像，使得能采用解析方法精确确定条纹中心坐标。它也可以在可见光谱之外的波长上进行测量。

显示器应能使操作人员便于观察试样，有助于对试样和条纹进行适当调节。

B.2.3 视频数字转换器

该单元与摄像机和计算机控制器一起工作，使摄到的显微镜输出场图数字化。计算机对摄像管的位置进行寻址，数字转换器将该寻址位置处的灰度用一个8位二进制数字表示，并送回到计算机。由显示器上圆点光标指示被编码点的位置。

B.2.4 可编程计算机和绘图仪

计算机（可编程计算机）采集作为位置数据函数的光强，确定条纹相对于包层基准线的位移（它是纤芯径向位置的函数）。计算出 Δn，作出径向折射率剖面图，确定一条最佳拟合的折射率剖面幂次分布曲线，并由绘图仪绘出。

B.3 试样

试样应是一段清洁的无涂覆层光纤，长度为 20 mm。

B.4 程序

B.4.1 准备

试样横放在显微镜试验物镜下的光学试样平板（由显微镜配备）上。将等量的油（折射率与试样包层折射率相同）注在试样平板和参考平板上。选用100倍油浸物镜，升高显微镜载物台直至物镜接触到油。将试样定位在物镜视场中并在关闭参考光束情况下进行聚焦。开启参考光束，调节显微镜以产生如图B.1所示高对比度条纹图形，条纹曲线部分是由纤芯产生的。

B.4.2 光纤轴定位

调整光纤轴使之与条纹线垂直，调节条纹间距，使显示器上可看到约4条条纹。为便于分析，再调节显微镜操纵装置，使条纹线平行于摄像机的水平扫描线。

B.4.3 扫描

一旦将条纹适当定向，可编程计算机和视频数字转换器就自动扫描所选条纹，将包层条纹位置作为零位移位置（$y=0$），可得出纤芯条纹位移量（y 轴）。垂直跨过包层的两条相邻条纹进行一次单独扫描，获得条纹间距 L。条纹扫描结束后，可确定一组用于计算 n_p 的条纹位移点 Q_p 和条纹间距 L。p是条纹位移测量处径向位置编号。

B.5 计算

为便于分析，纤芯折射率分布由一组同心圆环近似（图B.2所示）。图B.2顶部示出了条纹以及条纹位移点与纤芯径向位置的相互关系。这些条纹不必与光纤的沉积层相一致，而取决于对 $n(r)$ 要求的空间分辨率。p环折射率与包层折射率之差 Δn_p 由下式给出：

$$\Delta n_p = \frac{1}{S_{p,j}}\left[\frac{\lambda Q_p}{L} - \sum_{j=1}^{p-1} \Delta n_j S_{p,j}\right] \qquad \text{(B.1)}$$

式中：

$S_{p,j}$——p光线在 j 环中传输的距离；

Q_p——p点处条纹的位移；

L——相邻条纹间距。

$$S_{p,j} = 2\left[(R_{j-1}^2 - R_p^2)^{1/2} - (R_j^2 - R_p^2)^{1/2}\right] \qquad \text{(B.2)}$$

式中：

R_j——j 环的半径。

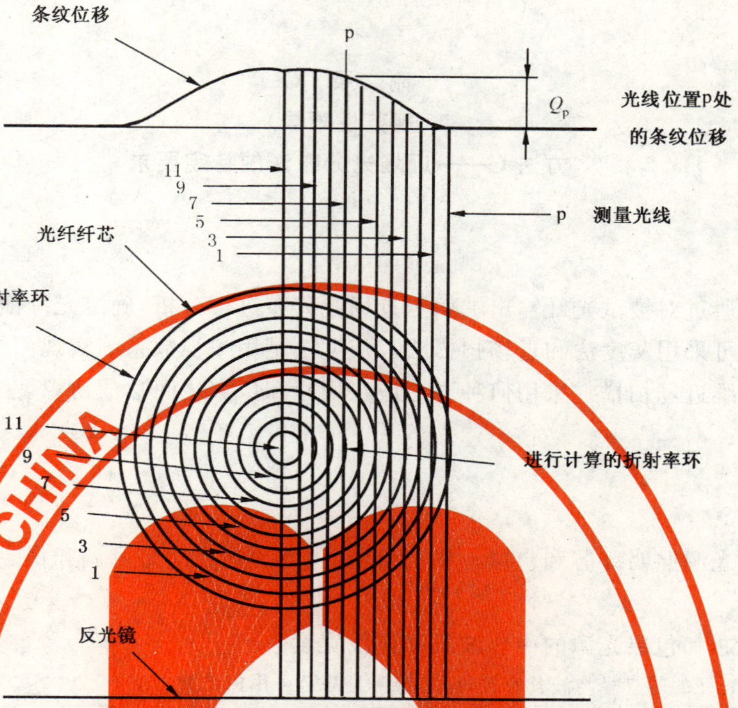

图 B.2 折射率剖面——环图

用 x-y 绘图仪画出 Δn_p 的曲线，这就是光纤的折射率剖面。采用曲线拟合法可获得与下面折射率方程最符合的参数：

$$\Delta n(r)=\Delta n_0[1-(r/a)^g] \cdots\cdots (B.3)$$

式中：

Δn_0——$r=0$ 处的折射率差；

a——纤芯半径；

g——折射率剖面形状因子，近似为 2。

拟合确定的 Δn_0、g 和 a 值最符合实际的折射率剖面。为避免由于中心折射率凹陷和纤芯/包层边界不规则引起的不能接受的扰动，拟合时应仅利用 $0.15\ a \sim 0.95\ a$ 之间的数值。

B.6 结果

除了第 9 章中结果报告应包括的内容外，根据规范要求在报告中也应包括下列内容：

——照明光的中心波长和谱宽；

——仪器干涉仪类型。

附　录　C
（规范性附录）
方法C——近场光分布法的特定要求

C.1　概述

近场光分布法通过对被试光纤输出端面上近场光分布进行分析，确定光纤横截面几何尺寸参数。

近场光分布法可采用灰度法和近场扫描法。灰度法是用一视频系统实现两维(x-y)近场扫描，而近场扫描法只进行一维近场扫描。采用何种方法应在用户和厂家之间达成协议。

C.2　装置

C.2.1　光源

应采用合适的光源照明纤芯和包层。在测量期间，光源强度应是可调和稳定的。

C.2.2　光源波长

应指定照明纤芯和包层光源的中心波长和谱线宽度。

注：未发现A类光纤的芯直径与波长有关，纤芯照明光甚至可用白光源。

用于包层照明光源的谱宽应不大于100 nm，包层照明光的波长不能引起芯层图像的散焦。

C.2.3　注入条件

光注入装置应能在空间上和角度上对光纤均匀满注入；在光纤输出端，应对包层均匀照明。

C.2.4　光纤固定和定位装置

应采用诸如真空吸盘之类的稳定的固定装置固定光纤输入端和输出端。该固定装置应和定位装置在一起，以便使光纤输入端和输出端能在输入光束和照明包层的光束中精确地对中。

C.2.5　包层模剥除器

应采用包层模剥除器移去包层中传输的光功率。当光纤预涂覆层折射率高于包层折射率或只测量包层几何参数时，则不需要包层模剥除器。

C.2.6　放大光学装置

应采用一合适放大光学装置放大试样输出近场图像，以便能对放大图像进行扫描。透镜数值孔径也就是光学分辨能力应与所要求的测量精度相适应，且不低于0.3。应对装置放大倍数进行校准，装置放大倍数应与所希望的空间分辨率相适应。

采用灰度法时，应选择放大光学装置的放大倍数，使得摄像机的电荷耦合器件阵列被包层图像接近充满。

C.2.7　光检测器

采用灰度法时，应采用电荷耦合器件摄像机探测放大的输出近场图像并将其送到视频显示器。视频数字转换器将图像数字化，以便计算机分析。光检测系统应是足够线性的，校准后测量的不确定性不超过所要求的指标。

采用近场扫描法时，应采用能对光纤近场图聚焦像进行扫描并提供场强和位置信息的装置，例如一个用步进马达驱动的单个检测器（如一针孔）或者一个已知基元大小和间隔的视频阵列检测器，检测器在所接收的光强范围内应是线性的。

摄像机像元尺寸或视频阵列检测器基元（或针孔）尺寸相对于放大的近场图像应足够小，即：

$$d \leqslant \frac{1.22M\lambda}{4NA} \quad \cdots\cdots（C.1）$$

式中：

d——摄像机像元尺寸或视频阵列检测器基元(或针孔)尺寸，单位为微米(μm)；

M——光学系统的近似放大倍数；

λ——最低的测量波长，单位为微米(μm)；

NA——测量A类光纤芯直径时被试光纤数值孔径，或测量包层直径时物镜数值孔径。

C.2.8 视频图像显示器(灰度法)

应采用视频图像显示器显示图像。操作人员借助显示器屏上的图标(例如十字游标)将被测试样图像置于中心。可采用计算机控制的对准和/或聚焦装置。

C.2.9 数据采集和处理系统

采用灰度法时，可采用计算机进行数据采集和计算。打印机提供测量信息和测量结果硬拷贝。

采用近场扫描法时，应提供一种装置来记录作为位置函数的近场光强。可以是 x-y 记录仪、数字处理器或其他的合适装置。

C.3 试样

试样端面应清洁、光滑并垂直于光纤轴。测量包层时，端面倾斜角应小于1°。端面损伤应受控制，使对测量精度的影响最小。对于A1、A2、A3和A4类多模光纤，试样长度应为2 m±0.2 m；对B类单模光纤，试样长度不受限制。应注意避免光纤的小弯曲。

C.4 程序

C.4.1 装置校准

对已知具有合适精度尺寸的试样进行扫描测定放大光学装置的放大率。

C.4.2 测量

C.4.2.1 灰度法

使用光纤夹具将试样定位在输入端，使之达到规定的注入条件。对输出端近场图聚焦并定位在显示器的中心。应根据试验装置要求，调节输入端纤芯照明强度和输出端包层照明强度。

应对数字化的试样输出近场图像的数据平均并记录。

C.4.2.2 近场扫描法

使用光纤夹具将试样定位在输入端，使达到规定的注入条件。调节试样输出端使得能扫描放大的图像。扫描近场图像，记录光纤输出端面上作为位置函数的近场强度。

C.4.3 定位基准

在近场图中确定芯层和包层边界的方法如下：

C.4.3.1 芯层边界(多模光纤)或近场边界(单模光纤)

确定A类光纤芯区边界的方法见3.3。

对于B类光纤，是3.2规定的近场剖面边界。

C.4.3.2 包层边界

可以使用不同的方法确定包层边界，例如可采用最佳拟合圆(或椭圆)的办法。

C.5 计算

C.5.1 灰度法

C.5.1.1 概述

应采用合适的拟合方法，将纤芯边界和包层边界的原始测量数据拟合成平滑的、与数学上最为接近的形状(如椭圆)，来最佳估计实际的边界，然后将此形状进一步拟合成一个圆，以便计算实际形状同理想圆形的偏差。

C.5.1.2 可确定的几何参数

可确定的几何参数如下：

纤芯半径	R_{co}(μm)
纤芯中心	X_{co},Y_{co}(μm)
纤芯边界离纤芯中心的最小距离	$R_{min\ co}$(μm)
纤芯边界离纤芯中心的最大距离	$R_{max\ co}$(μm)
纤芯直径	$2R_{co}$(μm)
纤芯不圆度	$100(R_{max\ co}-R_{min\ co})/R_{co}$(%)
包层半径	R_{cl}(μm)
包层中心	X_{cl},Y_{cl}(μm)
包层边界离包层中心的最小距离	$R_{min\ cl}$(μm)
包层边界离包层中心的最大距离	$R_{max\ cl}$(μm)
包层直径	$2R_{cl}$(μm)
包层不圆度	$100(R_{max\ cl}-R_{min\ cl})/R_{cl}$(%)
纤芯/包层同心度误差	$(X_{cl}-X_{co})^2+(Y_{cl}-Y_{co})^2]^{1/2}$(μm)

要求用平滑的、数学上最接近的曲线形状代表实际的边界，以便使曲线上大于或等于椭圆形状的波动能被真实地反映出来。对于非椭圆的边界形状，可以在粗略地估算形中心后以极坐标形式表示原始测量数据，再将这些数据拟合成以半径对角度位置的曲线函数。

在拟合成数学模型时，有效地过滤或剔除由于端面切割不好造成的离散数据将改进拟合的效果。曲线、试验装置、切割方法和过滤方法的选择对包层参数测量精度的影响是相互作用的。

可按以下形状进行曲线拟合，实际选用何种拟合形状取决于仪器原有的功能。

C.5.1.3 椭圆拟合

用最小二乘法将 x、y 数据对拟合成椭圆曲线，拟合时可以采用有效地过滤叠代过程。

C.5.1.4 圆的三次样条函数拟合

在极坐标系统中，将曲线横坐标分成等间隔的区间，被分割的曲线段分别以单独的三次方程式表达，要求在各分界点上(包括 0°和 360°)每一个三次函数式的一阶导数和二阶导数的值相等。间隔数应不少于 5 个，对于椭圆来说，应使用 12 个间隔。

C.5.2 近场扫描法

C.5.2.1 概述

应将测得的输出近场图光强幅度归一化，并作出归一化光强与光纤输出端面上有效扫描位置的函数曲线。可采用下面两种方法计算纤芯直径：

注：由于纤芯不圆度的影响，本方法确定的纤芯直径与灰度法确定的纤芯直径可能有偏差。

C.5.2.2 方法一：不采用曲线拟合

见图 C.1，直接从测得的光强曲线上用 3.3 定义的 k 因子确定纤芯直径。

C.5.2.3 方法二：采用曲线拟合

在归一化光强曲线图上，将 10%至 80%之间的点用最小二乘方法拟合成下面的表示式：

$$I(r)/I(0)=1-(r/a)^g \qquad \cdots\cdots(C.2)$$

式中：

a——纤芯半径；

g——形状因子。

拟合变量包括 a、$I(0)$ 和 g。应选择合适的曲线拟合算法，使结果基本不受拟合算法具体细节的影响。

在拟合曲线上，$I(r)=0$ 的两点之间的距离 $2a$ 就是纤芯直径。见图 C.2。

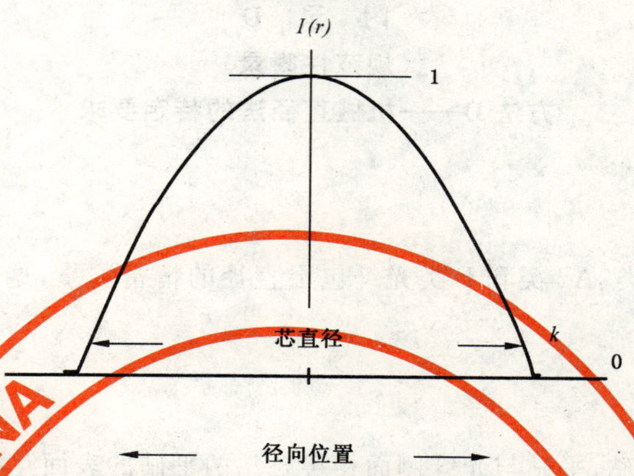

图 C.1　近场扫描法芯直径剖面——方法一

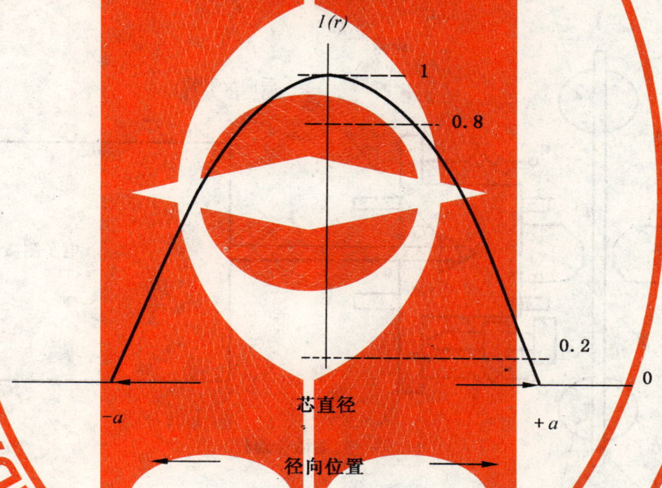

图 C.2　近场扫描法芯直径剖面——方法二

图 C.3　芯层—包层边界上的近场光强分布

C.6　结果

除了第 9 章中结果报告应包括的内容外，根据规范要求在报告中也应包括下列内容：

——探测器类型和孔径大小(仅对近场扫描法)；

——近场扫描技术细节和估计的分辨率(仅对近场扫描法)。

附 录 D
（规范性附录）
方法 D——机械直径法的特定要求

D.1 概述

机械直径法适用于 A1 类、A2 类和 B 类光纤包层直径的精密测量，这一方法用来向工厂提供作为标准参考物的校准光纤样品。

D.2 装置

采用两个表面很平的平砧，平砧与光纤侧面相接触。两平砧的表面互相平行，平砧与光纤的接触力应足够小，以保证平砧对光纤不产生物理变形。

试验装置如图 D.1 所示。

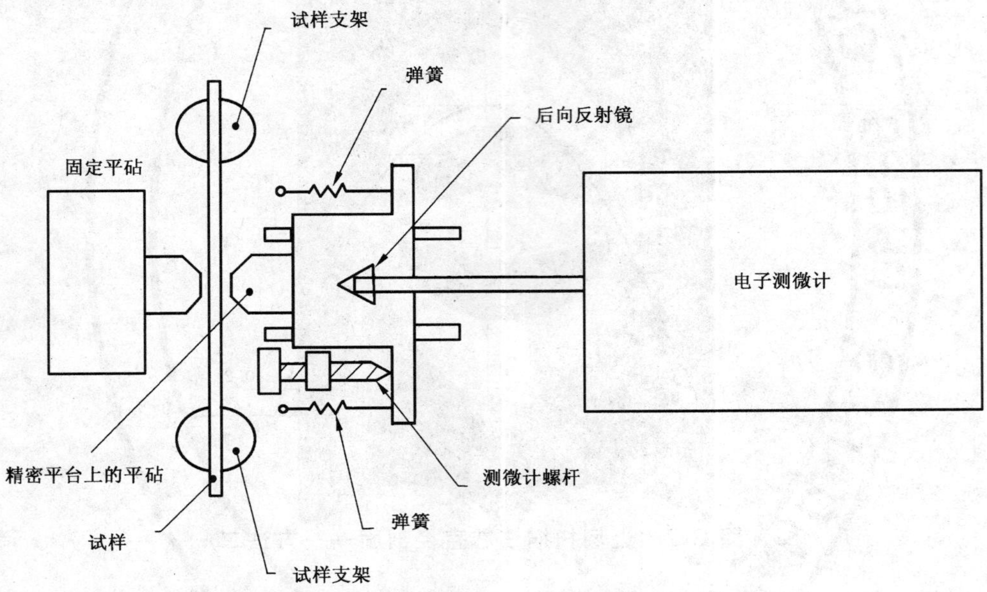

图 D.1 典型的电子测微计系统（顶视图）

D.2.1 平砧

采用两个平砧，一个固定，另一个可移动。可移动平砧安装在精密控制器上或者可以自由移动。通过弹簧（或由悬挂重物产生拉力、或采用其他类似手段）将可移动平砧贴紧固定平砧（或光纤）。

D.2.2 电子测微计系统

应采用像双通路迈克尔逊干涉仪这样的电子测微计系统，它与后向反射器或平面镜一起用于精确测量平台的移动，即可移动平砧的移动。

D.2.3 试样支架

支架将试样支撑在两平砧面之间。短试样可从套圈（或 V 型夹具及其他类型固定器）中伸出。

D.3 试样

试样可以是任意长度，也可以是产品规范中规定的试样长度。

测量包层直径时，应完全地除去涂覆层和缓冲层。

由于测量过程与试样端面无关,因此,对试样端面不作要求。

D.4 程序

D.4.1 测量原理

在试样的对侧用两个平砧与试样相接触,接触力应为可调。测量时,应将平砧表面和试样表面的接触力调到足够小,使得试样或平砧产生的变形可以忽略。所要求的平砧与试样的接触力取决于试样和平砧的材料,接触力大小应由用户和厂家商定。

用电子测微计精确地测量两平砧的间隙。如果变形不能被忽略,则应对测量结果作出修正。

D.4.2 测量

清洁平砧表面,转动测微计螺杆使两平砧表面相接触。将测微计螺杆转过头一点,使两个平砧仅靠弹簧张力贴在一起,记录电子测微计读数 L_1。

然后调节测微计,使平砧表面之间的间隙大于试样直径。将试样置于两平砧之间的支架上,缓缓转动螺杆使平砧表面接触光纤,将测微计螺杆转过头一点,使平砧仅靠弹簧张力夹住光纤,记录电子测微计读数 L_2。

试样直径就是(L_2-L_1)。如果变形不能忽略,该值还应加上修正值。为保证测量的重复性,应重复测量几次。

D.5 计算

记录一系列测量结果的平均值和标准偏差,以便能提供测量结果的重复性。

为确定试样的不圆度,应转动试样进行一系列测量。

D.6 结果

除了第 9 章中结果报告应包括的内容外,根据规范要求在报告中也应包括下列内容:

——试验装置描述,包括平砧材料和接触力大小;

——如需要,可提供修正系数。

ICS 33.180.10
M 33

中华人民共和国国家标准

GB/T 15972.21—2008
部分代替 GB/T 15972.2—1998

光纤试验方法规范 第21部分:尺寸参数的测量方法和试验程序——涂覆层几何参数

Specifications for optical fibre test methods—Part 21:Measurement methods and test procedures for dimensions—Coating geometry

(IEC 60793-1-21:2001,Optical fibres—Part 1-21:Measurement methods and test procedures—Coating geometry,MOD)

2008-03-31 发布 2008-11-01 实施

中华人民共和国国家质量监督检验检疫总局
中国国家标准化管理委员会 发布

前言

GB/T 15972《光纤试验方法规范》由若干部分组成，其预期结构及对应的国际标准和将代替的国家标准为：

——第 10 部分～第 19 部分：测量方法和试验程序总则（对应 IEC 60793-1-10 至 IEC 60793-1-19；代替 GB/T 15972.1—1998）；

——第 20 部分～第 29 部分：尺寸参数的测量方法和试验程序（对应 IEC 60793-1-20 至 IEC 60793-1-29；代替 GB/T 15972.2—1998）；

——第 30 部分～第 39 部分：机械性能的测量方法和试验程序（对应 IEC 60793-1-30 至 IEC 60793-1-39；代替 GB/T 15972.3—1998）；

——第 40 部分～第 49 部分：传输特性和光学特性的测量方法和试验程序（对应 IEC 60793-1-40 至 IEC 60793-1-49；代替 GB/T 15972.4—1998）；

——第 50 部分～第 59 部分：环境性能的测量方法和试验程序（对应 IEC 60793-1-50 至 IEC 60793-1-59；代替 GB/T 15972.5—1998）。

其中 GB/T 15972.2×由以下部分组成：

——第 20 部分：尺寸参数的测量方法和试验程序——光纤几何参数；

——第 21 部分：尺寸参数的测量方法和试验程序——涂覆层几何参数；

——第 22 部分：尺寸参数的测量方法和试验程序——长度。

本部分为 GB/T 15972 的第 21 部分。本部分修改采用国际电工技术委员会标准 IEC 60793-1-21：2001《光纤　第 1-21 部分：测量方法和试验程序——涂覆层几何参数》。

本部分与 IEC 60793-1-21：2001 主要差异如下：

——按照我国标准的编排格式和表述要求，对一些内容安排做了调整，删除了 IEC 版本的第 5 章，将其内容和第 1 章某些内容放在本部分第 4 章；将第 10 章和第 11 章合并作为本部分第 9 章；

——纠正了某些不恰当的叙述。

本部分代替 GB/T 15972.2—1998《光纤总规范　第 2 部分：尺寸参数试验方法》第 7 章、第 8 章。

本部分与 GB/T 15972.2—1998 第 7 章、第 8 章相比主要变化如下：

——原正文中的两种试验方法详细描述分别用附录 A 和附录 B 的形式给出（1998 年版的第 7 章、第 8 章；本版的附录 A、附录 B）；

——规定了方法 A 为基准试验方法（见本版的第 4 章）；

——规定了方法 B 也适用于 A3 类、A4 类多模光纤（见本版的表 1）。

本部分的附录 A、附录 B 为规范性附录。

本部分由中华人民共和国信息产业部提出。

本部分由中国通信标准化协会归口。

本部分起草单位：武汉邮电科学研究院。

本部分主要起草人：程淑玲、陈永诗、刘泽恒、吴金良。

本部分为第一次修订，它与 GB/T 15972.2×其他部分一起代替 GB/T 15972.2—1998。

光纤试验方法规范 第21部分:尺寸参数的测量方法和试验程序——涂覆层几何参数

1 范围

GB/T 15972 的本部分规定了测量光纤预涂覆层几何参数的试验方法,确立了测量的统一试验程序和技术要求。

本部分适用于对 A 类多模光纤和 B 类单模光纤的测量和成品光纤光缆的商业性检验。

2 规范性引用文件

下列文件中的条款通过 GB/T 15972 的本部分的引用而成为本部分的条款。凡是注日期的引用文件,其随后所有的修改单(不包括勘误的内容)或修订版均不适用于本部分,然而,鼓励根据本部分达成协议的各方研究是否可使用这些文件的最新版本。凡是不注日期的引用文件,其最新版本适用于本部分。

GB/T 15972.10—2008 光纤试验方法规范 第10部分:测量方法和试验程序——总则(IEC 60973-1-1:2002,Optical fibres—Part 1-1: Measurement methods and test procedures—General and guidance,MOD)

GB/T 15972.20—2008 光纤试验方法规范 第20部分:尺寸参数测量方法和试验程序——光纤几何参数(IEC 60793-1-20:2001,Optical fibres—Part 1-20: Measurement methods and test procedures—Fiber geometry,MOD)

3 术语和定义

下列术语和定义适用于本部分。

3.1

预涂覆层 primary coating

在光纤拉制时或拉制后在光纤包层表面涂覆单/多层起保护作用的涂覆材料,为光纤提供所需的最小保护(例如 250 μm 保护层)。

3.2

二次涂覆层或“缓冲”涂覆层 secondary or “buffer” coating

在单/多层预涂覆的光纤上再施加单/多层涂覆材料,为光纤提供额外要求的保护,或使预涂覆光纤集合在一起形成一种特殊的结构(如 900 μm 缓冲层、紧套层或光纤带)。

4 测量方法概述

光纤涂覆层几何参数是光纤的基本参数,在进行光纤熔接、连接、成缆和测量等后续工序时需要预知光纤的涂覆层几何特性。

本部分给出了测量光纤涂覆层几何参数的两种试验方法,两种试验方法及其适用范围如表1所列。

表 1 光纤涂覆层几何特性试验方法

试验方法	适用光纤类型	适用的参数	1998 版本方法称谓
方法 A:侧视法 (见附录 A)	所有光纤	涂覆层直径 涂覆层不圆度 涂覆层/包层同心度误差	GB/T 15972-A3
方法 B:机械法 (见附录 B)	所有光纤	涂覆层直径 涂覆层不圆度	GB/T 15972-A4
注 1:为了计算涂覆层的某些几何参数,也宜采用方法 A 测出光纤的包层直径,由于该试验方法的测量精度相对较低,得到的包层直径值不能作为用 GB/T 15972.20—2008 中已有基准试验方法测量结果的替代值。 注 2:对 A4 类光纤不定义涂覆层/包层同心度误差。			

方法 A 是测量光纤涂覆层几何特性的基准试验方法(RTM),用作仲裁试验。

5 装置

在附录 A 和附录 B 中分别提供了方法 A 和方法 B 的装置图和对其他设备相应的要求。

6 试样和试样制备

6.1 试样长度

试样应该是一短段光纤或按产品规范中规定的长度。

6.2 试样端面

由于测量过程与试样端面无关,因此,对试样端面不需严格要求。

7 程序

测量应在 GB/T 15972.10—2008 规定的标准大气测量和试验条件下进行。对于方法 A 和方法 B 分别见附录 A 和附录 B 中的程序要求。

8 计算

对于方法 A 和方法 B 分别见附录 A 和附录 B 中的计算方法。

9 结果

9.1 测量结果报告应包括下列内容:

——试验名称;
——试样识别号;
——试验结果(见相应附录);
——试验日期和操作人员。

9.2 根据要求报告中也可包括下列内容:

——所用试验方法;
——试样长度;
——被测光纤类型;
——失效或合格判据;
——环境温度和相对湿度;
——仪器装置说明;
——试验装置最近校准日期。

附 录 A
（规范性附录）
方法 A——侧视光分布法的特定要求

A.1 装置

该装置可以由一个光学显微镜或一个激光器测量仪组成。

A.1.1 包含光学显微镜的装置

图 A.1 是一个典型的由光学显微镜组成的试验装置示意图。

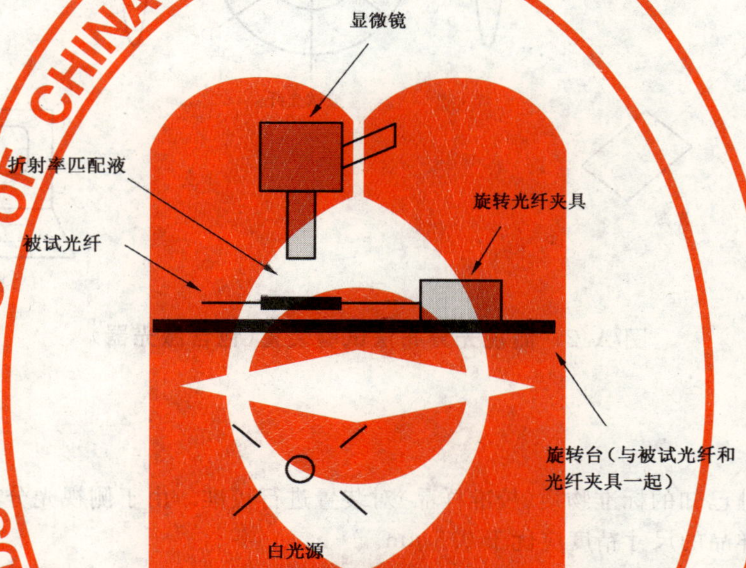

图 A.1 侧视光分布法试验装置（包含光学显微镜）

A.1.1.1 物镜

采用一个高质量显微物镜，用透射光照明。

A.1.1.2 光纤支持架

被试光纤应置于显微镜焦平面上，光纤轴与物镜光轴垂直。试样应放在用透明材料制作的盒子里，并浸入合适的折射率匹配液中。为定位试样，使它与标尺平行，盒子（如必要）应固定在旋转平台上。应用夹具固定整个盒子或盒中的光纤，使能旋转至少 180°；并能够在足够多的位置上固定，以便测量涂覆层尺寸参数。当光纤从一个位置旋转至另一个位置时，机械公差应非常小，使得需要的重复定位和重复聚焦次数最少。

A.1.1.3 图像观察仪

可以直接用十字准线目镜观察图像（观察法），或者采用电荷耦合器件摄像机将图像显示在显示器上（摄像机法）。采用观察法时，系统典型放大倍数是 100～200；采用摄像机法时，图像直接送到电荷耦合器件摄像机，典型放大倍数是 20。采用观察法时，光纤图像尺寸参数是通过十字准线目镜确定；采用摄像机法时，光纤图像尺寸参数是通过在显示器上用电子标尺对图像定位确定，或者是通过计算机对储存图像进行数据分析确定。

A.1.2 包含激光测量仪的装置

图 A.2 是一个典型的由激光测量仪组成的试验装置示意图。

A.1.2.1 一般元件

装置应由一个合适工作波长(例如 633 nm)的激光光源、一个扫描器件和一个检测器组成。如必要,可采用透镜系统将光束对准试样。

A.1.2.2 光纤支持架

应用合适的可旋转光纤夹具固定试样,光纤轴与装置光轴垂直。试样应能旋转至少 180°,并能够在足够多的位置上固定,以便测量涂覆层的尺寸参数。

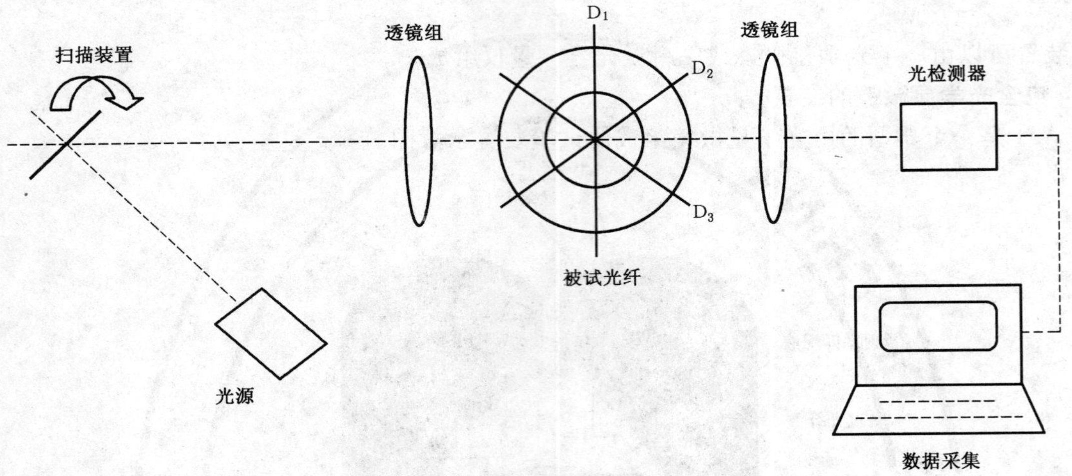

图 A.2 侧视光分布法试验装置(包含激光器)

A.2 程序

A.2.1 装置校准

应通过测量尺寸已知的标准物质(校准样品)对装置进行校准。由于侧视光分布法的测量精度的典型值为 1 μm,校准样品的尺寸精度应优于 0.5 μm。

A.2.2 图像分析

通过光纤图像的分析确定对应不同旋转角度的涂覆层尺寸。采用如图 A.2 所示装置,尺寸参数可通过测量激光光束透过光纤的偏转函数获得。

A.2.3 数据分析

数据采集后,有两种数据分析的方法:平面分析和椭圆拟合分析。

A.2.3.1 平面分析

采用合适的光纤夹具旋转试样,测出最大直径和最小直径。为找出图像最大时和最小时的角度位置,需旋转试样,测量出在不同角度位置上的包层直径、涂覆层厚度和涂覆层直径,计算出涂覆层直径最大值(A)和最小值(B)。

A.2.3.2 椭圆拟合分析

为获得涂覆层外径的数据,对光纤的放大侧视图像进行分析。只要有足够可利用的数据点,就可将涂覆层数据按最小二乘法拟合成一个椭圆,确定椭圆的长轴(A)和短轴(B)。

A.3 计算

A.3.1 对于平面分析

A.3.1.1 涂覆层直径(μm): $\frac{A+B}{2}$

A.3.1.2 涂覆层不圆度(%): $\frac{A-B}{\text{涂覆层直径}}\times 100$

A.3.1.3 厚度比(%)：$\frac{\delta_{min}}{\delta_{max}}\times 100$

式中：

A 和 B——分别是最大和最小直径，单位为微米(μm)；

δ_{min} 和 δ_{max}——分别是最小和最大涂覆层厚度，单位为微米(μm)。

A.3.2 对于椭圆拟合分析

A.3.2.1 涂覆层直径(μm)：$\frac{A+B}{2}$

A.3.2.2 涂覆层不圆度(%)：$\frac{A-B}{\text{涂覆层直径}}\times 100$

A.3.2.3 涂覆层/包层同心度误差(μm)：$[(X_{pc}-X_{cl})^2+(Y_{pc}-Y_{cl})^2]^{1/2}$

式中：

A 和 B——分别是最佳拟合椭圆的长轴和短轴，单位为微米(μm)；

X_{pc} 和 Y_{pc}——是涂覆层中心的坐标，单位为微米(μm)；

X_{cl} 和 Y_{cl}——是包层中心的坐标，单位为微米(μm)。

附 录 B
（规范性附录）
方法 B——机械法的特定要求

B.1 装置

采用两个表面很平的平砧，平砧与光纤侧面相接触。两平砧的表面互相平行，平砧与光纤涂覆层或缓冲层的接触力应足够小，以保证平砧对光纤涂覆层和/或缓冲层不产生物理变形。如果平砧表面不平坦，或者平砧对光纤涂覆层或缓冲层产生变形，则应对测量结果作出修正。

试验装置如图 B.1 所示。

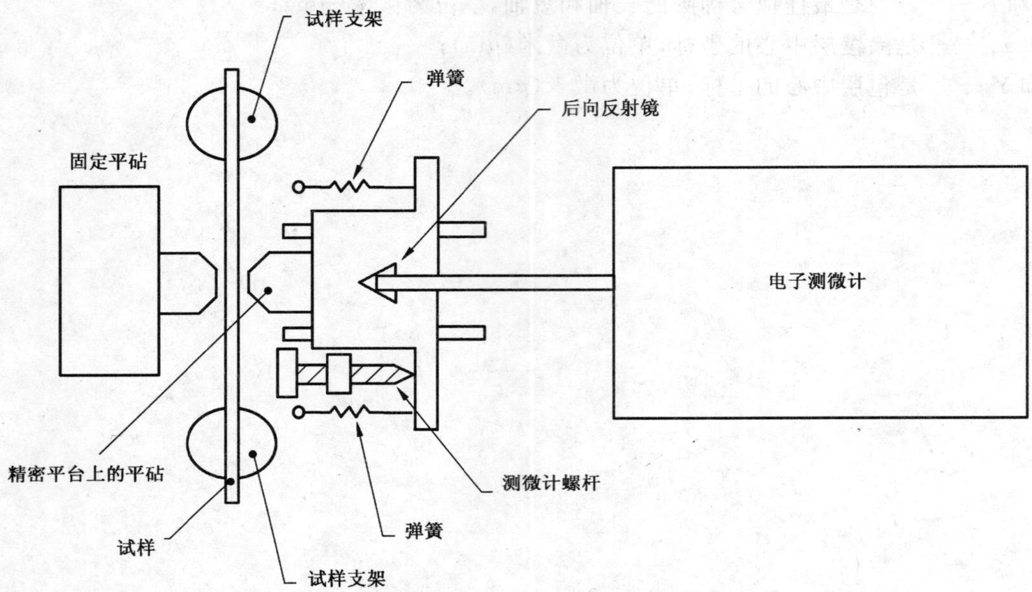

图 B.1　典型的电子测微计系统（顶视图）

B.1.1 平砧

采用两个平砧，一个固定，另一个可移动。可移动平砧安装在精密控制器上或者可以自由移动。通过弹簧（或由悬挂重物产生拉力、或采用其他类似手段）将可移动平砧贴紧固定平砧（或光纤）。

B.1.2 电子测微计系统

应采用象双通路迈克尔逊干涉仪这样的电子测微计系统。它与后向反射器或平面镜一起用于精确测量平台的移动，即可移动平砧的移动。

B.1.3 试样支架

支架将试样支撑在两平砧面之间。短试样可从套圈（或 V 型夹具及其他类型固定器）中伸出。

B.2 程序

B.2.1 测量原理

在试样的对侧用两个平砧与试样相接触，接触力应为可调。测量时，应将平砧表面和试样表面的接触力调到足够小，使得试样或平砧产生的变形可以忽略。所要求的平砧与试样的接触力取决于试样和平砧的材料，接触力大小应在用户和厂家之间达成协议。

用电子测微计精确地测量两平砧的间隙。如果变形不能被忽略，则应对测量结果作出修正。

B.2.2 测量

清洁平砧表面，转动测微计螺杆使两平砧表面相接触。将测微计螺杆转过头一点，使两个平砧仅靠弹簧张力贴在一起。记录电子测微计读数 L_1。

然后调节测微计，使平砧表面之间的间隙大于试样直径，确认试样表面清洁并保证试样对于被测光纤来说具有代表性。将试样置于两平砧之间的支架上。缓缓转动螺杆使平砧表面接触光纤，将测微计螺杆转过头一点，使平砧仅靠弹簧张力夹住光纤。记录电子测微计读数 L_2。

(L_2-L_1)加上补偿压缩影响的修正值就是试样直径，转动试样进行一系列测量就可确定试样的不圆度。

B.3 计算

记录涂覆层或缓冲层的一系列测量结果的平均值。

涂覆层不圆度(%)是外径最大值和最小值之差除以平均值再乘以 100。

B.4 结果

除了第 9 章中结果报告应包括的内容外，根据规范要求还应给出下列内容：

——试验装置描述，包括平砧材料和接触力大小；

——如需要，可提供修正系数。

ICS 33.180.10
M 33

中华人民共和国国家标准

GB/T 15972.22—2008
部分代替 GB/T 15972.2—1998

光纤试验方法规范 第 22 部分：尺寸参数的测量方法和试验程序——长度

Specifications for optical fibre test methods—Part 22: Measurement methods and test procedures for dimensions—Length measurement

(IEC 60793-1-22:2001, Optical fibres—Part 1-22: Measurement methods and test procedures—Length measurement, MOD)

2008-03-31 发布　　　　2008-11-01 实施

中华人民共和国国家质量监督检验检疫总局
中国国家标准化管理委员会　发布

前　言

GB/T 15972《光纤试验方法规范》由若干部分组成，其预期结构及对应的国际标准和将代替的国家标准为：

——第10部分～第19部分：测量方法和试验程序总则(对应IEC 60793-1-10至IEC 60793-1-19；代替GB/T 15972.1—1998)；

——第20部分～第29部分：尺寸参数的测量方法和试验程序(对应IEC 60793-1-20至IEC 60793-1-29；代替GB/T 15972.2—1998)；

——第30部分～第39部分：机械性能的测量方法和试验程序(对应IEC 60793-1-30至IEC 60793-1-39；代替GB/T 15972.3—1998)；

——第40部分～第49部分：传输特性和光学特性的测量方法和试验程序(对应IEC 60793-1-40至IEC 60793-1-49；代替GB/T 15972.4—1998)；

——第50部分～第59部分：环境性能的测量方法和试验程序(对应IEC 60793-1-50至IEC 60793-1-59；代替GB/T 15972.5—1998)。

其中GB/T 15972.2×由以下部分组成：

——第20部分：尺寸参数的测量方法和试验程序——光纤几何参数；

——第21部分：尺寸参数的测量方法和试验程序——涂覆层几何参数；

——第22部分：尺寸参数的测量方法和试验程序——长度。

本部分为GB/T 15972的第22部分。本部分修改采用国际电工技术委员会标准IEC 60793-1-22：2001《光纤　第1-22部分：测量方法和试验程序——长度》。

本部分与IEC 60793-1-22：2001主要差异如下：

——按照我国标准的编排格式和表述要求，对一些内容安排做了调整，将IEC版本第1章某些内容放在本部分第3章；将第8章和第9章合并作为本部分第8章；

——纠正了某些不恰当的叙述。

本部分代替GB/T 15972.2—1998《光纤总规范　第2部分：尺寸参数试验方法》的第9章、第10章和第11章。

本部分与GB/T 15972.2—1998第9章、第10章和第11章相比主要变化如下：

——GB/T 15972.2—1998中只规定了三种试验方法，本部分规定了五种试验方法，增加了后向散射法和相移法，同时对机械法规定了具体内容(1998年版的第9章、第10章、第11章；本版的附录A、附录B、附录C、附录D、附录E)；

——规定了未成缆光纤和缆中光纤长度的基准试验方法(见本版的第3章)；

——时延测量法中，增加了图A.3(见本版的附录A)；

——对每一种试验方法的规定要求分别用附录的形式给出(见本版的附录A、附录B、附录C、附录D、附录E)。

本部分的附录A、附录B、附录C、附录D和附录E为规范性附录。

本部分由中华人民共和国信息产业部提出。

本部分由中国通信标准化协会归口。

本部分起草单位：武汉邮电科学研究院。

本部分主要起草人：程淑玲、陈永诗、刘泽恒、吴金良。

本部分为第一次修订，它与GB/T 15972.2×其他部分一起代替GB/T 15972.2—1998。

光纤试验方法规范
第22部分:尺寸参数的测量方法和试验程序——长度

1 范围

GB/T 15972的本部分规定了光纤长度和光纤伸长量(通常对光缆而言)的试验方法,确立了测量的统一试验程序和技术要求。

本部分适用于对A类多模光纤和B类单模光纤的测量和成品光纤光缆的商业性检验。

2 规范性引用文件

下列文件中的条款通过GB/T 15972的本部分的引用而成为本部分的条款。凡是注日期的引用文件,其随后所有的修改单(不包括勘误的内容)或修订版均不适用于本部分,然而,鼓励根据本部分达成协议的各方研究是否可使用这些文件的最新版本。凡是不注日期的引用文件,其最新版本适用于本部分。

GB/T 15972.10—2008 光纤试验方法规范 第10部分:测量方法和试验程序——总则(IEC 60793-1-1:2002,Optical fibres—Part 1-1: Measurement methods and test procedures—General and guidance,MOD)

GB/T 15972.40—2008 光纤试验方法规范 第40部分:传输特性和光学特性的测量方法和试验程序——衰减(IEC 60793-1-40:2001,Optical fibres—Part 1-40: Measurement methods and test procedures—Attenuation,MOD)

GB/T 15972.42—2008 光纤试验方法规范 第42部分:传输特性和光学特性的测量方法和试验程序——波长色散(IEC 60793-1-42:2001,Optical fibres—Part 1-42: Measurement methods and test procedures—Chromatic dispersion,MOD)

3 测量方法概述

光纤长度是光纤最基本的参数之一,在计算光纤的传输特性,如衰减和带宽时需预知光纤长度。

本部分给出了测量光纤长度的五种试验方法,五种试验方法及其适用范围如表1所列。

表1 光纤长度试验方法

试验方法	适用光纤类型	适用的参数	1998年版本方法称谓
方法A:时延测量法(见附录A)	A1类和所有B类光纤	长度	GB/T 15972-A6
方法B:后向散射法(见附录B)	A1类和所有B类光纤	长度	GB/T 15972-C1C
方法C:光纤伸长量测量(见附录C)	A1类和所有B类光纤	伸长量	GB/T 15972-A7
方法D:机械法(见附录D)	所有光纤	长度	GB/T 15972-A5
方法E:相移法(见附录E)	A1类和所有B类光纤	长度	GB/T 15972-C5A

注1:方法C对光纤伸长量的测量是光纤光缆几种测量方法之一。

注2:方法C完全适用于B类单模光纤。对于A1类多模光纤,由于光纤中的非纵向应力等因素导致的干涉模效应会影响测量结果,将测量结果作为最终试验结果时应谨慎。本方法对于A2、A3、A4类光纤的应用正在考虑之中。

对上述五种试验方法的简要描述如下，在附录A、附录B、附录C、附录D和附录E中分别给出了对每一种试验方法更加详细的规定。

3.1 方法A：时延测量法

在光纤群折射率已知时，时延测量法通过测量光脉冲或光脉冲串的传输时间来测定光纤的长度。除此之外，当光纤长度已知时，可用此方法来测定光纤的群折射率，因此，在实际应用中，可用此方法来校准长度已知的同类光纤。

3.2 方法B：后向散射法

后向散射法是用光时域反射计在光纤的单端进行测量，利用光纤中传播的光在光纤的每一点向后回传的散射光来检测光纤的长度。

本方法是光缆中光纤长度测量的基准试验方法(RTM)。

3.3 方法C：光纤伸长量测量法

本方法规定了测量光纤伸长量的试验程序。其目的不在于测量光纤绝对应变，而是测量负荷条件变化时光纤应变的变化。

本方法是未成缆光纤和光缆中光纤长度伸长量测量的基准试验方法(RTM)。

3.4 方法D：机械法

本方法通过将光纤缠绕在经校准了芯轴直径的旋转轮上，根据轮的旋转次数来测定光纤长度。

本方法是未成缆光纤长度测量的基准试验方法(RTM)。

3.5 方法E：相移法

本方法规定了测量光纤长度的试验程序，是用光纤在预定的调制频率 f_{max} 下产生的相位移动量来测定光纤长度。

4 装置

在附录A、附录B、附录C、附录D和附录E中分别给出了方法A、方法B、方法C、方法D和方法E的每一种试验方法的装置示意图和对试验仪器的其他要求。

5 试样和试样制备

基于时延测量时，要求试样的输入端面和输出端面平整、光滑，输出端面与光纤轴应有很好的垂直度。在附录A、附录B、附录C、附录D和附录E中分别给出了每一种试验方法对试样特定的要求。

6 程序

测量应在GB/T 15972.10—2008规定的标准大气测量和试验条件下进行。在附录A、附录B、附录C、附录D和附录E中分别给出了对每一种试验方法规定的要求。

7 计算

在附录A、附录B、附录C、附录D和附录E中分别给出了对每一种试验方法规定的要求。

8 结果

8.1 测量结果报告应包括下列内容：

——试验名称；

——试样类型(光纤或光缆)和试样识别号；

——试样长度或伸长量；

——试验日期和操作人员。

8.2 报告中也可包括下列内容：

——所用试验方法：A、B、C、D或E；

——光源类型和波长；

——光注入条件；

——计算方法；

——失效或合格判据；

——试验装置最近校准日期。

附　录　A
（规范性附录）
方法 A——时延测量法的特定要求

A.1　概述

用本方法可以测定未成缆光纤或光缆中的光纤的长度。如果试样是光缆中的光纤，可以用式(A.1)确定已知长度的试样在测量条件（如张力、温度等）下的群折射率 N。

A.2　原理

光脉冲通过长度为 L、平均群折射率为 N 的光纤的传输时延 Δt 为：

$$\Delta t = \frac{NL}{c} \qquad \cdots\cdots (A.1)$$

式中：

c——真空中的光速。

如果 N 已知，测量 Δt 可得出 L；反过来，当 L 已知，测量 Δt 可得出 N。

A.3　装置

A.3.1　两种技术

测量光脉冲传输时间有以下两种方法：

a)　测量传输脉冲的延迟时间(Δt)，对应的试验装置如图 A.1 所示。

b)　测量反射脉冲的延迟时间($2\Delta t$)，对应的试验装置如图 A.2 所示。

在图 A.1 和图 A.2 所示的试验装置中，可采用后向散射装置、或含有分立的启动/停止门和有平均功能的计数器（例如至少 10^4 次计数）来代替取样示波器。

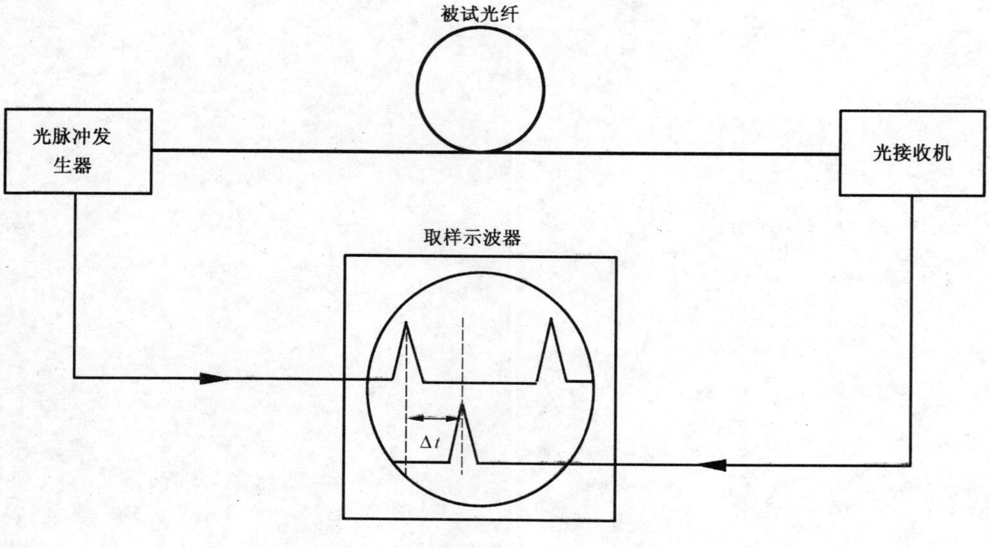

图 A.1　测量传输脉冲延迟时间的试验装置

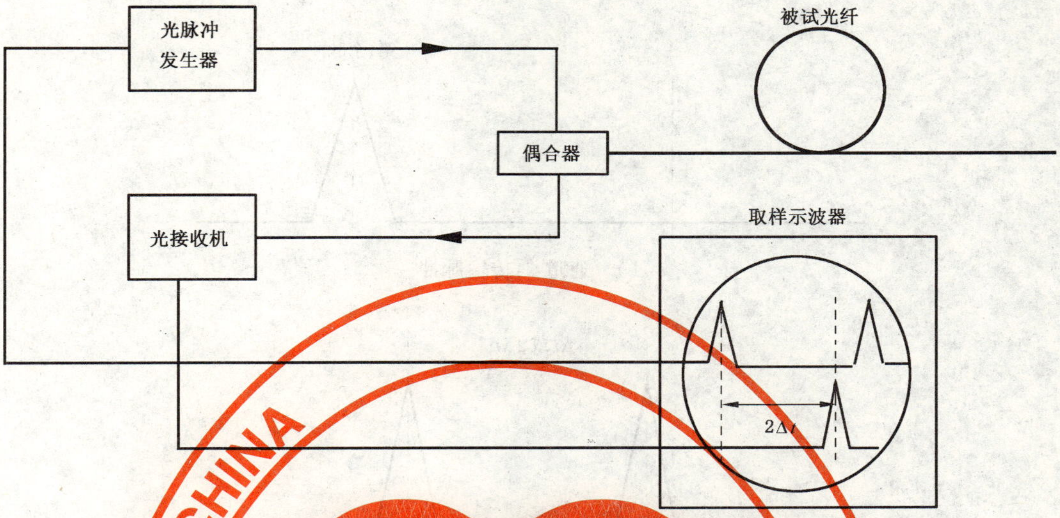

图 A.2　测量反射脉冲延迟时间的试验装置

A.3.2　光源

A.3.2.1　采用取样示波器进行测量

光脉冲发生器宜是大功率激光器，它由频率和宽度可调的电脉冲系列发生器激励。应记录波长和谱宽。

A.3.2.2　采用计数器或后向散射装置进行测量

光脉冲发生器宜是大功率激光器，它由宽度可调的电脉冲系列发生器激励。两脉冲之间的时间或大于传输脉冲的传输时间(采用计数器时为 Δt)，或大于反射脉冲的传输时间(采用后向散射装置时为 $2\Delta t$)。应记录激光器的波长和谱宽。

A.3.3　光检测器

光接收机中光检测器最好应为高速雪崩光电二极管。光检测器在测量波长上应有足够的灵敏度，并且带宽应足够宽，使得光脉冲形状不受影响。

A.4　程序

A.4.1　校准

应测量光源至注入点的延迟时间(即试验装置本身的延迟时间)。

A.4.2　平均群折射率值

对一根长度已知的光纤进行测量，测量出 Δt，计算出光纤平均群折射率值 N。

A.4.3　长度测量

长度测量值可以是示波器屏上的时域读数；也可以是电子计数器显示器上平均传输时间的读数，电子计数器应用校准值进行修正。

注：在图 A.3 中，采用双通道示波器的方法可改善测量的准确度使它与光纤实际长度无关。

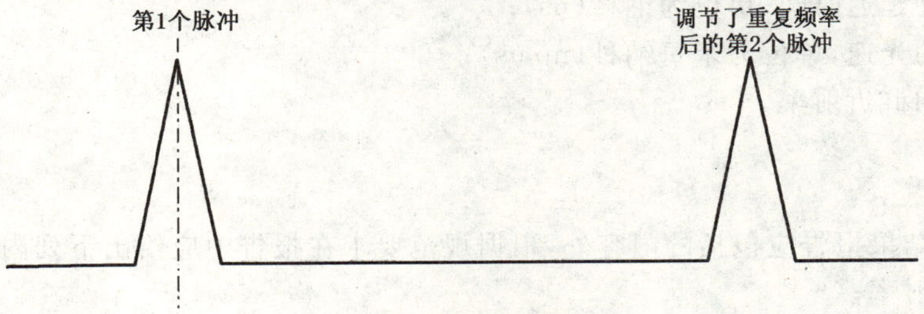

a)　通道 1：发射脉冲

图 A.3　光纤长度测量的基本原理

b) 通道 2:传输脉冲

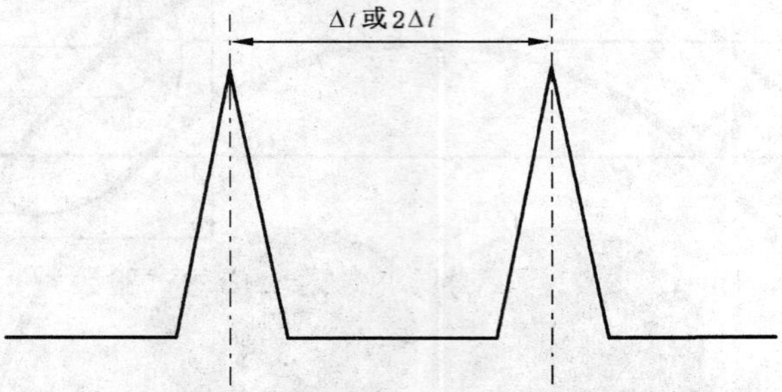

c) 调节发射光重复速率后,使通道 1 中的第 2 个发射脉冲同通道 2 中传输脉冲一致时的发射脉冲

图 A.3（续）

A.5 计算

光纤长度通过以下两个等式获得：

A.5.1 传输脉冲法

$$L = \frac{\Delta tc}{N} \qquad \text{(A.2)}$$

式中：

L——光纤长度,单位为米(m)；

Δt——传输脉冲延迟时间,单位为纳秒(ns)；

c——真空中的光速,单位为米每纳秒(m/ns)；

N——光纤平均群折射率。

A.5.2 反射脉冲法

$$L = \frac{\Delta tc}{2N} \qquad \text{(A.3)}$$

式中：

L——光纤长度,单位为米(m)；

Δt——反射脉冲延迟时间,单位为纳秒(ns)；

c——真空中的光速,单位为米每纳秒(m/ns)；

N——光纤平均群折射率。

A.6 结果

除了第 8 章中结果报告应包括的内容外,根据规范要求在报告中应给出下列内容：

——平均群折射率；

——试验装置本身的延迟时间(选项)；

——传输脉冲或反射脉冲延迟时间(选项)。

附 录 B
（规范性附录）
方法 B——后向散射法的特定要求

B.1 装置

本方法是用光时域反射计（OTDR）测定未成缆光纤或光缆中的光纤的长度。本方法使用的光时域反射计试验装置至少由以下几个部分组成，如图 B.1 所示。

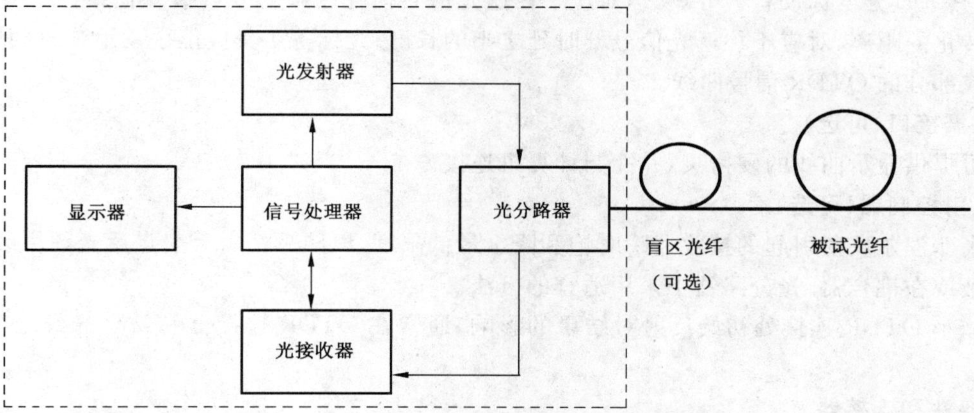

图 B.1 光时域反射计试验装置框图

B.1.1 光发射器

通常包括一个或多个脉冲激光二极管，能提供一个或多个脉冲宽度和脉冲重复频率。除非在产品规范中另有规定，每一波长的谱宽应满足下列要求。

B.1.1.1 中心波长应在规定值的 15 nm 以内。如果光源中心波长和规定波长差值大于 10 nm，应在测量结果报告中指出。

B.1.1.2 光源均方根谱宽（RMSW）应不大于 10 nm，或者光源半幅全宽（FWHM）应不大于 25 nm。

B.1.1.3 如果谱衰减模型中采用 OTDR 的数据，水峰波长区域（1 360 nm～1 430 nm）的光源谱宽应不大于 15 nm（FWHM）或 6 nm（RMSW）。实际中心波长应在规定值的 2 nm 之内。

B.1.2 注入条件

应提供某种方法将被试光纤或盲区光纤连接到仪器面板或光源尾纤上。

对于 A 类光纤，除非在产品规范中另有规定，衰减测量的注入条件应该与用截断法对于 A 类光纤要求的条件相同。

B.1.3 光分路器

耦合器/光分路器将光源输出光耦合到光纤和把后向散射光耦合到检测器。

B.1.4 光接收器

通常包括光电二极管检测器，检测器的带宽、灵敏度、线性度及动态范围应与采用的脉宽和接收信号电平相适应。

B.1.5 脉宽和脉冲重复频率

OTDR 应能提供可供选择的脉宽和脉冲重复频率（有时用测量距离控制），以兼顾后向散射测量的分辨率和测量距离的需要。对于一个高幅度的反射峰，必须将脉冲重复频率或测距范围设置为能测量从OTDR到此反射峰两倍的距离，以防止出现“鬼影”反射峰，也可使用脉冲编码技术来防止出现这一现象。

注：在选择脉宽、脉冲重复频率和光源光功率时应注意，对于短距离测量，应选用短脉宽以提供足够高的分辨率，但这又将限制测量的动态范围，影响对长光纤的测量；对于长距离测量，可以将入射的峰值功率增加到引起足够大非线性影响的功率水平之下，也可通过选用长脉宽以增加动态范围，但这又将降低测量的分辨率。

B.1.6 信号处理器

如必要，可以使用对长时间测量信号进行处理的信号平均技术提高信噪比。

B.1.7 显示器

应将显示器组合进OTDR测量仪或者作为OTDR控制器的一部分。OTDR信号应以图形的形式显示出来，其垂直分度标尺宜为分贝数，对应于往返光信号损耗之半的分贝数变化；水平分度标尺宜为用时延所转化的距离，对应于往返光信号群时延之半的长度；光标等工具应能手动地或自动地测量所显示的全部或部分的OTDR信号曲线。

B.1.8 数据接口(可选)

仪器可提供显示曲线的硬拷贝，并能与计算机连接。

B.1.9 反射控制器(可选)

为将高菲涅尔反射引起的接收器瞬时饱和降至最低限度，以减少每一反射点后光纤盲区范围，应采用电子屏蔽或在耦合器/光分路器中采用适宜的方法。

为了减小OTDR连接处初始反射对结果的影响，通常在OTDR连接器和被试光纤之间采用一段盲区光纤。

B.1.10 接头和连接器

为了对OTDR曲线的附加影响减至最小，OTDR所要求的任何接头或连接器应具有低插入损耗和低反射(高回波损耗)。

B.2 试样

试样为产品规范规定条件下的光纤盘上或缆内的一根光纤。可在工厂或现场对单段或连接起来的多段光纤进行测量。

注：应小心避免卷绕引起光纤伸长，从而对长度测量带来影响。

B.3 程序

B.3.1 三种技术

测量光纤长度有三种技术，分别用于以下三种情况：

a) 两点技术(见B.3.3.1)：在试样前有其他长度未知光纤或光缆段；

b) 单点0技术(见B.3.3.2)：在试样前没有其他光纤或光缆；

c) 单点1技术(见B.3.3.3)：在试样前使用了一段长度已知并且折射率相近的光纤。

注：在测量光缆时需注意，由于光缆结构的原因，光纤在光缆中有一定余长，不要将光缆中光纤的长度同光缆本身的长度相混淆。

B.3.2 三种技术的共有程序

B.3.2.1 光纤连接

将被试光纤连接到仪器上或盲区光纤(如采用)的一端，将盲区光纤(如采用)另一端连接到仪器上。

B.3.2.2 参数设置

精确测量光纤距离时需要预知光纤的有效群折射率，如果此值未知，则可按B.3.4中的方法确定该参数。

在仪器中输入光源波长、脉冲宽度、测距范围和信号平均方式等OTDR参数和试样的有效群折射率，这些参数中某些值可能已在仪器中预置。

B.3.2.3 曲线显示

启动OTDR进行取样，调整仪器显示的后向散射信号，使试样的曲线尽可能全屏幕显示。如需增加分辨率，应调整图形的显示刻度，并尽量放大感兴趣的图形区域（在此过程中应注意正确地区分真实的信号和噪声信号）。

B.3.3 每一种技术的特定要求

B.3.3.1 两点技术

B.3.3.1.1 将光标置于试样曲线始端光功率下降的起始点（如图B.2，此点可能较难确定），或将光标置于试样末端反射脉冲上升边缘的一点（如图B.3，此点可由厂家指定）。如果由于不连续性极小而不易确定点的位置，就在该处加一个绷紧的弯曲并改变弯曲半径以帮助光标定位。记录 Z_1 的坐标。

B.3.3.1.2 将同一光标或另一光标置于试样末端反射脉冲上升边缘的一点（同B.3.3.1.1的方法），如果由于不连续性极小而不易确定点的位置，就在该处加一个绷紧的弯曲并改变弯曲半径以帮助光标定位，如可能，切割试样远端，使那里产生反射。如果尾端落入噪声基底之下，则长度测量可能产生相当于脉冲宽度的最大误差。记录 Z_2 的坐标。

B.3.3.1.3 为提高长度测量精度，确定 Z_1 和 Z_2 点位置的方法应一致。试样长度为 $Z_2 - Z_1$。

图B.2 光纤试样（$Z_1 \sim Z_2$）的OTDR曲线——两点技术
（试样同试样前未知长度的光纤（如盲区光纤）的连接点无反射峰）

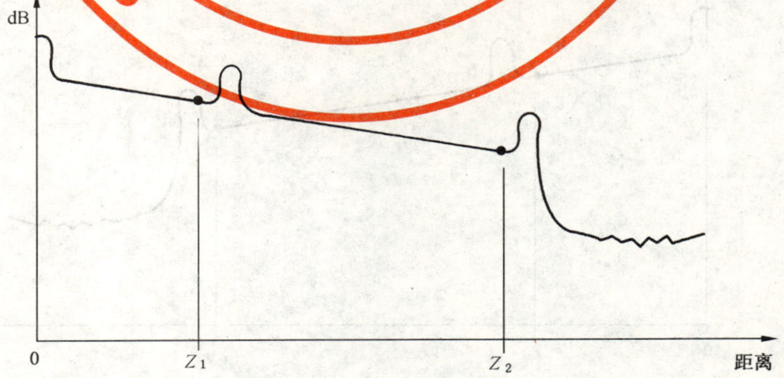

图B.3 光纤试样（$Z_1 \sim Z_2$）的OTDR曲线——两点技术
（试样同试样前未知长度的光纤（如盲区光纤）的连接点有反射峰）

B.3.3.2　单点 0 技术

如图 B.4，当试样前没有光纤或光缆段（或盲区光纤）时可用此技术。

B.3.3.2.1　将光标置于试样曲线尾端光功率下降的起始点（此点可能较难确定），或将光标置于试样末端反射脉冲上升边缘的一点（此点可由厂家指定）。如果由于不连续性极小而使起始点位置不明显，就在该处加一个绷紧的弯曲并改变弯曲半径以帮助光标定位。如果尾端落入噪声基底之下，则长度测量可能产生相当于脉冲宽度的最大误差。记录 Z_2 的坐标。

B.3.3.2.2　试样长度为 Z_2。

B.3.3.3　单点 1 技术

如图 B.5，在试样前使用一段已知长度为 Z_D 的光纤（如盲区光纤）时可用此技术。Z_D 可用机械法，如用记数的接触型设备获得。

注：试样前的光纤（或盲区光纤）应与被测光纤试样的折射率相近。

B.3.3.3.1　按 B.3.3.2.1 的步骤操作。

B.3.3.3.2　试样长度为 Z_2-Z_D。

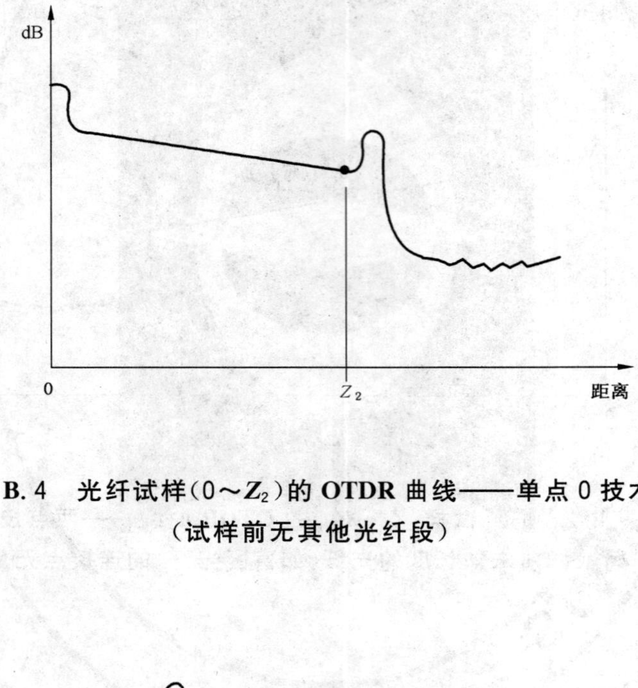

图 B.4　光纤试样（0～Z_2）的 OTDR 曲线——单点 0 技术
（试样前无其他光纤段）

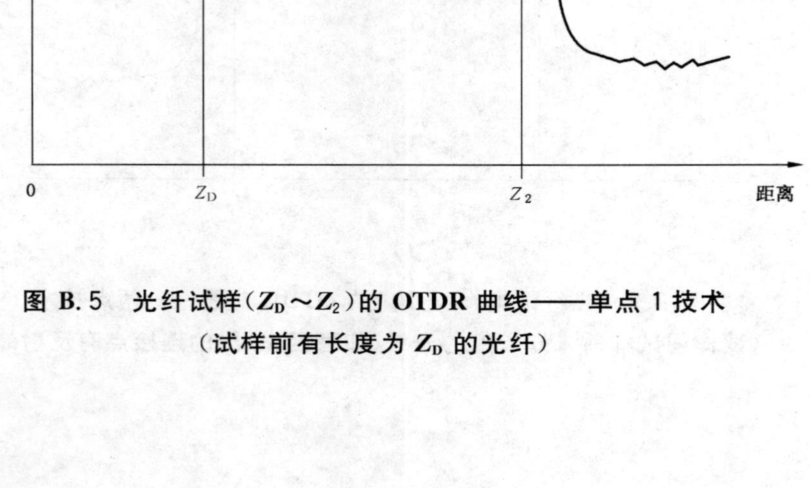

图 B.5　光纤试样（Z_D～Z_2）的 OTDR 曲线——单点 1 技术
（试样前有长度为 Z_D 的光纤）

B.4 群折射率测定

B.4.1 精确地测定校准光纤的物理长度,例如可用机械法,如记数的接触型设备获得光纤的精确长度。

B.4.2 将校准光纤连接到盲区光纤的一端,将盲区光纤另一端连接到仪器上。

B.4.3 在仪器中输入光源波长、脉冲宽度、测距范围和信号平均方式等 OTDR 参数,这些参数中某些值可能已在仪器中预置,任意设置一个光纤群折射率参数。

B.4.4 按 B.3.3.1.1 的方法获得 Z_1 点的坐标。

B.4.5 按 B.3.3.1.2 的方法获得 Z_2 点的坐标。

B.4.6 调节群折射率刻度值,直到仪器计算的 $Z_2 - Z_1$ 等于在 B.4.1 中确定的光纤长度。

B.5 结果

除了第 8 章中结果报告应包括的内容外,在报告中应给出下列内容:

——光纤群折射率。

附 录 C
（规范性附录）
方法 C——光纤伸长量测量法的特定要求

C.1 原理

光纤伸长量测定可采用相移法（C.2.2.1）或差分脉冲时延法（C.2.2.2）。

光纤伸长应变 ε（即 $\Delta L/L$）由下式给出：

$$\varepsilon = V\frac{\Delta t}{L} \qquad \cdots\cdots\cdots\cdots\cdots\cdots\cdots\cdots\cdots\cdots\text{(C.1)}$$

式中：

Δt——差分脉冲时延；

L——光纤长度；

V——与光弹系数 k、真空中光速 c 和有效群折射率 N_{eff} 有关的常数。

$$V = \frac{kc}{N_{\text{eff}}} \qquad \cdots\cdots\cdots\cdots\cdots\cdots\cdots\cdots\cdots\cdots\text{(C.2)}$$

用 V 因子修正光纤在应力作用下折射率的变化。

用相移法时，差分脉冲时延 Δt 由下式得到：

$$\Delta t = \frac{\Delta\theta}{360f} \qquad \cdots\cdots\cdots\cdots\cdots\cdots\cdots\cdots\cdots\cdots\text{(C.3)}$$

式中：

$\Delta\theta$——相移量，单位为度（°）；

f——调制频率，单位为赫兹（Hz）。

由于 V 因子依赖于光纤类型，测量装置需要校准。

C.2 装置

C.2.1 一般要求

一标距长度已知的试验附加装置应能给光纤或光缆施加和改变纵向应力。为防止加载时光纤（包括光缆中光纤）滑动，应适当固定试样端头。应提供一合适的测量伸长量的工作台，用于相移法或差分脉冲时延法与机械法测得的光纤伸长量值的校准。

C.2.2 光学试验装置

相移法或差分脉冲时延法的试验装置在测量期间和测量时温度变化范围内应是稳定的。图 C.1 和图 C.2 分别是两种试验方法的典型试验装置图。

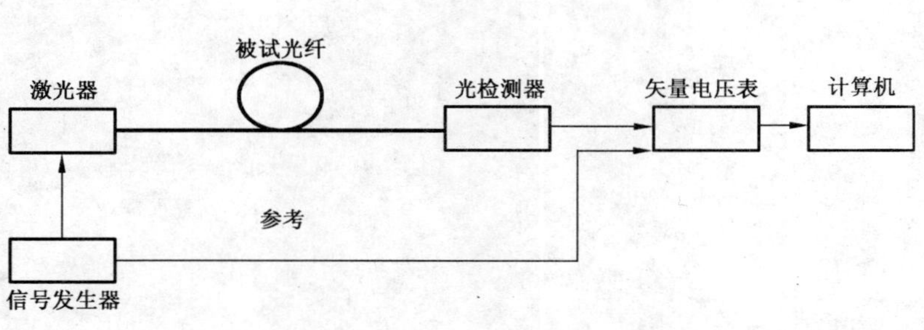

图 C.1 典型的相移法试验装置

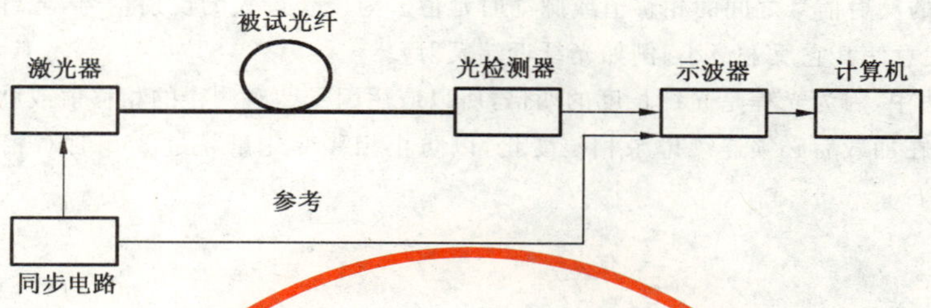

图 C.2 典型的差分脉冲时延法试验装置

C.2.2.1 相移法

一个光源(激光器或经滤光的 LED)、调制器、注入光学装置、信号检测器和参考信号等可用于本方法。本方法与光纤波长色散的试验方法 GB/T 15972.42 中的方法 A 是类似的,区别只在于本方法只采用一个激光器(或只需要一个波长的光源),因为本方法中测量的相移只是光纤应变变化的函数。

注:使用该方法时,要注意相移变化量超过 360°的情况。

C.2.2.2 差分脉冲时延法

应采用适当的试验装置,该装置应能测量光纤中信号的传输时间,例如一台短脉冲/菲涅尔光时域反射计(OTDR)。

C.2.3 仪器分辨率

整个测量系统的应变测量分辨率应优于或等于 0.01%。该分辨率包括光学试验装置(调制频率、脉冲宽度等)和试验附加装置(试样标距长度、光纤/光缆端头固定器、负荷测量装置等)的分辨率。因为确定整个测量系统的精度和分辨率时,涉及了所有上述的因素,所以应对试验装置的每一部分单独估算。

试验应在室内条件下(典型为实验室)进行。只要测量期间温度稳定在±2℃之内,试验也可在其它条件下进行。对于极端温度和气压变化(大于 40 个大气压)的情况,有必要进行修正,特别是 V 因子。

C.3 程序

C.3.1 校准

将参考光纤连接到光学试验装置中。在已知足够线性的光纤伸长量范围内,逐渐增加光纤伸长量以确定 V 值。

连续测量并记录作为光纤伸长量(用机械法测量)函数的相移值或脉冲时延值,由此确定的关系考虑了由应变导致的群折射率变化。

注 1:建议在同类型光纤中随机挑选试样进行校准。

注 2:只要是同类型光纤,无须在每次测量光纤伸长量之前重复上述校准过程。

C.3.2 测量

在参考条件(典型为室内条件)下读取以度表示的相移值或脉冲时延值,并记下这些数值作为参考。

使试样在规定负荷下产生沿长度方向的应变。施加负荷稳定后,再进行测量,并记录由应变产生的相移值或脉冲时延值以及机械法测量的光纤伸长量和/或光缆伸长量。对每一个施加的负荷,应重复同样的测量。

在负荷释放后,进行最终测量,以观察光纤应变是否返回到初始参考条件下的值。

注 1:可用下列方法之一实现单端测量:

a) 将光缆远端的两根光纤连接在一起,可对光缆进行单端测量。由于测量结果是这两根光纤应变的平均效应,所以在解释测量结果时应谨慎。

b) 在被试光纤近端插入一个方向耦合器。方向耦合器一端连接光源和检测器，另一端连接被试光纤。然后测量输入信号和远端的反射信号之间的相移值或脉冲时延值。为产生最大的反射信号，光纤远端端面应清洁并垂直于光纤轴，应注意使其它反射最小(例如光纤近端反射)。

注 2：在上面两种方法中，因为光程是光纤长度的两倍，所以应用因子 2 对测得的相移值或脉冲时延值进行修正。

注 3：如果用相移法，在加载后必须连续记录相位变化，以防止相移变化量超过 360°时对相位无法准确计数的可能性。

C.4 结果

除了第 8 章中结果报告应包括的内容外，在报告中应给出下列内容：

——V 因子；

——在每一相位(长度)读数下的载荷大小和计算出的应变；

——调制器类型和调制频率(相移法)。

附 录 D
（规范性附录）
方法 D——机械长度测量法的特定要求

D.1 概述

本方法是将光纤缠绕在旋转的、直径固定不变的轮上来测量光纤长度，轮的直径预先经过校准。在光纤拉制、张力试验和其他诸如此类涉及绕纤的过程均可用此方法测量光纤长度。用轮旋转的次数乘以 $\pi D/1\,000$，得到以公里(km)为单位的光纤长度，D 是计数轮的直径，单位是米(m)。

D.2 装置

采用有一个轮或有一系列轮的装置，使通过该装置的光纤长度与计数轮的旋转次数成线性关系，小心确保光纤与计数轮的表面不发生滑动。

计数轮应有很好的刚性，轮的表面应无粘附物或其他可导致光纤损伤的隐患，用电子计数器与计数轮相连使得旋转的次数能被转换为长度。

D.3 程序

D.3.1 校准

对于新加工的轮或表面经过处理的轮，应用一段已知长度的光纤(校准光纤)进行校准。

用测量仪测量校准光纤的长度，校准光纤应足够长以保证能得到所期望的测量精度。测量校准光纤时，将校准光纤放开成一条直线，在与机械长度测量装置操作温度相同的温度条件下测量其长度。

D.3.2 操作

将计数器复位，并使绕线装置初始化，在绕纤完成后，记下轮的旋转次数并将其转换为光纤长度。

注：应小心避免卷绕引起光纤伸长，在校准期间光纤的伸长状态同测量期间的伸长状态应一致。

附 录 E
（规范性附录）
方法 E——相移法的特定要求

E.1 概述

本方法是测量当调制频率增大到一个预定值 f_{max} 时光纤中的相位变化，这一方法可用来测量最短为 1 m、最长为几公里的 A1 类多模光纤和几百公里长的 B 类光纤的长度。

E.2 装置

本方法的试验装置如图 E.1 所示，调整该装置的配置后也可进行光纤色散测量。用相移法测量光纤色散的描述见 GB/T 15972.42。

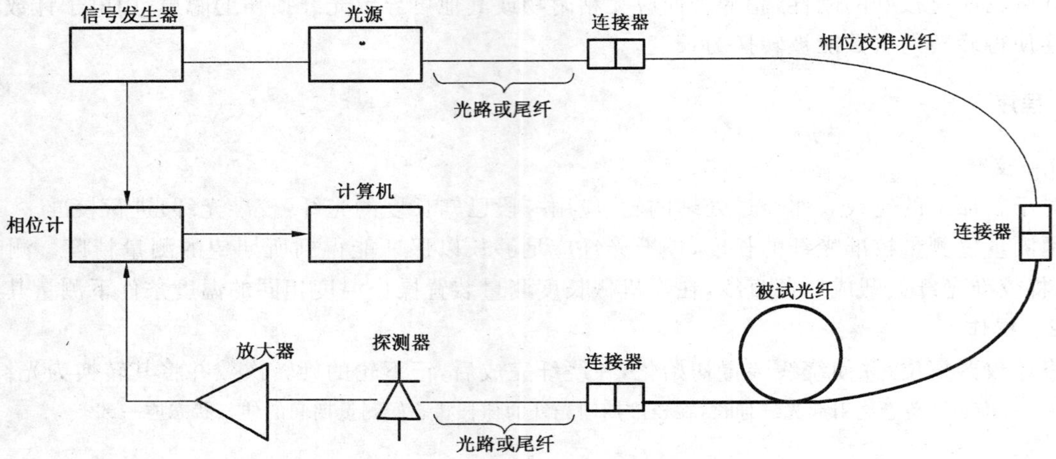

图 E.1 相移法光纤长度测量装置图

E.2.1 光源

可用激光器或发光二极管作光源，在偏置电流、调制频率和二极管受到的温度变化范围的整个测量期间内，光源中心波长和调制信号的相位应保持稳定。

光源的 FWHM 谱宽应不大于 30 nm，如必要，可用单色仪或光滤波器使光谱变窄。

E.2.2 调制器

根据被测光纤长度和测量精度要求选择调制频率。当测量相移量大于一个完整的相位周期（2π）时，为避免对 2π 相移量的不确定性，应从低频率开始缓慢地增加调制频率，保证对 2π 相位移的准确计数。使用较高的频率可以得到更高的长度测量精度。

当给定的光纤长度为 L（单位为 m）时，最大的初始频率 f_{start}（单位为 Hz）为：

$$f_{start} \leqslant \frac{c}{NL} \qquad \text{(E.1)}$$

式中：

c——真空中的光速，单位为米每秒（m/s）；

N——群折射率。

例如，当光纤长度为 10 km 时，典型的最大初始频率 f_{start} 为 20 kHz。

同样，如果确定了初始频率，则可以测量的最大光纤长度可以从(E.1)式计算。

在选用的上限频率处的相位噪声和调制频率本身的不确定度将决定测量分辨率。当可测量的最小相位变化为 $\Delta\phi$ 时，最小可分辨长度 ΔL(单位为毫米)为：

$$\Delta L=\frac{\Delta\phi c}{100 f_{max} N 2\pi} \qquad \cdots\cdots(E.2)$$

式中：

c——真空中的光速，单位为米每秒(m/s)；

N——群折射率；

$\Delta\phi$——最小相位变化，单位为弧度；

f_{max}——最大调制频率，单位为赫兹(Hz)。

例如，当相位分辨率为 0.01 弧度，最大频率为 100 MHz，从式(E.2)可计算出长度分辨率约为 3 mm。

同样，当给定了光纤长度测量分辨率时，用式(E.2)可以计算出所允许的最大频率。

E.2.3 注入光学系统

应将光源出射的光束聚焦在被试光纤的端面上，或直接用尾纤将被试光纤接入光源。对于 A1 类光纤，需限制光注入条件使得光纤中仅有低阶模传输，使模间色散的影响最小，可以通过一个限制数值孔径和光斑尺寸的光学系统将注入光聚焦在被试光纤的端面上，或直接用一根单模尾纤来实现这一光注入条件。

E.2.4 信号检测器和信号检测电子系统

用一个在测量波长范围内对输出光灵敏的、测量期间稳定的、在强度调制范围内呈线性的光检测器进行信号检测，可以使用放大器增加检测灵敏度。用透镜系统或直接用尾纤连接检测器，将被试光纤中输出的光耦合进检测器中。对于 A1 类光纤，仅收集被试光纤中低阶模的传输光，可以通过一个限制数值孔径和光斑尺寸的光学系统，或直接用一根单模尾纤来实现这一光接收条件。

E.2.5 基准信号

为测量信号源的相位，应给相位计提供与调制信号的主付里叶分量频率相同的基准信号。基准信号相位应与调制信号同步，基准信号可通过直接将调制源同相位计进行电连接获得，也可采用在分光器耦合一个探测器或插入光源与被试光纤之间的光纤耦合器获得。

E.2.6 计算设备

可用计算机进行设备控制、数据采集和结果运算。

E.3 试样

试样可以是已成缆或未成缆的光纤，长度通常是 1 米到几百公里。在恒定温度条件下的测量过程中，试样、注入光和尾纤(如使用)的位置应保持不变。当测量已敷设使用的光纤光缆时，可以选择光纤光缆在大多数情况下所处的环境条件进行测量。

用与被试光纤相同类型的相位校准光纤(或一段尾纤)补偿相位计或仪器内部的光纤长度引起的相位移动，校准光纤的长度通常是 0～2 m。

准备校准光纤和被试光纤的输出/入端，使之大致达到 E.2.3 和 E.2.4 的要求。

E.4 程序

E.4.1 起始频率选定

用式(E.1)确定合适的低频率 f_{start}，如果未知光纤的大致长度，则用允许的最低调制频率，但应注意可能产生的 2π 相位误差的影响。

E.4.2 最大频率选定

用式(E.2)确定合适的最大频率 f_{max} 以满足对长度分辨率的要求。

E.4.3 相位测量

本节用于与长度测量有关的所有测量中，如对被试光纤和相位校准光纤的长度测量，也可用于确定光纤折射率的测量。

从 f_{start} 开始增加调制频率直至达到频率上限 f_{max}，频率增加的速率应满足能清晰地确定相位移 2π 的倍数 m 的要求，测量光纤输出端在频率 f_{max} 下的相位角 ϕ'。

按式(E.3)计算总的相位角 ϕ：

$$\phi = \phi' + m2\pi \qquad \text{(E.3)}$$

E.4.4 被试光纤长度测量

E.4.4.1 参考相位校准

根据测量时是否使用尾纤分别选用合适的参考相位校准方法：

a) 未使用尾纤时，将相位校准光纤的一端(输入端)接入光源，将另一端(输出端)耦合到检测系统，根据 E.4.3 的方法测量相位移 ϕ_{ref}。

b) 在光注入端和接收端均使用尾纤时，将两根尾纤连接在一起代替单独使用的相位校准光纤，根据 E.4.3 的方法测量相位移 ϕ_{ref}。

有时在进行参考测量后从检测系统上取下相位校准光纤和/或尾纤可能会使被试光纤的测量更方便，但条件是需预知相位校准光纤和/或尾纤本身的相位移，并将其加到被试光纤相位移的测量结果中。

注：可不要求每次测量时进行校准，但使用存储的相位参考时由于检测系统的相位漂移可能会使测量结果的不确定度变大。

E.4.4.2 被试光纤相位测量

根据测量时是否使用尾纤分别选用合适的测量被试光纤相位的方法：

a) 未使用尾纤时，将相位校准光纤的输出端从检测系统取下并将其耦合到被试光纤的一端(输入端)，将被试光纤的另一端(输出端)耦合到探测系统，根据 E.4.3 的方法，并用与 E.4.4.1 中相同的 f_{max} 测量相位移 ϕ_{sig}。

b) 当用尾纤替代相位校准光纤时，将连接在一起的两段尾纤断开，分别同被试光纤相连，根据 E.4.3的方法，并用与 E.4.4.1 中相同的 f_{max} 测量相位移 ϕ_{sig}。

E.5 计算和结果

E.5.1 长度计算

被试光纤长度 L(单位为米)按式(E.4)计算：

$$L = \frac{(\phi_{sig} - \phi_{ref})c}{Nf_{max}2\pi} \qquad \text{(E.4)}$$

式中：

ϕ_{ref}——为相位校准光纤或所用尾纤的参考相位，单位为弧度；

ϕ_{sig}——为被试光纤加相位校准光纤或加所用尾纤的相位，单位为弧度；

c——真空中的光速，单位为米每秒(m/s)；

f_{max}——最大调制频率，单位为赫兹(Hz)；

N——群折射率。

按式(E.3)计算 ϕ_{ref} 和 ϕ_{sig}，是在最大调制频率 f_{max} 处包括了相位角和 m 个 2π 相位移的相位总和。

注：群折射率可以由光纤光缆制造厂商提供，本方法测量光纤长度的精确度极大地取决于光纤已知群折射率的精确度。光纤之间的群折射率会有差异，并且群折射率具有温度敏感性。而由制造商提供的典型群折射率数据会产生等效于 0.1%的长度测量不确定度。如果群折射率值未知，则可按 E.6.1 的方法确定该参数。

E.6 群折射率

E.6.1 介绍

通过测量已知长度的光纤在测量波长上相移大小来确定光纤的群折射率，可用下面E.6.2中截断法或E.6.3中替代法进行。

E.6.2 截断法

E.6.2.1 将被试光纤的一端(输入端)接入光源，另一端(输出端)耦合到检测系统，根据E.4.3的方法测量相位ϕ_{long}。

E.6.2.2 从被试光纤的输出端截断一段长度为L_{cut}(通常为2 m～3 m)的光纤，重新制作被试光纤输出端端面，将其耦合到检测系统，根据E.4.3的方法，并用与E.6.2.1中相同的f_{max}测量相位ϕ_{short}。

E.6.2.3 测定截断的光纤长度L_{cut}，如可用校准过的米尺测量。注意，长度测量不确定度将成比例地影响测量被试光纤群折射率的不确定度。

E.6.2.4 用式(E.5)计算被试光纤群折射率：

$$N=\frac{(\phi_{long}-\phi_{short})c}{L_{cut}f_{max}2\pi} \qquad \text{(E.5)}$$

式中：

ϕ_{long}——为被试光纤截断前的相位，单位为弧度；

ϕ_{short}——为被试光纤截断后的相位，单位为弧度；

c——真空中的光速，单位为米每秒(m/s)；

f_{max}——最大调制频率，单位为赫兹(Hz)；

L_{cut}——截断的光纤长度，单位为米(m)。

E.6.3 替代法

E.6.3.1 将相位校准光纤的一端(输入端)接入光源，将另一端(输出端)耦合到检测系统，根据E.4.3的方法测量相位移ϕ_{cal}。

E.6.3.2 断开检测系统与相位校准光纤的连接，取一段与被试光纤相同类型的替代光纤，长度L_{sub}约为2 m～3 m，将其两端分别同相位校准光纤输出端和检测系统耦合。根据E.4.3的方法，并用与E.6.2.1中相同的f_{max}测量相位移ϕ_{sub}。光纤长度L_{sub}可用经过校准过的米尺测量。

E.6.3.3 用式(E.6)计算光纤群折射率：

$$N=\frac{(\phi_{sub}-\phi_{cal})c}{L_{sub}f_{max}2\pi} \qquad \text{(E.6)}$$

式中：

ϕ_{sub}——为替代光纤加相位校准光纤的相位，单位为弧度；

ϕ_{cal}——为相位校准光纤的相位，单位为弧度；

c——真空中的光速，单位为米每秒(m/s)；

f_{max}——最大调制频率，单位为赫兹(Hz)；

L_{sub}——光纤长度，单位为米(m)。

注：在用相移法测量时，群折射率的实际精度将影响长度测量精度，同一类型光纤的群折射率可能有所不同，群折射率还与温度和应力有关。

ICS 33.180.10
M 33

GB

中华人民共和国国家标准

GB/T 15972.30—2008
部分代替 GB/T 15972.3—1998

光纤试验方法规范 第30部分:机械性能的测量方法和试验程序——光纤筛选试验

Specifications for optical fibre test methods—Part 30: Measurement methods and test procedures for mechanical characteristics—Fibre proof test

(IEC 60793-1-30:2001, Optical fibres—Part 1-30: Measurement methods and test procedures—Fibre proof test, MOD)

2008-04-10 发布　　　　2008-11-01 实施

中华人民共和国国家质量监督检验检疫总局
中国国家标准化管理委员会　发布

前　言

GB/T 15972《光纤试验方法规范》由若干部分组成，其预期结构及对应的国际标准和将代替的国家标准为：

——第10部分～第19部分：测量方法和试验程序总则（对应IEC 60793-1-10至IEC 60793-1-19；代替GB/T 15972.1—1998）；

——第20部分～第29部分：尺寸参数的测量方法和试验程序（对应IEC 60793-1-20至IEC 60793-1-29；代替GB/T 15972.2—1998）；

——第30部分～第39部分：机械性能的测量方法和试验程序（对应IEC 60793-1-30至IEC 60793-1-39；代替GB/T 15972.3—1998）；

——第40部分～第49部分：传输特性和光学特性的测量方法和试验程序（对应IEC 60793-1-40至IEC 60793-1-49；代替GB/T 15972.4—1998）；

——第50部分～第59部分：环境性能的测量方法和试验程序（对应IEC 60793-1-50至IEC 60793-1-59；代替GB/T 15972.5—1998）。

其中GB/T 15972.3×由以下部分组成：

——第30部分：机械性能的测量方法和试验程序——光纤筛选试验；

——第31部分：机械性能的测量方法和试验程序——抗张强度；

——第32部分：机械性能的测量方法和试验程序——涂覆层可剥性；

——第33部分：机械性能的测量方法和试验程序——应力腐蚀敏感性参数；

——第34部分：机械性能的测量方法和试验程序——光纤翘曲。

本部分为GB/T 15972的第30部分，本部分修改采用国际电工委员会标准IEC 60793-1-30:2001《光纤　第1-30部分：测量方法和试验程序——光纤筛选试验》，并参照ITU-T G.650.1:2002《单模光纤光缆沿轴向作用的确定特性的定义和试验方法　第5.6节　筛选试验方法》。

本部分与IEC 60793-1-30:2001的主要差异如下：

——按照我国标准的编排格式和表述要求，对一些内容安排做了调整，增加了“第3章　方法概述”，其内容以ITU-T G.650.1《单模光纤光缆沿轴向作用的确定特性的定义和试验方法》为主，并将原文第6章删去，用ITU-T G.650.1中的公式代替原文第6章中的公式放在第3章；

——将原第7章和第8章合并为第7章。

本部分代替GB/T 15972.3—1998《光纤总规范　第3部分：机械性能试验方法》中第6章。

本部分与GB/T 15972.3—1998第6章相比主要变化如下：

——对试验方法作了重大修订，由原来的三种试验方法：a)恒定应力、b)恒定轴向应变和c)恒定弯曲应变修订为两种方法：制动轮型和固定重量型（1998年版的6.3.1，本版的4.6.1、4.6.2）；

——在方法概述中加入了ITU-T G.650.1第5.6节的部分内容（见本版的第3章）；

——试验标准大气条件改为：温度23℃±5℃；相对湿度45%±25%（1998年版的6.2，本版的3.1）。

本部分由中华人民共和国信息产业部提出。

本部分由中国通信标准化协会归口。

本部分起草单位：武汉邮电科学研究院。

本部分主要起草人：陈永诗、刘泽恒、程淑玲。

本部分为第一次修订，它与GB/T 15972.3×其他部分一起代替GB/T 15972.3—1998。

光纤试验方法规范
第30部分:机械性能的测量方法和试验程序——光纤筛选试验

1 范围

GB/T 15972 的本部分规定了施加规定张力进行连续长度光纤的筛选试验方法,确立了测量的统一试验程序和技术要求。

本部分适用于 A1、A2、A3 类多模光纤和 B 类单模光纤的测量。

2 规范性引用文件

下列文件中的条款通过 GB/T 15972 的本部分的引用而成为本部分的条款。凡是注日期的引用文件,其随后所有的修改单(不包括勘误的内容)或修订版均不适用于本部分,然而,鼓励根据本部分达成协议的各方研究是否可使用这些文件的最新版本。凡是不注日期的引用文件,其最新版本适用于本部分。

GB/T 15972.10—2008 光纤试验方法规范 第10部分:测量方法和试验程序——总则(IEC 60793-1-1:2002,Optical fibres—Part 1-1:Measurement methods and test procedures—General and guidance,MOD)

3 方法概述

3.1 基准试验方法:纵向张力法

a) 本试验方法主要描述了把抗张负荷加到一根完整的连续长度的光纤上,初始长度可能断成几短段,每一短段都被认为通过了筛选试验。

b) 用于储存和试验的标准大气环境条件应符合 GB/T 15972.10—2008 的规定:

温度:23℃±5℃;

相对湿度:45%±25%。

c) 测量中可以使用应力 σ 或者应变 ε,它们的关系是:

$$\sigma = E(1 + c\,\varepsilon)\varepsilon \qquad (1)$$

式中:

E——零应力下的杨氏模量;

c——一个非线性参数(典型值在3~6之间)。

d) 从施加的张力 T 计算光纤的应力为:

$$\sigma = \frac{(1-F)T}{\pi a^2} \qquad (2)$$

式中:

a——玻璃光纤的半径,单位为微米(μm);

F——涂覆层承担的张力比率。F 由下式给定:

$$F = \frac{\sum_{j+1}^{n} E_j A_j}{E_g \pi a^2 + \sum_{j+1}^{n} E_j A_j} \qquad (3)$$

式中：

n——涂覆层的数量；

E_j——第 j 层涂覆层的模量；

A_j——第 j 层涂覆层的标称横截面积；

E_g——玻璃光纤的杨氏模量。

注：涂覆层模量的典型值是由制造商提供。

3.2 筛选试验参数

a) 筛选应力 σ_p，是用于控制幸存段光纤的长度。筛选试验期间施加的应力 σ_a 示于图 1。t_l 和 t_u 分别是加载时间和卸载时间，t_d 是施加抗张负荷的维持时间。t_d 应尽可能的短，但是也要有足够的时间来保证玻璃光纤经受筛选应力。

b) 筛选期间施加的应力都应超过规定的筛选应力，卸载时间应控制在用户和制造商双方商定的某个最大值以下。

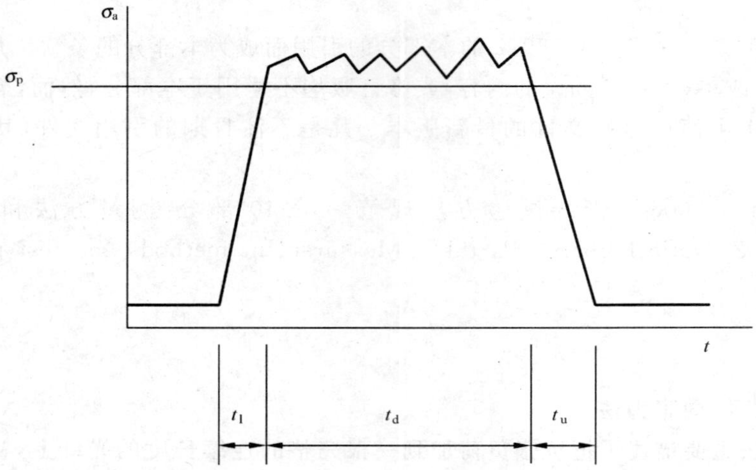

图 1 筛选试验中应力 σ 与时间 t 的函数关系

3.3 试验要求

——整段光纤都要通过筛选试验机，在筛选试验技术要求下，没有断裂。

——如果一根光纤断裂，断裂显示应该很容易地读出。如显示出完全分离，在断裂区涂覆层材料严重伸长，机器自动停机等。这个要求对具有承载了施加抗张负荷的实体部分或有大的断裂伸长的涂覆层材料是特别重要的。

4 设备

筛选试验机可以采用不同的设计，但所有的设计都应满足一般工作技术要求，完成需要测量光纤筛选的基本功能。在设计中要仔细考虑防止涂覆层损坏。

使用的机器类型主要有两种：

——制动轮型；

——固定重量型。

4.1 放纤

为了不引起筛选负荷波动，应把放纤张力的负荷波动与筛选试验区隔离开，不允许施加的筛选应力波动到产品标准规定值以下。

4.2 筛选试验区

除附加的弯曲应力不能超过筛选应力的 10％外，应把筛选应力均匀地施加到试验样品的截面上。

保证这个区域的承载元件是刚性的(如钢或铝材)。试验期间,产生张力的机理不允许筛选应力波动到产品标准规定值以下。

4.3 收纤

为了不引起筛选负荷波动,应把收纤张力的负荷波动与筛选试验区隔离开,不允许施加的筛选应力波动到产品标准规定值以下。

4.4 加载和卸载

加载区和卸载区是在筛选试验区的两边。在放纤区,光纤张力从恒定的低张力逐渐上升到筛选试验区的满负荷。然后,在收纤区,光纤张力从筛选试验区逐渐下降到恒定的低张力。卸载区是光纤最后离开加载区导轮上两个正切点形成的弧(例如,在大约 12 m/s 的速度下以 90°通过 150 mm 直径的轮子进行卸载产生的卸载时间大约是 10 ms)。控制卸载时间应不超过用户和制造商双方商定的某个最大值,要尽快完成张力负荷的逐渐上升和逐渐下降。

4.5 最小弯曲半径

试验样品通过的所有轮子半径应足够大,使得在轮子的弯曲应力下不降低样品的强度。

4.6 典型的设备设计

下面是制动轮型和固定重量型筛选试验机的典型设计例子。其他的设计也可以使用,只要提供的工作要求满足 4.1 到 4.5 的技术要求。筛选试验机可以用在拉丝期间与拉丝同步进行(仅对涂覆的在线光纤),也可以在拉丝完成后作为单独的步骤使用(非在线)。

4.6.1 制动轮型

满足技术要求规定的制动轮型设备示于图 2。用恒定的低张力放纤,筛选试验后的卷绕也是用恒定的张力,放纤和收纤张力的量是可调的。施加给制动轮和牵引轮之间的光纤筛选负荷是通过轮子之间的速度差产生。两根皮带用来防止光纤在轮子上打滑。用高精度的张力计来测量光纤上的负荷并控制速度差达到需要的筛选试验负荷。设备的负荷量和工作速度可以单独设置。

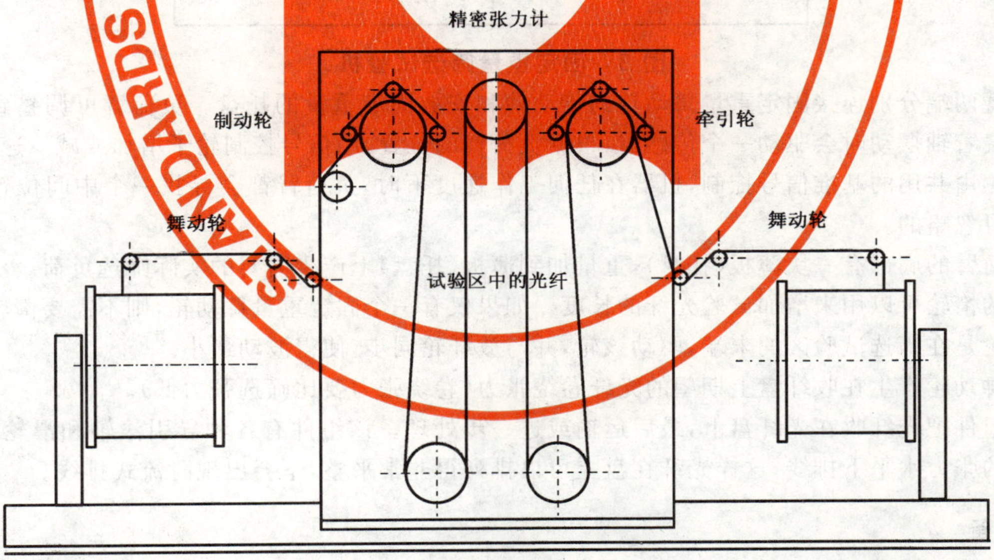

图 2 制动轮筛选试验机

4.6.2 固定重量型

满足技术要求的固定重量型设备示于图 3。放纤机组从恒定低张力下的光纤盘上放出光纤。这个机组有各种导引滚轮和滑轮,加上一个电动传动机器。放纤舞动轮把样品刚好保持在足够的张力下直线运动,并精整到筛选试验区,具有最小的张力波动。放纤轮是筛选试验区的开始,这个轮子被牵引并与收纤轮同步。

两根皮带用来保持光纤样品稳固地紧贴放纤轮和收纤轮，使得进入和退出筛选试验区时不打滑。

固定重量舞动轮可以由两个滑轮组成，两个滑轮在一个共用传动轴上前后排列(第二个滑轮是可选的)。光纤首先向下进入后面的舞动轮，然后，向上回到惰轮，再向下回到前面舞动轮，最后向上到收纤牵引轮。

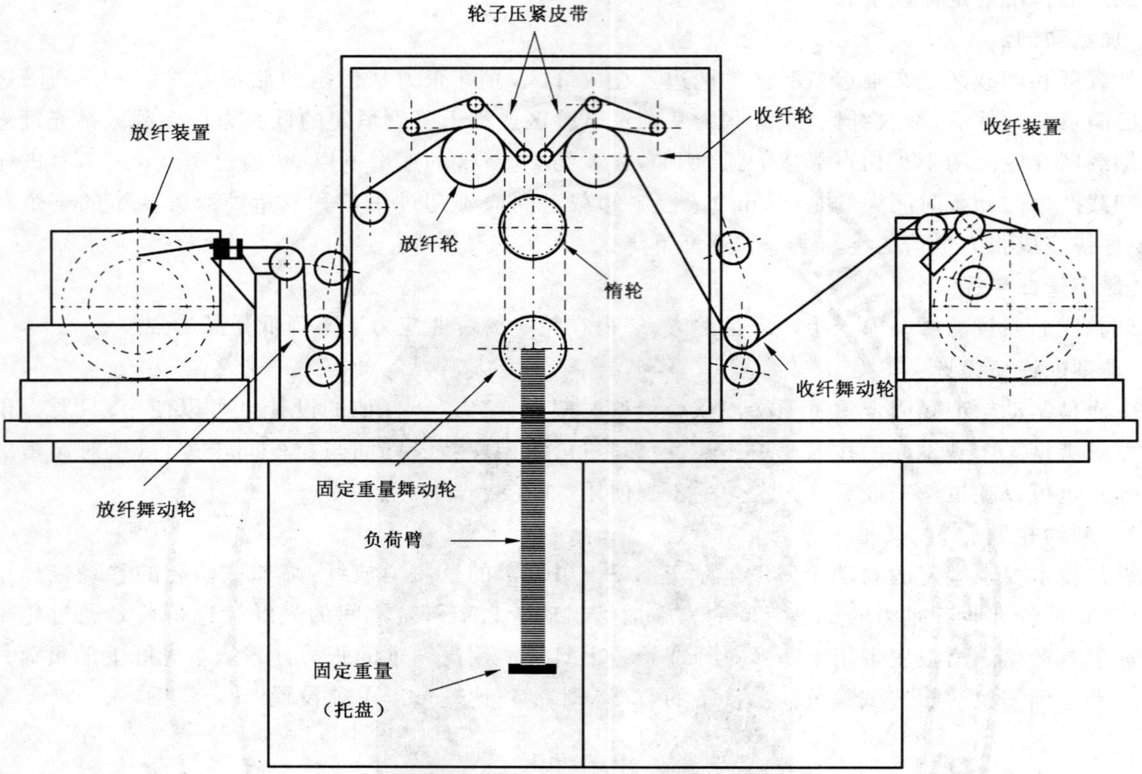

图 3 固定重量筛选试验机

负荷臂两端分别连接固定重量舞动轮的传动轴和安放固定重量的托盘。负荷臂可调整到零平衡，当负荷臂绕着轴摆动时会驱动一个传感器，根据负荷臂的位置，用信号控制轮子增加或减少速度。由于两个驱动轮由共用的基准信号控制，机器在任何工作速度下时，负荷臂都会寻找一个中间位置，故负荷臂运动是可忽略的。

在负荷臂的底部有一块薄板(托盘)，重量加到薄板(托盘)上产生需要的实际筛选负荷。

附加的惰轮可以用来增加试验光纤的长度。如果仅有一个固定重量舞动轮，则不需要惰轮。

收纤轮是在筛选试验区的末端，驱动该轮，并与放纤轮同步，使得波动最小。

收纤舞动轮产生在收纤盘上期望的光纤卷绕张力(卷绕张力要比筛选张力低)。

收纤组件把光纤收在光纤盘上，最后运输或进一步处理。该组件有各种导引滚轴和滑轮来保证光纤在希望的张力水平下排线，这样光纤在盘上可以排列得非常平整，不会出现阶流式排线。

5 样品制备

使用整段长度的光纤作为样品，在端头去掉一短段，典型长度是 25 m～50 m(端头允许长度)。

6 程序

——根据机器的操作规程，将光纤安装在机器上。

——根据标准的要求设定机器上的张力负荷。

——开机，使试验样品全长通过筛选试验机检验。

——注意光纤有无断裂，当光纤断裂时，应很容易探测到。

7 结果

7.1 试验结果报告应包括下列内容：

——试样名称；

——试样识别号；

——筛选应力水平；

——卸载时间和筛选应力保持时间的值；

——端头允许的长度；

——相对湿度和环境温度；

——试验日期和操作人员。

7.2 根据要求报告中也可包括下列内容：

——筛选试验设备的描述：型号，在线或非在线，接触到正在试验的光纤的轮子的最小直径，筛选试验区的标距长度；

——根据涂覆层承担的负荷而调整的筛选应力水平，详细内容参看3.1；

——应用程序中出现的任何偏差；

——要报告的其他资料。

ICS 33.180.10
M 33

中华人民共和国国家标准

GB/T 15972.31—2008
部分代替 GB/T 15972.3—1998

光纤试验方法规范 第31部分：机械性能的测量方法和试验程序——抗张强度

Specifications for optical fibre test methods—Part 31：Measurement methods and test procedures for mechanical characteristics—Tensile strength

(IEC 60793-1-31：2001，Optical fibres—Part 1-31：Measurement methods and test procedures—Tensile strength，MOD)

2008-03-31 发布　　　　2008-11-01 实施

中华人民共和国国家质量监督检验检疫总局
中国国家标准化管理委员会　发布

前　言

GB/T 15972《光纤试验方法规范》由若干部分组成，其预期结构及对应的国际标准和将代替的国家标准为：

——第10部分～第19部分：测量方法和试验程序总则（对应IEC 60793-1-10至IEC 60793-1-19；代替GB/T 15972.1—1998）；

——第20部分～第29部分：尺寸参数的测量方法和试验程序（对应IEC 60793-1-20至IEC 60793-1-29；代替GB/T 15972.2—1998）；

——第30部分～第39部分：机械性能的测量方法和试验程序（对应IEC 60793-1-30至IEC 60793-1-39；代替GB/T 15972.3—1998）；

——第40部分～第49部分：传输特性和光学特性的测量方法和试验程序（对应IEC 60793-1-40至IEC 60793-1-49；代替GB/T 15972.4—1998）；

——第50部分～第59部分：环境性能的测量方法和试验程序（对应IEC 60793-1-50至IEC 60793-1-59；代替GB/T 15972.5—1998）。

其中GB/T 15972.3×由以下部分组成：

——第30部分：机械性能的测量方法和试验程序——光纤筛选试验；

——第31部分：机械性能的测量方法和试验程序——抗张强度；

——第32部分：机械性能的测量方法和试验程序——涂覆层可剥性；

——第33部分：机械性能的测量方法和试验程序——应力腐蚀敏感性参数；

——第34部分：机械性能的测量方法和试验程序——光纤翘曲。

本部分为GB/T 15972的第31部分，本部分修改采用国际电工委员会标准IEC 60793-1-31:2001《光纤　第1-31部分：测量方法和试验程序——抗张强度》。

本部分与IEC 60793-1-31:2001的主要差异如下：

——按照我国标准的编排格式和表述要求，对一些内容安排做了调整，增加了"第3章　方法概述"，第1章某些内容放在第3章，并将原文第6章移到第3章；

——将第7章和第8章合并作为本部分第7章。

本部分代替GB/T 15972.3—1998《光纤总规范　第3部分：机械性能试验方法》中第7、第8章。

本部分与GB/T 15972.3—1998第7、第8章相比主要变化如下：

——增加了长度为10 m～20 m"长样品"的规定（1998年版的第8章，本版的5.1）；

——试验标准大气条件改为：温度23℃±5℃；相对湿度45%±25%（本版的第3章）。

本部分由中华人民共和国信息产业部提出。

本部分由中国通信标准化协会归口。

本部分起草单位：武汉邮电科学研究院。

本部分主要起草人：刘泽恒、陈永诗、程淑玲。

本部分为第一次修订，它与GB/T 15972.3×其他部分一起代替GB/T 15972.3—1998。

光纤试验方法规范
第31部分:机械性能的测量方法和试验程序
——抗张强度

1 范围

GB/T 15972的本部分规定了确定光纤样品抗张强度值的试验方法,本部分的目的是要对光纤的机械特性——抗张强度建立一个统一的技术要求。

本部分适用于A1、A2、A3类多模光纤和B类单模光纤的测量。

2 规范性引用文件

下列文件中的条款通过GB/T 15972的本部分的引用而成为本部分的条款。凡是注日期的引用文件,其随后所有的修改单(不包括勘误的内容)或修订版均不适用于本部分,然而,鼓励根据本部分达成协议的各方研究是否可使用这些文件的最新版本。凡是不注日期的引用文件,其最新版本适用于本部分。

GB/T 15972.10—2008 光纤试验方法规范 第10部分:测量方法和试验程序——总则(IEC 60793-1-1:2002,Optical fibres—Part 1-1: Measurement methods and test procedures—General and guidance,MOD)

IEC/TR 62048:2002 光纤 可靠性 幂定律理论

3 方法概述

本部分的试验方法用来确定光纤样品的抗张强度值。一根给定光纤的抗张强度值的分布与样品的长度、加载速率和环境条件密切相关。需要光纤的强度统计数据时可使用本试验进行检验。用统计质量控制分布的方式报告结果。正常情况下,是在样品作温度和湿度处理后进行试验。在某些情况下,也可不作预处理,直接在环境温度和湿度条件下测量抗张强度值。

计算方法的详细资料参看IEC/TR 62048:2002。

如果在处理完成之后进行试验,其结果应采用相同的样品数目和相同的试验条件(也就是速度和标距长度)与未处理的结果进行比较。相关连的分布曲线取决于待测光纤的总长度以及试验样品的长度。

注:在夹具区域或支撑轮附近断裂的情况中,测试值不应该包括在统计分布中,而应分别报告。

试验的标准大气环境条件应符合GB/T 15972.10—2008的规定:

温度:23℃±5℃;

相对湿度:45%±25%。

4 设备

使用一台带有夹具装置的合适抗张试验机,夹具要避免样品损坏和打滑。测量的强度值将随拉伸速度变化。拉伸速度值由买卖双方商定。典型使用的拉伸速度范围为每分钟3%～5%或15%～25%的试样长度。

注: 抗张试验机可以是垂直方向或水平方向。夹持光纤可以用卡盘或其他合适的方式。

5 样品制备

5.1 样品长度

试验用的典型长度有两种，一种是“短样品”，长度为 1 m；另一种是“长样品”，长度为 10 m～20 m。比较试验结果只用同样长度的样品。不同的样品长度，数据整理的结果是不同的。

5.2 样品制备和处理

如果需要，样品可以在规定的环境中，按详细技术规范中规定的时间处理一个规定的周期。

6 程序

使用一台拉力机，把应力加到光纤上，如果使用支撑滑轮则不要损坏光纤。试验下的光纤是两个夹具之间的一段。如果样品在规定的环境中进行处理，从处理环境中取出直到开始试验这之间的时间应取得一致。

7 结果

7.1 试验结果报告应包括下列内容：

——试验名称；

——试样识别号；

——强度值—报告光纤断裂下的应变值作为光纤强度；

——相对湿度和环境温度；

——试验日期和操作人员。

7.2 根据要求报告中也可包括下列内容：

——样品长度；

——拉伸速度；

——夹具固定类型；

——应用程序中出现的任何偏差；

——失效或可接受的判据；

——要报告的其他资料。

ICS 33.180.10
M 33

中华人民共和国国家标准

GB/T 15972.32—2008
部分代替 GB/T 15972.3—1998

光纤试验方法规范 第32部分:机械性能的测量方法和试验程序——涂覆层可剥性

Specifications for optical fibre test methods —
Part 32: Measurement methods and test procedures for mechanical characteristics—Coating strippability

(IEC 60793-1-32:2001, Optical fibres—
Part 1-22: Measurement methods and test procedures—
Coating strippability, MOD)

2008-03-31 发布　　2008-11-01 实施

中华人民共和国国家质量监督检验检疫总局
中国国家标准化管理委员会　发布

前　言

GB/T 15972《光纤试验方法规范》由若干部分组成，其预期结构及对应的国际标准和将代替的国家标准为：

——第10部分～第19部分：测量方法和试验程序总则（IEC 60793-1-10至IEC 60793-1-29；代替GB/T 15972.1—1998）；

——第20部分～第29部分：尺寸参数的测量方法和试验程序（对应IEC 60793-1-20至IEC 60793-1-29；代替GB/T 15972.2—1998）；

——第30部分～第39部分：机械性能的测量方法和试验程序（对应IEC 60793-1-30至IEC 60793-1-39；代替GB/T 15972.3—1998）；

——第40部分～第49部分：传输特性和光学特性的测量方法和试验程序；（对应IEC 60793-1-40至IEC 60793-1-49；代替GB/T 15972.4—1998）；

——第50部分～第59部分（GB/T 15972.50～GB/T 15972.59）：（对应IEC 60793-1-50至IEC 0793-1-59；代替GB/T 15972.5—1998）。

其中GB/T 15972.3×由以下部分组成：

——第30部分：机械性能的测量方法和试验程序——光纤筛选试验；

——第31部分：机械性能的测量方法和试验程序——抗张强度；

——第32部分：机械性能的测量方法和试验程序——涂覆层可剥性；

——第33部分：机械性能的测量方法和试验程序——应力腐蚀敏感性参数；

——第34部分：机械性能的测量方法和试验程序——光纤翘曲。

本部分为GB/T 15972的第32部分，本部分修改采用国际电工委员会标准IEC 60793-1-32：2001《光纤　第1-32部分：测量方法和试验程序——涂覆层可剥性》。

本部分与IEC 60793-1-32：2001的主要差异如下：

——按照我国标准的编排格式和表述要求，对一些内容安排做了调整，增加了“第3章　方法概述”，第1章某些内容放在第3章，并将原文第6章移到第3章；

——将原第7章和第8章合并作为本部分第7章。

本部分代替GB/T 15972.3—1998《光纤总规范　第3部分：机械性能试验方法》中第11章。

本部分与GB/T 15972.3—1998第11章相比主要变化如下：

——将标称涂覆直径为250 μm光纤的剥离长度可取值20 mm、30 mm或50 mm改为可取的值为30 mm或50 mm（1998年版的11.3.2，本版的5.2）；

——试验标准大气条件改为：温度23℃±5℃；相对湿度45%±25%（1998年版的11.4.2，本版的3.3）。

本部分由中华人民共和国信息产业部提出。

本部分由中国通信标准化协会归口。

本部分起草单位：武汉邮电科学研究院。

本部分主要起草人：刘泽恒、陈永诗、程淑玲。

本部分为第一次修订，它与GB/T 15972.3×其他部分一起代替GB/T 15972.3—1998。

光纤试验方法规范
第32部分：机械性能的测量方法和试验程序
——涂覆层可剥性

1 范围

GB/T 15972的本部分规定了沿光纤纵轴向定量地机械剥去保护涂覆层所需的力的试验方法，确立了测量的统一试验程序和技术要求。

本部分适用于A1类、A2类、A3类和B类具有标称外直径为250 μm～900 μm范围内的聚合物作外被覆层的光纤的测量。

本部分不适用于实际直径230 μm～930 μm范围之外的聚合物作外被覆层的光纤。

2 规范性引用文件

下列文件中的条款通过GB/T 15972的本部分的引用而成为本部分的条款。凡是注日期的引用文件，其随后所有的修改单(不包括勘误的内容)或修订版均不适用于本部分，然而，鼓励根据本部分达成协议的各方研究是否可使用这些文件的最新版本。凡是不注日期的引用文件，其最新版本适用于本部分。

GB/T 15972.10—2008 光纤试验方法规范 第10部分：测量方法和试验程序——总则(IEC 60793-1-1:2002,Optical fibres—Part 1-1: Measurement methods and test procedures—General and guidance,MOD)

3 方法概述

本部分主要用于检验光纤制造厂生产的光纤或其后采用各种聚合物作外被覆层(紧包缓冲层)的光纤。本部分试验可在新制造的或在暴露到各种环境中之后的光纤上进行。

3.1 样本报告值的计算

计算10段样品的平均值和标准偏差。

3.2 一段样品值的计算

有两种方法测量剥离力。两种方法包含同样的实验技术，但每一种强调的力值计算方法不同。

方法1—平均剥离力

启动拉伸试验机，在光纤和剥离工具之间提供一个恒定的相对运动。观察并记录剥去玻璃光纤涂覆层所需的力，要去除试验期间光纤断裂情况下的数据。计算平均剥离力，除去剥离长度前面20%的数据。

方法2—峰值剥离力

启动拉伸试验机，在光纤和剥离工具之间提供一个恒定的相对运动。观察并记录剥去玻璃光纤涂覆层所需的力。记录峰值剥离力。去除试验期间光纤断裂情况下的数据。

3.3 环境大气条件

试验的标准大气环境条件应符合GB/T 15972.10—2008的规定：

温度：23℃±5℃；

相对湿度：45%±25%。

4 装置

4.1 拉伸装置

应使用一台合适的装置,例如立式拉力机,来提供受试光纤和剥离工具之间的相对运动。拉伸装置应能提供恒定的剥离速率,没有猛拉受试光纤或剥离工具的现象。剥离速率应按 6.2 的规定进行。

该装置应能提供两个方向的相对运动,以便复位。剥离工具应在拉伸装置的夹头上夹紧,其刀刃应与光纤轴保持垂直,并要防止光纤弯曲,把受试光纤的另一端固紧。为防止光纤断裂,用于在夹持点固紧光纤的方法不应使光纤遭受过大的应力。

试验装置实例如图 1 所示。

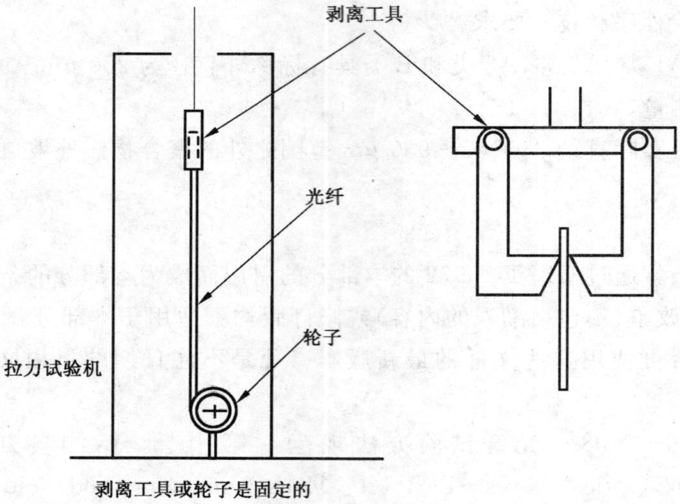

图 1 涂覆层剥离试验装置示意图

4.2 力值传感器

采用合适的能检测出剥去光纤涂覆层时施于光纤上力的任何装置。

4.3 转换放大器

本装置接收来自力值传感器的信号,并显示受试光纤直到涂覆层剥掉时的剥离力,力值读数应是连续的。例如使用一台曲线记录仪,来提供足够的资料进行计算最大力和平均力,以及剥离期间力值波动的幅度和频率。

力值的测量精度应按产品规范中规定。

4.4 剥离工具

4.4.1 试验结果的准确性主要取决于剥离工具的设计,故剥离工具的设计应遵守下列准则:

——为了不损伤包层表面,工具刀刃孔的直径或刀刃间的距离应大于被剥离光纤标称包层直径。例如,对于目前通用的光纤来说,刀刃中的孔或之间的距离应比标称包层直径大 50 μm;

——剥离工具的刀刃应不引起光纤弯曲。在本试验中,剥离工具的刀刃对接在同一平面上为最佳状态。

4.4.2 剥离工具应安装在试验固定架上,并使用合适的夹具,使其紧紧夹持在光纤的周围。

4.4.3 剥离工具使用一段时间后,或刀刃已磨损到足以影响试验结果时,应予以更换。

注:剥离工具磨损会影响下列的任一项或全部:

——光纤断裂;

——玻璃光纤表面涂覆层残余量;

——从光纤上剥去涂覆层的方式;

——剥去涂覆层所需的力。

4.5 光纤导向孔

应使用一种合适的导向孔(可以设计在剥离工具自身上),使要通过剥离工具的光纤保持笔直。导向孔要满足下列要求:

——导向孔应能支撑光纤,防止光纤自重引起的下弯;

——导向孔应能防止涂覆层被剥去时的皱缩而引起的光纤弯曲;

——导向孔应尽可能在靠近剥离工具的位置,且不妨碍剥离操作;

——导向孔应易于安装到试验装置上,且容易清洗,如果涂覆层皱曲,应能免受干扰。

5 试样制备

5.1 代表性试样

试样应能代表总体光纤,以便做出正确的质量评估。由于试验的可变性,故至少取 10 段试样做试验,然后取平均值得到该试样的试验结果。

5.2 剥离长度

所剥光纤长度会影响剥离力。对于标称涂覆层直径为 250 μm 的光纤,所剥光纤长度对剥离力影响很小。光纤的剥离长度应当在产品规范中规定。对于标称涂覆直径为 250 μm 的光纤,可取的值为 30 mm 或 50 mm。对于较粗的涂覆层直径,可选取较短的剥离长度。

完成样品光纤的测量必须提供比要剥的规定长度更长的长度。试样总长度由光纤固定端与剥离工具(见图 1)间的距离,要通过剥离工具所规定的待剥光纤长度(见图 2)和在固定端把光纤绕到轮子上所需的长度来确定。试样长度必须充分长以满足试验要求。试验结果部分地取决于光纤的剥离长度,与试样总长度无关。

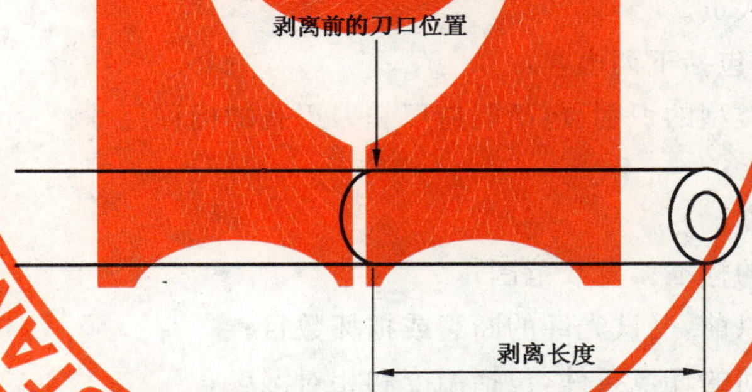

图 2 剥离长度示意图

6 程序

6.1 引言

本程序包括:

——距光纤端头规定的距离处切开涂覆层;

——测量剥去玻璃光纤涂覆层所需的力。

光纤正在剥离时会断裂,应避免戳伤皮肤和眼睛。

6.2 设定剥离速率

从光纤上剥去涂覆层所需的力部分地取决于剥离速率。如果要比较不同试验的结果,应采用相同的剥离速率。拉伸试验机应能按产品规范中规定的速率在光纤与剥离工具之间提供相对运动。对于标称涂覆层直径为 250 μm 的光纤,可取的值为 500 mm/min;较粗涂覆层直径的剥离速率可取100 mm/min。

6.3 预处理

试样应在 GB/T 15972.10—2008 中规定的标准环境条件下至少预处理 24 h。

6.4 校准转换放大器

每组试验前，应按设备仪器使用说明书校准转换器和力值传感器。

6.5 安装试样

安装光纤之前，剥离工具两刀刃周围的区域应无残渣和/或累积物。

试验光纤的一端应固紧在试验夹具上，使其在加载时不打滑（例如光纤在直径为 80 mm 的轮子上绕三圈）。光纤的另一端穿过剥离工具，并插入到光纤导向孔中。

6.6 剥离涂覆层

启动拉伸试验机，在光纤和剥离工具之间提供一个恒定的相对运动。

观察并记录剥去玻璃光纤涂覆层所需的力，要去除试验期间光纤断裂情况下的数据。

当涂覆层完全从光纤上剥去时，试验完成。

注：光纤上留有任何肉眼可见的涂覆层残留物，应能用实验室薄纸很容易地轻轻擦去。

7 结果

7.1 试验结果报告应包括下列内容：

——试样名称；

——试样识别号，包括涂覆层外径和涂覆层材料类型；

——剥离力结果的平均值（10 或更多段试验样品）；

——给定样品件的计算方法：平均值或峰值；

——相对湿度和环境温度；

——试验日期和操作人员。

7.2 根据要求报告中也可包括下列内容：

——使用的剥离工具类型的识别，包括制造厂和刀刃孔的标称尺寸；

——剥离速率；

——剥离的涂覆层长度；

——样本中所试样品的标准偏差或范围；

——完全剥去涂覆层以前，受试光纤的断裂或损坏数目；

——预处理和试验期间的环境条件，包括温度和相对湿度；

——如果涂覆层残留物不能按 6.6 除去，应记载；

——失效或可接受的判据；

——应用程序中出现的任何偏差。

ICS 33.180.10
M 33

中华人民共和国国家标准

GB/T 15972.33—2008
部分代替 GB/T 15972.3—1998

光纤试验方法规范 第33部分：机械性能的测量方法和试验程序——应力腐蚀敏感性参数

Specifications for optical fibre test methods—Part 33: Measurement methods and test procedures for mechanical characteristics—Stress corrosion susceptibility

(IEC 60793-1-33:2001, Optical fibres—Part 1-33: Measurement methods and test procedures—Stress corrosion susceptibility, MOD)

2008-03-31 发布　　2008-11-01 实施

中华人民共和国国家质量监督检验检疫总局
中国国家标准化管理委员会　发布

前　言

GB/T 15972《光纤试验方法规范》由若干部分组成，其预期结构及对应的国际标准和将代替的国家标准为：

——第10部分～第19部分：测量方法和试验程序——总则(对应IEC 60793-1-10至IEC 60793-1-19；代替GB/T 15972.1—1998)；

——第20部分～第29部分：尺寸参数的测量方法和试验程序(对应IEC 60793-1-20至IEC 60793-1-29；代替GB/T 15972.2—1998)；

——第30部分～第39部分：机械性能的测量方法和试验程序(对应IEC 60793-1-30至IEC 60793-1-39；代替GB/T 15972.3—1998)；

——第40部分～第49部分：传输特性和光学特性的测量方法和试验程序(对应IEC 60793-1-40至IEC 60793-1-49；代替GB/T 15972.4—1998)；

——第50部分～第59部分：环境性能的测量方法和试验程序(对应IEC 60793-1-50至IEC 60793-1-59；代替GB/T 15972.5—1998)。

其中GB/T 15972.3×由以下部分组成：

——第30部分：机械性能的测量方法和试验程序——光纤筛选试验；

——第31部分：机械性能的测量方法和试验程序——抗张强度；

——第32部分：机械性能的测量方法和试验程序——涂敷层可剥性；

——第33部分：机械性能的测量方法和试验程序——应力腐蚀敏感性参数；

——第34部分：机械性能的测量方法和试验程序——光纤翘曲。

本部分为GB/T 15972的第33部分，本部分修改采用国际电工委员会标准IEC 60793-1-33:2001《光纤　第1-33部分：测量方法和试验程序——应力腐蚀敏感性参数》。

本部分与IEC 60793-1-33:2001的主要差异如下：

——按照我国标准的编排格式和表述要求，对一些内容安排做了调整，增加了“第3章　方法概述”，删除了IEC版本中第3章、第5章、第9章，将其内容和第1章某些内容分别放在本部分的第3章和第7章；在所有的规范性附录中均增加了“概述”一条；

——第1章中，删除了适用于光纤类别测量中的A3类多模光纤；

——纠正了IEC版本附录F中F.2条公式中的错误；由于附录F中F.3存在明显错误，整个F.3仍然采用IEC 793-1-3:1995中A3的内容。

本部分代替GB/T 15972.3—1998《光纤总规范　第3部分：机械性能试验方法》中第12章、13章、14章、15章、16章和17章。

本部分与GB/T 15972.3—1998相比主要变化如下：

——将原正文中的五种试验方法的详细描述用规范性附录列出(1998年版的13章、14章，15章、16章、17章，本版的附录A、附录B、附录C、附录D和附录E)；

——抗张试验长度范围，由原来的0.5 m改为从0.5 m～5 m(1998年版的13.2，本版的4.1)。

本部分的附录A、附录B、附录C、附录D和附录E为规范性附录，附录F、附录G和附录H为资料性附录。

本部分由中华人民共和国信息产业部提出。

本部分由中国通信标准化协会归口。

本部分起草单位:武汉邮电科学研究院。

本部分主要起草人:刘泽恒、陈永诗、程淑玲。

本部分为第一次修订,它与 GB/T 15972.3× 其他部分一起代替 GB/T 15972.3—1998。

光纤试验方法规范
第33部分：机械性能的测量方法和
试验程序——应力腐蚀敏感性参数

1 范围

GB/T 15972的本部分规定了五种确定应力腐蚀敏感性参数的主要试验方法，确立了有关应力腐蚀敏感性参数测量的统一试验程序和技术要求。

本部分适用于A1、A2类多模光纤和B类单模光纤的测量。

2 规范性引用文件

下列文件中的条款通过GB/T 15972的本部分的引用而成为本部分的条款。凡是注日期的引用文件，其随后所有的修改单(不包括勘误的内容)或修订版均不适用于本部分，然而，鼓励根据本部分达成协议的各方研究是否可使用这些文件的最新版本。凡是不注日期的引用文件，其最新版本适用于本部分。

IEC/TR 62048：2002　光纤　可靠性　幂定律理论

3 方法概述

在实际中通常使用动态疲劳试验和静态疲劳试验来确定应力腐蚀敏感性参数，分别称为动态 n 值和静态 n 值。

任何光纤的机械试验都应在尽可能接近实际应用的模拟条件下确定断裂应力和疲劳性质。常用的试验方法有下面五种：

——轴向张力下的动态 n 值试验方法；

——两点弯曲下的动态 n 值试验方法；

——轴向张力下的静态 n 值试验方法；

——两点弯曲下的静态 n 值试验方法；

——均匀弯曲下的静态 n 值试验方法。

如果静态和动态疲劳试验在相同的有效测试时间内完成，则两种试验方法的结果相差不大。对动态疲劳试验而言，这意味着其测试时间是静态疲劳试验测试时间的($n+1$)倍。

采用静态疲劳试验方法时，对较长的测量时间和相应较低的施加应力水平，n 值增加。本部分中给出的静态疲劳试验测试时间范围比在相对短的时间内完成的动态疲劳试验测试时间范围更接近实际情况。

这些试验提供的应力腐蚀参数 n 值可以根据IEC/TR 62048:2002用于可靠性计算。

每一种试验方法的框图和技术要求分别见附录A、附录B、附录C、附录D和附录E。

用各种疲劳试验方法得到的应力腐蚀敏感性参数 n 值可能不同。测量时间和施加的应力量对测试结果均有影响，在选择试验方法时必须小心，选择何种方法应在用户和制造厂之间达成一致。

附录A规定的轴向张力法测动态 n 值是基准试验方法，由于它与其他试验方法相比得到的值最小且试验周期最短，故作为仲裁试验。

所有试验都应在恒定的环境条件下进行。除非另有规定，试验环境条件应符合下面的规定：

温度：(20℃～23℃)±2℃；

相对湿度：(40％～60％)±5％。

4　样本和样品

疲劳试验的测量是用统计的方法，每一种试验都是总体中的许多样品或样本在几种条件下进行试验，用不同样本组的断裂应力或断裂时间来计算应力腐蚀敏感性参数。

4.1　样品长度

样品长度是随所用的试验程序而定。满足试验方法的样品长度见相应的附录A、附录B、附录C、附录D和附录E。抗张试验，长度范围从0.5 m到至多5 m。两点弯曲试验，所试验的实际长度小于10 cm。均匀弯曲试验大约是1 m。

4.2　样品制备和处理

所有试样在试验环境中至少预处理12 h。

光纤置于高温高湿环境中即使是短暂的时间，用这些试验方法测量的 n 值也会改变。使用这些方法的指南在IEC/TR 62048:2002中有详细描述。

5　试验程序

对于单独的试验方法分别见附录A、附录B、附录C、附录D和附录E。

用几组样本在各种应力条件下进行试验，每组样本(由许多样品组成)采用一种应力条件。对静态疲劳试验，施加一个恒定的应力给样本并测量断裂时间。对动态疲劳试验，应力率随样本变化并测量断裂应力。

下面是所有方法的基本程序：

——完成预处理；

——把样品分成样本组；

——给每个样本组施加规定的应力条件；

——测量断裂时间或应力；

——完成计算。

6　计算

每种单独试验方法的计算分别在附录A、附录B、附录C、附录D和附录E中给出。

7　结果

7.1　试验结果报告应包括下列内容：

——试样名称；

——试样识别号；

——应力腐蚀敏感性参数；

——试验方法；

——相对湿度和环境温度；

——试验日期和操作人员。

7.2　根据要求报告中也可包括下列内容：

——试验方法要求的规定资料；

——应用程序出现的任何偏差；

——失效或可接受的临界值。

附 录 A
（规范性附录）
轴向张力法测动态 *n* 值

A.1 概述

本方法用来确定光纤在规定的恒定应变速率下的动态应力腐蚀敏感性参数（动态 n 值，n_d）。

本方法只用于在规定的最高应变速率下中值断裂应力大于 3 GPa 的光纤。对中值断裂应力小于 3 GPa的光纤，本方法的测试条件达不到足够的精度。

本方法通过改变应变速率来试验光纤的疲劳性能。本试验适用于断裂应力值的对数与应变速率的对数呈线性关系的光纤和应变速率。

A.2 装置

本节规定了用于动态断裂应力试验装置的基本要求。典型示例见图 A.1、图 A.2 和图 A.3。拉伸试验中试样的标距长度为至少 500 mm（至多 5 m）。

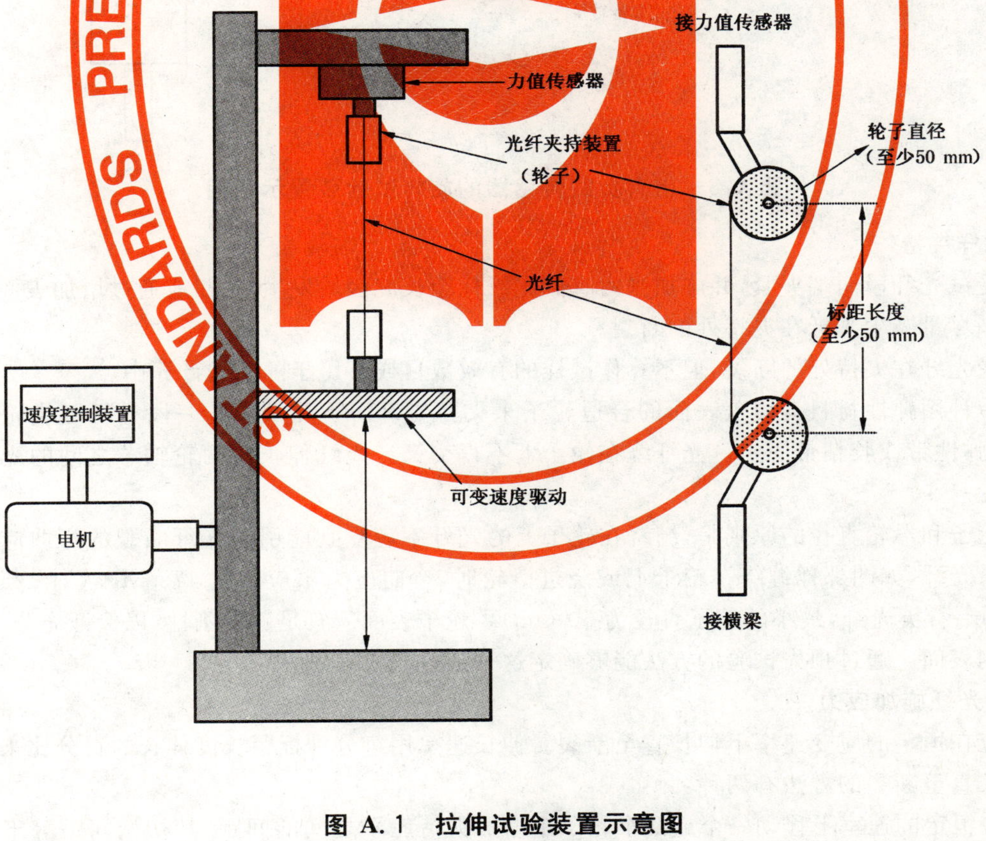

图 A.1 拉伸试验装置示意图

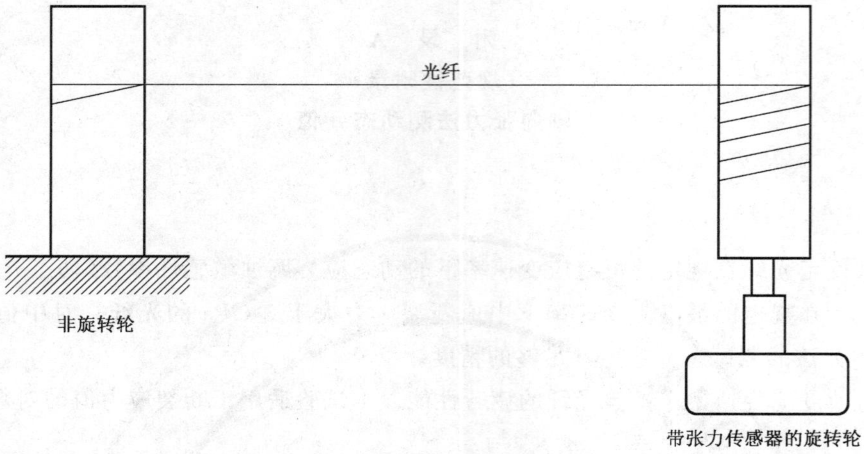

图 A.2 旋转试验装置示意图

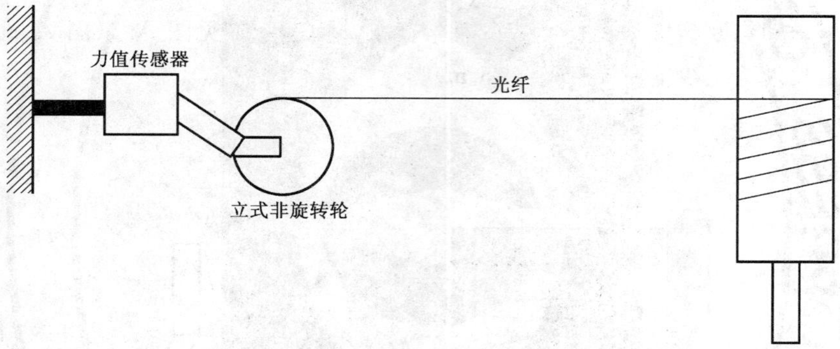

图 A.3 带有负载传感器的旋转试验装置示意图

A.2.1 试样夹持

应把受试光纤段两端夹紧，并施加张力直到光纤标距长度区域发生断裂，应通过增加表面摩擦防止过分打滑来尽量减少光纤在夹持处的断裂。

应记录光纤在夹持处的断裂，但不算作试样的有效数目或不用于随后的计算中。

选择一种用弹性材料套覆盖表面的合适轮子来夹持光纤。不受试验的一段光纤围绕轮子缠绕几圈，端头用弹性带或胶粘带固定。光纤绕在轮子上不得交叉。光纤伸长前两轮轴芯之间的光纤长度定为标距长度。

确定轮子和滑轮直径的原则是，缠绕在轮子上的光纤不应受到能引起光纤断裂的弯曲应力。对典型的石英系光纤，如图那样缠绕在轮子上或绕过滑轮时，弯曲应力不应超过 175 MPa（对 125/250 μm-包层/涂覆层-石英光纤，最小的轮子直径为 50 mm）。轮子表面应有足够的刚性，以保证充分加载时，光纤不会切割表面。通过预先试验的方法能够确定这一条件。

A.2.2 给光纤施加应力

光纤应在恒定的应变速率下伸长直至断裂。伸长速率用每分钟标距长度伸长的百分比来表示。完成光纤伸长直至断裂的方法有两种：

a) 在恒定的速率下移动一个或两个轮子来增加夹持轮子之间的间距，其初始间距等于光纤的标距长度（见图 A.1）；

b) 旋转一个或两个轮子来收紧受试光纤（见图 A.2 和图 A.3）。

应变速率就是单位时间内受试光纤两定点之间的长度变化，用百分比/时间表示。

如果使用方法 b)，应采取措施防止光纤在旋转轮上缠绕时互相交叉。

如果同时试验多根光纤，应保护每根光纤不受相邻光纤的影响，以便在断裂处的鞭击不损伤其他受试光纤。

A.2.3 测量断裂力

应采用一个力值传感器测定每根试验光纤在拉伸过程中直至断裂时的抗张应力。对每一断裂应力范围，传感器应标定在断裂负载或最大负载的 0.5%(0.005)以内。力值传感器应与光纤受到负载时的同样方式进行标定和定向。对方法 b)，当用一根绳子和标准质量来标定力值传感器时，应当用一个轻的、低摩擦的滑轮(或滑轮组)来代替非旋转轮(见图 A.2)或旋转轮(见图 A.3)。一端连接到负载测试装置(或其轮子上)的绳子应模仿实际试验光纤的方向，并且粗细或直径类似于受试光纤。标定力值传感器至少使用三种标定质量，其中包括典型的断裂负载或最大负载(最大负载的 50%，最大负载，最大负载的 1.5 倍)。

应用记录仪记录断裂时的最大张力负载，其响应时间应满足记录的断裂负载在真实值的 1%以内。

注：对卧式旋转轮试验机的力值传感器进行标定时，滑轮的摩擦影响可导致相当大的误差。

A.2.4 应变速率控制

速度控制单元的设定应通过试验确定，以符合规定的应变速率，应变速率应当用每单位时间标距长度的百分数表示。最大应变速率应不大于 100%/min。选择有效的最大应变速率时，应考虑试验方法的各个方面，诸如设备的能力及试样的材料特性。除最大应变速率外，还应另外使用三种应变速率，它们大致以 1 个数量级的大小依次从最大应变速率减小到最小应变速率。

使用较快的应变速率结合较低的负载值可以缩短试验周期。例如，若规定的应变速率为 0.025%/min，先用次快速率(0.25%/min)来试验一些试样，以建立断裂应力范围。试验时，先用次快速率把光纤预加载到等于或小于在此速率下找到的最低断裂应力的 80%。接着，再按规定的应变速率进行试验直至光纤断裂。

A.2.5 表征应力速率

应力速率会随光纤类型、拉伸设备、断裂应力、光纤打滑和施加的应变速率的不同而变化。可用下式表征用于疲劳计算中每一应变速率下的应力速率 $\dot{\sigma}_a$：

$$\dot{\sigma}_a = \frac{0.2\sigma_f}{t(\sigma_f) - t(0.8\sigma_f)} \qquad \cdots\cdots\cdots\cdots (A.1)$$

式中：

σ_f——断裂应力；

$t(\sigma_f)$——断裂时间；

$t(0.8\sigma_f)$——至断裂应力 80%时所用时间。

A.3 试样

A.3.1 样本大小

由于测试结果的可变性，对每一种应变速率至少测试 15 个试样，且舍去各应变速率下最低断裂应力数据点。当 σ_f 对 $\dot{\sigma}_a$ 曲线斜率的估算标准偏差(*SEE*)为 0.001 7 或更大时，则对每种应变速率应至少试验 30 个试样，并舍去各应变速率下的两个最低断裂应力数据点。

A.3.2 可选择的样本大小

正如 A.3.1 中解释的，在某些应用中，需要知道估算动态(张力)应力腐蚀敏感性参数 n_d 的置信区间时，可能需要一些附加的试样。各种样本大小可查阅表 F.1，样本的大小取决于期望的动态威布尔(Weibull)斜率 m_d。附录 F 中 F.2 的算法只限于每种应变速率都规定相同的样本大小的那些试验。

A.4 程序

本程序描述了如何从在给定的应变速率下试验的一组给定试样获得光纤断裂应力。数据的总体统计计算在 F.2 中给出。

A.4.1 设定和记录标距长度(见 A.2.2)。

A.4.2 设定和记录应变速率(见 A.2.4)。

A.4.3 如果使用 A.2.2 的方法 a),把夹持轮返回到标距长度的间隔位置。

A.4.4 把试样两端依次安装在夹具上。光纤的切线点应与负载标定时处于同一位置。引导每根试样,在卡盘上至少缠绕要求的圈数,缠绕过程不得自相交叉。

A.4.5 将负载记录仪置"0"。

A.4.6 启动电机拉伸光纤。记录应力与时间的关系曲线,直至光纤断裂,停转电机。

A.4.7 对试样组内的所有光纤重复程序 A.4.3 至 A.4.6。

A.4.8 使用式(A.2),计算每根光纤的断裂应力 σ_f。

A.4.9 计算应力速率 $\dot{\sigma}_a$。

A.4.10 使用式(A.3)至式(A.6),完成需要的总体统计计算。

A.5 计算

A.5.1 断裂应力

当忽略涂层效应(小于 5%)时,对通用包层直径为 125 μm、涂覆层直径为 250 μm(聚合物涂覆层)的光纤,可用下式计算断裂应力 σ_f:

$$\sigma_f = T/A_g \qquad \cdots\cdots(A.2)$$

式中:

T——涂覆层光纤试样的断裂张力;

A_g——玻璃光纤的标称横截面积。

当涂覆层的效应明显时,可采用附录 F 中 F.3 给出的一种更完整的方法计算断裂应力 σ_f。

A.5.2 给定应变速率下的断裂应力

绘制表征总体的威布尔(Weibull)分布曲线需按以下步骤进行:

a) 将断裂应力从最低值至最高值依次排列好,并按顺序给定一个序号 k,即第一号为最低断裂应力,第二号为次低断裂应力等。即使几个试样的断裂应力相同,也要对其给定不同的序号。

b) 计算每一断裂应力的累积断裂概率 F_k:

$$F_k = (k-0.5)/N \qquad k = 1,2,\cdots\cdots,N \qquad \cdots\cdots(A.3)$$

式中:

N——样本大小。

c) 绘出 $\ln[-\ln(1-F_k)]$ 对 $\ln(\sigma_f)$ 的威布尔(Weibull)曲线。

注:在专用威布尔(Weibull)图纸上可绘出这根曲线。

d) 曲线上标出所需数据。

对给定标距长度和直径的试样,动态疲劳威布尔(Weibull)曲线与下述累积概率函数有关:

$$F_k = 1-\exp[-(\sigma_f/\sigma_o)^{m_d}] \qquad \cdots\cdots(A.4)$$

设 $k(P)=PN+0.5$ 来定义一个与给定概率 P 有关的序号。

若 $k(P)$ 为整数,令 $\sigma_f(P)=\sigma_{fk}(P)$ 为第 $k(P)$ 序号的断裂应力。

若 $k(P)$ 不为整数,令 k_1 为低于 $k(P)$ 的整数,且 $k_2=k_1+1$。然后,令 $\sigma_f(P)=(\sigma_{fk_1}\sigma_{fk_2})^{1/2}$。

中值断裂应力为 $\sigma_f(0.5)$。威布尔(Weibull)斜率为:

$$m_d = \frac{2.46}{\ln[\sigma_f(0.85)]-\ln[\sigma_f(0.15)]} \qquad \cdots\cdots(A.5)$$

式中:

$\sigma_f(0.85)$——累积失效概率为 0.85 时的断裂应力;

$\sigma_f(0.15)$——累积失效概率为 0.15 时的断裂应力。

威布尔(Weibull)参数为：

$$\sigma_o = \exp\left[\frac{0.3665}{m_d} + \ln[\sigma_f(0.5)]\right] \qquad (A.6)$$

绘出每种应力速率的威布尔(Weibull)分布曲线，确定每种应力速率的中值断裂应力 $\sigma_f(0.15)$。

A.5.3 动态(张力)应力腐蚀敏感性参数 n_d

中值断裂应力 $\sigma_f(0.15)$ 通常会随恒定应力速率 $\dot{\sigma}_a$ 按下式变化：

$$\lg\sigma_f(0.5) = \frac{\lg\dot{\sigma}_a}{1+n_d} + 截距 \qquad (A.7)$$

式中截距为应力速率等于 1 时断裂应力的对数，如图 A.4 所示。

截距可按下式计算：

$$截距 = \overline{Y} - (斜率)\overline{X} \qquad (A.8)$$

采用附录 F 中 F.2 给出的算法计算 $\overline{Y}$、$\overline{X}$、估算值 n 和试验的 95% 置信区间。$\lg\sigma_f$ 与 $\lg\dot{\sigma}_a$ 曲线斜率的估算标准偏差(*SEE*)应小于 0.0017。参见附录 F 中 F.2 确定 *SEE*。

A.6 结果

除按第 7 章的规定给出结果外，本方法还应包括下列数据：

——应变速率；

——每种应变速率下的样本大小；

——估算值 n_d 的标准偏差(*SEE*)；

——$\overline{Y}$ 和 $\overline{X}$；

——标距长度；

——环境预处理时间；

——断裂应力计算方法；

——光纤杨氏模量(若考虑)；

——涂覆层杨氏模量(若考虑)；

——所有应变速率的威布尔(Weibull)曲线(若采用)；

——计算应力速率的方法。

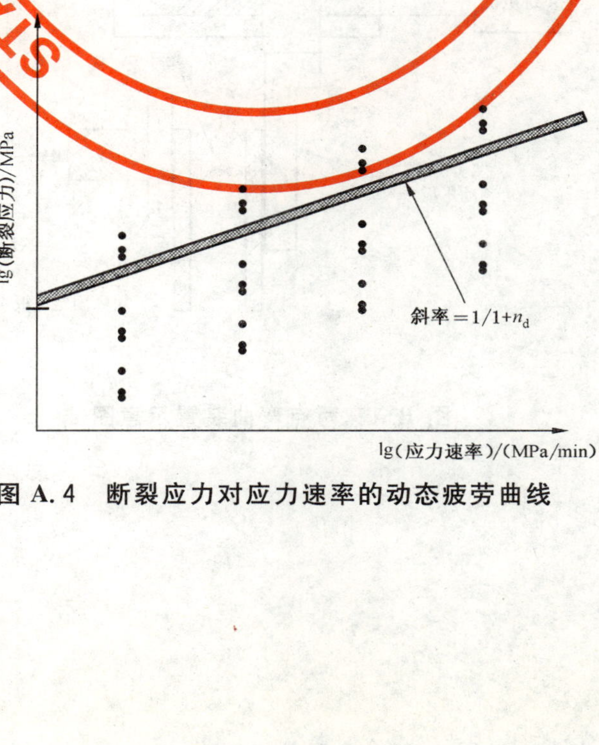

图 A.4 断裂应力对应力速率的动态疲劳曲线

附　录　B
（规范性附录）
两点弯曲法测动态 *n* 值

B.1　概述

本方法用来确定光纤在一个恒定的压板速率下两点弯曲的动态疲劳参数。对于使用中光纤应力起因于弯曲的情况，应优先采用本试验方法。

本方法通过改变压板速率来试验光纤的疲劳性能。本试验适用于其断裂应力对数与压板速率对数呈线性关系的光纤和压板速率。

B.2　装置

一种试验装置示于图 B.1。此装置是通过测出光纤断裂时的压板间距来测量光纤呈两点弯曲几何形状断裂时所需的应变/应力值。

B.2.1　步进电机控制

此装置为平板直线运动提供准确、可靠、可重复的电机化控制。使用的最大步进长度应为 1 μm。使用 0.1 μm 的步进长度时能达到更高的精度。

B.2.2　步进电机驱动移动压板

通过一根丝杆将步进电机的旋转运动转换成移动压板的直线平移。

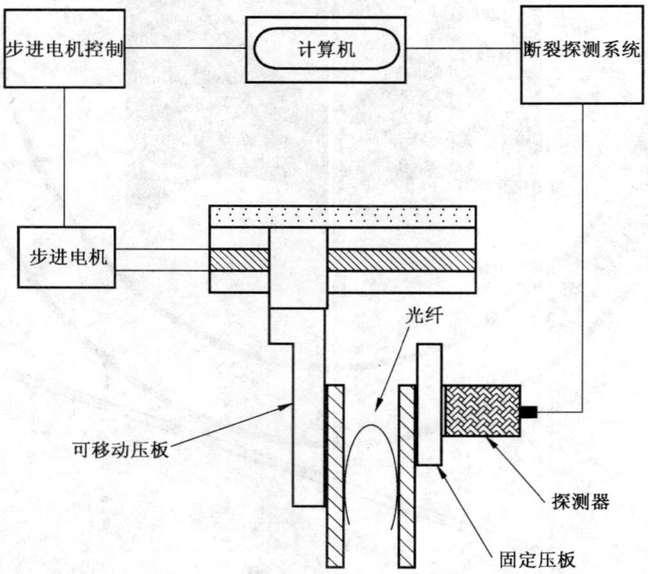

图 B.1　两点弯曲装置示意图

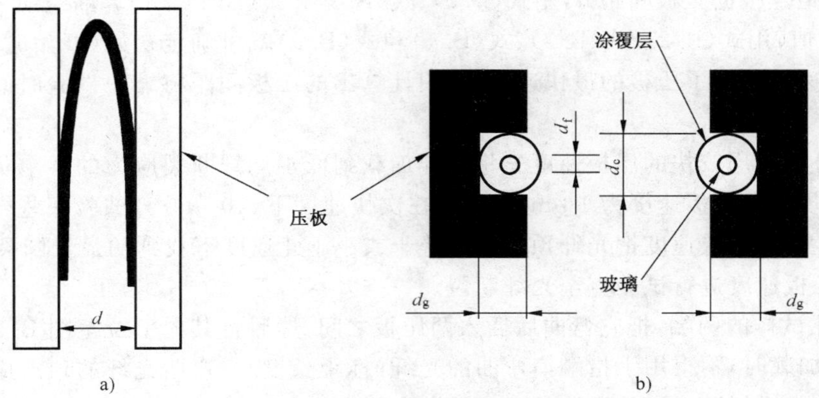

图 B.2　平面压板示意图

B.2.3　固定压板

本部件对着移动压板支撑光纤。

B.2.4　移动压板速度

光纤应置于两压板之间，用计算机控制步进电机以规定的恒定速度驱使活动压板压向固定压板（v=常数），直至光纤断裂。采用的移动速度为：1 μm/s、10 μm/s、100 μm/s、1 000 μm/s 等 4 挡，控制精度均为±10％。

B.2.5　光纤断裂监测系统

可采用下列方法中的一种来探测光纤断裂。

B.2.5.1　方法 1

采用一种声发射探测器或传感器来探测光纤的断裂，断裂信号通过计算机停止移动压板运动，且在断裂时显示压板的间距。

B.2.5.2　方法 2

将力值（压力）传感器安装在固定压板上，并连接到一合适的信号处理装置上，用以测量试验过程中施加于光纤的力。当光纤断裂时，力降为零，从而提供一种检测光纤断裂的方法。

B.2.5.3　方法 3

探测光纤断裂的另一种技术是给试验中的光纤通光并监测光输出信号，当光纤断裂时，光传输信号消失。

对以上所有方法，光纤断裂时，压板间距 d 的计算为：

$$d = \text{压板初始位置} - \text{压板行程} \quad \cdots\cdots (B.1)$$

B.3　试样

试样为一段长度约 30 mm～120 mm 的涂覆光纤。玻璃光纤的直径应确知到±1 μm，涂覆层直径应确知到±5 μm。各速度的样本大小至少为 15。

B.4　程序

B.4.1　试验前应先对试验装置进行校准。设两块压板面完全接触时的距离为零，这时，步进电机控制器的读数应调为零。当光纤断裂时，可采用块规来校验该距离，以核实步进电机控制器显示的压板间距值 d。零位置的可重复性应在±5 μm。

注：两压板的表面在接触之前应仔细清洁。

B.4.2　光纤压板分开的初始间隙应调定在 12.00 mm，其中包括槽深。

B.4.3　在总体光纤以给定的压板速度作试验以前，从同批光纤中先取一根进行断裂试验，以确定光纤断裂时的压板间距。根据压板间距 d，用式(B.2)、式(B.3)和式(B.4)来计算断裂应力。采用等于断裂应力50%的应力值，用式(B.2)、式(B.3)、式(B.4)和式(B.5)就可确定初始(开始时)压板间距。由于步进电机的最快速度限制了压板的最快速度，采用计算出的压板间距将缩短试验时间并达到最快压板速度。

在实际中，可以使用较快的压板速度先将光纤加载到低于光纤断裂应力的某个负载值的方法来缩短试验时间。若规定的压板速度为1 μm/s，那么在次快速度下(10 μm/s)试验一些样品来确定一个断裂应力范围。接着，用次快速度把光纤预加载到等于或小于此速度下找到的最低断裂应力的80%。接着，再用规定的压板速度进行试验直至光纤断裂。

B.4.4 小心掐住试样的两端，把它弯曲后插入两压板之间，然后将其向上拉至图B.2所示位置。在操作光纤或对光纤加载时，不得用手指触摸弯曲的光纤(标距长度)。弯曲光纤的顶点应始终在夹具中的同一位置，这可减小压板不平行的影响。光纤的方向朝上或朝下均可。

B.4.5 样品断裂后，停掉电机，记录光纤断裂时压板的间距。

B.4.6 在规定的加载速率下对每一根光纤样品重复步骤B.4.1至B.4.5；在其他规定的加载速率下对所有样品重复步骤B.4.1至B.4.5。

B.4.7 使用式(B.2)至式(B.4)方程计算每次断裂时的光纤断裂应力 σ_f。

B.4.8 使用式(B.5)至式(B.6)完成要求的总体统计计算。

B.5 计算

B.5.1 断裂应力

每根光纤的断裂应力由下式计算：

$$\sigma_f = E_0 \cdot \varepsilon_f (1 + 0.5 \cdot \alpha' \cdot \varepsilon_f) \qquad \cdots\cdots (B.2)$$

$$\varepsilon_f = 1.198 \frac{d_f}{d - d_c + 2d_g} \qquad \cdots\cdots (B.3)$$

$$\alpha' = 0.75\alpha - 0.25 \qquad \cdots\cdots (B.4)$$

式中：

σ_f——断裂应力，单位为吉帕斯卡(GPa)；

E_0——杨氏模量，单位为吉帕斯卡(GPa)；

ε_f——光纤弯曲顶点的断裂应变；

α——非线性应力-应变特性的修正系数(α 的典型值为6)；

d_f——玻璃光纤直径，单位为微米(μm)；

d——光纤断裂时压板间的距离，单位为微米(μm)；

d_c——包括任何涂覆层的光纤总直径，单位为微米(μm)；

$2d_g$——两个槽的总深度，单位为微米(μm)(见图B.2)。

B.5.2 动态(两点弯曲)应力腐蚀敏感性参数 n_d

中值断裂应力 $\sigma_f(0.5)$ 通常将按下式随恒定压板速度 v 变化：

$$\lg\sigma_f(0.5) = \frac{1}{n_d - 1} \times \lg\frac{v}{r} + 截距 \qquad \cdots\cdots (B.5)$$

式中：

r——玻璃光纤的半径，单位为微米(μm)；

截距——如图B.3所示在恒定压板速度等于1时的断裂应力的对数。

截距可按下式计算：

$$截距 = \overline{Y} - (斜率)\overline{X} \qquad \cdots\cdots (B.6)$$

采用附录F中F.2的算法来计算 $\overline{Y}$、$\overline{X}$、n_d 估算值和试验的95%置信区间，而且 $\lg\sigma_f$ 对 $\lg v$ 斜率的估

算值标准偏差(*SEE*)应小于 0.001 7。参见 F.2 来确定 *SEE*。

B.6 结果

除按第 7 章的规定给出结果外，本方法还应包括下列数据：

——压板速度；

——每种压板速度的样本大小；

——估算值 n_d 的标准偏差(*SEE*)；

——环境预处理时间；

——玻璃光纤的杨氏模量(如果设定值与 F.3 给定的值不同)；

——拟合参数 m_d、断裂应力中值和 σ_0；

——所有压板速率下的威布尔(Weibull)曲线；

——$\overline{Y}$ 和 $\overline{X}$；

——玻璃光纤直径。

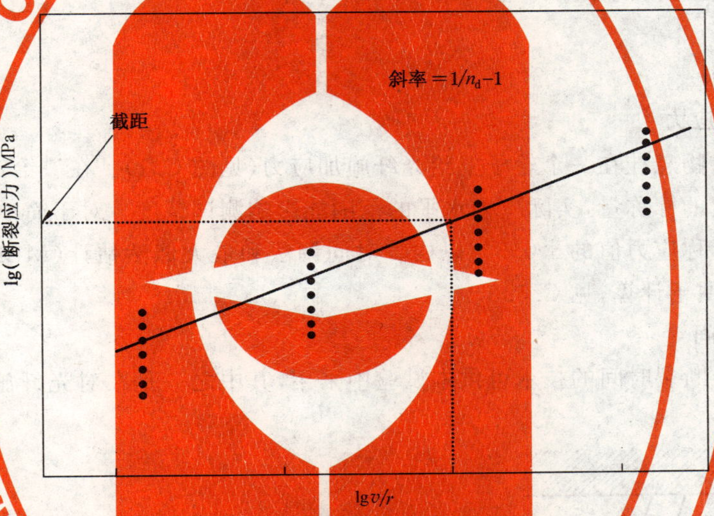

图 B.3 动态疲劳数据图

附　录　C
（规范性附录）
轴向张力法测静态 n 值

C.1　概述

本方法用来确定单根光纤段在张力下的静态疲劳参数(静态 n 值，n_s)。本方法通过改变施加的应力水平来试验光纤的静态疲劳性能。

C.2　装置

试验装置的排列如图 C.1 所示。每种装置均由对光纤施加应力和监测光纤断裂时间两部分构成。标距长度，即两个卡盘之间的距离为至少 500 mm。

C.2.1　试样夹持

按 A.2.1 的要求。

C.2.2　给光纤施加应力

将已知质量的重物悬挂在一个轮子上给光纤施加应力(见图 C.1)。在一给定标称应力水平下试验几个样品。对一给定的标称量，实际应力水平的范围能影响测试精度。对于简单的中值计算法，试验用应力水平应在给定标称应力值的±0.5%以内。对同调法和最大似然估计(MLE)法，应记录每根样品的单个应力水平，以便于计算，见 C.5.2。

C.2.3　测量断裂时间

有许多监测光纤断裂时间的技术可供本试验中采用，其中之一是在对光纤施加应力的悬挂重物下放置记时器。

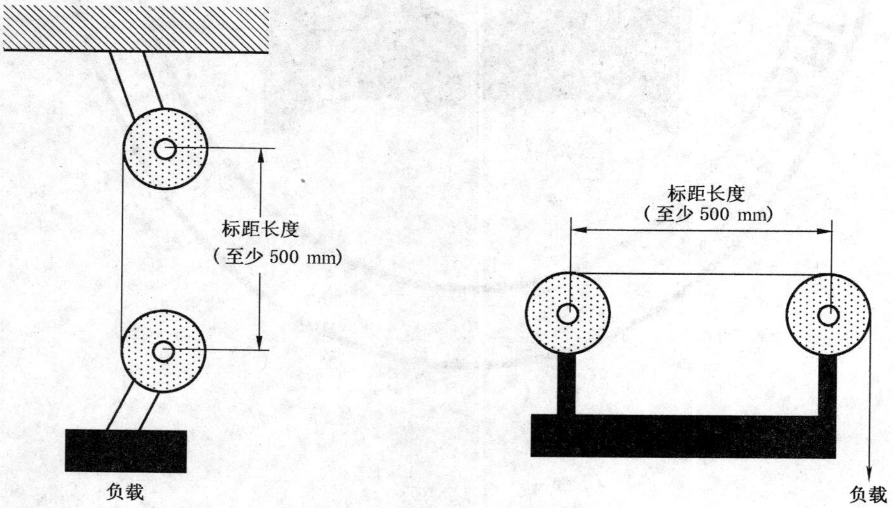

图 C.1　静态疲劳(张力)试验装置示意图

C.3　试样

C.3.1　每种标称应力水平下的样本大小

每种标称应力水平下的样本大小应至少为 15。

C.4 程序

应对至少五种不同的标称施加应力水平 σ_a 进行试验。标称应力的选择应使其中值断裂时间大约从 1 小时到 30 天，使得在对数坐标纸上有大约相等的间距。对标准的石英光纤，达到这一要求的负载范围为 30 N～50 N。

由于断裂时间取决于光纤断裂应力和疲劳参数，所施加的实际标称应力水平和施加的应力水平的个数可通过多次试验来确定。换句话说，开始试验时可以用一个宽的应力水平范围，将断裂太快或太慢的试验数据舍去。

样品作完预处理之后，安装在试验装置上，监测并记录每根光纤断裂的时间。对一样品组在一给定的标称应力水平下进行试验时，只要中间样品已断裂，就可提前中止试验。也就是，若多半样品已断裂，在所有余留样品断裂以前就可进行计算并确定中值断裂时间。应报告每次测试结果并计算估算值标准偏差(*SEE*)，估算值标准偏差应小于 1。

C.5 计算

C.5.1 断裂应力

按 A.5.1 的规定。

C.5.2 静态(张力)应力腐蚀敏感性参数 n_s

应使用下列方法确定 n_s，其他替代法例如同调法或最大似然估计(MLE)法也能用于确定 n_s(参见附录 G)。

C.5.3 简单中值法

本方法不需假设威布尔(Weibull)斜率为线性。由于未采用全部数据，将会产生比其他方法更大的估算值标准偏差(*SEE*)。对每种标称应力水平 σ_i 对应的中值断裂时间 t_i 就被确定。用最小均方差和的方法把数据拟合到下面线性回归模式：

$$-n_s \ln(\sigma_i) + \text{截距} = \ln(t_i) \qquad \text{(C.1)}$$

上式中的截距值为：

$$\text{截距} = \text{中值}[\ln(t_i)] + n_s\ \text{中值}[\ln(\sigma_i)] \qquad \text{(C.2)}$$

C.6 结果

除按第 7 章的规定给出结果外，本方法还应包括下列数据：

——光纤直径；

——涂覆层直径(若考虑)；

——标距长度；

——每种标称应力水平的初始样本大小和标称应力水平的个数；

——所用的环境预处理时间；

——断裂应力计算方法，若采用 A.5 的方法，应报告涂覆层和玻璃的杨氏模量；

——标称应力水平。

附 录 D
（规范性附录）
两点弯曲法测静态 *n* 值

D.1 概述

本方法规定了用两点弯曲测量光纤静态疲劳参数。对使用中光纤因弯曲而产生应力的情况，应选弯曲法。

D.2 装置

D.2.1 试验设备

一种试验装置如图 D.1 所示，刻有槽的平行板和间距调节垫应由热稳定材料（例如不锈钢）制成（间距调节垫用于限定平板之间要求的间隙）。可用精确内径的玻璃管或精密铰孔过的金属板代替图 D.1 所示的平行板。在这些情况中，管壁起到像平行板同样的功能。

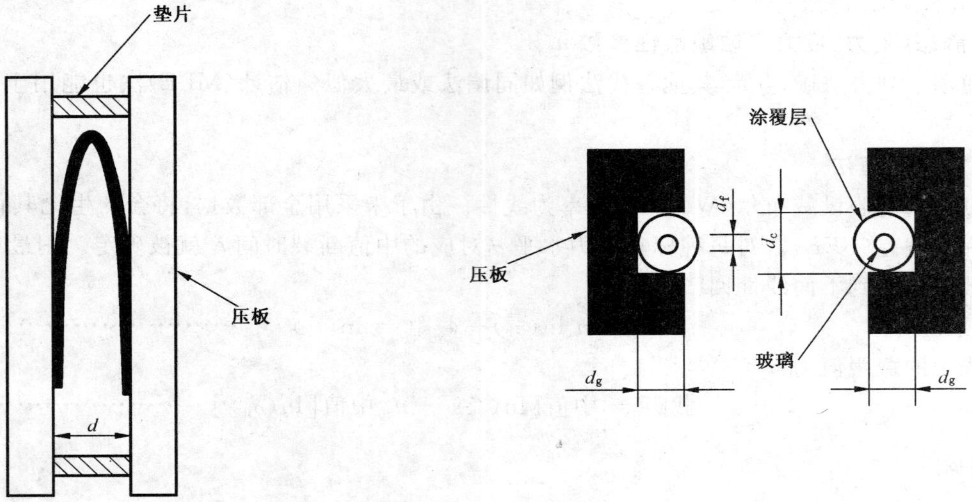

a) 平面　　b) 截面

图 D.1 静态疲劳（两点弯曲）装置示意图

D.2.2 光纤断裂的探测

可采用声学传感器和合适的输出电压监视器检测光纤的断裂，也可采用其他方法检测光纤的断裂，例如将光注入试验光纤。传感装置应能以精度等于或优于实际断裂时间 1% 的精度测量断裂时间。

D.3 试样

试样为一段长度大约 30 mm～120 mm 的涂覆光纤。玻璃光纤直径应确知到 ±1 μm，涂覆层直径应确知到 ±5 μm。每种标称应力水平下的样本大小至少为 15。

D.4 程序

应至少采用五种不同的标称应力水平进行试验。标称应力的选择应使其中值断裂时间大约从 1 小时到 30 天。

装配两点弯曲夹具，采用合适高度的垫片，以便在光纤弯曲的顶点产生期望的最大应力。用式

(B.2)、式(B.3)和式(B.4)计算产生期望施加应力值的垫片高度。若采用精确内径的玻璃管或精密铰孔过的金属板，式(B.3)中的 d_g 等于零。将预处理过的光纤装入夹具。使用探测器记录每次断裂的时间，探测器应确保记录准确。

D.5 计算

D.5.1 断裂应力

按 B.5.1 的规定。

D.5.2 静态(两点弯曲)应力腐蚀敏感性参数 n_s

按 C.5.2 的规定。

D.6 结果

除按第7章的规定给出结果外，本方法还应包括下列数据：

——光纤(玻璃)直径；

——涂覆层直径；

——光纤的弹性模量；

——每种标称应力水平的初始样本大小和标称应力水平的个数；

——计算 n_s 的方法；

——对所测的每个应变值，按 G.2 算出威布尔(Weibull)形状参数 m_s；

——估算值 n_s 的标准偏差(SEE)；

——标称应力水平。

附　录　E
（规范性附录）
均匀弯曲法测静态 *n* 值

E.1　概述

本程序规定了用均匀弯曲确定单根光纤段静态疲劳参数的方法。

E.2　装置

弯曲应力试验装置由不同精确直径的圆棒组成。光纤缠绕在圆棒上便受到弯曲应力，如图 E.1 所示。

E.2.1　样品夹持

应采用橡胶环黏结剂、黏胶带的方法，把受试光纤两端头固定在圆棒上。应夹紧光纤使得在断裂之前不会滑动，并尽量避免光纤在夹持处断裂。记录在夹持处发生断裂的根数，但不算作样品部分或不用在随后的计算中。

需要一台缠绕设备将受试光纤绕在圆棒上。光纤应以最小节距缠绕。应小心避免缠绕过程中给光纤引入不必要的张力。需要足够的卷绕力，例如 0.25 N，确保光纤缠绕在圆棒上时全长都接触到圆棒。

图 E.1　静态疲劳（均匀弯曲）装置示意图

E.2.2　给光纤施加应力

适当选择圆棒直径可改变光纤应力水平。在每种给定的标称应力水平下应试验几个样品。对于简单的中值计算法，一个给定应力水平下圆棒直径的范围应在标称值的±0.5%以内。对于同调法和最大似然估计(MLE)法，应记录每根样品单个应力水平以便用于计算。

E.2.3　测量断裂时间

有很多监测光纤断裂时间的技术可供本试验使用。一种方法是采用声发射探测器或转换器来响应光纤断裂，并在光纤断裂时给计算机发出信号。另一种方法是用光学技术探测圆棒在一个特殊支承套中的存在，当光纤断裂时，圆棒从支承套中推出。另外，还可通过探测受试光纤传输光的技术来测量。

E.3　试样

每种标称应力水平下的样本大小至少为 15，每次试验的光纤长度为 1 m。玻璃光纤直径应确知到±1 μm，涂层直径应确知到±5 μm。

E.4　程序

应至少试验五种不同的标称应力水平。应按中值断裂时间从大约 1 小时到 30 天的范围选择标称应力。

E.5　计算

E.5.1　断裂应力

由下式计算每根光纤的断裂应力：

$$\sigma_f = E_o \cdot \varepsilon_f (1 + 0.5 \cdot \alpha'' \cdot \varepsilon_f) \qquad \text{(E.1)}$$

$$\varepsilon_f = \frac{d_f}{D + d_c} \qquad \text{(E.2)}$$

$$\alpha'' = 0.75\alpha \qquad \text{(E.3)}$$

式中：

σ_f——断裂应力，单位为吉帕斯卡(GPa)；

E_o——杨氏模量，单位为吉帕斯卡(GPa)；

ε_f——断裂应变；

α——非线性应力/应变特性修正系数(α 的典型值为 6)；

d_f——玻璃光纤直径，单位为微米(μm)；

D——圆棒直径，单位为微米(μm)；

d_c——包括任何涂覆层的光纤总直径，单位为微米(μm)。

E.5.2 静态(均匀弯曲)应力腐蚀敏感性参数 n_s

按 C.5.2 的规定。

E.6 结果

除按第 7 章的规定给出结果外，本方法还应包括下列数据：

——光纤(玻璃)直径；

——涂覆层直径；

——圆棒直径；

——估算值 n_s 的标准偏差(*SEE*)；

——缠绕在圆棒上的光纤长度；

——缠绕力；

——每个试验组的初始样本大小和试验组的个数；

——每种直径的圆棒数目。

附　录　F
（资料性附录）
动态疲劳计算的考虑

F.1　样品尺寸和样本大小

F.1.1　样品尺寸

断裂应力试验具有统计特性。应测量许多单根光纤的断裂应力，其中每根光纤都是一个给定总体的代表。试验结果作为一个整体以概率分布的形式来报告。

样品尺寸和标距长度决定了其代表总体特征的程序以及测量的概率范围。通常，标距长度也会影响试验结果，因为实测的断裂应力随标距长度的增加而下降。

F.1.2　样本大小

实际上，不可能预先选择相同的裂纹样品在每种应变速率下进行试验，而是要求抽取的试样可估算光纤的平均裂纹性质。试验置信区间宽度受到在不同应变速率下受试裂纹的不同性所支配，也就是置信区间是疲劳试验精确度的度量，而不是光纤属性的直接度量。

表 F.1 给出了动态应力腐蚀敏感性参数 n_d，威布尔(Weibull)斜率 m_d 和每种应变速率下样本大小的各种组合下的典型置信区间。此结果是对式(A.7)所定义的疲劳特性用蒙特卡罗(Mente Carlo)法模拟一条理想的威布尔(Weibull)分布而得到的。在模拟中采用了四种应变速率，每种相差一个数量级。

表 F.1　n_d 的 95%置信区间

真实值 n_d	m_d	每种应变速率的样本大小			
		15	30	45	60
10	15	8.7～11.0	9.3～10.8	9.5～10.5	9.5～10.5
10	30	9.5～10.5	9.6～10.4	9.7～10.3	9.8～10.3
10	60	9.7～10.3	9.8～10.2	9.9～10.2	9.9～10.1
10	90	9.8～10.2	9.9～10.1	9.9～10.1	9.9～10.1
20	15	16.7～24.0	17.6～23.2	18.3～22.6	18.4～22.0
20	30	18.2～22.0	18.9～21.6	19.5～22.6	19.2～21.0
20	60	19.1～21.1	19.5～20.9	19.8～20.5	19.6～20.5
20	90	19.5～20.8	19.6～20.7	19.8～20.5	19.8～20.4
30	15	22.8～39.2	24.9～37.1	26.2～35.5	26.6～34.4
30	30	26.0～34.1	27.3～33.3	28.0～32.7	28.3～32.3
30	60	28.0～32.0	29.2～31.2	29.4～31.0	29.2～31.2
30	90	28.7～31.4	29.2～31.2	29.4～31.0	29.3～30.8
50	15	33.2～80.6	37.5～72.3	40.5～67.3	41.5～63.7
50	30	40.0～62.2	43.0～59.8	45.0～57.7	45.6～56.4
50	60	44.6～55.8	46.5～54.7	48.1～53.8	47.9～53.3
50	90	46.4～53.9	47.8～53.3	49.1～52.7	49.0～52.3
100	15	49.8～380.0	60.8～258.7	68.5～198.0	71.2～170.7
100	30	67.1～162.3	76.1～147.7	81.5～135.1	83.9～129.7
100	60	81.5～125.8	87.2～120.7	90.4～116.2	92.2～114.4
100	90	87.4～123.2	91.7～113.8	93.9～110.8	95.2～110.0

F.2 计算动态应力腐蚀敏感性参数 n_d 的数值算法

本算法用同调的最小二乘法计算 n_d 的估算值和其95%置信区间。本算法的合理使用只限于在对每种应变速率规定相同的样本大小的那些试验。

σ_{ij}——第 i 个应变速率下第 j 个断裂的断裂应力；

σ_a——第 i 个应变速率下的应力速率。

设 $Y_i=\lg(\sigma_{ij})$，$i=1$ 到 L，为应变速率的数目；

$j=1$ 到 N_j，为每个速率下的样品数目。

设

$$X_i=\lg\dot{\sigma}_a$$

设

$$N=\sum N_i,\overline{Y}=\sum_{i=1}^{L}\sum_{j=1}^{N_j}\frac{Y_{ij}}{N},\overline{X}=\sum\frac{(N_iX_i)}{N}$$

设

$$XX=\left[\sum_{i=1}^{L}N_iX_i^2\right]-N\overline{X}^2,YY=\left[\sum_{i=1}^{L}\sum_{j=1}^{N_j}Y_{ij}^2\right]-N\overline{Y}^2$$

设

$$XY=\left[\sum_{i=1}^{L}\sum_{j=1}^{N_j}X_iY_{ij}\right]-N\overline{X}\overline{Y}$$

$$S=\frac{XY}{XX}=\text{斜率}\qquad\text{设 }SEE=\sqrt{\frac{(YY-S\cdot XY)}{(XX\cdot(N-2))}}$$

式中 SEE 为估算值 S 的标准偏差。

设

$$S_U=S-1.96\times SEE,\quad S_L=S+1.96\times SEE$$

则

$$n_d=\frac{1}{S}-1,\ n_{dU}=\frac{1}{S_u}-1,\ n_{dL}=\frac{1}{S_L}-1$$

式中 n_{dU} 和 n_{dL} 形成估算值 n_d 的95%置信区间。

计算得：

$$\text{截距}=\overline{Y}-(S\cdot\overline{X})$$

斜率为：

$$\text{斜率}=\frac{1}{n_d+1}=S$$

F.3 计算断裂应力的完整方法

此法直接考虑到涂覆层的模量。

设 E_c 和 A_c 分别为涂覆层的模量和横截面积，E_g 和 A_g 分别为光纤的模量和横截面积。设 T 为样品断裂时的实测张力。石英光纤的杨氏模量 E_g 为72 GPa。

断裂应力 σ_f 则为：

$$\sigma_f=\frac{\dfrac{T}{A_g}}{1+\dfrac{E_cA_c}{E_gA_g}}$$

对A1和A2类光纤，其标称玻璃光纤和涂覆层直径分别为125 μm 和250 μm，式(A.2)中所采用的标称玻璃光纤横截面积在玻璃光纤直径容差为±2 μm 时，其最大计算误差为±3%。

附 录 G
（资料性附录）
静态疲劳计算的考虑

G.1 同调法

本方法使用所有数据，但要求假定每组的威布尔（Weibull）曲线是相同的且是线性的。由于使用了所有数据，故本方法的估算值标准偏差较小。

设 t_{ij} 为第 j 个样品在第 i 个标称应力水平下的断裂时间，σ_{ia} 为此样品的标称应力水平，N_i 为第 i 试验组的样品数。对每个 i、j，威布尔（Weibull）参数 W_{ij} 计算如下：

$$W_{ij} = \ln\{-\ln[1-(j-0.5)/N_i]\}$$

用最小均方差和的方法把数据拟合到下列线性回归模式：

$$a\ln(t_{ij}) + b\ln(\sigma_a) + 常数 = W_{ij}$$

$n_s = b/a$ 作为估算值报告。

估算值的标准偏差与其数值近似于 a 和 b 的方差和协方差。

$$方差(n) = 方差(a)/a^2 + (b/a^2)^2 方差(a) - 2(b/a^2)协方差(a,b)$$

估算值的标准偏差为$[方差(n)]^{1/2}$。

报告 $\ln(t_{ij})$ 和 $\ln(\sigma_a)$ 的中值。

G.2 最大似然估计法（MLE）

本方法也要求假定每个标称应力水平的威布尔（Weibull）曲线是从简单的基础断裂应力分布推导出来的，且是线性的。本方法是最好的，但也最复杂。对于所有试样断裂以前就终止试验的方法把数据截断的情况，本法也能作精确的处理。统计资料可用来完成该计算。它是基于下面概率模型：

$$F = 1 - \exp[-(t_f/t_0)^{m_s}]$$

式中：

F——断裂时间为 t_f 时的累积断裂概率；

t_0——威布尔（Weibull）定标参数；

m_s——静态威布尔（Weibull）形状参数。

附 录 H
（资料性附录）
应力腐蚀敏感性参数试验方法的考虑

H.1 引言

本部分中规定了许多试验方法，这些试验方法都可以用来确定一根玻璃光纤的应力腐蚀敏感性参数。本指南试图给出有关该机械参数的一些背景材料，并给出不同试验方法的结果之间的关系。

H.2 裂纹生长

A1、A2、A3c 类多模光纤和 B 类单模光纤是用石英玻璃制造的，石英玻璃是由$[SiO]_4$四面体的环形结构组成的。这些四面体的机械键力将导致 20 GPa 的断裂应力（即惰性强度，没有裂纹生长）。集中在裂纹尖端的应力引起光纤在较低的应力水平下断裂。这种应力集中用应力强度因子来表征：

$$K_{\mathrm{I}} = Y\sigma\sqrt{a}$$

式中：

Y——为几何形状因子；

a——为裂纹深度；

σ——为施加的应力。

当K_{I}达到约 0.8 MPa·m 的临界值K_{Ic}时，就产生断裂。对一个半椭圆形或半圆形的裂纹，Y为 1.24。因此，在裂纹深度和断裂应力之间存在一种特定的关系。

实际上，观察到了比按裂纹深度和断裂应力之间的关系确定的断裂应力更低值。此外，光纤的断裂应力取决于时间。这可用应力的化学反应引起裂纹生长来解释，应力化学反应打断了分子键。对于这种裂纹生长（$\mathrm{d}a/\mathrm{d}t$），实验条件，特别是水，是一个重要的因素。应力引起的硅玻璃腐蚀通常用幂定律表述，即裂纹生长速率$V=AK_{\mathrm{I}}^{n}$，A为裂纹生长速度的比例系数，n为应力腐蚀敏感性参数。在光纤可靠性模型中，常常使用这个幂定律，它显示了对确定n值的重要性，n值可能取决于玻璃光纤和/或其涂覆层的特有性质。

本部分中规定的试验方法仅采用相对短的光纤进行试验，来得到固有强度分布的应力腐蚀数据。

实际上，光纤中的弱裂纹（即低于固有强度的非固有强度分布）会导致光纤断裂。因此，这些弱裂纹的应力腐蚀敏感性参数也适合于用作寿命计算。因为确定这个参数是非常困难的，故目前使用应力引起的固有强度分布的腐蚀。用磨蚀的光纤进行试验证明了这一点，这表明使用应力引起的固有强度分布的腐蚀甚至反映了最坏的情况。许多文献报道，已发现磨蚀光纤的n值高于固有强度分布的n值。

H.3 应力腐蚀敏感性参数试验方法的类型

目前得到的标准玻璃光纤的应力腐蚀敏感性参数通常在 17～40 之间，较高的值表明有较慢的裂纹生长。不同测量方法测量的n值也会有差别。实际上，使用两类疲劳试验，静态试验和动态试验。本部分中规定了下列试验：

动态试验：

——GB/T 15972.33—2008 附录 A 中抗张动态n值；

——GB/T 15972.33—2008 附录 B 中两点弯曲动态n值。

静态试验：

——GB/T 15972.33—2008 附录 C 中抗张静态n值；

——GB/T 15972.33—2008 附录 D 中两点弯曲静态n值；

——GB/T 15972.33—2008 附录 E 中均匀弯曲静态 n 值。

这些试验是在标准的室内环境中完成的，故试验结果不应用于与标准环境不同的可靠性估算。

为了比较两类疲劳试验，可以把动态疲劳试验的加载历程转换成“有效”静态断裂时间 t_{eff}。

对张力试验，t_{eff} 为：

$$t_{eff}=\frac{\sigma_d}{\dot{\sigma}}\cdot\frac{1}{(n+1)}=\frac{t_d}{(n+1)}$$

其中 $\dot{\sigma}$ 为应力速率，动态疲劳强度 $\sigma_d=\dot{\sigma}t_d$（t_d 为动态断裂时间）。

这个方程假定了所有裂纹生长参数为常数。对其他试验方法，不是直接测量应力（例如受到应变或弯曲的光纤），测试数据应转换成应力。这样，就可以作动态疲劳强度对有效断裂时间曲线（lg/lg），静态疲劳试验亦采用同样的方法。

H.4 用各种方法获得的 n 值比较

由欧洲 COST218 完成的系列试验中，几乎采用了所有的应力疲劳试验方法。结果示于图 H.1 中，从图中可以看到各种方法测得的断裂应力的偏差。由于有效受试玻璃光纤表面（长度和几何形状）引起的差别，不同试验方法的结果似乎垂直地互相移动了。

图 H.2 给出了修正这些玻璃光纤面积中差别后的结果，从图中可以看到“有效”断裂应力的发散程度减弱。当断裂时间和施加的应力绘制成 lg/lg 曲线时，用幂定律描述的应力腐蚀产生一条直线（常数 n）。图 H.2 指明，断裂应力随着断裂时间的增加而大大减少，斜率同时减小（n 增加）。这种影响可能是由于玻璃表面的时间效应，由裂纹纯化与应力腐蚀对抗引起的，一些研究者甚至预料到疲劳极限。

在图 H.2 中，可以识别两类基本试验方法：动态和静态试验。动态疲劳试验方法一般落在短时间区间，甚至减小到更短的有效时间区间，给出很高的断裂强度，应力腐蚀敏感性参数（n_d）较小。静态试验方法落在稍长的测量时间区间，相应地处在较低的施加应力水平下，获得的 n_s 值较大。

H.5 结论

比较各种疲劳试验之间的结果时，可以进行动态断裂时间和有效静态断裂时间之间的转换。更进一步，对试验的有效玻璃光纤面积，需要修正断裂应力水平。

由于已经作了这些修正，应力腐蚀敏感性参数随着有效断裂时间的变化，不是一个常数（见图 H.2）。这一般解释为在动态和静态疲劳试验方法之间的不同定律所致。

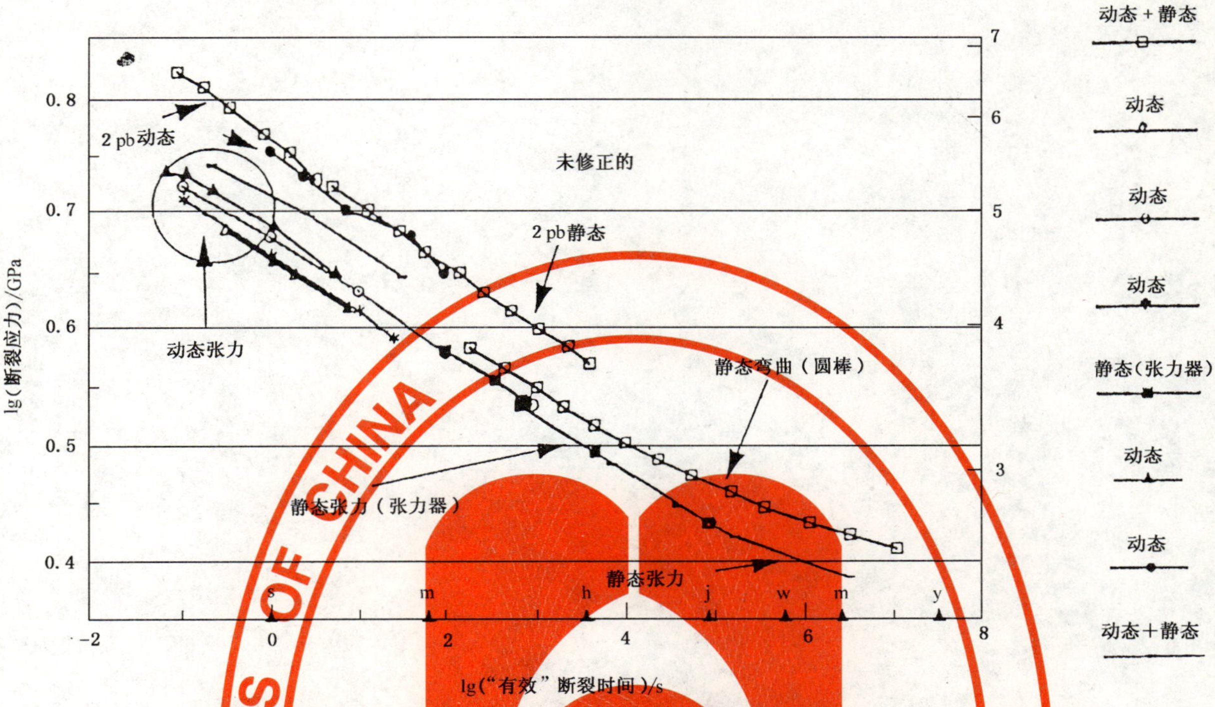

图 H.1　断裂强度对时间的系列试验结果

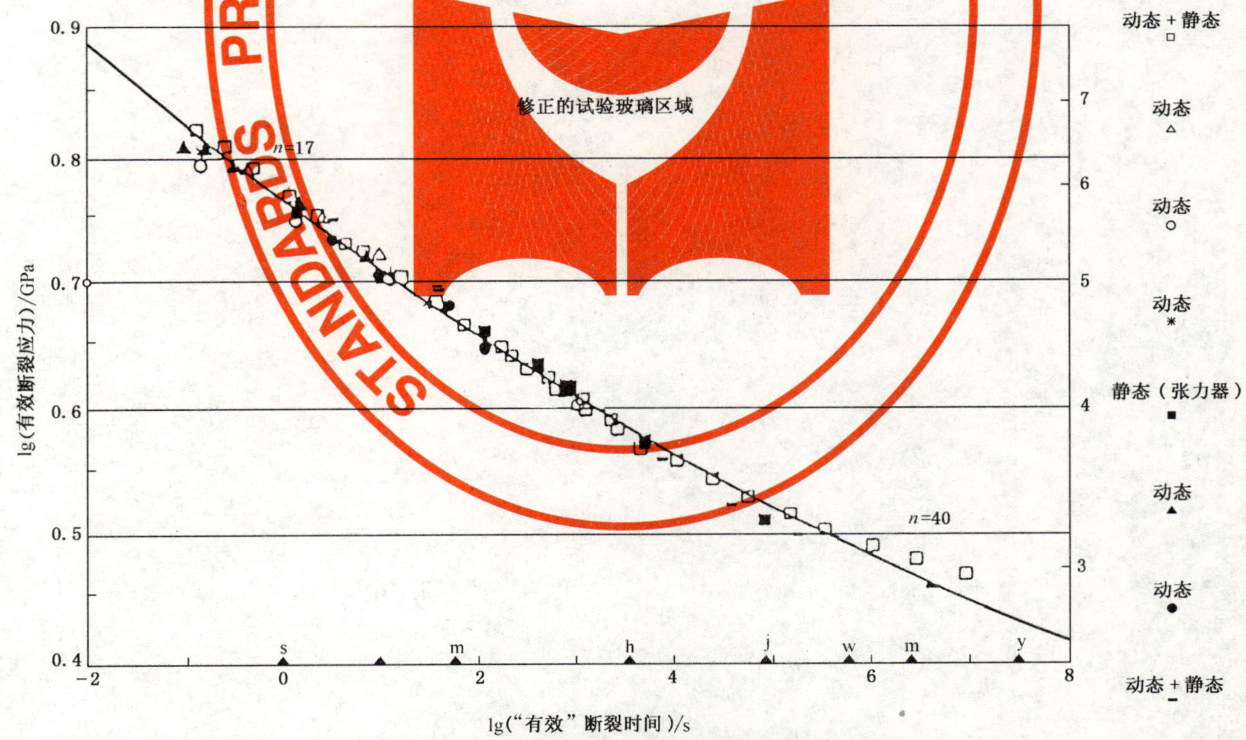

图 H.2　断裂强度对时间的系列试验结果

ICS 33.180.10
M 33

中华人民共和国国家标准

GB/T 15972.34—2008
部分代替 GB/T 15972.3—1998

光纤试验方法规范 第34部分:机械性能的测量方法和试验程序——光纤翘曲

Specifications for optical fibre test methods—Part 34:Measurement methods and test procedures for mechanical characteristics—Fibre curl

(IEC 60793-1-34:2001,Optical fibres—Part 1-34:Measurement methods and test procedures—Fibre curl,MOD)

2008-03-31 发布

2008-11-01 实施

中华人民共和国国家质量监督检验检疫总局
中国国家标准化管理委员会
发布

前言

GB/T 15972《光纤试验方法规范》由若干部分组成，其预期结构及对应的国际标准和将代替的国家标准为：

——第 10 部分～第 19 部分：测量方法和试验程序总则(对应 IEC 60793-1-10 至 IEC 60793-1-19；代替 GB/T 15972.1—1998)；

——第 20 部分～第 29 部分：尺寸参数的测量方法和试验程序(对应 IEC 60793-1-20 至 IEC 60793-1-29；代替 GB/T 15972.2—1998)；

——第 30 部分～第 39 部分：机械性能的测量方法和试验程序(对应 IEC 60793-1-30 至 IEC 60793-1-39；代替 GB/T 15972.3—1998)；

——第 40 部分～第 49 部分：传输特性和光学特性的测量方法和试验程序(对应 IEC 60793-1-40 至 IEC 60793-1-49；代替 GB/T 15972.4—1998)；

——第 50 部分～第 59 部分：环境性能的测量方法和试验程序(对应 IEC 60793-1-50 至 IEC 60793-1-59；代替 GB/T 15972.5—1998)。

其中 GB/T 15972.3×由以下部分组成：

——第 30 部分：机械性能的测量方法和试验程序——光纤筛选试验；

——第 31 部分：机械性能的测量方法和试验程序——抗张强度；

——第 32 部分：机械性能的测量方法和试验程序——涂覆层可剥性；

——第 33 部分：机械性能的测量方法和试验程序——应力腐蚀敏感性参数；

——第 34 部分：机械性能的测量方法和试验程序——光纤翘曲。

本部分为 GB/T 15972 的第 34 部分，本部分修改采用国际电工技术委员会标准 IEC 60793-1-34:2001《光纤　第 1-34 部分：测量方法和试验程序——光纤翘曲》。

本部分与 IEC 60793-1-34:2001 主要差异如下：

——按照我国标准的编排格式和表述要求，对一些内容安排做了调整，增加了“第 3 章 方法概述”，删除了 IEC 版本中第 6 章、第 8 章，将其内容和第 1 章某些内容分别放在本部分的第 3 章、第 7 章和附录 A 的 A.3.3；在所有的规范性附录中均增加了“概述”一条；

——将附录 B 修改为规范性附录，并对章、条编排作了调整；

——纠正了某些不恰当的叙述。

本部分代替 GB/T 15972.3—1998《光纤总规范　第 3 部分：机械性能试验方法》第 18 章、第 19 章。

本部分与 GB/T 15972.3—1998 第 18 章、19 章相比主要变化如下：

——原正文中的两种试验方法详细描述分别用附录 A 和附录 B 的形式给出(1998 年版的 18 章、19 章，本版的附录 A、附录 B)；

——旋转光纤的步幅由原来的 10°～15°改为 10°～20°(1998 年版的 18.4.2，本版的 6.2、A.3.2、B.3.2)；

——删除了式(B.1)推导的附录(1998 年版的附录 D，式(24)的推导)；

——试验标准大气条件改为：温度 23℃±5℃；相对湿度 45%±25%(见本版的 3 章)。

本部分的附录 A、附录 B 为规范性附录，附录 C 为资料性附录。

本部分由中华人民共和国信息产业部提出。

本部分由中国通信标准化协会归口。

本部分起草单位：武汉邮电科学研究院。

本部分主要起草人：陈永诗、刘泽恒、程淑玲。

本部分为第一次修订，它与 GB/T 15972.3×其他部分一起代替 GB/T 15972.3—1998。

光纤试验方法规范
第34部分:机械性能的测量方法和试验程序——光纤翘曲

1 范围

GB/T 15972的本部分规定了测量未涂覆光纤翘曲或固有曲率半径的试验方法,确立了测量的统一试验程序和技术要求。

本部分适用于对A1、A2、A3类多模光纤和B类单模光纤的测量。

2 规范性引用文件

下列文件中的条款通过GB/T 15972的本部分的引用而成为本部分的条款。凡是注日期的引用文件,其随后所有的修改单(不包括勘误的内容)或修订版均不适用于本部分,然而,鼓励根据本部分达成协议的各方研究是否可使用这些文件的最新版本。凡是不注日期的引用文件,其最新版本适用于本部分。

GB/T 15972.10—2008 光纤试验方法规范 第10部分:测量方法和试验程序——总则(IEC 60793-1-1:2002,Optical fibres—Part 1-1: Measurement methods and test procedures—General and guidance,MOD)

3 方法概述

在使用无源对准熔融焊接机或有源对准批量熔融焊接机时,光纤翘曲度是影响连接损耗的一个重要参数。附录A和附录B分别给出了测量未涂覆光纤翘曲(或曲率半径)的两种试验方法:

——方法A:侧视显微技术;

——方法B:激光束散射技术。

侧视显微技术通过确定未支撑光纤端头绕纤轴旋转时产生的偏离量来测量未涂覆光纤的曲率半径。已知光纤最大偏离量和从光纤夹具到测量点的悬空距离,用一个简单的圆模型就能计算光纤的曲率半径。计算公式推导见附录C。

激光束散射技术通过激光束的散射测量光纤的翘曲。

方法A是基准试验方法,用作仲裁试验。

试验的环境条件依据GB/T 15972.10—2008规定的标准大气条件:

温度:23℃±5℃;

相对湿度:45%±25%。

4 装置

将未涂覆光纤一端安放在光纤夹具中,并使该端自由伸出夹具外一个规定的悬空距离X,光纤另一端插入可旋转固定夹具中。旋转光纤并测量端头绕中心位置的偏离来获得最大偏离距离δ_f。

与两种方法有关的详细描述在相关的附录A和附录B中给出。下面给出装置的共同技术要求。

4.1 光纤夹具

使用一种合适的夹具,保持光纤在一个恒定的轴上并允许光纤旋转360°。夹具可以由一V型槽例如真空卡盘或一光纤套筒组成。若使用套筒,为减小测量偏离的易变性,需保证内径与光纤外径的配合公差足够小。

4.2 光纤旋转器

采用一旋转夹具夹住光纤一端，并能提供将试样旋转360°的精确方法。该装置可以手动操作，或靠步进电机驱动。

4.3 端头测量装置

根据附录A或附录B提供一个端头测量装置。

4.4 计算机(选件)

可以用一台计算机进行过程控制、数据采集和计算。

5 样品制备

使用一段适合仪器设计长度的未成缆光纤。一端除去足够长度的涂覆层，使能安装在光纤夹具中并有一定的悬空。

6 程序

每一种方法的详细程序在附录A和附录B中给出。一般通用程序描述如下。

6.1 安装光纤

将光纤安放在光纤夹具中，使剥除涂覆层端头伸出夹具外适当的悬空距离以便于测量，典型悬空距离是10 mm～20 mm。试样另一端固定在旋转装置上。

6.2 旋转光纤

以每10°～20°的步幅旋转光纤360°，使用附录A和附录B详细程序，在每个角度位置测量和记录自由端的偏离量。

6.3 光纤翘曲计算

完成附录A和附录B的详细计算。

7 结果

7.1 试验结果报告应包括下列内容：

——试样名称；

——试样识别号；

——光纤曲率半径；

——相对湿度和环境温度；

——试验日期和操作人员。

7.2 根据要求报告中也可包括下列内容：

——用于确定翘曲的方法；

——设备的描述；

——标定日期；

——应用程序中出现的任何偏差；

——失效或可接受的判据；

——要报告的其他资料。

附　录　A
（规范性附录）
方法 A——用侧视显微技术测量光纤的翘曲

A.1　概述

本方法通过确定未支撑光纤端头绕纤轴旋转时产生的偏离量来测量未涂覆光纤的曲率半径。已知光纤最大偏离量和从光纤夹具到测量点的悬空距离，用一个简单的圆模型就能计算光纤的曲率半径。

A.2　装置

典型的试验装置示于图 A.1、图 A.2 和图 A.3。

A.2.1　偏离测量装置

提供一种测量光纤旋转 360°时偏离的装置。该装置可由可视显微镜或如激光测微器类的光学测量仪器组成。若采用可视显微镜，要提供允许精确测量光纤偏离的方式，例如测微目镜或图像分析系统。

A.2.2　摄相机和监视器

摄相机和监视器可用于增强手动或自动操作的可视系统功能。

A.2.3　视频分析仪

采用视频图像分析仪，可提供更精密的测量标线的定位。

A.3　试验程序

本程序给出了二种收集数据和计算光纤偏离量 δ_f 的方法。方法 1 是直接技术，但精度受到限制，可以确定单个的极限偏离；方法 2 是拟合的方法。

A.3.1　方法 1

旋转试样直到偏离读数是在一最大位置，记录此时的偏离值为 D_{max}；再旋转试样约 180°直到偏离读数是在一最小位置，记录此时的偏离值为 D_{min}。

A.3.2　方法 2

记录试样在初始位置的偏离值 D_0 和角度值 θ_0。以均等角度步幅旋转样品 360°，记录每个步幅下的偏离值 $D_{1 \cdots n}$ 和角度步幅位置 $\theta_{1 \cdots n}$。典型的角度步幅是 10°～20°。

A.4　计算

A.4.1　方法 1 偏离量 $\boldsymbol{\delta_f}$ 的计算

由下式计算光纤偏离量 δ_f：

$$\delta_f = \frac{|D_{max} - D_{min}|}{2} \qquad \cdots\cdots\cdots\cdots(A.1)$$

式中：

D_{max}和 D_{min}分别是最大偏离值和最小偏离值，单位为毫米(mm)。

A.4.2　方法 2 偏离量 $\boldsymbol{\delta_f}$ 的计算

把数据拟合成下列形式的正弦函数，使得拟合模型与测得的偏离数据之间的平方误差和最小，并确定最大光纤偏离量 δ_f：

$$D_i = A + \delta_f \sin(\theta_i) \qquad \cdots\cdots\cdots\cdots(A.2)$$

A.4.3 光纤翘曲计算

光纤翘曲定义为曲率半径 r_c，当采用圆模型时，如下式表示：

$$r_c = (X^2 + \delta_f^2)/2\delta_f \qquad \text{(A.3)}$$

式中：

X——光纤悬空距离；

δ_f——光纤偏离量。

注：虽然偏离量典型地是以毫米为单位表示，但曲率半径值典型地是再换算成以米为单位表示。

将测得的光纤偏离量 δ_f 和悬空距离 X 代入式(A.3)，即可计算出曲率半径 r_c。

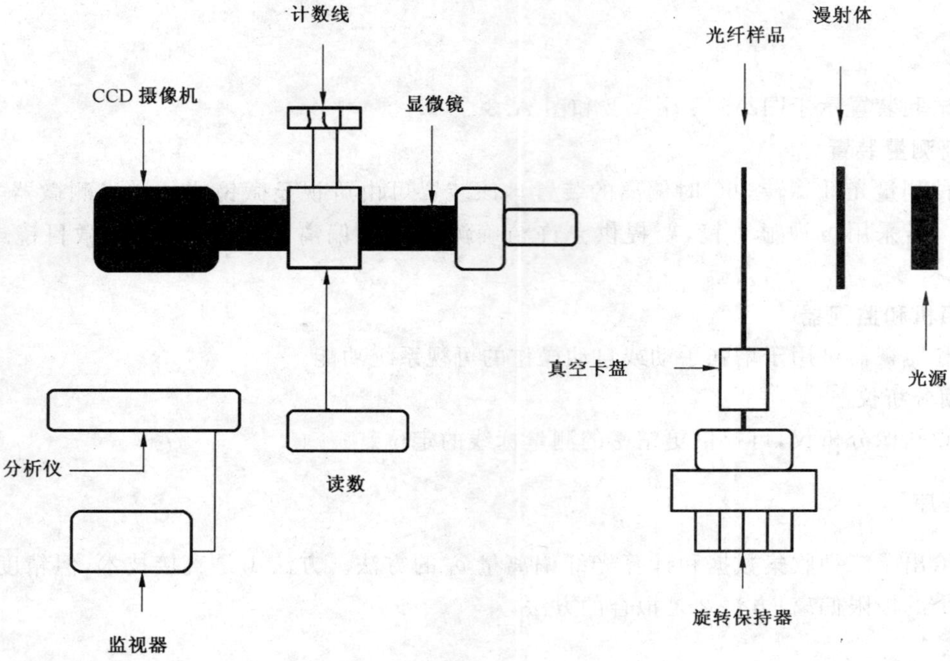

图 A.1 采用光学显微镜测量光纤翘曲装置的示意图

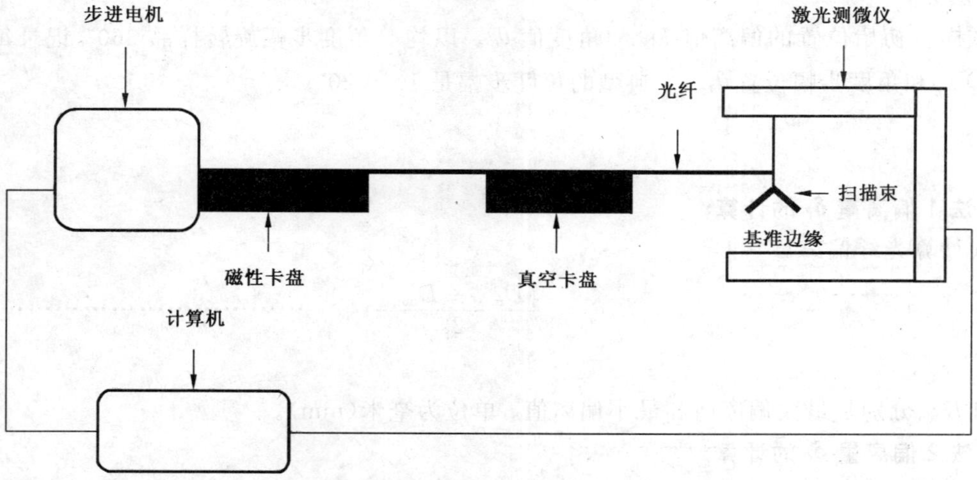

图 A.2 采用激光测微仪测量光纤翘曲装置的示意图

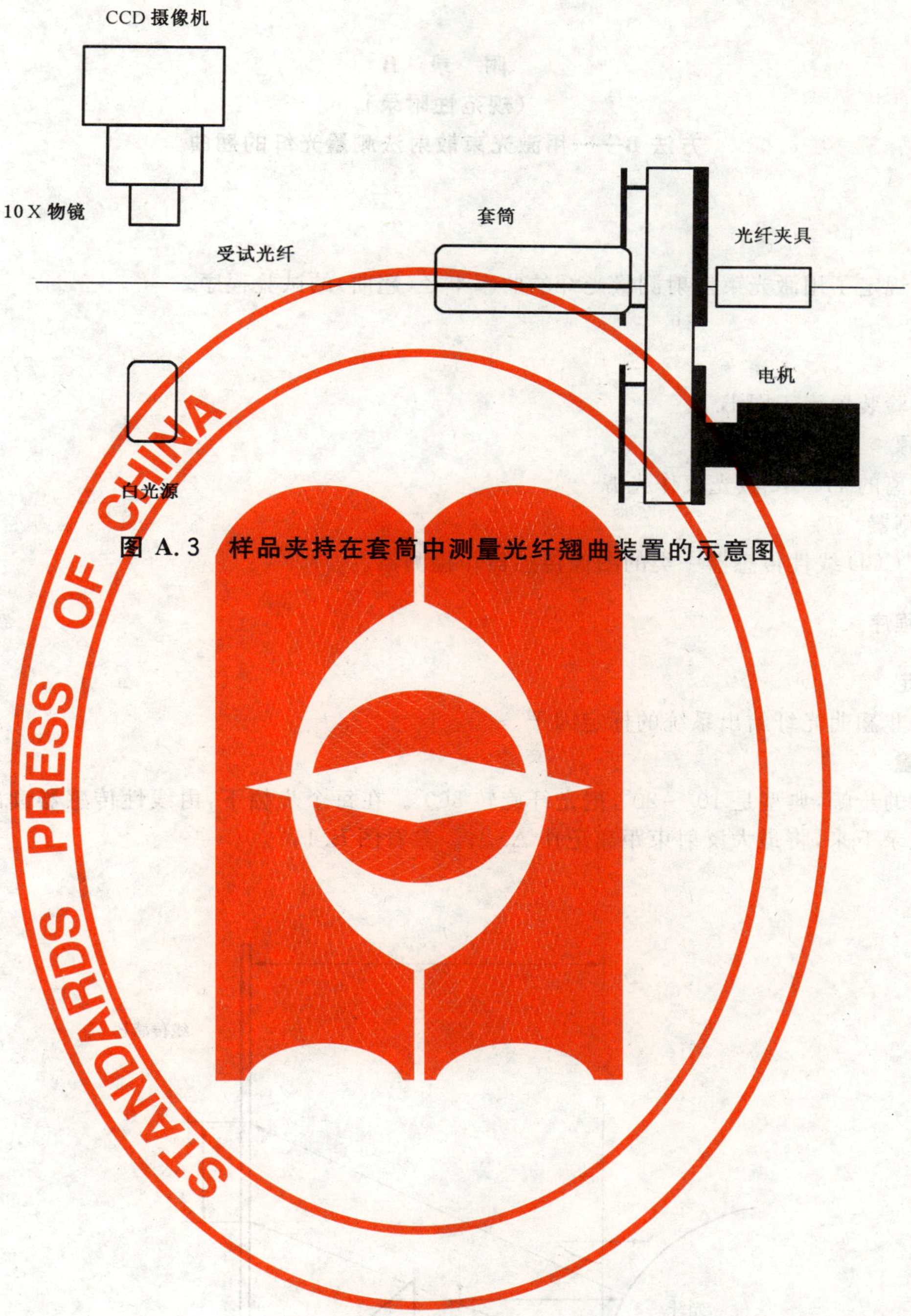

图 A.3 样品夹持在套筒中测量光纤翘曲装置的示意图

附 录 B
（规范性附录）
方法B——用激光束散射法测量光纤的翘曲

B.1 概述

本方法规定了用激光束散射测量光纤的曲率半径（翘曲）的试验程序。

B.2 装置

典型试验装置示于图B.1。

B.2.1 光源

采用分离的He-Ne激光束作光源。

B.2.2 检测器

采用像CCD线性传感器一类的图像传感器作检测器。

B.3 试验程序

B.3.1 标定

用一根非翘曲光纤给出系统的标定因子。

B.3.2 测量

用相等的步幅，典型是10°～20°，把光纤旋转360°。在每个步幅下，由线性传感器读出反射束的距离ΔS_i并记录下来，将最大反射束距离记作ΔS_{max}。参看图B.1。

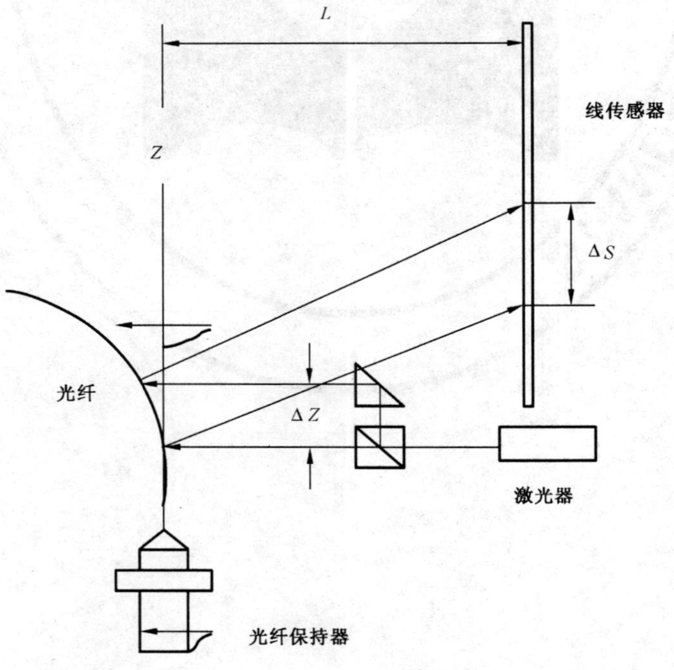

图B.1 用激光束散射法测量光纤翘曲装置的示意图

B.4 计算

用最大反射束距离 $\Delta S_{\max}$ 来计算光纤翘曲，如下式：

$$r_c = \frac{2L\Delta Z}{\Delta S_{\max} - \Delta Z} \quad \cdots\cdots\cdots\cdots(\text{B}.1)$$

式中：

L——光纤和线传感器间的距离；

ΔZ——入射束距离；

$\Delta S_{\max}$——最大反射束距离。

附 录 C
（资料性附录）
光纤翘曲圆模型的推导

光纤翘曲圆模型如图 C.1 所示。

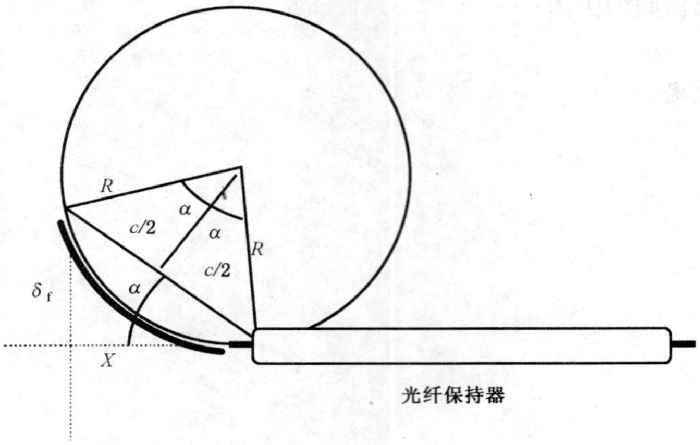

图 C.1　光纤翘曲圆模型

按照图 C.1，光纤曲率半径 $r_c=R$（翘曲参数）的推导如下：

设 X 为悬空距离；

δ_f 为离夹具 X 距离处光纤的偏离量；

c 为由 X、δ_f 和 c 组成的直角三角形的斜边。

所以

$$c=(X^2+\delta_f^2)^{1/2} \qquad \cdots\cdots\cdots\cdots(\text{C.1})$$

c 又与从圆心延伸的边 R 组成等腰三角形，从等腰三角形中平分 c，则形成二个直角三角形。新形成的直角三角形的角 α 等于 X、δ_f 和 c 组成的直角三角形的角 α。

因此

$$\sin\alpha=\frac{\delta_f}{c}=\frac{(c/2)}{R} \qquad \cdots\cdots\cdots\cdots(\text{C.2})$$

把式(C.1)代入式(C.2)就可得到：

$$R=(X^2+\delta_f^2)/2\delta_f \qquad \cdots\cdots\cdots\cdots(\text{C.3})$$

ICS 33.180.10
M 33

中华人民共和国国家标准

GB/T 15972.40—2008
部分代替 GB/T 15972.4—1998

光纤试验方法规范 第40部分：传输特性和光学特性的测量方法和试验程序——衰减

Specifications for optical fibre test methods—Part 40: Measurement methods and test procedures for transmission and optical characteristics—Attenuation

(IEC 60793-1-40:2001, Optical fibres—Part 1-40: Measurement methods and test procedures—Attenuation, MOD)

2008-04-10 发布　　2008-11-01 实施

中华人民共和国国家质量监督检验检疫总局
中国国家标准化管理委员会　发布

前　言

GB/T 15972《光纤试验方法规范》由若干部分组成,其预期结构及对应的国际标准和将代替的国家标准为:

——第10部分~第19部分:测量方法和试验程序总则(对应 IEC 60793-1-10 至 IEC 60793-1-19;代替 GB/T 15972.1—1998);

——第20部分~第29部分:尺寸参数的测量方法和试验程序(对应 IEC 60793-1-20 至 IEC 60793-1-29;代替 GB/T 15972.2—1998);

——第30部分~第39部分:机械性能的测量方法和试验程序(对应 IEC 60793-1-30 至 IEC 60793-1-39;代替 GB/T 15972.3—1998);

——第40部分~第49部分:传输特性和光学特性的测量方法和试验程序(对应 IEC 60793-1-40 至 IEC 60793-1-49;代替 GB/T 15972.4—1998);

——第50部分~第59部分:环境性能的测量方法和试验程序(对应 IEC 60793-1-50 至 IEC 60793-1-59;代替 GB/T 15972.5—1998)。

其中 GB/T 15972.4×由以下部分组成:

——第40部分:传输特性和光学特性的测量方法和试验程序——衰减;

——第41部分:传输特性和光学特性的测量方法和试验程序——带宽;

——第42部分:传输特性和光学特性的测量方法和试验程序——波长色散;

——第43部分:传输特性和光学特性的测量方法和试验程序——数值孔径;

——第44部分:传输特性和光学特性的测量方法和试验程序——截止波长;

——第45部分:传输特性和光学特性的测量方法和试验程序——模场直径;

——第46部分:传输特性和光学特性的测量方法和试验程序——透光率变化;

——第47部分:传输特性和光学特性的测量方法和试验程序——宏弯损耗;

——第48部分:传输特性和光学特性的测量方法和试验程序——偏振模色散;

——第49部分:传输特性和光学特性的测量方法和试验程序——微分模时延。

本部分为 GB/T 15972 的第40部分。本部分修改采用国际电工技术委员会标准 IEC 60793-1-40:2001《光纤　第1-40部分:测量方法和试验程序——衰减》。本部分与 IEC 60793-1-40:2001 主要差异如下:

——按照我国标准的编排格式和表述要求,对一些内容安排做了调整,第1章某些内容放在第4章,删除了第4章、第5章和第11章,将其内容分别放在第4章和第9章,其他章号重编;

——纠正了附录A中表A.1里滤模器芯轴直径单位的错误,将 μm 改为 mm;

——A.2.3.2 几何光注入中增加了"ITU-T G.651 采用 26 μm 光斑直径和 0.11 的数值孔径"的规定。

本部分代替 GB/T 15972.4—1998《光纤总规范　第4部分:传输特性和光学特性试验方法》第4章。

本部分与 GB/T 15972.4—1998 第4章相比主要变化如下:

——原正文中对每一种试验方法的详细描述分别用附录的形式给出(见附录A、附录B、附录C和附录D);

——截断法A1类多模光纤的注入条件中增加了"表A.1 芯轴直径实例"(见A.1.3.1.2);

——截断法中增加了A2类、A3类和A4类突变型折射率分布多模光纤的注入装置和注入条件(见A.1.4);

——截断法中增加了波长应校准至±10 nm 内的要求(见 A.1.5);

——相关内容的叙述做了一些修改。

本部分的附录 A、附录 B、附录 C 和附录 D 为规范性附录。

本部分由中华人民共和国信息产业部提出。

本部分由中国通信标准化协会归口。

本部分起草单位:武汉邮电科学研究院。

本部分主要起草人:陈永诗、程淑玲、刘泽恒、吴金良。

本部分为第一次修订,它与 GB/T 15972.4×其他部分一起代替 GB/T 15972.4—1998。

光纤试验方法规范
第40部分:传输特性和光学特性的测量
方法和试验程序——衰减

1 范围

GB/T 15972的本部分规定了光纤的衰减特性试验方法,确立了对试验装置、注入条件、程序、计算方法和结果的统一要求。

本部分适用于对A类多模光纤和B类单模光纤的测量和成品光纤光缆的商业性检验。

2 规范性引用文件

下列文件中的条款通过GB/T 15972的本部分的引用而成为本部分的条款。凡是注日期的引用文件,其随后所有的修改单(不包括勘误的内容)或修订版均不适用于本部分,然而,鼓励根据本部分达成协议的各方研究是否可使用这些文件的最新版本。凡是不注日期的引用文件,其最新版本适用于本部分。

GB/T 15972.22—2008 光纤试验方法规范 第22部分:尺寸参数的测量方法和试验程序——长度(IEC 60793-1-22:2001,Optical fibres—Part 1-22:Measurement methods and test procedures—Length measurement MOD)

GB/T 15972.43—2008 光纤试验方法规范 第43部分:传输特性和光学特性的测量方法和试验程序——数值孔径(IEC 60793-1-43:2001,Optical fibres—Part 1-43:Measurement methods and test procedures—Numerrical aperture,MOD)

ITU-T G.651:1998 50/125 μm多模渐变型折射率光纤光缆特性

3 术语和定义

下列术语和定义适用于GB/T 15972的本部分。

3.1

衰减 Attenuation

一段光纤上,相距L的两个横截面1和2之间在波长λ处的衰减$A(\lambda)$定义为:

$$A(\lambda)=\left|10\lg\frac{P_1(\lambda)}{P_2(\lambda)}\right| \quad (\mathrm{dB}) \qquad (1)$$

式中:

$P_1(\lambda)$——通过横截面1的光功率;

$P_2(\lambda)$——通过横截面2的光功率。

3.2

衰减系数(单位长度上的衰减) attenuation coefficient

对于稳态条件下的均匀光纤,可定义单位长度衰减(即衰减系数)$\alpha(\lambda)$为:

$$\alpha(\lambda)=\frac{A(\lambda)}{L} \quad (\mathrm{dB/km}) \qquad (2)$$

式中:

L——光纤长度,单位为千米(km)。

$\alpha(\lambda)$值与选择的光纤长度无关。

注：衰减受测量条件影响，未加以控制的注入条件通常激励较高阶有损耗的模式，这种模式会产生瞬态损耗并导致光纤衰减与光纤长度不成正比；加以控制的稳态注入条件使光纤衰减与其长度成正比。稳态条件下，能确定光纤衰减系数，串接光纤总衰减可由各段光纤的衰减线性相加得出。

3.3

谱衰减模型　spectral attenuation modeling

由几个(3～5 个)离散的波长测得的衰减值建立一个谱衰减模型用以预测光纤衰减系数。

3.4

点不连续性　point discontinuities

在连续的后向散射曲线上出现向上或向下的暂时性或永久性的局部偏移。

注：不连续点的状况会随试验条件不同而变化(例如脉宽、波长和 OTDR 曲线方向等)。不连续点显示的长度会比相应的脉宽长，但通常是大约等于脉冲宽度。关于这一点在光纤长度测量方法 GB/T 15972.22—2008 中有具体的解释。

4　衰减特性的试验方法

4.1　概述

光纤衰减是光通过光纤传播时光功率减小程度的一种度量，它取决于光纤的性质和长度，并受测量条件的影响。

测量光纤衰减特性有以下四种试验方法：

方法 A：截断法(见附录 A)；

方法 B：插入损耗法(见附录 B)；

方法 C：后向散射法(见附录 C)；

方法 D：谱衰减模型(见附录 D)。

在以上方法中，方法 A、方法 B 和方法 C 适用于所有的 A 类多模光纤和 B 类单模光纤的衰减测量，方法 C 还可用作光纤长度、损耗和不连续点特性的测量。方法 D 仅适用于 B 类光纤的测量。

4.2　方法 A——截断法

截断法是测量光纤衰减特性的基准试验方法(RTM)，该方法直接基于光纤衰减定义，在不改变注入条件的前提下测量出通过光纤两横截面的光功率 $P_1(\lambda)$和 $P_2(\lambda)$，从而直接计算出光纤衰减。$P_2(\lambda)$是光纤末端出射光功率；$P_1(\lambda)$是截断光纤后截留段末端出射的光功率。

根据测量原理，截断法不可能获得整个光纤长度上衰减的全部信息，在变化条件下也很难测出光纤衰减变化。在某些情况下，其破坏性是截断法的一个缺点。

4.3　方法 B——插入损耗法

插入损耗法是光纤衰减的替代测量方法，其基本原理类似于截断法，但 $P_1(\lambda)$是光注入系统的输出光。

插入损耗法的测量精度不如截断法的高，但是对被测光纤和固定在光纤端头上的终端连接器具有非破坏性的优点，因而，这一方法适合现场测量，并且主要用于对链路光缆的测量。

插入损耗法不能分析整个光纤长度上的衰减特征，但是，当预知了 $P_1(\lambda)$时，可以测量出在变化的环境中(如温度或应力变化)光纤衰减连续变化的特征。

4.4　方法 C——后向散射法

后向散射法是光纤衰减的替代测量方法，该方法是一种单端测量方法，它测量从光纤中不同点后向散射至该光纤始端的后向散射光功率来测量光纤的衰减。

后向散射法对衰减的测量受光纤中光传输速度和光纤后向散射特性的影响，其结果可能不是十分精确，本方法需要分别从被试光纤的两端进行测量，并取两次结果的平均值作为光纤衰减的最终测量结果。

后向散射法允许对光纤整个长度(或感兴趣的光纤段、或串联的光纤链)进行分析，甚至可以鉴别分立的点(如接头、点不连续)。本方法也可用于光纤长度的测量。

用双后向散射曲线测量光纤衰减均匀性的方法正在研究中，对光纤衰减均匀性的要求有望纳入到光纤产品的指标规范中。

4.5 方法D——谱衰减模型

谱衰减模型可以作为B类光纤衰减的替代测量方法。

光纤的谱衰减系数可通过特征矩阵 M 和矢量 $\boldsymbol{v}$ 计算出来。矢量 $\boldsymbol{v}$ 包含了在几个(3～5个)预定波长(例如1 310 nm、1 330 nm、1 360 nm、1 380 nm和/或1 550 nm)上测量的衰减系数。

第一种方法是由光纤或光缆提供者提供的该产品的特征矩阵，模型化谱衰减系数可以用矢量 $\boldsymbol{w}$ 表示，矢量 $\boldsymbol{w}$ 由下式计算：

$$\boldsymbol{w} = M \times \boldsymbol{v} \qquad (3)$$

第二种方法是，如果 M 是普通矩阵，光纤或光缆提供者应提供一个修正因子矢量 $\boldsymbol{e}$，(3)式变成：

$$W = \boldsymbol{w} + \boldsymbol{e} \qquad (4)$$

普通矩阵是能用于不同的光纤设计或生产厂家(假定是一种光纤类型)的特征矩阵，它可由标准体和/或借助于标准体决定。每个光纤提供者可以同用户/最终用户或生产厂家比较他们的产品，其差别由矢量 $\boldsymbol{e}$ 决定。

5 装置

附录A、附录B、附录C和附录D中有每一种试验方法的装置图和对所用仪器的相应要求。

6 试样和试样制备

6.1 试样长度

试样应是盘绕在光纤盘上的长度已知的光纤或光缆。

6.2 试样端面

试样的输入端面和输出端面应平整、光滑，端面与光纤轴应有很好的垂直度。

7 程序

分别见附录A、附录B、附录C和附录D中的要求。

8 计算

方法A、方法B均用3.1和3.2中的式(1)和式(2)计算，方法C和方法D的计算方法分别见附录C和附录D。

9 结果

9.1 测量结果报告应包括下列内容：

——试验名称；

——试样识别号；

——光源波长；

——试样长度；

——在规定波长上以dB表示的衰减和以dB/km表示的衰减系数以及谱衰减；

——光纤或光缆试样的类型；

——试验日期和操作人员。

9.2 报告中也可包括下列内容：

——所用试验方法；

——所用的光注入方法和条件；

——计算方法；

——应用程序中出现的任何偏差；

——失效或可接受的判据；

——试验装置最近校准日期。

附 录 A
(规范性附录)
方法 A——用截断法测量衰减的特定要求

A.1 装置

A.1.1 通用的试验装置

衰减测定可在一个或多个波长上进行,也可在某一波长范围内测量谱衰减特性。适宜的试验装置框图如图 A.1 和图 A.2 所示。

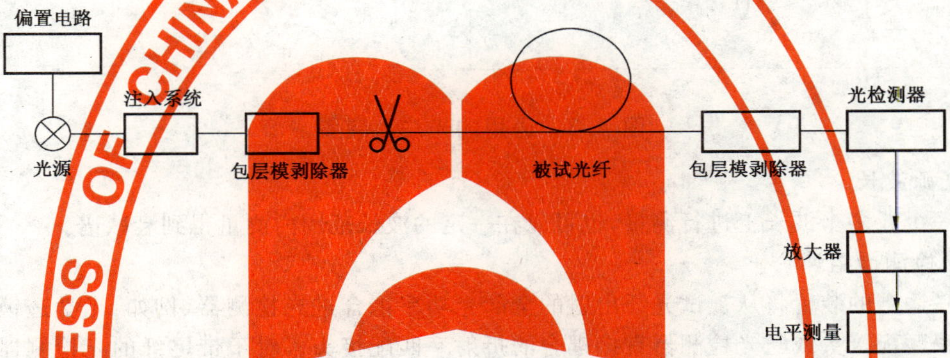

图 A.1 规定波长上测量衰减的试验装置

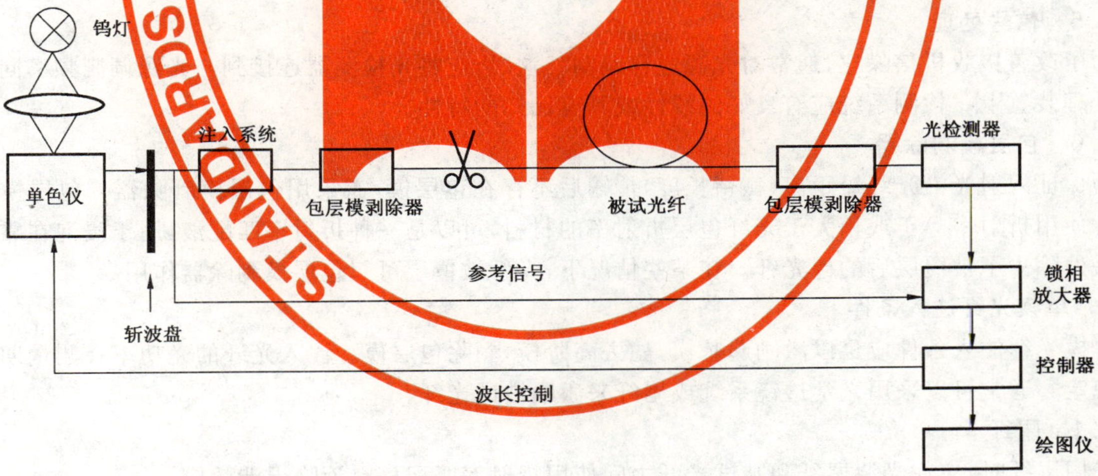

图 A.2 多个波长上测量衰减或谱衰减的试验装置

A.1.1.1 通用的光注入装置

图 A.3 是适用于所有光纤的光注入装置,在 A.1.2、A.1.3 和 A.1.4 中分别给出了对于每一种光纤的光注入条件进一步的要求。

A.1.1.2 光源

应采用稳定辐射的光源,如卤钨灯、激光器或发光二极管(LED)。依据测量类型选择合适的光源。在测量过程中,光源位置、强度和波长应保持稳定。光源波长范围应满足光纤测量的需要,其谱线半幅全宽(FWHM)应足够窄,例如小于 10 nm,以保证对光纤谱衰减特性有足够的分辨率。光纤输入端应与注入光束对准,或者与注入光纤同轴连接。

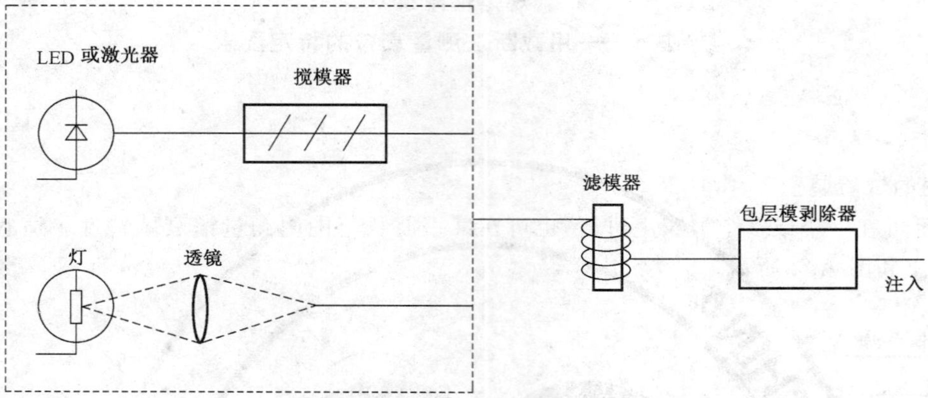

图 A.3 通用的光注入装置

A.1.1.3 光源波长

可以在一个或多个波长上进行测量,也可以在一定的波长范围内测量得到衰减谱。

A.1.1.4 光检测器组件

应采用一适当的装置将从被试光纤出射的全部光功率耦合进光检测器,例如:光学透镜系统、接有尾纤的折射率匹配接头或与光检测器直接耦合的折射率匹配接头。对于带尾纤的光检测器,尾纤须有足够大纤芯直径和数值孔径,以便接收从参考光纤和被试光纤出射的全部光。

在接收光强范围内和测量过程中,检测器应具有良好的线性和稳定性。典型组件包括接有前置放大器的光生伏打型光电二极管。同步检测时应采用锁相放大器。

A.1.1.5 信号处理

为了改善接收机信噪比,通常对光源进行调制。这时,应将光检测器连接到与光源调制频率同步的信号处理装置上。检测系统应有良好的线性或具有已知的特性。

A.1.1.6 包层模剥除器

为保证入射光沿光纤短距离(截留长度)传输后不存在包层模,需采用包层模剥除器。包层模剥除器通常使用折射率等于或稍大于光纤包层折射率的材料,可以是一种折射率匹配液,用于浸泡在靠近光纤端头处除去了被覆层后的裸光纤。在某些情况下,光纤被覆层可起包层模剥除器作用。

A.1.2 单模光纤注入条件

单模光纤注入条件应足以激励起基模,滤去高阶模,剥除包层模。注入光纤的光功率在测量期间应保持稳定。通常可以采用光学透镜系统或尾纤来激励被试光纤。

A.1.2.1 尾纤

采用尾纤时,应在光源尾纤和被试光纤之间使用折射率匹配材料消除干涉效应。

A.1.2.2 光学透镜系统

采用这种光注入技术时,应使用能使光纤注入端与注入光束重复对中并稳定固定的定位装置。为减少光纤定位对注入功率的敏感性,可采用满注入方法。

A.1.2.3 高次模滤除器

为在感兴趣波长范围内滤除高阶模,应采用诸如半径足够小的单个光纤圈(例如 30 mm)作为滤模器将截止波长移至感兴趣的最短波长以下,但圈的半径不能小到引起与波长相关的振荡出现。

A.1.3 A1 类渐变折射率分布多模光纤注入条件

多模光纤光注入系统应避免注入高阶瞬态模式,使沿光纤的功率分布基本不变,即达到稳态模分布状态，从而使光纤衰减与长度近似成线性关系。通常采用滤模器滤模和几何光学注入的两种注入技术，以获得稳态模分布注入条件。

A.1.3.1 滤模器

A.1.3.1.1 滤模光纤

选用一根与被测多模光纤同类型的有足够长度的多模光纤作为滤模器，其典型长度不短于 1 km，注入光经过这段光纤传输后光功率达到稳态模分布状态。

A.1.3.1.2 芯轴形滤模器

还可选择将被试光纤以低张力在芯轴上绕几圈(典型为 3～5 圈)的芯轴形式滤模器，应选择合适的芯轴直径以保证在被试光纤中激励的瞬态模受到足够的衰减，从而达到稳态模分布。

通过对均匀满注入激励下的长光纤和对采用芯轴滤模器的短光纤的输出光远场分布进行测量比较，选择适当的芯轴直径，使两者的远场辐射数值孔径(按 GB/T 15972.43—2008 中的方法测量)相近，通常，应使后者的数值孔径约为前者的 94%～100%。

芯轴直径可能随光纤及涂覆层类型不同而不同，一般为 15 mm～40 mm，在 20 mm 长度内绕 5 圈光纤。可选用不同的芯轴尺寸和芯轴排列方式。表 A.1 是芯直径不同的光纤通常选用的芯轴直径。

表 A.1 芯轴直径实例

光纤芯直径/μm	滤模器芯轴直径/mm
50	25
62.5	20
100	25

A.1.3.2 几何光学注入

空间状态限制注入法(Limited Phase Space，LPS)是使用光斑尺寸为被试光纤纤芯直径的 70%、入射锥角为被试光纤数值孔径的 70%的光束来激励被试光纤，这是不会产生泄漏模(或非束缚模)的最大几何注入的注入功率分布。例如对于 50/125 μm、数值孔径为 0.20 的渐变型折射率分布的多模光纤，LPS 注入条件为均匀的 35 μm 光斑直径和 0.14 的数值孔径(对于同样光纤，ITU-T G.651 规定采用 26 μm 光斑直径和 0.11 的数值孔径)。

空间状态限制注入法的入射光束一般都是通过使用几何光学装置(如图 A.4 所示)获得的，应使入射光束光锥的轴线与光纤的轴线对准，同时，应考虑到出射光束光斑的空间位置与所用的测量光波长有关的因素影响。

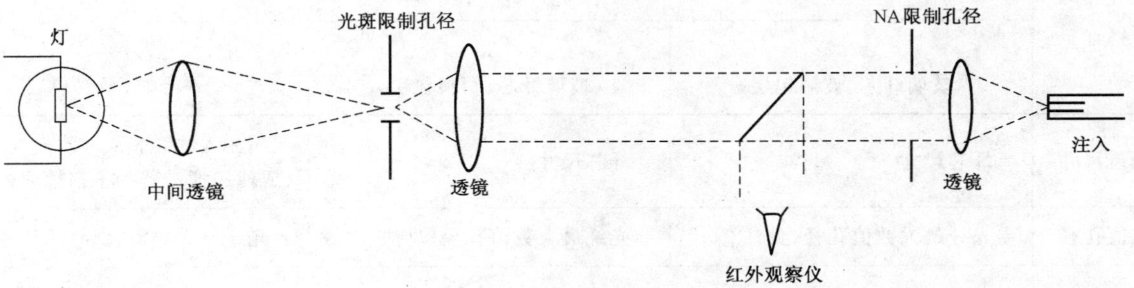

图 A.4 采用空间状态限制的衰减测量注入装置

A.1.3.3 搅模器

在使用滤模器滤模时，应以光功率分布基本均匀的光源来激励，对于不能产生这种功率分布的光源，如 LED 或激光器等，应加用搅模器。搅模器是由适当的光纤组合而成(如依次由突变-渐变-突变型折射率分布的光纤连接在一起)。

A.1.4 A2、A3 和 A4 类突变型折射率分布多模光纤的注入装置

在图 A.5、图 A.6 和图 A.7 中给出了对短距离光纤通常使用的注入装置实例。

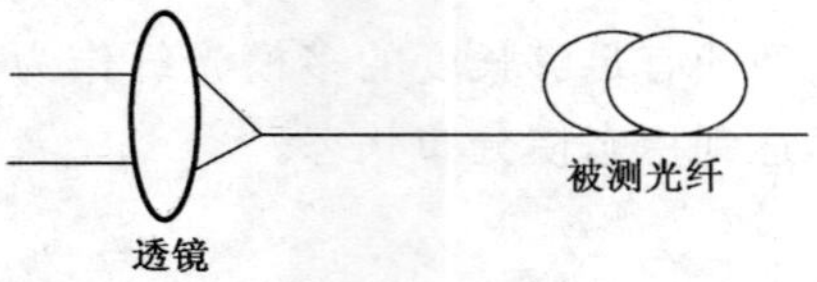

图 A.5 透镜系统

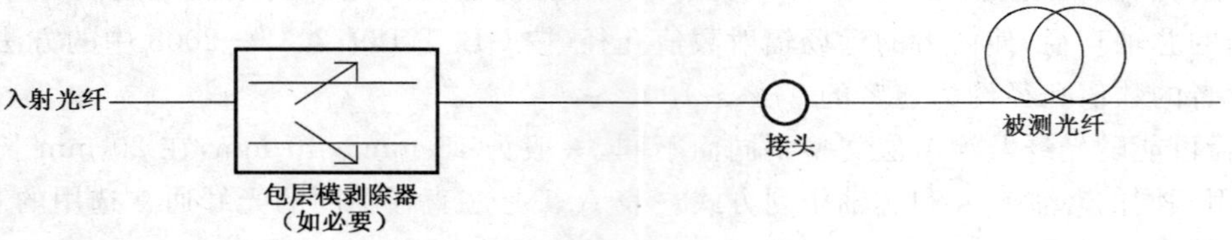

图 A.6 注入光纤

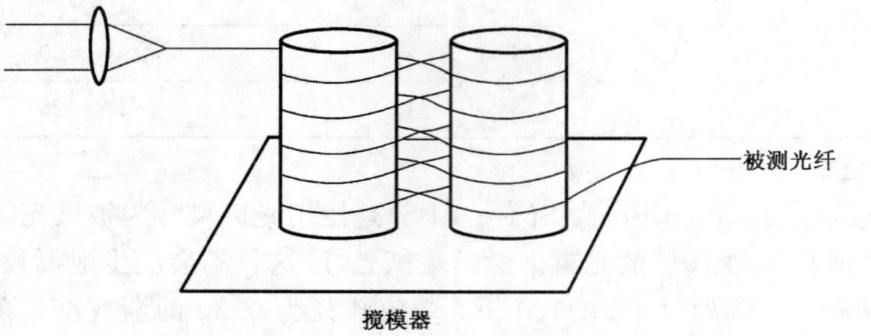

图 A.7 搅模器(对于 A4 类光纤)

突变型折射率分布光纤衰减测量的重复性极其重要,在此给出了对其注入装置要求的详细说明,这类装置均可使用商用的光学元件组装而成。应使光斑尺寸和注入光数值孔径满足表 A.2 中的要求。

表 A.2 A2、A3 和 A4 类多模光纤的注入条件

特性	光纤种类		
	A2.2 (玻璃纤芯、玻璃包层)	A3 (玻璃纤芯、塑料包层)	A4 (塑料纤芯、塑料包层)
光斑尺寸	=纤芯尺寸	=纤芯尺寸	=满注入的纤芯尺寸 (或使用搅模器的平衡模注入)
数值孔径	=光纤最大数值孔径(见注 2)	=光纤最大数值孔径(见注 3)	=光纤最大数值孔径(见注 3)

注 1:对 A2.1 类光纤的要求尚在研究中。

注 2:可以用 2 m 长的与被试光纤同类型的一段光纤作为滤模器,对其进行满注入,并采取适当的包层模剥除措施,用其输出光束激励被试光纤。

注 3:可以用注 2 中所述的光注入方式,但对某些 A3 类和 A4 类光纤不需要包层模剥除器和滤模器。

A.1.5 校准要求

波长应校准至±10 nm 范围内。

A.2 程序

A.2.1 将被试光纤放入试验装置中，记录输出光功率 $P_2(\lambda)$。

A.2.2 保持注入条件不变，将光纤截断至截留长度(例如离注入点 2 m)，记录截留的光纤的输出光功率 $P_1(\lambda)$。

A.3 计算

A.3.1 根据 $P_1(\lambda)$和 $P_2(\lambda)$的测量结果，用 3.1 中的式(1)或 3.2 中的式(2)计算出截面 1 与截面 2 间光纤段的衰减和衰减系数。

A.3.2 使用几个波长上的衰减测量结果，通过诸如附录 D 中所描述的相互关系计算出谱衰减曲线。

附 录 B
（规范性附录）
方法 B——用插入损耗法测量衰减的特定要求

B.1 装置

B.1.1 通用的装置

适宜的试验装置框图如图 B.1（校准时用）和图 B.2（测量时用）所示。

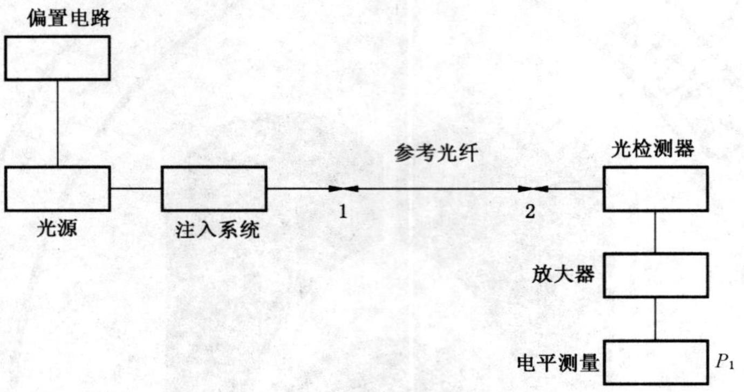

图 B.1 插入损耗法校准用装置

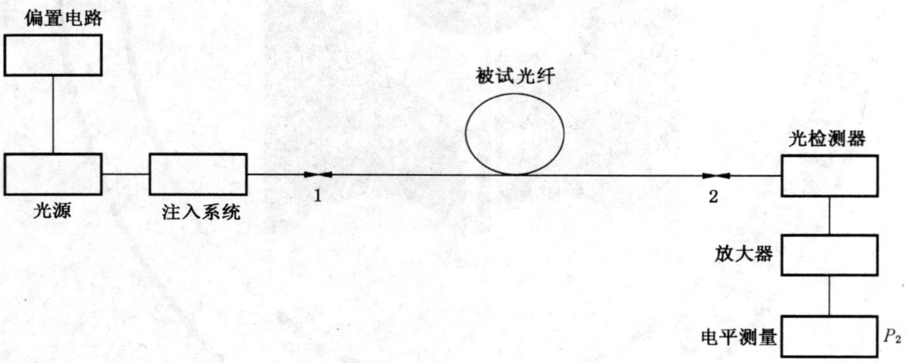

图 B.2 插入损耗法测量用装置

B.1.2 试验装置要求

插入损耗法对试验装置的要求同方法 A（截断法）对试验装置的要求类似。

分别见 A.1.1 中通用的试验装置要求和 A.1.2、A.1.3、A.1.4 中所有适宜的光注入要求。

此外，插入损耗法还要求使用非常精密的光纤耦合器件以便尽量减小光纤耦合损耗，确保得到精确的测量结果。耦合器可以使用一种可目测检查的机械调节架或一种纤芯与纤芯对准用的微调器。

B.2 程序

B.2.1 参考光纤应该与被试光纤为同一类型，由连接器引起的损耗被包括在参考光纤的功率测量中。

B.2.2 采用与被试光纤为同一类型的短段光纤（例如 2 m，其衰减可以被忽略）作为参考光纤对装置进行初始校准，获得参考输入光功率 $P_1(\lambda)$（如果参考光纤的衰减不能被忽略，则计算中应考虑参考光纤的衰减)。

B.2.3 将被试光纤连接到装置上并进行耦合调节,使光检测器给出最大电平,记录输出光功率 $P_2(\lambda)$。

B.3 计算

B.3.1 根据 $P_1(\lambda)$和 $P_2(\lambda)$的测量结果,用 3.1 中的式(1)或 3.2 中的式(2)计算出截面 1 与截面 2 之间光纤段的衰减和衰减系数。

B.3.2 使用几个波长的衰减测量结果,通过诸如附录 D 中所描述的相互关系计算出谱衰减曲线。

附 录 C
（规范性附录）
方法 C——用后向散射法测量衰减的特定要求

C.1 装置

本方法使用的光时域反射计(OTDR)试验装置至少由以下几个部分组成,如图 C.1 所示。

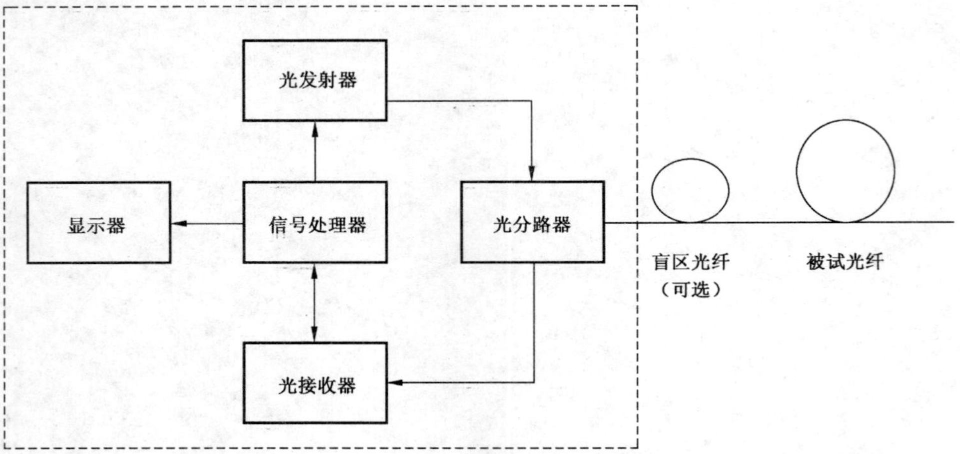

图 C.1 光时域反射计试验装置框图

C.1.1 光发射器

通常包括一个脉冲激光二极管,能提供一个或多个脉冲宽度和脉冲重复频率。除非在产品指标中作详细说明,每一波长的谱宽应满足下列要求。

C.1.1.1 中心波长应在规定值的 15 nm 以内。如果光源中心波长和规定波长差值大于 10 nm,应在测量结果报告中指出。

C.1.1.2 光源均方根谱宽(RMSW)应不大于 10 nm,或者光源半幅全宽 (FWHM)应不大于 25 nm。

C.1.1.3 如果谱衰减模型中采用 OTDR 的数据,实际中心波长应在规定值的 2 nm 之内。水峰波长区域(1 360 nm～1 430 nm)的光源谱宽不应大于 10 nm(FWHM)或 6 nm(RMSW)。

C.1.2 注入条件

应提供一种方法将被试光纤(或盲区光纤)连接到仪器面板或光源尾纤上。

对于 A 类光纤,光源可能无法得到易于控制或适用于本试验方法的光注入条件,除非在产品规范中另有规定,对衰减测量所使用的光注入条件应与用截断法测量时要求的条件相同。

C.1.3 光分路器

耦合器/光分路器将光源输出光耦合到光纤,并将返回的后向散射光耦合到检测器。

C.1.4 光接收器

通常包括光电二极管检测器,检测器的带宽、灵敏度、线性度及动态范围应与采用的脉宽和接收信号电平相适应。

C.1.5 脉宽和脉冲重复频率

OTDR 应能提供可供选择的脉宽和脉冲重复频率(有时结合测距范围来选择),以兼顾分辨率和测量距离的需要。对于幅度很高的反射峰,应将脉冲重复频率或测距范围设置为能测量到此反射峰两倍以上的距离,以防止出现“鬼影”反射峰,也可使用脉冲编码技术来防止出现这一现象。

注：在选择脉宽、脉冲重复频率和光源光功率时应注意，对于短距离测量，应选用短脉宽以提供足够高的分辨率，但这又将限制测量时的动态范围和可测量的最大长度。对于长距离测量，可以将入射的峰值功率增加到可能产生足够大非线性影响的功率水平之下，也可通过选用长脉宽以增加动态范围，但这又将减小测量时的分辨率。

C.1.6　信号处理器

如必要，可以使用对长时间测量信号进行处理的信号平均技术来提高信噪比。

C.1.7　显示器

应将显示器组合进 OTDR 测量仪或者作为 OTDR 控制器的一部分。OTDR 信号应以图形的形式显示出来，其垂直分度标尺宜为分贝数，对应于往返光信号损耗之半的分贝数变化；水平分度标尺宜为用时延所转化的距离，对应于往返光信号群时延之半的长度；光标等工具应能手动地或自动地测量所显示的全部或部分的 OTDR 信号曲线。

C.1.8　数据接口(可选)

仪器可提供显示曲线的硬拷贝，并能与计算机连接。

C.1.9　反射控制器(可选)

为将高菲涅尔反射引起的接收器瞬时饱和降至最低限度，以减少每一反射点后光纤盲区范围，应采用电子屏蔽或在耦合器/光分路器中采用适宜的方法。

为了减小光纤与 OTDR 连接处的初始反射对结果的影响，通常在 OTDR 连接器和被试光纤之间采用一段盲区光纤。

C.1.10　接头和连接器

为了将 OTDR 曲线的附加影响减至最小，OTDR 所要求的任何接头或连接器应具有低插入损耗和低反射(高回波损耗)。

C.2　试样

试样为卷绕在光纤盘上或在光缆内、或是符合产品规范中规定的一根光纤。可在工厂或现场对单段光纤或链路光纤进行测量。

注：应小心避免卷绕对点不连续或衰减测量引入人为的衰减，或者在长度或点不连续测量时引入明显伸长。应使光纤端(如在线盘的最里层)导致的任何损耗在衰减系数的计算中能够忽略不计。

C.3　程序

对于 A1 类或 A2 类光纤，用截断法进行谱衰减测量是更精确的方法。如果用这两种方法测得的结果有差异，应以截断法的测量结果为准，除非在产品指标中作详细说明。

对于 B 类光纤，可以在多个波长上进行测量，用附录 D 中描述的关系得到谱衰减曲线。

用 OTDR 测量光纤或光缆的衰减和衰减系数的程序如下：

C.3.1　光纤连接

将被试光纤连接到仪器上或盲区光纤(如采用)的一端，将盲区光纤(如采用)另一端连接到仪器上。

C.3.2　参数设置

测量光纤衰减系数或长度时需要预知光纤的有效群折射率，如果此值未知，用光纤光缆长度的测量程序(GB/T 15972.22—2008 中的方法 B)测量确定。

在仪器中输入光源波长、脉宽、测距范围(包括长度分辨率)、有效群折射率以及信号平均次数(或时间)等 OTDR 参数，仪器中可能已经预置了其中的某些参数。

C.3.3　曲线显示

启动 OTDR 进行取样，调整仪器显示的后向散射信号，使曲线尽可能全屏幕显示，如需增加分辨率，应调整图形的显示刻度，并尽量放大感兴趣的图形区域(在此过程中应注意正确地区分真实的信号和噪声信号)。图 C.2 和图 C.3 是测量衰减时的完整 OTDR 曲线图，图 C.4 和图 C.5 是测量不连续点的 OTDR 曲线图，其中图 C.5 是为增加分辨率而对不连续点区域放大的示意图。

C.3.4 衰减测量

C.3.4.1 第 1 步

如果使用了盲区光纤（如图 C.2 所示），将光标置于试样始端反射脉冲上升边缘的一点，确定 Z_0，如试样前无光纤或光缆段（如图 C.3），则 Z_0 为零。

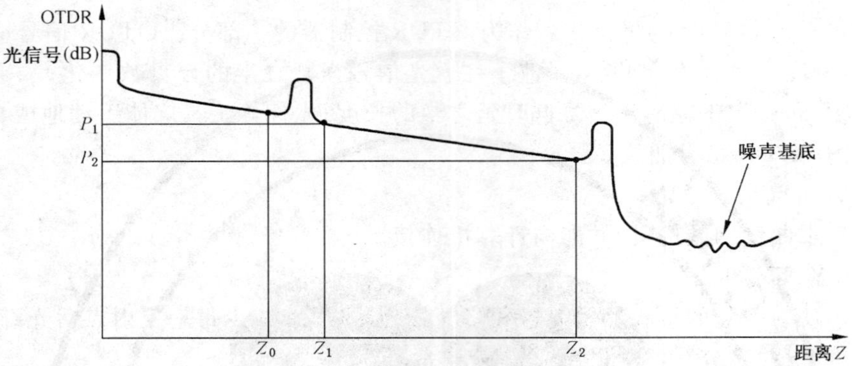

图 C.2 使用了盲区光纤的“均匀”样品的 OTDR 曲线

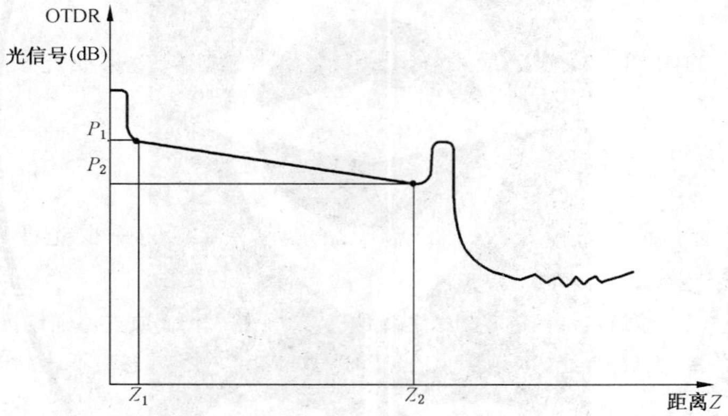

图 C.3 未使用盲区光纤的“均匀”样品的 OTDR 曲线

将光标置于试样曲线线性区段始端（紧挨近端），确定 Z_1，P_1；

将同一光标或另一光标置于试样末端反射脉冲上升边缘的一点，确定 Z_2，P_2。

如果由于不连续性极小而不易确定 Z_0 和 Z_2 的位置，就在该处加一个绷紧的弯曲并改变弯曲半径以帮助光标定位；对于 Z_2 的定位，如可能，切割试样远端，使那里产生反射。

如需要，切换到另一波长重复上述试验过程。

C.3.4.2 第 2 步

应进行双向测量，将双向测量取得的数值进行平均，以消除后向散射特性随光纤长度变化的影响，取双向测量的平均值作为衰减测量的最终结果。

C.3.5 点不连续的测定

为了确定点不连续（而不是衰减不均匀性）的存在，应采用两种不同的脉宽观察有疑问的区域。如果损耗或增益的形状随脉宽而变，则该异常情况是点不连续，否则要按照测量光纤或光缆衰减的程序进行衰减不均匀性测量。另外，如果已知 OTDR 的脉冲形状和脉宽大小，就可以确定 OTDR 曲线上的某个异常情况是否为一个不连续点。

当点不连续的偏离程度超出产品规范中指定的要求时，应将结果报告出来，报告时应描述点不连续

的种类(如视在损耗或增益、反射、持续时间等)

对不连续点进行定位时,如图 C.4 所示,将光标置于不连续点处功率开始上升或下降的始端作为不连续点的位置。通常对光功率下降型的不连续点较难准确地定位。

如需要,可按照 OTDR 仪器生产商提供的方法获得点不连续的视在损耗或视在增益大小,一般仪器要求在不连续点处的每一侧放置一对光标,将两根最佳拟合直线(每一根分别由两点法或最小二乘方近似法得到)外推到不连续点处的位置,两直线在不连续点处的垂直距离为点不连续的视在损耗或增益。

应进行双向测量,将双向测量取得的数值进行平均(这样可消除视在增益)得出点不连续损耗。

如需要,切换到另一波长重复上述试验过程。

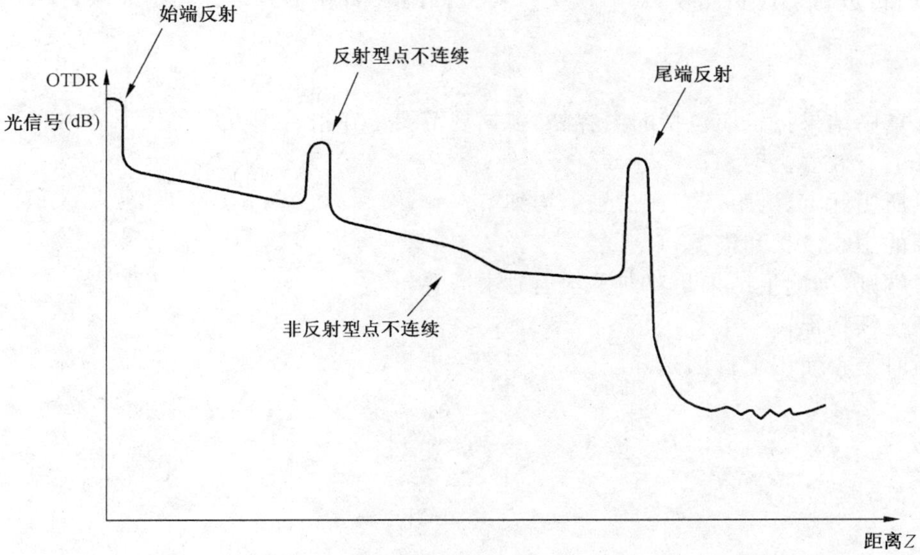

图 C.4 OTDR 曲线上分别存在一个反射型和非反射型的不连续点

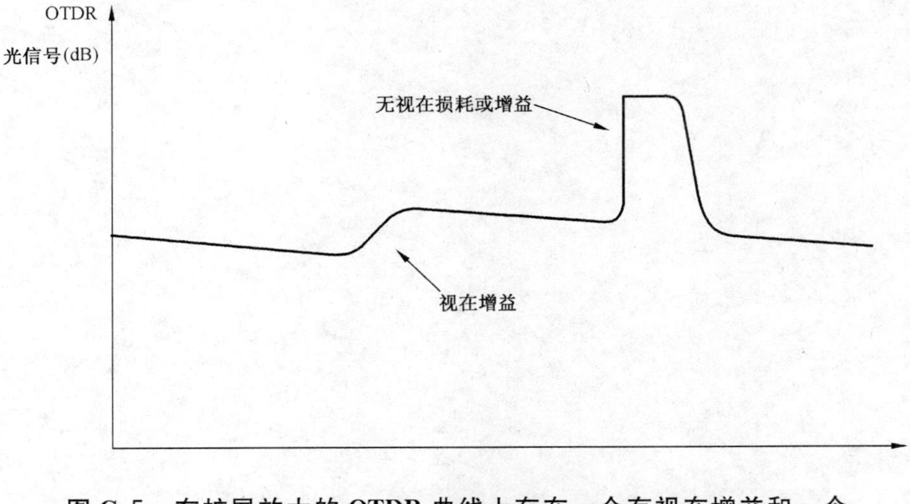

图 C.5 在扩展放大的 OTDR 曲线上存在一个有视在增益和一个无视在增益(或损耗)的两个点不连续

C.3.6 校准

尚在研究中。

C.4 计算

C.4.1 始于盲区之后光纤或光缆段的单向后向散射衰减：$A=(P_1-P_2)$ dB。

C.4.2 光纤或光缆段的单向后向散射衰减系数：$\alpha=(P_1-P_2)/(Z_2-Z_1)$ dB/km。

C.4.3 光纤或光缆段总单向后向散射衰减：$A_{总}=\alpha(Z_2-Z_0)$ dB。

C.4.4 通常，OTDR 能直接给出 A 值和 α 值。该数据可以用两点法给出，也可用最小二乘方近似(LSA)法拟合曲线给出。LSA 法得出的结果可能与两点法得出的结果不同，该方法由于减小了噪声的影响而具有更好的重复性，但当光纤衰减不均匀时会给出错误的结果。

C.4.5 应进行双向测量，将双向测量获得的数值取平均得到光纤在该波长的衰减系数。

C.4.6 需要时可进行多波长测量，对 B 类光纤可按照附录 D 中的方法计算谱衰减。

C.5 结果

除了第 9 章中结果报告应包括的内容外，根据规范要求在报告中也应包括下列内容：

——光纤的有效群折射率；

——测量所用脉宽、测距范围和信号平均细节；

——光源的中心波长和谱宽；

——试样端别(当测量结果是双向平均值时不需要)；

——点不连续特征；

——测量时是否使用了盲区光纤。

附 录 D
（规范性附录）
方法 D——谱衰减模型测量衰减的特定要求

D.1 装置

本方法是对预先测量的衰减值进行计算而得出谱衰减，不需要特定装置。所选用的装置即是测量单波长衰减的试验装置。

D.2 程序

测量单波长衰减所采用的程序。

D.3 计算

光纤的谱衰减系数可用式(D.1)计算出来。矢量 $\boldsymbol{v}$（n 个元素）包含了 n 个(3～5 个)预定波长(例如 1 310 nm、1 330 nm、1 360 nm、1 380 nm 和/或 1 550 nm)上测量的衰减系数，用矩阵 M 和矢量 $\boldsymbol{v}$ 相乘，得到另一个矢量 $\boldsymbol{w}$，矢量 $\boldsymbol{w}$（m 个元素）可包含在许多波长(例如从 1 240 nm～1 600 nm，间隔 10 nm)上估算的衰减系数。

矩阵 M 由下面给出：

$$
\begin{array}{ll}
A_{11} & A_{12} \cdots\cdots A_{1n} \\
A_{21} & A_{22} \cdots\cdots A_{2n} \\
\cdots\cdots & \\
\cdots\cdots & \\
A_{m1} & A_{m2} \cdots\cdots A_{mn}
\end{array}
$$

式中：

m——估算谱衰减系数的波长数；

n——预定的波长数(在这些波长上，衰减系数已测得)。

在确定的波长范围内，每一波长上实际衰减系数与估算衰减系数之差值的标准偏差宜小于 0.xx dB/km。如在确定波长范围外再指定一个附加波长范围，则在每一波长上实际衰减系数与估算衰减系数之差值的标准偏差宜小于 0.yy dB/km。xx(和 yy)的值和波长范围应在用户和厂家之间达成协议。

如果估算是基于供应方提供的矩阵 M，则不需要使用修正因子矢量 $\boldsymbol{e}$。

M 和 $\boldsymbol{e}$ 的元素是用统计方法获得的，矢量 $\boldsymbol{v}$ 的元素也应认为是统计数值。为了指出估算衰减系数的精度，光纤或光缆提供者在提供 M 和 $\boldsymbol{e}$ 时，同时应提供一个矢量，该矢量包含衰减系数实际值与估算值之差值的标准偏差。

注 1：为便于矩阵使用，应在预定波长上对光纤进行例行测量。预定波长数可为三至五个，如果可以达到足够的精度，可减少预定波长数。预定波长值(例如 1 310 nm、1 330 nm、1 360 nm、1 380 nm 和/或 1 550 nm) 尚待进一步研究。

注 2：该模型仅考虑用于未成缆光纤。用于成缆光纤时，考虑到成缆的影响和环境的影响，矢量 $\boldsymbol{w}$ 必须加上一个附加矢量。

D.4 结果

除了第 9 章中结果报告应包括的内容外，根据规范要求在报告中也应包括下列内容：

——测量预定波长衰减的试验方法；

——估算谱衰减的矩阵或修正因子矢量(如采用普通矩阵)；

——使用矩阵时获得的矢量(它包含衰减系数实际值与估算值之差值的标准偏差)。

ICS 33.180.10
M 33

中华人民共和国国家标准

GB/T 15972.41—2008
部分代替 GB/T 15972.4—1998

光纤试验方法规范 第41部分：传输特性和光学特性的测量方法和试验程序——带宽

Specifications for optical fibre test methods—Part 41：Measurement methods and test procedures for transmission and optical characteristics—Bandwidth

(IEC 60793-1-41：2001，Optical fibres—Part 1-41：Measurement methods and test procedures—Bandwidth，MOD)

2008-03-31 发布　　2008-11-01 实施

中华人民共和国国家质量监督检验检疫总局
中国国家标准化管理委员会　发布

前　言

GB/T 15972《光纤试验方法规范》由若干部分组成，其预期结构及对应的国际标准和将代替的国家标准为：

——第 10 部分～第 19 部分：测量方法和试验程序总则（对应 IEC 60793-1-10 至 IEC 60793-1-19；代替 GB/T 15972.1—1998）；

——第 20 部分～第 29 部分：尺寸参数的测量方法和试验程序（对应 IEC 60793-1-20 至 IEC 60793-1-29；代替 GB/T 15972.2—1998）；

——第 30 部分～第 39 部分：机械性能的测量方法和试验程序（对应 IEC 60793-1-30 至 IEC 60793-1-39；代替 GB/T 15972.3—1998）；

——第 40 部分～第 49 部分：传输特性和光学特性的测量方法和试验程序（对应 IEC 60793-1-40 至 IEC 60793-1-49；代替 GB/T 15972.4—1998）；

——第 50 部分～第 59 部分：环境性能的测量方法和试验程序（对应 IEC 60793-1-50 至 IEC 60793-1-59；代替 GB/T 15972.5—1998）。

其中 GB/T 15972.4×由以下部分组成：

——第 40 部分：传输特性和光学特性的测量方法和试验程序——衰减；

——第 41 部分：传输特性和光学特性的测量方法和试验程序——带宽；

——第 42 部分：传输特性和光学特性的测量方法和试验程序——波长色散；

——第 43 部分：传输特性和光学特性的测量方法和试验程序——数值孔径；

——第 44 部分：传输特性和光学特性的测量方法和试验程序——截止波长；

——第 45 部分：传输特性和光学特性的测量方法和试验程序——模场直径；

——第 46 部分：传输特性和光学特性的测量方法和试验程序——透光率变化；

——第 47 部分：传输特性和光学特性的测量方法和试验程序——宏弯损耗；

——第 48 部分：传输特性和光学特性的测量方法和试验程序——偏振模色散；

——第 49 部分：传输特性和光学特性的测量方法和试验程序——微分模时延。

本部分为 GB/T 15972 的第 41 部分。本部分修改采用国际电工技术委员会标准 IEC 60793-1-41：2001《光纤　第 1-41 部分：测量方法和试验程序——带宽》。

本部分与 IEC 60793-1-41：2001 主要差异如下：

——按照我国标准的编排格式和表述要求，对一些内容安排做了调整，增加了“第 3 章　术语和定义”，将 IEC 版本中第 1 章某些内容和第 3 章内容放在本部分第 4 章；将 IEC 版本第 9 章和第 10 章合并作为本部分第 9 章；

——将第 1 章中对其他 A 类多模光纤的适用性作为注的形式给出；

——将附录中关于结果计算的内容进行扩充并增加到第 3 章中；

——对第 7 章中的具体内容进行了修改并分别移至附录中；

——按照统一的格式要求，将第 5 章中插图移至附录中。

本部分代替 GB/T 15972.4—1998《光纤总规范　第 4 部分：传输特性和光学特性试验方法》第 5 章。

本部分与 GB/T 15972.4—1998 第 5 章相比主要变化如下：

——将“模式基带响应”的标题名改为“带宽”（1998 年版的第 5 章，本版的标题）；

——对带宽概述增加了注 3（1998 年版的第 5 章，本版的第 4 章）。

本部分的附录A、附录B为规范性附录。

本部分由中华人民共和国信息产业部提出。

本部分由中国通信标准化协会归口。

本部分起草单位:武汉邮电科学研究院。

本部分主要起草人:程淑玲、陈永诗、刘泽恒、吴金良。

本部分为第一次修订,它与GB/T 15972.4×其他部分一起代替GB/T 15972.4—1998。

光纤试验方法规范 第41部分：传输特性和光学特性的测量方法和试验程序——带宽

1 范围

GB/T 15972 的本部分规定了多模光纤带宽的试验方法，确立了对试验装置、注入条件、程序、计算方法和结果的统一要求。

本部分适用于 A1 类多模光纤带宽的测量和成品光纤光缆的商业性检验。本部分不适用于 B 类单模光纤带宽的测量。

注：对其他 A 类多模光纤的适用性仍在研究中。

2 规范性引用文件

下列文件中的条款通过 GB/T 15972 的本部分的引用而成为本部分的条款。凡是注日期的引用文件，其随后所有的修改单(不包括勘误的内容)或修订版均不适用于本部分，然而，鼓励根据本部分达成协议的各方研究是否可使用这些文件的最新版本。凡是不注日期的引用文件，其最新版本适用于本部分。

GB/T 15972.40—2008 光纤试验方法规范 第 40 部分：传输特性和光学特性的测量方法和试验程序——衰减(IEC 60793-1-40:2001，Optical fibres—Part 1-40:Measurement methods and test procedures—Attenuation，MOD)

3 术语和定义

下列术语和定义适用于 GB/T 15972 的本部分。

3.1

频率响应(频域) frequency response

频率响应定义为下式表示的函数：

$$G(\omega) = \frac{P_2(\omega)}{P_1(\omega)} \quad \cdots\cdots (1)$$

式中：

$G(\omega)$——频率响应；

$P_1(\omega)$——横截面 1 处调制信号的光功率谱；

$P_2(\omega)$——横截面 2 处调制信号的光功率谱。

幅度响应和相位响应分别为 $G(\omega)$ 的绝对值和辐角。

3.2

冲击响应(时域) impulse response

冲击响应 $g(t)$ 定义为这样一个函数，即它与光纤输入光功率的卷积等于光纤的输出光功率。

$$P_2(t) = P_1(t) * g(t) \quad \cdots\cdots (2)$$

式中：

$P_1(t)$——横截面 1 处输入光脉冲功率；

$P_2(t)$——横截面 2 处输出光脉冲功率；

*——卷积符号。

注：在线性系统中，时域和频域的基带响应通过下式互相联系：

$$G(\omega)=\int_{-\infty}^{\infty} g(t)\exp(-\mathrm{j}\omega t)\mathrm{d}t \quad \cdots\cdots(3)$$

式中：

$G(\omega)$——频率响应；

$g(t)$——冲击响应函数；

j——虚数($\sqrt{-1}$)；

ω——圆频率，单位为赫兹(Hz)；

t——时间，单位为秒(s)。

3.3

基带响应(-3 dB 光带宽)　baseband response

实际光纤的基带响应呈高斯型。在基带响应的幅—频曲线上(根据式(3)绘制的曲线)，半幅值点对应的频率为光截止频率 f_c，该频率称为光纤的-3 dB 光带宽(或-6 dB 电带宽)，即实测的光纤带宽。

4 带宽及其测量方法概述

多模光纤的总色散由模式色散和波长色散组成。多模光纤的总带宽由总色散决定，用下式表示为：

$$B_T=(B_m^{-2}+B_{ch}^{-2})^{-1/2} \quad \cdots\cdots(4)$$

式中：

B_T——总带宽；

B_m——模式带宽；

B_{ch}——色散带宽。

注1：假定光纤模式基带响应和光源光谱均是高斯型分布。

注2：色散带宽 B_{ch} 与光纤段长度成反比，如果假定光源光谱是高斯型分布，则 B_{ch} 可表示为：

$$B_{ch}=\frac{0.44\times10^6}{\Delta\lambda D(\lambda)L}(\mathrm{MHz}) \quad \cdots\cdots(5)$$

式中：

$\Delta\lambda$——光源的 FWHM 谱宽，单位为纳米(nm)；

$D(\lambda)$——色散系数，单位为皮秒每纳米千米(ps/(nm·km))；

L——光纤段长度，单位为千米(km)。

注3：式(5)仅用于远离零色散波长 λ_0 的波长区域，在零色散波长 λ_0 附近的区域，式(4)中 $B_{ch}{}^{-2}$ 项可忽略。

本技术旨在通过测量多模光纤的模式基带响应来确定带宽，选用 $\Delta\lambda$ 小的光源来减少波长色散的影响，使总带宽与模式带宽之间的差异小于10%。

光纤的基带响应在时域中可用冲击响应 $g(t)$ 来表示，在频域中是以频域响应 $G(\omega)$ 来描述。因此光纤的基带响应测量方法可分为时域法和频域法两种：

方法 A：冲击响应法(时域法)

冲击响应法是比较光纤输入、输出光脉冲的宽度以测量光纤模式基带响应的一种方法。

方法 B：频率响应法(频域法)

使用频率响应法可以直接测量出幅值-频率函数(即幅度响应)，其测量方式有：

a) 采用输入光脉冲信号激励时，对输出信号进行频谱分析；

b) 采用频率扫描信号或分离的正弦波信号输入，分析其输出信号。

5 试验装置

方法 A 和方法 B 的典型试验装置分别见附录 A、附录 B 中图 A.1、图 B.1。

除非其他说明，以下对测量装置的要求为带宽两种测量方法所共有。

5.1 注入条件

为了得到很好的重复性，应使注入系统的脉冲失真与被试光纤的脉冲失真相比小到可以忽略不计。否则，应记录注入系统的输出脉冲形状，然后在光纤基带响应中考虑进去。

应使用满注入，在这种情况下，注入光锥角大于光纤最大理论数值孔径，并且注入光斑直径与光纤纤芯直径相当。应确认被试光纤无微弯，注入系统输出端的能量分布基本恒定，且与光源的耦合无关(表明所有传导模受到正常激励)。

下列装置能提供满注入条件：

a) 透镜系统；

b) 注入光纤系统(例如突变—渐变—突变光纤搅模器)。

注：对于 A1 类光纤，因容易控制其满注入条件而有更好的重复性。

5.2 光源

应采用一个激光器作光源，其激光辐射超过自发辐射。在测量期间，光源位置、强度和波长应保持稳定。光源中心波长 λ 应在表 1 选定的标称值的 ±20 nm 之内，其 FWHM 谱宽 $\Delta\lambda$ 不应超过表 1 中给出的相应值。为保证带宽的测量精确度达到 10%，可要求使用较小的光源谱宽，光源谱宽取决于被测试样带宽和它的波长色散。

表 1 光源的中心波长标称值和谱宽

单位为纳米

λ	$\Delta\lambda$
800～900	5
1 200～1 350	10

5.3 包层模剥除器

应采用包层模剥除器，以滤除包层模。当预涂覆层折射率等于或大于光纤包层折射率时，就不需要包层模剥除器。

5.4 光检测器

应优先采用高速光电二极管作光检测器。光检测器带宽通常应大大超过被试光纤带宽。然而需要作一些修正，应说明检测器的基带响应和非线性度。检测器表面灵敏度应是均匀的。

5.5 辅助设备

分别见附录 A、附录 B 中方法 A、方法 B 的辅助设备。

6 试样和试样制备

6.1 样品长度

样品应是长度已知的光纤或光缆。

6.2 试样端面

试样的输入端面和输出端面应平整、光滑，端面与光纤轴应有很好的垂直度。

6.3 参考光纤

参考光纤应与被试光纤为同一类型，其长度应小于被测试样长度的 1%，或者不大于 10 m。

7 程序

分别见附录 A 和附录 B 中的试验程序。

8 计算

分别见附录 A、附录 B 中的方法 A、方法 B 的计算方法。

9 结果

9.1 测量结果报告应包括下列内容：

——试验名称；

——试样识别号；

——试样长度；

——测量时的标称波长；

——由幅—频特性曲线上－3 dB(光功率)点确定的带宽；

——判定标准；

——试验日期和操作人员。

9.2 报告中也可包括下列内容：

——所用试验方法(A 或 B)；

——仪器型号说明；

——光源类型和 FWHM 谱宽；

——试验装置的频谱分辨率(仅适用于方法 B)；

——完整的输入和输出脉冲曲线；

——试验装置最近校准日期；

——要报告的资料；

——应用程序中出现的任何偏差。

附 录 A
（规范性附录）
方法 A——冲击响应法的特定要求

A.1 装置

图 A.1 是用冲击响应法测量模式基带响应的典型试验装置。

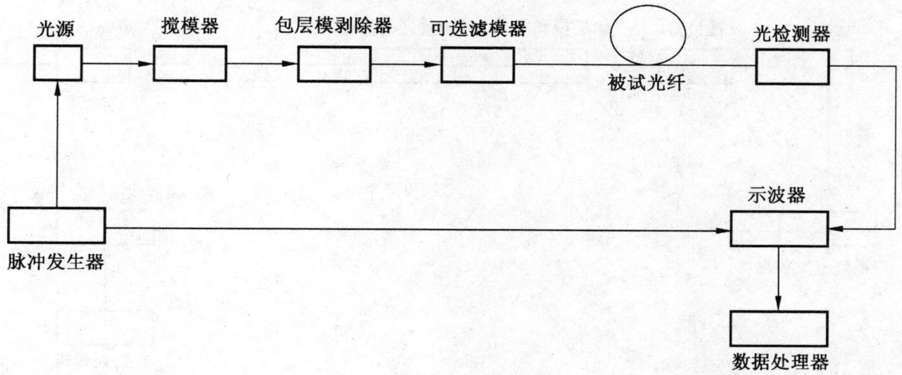

图 A.1 模式基带响应试验装置(冲击响应)

A.2 辅助设备

应采用合适的辅助设备，例如：

a） 可调光脉冲序列发生器(脉冲宽度和脉冲频率可调)；

b） 取样示波器；

c） XY 记录仪。

注：所作的测量应保证有适当的校准、系统线性和系统稳定性。

A.3 程序

A.3.1 试样端面对中

将光纤输入端与注入光锥轴线对中，并将光纤输出端与检测器表面对准，使检测器能接收到被试光纤的全部出射光。

A.3.2 数据采集和处理

启动试验装置，分别记录被试光纤的输出光脉冲 $P_2(t)$ 和参考光纤的输出光脉冲 $P_1(t)$。

A.3.3 参考光纤

可用 GB/T 15972.40—2008 附录 A 截断法将被测光纤距注入端约 2 m 处剪断后作为参考光纤，也可用预先记录并存储的参考光纤的数据。如果光源或接收器的光电部分有改变时应重复存储参考数据。

A.4 计算

a） 根据记录结果 $P_1(t)$ 和 $P_2(t)$，按式(2)的定义计算出冲击响应 $g(t)$；

b） 根据式(3)将冲击响应 $g(t)$ 转换为频率响应 $G(\omega)$；

c） 绘制幅—频特性曲线，并对曲线进行高斯函数拟合，以消除基带响应曲线不规则对带宽测量结果带来的影响。曲线上 −3 dB(光功率)点为被试光纤的带宽。

附　录　B
（规范性附录）
方法 B——频率响应法的特定要求

B.1　装置

图 B.1 是用频率响应法测量模式基带响应的典型试验装置。

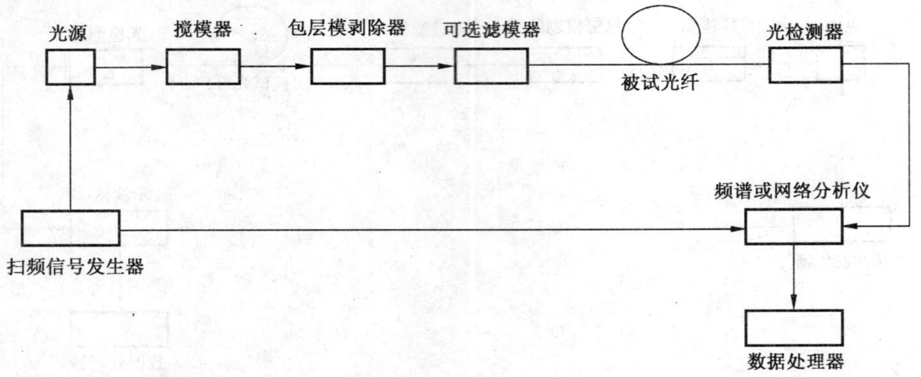

图 B.1　模式基带响应试验装置（频率响应）

B.2　辅助设备

应采用合适的辅助设备，例如：

a)　频谱分析仪或网络分析仪；

b)　正弦波光源。

注：所作的测量应保证有适当的校准、系统线性和系统稳定性。

B.3　程序

B.3.1　试样端面对中

将光纤输入端与注入光锥轴线对中，并将光纤输出端与检测器表面对准，使检测器能接收到被试光纤的全部出射光。

B.3.2　数据采集和处理

启动试验装置，分别记录被试光纤的输出光信号 $P_2(\omega)$ 和参考光纤的输出光信号 $P_1(\omega)$。

B.3.3　参考光纤

可用 GB/T 15972.40—2008 附录 A 截断法将被测光纤距注入端约 2 m 处剪断后作为参考光纤，也可用预先记录并存储的参考光纤的数据。如果光源或接收器的光电部分有改变时应重复存储参考数据。

B.4　计算

a)　根据记录结果 $P_1(\omega)$ 和 $P_2(\omega)$，按式(1)的定义计算出频率响应 $G(\omega)$；

b)　绘制幅—频特性曲线，并对曲线进行高斯函数拟合，以消除基带响应曲线不规则对带宽测量结果带来的影响。曲线上 −3 dB(光功率)点为被试光纤的带宽。

ICS 33.180.10
M 33

中华人民共和国国家标准

GB/T 15972.42—2008
部分代替 GB/T 15972.4—1998

光纤试验方法规范 第 42 部分：传输特性和光学特性的测量方法和试验程序——波长色散

Specifications for optical fibre test methods—Part 42：Measurement methods and test procedures for transmission and optical characteristics—Chromatic dispersion

(IEC 60793-1-42：2001，Optical fibres—Part 1-42：Measurement methods and test procedures—Chromatic dispersion，MOD)

2008-03-31 发布　　2008-11-01 实施

中华人民共和国国家质量监督检验检疫总局
中国国家标准化管理委员会　发布

前　言

GB/T 15972《光纤试验方法规范》由若干部分组成，其预期结构及对应的国际标准和将代替的国家标准为：

——第 10 部分～第 19 部分：测量方法和试验程序总则（对应 IEC 60793-1-10 至 IEC 60793-1-19；代替 GB/T 15972.1—1998）；

——第 20 部分～第 29 部分：尺寸参数的测量方法和试验程序（对应 IEC 60793-1-20 至 IEC 60793-1-29；代替 GB/T 15972.2—1998）；

——第 30 部分～第 39 部分：机械性能的测量方法和试验程序（对应 IEC 60793-1-30 至 IEC 60793-1-39；代替 GB/T 15972.3—1998）；

——第 40 部分～第 49 部分：传输特性和光学特性的测量方法和试验程序（对应 IEC 60793-1-40 至 IEC 60793-1-49；代替 GB/T 15972.4—1998）；

——第 50 部分～第 59 部分：环境性能的测量方法和试验程序（对应 IEC 60793-1-50 至 IEC 60793-1-59；代替 GB/T 15972.5—1998）。

其中 GB/T 15972.4×由以下部分组成：

——第 40 部分：传输特性和光学特性的测量方法和试验程序——衰减；

——第 41 部分：传输特性和光学特性的测量方法和试验程序——带宽；

——第 42 部分：传输特性和光学特性的测量方法和试验程序——波长色散；

——第 43 部分：传输特性和光学特性的测量方法和试验程序——数值孔径；

——第 44 部分：传输特性和光学特性的测量方法和试验程序——截止波长；

——第 45 部分：传输特性和光学特性的测量方法和试验程序——模场直径；

——第 46 部分：传输特性和光学特性的测量方法和试验程序——透光率变化；

——第 47 部分：传输特性和光学特性的测量方法和试验程序——宏弯损耗；

——第 48 部分：传输特性和光学特性的测量方法和试验程序——偏振模色散；

——第 49 部分：传输特性和光学特性的测量方法和试验程序——微分模时延。

本部分为 GB/T 15972 的第 42 部分。本部分修改采用国际电工技术委员会标准 IEC 60793-1-42：2001《光纤　第 1-42 部分：测量方法和试验程序——波长色散》。

本部分与 IEC 60793-1-42：2001 主要差异如下：

——按照我国标准的编排格式和表述要求，对一些内容安排做了调整，删除了 IEC 版本的第 4 章，将其内容和第 1 章某些内容放在本部分第 3 章；将 IEC 版本的第 9 章和第 10 章合并作为本部分第 8 章；

——将 IEC 60793-1-42：2001 的 A.1.5 中“reference signal”译作“基准信号”；

——将附录 A、附录 B 和附录 C 的插图中标注的“calibration fiber”与文中对应的“reference fiber”统一起来，统称为“参考光纤”；

——纠正了 IEC 60793-1-42：2001 的 D.1.4 中的错误，将“也可用 IEC 60793-1-31 的其他方法”改为“也可用 GB/T 15972 的本部分中的其他方法，如方法 A、方法 B 和方法 C 对参考光纤进行校准”。

本部分代替 GB/T 15972.4—1998《光纤总规范　第 4 部分：传输特性和光学特性试验方法》第 8 章。

本部分与 GB/T 15972.4—1998 第 8 章相比主要变化如下：

——原正文中对每一种试验方法的详细描述分别用附录的形式给出(见附录 A、附录 B、附录 C 和附录 D);

——将"脉冲时延法"改为"时域群时延谱法"(1998 年版的 8.3;本版的附录 B);

——详细规定了方法 D 的具体试验方法和要求(见附录 D);

——将图文中的"校准光纤"和"参考光纤"统一称为"参考光纤"(1998 年版的 8.3 图 15、图 16、图 19、图 20;本版的图 A.1、图 A.2、图 C.1、图 C.2);

——将"参考信号"改为"基准信号"(1998 年版的 8.2.1.4;本版的 A.1.5)。

本部分的附录 A、附录 B、附录 C 和附录 D 为规范性附录。

本部分由中国通信标准化协会提出并归口。

本部分起草单位:武汉邮电科学研究院。

本部分主要起草人:程淑玲、陈永诗、刘泽恒、吴金良。

本部分为第一次修订,它与 GB/T 15972.4×其他部分一起代替 GB/T 15972.4—1998。

光纤试验方法规范
第42部分:传输特性和光学特性的测量方法和试验程序——波长色散

1 范围

GB/T 15972的本部分规定了光纤波长色散的试验方法,确立了对试验装置、注入条件、程序、计算方法和结果的统一要求。

本部分适用于对A1类多模光纤和B类单模光纤波长色散的测量和成品光纤光缆的商业性检验。

2 规范性引用文件

下列文件中的条款通过GB/T 15972的本部分的引用而成为本部分的条款。凡是注日期的引用文件,其随后所有的修改单(不包括勘误的内容)或修订版均不适用于本部分,然而,鼓励根据本部分达成协议的各方研究是否可使用这些文件的最新版本。凡是不注日期的引用文件,其最新版本适用于本部分。

GB/T 15972.10—2008 光纤试验方法规范 第10部分:测量方法和试验程序——总则(IEC 60793-1-1:2002,Optical fibres—Part 1-1:Measurement methods and test procedures—General and guidance,MOD)

GB/T 15972.41—2008 光纤试验方法规范 第41部分:传输特性和光学特性的测量方法和试验程序——带宽(IEC 60793-1-41:2001,Optical fibres—Part 1-41:Measurement methods and test procedures—Bandwidth,MOD)

3 测量方法概述

3.1 测量方法

波长色散的测量有以下四种方法:

——方法A:相移法;

——方法B:时域群时延谱法;

——方法C:微分相移法;

——方法D:干涉法。

在上述四种测量方法中,方法A、方法B和方法C适用于A1类渐变型折射率分布的多模光纤和所有的B类单模光纤在指定波长范围的色散测量;方法D适用于B类单模光纤在1 000 nm～1 700 nm波长的色散测量。

上述方法适用于实验室、工厂和光缆工作现场的色散测量,测量波长范围可按要求改变。

上述方法对测量环境温度的要求应符合GB/T 15972.10—2008的规定。这些方法适用于1 km以上长度的光纤或光缆的测量,在测量精度或重复性满足要求的情况下,也可测量长度较短的光纤。方法D更适合于短段光纤的测量(1 m至10 m)。

3.2 方法A——相移法

相移法适用于在规定的波长范围内测定B类单模光纤以及A1类多模光纤的色散特性。

相移法是测量不同波长正弦调制信号的相位移变化,将其转换后得到光波在光纤中传播的相对时延,用指定的拟合公式由相对时延谱拟合导出光纤的波长色散特性。相移法可用典型的激光器光源或经过分光的LED作光源。

相移法是测量所有B类单模光纤色散的基准试验方法，可用于解决对试验结果所持异议。

3.3 方法B——时域群时延谱法

时域群时延谱法适用于在规定的波长范围内测定B类单模光纤以及A1类多模光纤的色散特性。

时域群时延谱法直接测量已知长度的光纤在不同波长脉冲信号下的群时延，用指定的拟合公式由相对时延谱拟合导出光纤的波长色散特性。时域群时延谱法可用光纤喇曼激光器或使用一组激光器作光源。

时域群时延谱法是测量A1类多模光纤色散的基准试验方法，可用于解决对试验结果所持异议。

3.4 方法C——微分相移法

微分相移法适用于在规定的波长范围内测定B类单模光纤以及A1类多模光纤的色散特性。

微分相移法是将光源经调制的光耦合进被试光纤，将光纤输出的第一个波长光的相位与输出的第二个波长光的相位进行比较，由微分相移、波长间隔和光纤长度确定这两个波长间隔内的平均波长色散系数。本方法假定这两个测量波长的平均波长的波长色散系数等于这两个测量波长间隔内的平均波长色散系数。通过对色散数据曲线拟合可获得诸如零色散波长λ_0和零色散斜率S_0这两个参数。

微分相移法也可用于解决对色散试验结果所持异议。

3.5 方法D——干涉法

干涉法适用于在1 000 nm～1 700 nm波长范围内测定1 m～10 m短段B类单模光纤的色散特性。

在本测量方法中，用马赫-詹德(Mach-Zehnder)干涉仪测量试验样品和参考光路的与波长相关的时延谱，参考光路可以是一个空气光路或一个已知群时延谱的单模光纤。这一方法是以假定光纤纵向是均匀的为前提，用数米长的光纤的试验结果外推到长光纤的色散，但这一假定不是在每一种情况下都适用。

4 试验装置

4.1 要求

以下各条为对色散四种测量方法测量装置的共同要求，对每一种方法的特定要求分别在附录A、附录B、附录C和附录D中给出。

4.2 注入光学系统

应采用合适器件将信号源输出耦合到被试光纤或参考光纤，使每一信号的物理光程在测量期间保持恒定。合适器件可包括多通道单模光开关或活动光连接器。

A1类多模光纤的注入条件应按GB/T 15972.41—2008中方法A的规定。

4.3 高次模滤模器(单模)

当测量单模光纤时，应在感兴趣的波长范围内滤除高阶模，应采用诸如半径足够小的单个光纤圈作为滤模器将截止波长移至感兴趣的最短波长以下。

4.4 输入定位装置

应提供合适的方式对光纤输入端同光源的耦合位置进行精密调节，如x-y-z方向微调架，或机械耦合器件如连接器、真空吸盘、三棒接头等等。测量期间，光纤的位置应保持稳定。

4.5 输出定位装置

应提供一种合适的方式使得试样的输出光功率能耦合进探测系统中。耦合时可选用光学透镜或用机械连接器同探测器尾纤相连。

5 试样和试样制备

5.1 试样长度

对于方法A、方法B和方法C，试样可以是光纤或光缆，其长度应足以达到足够的相位测量精度，典型的最小长度是1 km，对于方法D，典型的试样长度是1 m～10 m。

5.2 试样端面

试样的输入端面和输出端面应平整、光滑，与光纤轴应有很好的垂直度。

5.3 参考光纤

参考光纤类型应与试样光纤相同，以便对光源和装置其他部分产生的色散延迟进行补偿。参考光纤长度应短于或等于被试光纤长度的0.2%。

注：在测量过程中，试样的温度应保持恒定，即根据测量持续时间长短温度变化稳定在0.1℃～1℃之间。

6 程序

方法A、方法B、方法C和方法D分别见附录A、附录B、附录C和附录D中的试验程序。

所有的方法均要求对参考光纤进行测量，参考光纤的数据可预先存储以方便试样测量。当更换仪器的光源、接收光纤或电子元件时，应重新测量参考光纤。

7 计算

7.1 总则

附录A、附录B、附录C和附录D分别给出了每一种测量方法的相对时延的计算方法。本章以下部分用来描述用于所有测量方法中对单位长度光纤群时延曲线$\tau(\lambda)$的拟合方法。

以下列出了拟合公式中所用符号和符号的意义：

λ——波长，单位为纳米(nm)；

$\tau(\lambda)$——单位长度光纤群时延谱，单位为皮秒每千米(ps/km)；

$D(\lambda)$——色散系数，单位为皮秒每纳米千米(ps/(nm·km))；

λ_0——零色散波长，单位为纳米(nm)；

$\tau(\lambda_0)$——零色散波长处的最小相对时延，单位为皮秒每千米(ps/km)；

S_0——零色散波长处的色散斜率，单位为皮秒每平方纳米千米(ps/(nm^2·km))；

$S(\lambda)$——色散斜率，单位为皮秒每平方纳米千米(ps/(nm^2·km))。

注：$\tau(\lambda)$和$D(\lambda)$均可直接测定或用测量结果对指定函数进行拟合得到。

例如，当指定了拟合函数时，只要拟合结果同实际测量结果的均方根偏差的总和为最小，等式右边中所有拟合系数的值也就被确定，该表达式就可用来确定其他变量的值。拟合函数中的a、b、c、d或e均为拟合系数。

7.2 A1类多模光纤和B1类单模光纤

以下各式均应用于A1类多模光纤和B1类单模光纤的1 310 nm窗口。

单位长度光纤群时延曲线$\tau(\lambda)$的拟合函数为：

$$\tau(\lambda)=a+b\lambda^2+c\lambda^{-2} \quad\cdots\cdots(1)$$

或者等效采用下式来拟合：

$$\tau(\lambda)=\tau_0+\frac{S_0}{8}\left(\lambda-\frac{\lambda_0^2}{\lambda}\right)^2 \quad\cdots\cdots(2)$$

将$\tau(\lambda)$对波长微分得到波长色散系数，由等式(1)和(2)可得：

$$D(\lambda)=2(b\lambda-c\lambda^{-3}) \quad\cdots\cdots(3)$$

或：

$$D(\lambda)=\frac{S_0}{4}\left(\lambda-\frac{\lambda_0^4}{\lambda^3}\right) \quad\cdots\cdots(4)$$

零色散波长为：

$$\lambda_0=\left(\frac{c}{b}\right)^{1/4} \quad\cdots\cdots(5)$$

零色散波长处的色散斜率为：

$$S_0 = S(\lambda_0) = 8b \qquad \cdots\cdots(6)$$

7.3 B2类光纤

以下各式均应用于B2类单模光纤。

单位长度光纤群时延曲线$\tau(\lambda)$的拟合函数为：

$$\tau(\lambda) = \tau_0 + \left(\frac{S_0}{2}\right)(\lambda - \lambda_0)^2 \qquad \cdots\cdots(7)$$

由式(7)可得波长色散系数：

$$D(\lambda) = (\lambda - \lambda_0)S_0 \qquad \cdots\cdots(8)$$

注1：在1 500 nm～1 600 nm波长范围内，$\tau(\lambda)$和$D(\lambda)$的拟合公式是足够精确的，但这些公式并不意味着可用于1 310 nm波段。

注2：另一方面，波长色散系数可直接测量，例如采用微分相移法。在这种情况下，应采用直线直接对波长色散系数拟合来确定λ_0和S_0。

7.4 B3类光纤

以下各式均应用于B3类单模光纤。

单位长度光纤群时延曲线$\tau(\lambda)$可用下列五项拟合公式拟合：

$$\tau(\lambda) = a + b\lambda^2 + c\lambda^{-2} + d\lambda^4 + e\lambda^{-4} \qquad \cdots\cdots(9)$$

注：在1 200 nm～1 600 nm波长范围，系数e很小，因此可采用下列简化的四项拟合式：

$$\tau(\lambda) = a + b\lambda^2 + c\lambda^{-2} + d\lambda^4 \qquad \cdots\cdots(10)$$

由式(9)可得波长色散系数：

$$D(\lambda) = 2b\lambda - 2c\lambda^{-3} + 4d\lambda^3 - 4e\lambda^{-5} \qquad \cdots\cdots(11)$$

对于简化的四项拟合式：

$$D(\lambda) = 2b\lambda - 2c\lambda^{-3} + 4d\lambda^3 \qquad \cdots\cdots(12)$$

注：在1 200 nm～1 600 nm波长范围内，这些公式是足够精确的。

7.5 B4类光纤

对于这类光纤，要求得到在某一指定波长范围内色散系数的最大值和最小值，用方法A和方法B测量的拟合方法尚在研究中，方法C可用来直接得到所需要的色散值。

8 结果

8.1 测量结果报告应包括下列内容：

——试样识别号；

——计算结果所用等式；

——试样长度；

——被测光纤类型；

——按产品规范要求，报告产品的零色散波长、零色散斜率和指定波长或波长范围的色散系数；

——试验日期和操作人员。

8.2 报告中也可包括下列内容：

——所用测量方法(方法A、方法B、方法C或方法D)；

——光源类型和所用测量波长；

——调制器频率；

——信号检测器和信号检测电子系统说明；

——计算技术细节；

——试验装置最近校准日期。

附 录 A
（规范性附录）
方法 A——相移法测量的特定要求

A.1 装置

A.1.1 光源

依据测量波长范围，可采用多只激光器（见图 A.1）、波长可调激光器、发光二极管(LED)（见图 A.2）或其他宽带光源（如光纤喇曼激光器）。在测量期间，光源位置、强度和波长应保持稳定。

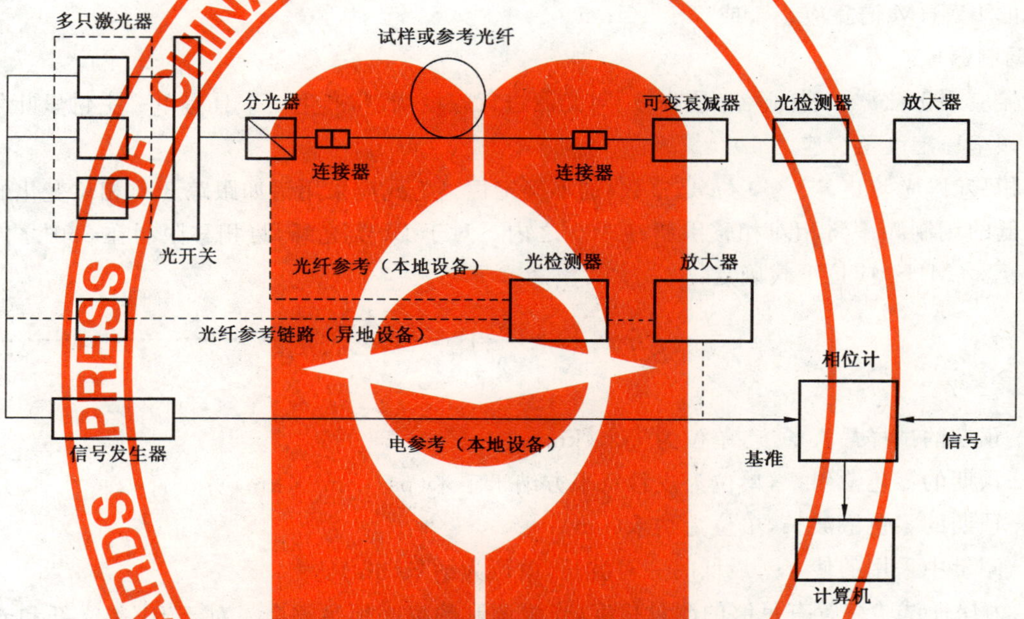

图 A.1 相移法试验装置（多只激光器）

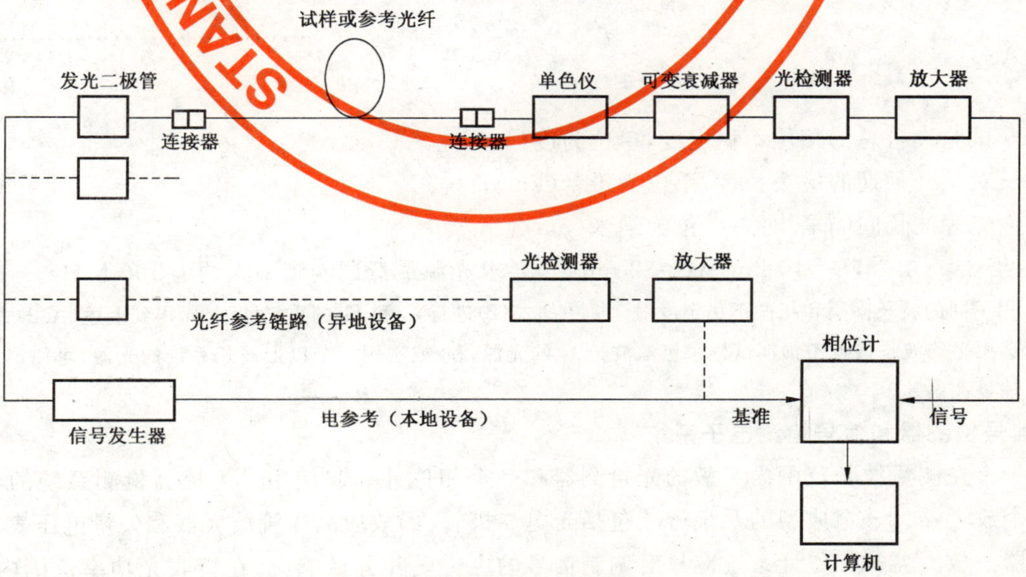

图 A.2 相移法试验装置(LED)

根据光源类型和试验装置，可以采用光开关、单色仪、色散器件、滤光器、光耦合器或可调谐激光器构成波长选择器。波长选择器可放在被试光纤的输入端或输出端。

采用三波长光源系统(其波长范围覆盖零色散波长 λ_0)测量 B1 类光纤时，光源中心波长偏差或不稳定性 $\delta\lambda$ 将对测量 λ_0 产生 $3\delta\lambda$ 的最大误差。零色散斜率 S_0 的最大误差与 $\delta\lambda/\Delta\lambda$($\Delta\lambda$ 为光源波长间隔)成正比，当 $\delta\lambda/\Delta\lambda=1/30$ 时，S_0 的最大误差约为 0.012 ps/(nm^2·km)。

采用平均波长接近被测试样预期零色散波长 λ_0 的光源和/或采用多于三个波长的光源可获得较小误差。

通常采用一个温度受控的、输出功率稳定的单纵模激光器就足够了。现场试验装置的参考链路可能需要一只附加激光器(见 A.1.5)。

A.1.2　谱宽

光源的 FWHM 谱宽应小于或等于 10 nm。

A.1.3　调制器

调制器应用正弦波(或梯形波，或方波)对光源进行幅度调制，产生一个具有单一主付里叶分量的波形。调制频率稳定度至少应为 10^{-8} 量级。

测量相移时，应防止 $n\times360°$(n 是整数)的不确定性。为此应采用诸如跟踪 360°相位变化的方法或选择足够低的调制频率将相对相移限制在 360°之内。对于 B1 类光纤，将相移限制在 360°之内的最高调制频率 $f_{\max}$(MHz)应按下式确定：

$$f_{\max}=\frac{8\times10^6}{S_0L}\left[\left(\lambda_i-\frac{\lambda_0^2}{\lambda_i}\right)^2-\left(\lambda_j-\frac{\lambda_0^2}{\lambda_j}\right)^2\right]^{-1} \qquad \text{(A.1)}$$

式中：

L——预期的试样最大长度，单位为千米(km)；

S_0——预期的零色散斜率，单位为皮秒每平方纳米千米(ps/(nm^2·km))；

λ_0——预期的零色散波长，单位为纳米(nm)；

λ_i、λ_j——测量中采用的使 $f_{\max}$ 最低的一对波长，单位为纳米(nm)。

另外，为保证试验装置有足够的测量精度，光源调制频率必须足够高。对于 B1 类光纤和光源波长间隔为 $\Delta\lambda$ 的三波长系统，最低调制频率 $f_{\min}$(MHz)应按下式确定：

$$f_{\min}=\frac{\Delta\phi\times10^7}{L(\Delta\lambda)^2} \qquad \text{(A.2)}$$

式中：

$\Delta\phi$——试验设备总的相位不稳定度，单位为度(°)；

L——对试样预期的最短长度，单位为千米(km)；

$\Delta\lambda$——光源波长间隔平均值，单位为纳米(nm)。

例如：当 $\Delta\phi=0.1°$，$L=10$ km，$\Delta\lambda=32$ nm 时，要求光源最低调制频率大约为 100 MHz。

注 1：用不同的波长间隔和相位不稳定度对 7.2 中的式(2)进行 λ_0 和 S_0 的重复性测量，得到上述(A.2)式。

注 2：选用平均波长接近于预期试样零色散波长 λ_0 的光源，和/或选用三个以上波长系统的光源，可使误差小于上述最大误差。

A.1.4　信号检测器和信号检测电子系统

应将一个在测量波长范围内灵敏的光检测器和一个相位计一起使用。为提高检测系统的灵敏度，可采用一个放大器。一个典型的系统可能包括光电二极管、场效应晶体管放大器和矢量电压表。

检测器—放大器—相位计系统应只对调制信号的主付里叶分量响应，在接收光功率范围内应引入恒定的信号相移。接收功率范围可由可变衰减器控制。

A.1.5 基准信号

为测量信号源的相位，应给相位计提供与调制信号的主付里叶分量频率相同的基准信号。基准信号相位应与调制信号同步，一般从调制信号中分离出来。下面给出基准信号的实例(见图 A.1 和图 A.2)：

a) 当信号源和检测器在同地场合时，例如在实验室或校准期间，信号发生器和相位计的参考端口之间可采用电连接。

b) 当信号源和检测器在同地场合时，也可采用分光器(分光器插在试样之前)和检测器。

c) 对于光缆现场试验(信号源和检测器异地)，可采用一条光学链路。该光学链路一般包括与含被测试样的光学链路相类似的调制光源、光纤和检测器。

d) 现场试验(信号源和检测器异地)用的基准信号也可用波分复用在被试光纤上传送。

A.2 程序

A.2.1 校准

将参考光纤(见 5.3)插入试验装置，并建立基准信号(见 A.1.5)。测量和记录试样在每个波长上信号相对于基准信号的输入相位 $\phi_{in}(\lambda_i)$。

注：如设备有较好的长期相位稳定性，可不要求对每次测量进行校准。

如果在每个波长下调制信号的相位都可调节，那么在校准测量时应调整全部波长下的调制信号的相位，使得输入相位 $\phi_{in}(\lambda_i)=0$。

A.2.2 试样测量

将被试光纤插入试验装置，并建立基准信号。测量和记录试样在每个波长上信号相对于基准信号的输出相位 $\phi_{out}(\lambda_i)$。

注：在进行试样测量和校准测量时，应调节检测器接收的光功率电平，使信号检测器和信号检测电子系统中与光功率大小有关的相移减少到最低限度。

A.3 计算

A.3.1 在每个波长上测得的输入相位都应从该波长上的输出相位中减去。单位长度光纤群时延 $\tau(\lambda_i)$ 为：

$$\tau(\lambda_i) = [\phi_{out}(\lambda_i) - \phi_{in}(\lambda_i)]\frac{10^6}{360fL} \quad \cdots\cdots(\text{A.3})$$

式中：

$\phi_{out}(\lambda_i)$——测得的试样输出相位，单位为度(°)；

$\phi_{in}(\lambda_i)$——测得的试样输入相位，单位为度(°)；

f——光源调制频率，单位为兆赫兹(MHz)；

L——扣除参考光纤长度后被测试样长度，单位为千米(km)。

A.3.2 用 A.3.1 中得到的时延数据，用第 7 章中的拟合计算方法计算光纤色散或产品规范中要求的其他参数。图 A.3 是典型的时延曲线 $\tau(\lambda_i)$ 和色散曲线 $D(\lambda_i)$。

A.3.3 为了准确计算零色散波长 λ_0，所用光源的波长应覆盖零色散波长，或者至少应在零色散波长两侧 100 nm 左右内各有一个光源。

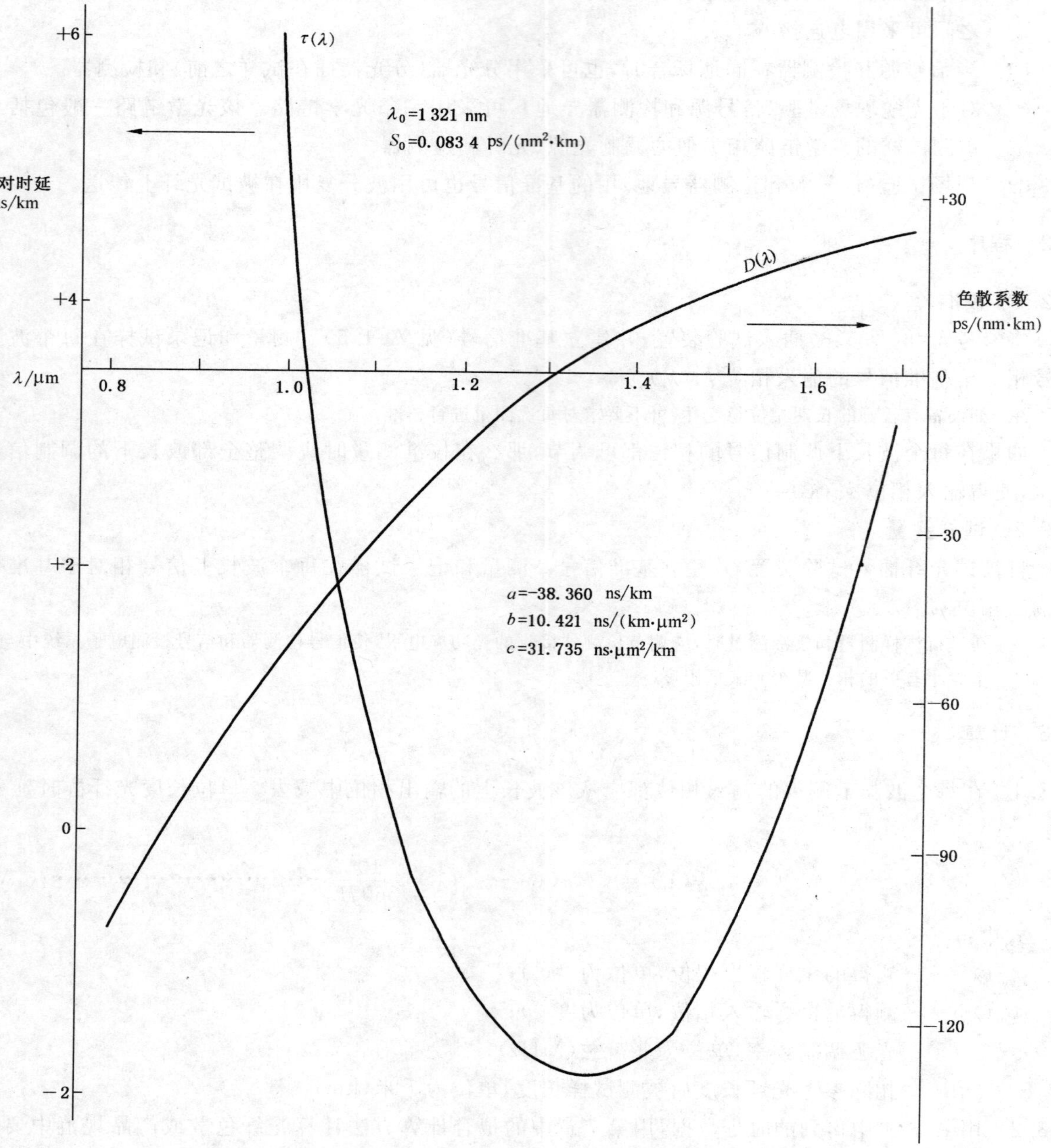

图 A.3　典型的时延和色散曲线

附 录 B
（规范性附录）
方法 B——时域群时延谱法测量的特定要求

B.1 装置

B.1.1 光源

B.1.1.1 光纤喇曼激光器

可采用光纤喇曼激光器系统，该系统是用同步锁模和 Q 开关的掺钕钇铝石榴石激光器（Nd:YAG 激光器）泵浦一段合适长度（约 200 m）的单模光纤，用光栅单色仪这类器件进行滤光。它能产生短持续时间的光脉冲，其半幅全时宽度（FDHM）应小于 400 ps。光脉冲应有足够的强度、足够的空间稳定性和时间稳定性。

采用光纤喇曼激光器的试验装置如图 B.1 所示。

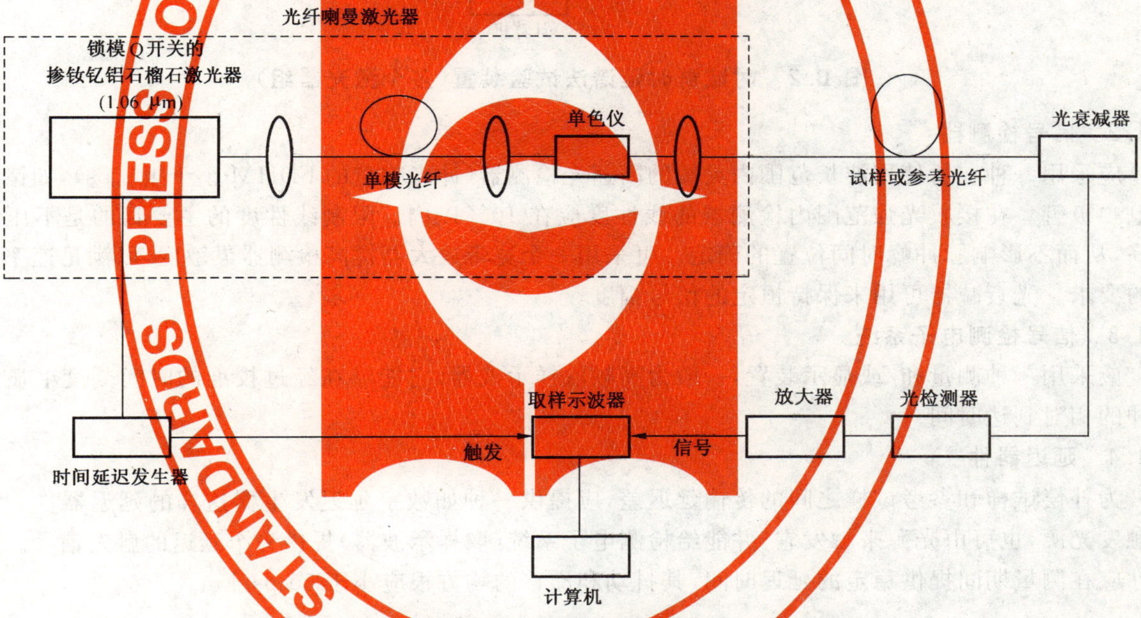

图 B.1 时域群时延谱法试验装置（光纤喇曼激光器）

B.1.1.2 多只激光器组

可采用不同波长的多只注入式激光器，激光器组的持续时间应足够短（FDHM 宽度小于 400 ps），在测量期间，应保持强度稳定并可稳定触发。

采用多个激光器组的试验装置如图 B.2 所示。

B.1.1.3 波长可调激光器

可采用一个或多个强度稳定的波长可调激光器（例如外腔激光器），它能产生短脉宽（FDHM 小于 400 ps）。在测量期间，应能保持波长稳定和稳定的触发。

B.1.1.4 谱宽

光源的 FWHM 谱宽应小于或等于 10 nm。

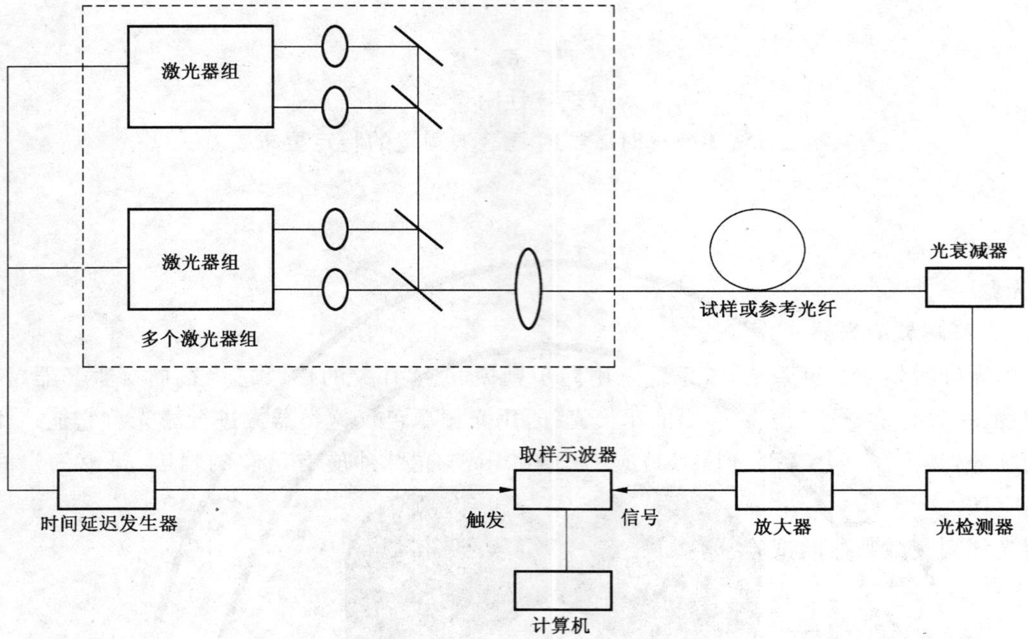

图 B.2　时域群时延谱法试验装置(多个激光器组)

B.1.2　信号检测器

应采用一种在所使用波长范围内灵敏的高速光检测器(冲击响应的 FDHM 小于 400 ps),如锗雪崩光电二极管。在接收光强范围内检测器的线性度应在 10%以内。限制线性度的主要目的是不压缩脉冲峰,从而不影响脉冲峰时间位置的确定。可采用一个宽带放大器提高检测器灵敏度,以满足速率和线性的要求。光衰减器可用来保持恒定的信号幅度。

B.1.3　信号检测电子系统

应采用一种测量和/或显示装置,一般为高频取样示波器,它能够在经过校准的时间刻度上显示光脉冲的相对到达时间。

B.1.4　延迟器件

为补偿试样和参考试样之间的传输延迟差,应提供一种如数字延迟发生器这样的延迟器件。它既可触发光源,也可由光源来触发它,并能给检测电子系统(取样示波器)提供一个延迟的触发信号。延迟器件应在测量期间提供稳定的延迟时间,其抖动和漂移的均方根应小于 50 ps/km。

B.2　程序

B.2.1　参考试样的测量

a)　将参考光纤接入试验装置,并将光源波长调到第一个测量波长。调节延迟发生器,以便在已知的、经过校准的示波器的时间刻度上显示出输入脉冲。

b)　脉冲位置由其波峰或形中心位置确定。将第一个测量波长作为基准波长,记录该基准波长的脉冲相对于已校准的准标(例如显示标线)的时间位置。

c)　将光源调至下一个测量波长,不改变延迟发生器。记录该波长脉冲和基准波长脉冲之间的时间差 $\tau_{in}(\lambda_i)$。在所要求的各波长 λ_i 上重复本程序。

注:采用本方法,延迟器件精度并不重要。如果不能用不同波长脉冲的大时延差进行测量,为了获得预期结果,就必须使用已知精度的延迟发生器或类似器件在每一个波长上记录示波器上延迟时间和脉冲位置。

B.2.2　试样测量

a)　将试样放入试验装置,并将光源波长调到第一个测量波长,调节延迟发生器,以便在已知的、经过校准的示波器的时间刻度上显示出输入脉冲。

b) 重复 B.2.1 中 b)的步骤，记录该基准波长脉冲的时间位置。

c) 将光源调到下一个测量波长，不改变延迟发生器，记录该波长脉冲和基准波长脉冲之间的时间差 $\tau_{out}(\lambda_i)$。在所要求的各波长 λ_i 上重复本程序。如果不能用这种方法进行测量，则应按 B.2.1中的注所说明的情况进行处理。

d) 从每个波长的输出脉冲时间差中减去在该波长上测得的输入脉冲时间差。

B.3 计算

B.3.1 单位长度的群时延为：

$$\tau(\lambda)=\frac{[\tau_{out}(\lambda_i)-\tau_{in}(\lambda_i)]}{L} \qquad \text{(B.1)}$$

式中：

$\tau_{out}(\lambda_i)$——输出脉冲时间差，单位为皮秒(ps)；

$\tau_{in}(\lambda_i)$——输入脉冲时间差，单位为皮秒(ps)；

L——扣除参考光纤长度后的被测试样长度，单位为千米(km)。

B.3.2 用 B.3.1 中得到的时延数据，用第 7 章中的拟合计算方法计算光纤色散或产品规范中要求的其他参数。图 A.3 是典型的时延曲线 $\tau(\lambda_i)$和色散曲线 $D(\lambda_i)$。

B.3.3 为了准确计算零色散波长 λ_0，所用光源的波长应覆盖零色散波长，或者至少应在零色散波长两侧 100 nm 左右内各有一个光源。

附　录　C
（规范性附录）
方法 C——微分相移法测量的特定要求

C.1　装置

C.1.1　光源

C.1.1.1　多只激光器

每次测量要求有两个波长的激光器(见图 C.1)。测量期间,在偏置电流和调制频率下及激光器所处的环境温度内,每个光源的中心波长和调制输出相位都应保持稳定。

可采用具有温控的输出功率稳定的单纵模或多纵模激光器。对于现场试验装置,可能需要一只附加激光器用于参考链路(见 C.1.4)。

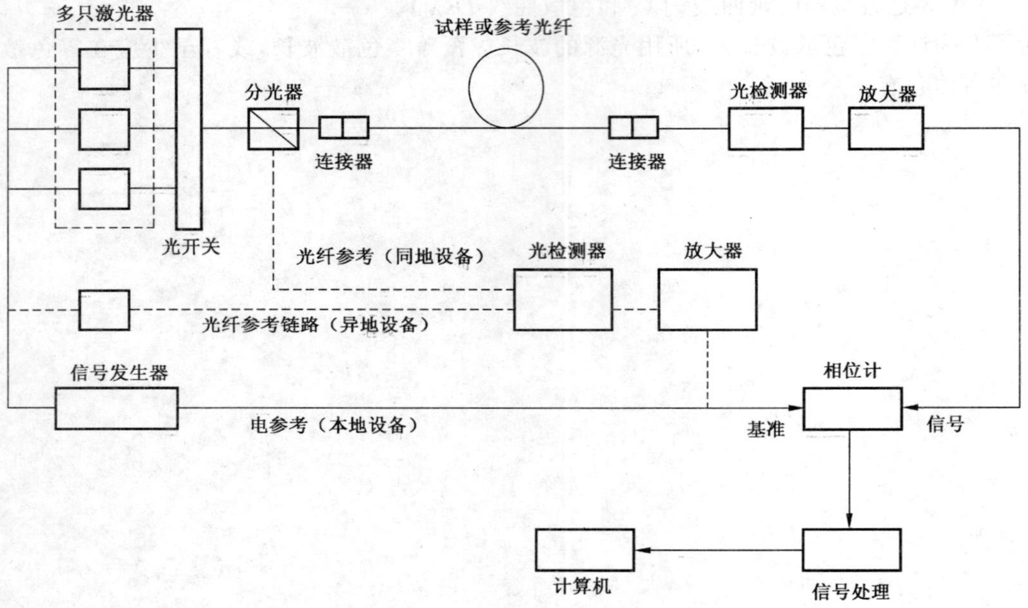

图 C.1　微分相移法试验装置(多只激光器)

C.1.1.2　经滤光的发光二极管

应采用一只或多只 LED(见图 C.2)。一般应通过单色仪等装置对输出光谱进行滤光,以获得 FWHM 为 1 nm～5 nm 的谱线。

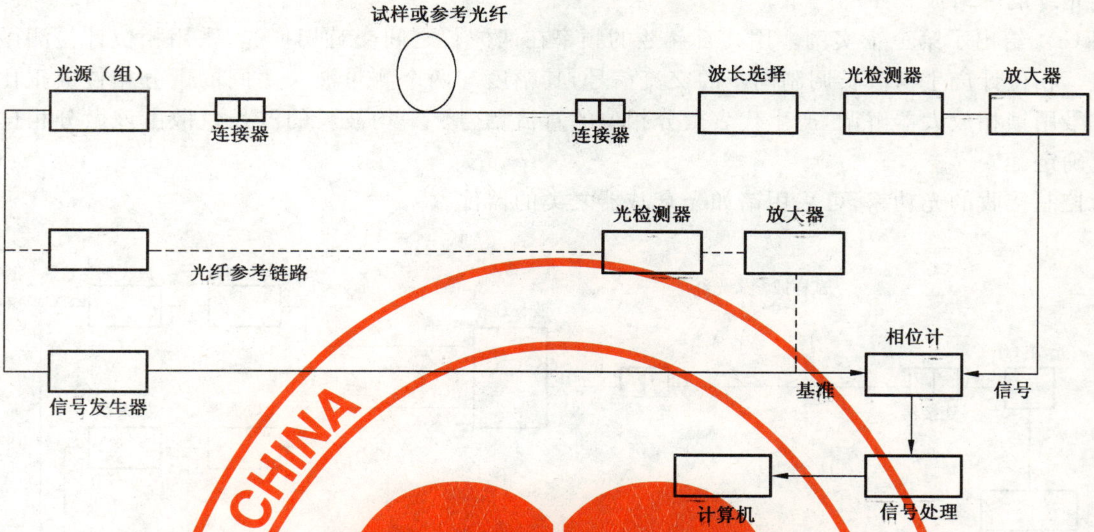

图 C.2　微分相移法试验装置(LED)

C.1.2　调制器

调制器应用正弦波(或梯形波,或方波)对光源进行幅度调制,产生一个具有单一主付里叶分量的波形。调制频率稳定度一般要求 0.01×10^{-6}。每个光源的相位调制可加以调节,以便对试验装置进行校准。

测量微分相位时,应防止 $n\times360°$(n 是整数)的不确定性。对较长试样和/或大的色散系数,这个问题可通过诸如降低调制频率的方法来解决。对于 B1 类光纤,将微分相移限制在 360°之内的最高调制频率 f_{max}(Hz)应按下式确定:

$$f_{max}=\frac{4\times10^{12}\lambda_i^3(\lambda_i^4-\lambda_0^4)^{-1}}{S_0L\Delta\lambda}\qquad\text{(C.1)}$$

式中:

L——试样长度,单位为千米(km);

S_0——预期的零色散斜率,单位为皮秒每平方纳米千米(ps/(nm^2·km));

λ_0——预期的零色散波长,单位为纳米(nm);

λ_i——使 f_{max} 最小的光源波长,单位为纳米(nm);

$\Delta\lambda$——微分相位测量点间的波长间隔,单位为纳米(nm)。

另外,为保证试验装置有足够的测量精度,光源调制频率必须足够高。

微分相位测量点间的波长间隔 $\Delta\lambda$ 通常为 2 nm～20 nm。

C.1.3　信号检测器和信号检测电子系统

应将一个在测量波长范围内灵敏的光检测器和一个相位计一起使用。为提高检测系统灵敏度可采用一个放大器。一个典型的系统可包括光电二极管、场效应晶体管放大器和相敏检测器。

检测器—放大器—相位计系统应只对调制信号的主付里叶分量响应,在接收的光功率范围内应引入恒定的信号相移。

信号处理单元将记录一对测量波长上相位计的微分输出,并向计算机/数据采集系统提供表示这两个波长间的微分相位输出信号。在这两个波长上,波长选择和相对相位的测量应足够快,使得被试光纤的长度漂移对测量结果的影响可以忽略。信号处理单元的三个实例如下:

图 C.1 和图 C.2 给出了第一个实例。信号处理单元先记录一个测量波长上的相位,然后再记录另一个测量波长上的相位。由这两个波长的微分相位和试样长度确定平均波长的波长色散。图 C.2 中标有“信号处理”的单元可由计算机实现其功能。图 C.3 给出了第二个实例。相位计参考信号本身即是通过光纤的一对波长中的一个。

图 C.4 给出了第三个实例。用几百赫兹的频率在两波长之间交替切换光，采用相位计检测微分相位输出。相位计产生与波长调制同步的交流信号，其幅度与两个测量波长之间的微分相位成正比。然后该信号用锁相放大器解调，产生代表微分相位的直流信号。平均波长的波长色散由该微分相位和试样长度确定。

为控制接收的光功率，可采用诸如光衰减器之类的器件。

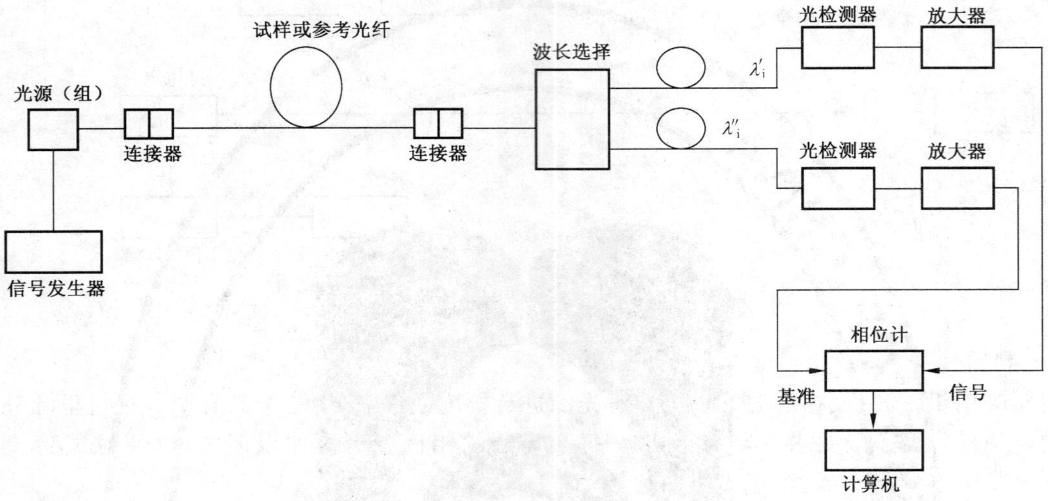

图 C.3　微分相移法试验装置(用双波长测量微分相位)

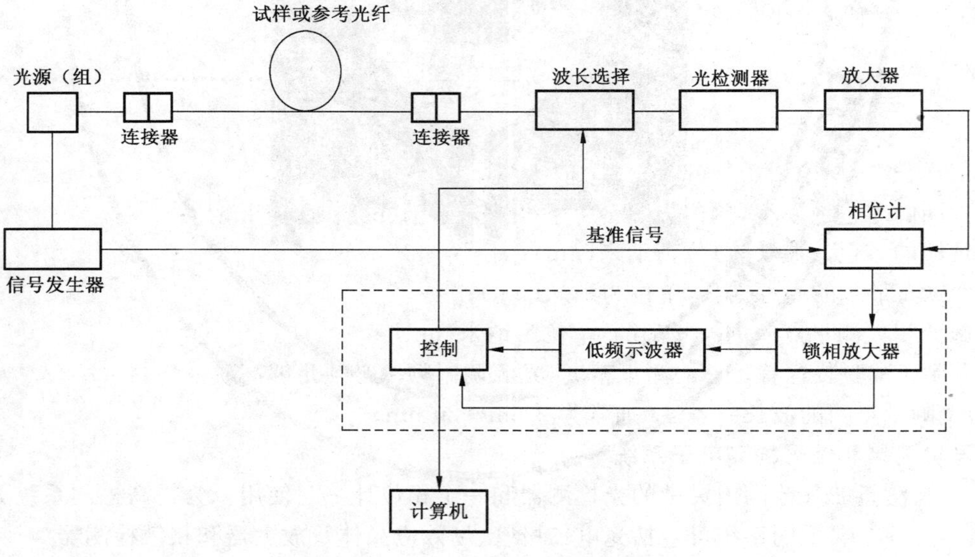

图 C.4　微分相移法试验装置(用双调制测量微分相位)

C.1.4　基准信号

应给相位计提供与调制信号的主付里叶分量频率相同的基准信号，以测量信号相对于基准信号的微分相位。基准信号必须与调制信号同步，一般是从调制信号中分出。基准信号的实例如下(见图 C.1)：

a)　信号源和检测器在同地时，例如在实验室或校准期间，信号发生器和相位计的参考端口之间可采用电连接。

b） 信号源和检测器在同地时，也可采用分光器（分光器插在试样之前）和检测器。

c） 对于光缆现场试验（信号源和检测器异地），可采用一条光学链路。该光学链路一般包括与含被测试样的光学链路相类似的调制光源、光纤和检测器。

C.2 程序

C.2.1 试样测量

将被测试样放入试验装置并建立基准信号。测量并记录平均波长为 λ_i 的一对相邻波长 λ_i'和 λ_i''的微分相位 $\Delta\phi(\lambda_i)$。

C.2.2 校准

将参考光纤放入试验装置并建立基准信号。测量并记录平均波长为 λ_i 的一对相邻波长 λ_i'和 λ_i''的微分相位 $\Delta\phi'(\lambda_i)$。

注：在进行试样测量和校准测量时，应调节检测器接收的光功率电平，使信号检测器和信号检测电子系统中与光功率大小有关的相移减少到最低限度。

C.3 计算

C.3.1 每一波长的色散系数计算如下：

每一波长 λ_i 处的波长色散系数 $D(\lambda_i)$由下式给出：

$$D(\lambda_i) = \frac{\Delta\phi(\lambda_i) - \Delta\phi'(\lambda_i)}{360 fL\Delta\lambda}10^{12} \quad \cdots\cdots\cdots\cdots (\text{C.2})$$

式中：

λ_i——波长 λ_i'和 λ_i''的平均值，单位为纳米（nm）；

$\Delta\lambda$——波长 λ_i'和 λ_i''的差值，单位为纳米（nm）；

$\Delta\phi(\lambda_i)$——被测试样的微分相位，单位为度（°）；

$\Delta\phi'(\lambda_i)$——相位校准光纤的微分相位，单位为度（°）；

f——调制频率，单位为赫兹（Hz）；

L——扣除相位校准光纤长度后的被测试样长度，单位为千米（km）。

C.3.2 在每一波长得到的波长色散系数直接作为被测光纤波长色散系数的最终结果，无须进一步的数据处理或计算。

C.3.3 用 C.3.1 中所得到的波长色散系数的结果，并用第 7 章中的计算方法计算光纤的零色散波长 λ_0 和零色散斜率 S_0。

附 录 D
（规范性附录）
方法 D——干涉法测量的特定要求

D.1 装置

图 D.1 和图 D.2 分别是以参考光纤和以空气光路为参考的干涉法波长色散测量系统的装置图实例。

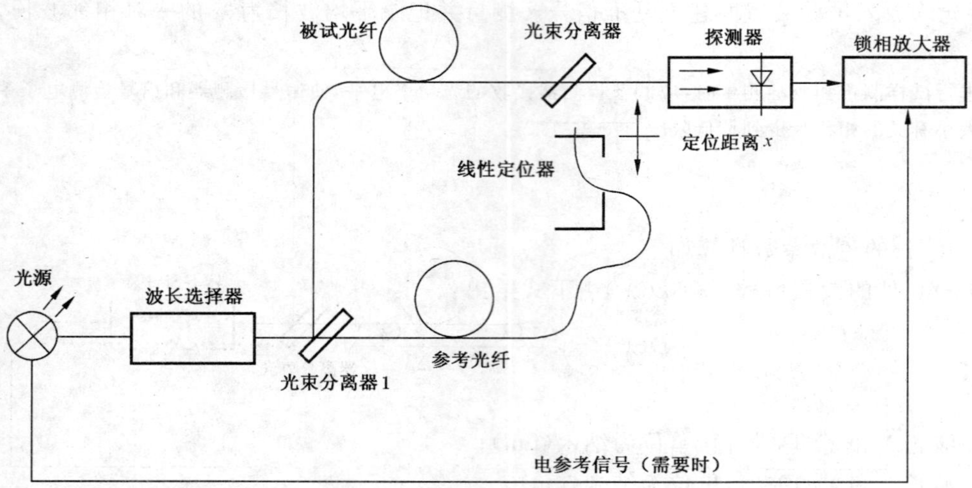

图 D.1 干涉法试验装置——光纤作参考

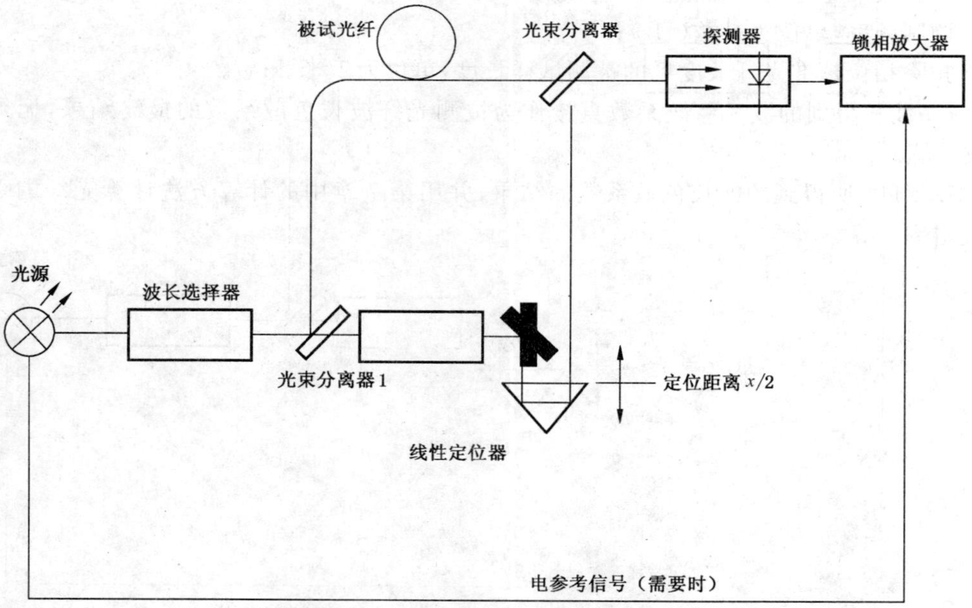

图 D.2 干涉法试验装置——空气光路作参考

D.1.1 光源

可选用光纤喇曼激光器、白光源或 LED 作光源。在测量期间，光源位置、强度和波长应保持稳定。由于使用了锁向放大技术，光源可使用低频（50 Hz～500 Hz）调制，可用斩波器调制光信号。

D.1.2 波长选择器

在测量群时延时，可以根据光源类型和试验装置采用诸如单色仪、光干涉滤波器或其他波长选择器选择波长。波长选择器可放在被试光纤的输入端或输出端。应限制波长选择器输出波长的谱线宽度，以保证色散的测量精度。谱线宽度通常为 2 nm～10 nm。

D.1.3 信号检测器

应采用一种在所使用波长范围内灵敏的光检测器，如必要，可采用放大器提高信号接收灵敏度。为了记录干涉图形，可以使用锁相放大器。

D.1.4 参考光路

参考光路包括一个线性定位器件和一个参考光纤或光时延基线。

注：由于使用空气光路作光时延基线时不产生色散，因而很容易测量被测光纤的色散。当使用光纤作参考时，可以用以空气光路作光时延基线的试验方法校准参考光纤，也可用 GB/T 15972 的本部分中的其他方法如方法 A、方法 B 和方法 C 对参考光纤进行校准。

D.1.4.1 线性定位器

参考光路中应使用线性定位器平衡干涉仪的两个光路的物理光程。线性定位器应该有足够的精确度、均匀性和作线性运动时的稳定性，长度变化范围为 20 mm～100 mm，精度为 2 μm。

D.1.4.2 参考光纤

使用长度与被试光纤长度相近的光纤作参考，应该预知在测量的波长范围内参考光纤的群时延，这些值将被用于被试光纤群时延的计算。

注：不要去掉已校准过的参考光纤，去掉参考光纤会影响测量精度。

D.1.4.3 光时延基线

应该预知光时延基线在测量波长范围内的群时延值，这些值将被用于被试光纤群时延的计算。

D.1.5 数据处理

为分析干涉图形，应使用计算机和合适的应用软件。

D.2 程序

将被测试样放入试验装置并选择适当的波长 λ_1，移动线性定位器，找出并记录干涉图形最大时的位置 x_1。

选择下一个波长 λ_2，移动线性定位器，找出并记录干涉图形最大时的位置 x_2。重复进行这一步骤，选择适当数量的波长 λ_i，并记录相应的干涉图形最大时的位置 x_i，得到图 D.3 的时延数据。

D.3 计算

D.3.1 单位长度群时延

参考光路和试验光路的群时延差 $\Delta t_{gm}(\lambda_i)$ 为：

$$\Delta t_{gm}(\lambda_i)=\frac{(x_1-x_i)}{c} \qquad \text{(D.1)}$$

式中：

c——真空中的光速，单位为千米每纳秒(km/ns)。

已知参考光路的群时延谱 $\Delta t_{gr}(\lambda_i)$，则试验样品的群时延 $\Delta t_{gt}(\lambda_i)$ 为：

$$\Delta t_{gt}(\lambda_i)=\Delta t_{gm}(\lambda_i)+\Delta t_{gr}(\lambda_i) \qquad \text{(D.2)}$$

单位长度光纤群时延 $\tau(\lambda_i)$ 为：

$$\tau(\lambda_i)=\frac{\Delta t_{gt}(\lambda_i)}{L} \qquad \text{(D.3)}$$

式中：

L——被试光纤长度，单位为千米(km)。

D.3.2 用D.3.1中得到的时延数据,用第7章中的拟合计算方法计算光纤波长色散和产品规范中要求的其他参数。图D.3是测量得到的时延曲线 $\tau(\lambda)$ 和计算得到的波长色散曲线 $D(\lambda)$。

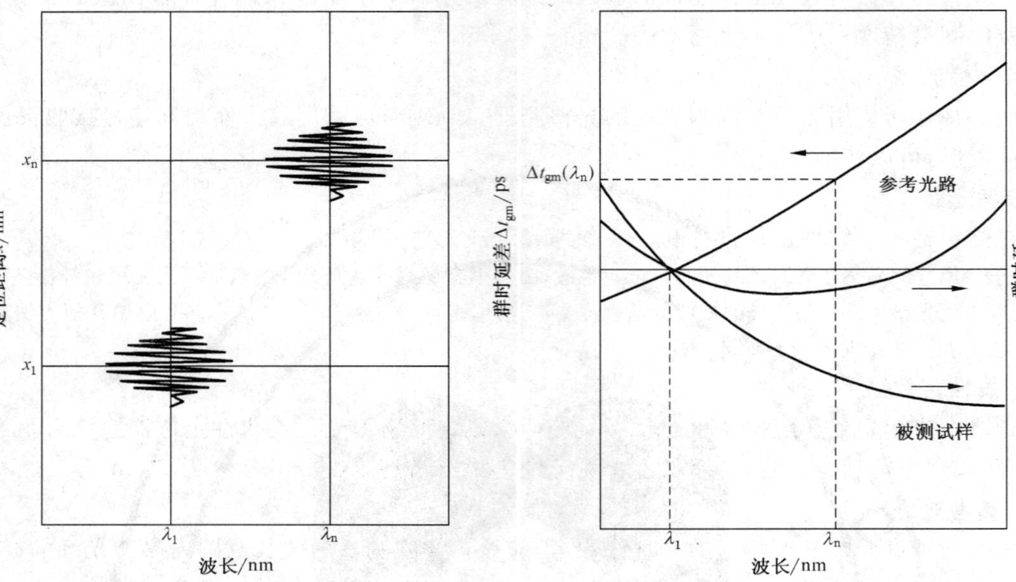

图 D.3 时延数据实例

ICS 33.180.10
M 33

中华人民共和国国家标准

GB/T 15972.43—2008
部分代替 GB/T 15972.4—1998

光纤试验方法规范 第43部分：传输特性和光学特性的测量方法和试验程序——数值孔径

Specifications for optical fibre test methods—Part 43: Measurement methods and test procedures for transmission and optical characteristics—Numerrical aperture

(IEC 60793-1-43:2001, Optical fibres—Part 1-43: Measurement methods and test procedures—Numerrical aperture, MOD)

2008-03-31 发布　　　　2008-11-01 实施

中华人民共和国国家质量监督检验检疫总局
中国国家标准化管理委员会　发布

前　言

GB/T 15972《光纤试验方法规范》由若干部分组成,其预期结构及对应的国际标准和将代替的国家标准为:

——第 10 部分～第 19 部分:测量方法和试验程序总则(对应 IEC 60793-1-10 至 IEC 60793-1-19;代替 GB/T 15972.1—1998);

——第 20 部分～第 29 部分:尺寸参数的测量方法和试验程序(对应 IEC 60793-1-20 至 IEC 60793-1-29;代替 GB/T 15972.2—1998);

——第 30 部分～第 39 部分:机械性能的测量方法和试验程序(对应 IEC 60793-1-30 至 IEC 60793-1-39;代替 GB/T 15972.3—1998);

——第 40 部分～第 49 部分:传输特性和光学特性的测量方法和试验程序(对应 IEC 60793-1-40 至 IEC 60793-1-49;代替 GB/T 15972.4—1998);

——第 50 部分～第 59 部分:环境性能的测量方法和试验程序(对应 IEC 60793-1-50 至 IEC 60793-1-59;代替 GB/T 15972.5—1998)。

其中 GB/T 15972.4×由以下部分组成:

——第 40 部分:传输特性和光学特性的测量方法和试验程序——衰减;

——第 41 部分:传输特性和光学特性的测量方法和试验程序——带宽;

——第 42 部分:传输特性和光学特性的测量方法和试验程序——波长色散;

——第 43 部分:传输特性和光学特性的测量方法和试验程序——数值孔径;

——第 44 部分:传输特性和光学特性的测量方法和试验程序——截止波长;

——第 45 部分:传输特性和光学特性的测量方法和试验程序——模场直径;

——第 46 部分:传输特性和光学特性的测量方法和试验程序——透光率变化;

——第 47 部分:传输特性和光学特性的测量方法和试验程序——宏弯损耗;

——第 48 部分:传输特性和光学特性的测量方法和试验程序——偏振模色散;

——第 49 部分:传输特性和光学特性的测量方法和试验程序——微分模时延。

本部分为 GB/T 15972 的第 43 部分。本部分修改采用国际电工技术委员会标准 IEC 60793-1-43:2001《光纤　第 1-43 部分:测量方法和试验程序——数值孔径》。

本部分与 IEC 60793-1-43:2001 主要差异如下:

——按照我国标准的编排格式和表述要求,对一些内容安排做了调整,删除了 IEC 版本中第 4 章,将其内容和第 1 章某些内容放在本部分第 3 章;将 IEC 版本的第 9 章和第 10 章合并作为本部分第 8 章;

——纠正了某些不恰当的叙述。

本部分代替 GB/T 15972.4—1998《光纤总规范　第 4 部分:传输特性和光学特性试验方法》第 9 章。

本部分与 GB/T 15972.3—1998 第 9 章相比主要变化如下:

——删除了有效数值孔径 NA_{ef}(见 1998 年版的第 9 章)。

本部分由中国通信标准化协会提出并归口。

本部分起草单位:武汉邮电科学研究院。

本部分主要起草人:陈永诗、程淑玲、刘泽恒、吴金良。

本部分为第一次修订,它与 GB/T 15972.4×其他部分一起代替 GB/T 15972.4—1998。

光纤试验方法规范
第43部分:传输特性和光学特性的测量方法和试验程序——数值孔径

1 范围

GB/T 15972的本部分规定了光纤数值孔径的试验方法,确立了对试验装置、注入条件、程序、计算方法和结果的统一要求。

本部分适用于对A1类、A2类多模光纤数值孔径的测量和成品光纤光缆的商业性检验。对A3类、A4类多模光纤数值孔径的测量也可参照使用。

2 规范性引用文件

下列文件中的条款通过GB/T 15972的本部分的引用而成为本部分的条款。凡是注日期的引用文件,其随后所有的修改单(不包括勘误的内容)或修订版均不适用于本部分,然而,鼓励根据本部分达成协议的各方研究是否可使用这些文件的最新版本。凡是不注日期的引用文件,其最新版本适用于本部分。

GB/T 15972.20—2008 光纤试验方法规范 第20部分:尺寸参数测量方法和试验程序—光纤几何参数(IEC 60793-1-20:2001,Optical fibres—Part 1-20: Measurement methods and test procedures—Fiber geometry ,MOD)

3 方法概述

渐变折射率多模光纤数值孔径(*NA*)是一个重要参数,它表明光纤收集光功率的能力。它被用来预测光纤的注入效率、接头连接损耗和微弯、宏弯性能。

可用远场光分布法通过测量短段光纤远场辐射图确定光纤数值孔径*NA*,其值又称为远场数值孔径NA_{ff};也可用折射近场法通过测量光纤折射率分布来确定数值孔径,其值称为最大理论数值孔径NA_{th}。本试验程序是描述用远场光分布法测定光纤数值孔径的方法,该方法为测定多模光纤数值孔径的基准试验方法,用作仲裁试验。用折射近场法测定光纤的最大理论数值孔径的方法见GB/T 15972.20—2008中的规定。

渐变折射率多模光纤的最大理论数值孔径NA_{th}定义如下:

$$NA_{th} = \sin\theta_m \qquad (1)$$

式中:

θ_m——光纤传导的最大子午光线角。

根据光纤折射率分布可得出:

$$NA_{th} = \sqrt{n_1^2 - n_2^2} \qquad (2)$$

或

$$NA_{th} = n_1\sqrt{2\Delta} \qquad (3)$$

式中:

n_1——纤芯的最大折射率;

n_2——最内均匀包层的折射率;

Δ——芯包相对折射率差。

$$\Delta = \frac{n_1 - n_2}{n_1}, \Delta \ll 1 \qquad \cdots\cdots(4)$$

采用远场光分布法时可获得远场辐射图 $I(\theta)$，远场数值孔径 NA_{ff}定义为光强下降到最大值 5%处半角(θ_5)的正弦值。

远场数值孔径与最大理论数值孔径间的关系与测量波长有关。测量远场光分布大多在 850 nm 波长进行，而测量折射率分布通常在 540 nm 或 633 nm 波长进行，在这些波长上，NA_{ff}和 NA_{th}的关系如下：

$$NA_{ff} = kNA_{th} \qquad \cdots\cdots(5)$$

式中：

NA_{ff}——远场数值孔径；

NA_{th}——最大理论数值孔径；

k——修正系数，测量波长为 540 nm 时，k=0.95；测量波长为 633 nm 时，k=0.96。

以 850 nm 波长测得的 NA_{ff}作为光纤的数值孔径，该结果可以直接在 850 nm 波长进行远场测量获得，也可进行剖面测量利用式(5)间接获得。

4 装置

4.1 装置构成

合适的测量装置应包括输入系统、输出系统和检测装置，如图 1 所示。

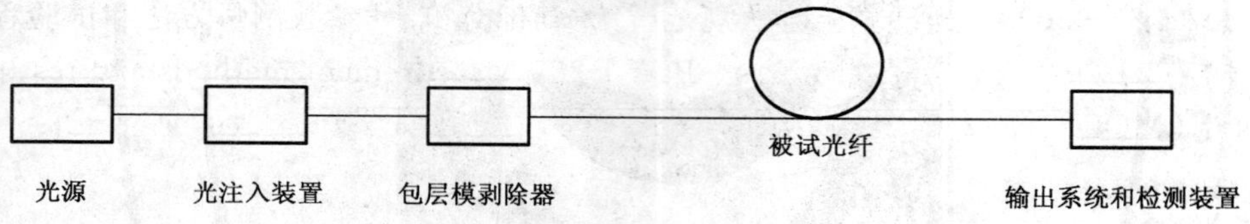

图 1 远场光分布法测量装置

4.2 输入系统

4.2.1 光源

应采用非相干光源，它能在试样端面上产生基本恒定的辐射面(光强变化小于 10%)。在完成测量过程的时间内，其强度和位置应保持稳定。

4.2.2 输入光学系统

用一个光器件系统产生一单色光(FWHM 谱宽小于 100 nm)，其辐射光斑基本稳定，且光斑直径和数值孔径均大于试样端面相应的尺寸和数值孔径。

除非另有规定，光源中心波长应为 850 nm±25 nm。可用光滤除器限制光源的谱宽。

4.2.3 光纤输入端固定和对中

应配置固定试样输入端装置，以便能稳定并可重复地定位而不使光纤明显变形。应提供合适的装置以使输入端面与注入光束对中，并提供一种对试样端面对中情况检验的方法。

4.2.4 包层模剥除器

应采用一个合适的包层模剥除器，以消除包层中传输的光功率。通常光纤涂层具有此功能，如涂层无此功能，则应在试样两端附近使用包层模剥除器。

4.3 输出系统和检测装置

可采用三种等效方法检测试样出射远场的角辐射强度分布。方法 1 和方法 2 是远场辐射图的角扫描；方法 3 是角辐射强度图空间变换的扫描(可采用小光敏面或大光敏面的扫描检测器)。

4.3.1 **角度扫描——方法1**(见图2)

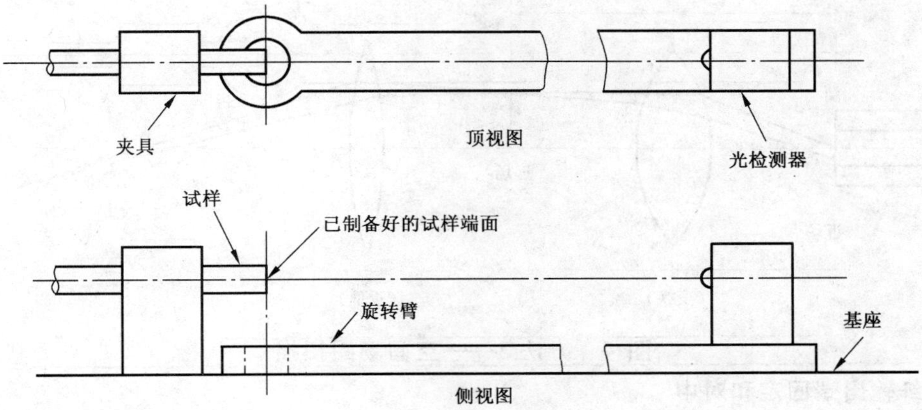

图2 方法1——角度扫描

4.3.1.1 **光纤输出端固定和对中**

应采用试样输出端固定和对中的装置,使得试样输出端面与光检测器的旋转轴重合、试样输出端面中心与光检测器表面中心轴线重合。

4.3.1.2 **检测系统机械装置**

应采用旋转光检测器的合适装置,使检测器基本上能沿检测到试样全部输出光辐射的圆弧扫描(例如一个经过校准的测角器)。机械装置旋转轴应与试样端面重合并垂直于试样轴线,机械装置旋转平面应包含试样轴线。应提供一种装置记录试样输出端轴线与检测器和试样端面之间的假想线形成的夹角。

4.3.2 **角度扫描——方法2**(见图3)

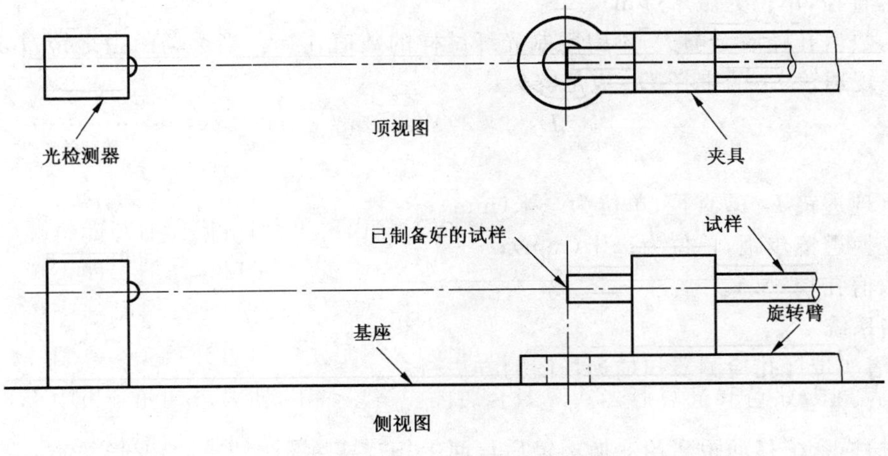

图3 方法2——角度扫描

应采用一种固定试样的装置,使试样输出端面与试样转轴重合、试样输出端面中心与光检测器表面中心轴线重合。这种装置(即测角器或精密转动台)应充分转动,使固定的检测器能扫描旋转平面中试样的全部输出光辐射。即转角应大于试样输出辐射的最大角度。应提供一种装置以记录试样输出端轴线与检测器和试样端面之间的假想线形成的夹角。

4.3.3　空间场图扫描——方法3(见图4)

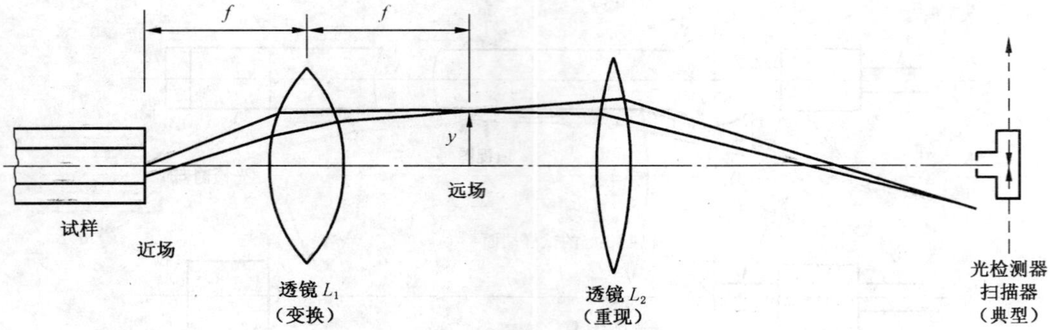

图4　方法3——空间场图扫描

4.3.3.1　光纤输出端固定和对中

应提供试样输出端固定并对中的装置,该装置能进行稳定并可重复的定位。

4.3.3.2　远场变换和投影

应采用诸如显微镜物镜或经适当校准透镜的合适方法,获得光纤输出近场图形的付里叶变换,形成试样远场的空间图。

应用带针孔的检测器扫描该图形或该图形的像,并记录远场光强。针孔直径应小于或等于系统衍射极限的一半:

$$d \leqslant \frac{1.22M\lambda f}{2D} \qquad \cdots\cdots(6)$$

式中:

d——针孔直径,单位为微米(μm);

M——变换透镜后焦面到扫描平面的放大率;

λ——光纤出射光波长,单位为纳米(nm);

f——变换透镜焦距,单位为毫米(mm);

D——纤芯直径,单位为微米(μm)。

透镜 L_1 的数值孔径应足够大,不得限制光纤试样的数值孔径。当远场图由透镜重现时,为避免图像周围变暗,重现透镜 L_2 的直径 D_{L_2} 应足够大:

$$D_{L_2} > 2f\sin\phi/\mathrm{con}\phi \qquad \cdots\cdots(7)$$

式中:

D_{L_2}——重现透镜 L_2 的直径,单位为毫米(mm);

f——变换透镜焦距,单位为毫米(mm);

$\sin\phi$——数值孔径,NA。

4.3.3.3　扫描系统

应提供用诸如带针孔检测器扫描远场图的方法。

4.3.3.4　系统校准

为了确定扫描系统移动距离与变换透镜后焦面上扫描实际距离之间的变换系数,应进行校准。为此可采用一块尺寸已知的模板,小心地置于透镜 L_1 的后焦面中。

反映空间变换平面(图4中透镜 L_1 后焦面)上某点至中心轴线的距离 y 与该点和中心轴线夹角 θ 的关系如下式所示:

$$y = f\sin\theta \qquad \cdots\cdots(8)$$

式中:

y——空间变换平面上某点至中心轴线的距离,单位为毫米(mm);

f——变换透镜 L_1 的焦距,单位为毫米(mm);

θ——空间变换平面上某点与中心轴线的夹角,单位为度(°)。

4.3.3.5 **记录系统**

应提供一种测量光强 $E(y)$ 的装置,它是扫描位置 y 的函数。应按下式修正检测到的光强:

$$I(\theta) = E(y)\cos\theta \quad \cdots\cdots(9)$$

式中:

$I(\theta)$——光强角度分布;

$E(y)$——距空间场图轴线 y 处的辐射强度;

y——离空间场图轴线的距离;

θ——与试样输出端轴线的夹角。

4.3.4 **光检测器**

应采用在接收光强范围内线性度优于5%的检测器。为了提高分辨率,可采用一个针孔限制检测器的有效尺寸。根据要求的角分辨率,检测器或针孔尺寸由下式确定:

$$D = \frac{\theta R}{0.06} \quad \cdots\cdots(10)$$

式中:

D——检测器(或针孔)直径,单位为微米(μm);

θ——要求的角分辨率,单位为度(°);

R——试样输出端面到检测器或针孔的距离,单位为毫米(mm)。

分辨率典型值为0.5°。R 还应符合远场要求:

$$R \geqslant \frac{d^2}{\lambda} \quad \cdots\cdots(11)$$

式中:

R——试样输出端面到检测器或针孔的距离,单位为毫米(mm);

d——试样出射区直径,单位为微米(μm);

λ——光源中心波长,单位为纳米(nm)。

等式(6)给出了方法3中适宜的检测器或针孔尺寸。

5 样品制备

5.1 试样长度

试样应是有代表性的长度为2 m±0.2 m的光纤样品。

5.2 试样端面

试样的光输入端和输出端的端面应清洁、光滑并与光纤轴垂直。由于测量精度受试样端面不垂直性的影响,端面角宜小于2°。

6 程序

6.1 将试样两端置于对中固定装置上。输入端应大致在恒定辐射光斑聚焦像的中心。

6.2 将光源调到要求的波长和谱宽。

6.3 扫描远场辐射图,并记录作为角位置函数的光强。

7 计算

7.1 百分之五光强角(θ_5)

从远场光辐射图上找出光强为最大值5%处的点,记录这两点对应的半角 θ_5。

7.2 数值孔径(NA_{ff})

用下式计算远场数值孔径 NA_{ff}：

$$NA_{ff} = \sin\theta_5 \qquad \cdots\cdots(12)$$

8 结果

8.1 测量结果报告应包括下列内容：

——试验名称；

——试样识别号；

——光源波长和谱宽(不是 850 nm 时，需要指明)；

——试验结果；

——被测光纤类型；

——试验日期和操作人员。

8.2 报告中也可包括下列内容：

——试验系统校准和角分辨率；

——注入光斑尺寸和数值孔径；

——包层模剥除方法；

——扫描和检测方法；

——测量装置最近校准日期；

——要报告的资料；

——应用程序中出现的任何偏差。

ICS 33.180.10
M 33

中华人民共和国国家标准

GB/T 15972.44—2008
部分代替 GB/T 15972.4—1998

光纤试验方法规范 第 44 部分:传输特性和光学特性的测量方法和试验程序——截止波长

Specifications for optical fibre test methods—Part 44:Measurement methods and test procedures for transmission and optical characteristics—Cut-off wavelength

(IEC 60793-1-44:2001,Optical fibres—Part 1-44:Measurement methods and test procedures—Cut-off wavelength,MOD)

2008-03-31 发布　　　　2008-11-01 实施

中华人民共和国国家质量监督检验检疫总局
中国国家标准化管理委员会　发布

前 言

GB/T 15972《光纤试验方法规范》由若干部分组成，其预期结构及对应的国际标准和将代替的国家标准为：

——第 10 部分～第 19 部分：测量方法和试验程序总则(对应 IEC 60793-1-10 至 IEC 60793-1-19；代替 GB/T 15972.1—1998)；

——第 20 部分～第 29 部分：尺寸参数的测量方法和试验程序(对应 IEC 60793-1-20 至 IEC 60793-1-29；代替 GB/T 15972.2—1998)；

——第 30 部分～第 39 部分：机械性能的测量方法和试验程序(对应 IEC 60793-1-30 至 IEC 60793-1-39；代替 GB/T 15972.3—1998)；

——第 40 部分～第 49 部分：传输特性和光学特性的测量方法和试验程序(对应 IEC 60793-1-40 至 IEC 60793-1-49；代替 GB/T 15972.4—1998)；

——第 50 部分～第 59 部分：环境性能的测量方法和试验程序(对应 IEC 60793-1-50 至 IEC 60793-1-59；代替 GB/T 15972.5—1998)。

其中 GB/T 15972.4×由以下部分组成：

——第 40 部分：传输特性和光学特性的测量方法和试验程序——衰减；

——第 41 部分：传输特性和光学特性的测量方法和试验程序——带宽；

——第 42 部分：传输特性和光学特性的测量方法和试验程序——波长色散；

——第 43 部分：传输特性和光学特性的测量方法和试验程序——数值孔径；

——第 44 部分：传输特性和光学特性的测量方法和试验程序——截止波长；

——第 45 部分：传输特性和光学特性的测量方法和试验程序——模场直径；

——第 46 部分：传输特性和光学特性的测量方法和试验程序——透光率变化；

——第 47 部分：传输特性和光学特性的测量方法和试验程序——宏弯损耗；

——第 48 部分：传输特性和光学特性的测量方法和试验程序——偏振模色散；

——第 49 部分：传输特性和光学特性的测量方法和试验程序——微分模时延。

本部分为 GB/T 15972 的第 44 部分。本部分修改采用国际电工技术委员会标准 IEC 60793-1-44：2001《光纤　第 1-44 部分：测量方法和试验程序——截止波长》。

本部分与 IEC 60793-1-44：2001 主要差异如下：

——按照我国标准的编排格式和表述要求，对一些内容安排做了调整，将 IEC 版本中第 1 章某些内容分别放在本部分第 3 章和第 4 章，第 3 章某些内容放在第 4 章；删除了 IEC 版本中第 6 章和第 12 章，将其内容分别放在本部分第 4 章和第 10 章；删除了 IEC 版本中附录 A、附录 B、附录 C 和附录 D，将其内容分别放在本部分第 7 章和第 8 章；

——纠正了 IEC 版本第 10 章中错误的叙述及式(3)、式(4)和式(11)中的错误；

——纠正了某些不恰当的叙述。

GB/T 15972.4—1998《光纤总规范　第 4 部分：传输特性和光学特性试验方法》第 10 章。

本部分与 GB/T 15972.4—1998 第 10 章相比主要变化如下：

——重新规定了光缆截止波长的基准试验方法(1998 年版的 10.3.2.1，本版的第 4 章方法 A)；

——增加了跳线光缆截止波长的试验方法(见本版的第 4 章)；

——纠正了某些不恰当的叙述。

本部分由中国通信标准化协会提出并归口。

本部分起草单位:武汉邮电科学研究院。
本部分主要起草人:陈永诗、程淑玲、刘泽恒、吴金良。

本部分为第一次修订,它与GB/T 15972.4×其他部分一起代替GB/T 15972.4—1998。

光纤试验方法规范
第44部分：传输特性和光学特性的测量方法和试验程序——截止波长

1 范围

GB/T 15972的本部分规定了单模光纤光缆截止波长的试验方法，确立了对试验装置、注入条件、程序、计算方法和结果的统一要求。

本部分适用于对单模成品光纤光缆截止波长的测量和商业性检验。

2 规范性引用文件

下列文件中的条款通过GB/T 15972的本部分的引用而成为本部分的条款。凡是注日期的引用文件，其随后所有的修改单(不包括勘误的内容)或修订版均不适用于本部分，然而，鼓励根据本部分达成协议的各方研究是否可使用这些文件的最新版本。凡是不注日期的引用文件，其最新版本适用于本部分。

GB/T 15972.40—2008 光纤试验方法规范 第40部分：传输特性和光学特性的测量方法和试验程序—衰减(IEC 60793-1-40：2001，Optical fibres—Part 1-40：Measurement methods and test procedures—Attenuation，MOD)

3 背景简介

理论截止波长是单模光纤中仅有基模传输的最短波长。理论截止波长可以用光纤的折射率剖面参数计算得到。

在单模光纤中，从多模传输转变为单模传输不是在一个波长上完成的，而是在一个波长范围内平滑过渡实现的。在评定光纤的传输性能时，用测量在应用条件下的截止波长比理论截止波长更实用。

当光纤中的模大体上被均匀激励的前提下，包括注入较高次模在内的总光功率与基模光功率之比随波长减小到0.1 dB时所对应的较大波长就是截止波长。根据该定义，被测试样在截止波长处的二阶模(LP_{11})比基模(LP_{01})衰减了19.3 dB。

截止波长的测量结果随光纤的长度和弯曲状态不同而不同。被测光纤处于已安装的光缆中，或处于短的、未成缆的状态，其截止波长将有很大差别。根据光纤的应用状态，本部分规定了如下三种类型的截止波长：

a) 光缆截止波长λ_{cc}；

b) 光纤截止波长λ_c；

c) 跳线光缆截止波长λ_{cj}。

光缆截止波长是作为产品规范要求所需要测量的首选参数。

4 试验方法概述

测定光缆截止波长λ_{cc}有以下两种试验方法：

——方法A：用未成缆光纤测量；

——方法B：用已成缆光纤测量。

光纤截止波长λ_c用短段未成缆的预涂覆光纤测量。

跳线光缆截止波长λ_{cj}是将短段跳线光缆环绕一圈后测量。

方法A是光缆截止波长的基准试验方法(RTM)，用作仲裁试验。

以上试验方法均基于传输功率法，即测量被试光纤(或光缆)中传输的光功率随光波长变化的光谱曲线，并同参考传输光功率的光谱曲线比较后得到该光纤(或光缆)的截止波长。

可通过下列两种参考扫描技术得到参考传输光功率的光谱曲线：

——弯曲参考技术；

——多模参考技术。

弯曲参考技术是将被测单模光纤绕一个半径较小的圈，以带有这样一个小圈的单模光纤的传输光功率谱作“参照”传输光功率谱；多模参考技术是以短段多模光纤的传输光功率谱作参照光功率谱。

本程序可确定光纤在处于已成缆状态或处于未成缆状态下的截止波长，每一种试验方法均有不同规定的测量条件，给出产品指标规范要求时应说明相应的测量条件。

在试样标准长度及试样标准弯曲状态的条件下，测得光纤的截止波长 λ_c 将比光缆截止波长 λ_{cc} 大。对于常规跨距的光缆链路，常见 λ_c 值超出系统工作波长的现象，此时用 λ_{cc} 作为系统传输性能的衡量指标更恰当；对于短应用段长的光缆，例如短长度的尾纤，其长度比测量 λ_{cc} 的试样标准长度还要短(并且弯曲半径也可能比试样标准弯曲半径更大)，则光缆在大于 λ_{cc} 的波长区域可为多模传输，此时不宜用 λ_{cc} 作为系统传输性能的衡量指标。

当光缆长度比测量 λ_c 的试样标准长度短时，则光缆在大于 λ_c 的波长区域也可为多模传输。

跳线光缆截止波长 λ_{cj} 通常介于光缆截止波长 λ_{cc} 和光纤截止波长 λ_c 之间，此类光缆结构比常规光缆结构对于截止波长的影响更大。在测量过程中选用的弯曲半径也会影响测量结果，应规定试样的弯曲半径近似于光缆在实际应用条件下的弯曲半径。对于结构特殊、应用段长介于标准的试样长度至 20 m 之间，或应用时弯曲半径大于试样标准弯曲半径的跳线光缆，对其截止波长的指标规定应视具体情况而定。

5 映射函数

利用映射函数可用一种类型的截止波长大小预算出另一种类型的截止波长大小。

可通过实验确定某一类型和结构的光纤所对应的映射函数。用实验确定光纤的映射函数时，应在这类光纤中选取覆盖了较宽截止波长范围的光纤试样，测定需要进行映射的两类试样截止波长，对测量结果用线性回归法拟合分析，得到该类型光纤的截止波长映射函数，并记下回归分析中产生的误差。

6 装置

6.1 装置构成

试验装置应包括光源、调制装置、注入光学系统、试样固定和定位装置、包层模剥除器、试样布置台、光检测器组件等，分别介绍如下。

6.2 光源

应采用经过滤光的、FWHM 谱宽不超过 10 nm 的白光源。在完成测量过程期间，其位置、强度和波长应保持稳定，并能够在 1 000 nm～1 600 nm 波长范围内工作。

6.3 调制

为防止背景光影响测量结果并有助于信号恢复，应对光源进行调制。机械斩波盘是对参考输出进行调制的合适装置。

6.4 光学注入系统

应采用诸如透镜系统或多模光纤这样的注入光学系统，在整个测量波长范围内对试样进行满注入。这种注入方式对单模光纤输入端面的位置不太敏感并足以在试样中激励起基模和任何高阶模。如果采用对接，则应避免干涉效应。

当采用多模光纤作参考试样时，对参考光纤的满注入可能在传输功率谱中产生不希望的纹波。对这种注入应加以限制以充分消除纹波效应。在 GB/T 15972.40—2008 方法 A 中给出了一个多模光纤的光注入实例；限制注入的另一个实例是采用具有足够插入损耗(约 4 dB)的芯轴卷绕式滤模器。

6.5 试样固定和定位

在测量期间应稳定地固定试样输入端和输出端，可采用诸如真空吸盘、磁性吸盘或连接器这类装置，使光纤端面能在注入光学系统和检测光学系统中进行重复定位。当用方法 B 测量 λ_{cc} 时，应提供稳定地固定光缆端头的方法。

6.6 包层模剥除器

为防止包层模的传输和检测，应在试样输入端和输出端采用包层模剥除器，但应避免影响 LP_{11} 模的传输。当涂覆层折射率等于或大于光纤包层折射率时，就不需要包层模剥除器。

6.7 试样布置台

应用一种方法固定试样的输入端和输出端，使光纤试样在测量期间不受微弯影响，光纤端面应能在注入光学系统和检测光学系统中重复定位。试样的布置状态、试样长度及其试样布置台均是测量方法中的关键因素。

如果经验证明用替代试样布置方法与标准试样布置方法具有一致的试验结果，或二者试验结果的差别不超过 10 nm，或替代试样布置方法的测量结果略大于标准试样布置测量值，则可用替代试样布置方法布置试样。

6.7.1 光缆截止波长——方法 A

试样两端部位各绕一个直径为 80 mm 的环，试样中间部位绕成直径不小于 280 mm 的环，见图 1。

6.7.2 光缆截止波长——方法 B

试样两端部位各绕一个直径为 80 mm 的环，见图 2。

6.7.3 光纤截止波长

首选试样布置方法如图 3a)，将光纤弯成半径为 140 mm 整圆圈的松弛环；替代试样布置方法如图 3b)，将光纤绕成由切线相连的半径为 140 mm、可前后移动的圆弧或半圆。

6.7.4 跳线光缆截止波长

应提供一种方法将 2 m 长的跳线光缆绕成一个由切线相连的、半径为 x（例如 140 mm）的两个圆弧（每个 180°）组成的松弛环，如图 4，图中下部的半圆芯轴可以移动，以收集富余的光缆而不移动光学系统中的任何部分。光缆试样其他部分应不受外部应力和额外弯曲。

6.8 光检测器组件

应采用将试样出射的全部光功率耦合进检测器光敏区的检测光学系统。例如可采用光学透镜系统、与带多模光纤尾纤的检测器对接的方式或直接耦合的方式。

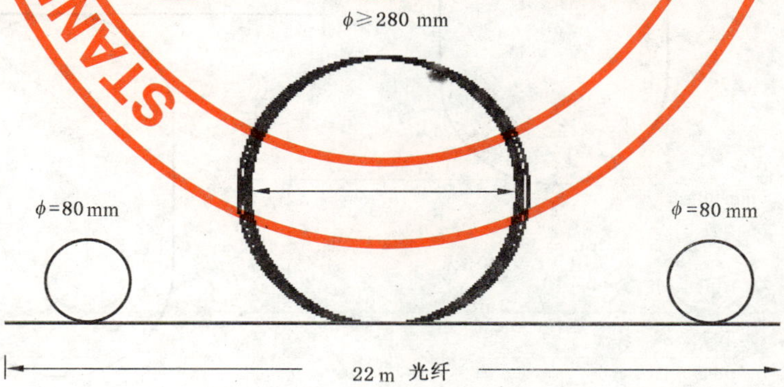

图 1 测量光缆截止波长的试样布置——方法 A

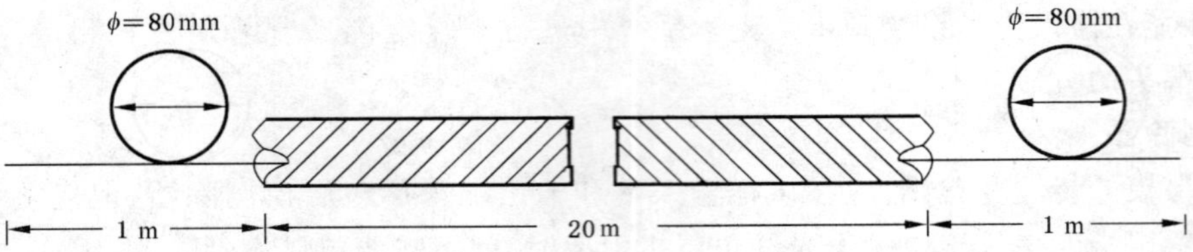

图 2　测量光缆截止波长的试样布置——方法 B

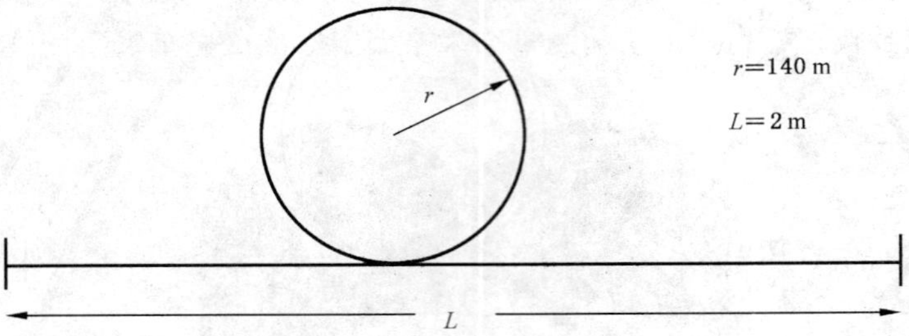

a）　测量光纤截止波长首选的试样布置方法——圆形轴芯法

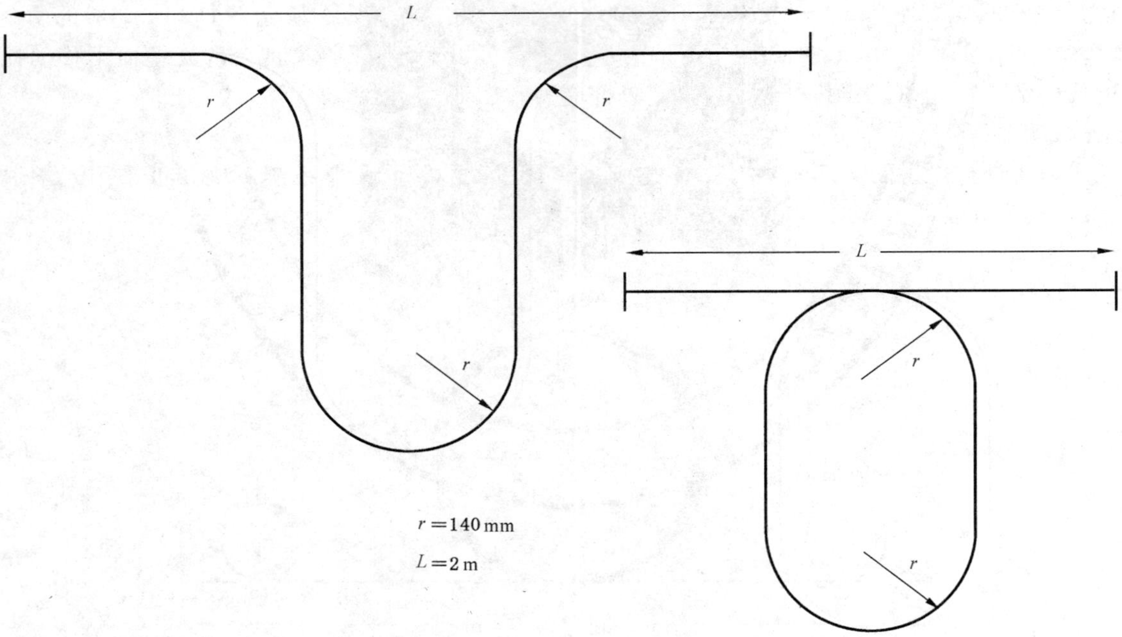

b）　测量光纤截止波长替代的试样布置方法——分离的半圆法

图 3　测量光纤截止波长的试样布置

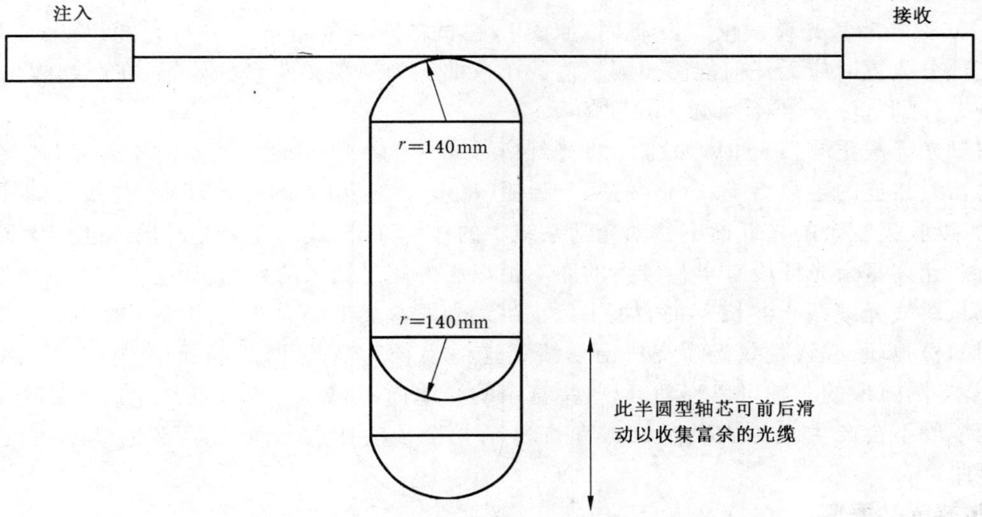

图 4　测量跳线光缆截止波长的试样布置

6.9　检测器组件和信号检测电子系统

采用在测量波长范围内灵敏、在接收光强范围内具有较好线性的光检测器。典型的系统在采用锁相放大器和斩波组件进行同步检测时，可包括光生伏打型锗或铟镓砷光电二极管和电流输入前置放大器。通常用计算机分析数据和计算结果。

7　试样和试样制备

7.1　试样及试样长度

根据被测量参数选取试样和试样长度。

用方法 A 测量光缆截止波长 λ_{cc}时，试样是总长为 22 m 的未成缆光纤。

用方法 B 测量光缆截止波长 λ_{cc}时，试样是总长为 22 m 的光缆，且试样两端应各露出 1 m 长的光纤。

测量光纤截止波长 λ_c 时，试样是总长为 2 m±0.2 m 的光纤。

测量跳线光缆截止波长 λ_{cj}时，试样是总长为 2 m±0.2 m 的跳线光缆。

7.2　试样端面

试样的输入端面和输出端面应平整、光滑，与光纤轴有很好的垂直度。

8　程序

8.1　将试样接入测量系统

8.1.1　试样连接

将试样的输入端和输出端分别对准光注入系统和检测系统，在测量期间应保证光注入条件和检测条件不发生改变。除非另有说明，在试样接入测量系统时若使用了包层模剥除器，则应小心避免任何比规定的弯曲半径小的额外弯曲发生。

8.1.2　试样布置台上样品放置

根据被测参数分别选用第 6 章中的方法布置试样，具体操作如下：

a)　用方法 A 测量光缆截止波长 λ_{cc}时，如图 1，在试样两端各留出 1 m 长光纤，其余 20 m 光纤弯成半径不小于 140 mm 的松弛环。为模拟接头盒的效果，在两端的 1 m 光纤上分别打一个半径为 40 mm 的环。由于 λ_{cc}是按应用中可能出现的最大值规定的，用未成缆光纤测量将足以保证最终结果能满足规定要求，因为任何后续过程，如成缆、安装和应用过程都会进一步降低光缆的截止波长。

b) 用方法B测量光缆截止波长 λ_{cc} 时，如图2，在试样两端各露出1 m长光纤，其余20 m长的光缆部分放置时应无任何能影响测量值的小弯曲。为模拟接头盒的效果，在两端露出的1 m光纤上分别打一个半径为40 mm的环。

c) 测量光纤截止波长 λ_c 时，如图3，将光纤弯成半径为140 mm整圆圈的松弛环，或将光纤绕成由切线相连的半径为140 mm的两个圆弧（每个180°）组成的松弛环，半圆弧形的芯轴可以移动，以收集富余的光纤而不移动光学系统中的任何部分，或对富余光纤段不会产生足够大的应力。允许富余光纤段有半径较大的而不足以影响测量结果的弯曲。

d) 测量跳线光缆截止波长 λ_{cj} 时，如图4，将跳线光缆弯成半径为 X（有时规定 X 为140 mm）整圆圈的松弛环，或将跳线光缆绕成由切线相连的半径为 X 的两个圆弧（每个180°）组成的松弛环，半圆弧形的芯轴可以移动，以收集富余的光缆而不移动光学系统中的任何部分，或对富余光缆段不会产生足够大的应力。允许富余光缆段有半径较大的但不足以影响测量结果的弯曲。

8.2 测量试样光功率谱

在波长扫描范围内以不大于10 nm的波长间隔记录被测试样光功率 $P_s(\lambda)$，波长扫描范围应足够宽，并复盖预期的光缆截止波长。

8.3 测量参考光功率谱

8.3.1 弯曲参考法

保持被测试样光注入条件和输出条件不变，在试样的输入端和输出端之间打一个小环，小环的半径应小到足以使 LP_{11} 模产生衰减，但又不使 LP_{01} 模衰减，其典型值是30 mm。以同扫描 $P_s(\lambda)$ 相同的波长点记录在此状态下的参考光功率谱 $P_b(\lambda)$。

8.3.2 多模参考法

用一段短的（<10 m）多模光纤替代被测试样，以同扫描 $P_s(\lambda)$ 相同的波长点记录在此状态下的参考光功率谱 $P_m(\lambda)$。

注1：测量多模参考功率谱时，为了减少漏模的影响，可将光注入条件限制为仅充满多模光纤芯径和数值孔径的70%，或者采用一合适的滤模器。

注2：采用多模参考法时，可将参考功率谱 $P_m(\lambda)$ 预先存于计算机中，以便在测量时重复使用。

8.4 截止波长确定

用被测试样的光功率谱同参考光功率谱比较，得到截止波长曲线图。根据曲线形状按照图5（用弯曲参考法）和图6（用多模参考法）中所示的方法确定截止波长最终试验结果。

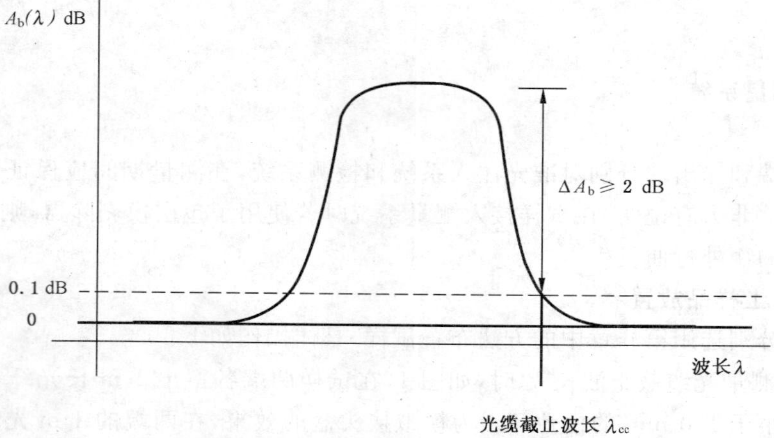

图5 用弯曲参考法测量截止波长

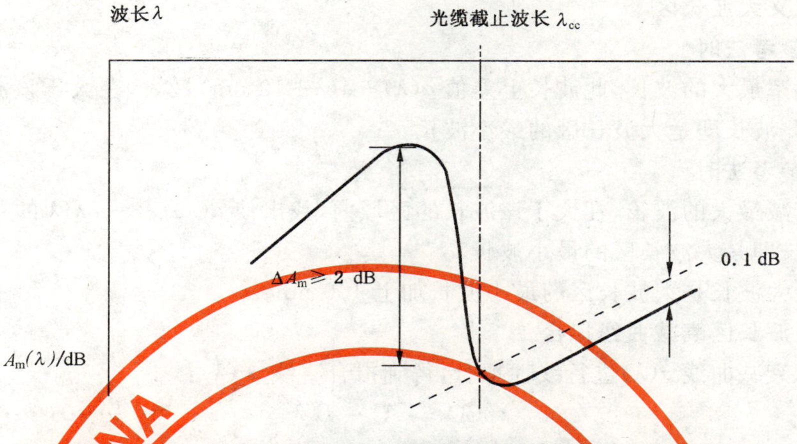

图 6　用多模参考法测量截止波长

9　计算

9.1　弯曲参考法

用试样未加小环时的功率谱 $P_s(\lambda)$和加有小环的参考功率谱 $P_b(\lambda)$计算试样的传输功率谱 $A_b(\lambda)$：

$$A_b(\lambda) = 10\lg \frac{P_s(\lambda)}{P_b(\lambda)} \quad \cdots\cdots\cdots\cdots (1)$$

图 5 是本试验方法典型的截止波长曲线示意图，用试样加小环或不加小环分别确定短波长和长波长边缘，在图 5 中，截止波长是由 $A_b(\lambda)=0.1$ dB 对应的最大波长。确定截止波长时，ΔA_b 应不小于 2 dB。

如果 ΔA_b 小于 2 dB 或无法观察到截止波长曲线峰，则应加大波长扫描范围，扩大单模注入条件，或者减小小环半径；如果在长波长区域 ΔA_b 随波长增加，则应加大小环半径。反复进行这些调整并重复试验程序，直到 ΔA_b 不小于 2 dB，并且 ΔA_b 在长波长区域基本与波长无关。

9.2　多模参考法

用试样未加小环时的功率谱 $P_s(\lambda)$和多模参考功率谱 $P_m(\lambda)$计算试样的传输功率谱 $A_m(\lambda)$：

$$A_m(\lambda) = 10\lg \frac{P_s(\lambda)}{P_m(\lambda)} \quad \cdots\cdots\cdots\cdots (2)$$

在 $A_m(\lambda)$曲线的长波长部分拟合一条直线，将此直线向上平移 0.1 dB，得到图 6 中的虚线，该虚线与 $A_m(\lambda)$曲线相交的最大波长即为截止波长。确定截止波长时，ΔA_m 应不小于 2 dB。

如果 ΔA_m 小于 2 dB 或无法观察到截止波长曲线峰，则应加大波长扫描范围，扩大单模注入条件。反复进行这些调整并重复测量程序，直到 ΔA_m 不小于 2 dB，并且 $A_m(\lambda)$曲线在长波长区域有足够的长度可以拟合成一条直线。

注：用多模参考法时，如果参考光纤的水峰高，则在测量截止波长较长的被测试样时，会得到错误的测量结果。

9.3　改善测量精度的曲线拟合法（可选项）

9.3.1　要求

当截止波长大波长区域未出现伪峰或起伏较大的噪声时，则不用曲线拟合就能得到精确的测量结果。

当需要用曲线拟合来改善测量精度时，可用如下六个步骤完成拟合计算过程：第一步和第二步定义 LP_{01}区，即大波长区；第三步和第四步定义变化区，在该区内 LP_{11}模衰减开始增加；第五步用一理论模型描述变化区；第六步根据特征参数计算截止波长。

这一拟合计算方法均适用于用弯曲参考法或多模参考法测量 λ_c 和 λ_{cc}。

在如下分析中用 $\alpha(\lambda)$代表 $A_b(\lambda)$和 $A_m(\lambda)$。

9.3.2 第一步:定义大波长区

9.3.2.1 用弯曲参考法时

找出曲线上斜率最大的波长,此波长上差值 $\alpha(\lambda)-\alpha(\lambda+10\ \text{nm})$ 最大,在大于该波长的区域内找出衰减最小的波长,此波长即是大波长区的最小波长。

9.3.2.2 用多模参考法时

找出曲线上衰减最大的波长,在大于该波长的区域内,找出使 $\alpha(\lambda)-8-8\lambda$($\lambda$ 的单位为 μm)为最小的那个波长,此波长即是大波长区的最小波长。

大波长区的最大波长是大波长区的最小波长加上 150 nm。

9.3.3 第二步:大波长区衰减曲线拟合

对大波长区的衰减曲线 $\alpha(\lambda)$ 进行线性拟合,得到拟合直线 $\alpha'(\lambda)$:

$$\alpha'(\lambda)=A_u+B_u\lambda \qquad \cdots\cdots(3)$$

确定 A_u 和 B_u,以拟合直线 $\alpha'(\lambda)$ 替代大波长区域的衰减曲线 $\alpha(\lambda)$。用函数 $\Delta\alpha(\lambda)$ 表示大波长区衰减曲线同拟合直线的偏差:

$$\Delta\alpha(\lambda)=\alpha(\lambda)-(A_u+B_u\lambda) \qquad \cdots\cdots(4)$$

9.3.3.1 用弯曲参考法时

B_u 为零,A_u 定为大波长区衰减值的中值。此时衰减曲线同拟合直线的偏差 $\Delta\alpha(\lambda)$ 为:

$$\Delta\alpha(\lambda)=\alpha(\lambda)-A_u \qquad \cdots\cdots(5)$$

9.3.3.2 用多模参考法时

大波长区内衰减曲线用特殊的方式拟合,拟合时应避开向上突起的小峰:

a) 通过使偏差绝对值的和最小来获得 A_u 和 B_u。

b) 确定偏差的中值并加到 A_u 上。

c) 在大波长区域,最小偏差 $\Delta\alpha_{\min}$ 由下式确定:

$$\Delta\alpha_{\min}=\min\left|\alpha(\lambda)-(A_u+B_u\lambda)\right| \qquad \cdots\cdots(6)$$

9.3.4 第三步:找出变化区的最大波长

从大波长区的最大波长(由第一步确定)开始,曲线上衰减比由第二步确定的拟合直线高 0.1 dB 的最大波长加上 10 nm 就是变化区最大波长。

9.3.5 第四步:找出变化区的最小波长

有不同的方式确定变化区的最小波长,以下给出两个实例:

9.3.5.1 从变化区最大波长(由第三步确定)开始,变化区最小波长是 $\Delta\alpha(\lambda)$ 达到最大时的波长,并且该最大值与在较大波长处 $\Delta\alpha(\lambda)$ 的最小值之差为最大。

9.3.5.2 比变化区最大波长小,并且使 $\Delta\alpha(\lambda)>2$ dB 的最大波长即为变化区的最小波长,表现为:

a) $\Delta\alpha(\lambda)$ 值最大,或

b) $\alpha(\lambda)-\alpha(\lambda+10\ \text{nm})$ 为最大。

9.3.6 第五步:用理论模型描述变化区

该模型是变换的线性回归。

$$Y(\lambda)=10\lg\left\{-\frac{10}{c}\lg\left[\frac{10^{\frac{\Delta\alpha(\lambda)}{10}}-1}{\rho}\right]\right\} \qquad \cdots\cdots(7)$$

式中:$Y(\lambda)$ 是变换的线性回归;

$$c=10\lg\left[\frac{\rho}{(10^{0.01}-1)}\right] \qquad \cdots\cdots(8)$$

$\rho=2$(除非在其他的规范中规定)

上面的等式可用下面的直线拟合:

$$A_t+B_t\lambda=-Y(\lambda) \qquad \cdots\cdots(9)$$

为了限制向上突起的小峰的影响，可通过偏差抑制控制衰减曲线上负的回归偏差，使得拟合直线的反变换不产生小于 $\Delta\alpha_{\min}$（由第二步确定）的负衰减偏差。可采用简单的线性编程方法对数据进行拟合。

在大波长区域，令 $E=\Delta\alpha_{\min}$，

对于变化区，通过使偏差绝对值的和最小来获得等式(9)中的 A_t 和 B_t，并且偏差都不小于 $-\nu(\lambda)$。$\nu(\lambda)$ 由函数 $w(\lambda)$ 和 $z(\lambda)$ 给出。

$$w(\lambda) = 10^{\frac{\Delta\alpha(\lambda)-E}{10}} \qquad (10)$$

$$z(\lambda) = 10\lg\left[-\frac{10}{c}\lg\left(\frac{w(\lambda)-1}{\rho}\right)\right] \qquad (11)$$

式中，$\nu(\lambda)$、$w(\lambda)$ 和 $z(\lambda)$ 是使计算简单化的中间函数，且有以下关系：

$$\nu(\lambda) = Y(\lambda) - z(\lambda) \qquad (12)$$

9.3.7 第六步：计算截止波长

估算变化斜率和计算截止波长。

如果 B_t 大于一个小的负值（如在－1～－0.1 之间），则变化区内的最大波长就减少 10 nm，再重复第 5 步，直到 $B_t \leqslant -1$。截止波长 λ_c 通过下式计算：

$$\lambda_c = -\frac{A_t}{B_t} \qquad (13)$$

注：计算光缆截止波长与计算光纤截止波长的方法同样，仅在第六步的等式(13)中以 λ_{cc} 替代 λ_c 即可。

10 结果

10.1 测量结果报告应包括下列内容：

——试验名称；

——试样识别号；

——截止波长；

——试验日期和操作人员；

——环境温度和相对湿度；

——试验日期和操作人员。

10.2 报告中也可包括下列内容：

——如果是测量光缆截止波长，则所用测量方法 A 或方法 B；

——所用参考方法（如采用多模参考光纤，应说明光纤类型）；

——所用多模光纤的类型（如采用多模参考法）；

——仪器描述；

——典型谱曲线；

——试验装置最近校准日期；

——要报告的资料；

——应用程序中出现的任何偏差。

ICS 33.180.10
M 33

GB

中华人民共和国国家标准

GB/T 15972.45—2008
部分代替 GB/T 15972.4—1998

光纤试验方法规范 第45部分：传输特性和光学特性的测量方法和试验程序——模场直径

Specifications for optical fibre test methods—Part 45: Measurement methods and test procedures for transmission and optical characteristics—Mode field diameter

(IEC 60793-1-45:2001, Optical fibres—Part 1-45: Measurement methods and test procedures—Mode field diameter, MOD)

2008-03-31 发布　　2008-11-01 实施

中华人民共和国国家质量监督检验检疫总局
中国国家标准化管理委员会　发布

前 言

GB/T 15972《光纤试验方法规范》由若干部分组成,其预期结构及对应的国际标准和将代替的国家标准为:

——第10部分～第19部分:测量方法和试验程序总则(对应IEC 60793-1-10至IEC 60793-1-19;代替GB/T 15972.1—1998);

——第20部分～第29部分:尺寸参数的测量方法和试验程序(对应IEC 60793-1-20至IEC 60793-1-29;代替GB/T 15972.2—1998);

——第30部分～第39部分:机械性能的测量方法和试验程序(对应IEC 60793-1-30至IEC 60793-1-39;代替GB/T 15972.3—1998);

——第40部分～第49部分:传输特性和光学特性的测量方法和试验程序(对应IEC 60793-1-40至IEC 60793-1-49;代替GB/T 15972.4—1998);

——第50部分～第59部分:环境性能的测量方法和试验程序(对应IEC 60793-1-50至IEC 60793-1-59;代替GB/T 15972.5—1998)。

其中GB/T 15972.4×由以下部分组成:

——第40部分:传输特性和光学特性的测量方法和试验程序——衰减;

——第41部分:传输特性和光学特性的测量方法和试验程序——带宽;

——第42部分:传输特性和光学特性的测量方法和试验程序——波长色散;

——第43部分:传输特性和光学特性的测量方法和试验程序——数值孔径;

——第44部分:传输特性和光学特性的测量方法和试验程序——截止波长;

——第45部分:传输特性和光学特性的测量方法和试验程序——模场直径;

——第46部分:传输特性和光学特性的测量方法和试验程序——透光率变化;

——第47部分:传输特性和光学特性的测量方法和试验程序——宏弯损耗;

——第48部分:传输特性和光学特性的测量方法和试验程序——偏振模色散;

——第49部分:传输特性和光学特性的测量方法和试验程序——微分模时延。

本部分为GB/T 15972的第45部分。本部分修改采用国际电工技术委员会标准IEC 60793-1-45:2001《光纤 第1-45部分:测量方法和试验程序——模场直径》。

本部分与IEC 60793-1-45:2001主要差异如下:

——按照我国标准的编排格式和表述要求,对一些内容安排做了调整,将IEC版本第3章名称改为本部分的第3章"试验方法概述",将IEC版本第1章某些内容放在本部分第3章;将IEC版本的第8章和第9章合并为第8章;

——纠正了正文中式(2)和附录D中式(D.1)里的错误;

——纠正了附录E中表E.1、表E.2和表E.3里的错误;

——纠正了某些不恰当的叙述。

本部分代替GB/T 15972.4—1998《光纤总规范 第4部分:传输特性和光学特性试验方法》第11章。

本部分与GB/T 15972.4—1998第11章相比主要变化如下:

——正文中对试验方法的详细描述分别用附录的形式给出(1998年版的11.2、11.3、11.4,本版的附录A、附录B、附录C);

——增加了替代试验方法D(本版的附录D);

——修改了光纤远场分布和近场分布的计算细节(1998年版的11.1.2,本版的附录A、附录C);
——纠正了某些不恰当的叙述。
本部分的附录A、附录B、附录C和附录D为规范性附录,附录E为资料性附录。
本部分由中华人民共和国信息产业部提出。
本部分由中国通信标准化协会归口。
本部分起草单位:武汉邮电科学研究院。
本部分主要起草人:程淑玲、陈永诗、刘泽恒、吴金良。
本部分为第一次修订,它与GB/T 15972.4×其他部分一起代替GB/T 15972.4—1998。

光纤试验方法规范
第 45 部分：传输特性和光学特性的测量
方法和试验程序——模场直径

1 范围

GB/T 15972 的本部分规定了光纤模场直径的试验方法，确立了对试验装置、注入条件、程序、计算方法和结果的统一要求。

本部分适用于对 B 类单模光纤模场直径的测量和成品光纤光缆的商业性检验。

2 规范性引用文件

下列文件中的条款通过 GB/T 15972 的本部分的引用而成为本部分的条款。凡是注日期的引用文件，其随后所有的修改单(不包括勘误的内容)或修订版均不适用于本部分，然而，鼓励根据本部分达成协议的各方研究是否可使用这些文件的最新版本。凡是不注日期的引用文件，其最新版本适用于本部分。

GB/T 15972.40—2008 光纤试验方法规范 第 40 部分：传输特性和光学特性的测量方法和试验程序——衰减(IEC 60793-1-40:2001, Optical fibres—Part 1-40: Measurement methods and test procedures—Attenuation, MOD)

3 试验方法概述

模场直径(MFD)可在远场用远场光强分布 $P_F(\theta)$、互补孔径功率传输函数 $\alpha(\theta)$ 和在近场用近场光强分布 $f^2(r)$ 来测定。不同试验方法之间的数学等效性如图 1 所示。

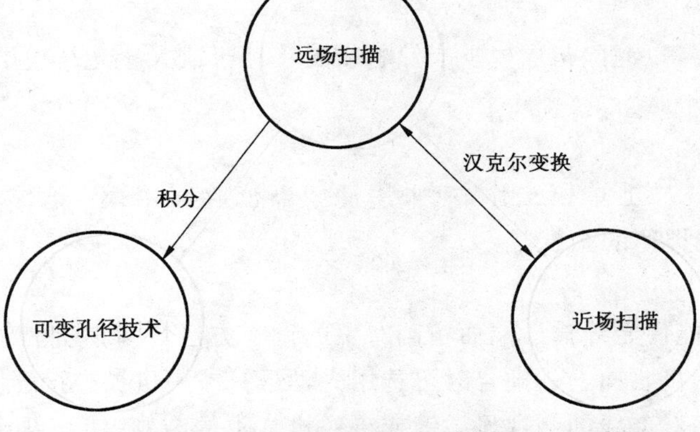

图 1 模场直径三种试验方法之间的数学变换关系

测量单模光纤模场直径有如下四种试验方法：

方法 A：直接远场扫描法；

方法 B：远场可变孔径法；

方法 C：近场扫描法；

方法 D：用光时域反射计的双向后向散射法。

方法 A 是测量单模光纤模场直径的基准试验方法(RTM)。它直接按照柏特曼(Petermann Ⅱ)远场定义，通过测量光纤远场辐射图计算出单模光纤的模场直径。

方法 B 是测量单模光纤模场直径的替代试验方法（ATM）。它通过测量光功率穿过不同尺寸孔径的两维远场图计算出单模光纤的模场直径，计算模场直径的数学基础是柏特曼远场定义。

方法 C 是测量单模光纤模场直径的替代试验方法（ATM）。它通过测量光纤径向近场图计算出单模光纤的模场直径，计算模场直径的数学基础是柏特曼远场定义。

方法 D 不适合用作测量结构未知光纤的模场直径。

以上方法均适用于工作在 1 310 nm 波段或 1 550 nm 波段的 B 类单模光纤。

4 试验装置

以下对测量装置的要求为模场直径的四种测量方法所共有，在附录 A、附录 B、附录 C 和附录 D 中还分别给出了对每一种试验方法的特定要求。

4.1 光源

对于方法 A、方法 B 和方法 C，应采用合适的相干或非相干光源，例如半导体激光器或经充分滤光的白光源。在完成测量过程的时间内，光源位置、强度和波长应保持稳定。如需要，可采用单色仪和干涉滤光器选择波长。除非另有规定，光源谱线的半幅全宽 FWHM 应不大于 10 nm。

对于方法 D，见附录 D 中的要求。

4.2 注入光学系统

对于方法 A、方法 B 和方法 C，所用光注入装置必须足以激励起基模，例如可采用光学透镜系统或尾纤来激励被试光纤。为使耦合进被试光纤的功率对被试光纤输入端面的位置不太敏感，可在空间和角度上对被试光纤进行满注入。如果采用插入法对接，则应在尾纤和被试光纤之间使用折射率匹配材料以避免干涉效应。测量期间，耦合应保持稳定。

对于方法 D，见附录 D 中的要求。

4.3 输入定位装置

应提供合适的方式对光纤输入端同光源的耦合位置进行精密调节，如 x-y-z 方向微调架，或机械耦合器件如连接器、真空吸盘、三棒接头等。测量期间，光纤的位置应保持稳定。

4.4 包层模剥除器

应采用包层模剥除器，以滤除包层模。当涂料折射率等于或大于光纤包层折射率时，就不需要包层模剥除器。

4.5 高次模滤模器

为确保样品在测量波长上单模工作，应采用滤模器滤除高阶模。通常对被试光纤绕一半径为 30 mm的单圈或加入其他类型的滤模器。

4.6 输出定位装置

应提供一种稳定的、能使光纤输出端面精确对中的调节方法，使得在测量波长上，输出光束能以合适的方式聚焦在检测器的接收面上。耦合时可选用光学透镜或用机械连接器同检测器尾纤相连。

应提供诸如具有十字对准线的侧视显微镜或摄像机之类的装置，使光纤定位在离孔径距离固定的位置上。如果通过真空吸盘之类的装置使光纤的侧面受限制，那么只需要提供纵向调节就足够了。

4.7 输出光学系统

分别见附录 A、附录 B、附录 C 和附录 D 中的说明。

4.8 检测器

分别见附录 A、附录 B、附录 C 和附录 D 中的说明。

4.9 计算机

使用计算机进行设备控制、光强采集和数据处理等，以获最终测量结果。

5 试样和试样制备

5.1 试样长度

对于方法A、方法B和方法C，试样应是长度为2 m±0.2 m的单模光纤。

注：对于方法D，试样长度应超过(或所在位置超过)OTDR的测量盲区，光纤两端应易于操作，具体要求见GB/T 15972.40—2008方法C的说明。

5.2 试样端面

试样的输入端面和输出端面应平整、光滑，输出端面与光纤轴应有很好的垂直度。

6 试验程序

分别见附录A、附录B、附录C和附录D中的方法。

7 计算

7.1 总则

以下给出了用方法A、B和C三种测量方法计算模场直径的基本等式，附录A、附录B、附录C和附录D中分别给出了模场直径的具体计算程序。在附录E中分别提供了一组用方法A、B和C采集到的数据和用这些数据计算模场直径的结果范例。

7.2 方法A——直接远场扫描法

由远场光强分布确定模场直径($2W_0$)的柏特曼(Petermann Ⅱ)远场定义式为：

$$2W_0=\frac{\lambda\sqrt{2}}{\pi}\left[\frac{\int_0^{\frac{\pi}{2}}P_F(\theta)\sin\theta\cos\theta\mathrm{d}\theta}{\int_0^{\frac{\pi}{2}}P_F(\theta)\sin^3\theta\cos\theta\mathrm{d}\theta}\right]^{1/2} \quad \cdots\cdots(1)$$

式中：

$P_F(\theta)$——远场光强分布；

λ——测量波长，单位为微米(μm)；

θ——光纤远场测量角，单位为弧度。

注：上式的积分限为0到$\frac{\pi}{2}$，是理解为该积分在自变量的限定内不被截断。但是随着自变量的增大，被积函数很快趋近于零，实际积分上限只要取某个θ_{max}即可。

用远场法测量单模光纤的模场直径分两个步骤，首先测量出光纤的远场光强分布，然后根据Petermann Ⅱ远场定义式，用采集到的远场数据通过数学程序进行积分运算，计算模场直径。

附录E中提供了用直接远场扫描法测量时的一组采样数据和模场直径的计算结果。采样数据以叠合远场辐射功率$P_F(\theta)$和相应的角度函数θ的形式给出，用这组数据可校验已建立的积分运算程序的计算结果。

7.3 方法B——远场可变孔径法

由远场可变孔径法测得的互补孔径功率传输函数$\alpha(x)$确定模场直径($2W_0$)的等效式为：

$$2W_0=\left(\frac{\lambda}{\pi D}\right)\left[\int_0^{\infty}\alpha(x)\frac{x}{(x^2+D^2)^2}\mathrm{d}x\right]^{-1/2} \quad \cdots\cdots(2)$$

式中：

λ——测量波长，单位为微米(μm)；

D——孔径光阑所在平面到光纤端面的距离，单位为毫米(mm)；

x——孔径光阑的半径，单位为毫米(mm)；

$\alpha(x)$——互补孔径功率传输函数，其计算式为：

$$\alpha(x) = 1 - \frac{P(x)}{P(\max)} \qquad \cdots\cdots(3)$$

式中：

$P(x)$——透过孔径光阑的光功率；

$P(\max)$——透过最大孔径的光阑的光功率。

等式(2)的另一个等效表达式为：

$$2W_0 = \frac{\sqrt{2}\lambda}{\pi}\left(\int_0^{\infty} \alpha(\theta)\sin 2\theta \mathrm{d}\theta\right)^{-1/2} \qquad \cdots\cdots(4)$$

式中：

θ——光纤远场测量角，其计算式为：

$$\theta = \arctan\left(\frac{x}{D}\right) \qquad \cdots\cdots(5)$$

$\alpha(\theta)$——互补孔径功率传输函数，其计算式为：

$$\alpha(\theta) = 1 - \frac{P(\theta)}{P(\max)} \qquad \cdots\cdots(6)$$

式中：

$P(\theta)$——透过远场测量角为 θ 的孔径光阑的光功率；

$P(\max)$——透过最大孔径的光阑的光功率。

用远场可变孔径法测量单模光纤的模场直径分两个步骤：首先测量出透过不同尺寸孔径光阑的远场辐射光功率，然后用这些远场数据通过数学程序计算模场直径。

当远场角 θ 较小时，式(4)和式(1)近似互为等效，在此近似条件下，式(1)可以通过积分运算转换为式(4)。

附录 E 提供了一组用远场可变孔径法采集到的与角度函数 θ 对应的孔径透光功率数据，以及用这组数据计算出模场直径的结果，用这组数据可校验已建立的积分运算程序的计算结果。

7.4 方法 C——近场扫描法

由近场光强分布确定模场直径($2W_0$)的等效式为：

$$2W_0 = 2\left[2\frac{\int_0^{\infty} r f^2(r)\mathrm{d}r}{\int_0^{\infty} r\left(\frac{\mathrm{d}f(r)}{\mathrm{d}r}\right)^2 \mathrm{d}r}\right]^{1/2} \qquad \cdots\cdots(7)$$

式中：

r——径向坐标，单位为微米(μm)；

$f^2(r)$——近场光强分布。

注：上式中的积分上限为无穷大，是理解为该积分在自变量的限定内不被截断。但是随着自变量的增大，被积函数很快趋近于零，实际积分上限只要取某个 $r_{\max}$ 即可。在计算微商时可使用数据拟合技术。

用近场扫描法测量单模光纤的模场直径分两个步骤：首先测得光纤的径向近场光强分布，然后用这些近场数据通过数学程序计算模场直径。

当远场角 θ 较小时，式(7)和式(1)近似互为等效，在此近似条件下，近场 $f(r)$和远场 $F(\theta)$形成一个汉克尔对，通过汉克尔变换和反变换可以使式(1)和式(7)相互转换。

8 结果

8.1 测量结果报告应包括下列内容：

——试验名称；

——试样识别号；

——光源波长；

——试验结果；

——被测光纤类型；

——判定标准；

——试验日期和操作人员。

8.2 报告中也可包括下列内容：

——所用试验方法(方法 A、方法 B、方法 C 或方法 D)；

——光源类型和 FWHW 谱宽；

——仪器型号说明；

——计算技术细节；

——试验装置最近校准日期。

附 录 A
（规范性附录）
方法 A——用直接远场法测量模场直径的特定要求

A.1 装置

A.1.1 典型装置构成

图 A.1 是直接远场扫描法的典型试验装置。

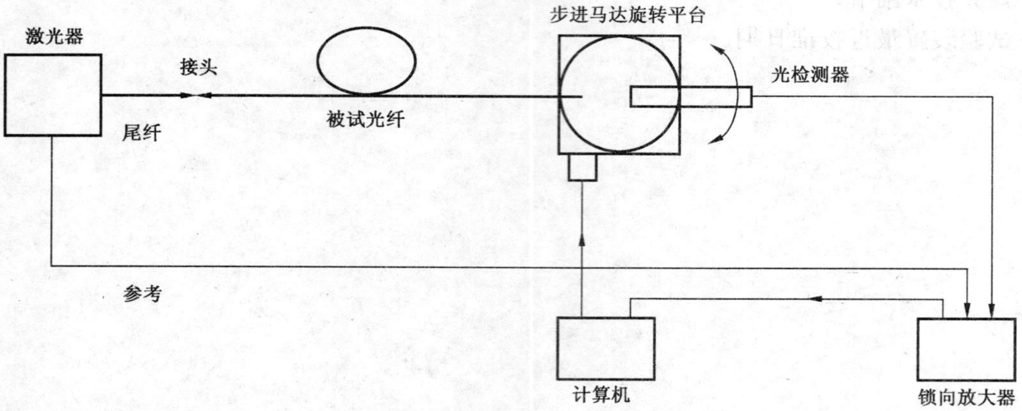

图 A.1 直接远场扫描法试验装置框图

A.1.2 扫描检测系统

应采用对远场光强分布进行扫描的机械装置，它能以不大于 0.5°的步进量扫描远场光强分布。典型系统可包括一个 PIN 光电二极管，由电流输入前置放大器进行放大，用锁相放大器作同步检测。光检测器光敏面离光纤输出端面的距离应大于 $2W_0b/\lambda$（$2W_0$ 是被试光纤的预期模场直径，b 是光检测器的光敏面直径，λ 是波长）或者它们之间的距离至少有 10 mm，以保证光检测器光敏面的远场张角不太大。

精确测量要求的最小动态范围应为 50 dB。对 B1 类光纤，相应的最大扫描半角应不小于 20°；对于 B2 类和 B4 类光纤，相应的最大扫描半角应不小于 25°。

如果对于 B1 类光纤，将上述值分别限制在 30 dB、12.5°，对于 B2 类和 B4 类光纤，将上述值分别限制在 40 dB、20°时，确定模场直径时就可能导致大于 1%的相对误差。

A.2 程序

将准备好的光纤试样放入试验系统并进行对中，其输出端对准检测器组件并获得最大功率。

启动扫描装置，以不大于 0.5°的步进量进行扫描，记录每一个远场角度 θ_i 处所对应的远场光功率 $P(\theta_i)$。i 为角度的位置序号。

按 7.2 中式(1)和 A.3 中的方法，计算被测试样的模场直径。

A.3 计算

A.3.1 叠合远场辐射功率数据的确定

在 $0\leqslant\theta_i\leqslant\theta_{\max}$ 的角度范围内，对两边相应角度数据取平均得到叠合远场辐射功率为：

$$P_F(\theta_i)=\frac{P(\theta_i)+P(\theta_{-i})}{2} \qquad \text{(A.1)}$$

式中：

$P_F(\theta_i)$——叠合远场辐射功率；

$P(\theta_i)$——作为角度函数的远场辐射功率，第 i 个角度记为 θ_i。

A.3.2 计算定义式(1)中的积分项

用数值近似积分方法计算式(1)中的积分项，下式是用矩形法近似积分的计算式，采用其他积分方法时的计算精度不得低于该方法。

$$T = \sum_{0}^{n} P_F(\theta_i)\sin\theta_i\cos\theta_i d\theta \quad \cdots\cdots (A.2)$$

$$B = \sum_{0}^{n} P_F(\theta_i)\sin^3\theta_i\cos\theta_i d\theta \quad \cdots\cdots (A.3)$$

式中：

$P_F(\theta_i)$——叠合远场辐射功率；

θ_i——第 i 个径向扫描位置上的远场测量角，其中，$d\theta=\theta_1-\theta_0$。

A.3.3 计算结果

$$MFD = 2W_0 = \left(\frac{\lambda\sqrt{2}}{\pi}\right)\sqrt{\frac{T}{B}} \quad \cdots\cdots (A.4)$$

附 录 B
（规范性附录）
方法 B——用远场可变孔径法测量模场直径的特定要求

B.1 装置

B.1.1 典型装置构成

远场可变孔径法的典型试验装置如图 B.1 所示。

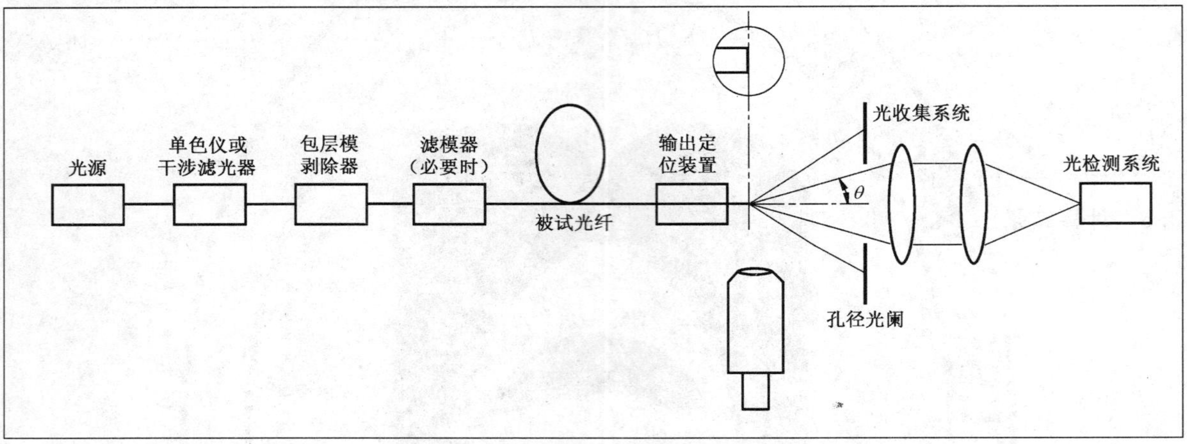

图 B.1 远场可变孔径法试验装置框图

B.1.2 远场可变孔径组件

由不同尺寸圆形孔径组成的装置（如孔径轮）离光纤输出端的距离至少为 $100W_0{}^2/\lambda$，这些孔径一般定位在离光纤输出端 20 mm～50 mm 处。应采用使孔径中心对准光纤输出辐射图中心的装置，以降低测量结果对光纤端面角度情况的敏感性。不同尺寸的孔径应足够多，使得附加任何孔径都不会对测量结果产生明显的影响。另外，最大孔径的尺寸应足够大，以防止光纤远场辐射图被截断。

注 1：光路对准十分重要。

注 2：孔的数量和尺寸对于测量精度十分重要，其最佳组合方式取决于被测光纤的结构类型，可以用方法 A 中的直接远场扫描法对所选用的组合方式进行验证。

B.1.2.1 测量 B1 类光纤的装置要求

远场可变孔径法对模场直径的测量精度与试验装置的最大数值孔径有关。对于标称模场直径在 8.7 μm～10 μm 范围内的 B1 类光纤，当试验装置的最大数值孔径为 0.25 时，典型误差为 1%或更小。如果要求更小的误差或当试样模场直径小于 8.2 μm 时，则可采用下列两种方法之一：

1） 应采用最大数值孔径不小于 0.35 的试验装置；
2） 应确定一个映射函数，此映射函数将建立两种试验装置（数值孔径受限制的试验装置和数值孔径不小于 0.35 的试验装置）测量结果之间的关系。

B.1.2.2 测量 B2 类、B3 类和 B4 类光纤的装置要求

对模场直径等于或大于 6 μm 的光纤，试验装置的最大数值孔径应不小于 0.40。

B.1.3 输出光学系统

应采用透镜对、反光镜或其他合适的装置来会聚穿过孔径的全部传输光，并将其耦合至光检测器。

B.1.4 检测器组件和信号检测电子系统

应采用在测量波长范围内对输出光辐射灵敏的、在接收的光强范围内线性的光检测器。典型的系

统可包括锗或铟镓砷光电二极管和电流输入前置放大器，并用锁相放大器进行同步检测。通常需要计算机进行数据分析。

B.2 程序

B.2.1 将制备好的试样放入输入和输出对中装置上，并将光纤输出端调整到离孔径组件距离正确的固定位置上。

B.2.2 将孔径组件设置到一个小孔径，使孔径与远场图对中，得到最大检测光功率。

B.2.3 对每个孔径测量光功率 $P(\theta)$。

B.2.4 按 7.3 中模场直径的等效式(2)计算出被测试样的模场直径。

B.3 计算

B.3.1 确定互补孔径功率传输函数

确定每一个孔的互补孔径功率传输函数

$$\alpha(\theta_i) = 1 - \frac{P(\theta_i)}{P(\theta_n)} \qquad \cdots\cdots(B.1)$$

式中：

$\alpha(\theta_i)$——每一个孔径光阑的互补孔径功率传输函数，i 从 1 到 n；

$P(\theta_i)$——作为角度函数的孔径光阑的透光功率，第 i 个孔的角度记为 θ_i。

B.3.2 积分项计算

用数值近似积分方法计算式(4)中的积分项，下式是计算该积分项的一种方法，采用其他积分方法时的计算精度不得低于该方法。

$$T = \sum_{1}^{n} \alpha(\theta_i)\sin(2\theta_i)(\theta_i - \theta_{i-1}) \qquad \cdots\cdots(B.2)$$

式中：

$\alpha(\theta_i)$——用式(B.1)计算的互补孔径功率传输函数。

注：$\theta_0 = 0$。

B.3.3 计算结果

$$MFD = 2W_0 = \left(\frac{\lambda}{\pi}\right)\sqrt{\frac{2}{T}} \qquad \cdots\cdots(B.3)$$

附 录 C
（规范性附录）
方法C——用近场扫描法测量模场直径的特定要求

C.1 装置

C.1.1 典型装置构成

近场扫描法的典型试验装置如图C.1所示。

a） 机械式扫描系统

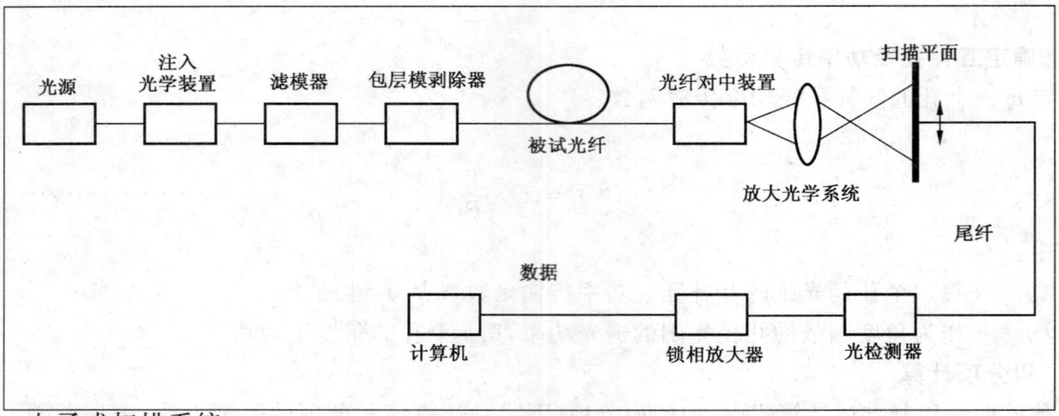

b） 电子式扫描系统

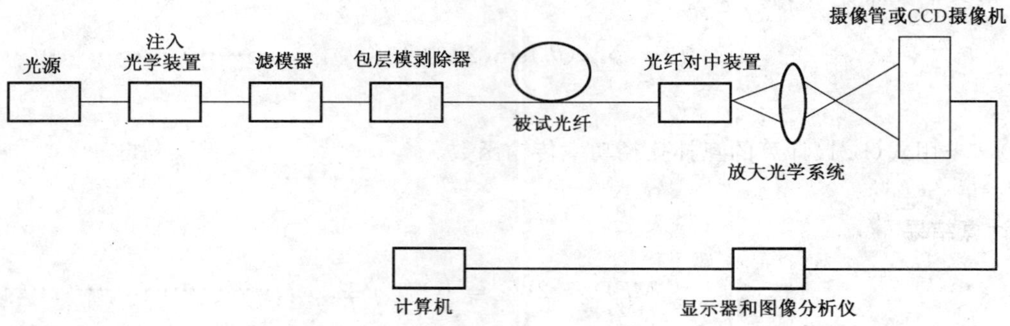

图C.1 近场扫描法试验装置框图

C.1.2 放大光学系统

应采用合适的光学系统（例如显微镜物镜）放大试样的输出端，将输出端图像聚焦在扫描检测器的平面上。此光学系统不应限制成像的数值孔径（NA），光学系统数值孔径应大于光纤输出光辐射的最大数值孔径。对于B2类、B3类和B4类光纤，光学系统数值孔径应不小于0.45，对B1类光纤不小于0.35。

C.1.3 扫描检测器

为了测量近场图逐点的光强，应采用合适的扫描检测器。检测器在接收光强范围内应是线性的。

应采用机械式或电子式的扫描系统，使测得的近场图有合适的分辨率。一般在近场图上沿约三倍标称模场直径的范围内取100个以上的取样点，以保证测量结果的精度。

例如可采用下列任何一种技术：

a） 用扫描尾纤对输出场图进行扫描的固定光检测器，或者带针孔的扫描光检测器。

b) 扫描视像管、CCD或其他图像/光强识别器件。

应精确校准这些器件所在的位置。

C.1.4 检测电子系统

为了提高信号电平，应采用合适的电子系统。应根据所采用的扫描系统类型选择电子系统的带宽。

当用机械或光学系统对光纤输出端进行扫描时，通常对光源进行调制。如果采用这种方法，光检测器应连接到与光源调制频率同步的放大器(如锁相放大器)上。当进行电子扫描时，应采用合适的图像分析系统和一种能对近场图进行自动扫描、数据采集和处理的系统。

C.2 程序

C.2.1 将制备好的试样放入输入和输出对中装置，调整试样输出端至放大光学系统的距离，使近场图聚焦到扫描光检测器平面上(该平面上，像的对比度应达到最大)。

C.2.2 启动机械式或电子式的扫描系统，记录作为位置函数的近场光强分布 $f^2(r)$。

C.2.3 根据7.4中模场直径等效式(7)，用光纤输出端面上的近场光强分布 $f^2(r)$计算出被测试样模场直径。应按C.3中的要求考虑放大光学系统的放大率和实际坐标 r 的影响。

C.2.4 放大光学系统的放大率应和扫描系统一起定期进行测量。应使用合适的经过校准的光栅进行初始校准，然后对尺寸(有适当的精度)已知的光纤端面的像进行扫描，定期检验放大光学系统的放大率和实际坐标 r。

C.3 计算

C.3.1 计算形中心

对于一个给定的覆盖了最大范围的近场图截面，按下式计算其形中心位置：

$$r_c = \frac{\sum r_i f^2(r_i)}{\sum f^2(r_i)} \qquad \text{(C.1)}$$

式中：

r_c——形中心位置；单位为微米(μm)；

r_i——每一扫描点所在径向位置；单位为微米(μm)；

$f^2(r_i)$——每一扫描点上的近场功率。

C.3.2 叠合近场功率分布

用式(C.1)中计算的形中心位置重新确定每一扫描点的径向排列次序，在该形中心位置之后的扫描点的排列次序大于零，在该形中心位置之前的扫描点的排列次序小于零，给定的最大次序为 n，则叠合近场功率大小为：

$$f_f^2(r_i) = \left[\frac{f^2(r_i) + f^2(r_{-i})}{2}\right] \qquad \text{(C.2)}$$

式中：

$f_f^2(r_i)$——叠合近场功率；

$f^2(r_i)$、$f^2(r_{-i})$——每一扫描点上的近场功率。

C.3.3 积分项计算

用数值近似积分方法计算式(7)中的积分项，下式是计算该积分项的一种方法，采用其他积分方法时的计算精度不得低于该方法。

$$T = \sum_1^n r_i f_f^2(r_i)\mathrm{d}r \qquad \text{(C.3)}$$

$$B = \sum_0^n r_i \left[\frac{\mathrm{d}f_f(r_i)}{\mathrm{d}r}\right]\mathrm{d}r \qquad \text{(C.4)}$$

式中：

当 $i>0$ 时，$\mathrm{d}f_{\mathrm{f}}(r_i)=f_{\mathrm{f}}(r_i)-f_{\mathrm{f}}(r_{i-1})$

当 $i=0$ 时，$\mathrm{d}f_{\mathrm{f}}(r_i)=0$

$\mathrm{d}r=(r_1-r_0)$

注：计算微商时可将数据拟合成一条曲线。

C.3.4 计算结果

$$MFD=2W_0=2\sqrt{\frac{2T}{B}} \qquad \text{(C.5)}$$

附　录　D
（规范性附录）
方法 D——用光时域反射计测量模场直径的特定要求

D.1　概述

本附录描述用双向后向散射技术（使用光时域反射计）的测量结果计算光纤端面上模场直径的方法。

本方法是将被测光纤同一段模场直径已知的参考尾纤连接在一起，用 OTDR 测量其连接损耗，比较出被测光纤的模场直径值。参考光纤与被测光纤的结构应相近，例如，两种光纤同为匹配包层型 B1 类光纤。当被测光纤与参考光纤的结构不同时，可以在测量结果上确定出一个经验校正函数。

用 OTDR 测量模场直径时仅限于在被测试样与参考样品的接头处进行，这是因 OTDR 的测量是非线性的。OTDR 的非线性度指标通常由仪器制造商提供。虽然典型的线性度大小对衰减系数的测量结果影响并不大，但却不足以精确地确定光纤全长的模场直径。本方法要求分别从光纤的两端进行双向测量。

这一方法通常被光纤制造商用来测量结构已知的光纤，模场直径的其他三种测量方法都可用来解决对本试验方法测量结果所持异议。应定期校准本试验方法的测量结果。

D.2　装置

D.2.1　OTDR

测量仪器已在 GB/T 15972.40—2008 的方法 C 中描述，要得到精度最佳的测量结果，OTDR 中心波长的偏差应在 ±2 nm 以内，若偏差达到 2.5 nm，则在 1 310 nm 和 1 550 nm 波长引起的测量结果误差约为 0.025 μm。

D.2.2　光开关选件

可使用光开关提高测量效率，图 D.1 是用光开关将 OTDR 双波长的激光引出进行双向后向散射测量的示意图，配合使用两个参考光纤可使得光纤的双向测量更为方便。

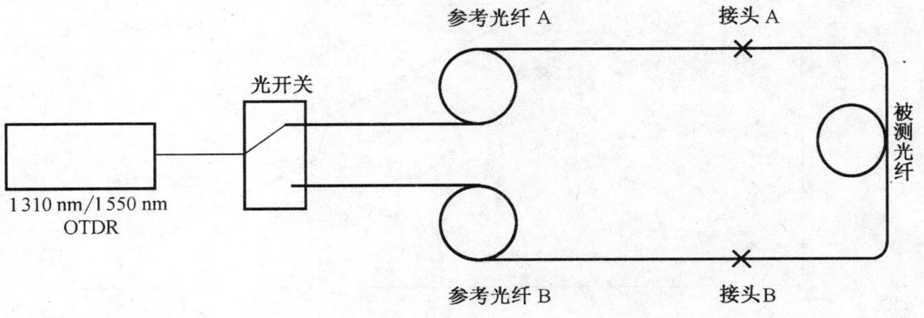

图 D.1　光开关装置图

D.2.3　试验样品

试样应为盘绕在光纤盘上或在光缆中的 B 类光纤，光纤长度应能足以避开 OTDR 的测量盲区，光纤两端应留出一定长度以便于测量。对试样进一步的要求见 GB/T 15972.40—2008。

D.2.4 参考样品

用两根已预先测定过单/双波长模场直径(用其他三种方法中的任一方法)的单模光纤作为参考光纤,分别用于被测光纤两个端别的测量。

通常参考光纤与被测光纤的结构应相近,光纤长度应能足以避开 OTDR 的测量盲区,如果参考光纤与被测光纤的结构设计不同,则应确定一个经验映射函数,在本方法的测量结果和原有测量方法的测量结果间建立联系。

D.2.5 光纤接头

在测量过程中,参考光纤与被测光纤的接头 A(或 B)应保持稳定,使测量结果不受连接损耗变化的影响,可选用熔接连接或活动连接的方式,当使用活动连接方式时,应使用折射率匹配油以减小光纤端面处反射峰的影响。

D.3 程序

D.3.1 测量方向和表示符号

可以通过测量接头 A 或接头 B 的后向散射损耗特性来测定试样的模场直径,在本程序中,使用了如下符号:

λ_j——某一测量波长;

$L_A(\lambda_j)$——从参考 A 纤注入光测量接头 A 在 λ_j 波长上的损耗;

$L_B(\lambda_j)$——从参考 B 纤注入光测量接头 A 在 λ_j 波长上的损耗;

$W_A(\lambda_j)$——参考 A 纤在波长 λ_j 上预先测得的模场直径;

$W_S(\lambda_j)$——用本试验方法测量的试样在波长 λ_j 上的模场直径;

g_j——与波长和光纤结构相关的修正因子;

f_j——与波长和光纤结构相关的修正因子。

图 D.2 和图 D.3 是分别从参考 A 纤注入光和从参考 B 纤注入光测量的后向散射曲线示意图。

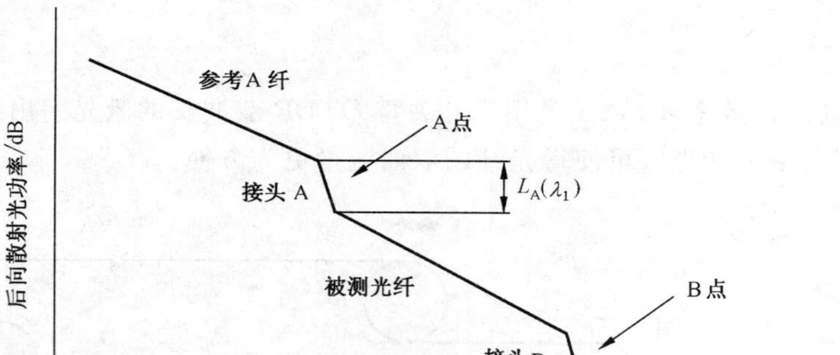

图 D.2 从参考 A 纤注入光测量

D.3.2 用 GB/T 15972.40—2008 中方法 C,从参考 A 纤注入 λ_j 波长的光,测量接头 A 的损耗,结果记为 $L_A(\lambda_j)$。再从参考 B 纤注入 λ_j 波长的光,测量接头 A 的损耗,结果记为 $L_B(\lambda_j)$。

D.3.3 用 D.4 中式(D.1)计算被试光纤的模场直径。

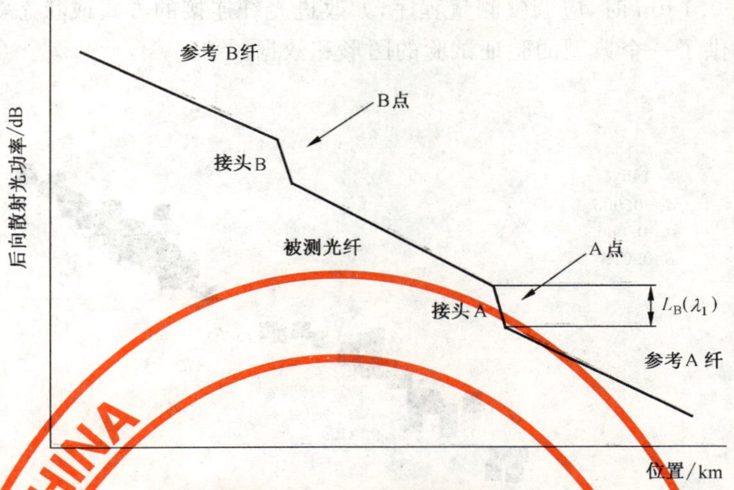

图 D.3 从参考 B 纤注入光测量

D.4 计算

D.4.1 计算试样的模场直径

试样在波长 λ_j 处的模场直径按下式计算：

$$W_S(\lambda_j) = W_A(\lambda_j) 10^{\frac{g_j(L_A(\lambda_j) - L_B(\lambda_j)) + f_j}{20}} \quad \cdots\cdots (D.1)$$

D.4.2 修正因子 g_j 和 f_j

用参数 g_j 和 f_j 修正测量结果。对于某一已知结构的光纤，需要进行验证试验，根据经验确定参数 g_j 和 f_j 的最佳值，当 g_j 和 f_j 未知并无法依经验确定时，可以分别设为 1 和 0。

D.4.3 光纤类型、结构和波长的验证试验

D.4.3.1 选用一组需要对光纤类型、结构和相应波长进行验证试验的光纤样品，在某一波长处的模场直径已经用原方法（其他三种方法任意之一）测量。该组样品覆盖了这种类型和结构的光纤中较宽的模场直径和截止波长的数值范围。

D.4.3.2 用 D.3.2 中的程序测量每一光纤的 L_A 和 L_B。

D.4.3.3 对每一光纤计算 $20\lg\left(\frac{W_S}{W_A}\right)$ 和 $(L_A - L_B)$，对所有光纤以 $(L_A - L_B)$ 为横轴，$20\lg\left(\frac{W_S}{W_A}\right)$ 为纵轴作一条拟合直线，确定直线的斜率 g 和截距 f。

D.4.3.4 选用同一类型、同一结构的第二组光纤，重复步骤 D.4.3.1 和 D.4.3.2。

D.4.3.5 用 D.4.3.3 中得到的 g 和 f 计算每一光纤的模场直径 W_S，并与其原始数据比较，得到两种方法的模场直径差别 W_d。

D.4.3.6 确定两种测量方法的结果是否等同。其判别标准为：等同水平 B 不大于 0.1 μm，B 的计算式为：

$$B = |d| + 2\frac{\sigma_d}{\sqrt{N}} \quad \cdots\cdots (D.2)$$

式中：

B——等同水平，单位为微米（μm）；

d——一组光纤模场直径两种测量结果的平均差值，$d = \overline{W}_d$，单位为微米（μm）；

σ_d——一组光纤模场直径两种测量结果标准偏差的差值，单位为微米（μm）；

N——一组光纤的样品数量。

D.4.3.7 当 B 超过 0.1 μm 时，应调整测量程序，如改进光纤连接的方式或状态等。

D.4.3.8 图 D.4 提供了一个典型的验证试验的图形和数据。

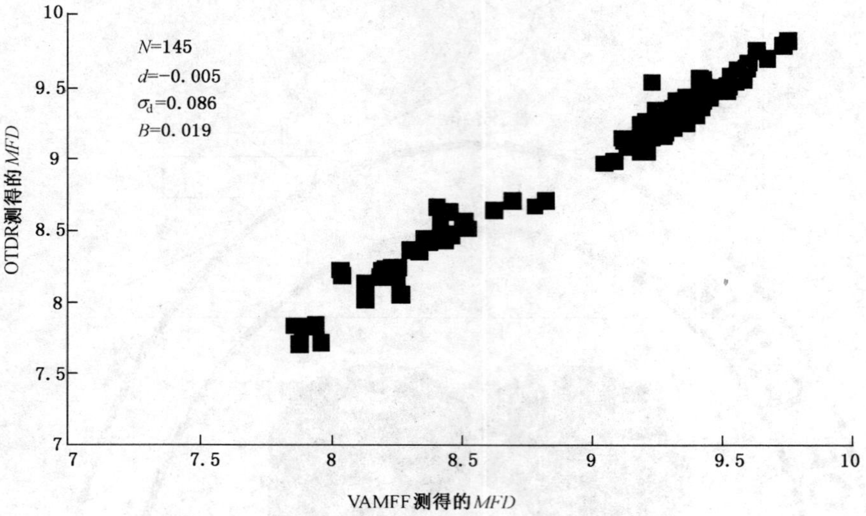

图 D.4 验证范例——方法比较

附　录　E
（资料性附录）
采样数据和计算结果

E.1　方法 A 的数据

表 E.1　方法 A 的采样数据和计算结果

角度/(°)	归一化叠合光功率	角度/(°)	归一化叠合光功率
0.000	1.000 00	9.405	0.047 41
0.495	0.983 64	9.900	0.038 35
0.990	0.939 95	10.395	0.030 93
1.485	0.873 68	10.890	0.025 01
1.980	0.793 12	11.385	0.020 17
2.475	0.703 04	11.880	0.016 32
2.970	0.610 89	12.375	0.013 19
3.465	0.522 88	12.870	0.010 66
3.960	0.444 09	13.365	0.008 55
4.455	0.370 68	13.860	0.006 89
4.950	0.305 20	14.355	0.005 55
5.445	0.251 07	14.850	0.004 49
5.940	0.205 88	15.345	0.003 59
6.435	0.167 74	15.840	0.002 86
6.930	0.136 26	16.335	0.002 28
7.425	0.110 69	16.830	0.001 83
7.920	0.089 67	17.325	0.001 48
8.415	0.072 45	17.820	0.001 19
8.910	0.058 60	18.315	0.000 91
注：波长为 1 550 nm，模场直径计算结果为 6.73 μm。			

E.2　方法 B 的数据

计算方法细节不同时可能引起 0.01 μm 的计算值差异。

表 E.2　方法 B 的采样数据和计算结果

角度/(°)	光功率	角度/(°)	光功率
1.273	0.085 72	10.367	0.708 23
2.201	0.208 64	11.172	0.714 50
2.930	0.312 50	11.944	0.719 71
3.820	0.423 22	13.216	0.725 10
4.631	0.509 08	14.879	0.729 71
5.403	0.567 77	16.671	0.733 06
6.271	0.613 60	18.275	0.734 74
7.107	0.646 90	20.042	0.735 82
7.776	0.667 85	21.788	0.735 84
8.663	0.686 43	23.478	0.736 16
9.558	0.699 63	—	—
注：波长为 1 550 nm，模场直径计算结果为 8.16 μm。			

E.3 方法 C 的数据

表 E.3 方法 C 的采样数据和计算结果

半径/μm	归一化光功率	半径/μm	归一化光功率
0.000	1.000 00	10.817	0.001 97
1.082	0.890 27	11.899	0.000 88
2.163	0.635 61	12.981	0.000 36
3.245	0.350 31	14.063	0.000 15
4.327	0.166 87	15.144	0.000 06
5.409	0.078 26	16.226	0.000 02
6.490	0.037 35	17.308	0.000 00
7.572	0.017 52	18.389	0.000 00
8.654	0.008 72	19.471	0.000 00
9.736	0.004 33	20.553	0.000 00
注：波长为 1 550 nm，模场直径计算结果为 10.76 μm。			

ICS 33.180.10
M 33

中华人民共和国国家标准

GB/T 15972.46—2008
部分代替 GB/T 15972.4—1998

光纤试验方法规范 第46部分:传输特性和光学特性的测量方法和试验程序——透光率变化

Specifications for optical fibre test methods—Part 46: Measurement methods and test procedures for transmission and optical characteristics—Monitoring of changes in optical transmittance

(IEC 60793-1-46:2001, Optical fibres—Part 1-46: Measurement methods and test procedures—Monitoring of changes in optical transmittance, MOD)

2008-03-31 发布　　　　2008-11-01 实施

中华人民共和国国家质量监督检验检疫总局
中国国家标准化管理委员会　发布

前　言

GB/T 15972《光纤试验方法规范》由若干部分组成，其预期结构及对应的国际标准和将代替的国家标准为：

——第10部分～第19部分：测量方法和试验程序总则(对应IEC 60793-1-10至IEC 60793-1-19；代替GB/T 15972.1—1998)；

——第20部分～第29部分：尺寸参数的测量方法和试验程序(对应IEC 60793-1-20至IEC 60793-1-29；代替GB/T 15972.2—1998)；

——第30部分～第39部分：机械性能的测量方法和试验程序(对应IEC 60793-1-30至IEC 60793-1-39；代替GB/T 15972.3—1998)；

——第40部分～第49部分：传输特性和光学特性的测量方法和试验程序(对应IEC 60793-1-40至IEC 60793-1-49；代替GB/T 15972.4—1998)；

——第50部分～第59部分：环境性能的测量方法和试验程序(对应IEC 60793-1-50至IEC 60793-1-59；代替GB/T 15972.5—1998)。

其中GB/T 15972.4×由以下部分组成：

——第40部分：传输特性和光学特性的测量方法和试验程序——衰减；

——第41部分：传输特性和光学特性的测量方法和试验程序——带宽；

——第42部分：传输特性和光学特性的测量方法和试验程序——波长色散；

——第43部分：传输特性和光学特性的测量方法和试验程序——数值孔径；

——第44部分：传输特性和光学特性的测量方法和试验程序——截止波长；

——第45部分：传输特性和光学特性的测量方法和试验程序——模场直径；

——第46部分：传输特性和光学特性的测量方法和试验程序——透光率变化；

——第47部分：传输特性和光学特性的测量方法和试验程序——宏弯损耗；

——第48部分：传输特性和光学特性的测量方法和试验程序——偏振模色散；

——第49部分：传输特性和光学特性的测量方法和试验程序——微分模时延。

本部分为GB/T 15972的第46部分。本部分修改采用国际电工技术委员会标准IEC 60793-1-46：2001《光纤　第1-46部分：测量方法和试验程序——透光率变化》。

本部分与IEC 60793-1-46：2001主要差异如下：

——按照我国标准的编排格式和表述要求，对一些内容安排做了调整，将IEC版本第3章删除，本部分增加的第3章为“试验方法种类”，将IEC版本第1章某些内容放在本部分第3章；将IEC版本的第8章和第9章合并作为本部分第8章。

本部分代替GB/T 15972.4—1998《光纤总规范　第4部分：传输特性和光学特性试验方法》第12章。

本部分与GB/T 15972.4—1998第12章相比主要变化如下：

——原正文中对每一种试验方法的详细描述分别用附录的形式给出(1998年版的12.1、12.2，本版的附录A、附录B)。

本部分的附录A和附录B为规范性附录。

本部分由中华人民共和国信息产业部提出。

本部分由中国通信标准化协会归口。

本部分起草单位：武汉邮电科学研究院。

本部分主要起草人：陈永诗、程淑玲、刘泽恒、吴金良。

本部分为第一次修订，它与GB/T 15972.4×其他部分一起代替GB/T 15972.4—1998。

光纤试验方法规范 第46部分：传输特性和光学特性的测量方法和试验程序——透光率变化

1 范围

GB/T 15972 的本部分规定了透光率变化的监测方法和试验程序。

本部分适用于所有B类单模光纤和A类多模光纤成品光纤光缆的商业性检验。

2 规范性引用文件

下列文件中的条款通过 GB/T 15972 的本部分的引用而成为本部分的条款。凡是注日期的引用文件，其随后所有的修改单(不包括勘误的内容)或修订版均不适用于本部分，然而，鼓励根据本部分达成协议的各方研究是否可使用这些文件的最新版本。凡是不注日期的引用文件，其最新版本适用于本部分。

GB/T 15972.40—2008　光纤试验方法规范　第40部分：传输特性和光学特性的测量方法和试验程序——衰减(IEC 60793-1-40:2001, Optical fibres—Part 1-40: Measurement methods and test procedures—Attenuation, MOD)

3 方法种类

测量光纤和光缆在机械试验和环境试验期间产生的透光率变化有两种试验方法：

方法 A：传输功率监测法；

方法 B：后向散射监测法。

4 装置

在附录A和附录B中分别给出了每一种试验方法的装置示意图和对试验装置其他设备的要求。

5 试样和试样制备

5.1 试样长度

试样长度应合适，使得最短长度试样的衰减变化应与试验装置的分辨率相适应，且使试样首末端的非线性不影响测试结果。

5.2 试样制备

试样应按机械试验、环境试验或其他试验的规定制备，试样的输入端面和输出端面应平整、光滑，输出端面与光纤轴应有很好的垂直度。

5.3 参考试样

采用参考试样时，参考试样应是与被测试样类型相同的光纤或光缆，它可以是一短段光纤。如图A.1所示，参考试样应连接在光分路器和检测器之间。参考试样的状态在测量期间应是恒定的。

6 程序

在附录A和附录B中分别给出了每一种试验方法的试验程序。

7 计算

在附录 A 和附录 B 中分别给出了每一种试验方法的计算程序。

8 结果

8.1 测量结果报告应包括下列内容：

——试验名称；

——试样识别号；

——光源波长；

——试样长度；

——环境温度和相对湿度；

——透光率变化；

——试验日期和操作人员。

8.2 报告中也可包括下列内容：

——试验方法：方法 A 或方法 B；

——光源类型和谱宽；

——试验装置描述；

——计算方法；

——应用程序中出现的任何偏差；

——失效或可接受的判据；

——试验装置最近校准日期。

附 录 A
（规范性附录）
方法 A——传输功率监测法测试的特定要求

A.1 装置

A.1.1 一般要求

监测透光率变化的试验装置应具有高的分辨率，在产品规范要求的时间和温度变化范围内应足够稳定。

图 A.1 是一种适合实验室和工厂条件下使用的，用于监测光纤和光缆在机械试验和环境试验期间产生的透光率变化的典型试验装置实例。该装置能提供透光率变化的测量，通过与参考试样的比较，从而校正光源本身变化对测试结果的影响。试验装置中所有的连接需保持稳定的状态。

图 A.2 是一种适合现场、实验室和工厂条件下使用的，需长期监测透光率变化的典型试验装置实例，该装置可用光反馈使光源稳定。如果光源的稳定度满足测试精度需要，则可用插入损耗法(GB/T 15972.40—2008 中的方法 B)进行测试。

A.1.2 光源

应采用诸如激光器或 LED 这样的合适光源。通常应对光源进行调制，并可采用滤光器进行波长选择。

A.1.3 光分路器

光分路器在测量期间应保持恒定的分光比。其分光比和温度稳定性应按有关规范的规定。

A.1.4 光检测器

光检测器应有足够的光敏面以收集输出光锥角中的全部辐射光功率，并在接收的光功率范围内有足够的线性。

在测量波长上，光检测器在光敏区和入射角范围内应具有足够的均匀响应，使得输出光锥角在位置或角度上相对于检测器的移动不超出试验装置机械设计确定的限度之内，而且不明显影响测量结果。

如图 A.1 所示的试验装置采用多个检测器时，它们应是同一厂家、同一型号并且线性度相差不大的检测器。

A.1.5 光注入装置

应按 GB/T 15972.40—2008 方法 A 和方法 B(对多模光纤和单模光纤)规定的注入条件，根据被测参数采用满注入或限制注入。在试样或参考试样(如采用)的光源端和检测器端应采用包层模剥除器。

A.2 程序

试验之前，应测出试样输出的初始光功率 P_{ot}。在图 A.1 所示的情况下，还应测出参考试样输出的初始光功率 P_{or}。

进行机械试验、环境试验或其他试验期间，应相继测量从试样输出的光功率 P_{nt}(n=1,2,3…)。在图 A.1 所示的情况下，还应同时测量从参考试样输出的光功率 P_{nr}(n=1,2,3…)。

在上述测量中，可测量与绝对功率成比例的光功率值，而不是绝对功率本身。在图 A.1 所示的情况下，试验通道与参考通道的比例常数可能不同，但是在测量期间，该比例常数应保持不变。

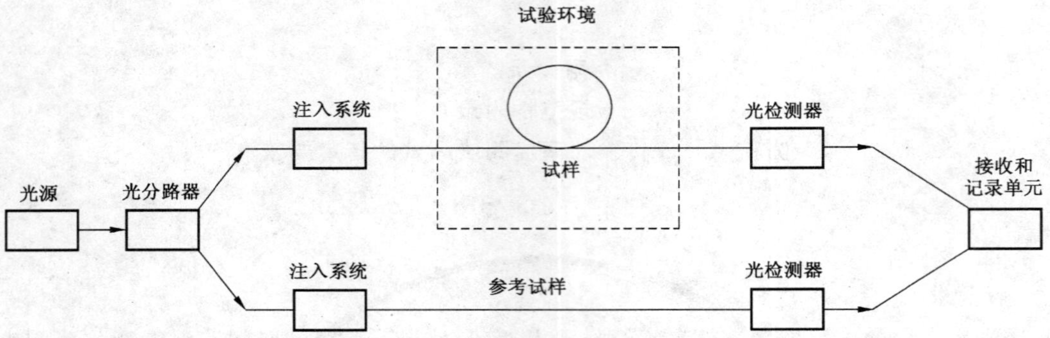

图 A.1　传输功率监测法试验装置(采用参考试样)

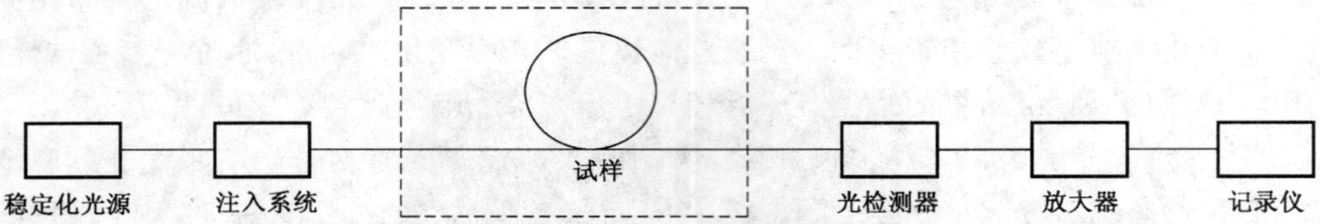

图 A.2　传输功率监测法试验装置(采用稳定化光源)

A.3　计算

透光率的变化 ΔD_n(分贝数)由式(A.1)和式(A.2)可得：

图 A.1 所示的情况：

$$\Delta D_n = 10\lg \frac{P_{nt} \times P_{or}}{P_{ot} \times P_{nr}} \quad \cdots\cdots(A.1)$$

图 A.2 所示的情况：

$$\Delta D_n = 10\lg \frac{P_{nt}}{P_{ot}} \quad \cdots\cdots(A.2)$$

式中：

ΔD_n——试验期间透光率变化，单位为分贝(dB)；

P_{ot}——试验前试验样品的输出功率，单位为毫瓦(mW)或微瓦(μW)；

P_{or}——试验前参考样品的输出功率，单位为毫瓦(mW)或微瓦(μW)；

P_{nt}——试验期间试验样品的输出功率，单位为毫瓦(mW)或微瓦(μW)；

P_{nr}——试验期间参考样品的输出功率，单位为毫瓦(mW)或微瓦(μW)。

附　录　B
（规范性附录）
方法 B——后向散射监测法测试的特定要求

B.1　装置

按 GB/T 15972.40—2008 中方法 C(后向散射法)的规定。

B.2　程序

a)　将被试光纤与耦合器件对中。
b)　背向散射功率用信号处理器分析，并以对数刻度进行记录。
c)　应在对应于被试光纤(或光缆)始端和末端的曲线上选择两点 A 和 B。
d)　如有必要，可进行双向测试。
e)　记录下列数值：
——在 A 点和 B 点的初始功率电平 P_{A0} 和 P_{B0}(dBm)；
——试验过程中 A 点和 B 点的一系列功率电平 P_{An} 和 P_{Bn}(dBm)。
f)　为进行比较，按规定在试验前、试验期间每间隔一段时间和试验后记录所选两点之间的衰减值和曲线形状。考虑到衰减不均匀性的影响，在试验前、试验期间每间隔一段时间和试验后所选两点应尽量在同一位置。

B.3　计算

对于平滑的背向散射曲线，由试验各阶段的背向散射曲线可得出在试验不同阶段的衰减变化值为：

$$\Delta D_n = (P_{A0} - P_{B0}) - (P_{An} - P_{Bn}) \qquad \text{(B.1)}$$

对于其他情况，要注意对结果的解释说明。

ICS 33.180.10
M 33

中华人民共和国国家标准

GB/T 15972.47—2008
部分代替 GB/T 15972.4—1998

光纤试验方法规范 第47部分：传输特性和光学特性的测量方法和试验程序——宏弯损耗

**Specifications for optical fibre test methods—
Part 47: Measurement methods and test procedures for transmission and optical characteristics—Macrobending loss**

(IEC 60793-1-47:2001, Optical fibres—Part 1-47: Measurement methods and test procedures—Macrobending loss, MOD)

2008-03-31 发布　　2008-11-01 实施

中华人民共和国国家质量监督检验检疫总局
中国国家标准化管理委员会　发布

前　言

GB/T 15972《光纤试验方法规范》由若干部分组成，其预期结构及对应的国际标准和将代替的国家标准为：

——第 10 部分～第 19 部分：测量方法和试验程序总则(对应 IEC 60793-1-10 至 IEC 60793-1-19；代替 GB/T 15972.1—1998)；

——第 20 部分～第 29 部分：尺寸参数的测量方法和试验程序(对应 IEC 60793-1-20 至 IEC 60793-1-29；代替 GB/T 15972.2—1998)；

——第 30 部分～第 39 部分：机械性能的测量方法和试验程序(对应 IEC 60793-1-30 至 IEC 60793-1-39；代替 GB/T 15972.3—1998)；

——第 40 部分～第 49 部分：传输特性和光学特性的测量方法和试验程序(对应 IEC 60793-1-40 至 IEC 60793-1-49；代替 GB/T 15972.4—1998)；

——第 50 部分～第 59 部分：环境性能的测量方法和试验程序(对应 IEC 60793-1-50 至 IEC 60793-1-59；代替 GB/T 15972.5—1998)。

其中 GB/T 15972.4× 由以下部分组成：

——第 40 部分：传输特性和光学特性的测量方法和试验程序——衰减；

——第 41 部分：传输特性和光学特性的测量方法和试验程序——带宽；

——第 42 部分：传输特性和光学特性的测量方法和试验程序——波长色散；

——第 43 部分：传输特性和光学特性的测量方法和试验程序——数值孔径；

——第 44 部分：传输特性和光学特性的测量方法和试验程序——截止波长；

——第 45 部分：传输特性和光学特性的测量方法和试验程序——模场直径；

——第 46 部分：传输特性和光学特性的测量方法和试验程序——透光率变化；

——第 47 部分：传输特性和光学特性的测量方法和试验程序——宏弯损耗；

——第 48 部分：传输特性和光学特性的测量方法和试验程序——偏振模色散；

——第 49 部分：传输特性和光学特性的测量方法和试验程序——微分模时延。

本部分为 GB/T 15972 的第 47 部分。本部分修改采用国际电工技术委员会标准 IEC 60793-1-47：2001《光纤　第 1-47 部分：测量方法和试验程序——宏弯损耗》。

本部分与 IEC 60793-1-47：2001 主要差异如下：

——按照我国标准的编排格式和表述要求，对一些内容安排做了调整，删除了 IEC 版本中第 3 章和第 9 章，将其内容和第 1 章某些内容放在本部分第 3 章和第 7 章，章号重编；

——将“1 550 nm 波长”改为“1 550 nm 或 1 625 nm 波长”；

——对于光纤弯曲直径要求，以“32 mm”替代原来的“60 mm”，以“60 mm”替代原来的“75 mm”；

——首选波长改为对 B1.1 类、B1.3 类和 B4 类单模光纤为 1 625 nm，对 B1.2 类、B2 类单模光纤为 1 550 nm。

本部分代替 GB/T 15972.4—1998《光纤总规范　第 4 部分：传输特性和光学特性试验方法》第 13 章。

本部分与 GB/T 15972.4—1998 第 13 章相比主要变化如下：

——增加了对 A1 类多模光纤宏弯敏感性的测量要求(见第 1 章)；

——对于单模光纤，用测量 1 550 nm 或 1 625 nm 波长替代原来的仅“1 550 nm 波长”(1998 年版的第 13 章，本版的第 1 章)；

——增加了首选测量波长，对 B1.1 类、B1.3 类和 B4 类单模光纤为 1 625 nm，对 B1.2 类、B2 类单模光纤为 1 550 nm(见第 5 章)；

——对光纤弯曲直径要求，以“32 mm”替代原来的“60 mm”，以“60 mm”替代原来的“75 mm”（1998 年版的 13.1.1，本版的第 3 章)；

——收集剩余光纤的卷绕直径，由建议不小于 300 mm 改为不小于 280 mm(1998 年版的 13.1.4，本版的第 5 章)。

本部分由中华人民共和国信息产业部提出。

本部分由中国通信标准化协会归口。

本部分起草单位：武汉邮电科学研究院。

本部分主要起草人：陈永诗、程淑玲、刘泽恒、吴金良。

本部分为第一次修订，它与 GB/T 15972.4×其他部分一起代替 GB/T 15972.4—1998。

光纤试验方法规范 第47部分:传输特性和光学特性的测量方法和试验程序——宏弯损耗

1 范围

GB/T 15972的本部分规定了测量光纤宏弯敏感性的统一要求。

本部分适用于测量B类单模光纤在1 550 nm或1 625 nm波长及A1类多模光纤在850 nm和(或)1 300 nm波长的宏弯损耗,以检验光纤在规定波长上的宏弯敏感性。本部分适用于光纤光缆的商业性检验。

2 规范性引用文件

下列文件中的条款通过GB/T 15972的本部分的引用而成为本部分的条款。凡是注日期的引用文件,其随后所有的修改单(不包括勘误的内容)或修订版均不适用于本部分,然而,鼓励根据本部分达成协议的各方研究是否可使用这些文件的最新版本。凡是不注日期的引用文件,其最新版本适用于本部分。

GB/T 15972.40—2008 光纤试验方法规范 传输特性和光学特性的测量方法和试验程序——衰减(IEC 60793-1-40:2001,Optical fibres—Part 1-40:Measurement methods and test procedures—Attenuation,MOD)

GB/T 15972.46—2008 光纤试验方法规范 传输特性和光学特性的测量方法和试验程序——透光率变化(IEC 60793-1-46:2001,Optical fibres—Part 1-46:Measurement methods and test procedures—Monitoring of changes in optical transmittance,MOD)

3 装置

试验装置由芯轴(直径由产品规范规定,例如单模光纤为60 mm或32 mm,多模光纤为60 mm)和衰减测量设备组成。在1 550 nm及1 625 nm波长上的宏弯损耗可用传输功率监测法(GB/T 15972.46—2008方法A)或截断法(GB/T 15972.40—2008方法A)进行测量。对于指定的光纤类型,应选用合适的光注入条件。

4 试样和试样制备

4.1 试样长度

试样应是长度已知的光纤,试样长度应按产品规范中的规定。

4.2 试样端面

试样的输入端面和输出端面应平整、光滑,端面与光纤轴应有很好的垂直度。

5 程序

将被试光纤松绕在芯轴上,避免光纤过度扭转。松绕圈数、芯轴直径和测量波长都应在产品规范中规定。首选参数如下:

——松绕圈数:100圈;

——芯轴直径:60 mm;

——波长：对B1.1类、B1.3类和B4类单模光纤为1 625 nm，对B1.2类、B2类单模光纤为1 550 nm，对多模光纤为1 300 nm。对其他波长或波长段弯曲损耗的要求可由用户和厂家商定。

注：当减小芯轴直径(如芯轴直径为20 mm～32 mm)时，损失掉的光又会被反射到被试光纤中，这将导致视在的弯曲损耗-波长曲线出现波动。当芯轴直径较小时，建议对测试的弯曲损耗-波长曲线进行拟合，得到在规定波长处真实的弯曲损耗。

本试验可用以下两种方法测量：

——方法A，传输功率监测法，测量光纤从直的状态到弯曲状态所引起的衰减增加。

——方法B，截断法，测量光纤在弯曲状态下的总衰减。为了确定宏弯衰减，应用光纤的固有衰减对测量值进行修正。

本试验可采用方法A和方法B中的任一种方法，或两种方法都采用或按产品规范中的规定。

芯轴之外的光纤和用于参考的光纤截留段不得有引起测量结果变化的任何弯曲。建议以不小于280 mm的弯曲直径来收集剩余的光纤。

如将光纤从大直径芯轴(引入的宏弯损耗可忽略不计)绕到规定直径的芯轴上，宏弯损耗能直接用方法A来测量，不需用光纤固有衰减来修正。

6 计算

按所用试验方法(方法A或方法B)规定的计算方法。

7 结果

7.1 测量结果报告应包括下列内容：

——试验名称；

——芯轴直径；

——圈数；

——试样识别号；

——宏弯损耗(dB)；

——试验日期和操作人员；

——环境温度和相对湿度。

7.2 报告中也可包括下列内容：

——试验方法：方法A或方法B；

——试验装置描述；

——计算方法；

——应用程序中出现的任何偏差；

——失效或可接受的判据；

——试验装置最近校准日期。

ICS 33.180.10
M 33

中华人民共和国国家标准

GB/T 15972.49—2008

光纤试验方法规范 第49部分：传输特性和光学特性的测量方法和试验程序——微分模时延

Specifications for optical fibre test methods—Part 49: Measurement methods and test procedures for transmission and optical characteristics—Differential mode delay

(IEC 60793-1-49:2003, Optical fibres—Part 1-49: Measurement methods and test procedures—Differential mode delay, MOD)

2008-03-31 发布　　2008-11-01 实施

中华人民共和国国家质量监督检验检疫总局
中国国家标准化管理委员会　发布

前 言

GB/T 15972《光纤试验方法规范》由若干部分组成，其预期结构及对应的国际标准和将代替的国家标准为：

——第10部分～第19部分：测量方法和试验程序总则（对应IEC 60793-1-10至IEC 60793-1-19；代替GB/T 15972.1—1998）；

——第20部分～第29部分：尺寸参数的测量方法和试验程序（对应IEC 60793-1-20至IEC 60793-1-29；代替GB/T 15972.2—1998）；

——第30部分～第39部分：机械性能的测量方法和试验程序（对应IEC 60793-1-30至IEC 60793-1-39；代替GB/T 15972.3—1998）；

——第40部分～第49部分：传输特性和光学特性的测量方法和试验程序（对应IEC 60793-1-40至IEC 60793-1-49；代替GB/T 15972.4—1998）；

——第50部分～第59部分：环境性能的测量方法和试验程序（对应IEC 60793-1-50至IEC 60793-1-59；代替GB/T 15972.5—1998）。

其中GB/T 15972.4×由以下部分组成：

——第40部分：传输特性和光学特性的测量方法和试验程序——衰减；

——第41部分：传输特性和光学特性的测量方法和试验程序——带宽；

——第42部分：传输特性和光学特性的测量方法和试验程序——波长色散；

——第43部分：传输特性和光学特性的测量方法和试验程序——数值孔径；

——第44部分：传输特性和光学特性的测量方法和试验程序——截止波长；

——第45部分：传输特性和光学特性的测量方法和试验程序——模场直径；

——第46部分：传输特性和光学特性的测量方法和试验程序——透光率变化；

——第47部分：传输特性和光学特性的测量方法和试验程序——宏弯损耗；

——第48部分：传输特性和光学特性的测量方法和试验程序——偏振模色散；

——第49部分：传输特性和光学特性的测量方法和试验程序——微分模时延。

本部分为GB/T 15972的第49部分。本部分修改采用国际电工技术委员会标准IEC 60793-1-49：2003《光纤　第1-49部分：测量方法和试验程序——微分模时延》。

本部分与IEC 60793-1-49：2003主要差异如下：

——按照我国标准的编排格式和表述要求，对一些内容安排做了调整，增加了“第4章　试验方法概述”，将IEC版本的第1章某些内容放在本部分第4章；将IEC版本的第8章和第9章合并作为本部分第9章；

——删除了附录A，附录号重编。

本部分的附录A为规范性附录，附录B为资料性附录。

本部分由中华人民共和国信息产业部提出。

本部分由中国通信标准化协会归口。

本部分起草单位：武汉邮电科学研究院。

本部分主要起草人：程淑玲、陈永诗、刘泽恒。

本部分为首次发布。

光纤试验方法规范 第49部分:传输特性和光学特性的测量方法和试验程序——微分模时延

1 范围

GB/T 15972的本部分规定了光纤微分模时延的试验方法,确立了对试验装置、注入条件、程序、计算方法和结果的统一要求。

本部分适用于A1类渐变折射率多模光纤微分模时延的测量和成品光纤光缆的商业性检验。

本部分确定的试验方法一般应用于生产工厂和研究院所,但不适合在野外操作。

注:吉比特以太网系统是以激光器作光源,当此系统使用A1类多模光纤作为传输介质时,应以微分模时延的测量结果评价在这种应用条件下多模光纤的带宽性能。

2 规范性引用文件

下列文件中的条款通过GB/T 15972的本部分的引用而成为本部分的条款。凡是注日期的引用文件,其随后所有的修改单(不包括勘误的内容)或修订版均不适用于本部分,然而,鼓励根据本部分达成协议的各方研究是否可使用这些文件的最新版本。凡是不注日期的引用文件,其最新版本适用于本部分。

GB/T 15972.22—2008 光纤试验方法规范 第22部分:尺寸参数测量方法和试验程序——长度(IEC 60793-1-22:2001,Optical fibres—Part 1-22: Measurement methods and test procedures—Length measurement,MOD)

GB/T 15972.42—2008 光纤试验方法规范 第42部分:传输特性和光学特性的测量方法和试验程序——波长色散(IEC 60793-1-42:2001,Optical fibres—Part 1-42:Measurement methods and test procedures—Chromatic dispersion, MOD)

3 术语、缩略语和定义

3.1

径向扫描位置内限 inner limit

R_{inner}

尾纤在被试光纤端面上径向扫描时,径向偏移位置的内极限。

3.2

径向扫描位置外限 outer limit

R_{outer}

尾纤在被试光纤端面上径向扫描时,径向偏移位置的外极限。

3.3

微分模时延 differential mode delay

DMD

对所有径向偏移位置,在位置内限外限之间(包括内限外限),光纤中激励的最快模式和最慢模式之间的光脉冲时延差。

4 试验方法概述

渐变折射率多模光纤微分模时延是表征这种光纤模式结构的一个参数，该参数可用于评价使用激光器光源时多模光纤的带宽性能。

本试验方法中，激光器光源通过一根单模扫描尾纤出射光来激励被试多模光纤。尾纤在被试光纤端面上扫描时，可确定在所规定的径向扫描位置光脉冲时延值，光纤中最快模式和最慢模式之间的光脉冲时延差也即可确定。由用户指定这一径向偏移位置的内外限，以得到所期望的模式结构限制。

5 试验装置

5.1 光源

使用一将短脉宽、窄谱线的脉冲注入到扫描尾纤中的光源。用于微分模时延测量的光脉冲宽度需足够窄，允许的最大脉宽(25%的幅值全宽)取决于被测试样 *DMD* 值的大小及试样长度。例如，如果一段长度为 500 m 被测试样的单位长度 *DMD* 限值为 0.20 ps/m，则待测量的 *DMD* 为 100 ps，需使用的脉冲宽度最大为 110 ps；对于同样单位长度 *DMD* 限值而长度为 10 000 m 试样，待测量的 *DMD* 为 2 000 ps，需使用的脉冲宽度最大为 2 200 ps。脉宽的大小还依赖于光源谱宽，7.1 中给出了对脉宽限制的详细说明。

应用窄谱光源，或用光滤波器在光源端或检测器端压窄光谱，使得因谱线宽度产生的色散(波长色散)带来的脉冲展宽在附录 A 的限制范围内。

光源的中心波长应在标称波长的±10 nm 内。

锁模蓝宝石激光器是一种能满足上述要求的光源。

5.2 稳定性

定位被测试样输入端和输出端的组件应有良好的稳定性和可重复性，使其满足 5.3.2 和 5.4.1 中的要求。

5.3 注入光学系统

5.3.1 扫描尾纤

光源和试样之间的扫描尾纤在测量波长应为单模传输，扫描尾纤在测量波长 λ(单位为 μm)处的模场直径应为$(8.7\lambda-2.39)\mu m \pm 0.5\ \mu m$。由该等式得到的模场直径，在 850 nm 和 1 310 nm 分别为 5 μm 和 9 μm，这相应于商用单模光纤的指标。

5.3.2 输入端定位系统

可用一透镜组自由空间光学系统使扫描尾纤输出的光斑成像到被测试样的端面上，使用这种光注入方式时，应小心确保能充分地激励起像单模扫描尾纤上的输出光束直接同被测试样耦合时同样的模式。例如，自由空间光注入系统不应使光斑产生晕映效应，应该保证从扫描尾纤投射到被测试样上探测光斑尺寸大小以及波阵面的相干性。

扫描尾纤的输出光束应垂直于试样端面，其倾斜角应小于 1°；扫描尾纤输出光斑在试样端面上扫描时的位置精度应优于±0.5 μm。扫描尾纤输出光斑的对中重复性应在±1 μm 内。

采用试样直接同测量系统耦合时，扫描尾纤的光输出端同被测试样端面的间距应不大于 10 μm。

5.3.3 高次模滤模器

应确保扫描尾纤为单模输出，可将该尾纤在直径为 25 mm 的搅模器上绕 3 圈以滤除高次模。

5.3.4 包层模剥除器

应采取一定措施消除被测试样中的包层模，通常光纤涂覆层已具有这种功能，如果没有这种功能时，则应在被测试样的两端使用包层模剥除器，如果用一轻物将光纤夹持在包层模剥除器中，应注意避免这些部位上光纤产生微弯。

5.4 输出光学系统

5.4.1 光检测系统

使用与测量波长匹配的光检测系统，检测系统应将被测光纤所有的传导模耦合进入检测器光敏面上，以使检测灵敏度与模式基本无关。检测器连同信号前置放大器在接收光功率范围内应为线性响应（在±5%范围内）。

如果用光衰减器控制检测器上的光强，衰减器应没有明显的模式相关性。另外，检测系统的瞬时响应不应有明显的模式相关性。

有关模式相关性的试验在7.1.4.4中有详细说明。除此之外，只要在测量过程中稳定（即 $\Delta T_{\mathrm{PULSE}}(r)$ 应满足7.1.4.2和7.1.4.3中±5%的要求），检测系统的瞬时响应可以是径向偏置量的函数。

应限制检测系统的瞬时扰动，扰动的最大正向尖峰或负尖峰幅度应小于被测参考光信号峰值幅度的5%。

检测系统的时间抖动和噪声的综合影响应足够小，对于固定注入的测量系统，光时延连续测量时的波动应小于被测 *DMD* 值的5%。对多个光脉冲进行波形平均可以减小时间抖动和噪声的影响。如果使用平均功能，则测量过程中所有波形都应使用同样的平均次数。在测量过程中，系统应始终保持在该稳定状态。

5.4.2 信号记录系统

应用合适的仪器记录并显示光信号波形，例如已校准了扫描时间的高速取样示波器。记录系统应能对检测到的多个脉冲进行平均处理。

5.4.3 延时设备

用一种延时设备，例如数字时延发生器，提供在适当的时间触发检测电路的功能。延时设备应能触发光源或被光源触发，延时设备可以内置或外置在记录系统上。

5.5 数据处理设备

本试验方法一般要求用计算机存储数据并进行结果运算。

6 试样和试样制备

6.1 试样

试验样品应为梯度型折射率分布的A1类多模光纤。

6.2 试样端面

试样的光输入端和输出端的端面应平整。

6.3 试样长度

用合适的精确方法如GB/T 15972.22—2008中的方法测量光纤长度。

6.4 试样放置

测量光纤时应以一种适当的方式支撑试样，使微弯影响最小。

6.5 试样定位

被测试样的输入端应与光注入系统的光输出端对准，被测试样的输出端应与光检测系统对准。

7 测量程序

7.1 系统调节和系统响应测量

7.1.1 输出光耦合

可用以下三种方法将扫描尾纤输出的光束耦合到光检测器中：

方法一：将扫描尾纤直接同检测器连接；

方法二：用一段短的（小于10m）与被测光纤相同类型的光纤连接光注入系统和光检测系统；

方法三：用一个透镜系统直接将扫描尾纤输出光束耦合到检测器中。

7.1.2 光脉冲幅度调节

调节光脉冲的幅度使之与在测量过程中被测光纤所期望的最小峰值幅度匹配。通常当径向偏置量最大时，被测光纤的峰值幅度最小。

7.1.3 光脉冲信号捕捉

调节光检测系统的时间刻度使之与从试样取数据时的时间刻度匹配，确保能捕捉到完整的光脉冲（见7.2.1）。

7.1.4 ΔT_{PULSE}测定

7.1.4.1 测量光脉冲波形，确定在峰值幅度的25%处的时间宽度，此值称为ΔT_{PULSE}，将用于*DMD*的结果计算，可以在连续的时间间隔内用线性插入法计算ΔT_{PULSE}以提高精度。

7.1.4.2 ΔT_{PULSE}测量重复性应在被测*DMD*值的5%以内。

7.1.4.3 如果使用7.1.1中的方法二或方法三的耦合方式，同使用方法一的耦合方式时ΔT_{PULSE}结果的差异不能大于5%。

7.1.4.4 为验证检测系统的模式相关性，可准备一小段与被测光纤同类型的光纤样品，测量每一个径向偏置处的ΔT_{PULSE}值，这些结果应在被测*DMD*值的5%以内。

7.1.5 ΔT_{REF}的计算

用附录A中的方法根据ΔT_{PULSE}、光源谱宽和光纤色散计算ΔT_{REF}。

7.2 检测系统调节

7.2.1 光脉冲波形采集

光从扫描尾纤注入到被测光纤中，调节检测系统的时间刻度和触发时延，得到探测光斑在每一个径向偏置处的完整的光脉冲波形，波形中包括了所有主峰和幅值大于或等于主峰幅值1%的拖尾峰。应以同样的时延和时间刻度采集完所有的数据。

7.2.2 纤芯定位

找出被测光纤纤芯的中心，一种方法是用探测光斑在被测光纤端面上扫描，当探测光斑在任意一个"*x*"轴上扫描时，可以找出纤芯在该"*x*"轴上的两个边缘，光斑在一系列"*x*"轴上扫描时，可以找出纤芯在一系列"*x*"轴上的边缘，将这些边缘定作总接收光功率达到最大值的15%时的预值位置，将光斑移向"*x*"轴中心，然后，将探测光斑在垂直的"*y*"轴方向扫描，找出纤芯边缘并将光斑移向"*y*"轴中心，必要的话，进行重复调节，直到符合要求为止。当探测光斑充分对中时，*DMD*在"*x*"轴和"*y*"轴的正负方向上的值将是对称的。

7.3 试样测量

7.3.1 光斑扫描步进

探测光斑以不大于2 μm的步进从R_{INNER}向R_{OUTER}移动扫描，测量径向偏置R上的响应，在产品规范中将指定R_{INNER}和R_{OUTER}的范围。步进大小依据所指定的R_{INNER}和R_{OUTER}的不同而不同，要求小于2 μm。

例如：如果指定$R_{INNER}=0$、$R_{OUTER}=17$ μm时，则扫描过程中光斑至少移动10次，即无论按(0,2,…,16,17)μm或(0,1,…,15,17)μm的扫描移动方式都满足最低的步进要求，另外，可以用(0,1,2,…,16,17)μm的移动方式，即光斑移动18次。

7.3.2 信号测量和结果记录

在每一个径向偏置R处测量光脉冲的波形，波形上主峰的边界和拖尾峰的边界均在波形最大幅度的25%的基准面上，确定边界上的时间位置（见附录B），在连续的时间间隔内用线性插入法确定主峰边界位置和拖尾峰边界位置以提高计算精度。记录每一个径向偏置位移上的主峰和拖尾峰边界上的时间。

8 计算和说明

8.1 微分模时延

8.1.1 确定 T_{FAST}

从7.3的记录结果中，找出 R_{INNER} 和 R_{OUTER} 之间所有的输出光脉冲中最短主峰边界时间，记为 T_{FAST}。

8.1.2 确定 T_{SLOW}

从7.3记录结果中，找出 R_{INNER} 和 R_{OUTER} 之间所有的输出光脉冲中最长拖尾峰边界时间，记为 T_{SLOW}。

8.1.3 计算 *DMD*

8.1.3.1 方法一(见附录A)

用7.1.5中 ΔT_{REF} 值计算 *DMD*：$DMD=(T_{SLOW}-T_{FAST})-\Delta T_{REF}$。用该式得到 *DMD* 测量结果的最小有效值是 $0.9(\Delta T_{REF})$，其原因在附录B测量实例中进行了讨论，因而，当用以上等式计算的 *DMD* 小于 $0.9(\Delta T_{REF})$ 时，结果均报告为"$<0.9(\Delta T_{REF})$"。

8.1.3.2 方法二

可以用采集到的用于激励受试光纤的参考脉冲的卷积来替代地计算 *DMD*。在去卷积的运算过程中产生的误差不应影响到正确地确定脉冲相遇时的脉冲形状，特别是在使用高频噪声滤除器的情况下。

8.1.4 多个 *DMD* 值

可以用多个 *DMD* 值来描述光纤特性，每一个值对应不同范围的 R_{INNER} 和 R_{OUTER}。在此情况下，所有的 *DMD* 值均可以用7.3中记录的输出脉冲计算，输出脉冲的径向偏置位移在7.3.1中作了规定，应在所要求的 R_{INNER} 和 R_{OUTER} 范围内。

8.2 长度归一化

可以用 *DMD* 对长度的归一化值即单位长度的 *DMD* 来描述 *DMD* 特性，例如单位用 ps/m，如果 *DMD* 对长度进行了归一化，应给出长度相关因子。

9 结果

9.1 测量结果报告应包括下列内容：

——试验名称；

——试样识别号；

——光源波长(标称的或实际上的)；

——被测光纤类型；

——最大和最小的径向偏置，R_{INNER} 和 R_{OUTER}；

——给定 R_{INNER} 和 R_{OUTER} 范围的 *DMD* 结果；

——固定的径向偏置极限范围内所要求的 *DMD* 值，即 *DMD*(R_{INNER}、R_{OUTER})，应包括几个不同固定范围 R_{INNER}、R_{OUTER} 内的不同 *DMD* 值；

——试验日期和操作人员。

9.2 报告中也可包括下列内容：

——所用试验方法；

——实验装置说明，包括光源类型、实际光源中心波长、最大的光源谱宽或实际光源谱宽(rms)；

——用于计算(ΔT_{REF})的方法；

——*DMD* 的计算方法，如不是8.1.3中的两种方法，应作说明；

——检测器类型和操作条件；

——在测量波长(标称的或实际的)下扫描尾纤的模场直径；

——试验装置最近校准日期。

附 录 A
（规范性附录）
光源谱宽限值

A.1 限制色散对于 *DMD* 测量结果影响的方法

色散引起 *DMD* 测量结果误差应小于 10%。可用两种方法减小色散的影响，其一使用窄谱光源使色散能被忽略，其二是精确地确定光源光谱形状，计算 ΔT_{REF} 的准确结果。

可用 A.2 的方法估算被测光纤色散 $D(\lambda)$ 的大小，还可以用 GB/T 15972.42—2008 中的方法根据被试光纤类型计算光纤色散。可以使用窄谱光源和使用光滤波器在光源端或终端检测器上压窄光谱的方法满足测量 *DMD* 时对于光源谱宽的要求。

以下给出对光源谱宽限制的几个方法实例。

A.1.1 光源谱宽限制的方法之一

应用足够窄谱宽的光源，使得色散值

$$\Delta t_{chrom} = 4 \cdot \sqrt{\ln 2} \cdot \delta\lambda \cdot D(\lambda) \cdot L \qquad \text{(A.1)}$$

小于所测 *DMD* 值的 10%。由此给出对光源 rms 谱宽 $\delta\lambda$ 的限制：

$$\delta\lambda \leqslant \frac{0.1 \cdot DMD_{min}}{4\sqrt{\ln 2} \cdot D(\lambda) \cdot L} = 0.030 \cdot \frac{DMD_{min}}{D(\lambda) \cdot L} \qquad \text{(A.2)}$$

式中，DMD_{min} 是待测量的最小 *DMD* 值，$D(\lambda)$ 是色散，L 是样品长度，按通常模间时延与光纤长度呈线性的假定关系，对谱宽的限制将与长度无关。

在 7.1.5 中用 $\Delta T_{REF} = \Delta T_{PULSE}$ 计算 *DMD* 值。

例如：0.5 km 长的被测光纤在 850 nm 波长上的 *DMD* 小到 100 ps 时，从 A.2 的表 A.1 得到，光纤在 850 nm 波长上的色散是 107 ps/(nm · km)，代入等式(A.2)中，光源 rms 谱宽 $\delta\lambda$ 应该不大于 0.056 nm。用同一光源可以测量 10 km 的最小 *DMD* 值为 2 000 ps 的光纤。

A.1.2 光源谱宽限制的方法之二

用一个谱宽足够窄的光源，使得忽略与 ΔT_{PULSE} 相关的 Δt_{chrom} 时引起 ΔT_{REF} 的变化小于 10%，由此给出对光源 rms 谱宽 $\delta\lambda$ 的限制：

$$\delta\lambda \leqslant \frac{\sqrt{0.21} \cdot \Delta T_{PULSE}}{4\sqrt{\ln 2} \cdot D(\lambda) \cdot L} = 0.138 \cdot \frac{\Delta T_{PULSE}}{D(\lambda) \cdot L} \qquad \text{(A.3)}$$

在 7.1.5 中用 $\Delta T_{REF} = \Delta T_{PULSE}$ 计算 *DMD* 值。

在此情况下，光源谱宽 $\delta\lambda$ 与将要测量的 *DMD* 无直接关系，取而代之，能进行有效测量的最小 *DMD* 值直接由 ΔT_{PULSE} 决定，还应注意允许的最大谱宽与试样长度直接相关，如果谱宽不变，当试样超出某一长度时，色散将足够大而不能被忽略。

例如，用某一特殊的光源和 ΔT_{PULSE} 为 60 ps 的光检测器测量 0.5 km 的光纤样品在 850 nm 波长下的 *DMD*，将这些条件代入式(A.3)，光源的 rms 谱宽 $\delta\lambda$ 应该不大于 0.15 nm。

A.1.3 光源谱宽限制的方法之三

计算所用光源的 ΔT_{REF} 的近似值，ΔT_{REF} 是被测光纤输出端每一个模式的 25% 幅值全宽。对于近似为高斯形状的脉冲和谱宽，则有：

$$\Delta T_{REF} = (\Delta T_{PULSE}^2 + \Delta t_{chrom}^2)^{1/2} \qquad \text{(A.4)}$$

在此情况下，由于 *DMD* 测量结果的最小有效值为 $0.9(\Delta T_{REF})$（见 8.1.3.1），则光源谱宽上限间接地由要求的 *DMD* 最小分辨率确定。

如果光源的光谱有多个峰，或不能近似为高斯形状，该等式的计算结果将不准确，如果用等式

(A.4)计算 ΔT_{REF}，则要求计算 *DMD* 时引入的误差小于10%。

A.2 多模光纤的色散

表A.1中的数据代表商用A1类多模光纤所预计的最大色散值，该值基于此类光纤通常情况下的色散特性和数值孔径(*NA*)值。在低于1 200 nm波长的波段，λ_0 为最大(此时 *NA*=0.29)的光纤具有最大色散；在高于1 400 nm波长的波段，λ_0 为最小(此时 *NA*=0.20)的光纤具有最大色散，λ_0 为零色散波长。表A.1不适用于1 200 nm～1 400 nm的波长范围，在该范围内，色散 *D* 为16.6 ps/(nm·km)。

表 A.1 用A1类多模光纤所预计的最大色散值

λ/nm	D/ps/(nm·km)	λ/nm	D/ps/(nm·km)	λ/nm	D/ps/(nm·km)
780	146				
790	140				
800	133	1 000	54.2	1 400	8.28
810	128	1 010	51.8	1 410	9.08
820	122	1 020	49.2	1 420	9.85
830	117	1 030	46.9	1 430	10.6
840	112	1 040	44.7	1 440	11.4
850	107	1 050	42.5	1 450	12.1
860	102	1 060	40.3	1 460	12.8
870	98.0	1 070	38.2	1 470	13.5
880	93.7	1 080	36.2	1 480	14.2
890	89.7	1 090	34.3	1 490	14.9
900	85.7	1 100	32.4	1 500	15.6
910	82.1	1 110	30.6	1 510	16.2
920	78.4	1 120	28.9	1 520	16.9
930	75.0	1 130	27.2	1 530	17.5
940	71.6	1 140	25.5	1 540	18.1
950	68.6	1 150	23.9	1 550	18.8
960	65.5	1 160	22.4	1 560	19.4
970	62.5	1 170	20.8	1 570	20.0
980	59.6	1 180	19.4	1 580	20.6
990	57.0	1 190	17.9	1 590	21.1
				1 600	21.7

注：上述数据基于以下条件：

在 λ<1 200 nm的波长范围，对 *NA*=0.29的常规多模光纤，S_0=0.095 62 ps/(nm·km)；λ_0=1 344.5 nm；

在 λ>1 400 nm的波长范围，对 *NA*=0.20的常规多模光纤，S_0=0.101 ps/(nm·km)；λ_0=1 310 nm。

附 录 B
（资料性附录）
测 量 讨 论

本试验程序主要集中在激励条件如图 B.1 所示的某一固定范围内，最快模式和最慢模式之间的时延差。

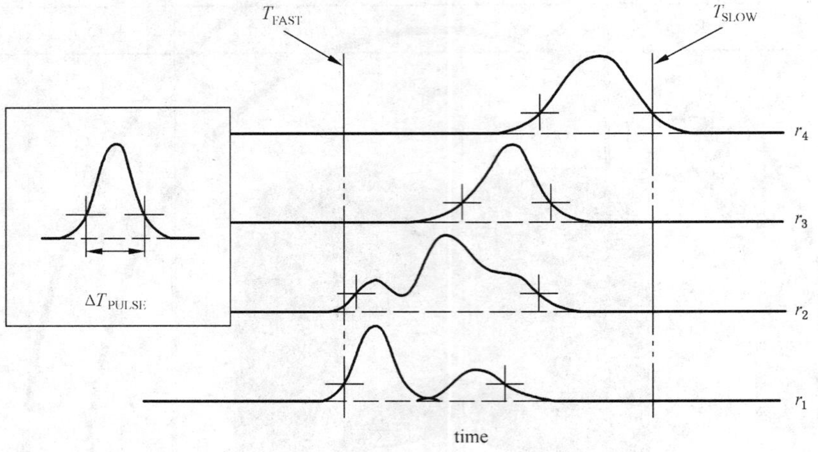

注：主峰边界和拖尾边界上的时间（最大幅值的 25%）用“+”标识。每一根曲线分别代表不同位置上激励的轨迹曲线，插图表示 ΔT_{PULSE}。

图 B.1 理想的 *DMD* 测量图形

从单模扫描尾纤中输出的光斑投射到被测光纤端面上时，在任意一个给定的偏移位置上，总能同时激励起几个不同的模群，使输出波形呈现出复杂的时间相关性，波形上通常会出现多个峰，并且无法确保能清晰地分离出单个的模群。对于一个给定的波形，主峰的边界和拖尾峰的边界均选择在接近波形最大幅度的 25%的基准面上，确定 25%的基准面的理由是：在指定的径向偏置位移处，总有某一个模群的激励占主导地位，所有被激励的模群相互叠加，总的幅度超过单个模群的幅度，但是，即使所有的模式均有同样的时延，在 25%的基准面上也都能确保被主要激励的那个模群从同时激励的所有模群中分离出来。

T_{SLOW}和 T_{FAST}的差值大于 *DMD*，差别大小取决于光脉冲的时间宽度、检测器带宽的限制、因光源谱宽和被测光纤色散所引起的模式展宽等因素。

ΔT_{PULSE}包含了光脉冲时间宽度和检测器带宽限制的影响，在小的 ΔT_{PULSE}和假定光源谱宽为高斯形状的前提条件下，被测光纤输出波形中每个模式最大幅度的 25%的基准面上的时间宽度为：

$$\Delta t_{chrom} = 4 \cdot \sqrt{\ln 2} \cdot \delta\lambda \cdot D(\lambda) \cdot L \qquad \text{(B.1)}$$

式中：

$\delta\lambda$——光源的 rms 谱宽，单位为纳米（nm）；

$D(\lambda)$——色散，单位为皮秒每纳米千米（ps/(nm·km)）；

L——样品长度，单位为千米（km）。

$4 \cdot \sqrt{\ln 2}$是从计算 *DMD* 时使用了最大幅度的 25%的界限，并且用光源的 rms 宽度定义光源特性时转换而来。

被测光纤输出端每一个模式的 25%幅值全宽为：

$$\Delta T_{REF} = (\Delta T_{PULSE}^2 + \Delta t_{chrom}^2)^{1/2} \quad \cdots\cdots(B.2)$$

则 DMD 为：

$$DMD = (T_{SLOW} - T_{FAST}) - \Delta T_{REF} \quad \cdots\cdots(B.3)$$

注意，ΔT_{PULSE}由光脉冲宽度和检测器带宽决定，是一定值，而 Δt_{chrom}值随样品长度而改变。为了限制光源谱宽 $\delta\lambda$ 引入色散的影响，应根据被测 DMD 大小、试样长度和 ΔT_{PULSE}大小确定所使用光源的谱宽。详情已在附录 A 中阐明。

由于确定 DMD 大小时包括了比较在不同径向偏置位移处不同的测量波形之间的时间延迟差异，测量过程中的时间抖动、检测脉冲光的时间宽度均对测量结果存在潜在影响，为确保测量误差小于 10％，DMD 测量结果的最小有效值为 0.9(ΔT_{REF})，这主要是由于系统总的时间抖动所限制。

在建立本测量方法的过程中，用检测到的光脉冲对系统响应去卷积也可作为计算 T_{FAST}和 T_{SLOW}的方法，可是，由于与 DMD 最小值对应的 T_{FAST}和 T_{SLOW}的相对大小可以直接测量，因而，用一种极其复杂的去卷积的方法来得到 T_{FAST}和 T_{SLOW}的绝对大小并无太大优势，在 DMD 不小于 0.9(ΔT_{REF})时简单地减去 ΔT_{REF}的算法所产生的误差不超过 1％。

ICS 33.180.10
M 33

中华人民共和国国家标准

GB/T 15972.50—2008
部分代替 GB/T 15972.5—1998

光纤试验方法规范 第50部分：环境性能的测量方法和试验程序——恒定湿热

Specifications for optical fibre test methods—Part 50：Measurement methods and test procedures for environmental characteristics—Damp heat(steady state)

(IEC 60793-1-50:2001, Optical fibres—Part 1-50: Measurement methods and test procedures—Damp heat(steady state), MOD)

2008-04-10 发布　　　　2008-11-01 实施

中华人民共和国国家质量监督检验检疫总局
中国国家标准化管理委员会　发布

前　言

GB/T 15972《光纤试验方法规范》由若干部分组成，其预期结构及对应的国际标准和代替的国家标准为：

——第10部分～第19部分：测量方法和试验程序总则（对应IEC 60793-1-10至IEC 60793-1-19；代替GB/T 15972.1—1998）；

——第20部分～第29部分：尺寸参数的测量方法和试验程序（对应IEC 60793-1-20至IEC 60793-1-29；代替GB/T 15972.2—1998）；

——第30部分～第39部分：机械性能的测量方法和试验程序（对应IEC 60793-1-30至IEC 60793-1-39；代替GB/T 15972.3—1998）；

——第40部分～第49部分：传输特性和光学特性的测量方法和试验程序（对应IEC 60793-1-40至IEC 60793-1-49；代替GB/T 15972.4—1998）；

——第50部分～第59部分：环境性能的测量方法和试验程序（对应IEC 60793-1-50至IEC 60793-1-59；代替GB/T 15972.5—1998）。

其中GB/T 15972.5×由以下部分组成：

——第50部分：环境性能的测量方法和试验程序——恒定湿热；

——第51部分：环境性能的测量方法和试验程序——干热；

——第52部分：环境性能的测量方法和试验程序——温度循环；

——第53部分：环境性能的测量方法和试验程序——浸水；

——第54部分：环境性能的测量方法和试验程序——伽玛辐照。

本部分为GB/T 15972的第50部分。本部分修改采用国际电工技术委员会标准IEC 60793-1-50：2001《光纤　第1-50部分：测量方法和试验程序——湿热（稳态）》（英文版）。本部分与IEC 60793-1-50：2001主要差异如下：

——适用范围由A1a至A1d类光纤改为A类光纤，B1至B4类光纤改为B类光纤；

——最小弯曲直径150 mm改为绕圈直径应大于150 mm；

——在进行基准测量前应使试验箱和试样稳定在标准大气条件下改为稳定在GB/T 15972.10—2008规定的标准大气条件下；

——在试验前后要对光纤涂覆层平均剥离力进行测量改为对光纤涂覆层剥离力进行测量；

——纠正了某些不恰当的叙述。

为了便于使用，对IEC 60793-1-50：2001本部分还做了下列编辑性修改：

——按照我国标准的编排格式和表述要求，对一些内容安排做了调整，删除"第8章"；

——"IEC 60793的本部分"改为"GB/T 15972的本部分"；

——对于IEC 60793-1-50应用的其他国际标准中有被修改采用为我国标准的，GB/T 15972.50引用我国的这些国家标准或行业标准代替对应的国际标准。

本部分由中华人民共和国信息产业部提出。

本部分由中国通信标准化协会归口。

本部分起草单位：武汉邮电科学研究院。

本部分主要起草人：陈永诗、李海清、刘泽恒、程淑玲。

本部分为第一次修订，它与GB/T 15972.5×其他部分一起代替GB/T 15972.5—1998。

光纤试验方法规范 第50部分:环境性能的测量方法和试验程序——恒定湿热

1 范围

GB/T 15972的本部分规定了评估光纤在给定环境中湿热性能的测量方法和试验程序。

本部分适用于确定A1类多模光纤和B类单模光纤在实际应用、贮存和(或)运输过程中可能发生的高温高湿度环境条件下的适应性能。

注:该试验对其他类型光纤的适用性在研究中。

2 规范性引用文件

下列文件中的条款通过GB/T 15972的本部分的引用而成为本部分的条款。凡是注日期的引用文件,其随后所有的修改单(不包括勘误的内容)或修订版均不适用于本部分,然而,鼓励根据本部分达成协议的各方研究是否可使用这些文件的最新版本。凡是不注日期的引用文件,其最新版本适用于本部分。

GB/T 2423.3—2006 电工电子产品环境试验 第2部分:试验Cab:恒定湿热试验(IEC 60068-2-78:2001)

GB/T 15972.10—2008 光纤试验方法规范 第10部分:测量方法和试验程序——总则(IEC 60793-1-1:2002,Optical fibres—Part 1-1:Measurement methods and test procedures—General and guidance,MOD)

GB/T 15972.32—2008 光纤试验方法规范 第32部分:机械性能的测量方法和试验程序——涂覆层可剥性(IEC 60793-1-32:2001,Optical fibres—Part 1-32:Measurement methods and test procedures—Coating strippability,MOD)

GB/T 15972.40—2008 光纤试验方法规范 第40部分:传输特性和光学特性的测量方法和试验程序——衰减(IEC 60793-1-40:2001,Optical fibres—Part 1-40:Measurement methods and test procedures—Attenuation,MOD)

3 试验装置

3.1 试验箱

根据GB/T 2423.3—2006中试验Ca,试验装置包括一个环境试验箱。试验箱的大小应能够容纳试验样品和便于条件调节时的测量,它也能够维持规定的温度和湿度值在规定的容差内,可用空气循环维持试验箱内的均匀条件,同时,试验箱和相关附件的安置方式应避免凝结水滴落到试样上。

3.2 湿度调节器

采用软化水或去离子水调节所需要的湿度,应没有生锈或腐蚀污染对试验设备中试样产生影响。给湿度调节器加水应按照操作说明书进行控制。

3.3 其他装置

需要完成试验和测量所必须的其他装置(如详细规范中规定的装置)。

4 试样和试样制备

为达到所要求的衰减测量重复性,光纤试样长度,对A1类光纤应至少为1 000 m,对B类光纤应至少为 2 000 m。暴露在试验箱外面的光纤应尽可能短，如果暴露在外面的部分超过试样总长度的 10%，则宜记录说明。

在试样的准备过程中不应有在测量环境下给光纤造成危害的影响。除非在详细规范中另有规定，建议将光纤试样松绕，并且在试样光纤上涂一层例如滑石粉的材料使光纤间可自由滑动。将试样垂直或水平放置，为避免任何宏弯影响，绕圈直径应大于 150 mm。如果试样涂有滑石粉，那么在试验环境中应有一段未涂滑石粉的光纤，该段光纤的长度应足够长，使得能够在试验前和试验后便于进行任何物理检验。

为了完成所要求的与试验后机械性能对比测量，进行对比测量样品长度在试验前应移去。用于机械性能对比测量的光纤上不应涂滑石粉。

5 试验程序

5.1 试验条件

试验过程应遵循 GB/T 2423.3—2006 中方法 Ca，试验温度、湿度和试样放置时间见表 1。

表 1 试验温度、湿度和试样放置时间

温度	相对湿度	试样放置时间
+85℃	+85%	30 d

5.2 测量

5.2.1 传输特性测量

在试验开始前，试验过程中(当试样稳定在规定温度和相对湿度条件下)和试验结束后都要对试样的衰减进行测量。测量方法和试验程序按照 GB/T 15972.40—2008 的规定，应记录衰减的变化量。

注：如果采用截断法(GB/T 15972.40—2008 方法 A)，则应注意记录一系列测量中截断的长度；如果采用插入损耗法(GB/T 15972.40—2008 方法 B)，则应证明整个过程中连接的稳定性；如果采用方法 C(GB/T 15972.40—2008 方法 C)，则应注意确保结果的不漂移性；GB/T 15972.40—2008 方法 D 不可采用。

5.2.2 机械性能测量

在试验前后都要对光纤涂覆层剥离力进行测量，用来评估涂覆层可剥特性的变化。测量方法和试验程序按照 GB/T 15972.32—2008 的规定。

5.3 预处理

如有要求，试样应按照详细规范进行预处理。

5.4 条件调节

在进行基准测量前应使试验箱和试样稳定在 GB/T 15972.10—2008 规定的标准大气条件下。

按照规定的严酷度调整试验箱的温度和湿度，使试样温度达到稳定，并在规定期间内维持该温度和湿度不变。

试验完成后，让试样继续保留在试验箱内，直到试验箱温度降到标准大气条件。在最长 5 min 时间内，平均降温速度应不超过 1℃/min。详细规范可要求在条件调节期间进行测量，如有此要求，详细规范应规定什么时候，进行哪些方面的测量，在做这些测量时不应将试样移出试验箱。

5.5 恢复

如果没有特殊要求，试样应在标准大气条件下恢复 12 h 以上，但不得超过 48 h。详细规范可要求在恢复阶段进行测量，如有此要求，详细规范应规定什么时候，进行哪些方面的测量。

6 合格判定标准

试验前后衰减变化和剥离力变化的相关要求按有关产品规范的规定。

7 结果

7.1 试验结果报告应包括下列内容：

——试验名称；

——试样识别号；

——试样长度；

——测量波长；

——衰减测量变化；

——剥离力测量变化；

——试验日期和操作人员。

7.2 根据要求报告中也可包括下列内容：

——对关键测量装置的描述；

——合格判据；

——应报告的信息；

——应用程序中出现的任何偏差。

ICS 33.180.10
M 33

中华人民共和国国家标准

GB/T 15972.51—2008

光纤试验方法规范
第51部分：环境性能的测量方法和试验程序——干热

**Specifications for optical fibre test methods—
Part 51：Measurement methods and test procedures for environmental characteristics—Dry heat**

（IEC 60793-1-51：2001，Optical fibres—
Part 1-51：Measurement methods and test procedures—
Dry heat，MOD）

2008-03-31 发布　　　　2008-11-01 实施

中华人民共和国国家质量监督检验检疫总局
中国国家标准化管理委员会　发布

前　言

GB/T 15972《光纤试验方法规范》由若干部分组成，其预期结构及对应的国际标准和将代替的国家标准为：

——第10部分～第19部分：测量方法和试验程序总则（对应IEC 60793-1-10至IEC 60793-1-19；代替GB/T 15972.1—1998）；

——第20部分～第29部分：尺寸参数的测量方法和试验程序（对应IEC 60793-1-20至IEC 60793-1-29；代替GB/T 15972.2—1998）；

——第30部分～第39部分：机械性能的测量方法和试验程序（对应IEC 60793-1-30至IEC 60793-1-39；代替GB/T 15972.3—1998）；

——第40部分～第49部分：传输特性和光学特性的测量方法和试验程序（对应IEC 60793-1-40至IEC 60793-1-49；代替GB/T 15972.4—1998）；

——第50部分～第59部分：环境性能的测量方法和试验程序（对应IEC 60793-1-50至IEC 60793-1-59；代替GB/T 15972.5—1998）。

其中GB/T 15972.5×由以下部分组成：

——第50部分：环境性能的测量方法和试验程序——恒定湿热；

——第51部分：环境性能的测量方法和试验程序——干热；

——第52部分：环境性能的测量方法和试验程序——温度循环；

——第53部分：环境性能的测量方法和试验程序——浸水；

——第54部分：环境性能的测量方法和试验程序——伽玛辐照。

本部分为GB/T 15972的第51部分。本部分修改采用国际电工技术委员会标准IEC 60793-1-51：2001《光纤　第1-51部分：测量方法和试验程序——干热》（英文版）。

本部分与IEC 60793-1-51：2001主要差异如下：

——适用范围由A1a至A1d类光纤改为A1类光纤，B1至B4类光纤改为B类光纤；

——最小弯曲直径150 mm改为绕圈直径应大于150 mm；

——在进行基准测量前应使试验箱和试样稳定在标准大气条件下改为稳定在GB/T 15972.10—2008规定的标准大气条件下；

——在试验前后要对光纤涂覆层平均剥离力进行测量改为对光纤涂覆层剥离力进行测量；

——纠正了“建议在试验开始时，35℃下的湿度应不低于50% RH”的错误，改为“应不高于50% RH”。

为了便于使用，对IEC 60793-1-51：2001本部分还做了下列编辑性修改：

——按照我国标准的编排格式和表述要求，对一些内容安排做了调整，删除“第8章”；

——“IEC 60793的本部分”改为“GB/T 15972的本部分”；

——对于IEC 60793-1-51引用的其他国际标准中有被修改采用为我国标准的，GB/T 15972.51引用我国的这些国家标准或行业标准代替对应的国际标准。

本部分由中华人民共和国信息产业部提出。

本部分由中国通信标准化协会归口。

本部分起草单位：武汉邮电科学研究院。

本部分主要起草人：陈永诗、李海清、刘泽恒、程淑玲。

本部分为第一次发布。

光纤试验方法规范
第51部分：环境性能的测量方法和试验程序——干热

1 范围

GB/T 15972的本部分规定了评估光纤在给定环境中干热性能的测量方法和试验程序。

本部分适用于确定A1类多模光纤和B类单模光纤在实际应用、贮存和（或）运输过程中可能发生的高温（干热）环境条件下的适应性能。

注：该试验对其他类型光纤的适用性在研究中。

2 规范性引用文件

下列文件中的条款通过GB/T 15972的本部分的引用而成为本部分的条款。凡是注日期的引用文件，其随后所有的修改单（不包括勘误的内容）或修订版均不适用于本部分，然而，鼓励根据本部分达成协议的各方研究是否可使用这些文件的最新版本。凡是不注日期的引用文件，其最新版本适用于本部分。

GB/T 2423.2—2001 电工电子产品环境试验 第2部分：试验方法 试验B：高温（IEC 60068-2-2:1974，Environmental testing—Part 2：Tests—Test B：Dry heat，MOD）

GB/T 15972.10—2008 光纤试验方法规范 第10部分：测量方法和试验程序——总则（IEC 60793-1-1:2002，Optical fibres—Part 1-1：Measurement methods and test procedures—General and guidance，MOD）

GB/T 15972.32—2008 光纤试验方法规范 第32部分：机械性能的测量方法和试验程序——涂覆层可剥性（IEC 60793-1-32:2001，Optical fibres—Part 1-32：Measurement methods and test procedures—Coating strippability，MOD）

GB/T 15972.40—2008 光纤试验方法规范 第40部分：传输特性和光学特性的测量方法和试验程序——衰减（IEC 60793-1-40:2001，Optical fibres—Part 1-40：Measurement methods and test procedures—Attenuation，MOD）

3 试验装置

3.1 试验箱

根据GB/T 2423.2—2001试验B，试验装置包括一个环境试验箱。试验箱的大小应能够容纳试验样品，不得使试样受到直接辐射热和便于条件调节时的测量，它也能维持规定的温度在规定的容差内，可用空气循环维持试验箱内的均匀条件。

3.2 其他装置

需要完成试验和测量所必须的其他装置（或如详细规范中规定的装置）。

4 试样和试样制备

为达到所要求的衰减测量重复性，光纤试样长度，对A1类光纤应至少为1 000 m，对B类光纤应至少为2 000 m。暴露在试验箱外面的光纤应尽可能短，如果暴露在外面的部分超过试样总长度的10%，则宜记录说明。

在试样的准备过程中不应有在测量环境下给光纤造成危害的影响。除非在详细规范中另有规定，建议将光纤试样松绕，并且在试样光纤上涂一层例如滑石粉的材料使光纤间可自由滑动。将试样垂直或水平放置，为避免任何宏弯影响，绕圈直径应大于150 mm。如果试样涂有滑石粉，那么在试验环境中应有一段未涂滑石粉的光纤，该段光纤的长度应足够长，使得能够在试验前和试验后便于进行任何物理检验。

为了完成所要求的与试验后机械性能对比测量，进行对比测量样品长度在试验前应移去。用于机械性能对比测量的光纤上应不涂滑石粉。

5 试验程序

5.1 试验条件

试验过程应遵循GB/T 2423.2—2001中试验B，试验温度和试样放置时间见表1。试验过程中对湿度不进行控制，但建议在试验开始时，35℃下的湿度应不高于50% RH。

表1 试验温度和试样放置时间

温度	试样放置时间
+85℃	30 d

5.2 测量

5.2.1 传输特性测量

在试验开始前，试验过程中(当样品稳定在规定温度和相对湿度条件下)和试验结束后都要对样品的衰减进行测量。测量方法和试验程序按照GB/T 15972.40—2008的规定，应记录衰减的变化量。

注：如果采用GB/T 15972.40—2008的方法A，则应注意记录一系列测量中截断的长度；如果采用GB/T 15972.40—2008的方法B，则应证明整个过程中连接的稳定性；如果采用GB/T 15972.40—2008的方法C，则应注意确保结果的不漂移性；GB/T 15972.40—2008的方法D不可采用。

5.2.2 机械特性测量

在试验前后都要对光纤涂覆层剥离力进行测量，用来评估涂覆层可剥特性的变化。测量方法和试验程序按照GB/T 15972.32—2008的规定。

5.3 预处理

如有要求，则样品应按照详细规范进行预处理。

5.4 条件调节

在进行基准测量前应使试验箱和试样稳定在GB/T 15972.10—2008规定的标准大气条件下。

按照规定的严酷度调整试验箱的温度和湿度。在最长5 min时间内，平均升温速度应不超过1℃/min。使样品温度达到稳定，并在规定期间内维持该温度和湿度不变。

试验完成后，让试样继续保留在试验箱内，直到试验箱温度降到标准大气条件。在最长5 min时间内，平均降温速度应不超过1℃/min。详细规范可要求在条件调节期间进行测量，如有此要求，详细规范应规定什么时候，进行哪些方面的测量，在做这些测量时不得将样品移出试验箱。

5.5 恢复

如果没有特殊要求，样品应在标准大气条件下恢复12 h以上，但不得超过48 h。详细规范可要求在恢复阶段进行测量。如有此要求，详细规范应规定什么时候，进行哪些方面的测量。

6 合格判定标准

试验前后衰减变化和剥离力变化的相关要求按有关产品规范的规定。

7 结果

7.1 试验结果报告应包括下列内容：

——试验名称；
——试样识别号；
——试样长度；
——测量波长；
——衰减测量变化；
——剥离力测量变化；
——试验日期和操作人员。

7.2 根据要求报告中也可包括下列内容：
——对关键测量装置的描述；
——合格判据；
——应报告的信息；
——应用程序中出现的任何偏差。

ICS 33.180.10
M 33

中华人民共和国国家标准

GB/T 15972.52—2008
部分代替 GB/T 15972.5—1998

光纤试验方法规范 第52部分：环境性能的测量方法和试验程序——温度循环

Specifications for optical fibre test methods—
Part 52: Measurement methods and test procedures for environmental characteristics—Change of temperature

(IEC 60793-1-52:2001, Optical fibres—Part 1-52: Measurement methods and test procedures—Change of temperature, MOD)

2008-03-31 发布　　　　2008-11-01 实施

中华人民共和国国家质量监督检验检疫总局
中国国家标准化管理委员会　发布

前 言

GB/T 15972《光纤试验方法规范》由若干部分组成,其预期结构及对应的国际标准和将代替的国家标准为:

——第 10 部分～第 19 部分:测量方法和试验程序总则(对应 IEC 60793-1-10 至 IEC 60793-1-19;代替 GB/T 15972.1—1998);

——第 20 部分～第 29 部分:尺寸参数的测量方法和试验程序(对应 IEC 60793-1-20 至 IEC 60793-1-29;代替 GB/T 15972.2—1998);

——第 30 部分～第 39 部分:机械性能的测量方法和试验程序(对应 IEC 60793-1-30 至 IEC 60793-1-39;代替 GB/T 15972.3—1998);

——第 40 部分～第 49 部分:传输特性和光学特性的测量方法和试验程序(对应 IEC 60793-1-40 至 IEC 60793-1-49;代替 GB/T 15972.4—1998);

——第 50 部分～第 59 部分:环境性能的测量方法和试验程序(对应 IEC 60793-1-50 至 IEC 60793-1-59;代替 GB/T 15972.5—1998)。

其中 GB/T 15972.5× 由以下部分组成:

——第 50 部分:环境性能的测量方法和试验程序——恒定湿热;

——第 51 部分:环境性能的测量方法和试验程序——干热;

——第 52 部分:环境性能的测量方法和试验程序——温度循环;

——第 53 部分:环境性能的测量方法和试验程序——浸水;

——第 54 部分:环境性能的测量方法和试验程序——伽玛辐照。

本部分为 GB/T 15972 的第 52 部分。本部分修改采用国际电工技术委员会标准 IEC 60793-1-52:2001《光纤 第 1-52 部分:测量方法和试验程序——温度循环》(英文版),本部分根据 IEC 60793-1-52:2001 重新起草。

本部分与 IEC 60793-1-52:2001 主要差异如下:

——适用范围由 A1a 至 A1d 类光纤改为 A1 类光纤,B1 至 B4 类光纤改为 B 类光纤;

——最小弯曲直径 150 mm 改为绕圈直径应大于 150 mm;

——在进行基准测量前应使试验箱和试样稳定在标准大气条件下改为稳定在 IEC 60793-1-1:2002 规定的标准大气条件下;

——在试验前后要对光纤涂覆层平均剥离力进行测量改为对光纤涂覆层剥离力进行测量;

——纠正了某些不恰当的叙述。

为了便于使用,对 IEC 60793-1-52:2001 本部分还做了下列编辑性修改:

——按照我国标准的编排格式和表述要求,对一些内容安排做了调整,删除"第 8 章";

——"IEC 60793 的本部分"改为"GB/T 15972 的本部分";

——对于 IEC 60793-1-52 引用的其他国际标准中有被修改采用为我国标准的,GB/T 15972.52 引用我国的这些国家标准或行业标准代替对应的国际标准。

本部分代替 GB/T 15972.5—1998《光纤总规范 第 5 部分:环境性能试验方法》第 5 章。

本部分与 GB/T 15972.5—1998《光纤总规范 第 5 部分:环境性能试验方法》第 5 章相比主要变化如下:

——增加了为避免任何宏弯影响,绕圈直径应大于 150 mm 的规定(见第 4 章);

——删去了图 1,增加了试验条件要求表 1(1998 年版的 5.4;本版的 5.1);

——相关内容的叙述做了一些修改。

本部分由中华人民共和国信息产业部提出。

本部分由中国通信标准化协会归口。

本部分起草单位：武汉邮电科学研究院。

本部分主要起草人：陈永诗、李海清、刘泽恒、程淑玲。

本部分为第一次修订，它与GB/T 15972.5×其他部分一起代替GB/T 15972.5—1998。

光纤试验方法规范
第52部分:环境性能的测量方法和
试验程序——温度循环

1 范围

GB/T 15972的本部分规定了评估光纤在给定环境中温度变化性能的测量方法和试验程序。

本部分适用于确定A1类多模光纤和B类单模光纤在实际应用、贮存和(或)运输过程中可能发生的温度变化环境条件下的适应性能。

注：该试验对其他类型光纤的适用性在研究中。

2 规范性引用文件

下列文件中的条款通过GB/T 15972的本部分的引用而成为本部分的条款。凡是注日期的引用文件,其随后所有的修改单(不包括勘误的内容)或修订版均不适用于本部分,然而,鼓励根据本部分达成协议的各方研究是否可使用这些文件的最新版本。凡是不注日期的引用文件,其最新版本适用于本部分。

GB/T 2423.22—2002 电工电子产品环境试验 第22部分：试验方法 试验N：温度变化(IEC 60068-2-14：1984，Environmental testing—Part 2：Tests—Test N：Change of temperature，MOD)

GB/T 15972.10—2008 光纤试验方法规范 第10部分:测量方法和试验程序——总则(IEC 60793-1-1:2002,Optical fibres—Part 1-1:Measurement methods and test procedures—General and guidance,MOD)

GB/T 15972.32—2008 光纤试验方法规范 第32部分:机械性能的测量方法和试验程序——涂覆层可剥性(IEC 60793-1-32:2001,Optical fibres—Part 1-32:Measurement methods and test procedures—Coating strippability,MOD)

GB/T 15972.40—2008 光纤试验方法规范 第40部分:传输特性和光学特性的测量方法和试验程序——衰减(IEC 60793-1-40:2001,Optical fibres—Part 1-40:Measurement methods and test procedures—Attenuation,MOD)

3 试验装置

3.1 试验箱

根据GB/T 2423.22—2002试验方法Nb,试验装置包括一个环境试验箱。试验箱的大小应能够容纳试验样品和便于条件调节时的测量,它也能够维持规定的温度和湿度值在规定的容差内,可用空气循环维持试验箱内的均匀条件,同时,试验箱和相关附件的安置方式应避免凝结水滴落到试样上。

3.2 其他装置

需要完成试验和测量所必须的其他装置(如详细规范中规定的装置)。

4 试样和试样制备

为达到所要求的衰减测量重复性,光纤试样长度,对A1类光纤应至少为1 000 m,对B类光纤应至少为2 000 m。暴露在试验箱外面的光纤应尽可能短,如果暴露在外面的部分超过试样总长度的10%,

则宜记录说明。

在试样的准备过程中不应有在测量环境下给光纤造成危害的影响。除非在详细规范中另有规定，建议将光纤试样松绕，并且在试样光纤上涂一层例如滑石粉的材料使光纤间可自由滑动。将试样垂直或水平放置，为避免任何宏弯影响，绕圈直径应大于150 mm。如果试样涂有滑石粉，那么在试验环境中应有一段未涂滑石粉的光纤，该段光纤的长度应足够长，以便能够在试验前和试验后进行任何物理检验。

为了完成所要求的与试验后机械性能对比测量，进行对比测量样品长度在试验前应移去。用于机械性能对比测量的光纤上不应涂滑石粉。

5 试验程序

5.1 试验条件

按照详细规范规定，将试样放置在试验箱内，经受规定期间内温度变化。试验过程应遵循GB/T 2423.22—2002中方法Nb，试验条件如表1。

表1 试验条件

描 述	GB/T 2423.22 术语	标称值
预调节	预调节	2 h,23℃,50%RH
最低温度	T_A	−60℃
最高温度	T_B	+85℃
温度保持最少时间	t_1	2 h
温度改变的最大速度	变化速率	1℃/min
周期数	周期数	2
注：在某些地区，最低温度也可以为−40℃，最高温度也可以为+70℃。		

5.2 测量

5.2.1 传输特性测量

在试验开始前，试验过程中（当样品稳定在规定温度和相对湿度条件下）和试验结束后都要对样品的衰减在规定的波长上进行测量。测量方法和试验程序按照GB/T 15972.40—2008的规定，应记录衰减的变化量。

注：如果采用GB/T 15972.40—2008的方法A，则应注意记录一系列测量中截断的长度；如果采用GB/T 15972.40—2008的方法B，则应证明整个过程中连接的稳定性；如果采用GB/T 15972.40—2008的方法C，则应注意确保结果的不漂移性；GB/T 15972.40—2008的方法D不可采用。

5.2.2 机械特性测量

在试验前后都要对光纤涂覆层剥离力进行测量，用来评估涂覆层可剥特性的变化。测量方法和试验程序按照GB/T 15972.32—2008的规定。

5.3 条件调节

在进行基准测量前应使试验箱和试样稳定在GB/T 15972.10—2008规定的标准大气条件下。

按照规定的严酷度调整试验箱的温度和湿度。在最长的5 min时间内，平均升温速度应不超过1℃/min。使样品温度达到稳定，并在规定期间内维持该温度和湿度不变。

试验完成后，让试样继续保留在试验箱内，直到试验箱温度降到标准大气条件。在最长的5 min时间内，平均降温速度应不超过1℃/min。详细规范可要求在条件调节期间进行测量，如有此要求，详细规范应规定什么时候，进行哪些方面的测量，在做这些测量时不得将样品移出试验箱。

5.4 恢复

如果没有特殊要求，样品应在标准大气条件下恢复1 h以上，但不得超过24 h。详细规范可要求在恢复阶段进行测量，如有此要求，详细规范应规定什么时候，进行哪些方面的测量。

6 合格判定标准

试验前后衰减变化和剥离力变化的相关要求按有关产品规范的规定。

7 结果

7.1 试验结果报告应包括下列内容：

——试验名称；

——试样识别号；

——试样长度；

——测量波长；

——衰减测量变化；

——剥离力测量变化；

——试验日期和操作人员。

7.2 根据要求可提供的其他信息：

——对关键测量装置的描述；

——温度循环细节；

——T_A 和 T_B 值；

——合格判据；

——应报告的信息；

——应用程序中出现的任何偏差。

ICS 33.180.10
M 33

中华人民共和国国家标准

GB/T 15972.53—2008

光纤试验方法规范 第53部分:环境性能的测量方法和试验程序——浸水

Specifications for optical fibre test methods—Part 53: Measurement methods and test procedures for environmental characteristics—Water immersion

(IEC 60793-1-53:2001, Optical fibres—Part 1-53: Measurement methods and test procedures—Water immersion, MOD)

2008-03-31 发布

2008-11-01 实施

中华人民共和国国家质量监督检验检疫总局
中国国家标准化管理委员会 发布

前　言

GB/T 15972《光纤试验方法规范》由若干部分组成，其预期结构及对应的国际标准和代替的国家标准为：

——第 10 部分～第 19 部分：测量方法和试验程序总则（对应 IEC 60793-1-10 至 IEC 60793-1-19；代替 GB/T 15972.1—1998）；

——第 20 部分～第 29 部分：尺寸参数的测量方法和试验程序（对应 IEC 60793-1-20 至 IEC 60793-1-29；代替 GB/T 15972.2—1998）；

——第 30 部分～第 39 部分：机械性能的测量方法和试验程序（对应 IEC 60793-1-30 至 IEC 60793-1-39；代替 GB/T 15972.3—1998）；

——第 40 部分～第 49 部分：传输特性和光学特性的测量方法和试验程序（对应 IEC 60793-1-40 至 IEC 60793-1-49；代替 GB/T 15972.4—1998）；

——第 50 部分～第 59 部分：环境性能的测量方法和试验程序（对应 IEC 60793-1-50 至 IEC 60793-1-59；代替 GB/T 15972.5—1998）。

其中 GB/T 15972.5×由以下部分组成：

——第 50 部分：环境性能的测量方法和试验程序——恒定湿热；

——第 51 部分：环境性能的测量方法和试验程序——干热；

——第 52 部分：环境性能的测量方法和试验程序——温度循环；

——第 53 部分：环境性能的测量方法和试验程序——浸水；

——第 54 部分：环境性能的测量方法和试验程序——伽玛辐照。

本部分为 GB/T 15972 的第 53 部分。本部分修改采用国际电工技术委员会标准 IEC 60793-1-53：2001《光纤　第 1-53 部分：测量方法和试验程序——浸水》（英文版）。

本部分与 IEC 60793-1-53：2001 主要差异如下：

——适用范围由 A1a 类至 A1d 类光纤改为 A1 类光纤，B1 类至 B4 类光纤改为 B 类光纤；

——最小弯曲直径 150 mm 改为绕圈直径应大于 150 mm；

——在试验前后要对光纤涂覆层平均剥离力进行测量改为对光纤涂覆层剥离力进行测量；

——试样应在规定的标准大气条件下恢复 12 h 以上改为应在 GB/T 15972.10—2008 规定的标准大气条件下恢复 12 h 以上。

为了便于使用，对 IEC 60793-1-53：2001 本部分还做了下列编辑性修改：

——按照我国标准的编排格式和表述要求，对一些内容安排做了调整，删除“第 8 章”；

——“IEC 60793 的本部分”改为“GB/T 15972 的本部分”；

——对于 IEC 60793-1-53 引用的其他国际标准中有被修改采用为我国标准的，GB/T 15972.53 引用我国的这些国家标准或行业标准代替对应的国际标准。

本部分由中华人民共和国信息产业部提出。

本部分由中国通信标准化协会归口。

本部分起草单位：武汉邮电科学研究院。

本部分主要起草人：陈永诗、李海清、刘泽恒、程淑玲。

本部分第一次发布。

光纤试验方法规范 第53部分：环境性能的测量方法和试验程序——浸水

1 范围

GB/T 15972 的本部分规定了评估光纤在给定环境中浸水性能的测量方法和试验程序。

本部分适用于确定 A1 类多模光纤和 B 类单模光纤在实际应用、贮存和（或）运输过程中可能发生的浸泡在蒸馏水或软化水环境条件下的适应性能。

注：该试验对其他类型光纤的适用性在研究中。

2 规范性引用文件

下列文件中的条款通过 GB/T 15972 的本部分的引用而成为本部分的条款。凡是注日期的引用文件，其随后所有的修改单（不包括勘误的内容）或修订版均不适用于本部分，然而，鼓励根据本部分达成协议的各方研究是否可使用这些文件的最新版本。凡是不注日期的引用文件，其最新版本适用于本部分。

GB/T 2423.38—1990 电工电子产品基本环境试验规程 试验 R：水试验方法（eqv IEC 60068-2-18：1985）

GB/T 15972.10—2008 光纤试验方法规范 第 10 部分：测量方法和试验程序——总则（IEC 60793-1-1：2002，Optical fibres—Part 1-1：Measurement methods and test procedures—General and guidance，MOD）

GB/T 15972.32—2008 光纤试验方法规范 第 32 部分：机械性能的测量方法和试验程序——涂覆层可剥性（IEC 60793-1-32：2001，Optical fibres—Part 1-32：Measurement methods and test procedures—Coating strippability，MOD）

GB/T 15972.40—2008 光纤试验方法规范 第 40 部分：传输特性和光学特性的测量方法和试验程序——衰减（IEC 60793-1-40：2001，Optical fibres—Part 1-40：Measurement methods and test procedures—Attenuation，MOD）

3 试验装置

3.1 水箱

应用蒸馏水、软化水或者去离子水将水箱填满，水的 pH 值在 5.0 至 8.0 之间。

3.2 其他装置

需要完成试验和测量所必须的其他附加装置（如详细规范中规定的装置）。

4 试样和试样制备

为达到所要求的衰减测量重复性，光纤试样长度，对 A1 类光纤应至少为 1 000 m，对 B 类光纤应至少为 2 000 m。暴露在试验水箱外面的光纤应尽可能短，如果暴露在外面的部分超过试样总长度的 10%，则宜记录说明。

在试样的准备过程中不应有在试验条件下给光纤造成危害的影响。除非在详细规范中另有规定，光纤试样宜松绕成圈，试样光纤两端露在水外。将试样垂直或水平放置，为避免任何宏弯影响，绕圈直径应大于 150 mm。露在水外光纤的长度应足够长，以便能够在试验前和试验后进行任何物理检验。

为了能完成所要求的与试验后机械性能测量对比，进行对比测量的样品长度在试验前应移去。

5 试验程序

5.1 试验条件

按照GB/T 2423.38—1990中方法R的试验程序，将试样放入装满水的水箱，但不施加水压。水的温度保持在23℃±5℃，放置30天，监测衰减和涂层剥离力的变化。

5.2 测量

5.2.1 传输特性测量

在试验开始前，试验过程中(当试样稳定在规定温度和相对湿度条件下)和试验结束后都要对试样的衰减在产品规范规定的波长上进行测量。测量方法和试验程序按照GB/T 15972.40—2008的规定，应记录衰减的变化量。

注：如果采用GB/T 15972.40—2008的方法A，则应注意记录一系列测量中截断的长度；如果采用GB/T 15972.40—2008的方法B，则应证明整个过程中连接的稳定性；如果采用GB/T 15972.40—2008的方法C，则应注意确保结果的不漂移性；GB/T 15972.40—2008的方法D不可采用。

5.2.2 机械特性测量

在试验前后都要对光纤涂覆层剥离力进行测量，用来评估涂覆层剥离特性的变化。测量方法和试验程序按照GB/T 15972.32—2008的规定。

5.3 预处理

如有要求，试样应按照详细规范进行预处理。

5.4 恢复

如果没有特殊要求，试样应在GB/T 15972.10—2008规定的标准大气条件下恢复12 h以上，但不得超过48 h。详细规范可要求在恢复阶段进行测量，如有此要求，详细规范应规定什么时候，进行哪些方面的测量。

6 合格判定标准

试验前后衰减变化和剥离力变化的相关要求按有关产品规范的规定。

7 结果

7.1 试验结果报告应包括下列内容：

——试验名称；

——试样识别号；

——试样长度；

——测量波长；

——衰减测量变化；

——剥离力测量变化；

——水的pH初始值；

——试验日期和操作人员。

7.2 根据要求报告中也可包括下列内容：

——对关键测量装置的描述；

——合格判据；

——应报告的信息；

——应用程序中出现的任何偏差。

ICS 33.180.10
M 33

中华人民共和国国家标准

GB/T 15972.54—2008
部分代替 GB/T 15972.5—1998

光纤试验方法规范 第54部分:环境性能的测量方法和试验程序——伽玛辐照

Specifications for optical fibre test methods—Part 54:Measurement methods and test procedures for environmental characteristics—Gamma irradiation

(IEC 60793-1-54:2003,Optical fibres—Part 1-54:Measurement methods and test procedures—Gamma irradiation,MOD)

2008-03-31 发布　　2008-11-01 实施

中华人民共和国国家质量监督检验检疫总局
中国国家标准化管理委员会　发布

前　言

GB/T 15972《光纤试验方法规范》由若干部分组成，其预期结构及对应的国际标准和代替的国家标准为：

——第 10 部分～第 19 部分：测量方法和试验程序总则(对应 IEC 60793-1-10 至 IEC 60793-1-19；代替 GB/T 15972.1—1998)；

——第 20 部分～第 29 部分：尺寸参数的测量方法和试验程序(对应 IEC 60793-1-20 至 IEC 60793-1-29；代替 GB/T 15972.2—1998)；

——第 30 部分～第 39 部分：机械性能的测量方法和试验程序(对应 IEC 60793-1-30 至 IEC 60793-1-39；代替 GB/T 15972.3—1998)；

——第 40 部分～第 49 部分：传输特性和光学特性的测量方法和试验程序(对应 IEC 60793-1-40 至 IEC 60793-1-49；代替 GB/T 15972.4—1998)；

——第 50 部分～第 59 部分：环境性能的测量方法和试验程序(对应 IEC 60793-1-50 至 IEC 60793-1-59；代替 GB/T 15972.5—1998)。

其中 GB/T 15972.5×由以下部分组成：

——第 50 部分：环境性能的测量方法和试验程序——恒定湿热；

——第 51 部分：环境性能的测量方法和试验程序——干热；

——第 52 部分：环境性能的测量方法和试验程序——温度循环；

——第 53 部分：环境性能的测量方法和试验程序——浸水；

——第 54 部分：环境性能的测量方法和试验程序——伽玛辐照。

本部分为 GB/T 15972 的第 54 部分。本部分修改采用国际电工技术委员会标准 IEC 60793-1-54：2003《光纤　第 1-54 部分：测量方法和试验程序——伽玛辐照》(英文版)。

本部分与 IEC 60793-1-54：2003 主要差异如下：

——按照我国标准的编排格式和表述要求，对一些内容安排做了调整，将“第 1 章”中有关背景的描述作为附录 A 给出，删除了“第 8 章”，其内容放在“第 7 章”；

——纠正了 IEC 文本 7.3 中从光源耦合到试样中的功率应小于“30 dBm(1.0 μW)”的错误，改为应小于“－30 dBm(1.0 μW)”；

——“IEC 60793 的本部分”改为“GB/T 15972 的本部分”；

——对于 IEC 60793-1-54 引用的其他国际标准中有被修改采用为我国标准的，GB/T 15972.54 引用我国的这些国家标准或行业标准代替对应的国际标准。

本部分代替 GB/T 15972.5—1998《光纤总规范　第 5 部分：环境性能试验方法》第 7 章。

本部分与 GB/T 15972.5—1998《光纤总规范　第 5 部分：环境性能试验方法》第 7 章相比主要变化如下：

——有关背景的描述作为附录 A 给出(1998 年版的 7.1.1；本版的附录 A)；

——删除了图 2 和图 3(见 1998 年版的 7.3)；

——删除了表 2(见 1998 年版的 7.4.4)；

——暴露在伽玛辐照下的环境背景辐照效应，将由试样受到的标称剂量率为 0.2 Gy/h、暴露的总剂量为 1 Gy，改为将由试样受到的标称剂量率为 0.02 Gy/h、暴露的总剂量为 0.1 Gy 确定(1998 年版的 7.4.3；本版的 5.3)；

——暴露在伽玛辐照下的有害核辐照效应，将由试样受到的标称剂量率和总剂量组合之一，改为将由试样受到的标称剂量率为 1 000 Gy/h、暴露的总剂量为 1 000 Gy 确定(1998 年版的 7.4.4 表 2;本版的 5.4);

——相关内容的叙述做了一些修改。

本部分的附录 A 为规范性附录。

本部分由中华人民共和国信息产业部提出。

本部分由中国通信标准化协会归口。

本部分起草单位:武汉邮电科学研究院。

本部分主要起草人:陈永诗、李海清、刘泽恒、程淑玲。

本部分为第一次修订,它与 GB/T 15972.5×其他部分一起代替 GB/T 15972.5—1998。

光纤试验方法规范 第54部分：环境性能的测量方法和试验程序——伽玛辐照

1 范围

GB/T 15972的本部分规定了评估光纤和光缆在给定的伽玛辐照环境中性能的测量方法和试验程序。

本部分适用于测定成缆或未成缆A1类、A2类多模光纤和B类单模光纤因暴露在伽玛辐照下产生的辐照感应衰减值。

本部分不适用于光缆中非传光组分材料的测量，如果光缆材料暴露在辐照中会发生恶化，则需要进一步研究和寻找其他的测量方法。

注：该试验对其他类型光纤的适用性在研究中。有关背景描述见附录A，详细背景信息见IEC/TR 62283。

2 规范性引用文件

下列文件中的条款通过GB/T 15972的本部分的引用而成为本部分的条款。凡是注日期的引用文件，其随后所有的修改单(不包括勘误的内容)或修订版均不适用于本部分，然而，鼓励根据本部分达成协议的各方研究是否可使用这些文件的最新版本。凡是不注日期的引用文件，其最新版本适用于本部分。

GB/T 15972.40—2008 光纤试验方法规范 第40部分：传输特性和光学特性的测量方法和试验程序——衰减(IEC 60793-1-40：2001，Optical fibres—Part 1-40：Measurement methods and test procedures—Attenuation，MOD)

GB/T 15972.44—2008 光纤试验方法规范 第44部分：传输特性和光学特性的测量方法和试验程序——截止波长(IEC 60793-1-44：2001，Optical fibres—Part 1-44：Measurement methods and test procedures—Cutoff wavelength，MOD)

IEC/TR 62283 核辐照 纤维光学指南

3 试验装置

3.1 辐照源

3.1.1 环境背景辐照试验

应采用一个^{60}Co(钴^{60})或等效的电离源产生伽玛辐射。该环境的特点是相对低剂量和低剂量率。

3.1.2 有害核环境辐照试验

应采用一个^{60}Co(钴^{60})或等效的电离源产生伽玛辐射。该环境的特点是相对高剂量和高剂量率。

3.2 光源

应采用诸如卤钨灯、一组激光器或发光二极管(LEDs)等光源来产生850 nm、1 300 nm(1 310 nm)、1 550 nm或按产品规范规定波长的光。在完成测量的足够长时间内，光源强度应保持稳定。从光源耦合到试样中的功率应小于−30 dBm(1.0 μW)或按照产品规范中规定。光源应用占空比为50%的脉冲信号进行调制。

注：如果采用耦合进光纤的功率大于1.0 μW光源，可以产生光漂白作用。

3.3 光滤波器/单色仪

如没有特殊要求，应使用一组滤光器或一单色仪获得波长为 850 nm±20 nm、1 300(1 310) nm±20 nm和 1 550 nm±20 nm 的光。滤光器 3 dB 光谱宽度应不大于 25 nm。

3.4 包层模剥除器

必要时，应在试样输入端和输出端采用包层模剥除器以剥除包层模。如果光纤涂覆材料设计成可去除包层模(涂覆材料折射率略高于玻璃包层折射率)，则不要求包层模剥除器。

3.5 光纤固定和定位装置

应配置诸如真空吸盘能稳定支撑试样输入端的装置。支撑装置应安放在定位装置上，以便试样端可与输入光进行重复定位。

3.6 光束分离器

光束分离器应分出一小部分输入光作为参考光。参考光应用来监视试验期间系统的波动。

3.7 输入端注入模拟器

3.7.1 A1 类多模光纤(折射率渐变型)

应用一稳态模模拟器衰减掉高阶传输模，在光纤输入端建立稳态模条件，建立稳态模条件的说明见GB/T 15972.40—2008 方法 A。

3.7.2 B 类单模光纤

一光学透镜系统或尾纤可用于激励被试光纤。耦合进试样中的光功率在试验期间应保持稳定。如果采用一光学透镜系统，一种使光纤定位较不敏感的方法就是对光纤输入端进行空间和角度的满注入；如果采用尾纤，可能有必要采用折射率匹配材料来消除干涉效应。应采用高阶模滤模器来滤除在大于或等于截止波长上高阶传输模，GB/T 15972.44—2008 中方法 C 规定的试验条件可满足此要求。

3.7.3 A2.1 类和 A2.2 类多模光纤(折射率准突变和突变型)

应按产品规范规定建立注入条件。

3.8 光检测器

应采用在接收光强范围内线性并稳定的光检测器。典型系统可包括采用电流输入前置放大器进行放大的光生伏打型光电二极管，由锁相放大器进行同步检测。

3.9 光功率计

应采用合适的光功率计测定从光源耦合进试样的光功率，确保它不大于 1.0 μW 或按产品规范规定的值。

3.10 辐射剂量计

应采用热致发光 LiF 或 CaF 晶体检测器(TLD)或一个离子室检测器测定试样光纤接收到的辐射总剂量。

3.11 温度受控试验箱

如果没有特殊要求，温度受控试验箱应能保持规定温度在±2℃以内。

3.12 试验线轴

试验中，试验线轴对本试验所采用的辐射不应起屏蔽或吸收作用。原则上，木头、塑料或类似的非导体材料，对辐照都具有透明性。对于精确的测量，应考虑附加吸收。

4 试样和试样制备

4.1 试样

4.1.1 光纤试样

光纤试样应是按照产品规范中规定的具有代表性的光纤试样。

4.1.2 光缆试样

光缆试样应是按照产品规范中规定的具有代表性的光缆试样，光缆中应至少包含一根规定的光纤。

4.2 环境背景辐照试验试样

如果没有特殊规定，试样长度应为 3 000 m±30 m（受反应器限制要用较短长度时，试样长度可以为 1 100 m±20 m）。试样两端在试验箱外应留出的最短长度约 5 m，用于连接光源和检测器。应记录试样受辐照长度。

4.3 有害核环境试验试样

如果没有特殊规定，试样长度应为 250 m±2.5 m（当试验条件要求一个高的总剂量和剂量速率时，可能需要一个较短的试样长度）。试样两端在试验箱外应留出的最短长度约 5 m，用于连接光源和检测器。应记录试样受辐照长度。

4.4 试验线轴

试样应绕在按产品规范规定直径的线轴或线盘上，两端应留出足够长的未绕光纤，以便能接到光学测量设备上。

一种替代放置方法是将光纤松绕成规定直径的线圈。

4.5 环境光屏蔽

试样应与环境光隔离开以防止光漂白作用。

5 试验程序

辐照试验类型依据辐照剂量、剂量率、辐照时间和温度来区分，分为环境背景辐照试验和有害核辐照试验。

5.1 辐照源的校准

试样置入试验箱以前，应对辐照源剂量均匀性和强度进行校准。将四个 TLD 置于辐照区，使它们的中心放在试样所在线轴或线盘轴线上。采用四个 TLD 以获得具有代表性的平均值。应采用等于或略大于实际试验剂量的校准系统。为保证实际试验剂量测量的最大可能的准确度，TLD 只限于使用一次。

5.2 预处理和条件调节

5.2.1 预处理

试验前，应对试样在 25℃±5℃ 的温度箱内预处理 1 h，或在试验温度下按产品规范规定的时间预处理。

5.2.2 条件调节

短长度试样的输入端应放在定位装置上，并对准光功率计以便获得最大光功率。

采用经校准的功率计测量试样输入端的功率。需要时，应调节光源功率使得输入端的功率小于 1.0 μW或按产品规范中规定。

注：如果采用耦合进光纤的功率大于 1.0 μW 光源，可以产生光漂白作用。

在辐射源关闭的情况下，应对试样的输入端进行定位，以便在检测器上获得最大光功率。一旦调好之后，在伽玛辐照试验期间不应改变输入端光注入条件。

应将一曲线记录仪或合适的测量装置连接到检测系统进行连续功率测量，应调整测量设备，使检测信号不超过设备的极限。

应采用一个 ^{60}Co（钴 ^{60}）或等效的电离源以所要求的剂量率产生伽玛辐射。

由于辐照源特性的改变，剂量率水平仅是一个近似值。辐照光源间剂量率的变化量预计高达 ±50%。打开或关闭辐照源所需的时间应小于总暴露时间的 10%。

在试验期间保持温度的稳定是非常重要的。如果需要进行不同温度下的试验，则应在辐照前在不同温度下测量每一规定波长上的衰减。

5.3 环境背景辐照下的衰减测量

按照 GB/T 15972.40—2008 中方法 A（截断法）测量试样在规定波长下的衰减，记录试样暴露于伽玛辐照源前的衰减值 A_1。最初衰减测量环境温度应与辐照试验期间测量温度相同。

暴露在伽玛辐照下的环境背景辐照效应，将由试样受到的标称剂量率为 0.02 Gy/h、暴露的总剂量为 0.1 Gy 确定。为模拟特殊规定的条件，在产品规范中，可以要求其他剂量和剂量率组合的环境背景辐照。

在完成辐照和辐照过程的 2 h 内，对试样按照同样的方法进行衰减测量，记录经暴露在伽玛辐照源后的试样衰减值 A_2。

5.4 有害核环境下的衰减测量

记录暴露在伽玛辐照源前的输出功率。

暴露在伽玛辐照下的有害核辐照效应，将由试样受到的标称剂量率为 1 000 Gy/h、暴露的总剂量为 1 000 Gy 确定。为模拟特殊规定的条件，在产品规范中，可以要求其他剂量和剂量率组合的有害核环境辐照。

在伽玛辐照循环周期内应记录试样的输出功率，根据辐照前试样衰减的测量值，能够确定辐照引起的光纤衰减变化。

在完成辐照过程后，也应记录试样的输出功率至少 15 min，或按详细规范规定的时间。完成辐照过程后恢复时间内参考检测器功率也应记录。

6 计算

6.1 光衰减的变化值 ΔA（环境背景辐照试验）

$$\Delta A = A_2 - A_1 \qquad (1)$$

式中：

A_1——暴露于伽玛辐照之前试样的衰减，单位为分贝(dB)；

A_2——暴露于伽玛辐照之后试样的衰减，单位为分贝(dB)。

6.2 光透射率变化 A（有害核环境试验）

光透射率变化 A 应按照下列公式进行每个波长的计算（有害核环境试验）：

$$A_0 = -10\lg(P_0/P_B) \qquad (2)$$

$$A_{15} = -10\lg(P_{15}/P_B) \qquad (3)$$

式中：

P_0——停止辐照 1 s 内试样的功率输出（除非另有规定），单位为微瓦(μW)；

P_{15}——停止辐照后 15 min 试样的功率输出（除非另有规定），单位为微瓦(μW)；

P_B——辐照开始前试样的功率输出，单位为微瓦(μW)；

A_0——紧接辐照之后试样的光透射率变化（光衰减），单位为分贝(dB)；

A_{15}——停止辐照 15 min 试样的光透射率变化（光衰减），单位为分贝(dB)。

6.3 结果修正

考虑到系统的不稳定性而采用参考测量进行修正时，参考检测器的测量结果为：

$$A_{REF} = -10\lg(P_{E'}/P_{B'}) \qquad (4)$$

式中：

$P_{E'}$——测量结束时由参考检测器测得的功率，单位为微瓦(μW)；

$P_{B'}$——辐照开始前由参考检测器测得的功率，单位为微瓦(μW)。

修正后的试验结果为：

$$A_{0NOR} = A_0 - A_{REF} \qquad (5)$$

$$A_{15NOR} = A_{15} - A_{REF} \qquad (6)$$

7 结果

7.1 试验结果报告应包括下列内容：

——试验名称；

——试样识别号；

——暴露在辐照下的试样长度；

——试验波长；

——试验温度；

——线轴的材料、尺寸和设计；

——试验剂量和剂量率；

——衰减变化 ΔA（环境背景辐照条件下）；

——光透射率变化 A_0 和 A_{15}（有害核环境试验）；

——试样特性如光纤类型、光缆类型、尺寸和组成；

——试验过程的曲线记录；

——试验日期和操作人员。

7.2 根据要求可提供的其他信息：

——辐照源说明；

——剂量计类型；

——光源类型、型号和制造厂家；

——光滤波器或单色仪说明；

——包层模剥除器说明；

——注入模拟器和注入条件说明；

——光束分离器类型；

——检测和记录仪器说明；

——温度试验箱特性说明；

——测量仪表最后校准日期；

——操作员身份证明；

——试验线轴直径；

——合格判据；

——其他测量条件。

附 录 A
（规范性附录）
背 景

当暴露在伽玛辐照环境时，成缆或未成缆光纤的衰减通常都会增加。这主要是由于在玻璃缺陷部位俘获了辐照分解的电子和空穴所造成的（即形成了色心）。本试验程序集中在两种感兴趣的状态：适合于评估环境背景辐照效应的低剂量状态和适合于评估有害核环境效应的高剂量状态。采用类似于GB/T 15972.40—2008中方法A（截断法）可实现环境背景辐照效应的试验。通过监测量样暴露在伽玛辐照前后及期间的功率可实现有害核环境效应试验。由光（光漂白）或热作用导致的色心减少产生了恢复效应（减小了辐照感应衰减）。恢复效应可在较宽时间范围内发生，它取决于辐照时间的长短。这使得辐照引起的衰减变化特征变得复杂化，因为衰减与许多变量有关，包括试验环境温度、试样结构、施加于试样的总剂量和剂量率以及测量它所使用的光平。

警告：在实验室进行本试验时，应采取严格控制和合适的防护措施。应由精心挑选的训练有素的人员进行这项试验。如果操作不当或无合格条件，这项试验对于试验人员是危险的。

ICS 11.020
C 61

中华人民共和国国家标准

GB 16006—2008
代替 GB 16006—1995

碘缺乏病消除标准

Criteria for elimination of iodine deficiency disorders

2008-06-11 发布　　2008-12-01 实施

中华人民共和国卫生部
中国国家标准化管理委员会　发布

前　言

本标准的全部技术内容为强制性。

本标准以世界卫生组织(WHO)、联合国儿童基金会(UNICEF)和国际控制碘缺乏病理事会(ICCIDD)三个国际组织于1994年推荐的"将碘缺乏病(IDD)作为公共卫生问题予以消除的标准"(参见附录B)和2001年推荐的"将碘缺乏病作为公共卫生问题可持续消除的标准"(参见附录C)为基础,结合我国国情修改。

本标准代替GB 16006—1995《碘缺乏病消除标准》。

自本标准实施之日起,GB 16006—1995《碘缺乏病消除标准》同时废止。

本标准与GB 16006—1995相比主要修改如下:

——修改了碘缺乏病消除指标;

——增加了保障措施部分。

本标准的附录A为规范性附录,附录B和附录C为资料性附录。

本标准由中华人民共和国卫生部提出并归口。

本标准由中华人民共和国卫生部负责解释。

本标准负责起草单位:甘肃省疾病预防控制中心。

本标准参加起草单位:天津医科大学、河南省疾病预防控制中心、辽宁省疾病预防控制中心、新疆维吾尔自治区疾病预防控制中心。

本标准主要起草人:张育新、陈祖培、格鹏飞、郑合明、王健辉、王锋锐。

本标准于1996年首次发布,本次为第一次修订。

碘缺乏病消除标准

1 范围

本标准规定了碘缺乏病的消除标准。

本标准适用于碘缺乏病消除的评估、监测及其防制效果评价。

2 规范性引用文件

下列文件中的条款通过本标准的引用而成为本标准的条款。凡是注日期的引用文件，其随后所有的修改单(不包括勘误的内容)或修订版均不适用于本标准，然而，鼓励根据本标准达成协议的各方研究是否可使用这些文件的最新版本。凡是不注日期的引用文件，其最新版本适用于本标准。

GB 16004 地方性甲状腺肿的诊断及分度标准

GB 16398 儿童少年甲状腺容积的正常值

WS/T 107 尿中碘的砷铈催化分光光度测定方法

3 碘缺乏病消除指标

3.1 碘盐

碘盐覆盖率≥95％。

居民户合格碘盐食用率＞90％。

3.2 甲状腺肿

8 岁～10 岁儿童触诊或超声诊断甲状腺肿大率＜5％。

3.3 尿碘

8 岁～10 岁儿童：

100 μg/L 以下的比率＜50％。

50 μg/L 以下的比率＜20％。

4 诊断和检测方法

4.1 甲状腺肿大诊断标准见 GB 16004 和 GB 16398。

4.2 尿碘检测方法按 WS/T 107 操作。

5 保障措施

按照附录 A 执行。

附录A
（规范性附录）
实现2010年消除碘缺乏病目标行动方案

我国是世界上碘缺乏病流行最严重的国家之一，党和政府历来高度重视碘缺乏病的防治工作。我国政府于1991年做出到2000年实现消除碘缺乏病目标的承诺，并相继颁布了《食盐加碘消除碘缺乏危害管理条例》、《食盐专营办法》，制订了一系列卫生标准和技术方案，从1996年起，在全国范围实施了全民食盐加碘为主的综合防治措施；到2000年，全国总体上达到消除碘缺乏病指标，消除碘缺乏病工作进入了持续和稳步发展阶段。

2004年，国务院办公厅转发卫生部等部门《全国重点地方病防治规划(2004—2010年)》(以下简称《规划》)，提出到2010年全国各省(自治区、直辖市)及95%以上的县(市)实现消除碘缺乏病的目标。目前，全国尚有7个省(自治区、直辖市)未实现消除碘缺乏病目标，还有7个省(自治区)处于基本实现消除碘缺乏病目标阶段。这些省(自治区、直辖市)主要分布在我国中西部地区，防治工作难度较大。特别是一些原盐产区、少数民族地区和边远贫困山区，由于受自然环境、经济、文化及生活习俗等因素影响，碘盐覆盖率长期处于较低水平，人们仍然遭受缺碘危害，局部地区已出现了地方性克汀病病例。与此同时，近年来，一些已经实现或基本实现消除碘缺乏病目标地区，由于重视不够、疏于防范、淡化管理，防治工作出现滑坡，非碘盐冲销日趋严重，出现碘缺乏病病情反弹趋势。加之自然环境缺碘是难以改变的客观现实，长期坚持补碘措施是持续改善人群碘营养状况的唯一有效途径。因此，我国防治碘缺乏病的形势依然严峻，实现2010年消除碘缺乏病目标依然十分艰巨，亟待进一步加强和完善可持续消除碘缺乏病工作机制。根据《国务院办公厅关于进一步加强消除碘缺乏病工作的意见》和《规划》精神，制定本行动方案。

一、强化政府职责，确保目标实现

消除碘缺乏病是关系到提高全民族人口素质，实现民族昌盛，建设社会主义新农村和构建社会主义和谐社会的重要内容，是党和政府关心群众疾苦，坚持以人为本的最直接、最现实体现，各地、各部门要以“三个代表”重要思想为指导，认真落实科学发展观，提高对消除碘缺乏病工作的重要性、艰巨性和长期性认识；进一步强化政府责任，将消除碘缺乏病工作纳入政府的重要议事日程，落实目标责任制和责任追究制；始终坚持“政府领导、齐抓共管、预防为主、科学防治、突出重点、因地制宜、统筹规划、分步实施”的工作原则，建立健全防治工作的领导和协调机制。

已经实现消除碘缺乏病目标的省(自治区、直辖市)，要进一步巩固防治成果，加强和完善持续消除碘缺乏病工作的长效机制。尚未实现或基本实现消除碘缺乏病目标的省(自治区、直辖市)，要加大工作力度，将年度任务指标逐级分解落实到各级政府及有关部门，确保2010年实现消除碘缺乏病的目标。

二、坚持依法防治，完善法律法规

各地、各部门要认真贯彻执行《食盐加碘消除碘缺乏危害管理条例》、《食盐专营办法》等相关法律法规和标准，依法防治碘缺乏病。对于现行相关法律法规及标准与当前防治工作不相适应的，要及时予以修订和完善，依法保证食盐加碘为主的综合防治措施，得到有效落实。

三、政府分级投入，安排防治经费

碘缺乏病是“十一五”期间我国重点防治的地方病之一。地方各级政府要按照财政分级负担的原则，将碘缺乏病防治经费列入财政预算。中央财政通过转移支付，对贫困地区给予适当补助。

四、履行部门职责，落实食盐加碘

食盐加碘是我国消除碘缺乏病长期坚持的主导措施。依照《规划》要求，各部门要各司其职，通力协作，有效落实食盐加碘为主的综合防治措施。

发展改革委、盐业主管部门负责加强碘盐生产、流通环节的管理，保证合格碘盐稳定供应；进一步理顺盐业管理体制，加快食盐流通现代化建设，建立健全碘盐销售网络。确保碘盐配送到乡村销售网点，保证西部边远贫困地区的碘盐供应。

发展改革委、价格主管部门要继续加强碘盐价格调控，合理确定碘盐价格水平，推广使用适于西部边远贫困地区消费水平的碘盐品种，利用价格政策，抑制普通碘盐过度包装。要完善区域内统一定价政策，“抽肥补瘦”，进一步减轻边远贫困地区消费者的经济负担，以保证有效提高居民户碘盐覆盖率。

盐业主管部门要合理布设无碘食盐专卖点，保证对不宜食用碘盐的特殊疾病人群，供应无碘食盐。在已明确取消碘盐供应的高碘地区，有序组织无碘食盐供应，并确保无碘食盐不销往缺碘地区。

各级政府要按照制盐行业发展规划，积极推动产业结构调整，做好规模以下小盐田(场、厂)的关停并转工作，领导有关部门依法取缔非定点小盐田(场、厂)，查禁私挖滥采。

工商部门和盐业主管部门要加大市场监管，严厉打击非碘盐、不合格碘盐、假冒碘盐冲销市场的违法行为，决不允许工业盐等非碘盐流入食盐市场，维护食盐市场的经营秩序。

质检部门要加大对碘盐生产环节的质量监督、日常监管和执法打假，严把产品质量关，不合格碘盐一律不准出厂销售。

卫生部门要做好餐饮业和集体食堂碘盐的卫生监督，确保餐饮业及集体食堂食用合格碘盐。

五、完善监测体系，突出防治重点

卫生部门负责组织开展碘缺乏病的监测工作，提高监测灵敏度和覆盖率，加强监测管理与质量控制，强化监测与防治干预措施的有机结合，尤其要因地制宜地加强对重点地区、重点人群的监测和防治干预，不断完善监测评估体系，为可持续消除碘缺乏病提供科学依据。

卫生部门要及时将监测信息通报各有关部门，提高信息利用的时效性和有效性。发展改革委、工商、质检和盐业主管等部门要根据各自的监管职能及时调整工作重点，逐步建立监测有序、响应及时、措施有力的长效监测机制。

卫生部门要组织制订应急预案，增强对突发事件的应急处置能力，适时在原盐产区、碘盐覆盖率及合格碘盐食用率较低的地区开展专项调查，发现有病情严重回升的地区，应及时报告当地政府和上级卫生行政部门，采取应急补碘措施，并及时通报国家盐业主管机构，实施应急碘盐供应。

在缺碘严重且普及碘盐暂时有困难的地区，卫生等部门要对严重缺碘的育龄妇女尤其是孕妇、哺乳期妇女等特需人群，因地制宜地采取安全、有效、价格低廉的强化补碘措施，预防智力残疾的发生。

卫生、民政及残联等部门应采取积极措施，对不同类型的地方性克汀病患者进行必要的药物治疗和提供适当的康复服务。

六、强化健康教育，密切部门合作

通过多部门开展多种形式的健康教育活动，使碘缺乏病防治知识家喻户晓，人人皆知，积极营造全社会共同参与防治工作的社会氛围，为建立防治碘缺乏病长效机制奠定基础。要重点面向西部边远、贫困、盐产地及周边等地区人群，提高健康教育的针对性、可及性和有效性。

卫生、发展改革委、广电、教育、妇女儿童、工商、质检、人口和计划生育、妇联、残联、关心下一代工作委员会及盐业等部门、单位要认真组织开展好每年一次的“防治碘缺乏病日”活动，并结合部门职责开展经常性的宣传活动。

报刊、广播、电视、网络等新闻媒体要积极开展多种形式的碘缺乏病防治知识的公益性宣传活动。

教育行政部门要指导、督促中小学校对学生开展经常性健康教育，使学生了解碘缺乏病防治知识。

卫生部门要组织社区卫生服务中心、乡村医疗卫生机构，通过健康咨询、健康教育处方、健康教育宣传栏等形式开展健康教育活动。

人口计生委、残联要重点做好新婚育龄妇女和孕妇等特需人群补碘宣传教育工作，预防智力残疾发生。

盐业销售企业在销售加碘盐时，要在碘盐包装袋上印制碘缺乏病防治知识，在销售网点开展张贴宣传资料、刷写墙体标语等宣传活动。

七、加强科学研究,提高防治水平

卫生部门和盐业主管部门要针对我国持续消除碘缺乏病所面临的科技难点,组织科技攻关,增强科技储备。当前,要重点研究适于我国人群碘营养水平的食盐加碘浓度;探索在西部边远、贫困和少数民族地区切实可行的综合防治措施;研究和完善我国碘缺乏病监测体系和技术方案;开展特需人群碘营养监测技术的应用研究。通过科技攻关,为实现可持续消除碘缺乏病目标,提供技术保障。

各地要依据本行动方案,制定落实具体任务和工作目标的行动计划,全面部署,认真实施,确保成效。

卫生部会同发展改革委、财政部等有关部门和单位,按照《规划》的要求,制定2007年中期考核评估方案和2011年终期考核评估方案,全面考核评估消除碘缺乏病目标的实施情况。

——《卫生部、国家发展改革委、教育部、财政部、国家人口计生委、国家工商总局、国家质检总局、国家广电总局、全国妇联、中国残联、国务院妇儿工委办公室、中国关心下一代工作委员会、中国盐业总公司文件(卫疾控发[2006]443号)》

附 录 B
（资料性附录）
将碘缺乏病作为公共卫生问题予以消除的标准

世界卫生组织、联合国儿童基金会、国际控制碘缺乏病理事会1994年推荐的“将碘缺乏病作为公共卫生问题予以消除的标准”，列表如下：

表 B.1 将碘缺乏病作为公共卫生问题予以消除的标准（1994年）

指 标	标 准
碘盐：	
食用合格碘盐的家庭比率	＞90％
尿碘：	
6岁～12岁在校学生	
低于100 μg/L的比率	＜50％
低于50 μg/L的比率	＜20％
甲状腺大小：	
6岁～12岁在校学生	
触诊或超声诊断：甲状腺肿大率	＜5％
新生儿TSH：	
全血TSH水平＞5 mU/L的比率	＜3％

附 录 C
（资料性附录）
将碘缺乏病作为公共卫生问题可持续消除的标准

世界卫生组织、联合国儿童基金会、国际控制碘缺乏病理事会2001年推荐的“将碘缺乏病作为公共卫生问题可持续消除的标准”，列表如下：

表 C.1 将碘缺乏病作为公共卫生问题可持续消除的标准(2001年)

指 标	标 准
碘盐：	
食用合格碘盐的家庭比率	＞90％
尿碘：	
6岁～12岁在校学生	
低于100 μg/L的比率	＜50％
低于50 μg/L的比率	＜20％
管理指标[a]	10项中至少达到8项

[a] 以下为10项管理指标：

1） 有一个运转有效的、由多部门参与的国家级实体(或委员会)负责政府的国家消除碘缺乏病计划(委员会应当由多部门组成，包括营养、医学、教育、盐业、媒体和消费者，其主席由卫生部任命)；

2） 有对全民食盐加碘和消除碘缺乏病的政治承诺；

3） 有负责国家消除碘缺乏病计划工作的执行官员；

4） 有全民食盐加碘的法律或法规；理想的法律和法规应涵盖人和农业(牲畜)都食用碘盐，如果后者不能被涵盖，则不能排除一个国家被认定为消除碘缺乏病；

5） 承诺对消除碘缺乏病的进展进行评估和再评估，使实验室应有能力提供盐碘和尿碘的准确资料；

6） 有对公众开展碘缺乏病和食用碘盐重要性的健康教育以及进行社会动员的计划；

7） 有碘盐在生产、销售和居民户水平的定期监测资料；

8） 有学龄儿童尿碘定期监测的实验室资料，还应有来自高危地区的适当抽样数据；

9） 有盐业保障碘盐质量的合作；

10） 有盐碘、尿碘、TSH(如果可能)的监测结果，即定期监测的数据库，并向公众发布。

参 考 文 献

[1] 食盐加碘消除碘缺乏危害管理条例. 中华人民共和国国务院. 1994-10-1.

[2] 中华人民共和国母婴保健法. 全国人大常委会 中华人民共和国主席令. 1995-6-1.

[3] 实现 2010 年消除碘缺乏病目标行动方案. 卫生部,国家发展改革委,教育部,财政部,国家人口计生委,国家工商总局,国家质检总局,国家广电总局,全国妇联,中国残联,国务院妇儿工委办公室,中国关心下一代工作委员会,中国盐业总公司. 2006-11-15.

[4] 全国重点地方病防治规划(2004～2010 年). 国务院办公厅. 2004-10-14.

[5] 中国 2000 年消除碘缺乏病规划纲要. 国务院办公厅. 1994-9-21.

[6] GB 16006—1995 碘缺乏病消除标准.

[7] 实现消除碘缺乏病阶段目标评估方案. 卫生部,国家轻工业局,教育部,国家工商行政管理局,国家质量技术监督局. 1999-2-5.

[8] 食盐专营管理办法. 中华人民共和国国务院. 1996-5-27.

[9] WHO/UNCEF/ICC 碘缺乏病: Indicators for assessing Iodine Deficiency Disorders and their control through salt iodization. WHO/NUT, 1994. 6; p36.

[10] Assessment of Iodine Deficiency Disorders and Monitoring their Elimination—A guide for programme managers. WHO/NHD, 2001. 1; p61.

ICS 65.060.01
B 90

中华人民共和国国家标准

GB 16151.1—2008
代替 GB 16151.1～16151.3—1996

农业机械运行安全技术条件
第1部分:拖拉机

Technical requirements of operating safety for agricultural machinery—Part 1:Tractor

2008-07-04 发布

2009-01-01 实施

中华人民共和国国家质量监督检验检疫总局
中国国家标准化管理委员会
发布

前 言

本部分的全部技术内容为强制性。

GB 16151《农业机械运行安全技术条件》包括以下部分：

——第 1 部分：拖拉机

——第 5 部分：挂车

——第 12 部分：谷物联合收割机

本部分自实施之日起代替 GB 16151.1～16151.3—1996。

本部分与 GB 16151.1～16151.3—1996 相比主要变化如下：

——增加了术语和定义部分；

——增加了整机部分轮式拖拉机运输机组行驶轨迹、侧倾稳定角、挂拖质量比和比功率的要求；

——修改了整机部分对整机标志、安全防护及安全标志、外观和密封性的要求；

——增加了机架及行走系部分对轮胎的要求；

——增加了制动系部分台试检验试验方法；

——修改了制动系部分对气制动系统、液压制动系统的要求和行车制动性能检验试验方法；

——修改了照明、信号装置及电气设备部分对反射器、危险报警闪光灯和转向信号灯、前照灯照射位置、远光灯发光强度的要求；

——增加了照明、信号装置及电气设备部分对低噪声喇叭的要求和前照灯光速照射位置检验方法；

——增加了驾驶室等部件部分对安全框架、设置号牌座、配备灭火器和警告标志牌的要求；

——增加了排气污染物排放标准和测量方法的要求；

——增加了驾驶员操作位置处噪声试验方法；

——删除了所有与运行安全无关的条款；

——删除了操作性不强和不方便检查、检测的条款。

本部分的附录 A、附录 B、附录 C 为规范性附录。

本部分由中华人民共和国农业部提出。

本部分由全国农业机械标准化技术委员会归口。

本部分起草单位：农业部农机监理总站、农业部农业机械试验鉴定总站、江苏省农业机械安全监理所、南京农业大学、浙江大学动力机械及车辆工程研究所。

本部分主要起草人：丁翔文、姚海、吴晓玲、耿占斌、张耀春、谢传喜、姬长英、张国凯、吴锋。

本部分所代替标准的历次版本发布情况为：

——GB 16151.1—1996、GB 16151.2—1996、GB 16151.3—1996。

农业机械运行安全技术条件
第1部分:拖拉机

1 范围

GB 16151的本部分规定了拖拉机的整机及其发动机、传动系、行走系、转向系、制动系、照明及信号等装置、液压悬挂及牵引装置、驾驶室等部件有关运行安全和排气污染物控制、噪声控制的基本技术要求。

本部分适用于在我国使用的轮式、履带和手扶拖拉机和拖拉机运输机组的安全检验,其他用于农业作业的具有拖拉机功能的动力机械参照使用。

2 规范性引用文件

下列文件中的条款通过GB 16151的本部分的引用而成为本部分的条款。凡是注日期的引用文件,其随后所有的修改单(不包括勘误的内容)或修订版均不适用于本部分,然而,鼓励根据本部分达成协议的各方研究是否可使用这些文件的最新版本。凡是不注日期的引用文件,其最新版本适用于本部分。

GB 3847—2005　车用压燃式发动机和压燃式发动机汽车排气烟度排放限值及测量方法

GB/T 3871.3　农业拖拉机　试验规程　第3部分:动力输出轴功率试验(GB/T 3871.3—2006,ISO 789-1:1990,MOD)

GB/T 3871.8　农业拖拉机　试验规程　第8部分:噪声测量(GB/T 3871.8—2006,OECD R5:2002,MOD)

GB/T 4269.1　农林拖拉机和机械、草坪和园艺动力机械　操作者操纵机构和其他显示装置用符号　第1部分:通用符号(GB/T 4269.1—2000,idt ISO 3767-1:1991)

GB/T 4269.2　农林拖拉机和机械、草坪和园艺动力机械　操作者操纵机构和其他显示装置用符号　第2部分:农用拖拉机和机械用符号(GB/T 4269.2—2000,idt ISO 3767-2:1991)

GB 4785　汽车及挂车外部照明和光信号装置的安装规定(GB 4785—2007,ECE R48:2001,NEQ)

GB/T 6229　手扶拖拉机　试验方法

GB 6376　拖拉机噪声限值

GB 18447.1　拖拉机　安全要求　第1部分:轮式拖拉机

GB 18447.2　手扶拖拉机　安全要求

3 术语和定义

下列术语和定义适用于本部分。

3.1

拖拉机　tractor

用于牵引、推动、携带和/或驱动配套机具进行作业的自走式动力机械。

3.2

轮式拖拉机　wheeled tractor

通过车轮行走的两轴(或多轴)拖拉机。

3.3

履带拖拉机　crawler(tracklaying)tractor

装有履带行走装置的拖拉机。

3.4

手扶拖拉机　walking tractor

由扶手把操纵的单轴拖拉机。

3.5

拖拉机运输机组　tractor towing trailer for transportation

由拖拉机牵引一辆挂车组成的用于载运货物的机动车、包括轮式拖拉机运输机组、手扶拖拉机运输机组和手扶变型运输机。

4　整机

4.1　标志

4.1.1　拖拉机机身前部外表面的易见部位上应至少装置一个能持续保持的商标或厂标。

4.1.2　拖拉机应装置能持续保持的产品中文标牌。产品标牌应固定在一个明显的、不受更换部件影响的位置,其具体位置应在产品技术文件要求中指明。标牌应标明品牌、型号、发动机标定功率、出厂编号、出厂年月及生产厂名。

4.1.3　发动机型号应打印(或铸出)在气缸体易见部位,出厂编号应打印在气缸体易见且易于拓印部位,打印字高应不小于 7 mm,深度应不小于 0.2 mm,两端应打印起止标记。

4.1.4　拖拉机整机型号和出厂编号应打印在机架(对无机架的拖拉机为机身主要承载且不能拆卸的构件)易见且易于拓印部位,打印字高为 10 mm,深度应不小于 0.3 mm,型号在前,出厂编号在后,两端应打印起止标记。打印的具体位置应在产品技术文件要求中指明。

4.2　外廓尺寸

拖拉机运输机组的外廓尺寸限值见表 1。

表 1　拖拉机运输机组外廓尺寸限值　　单位为米

类　型		长	宽	高
轮式拖拉机运输机组	发动机标定功率≤58 kW	≤10.0	≤2.5	≤3.0
	发动机标定功率>58 kW	≤12.0	≤2.5	≤3.5
手扶拖拉机运输机组、手扶变型运输机		≤5.0	≤1.7	≤2.2

4.3　安全防护及安全标志

驾驶员工作和维护保养时,易发生危险的部位应加设防护装置并在明显处设置安全标志,其防护要求及安全标志应符合 GB 18447.1 和 GB 18447.2 的规定。

4.4　外观

外观应整洁,各零部件,仪表、铅封及附件齐备完好,联结紧固,各部件不应有妨碍操作、影响安全的改装。

4.5　密封性

各部位无明显漏水、漏油和漏气现象。

4.6　行驶轨迹

轮式拖拉机运输机组在平坦、干燥的路面上直线行驶时,挂车后轴中心相对于牵引车前轴中心的最大摆动幅度应不大于 220 mm。

4.7 侧倾稳定角

轮式拖拉机运输机组在空载、静态状态下，向左侧和向右侧倾斜最大侧倾稳定角：

a) 拖拉机半挂车运输机组≥25°；

b) 拖拉机全挂车运输机组≥35°。

4.8 挂拖质量比

轮式拖拉机运输机组的挂拖质量比(挂车最大允许总质量与拖拉机使用质量之比)应不大于3。

4.9 比功率

轮式拖拉机运输机组的比功率应不小于4.0 kW/t。

5 发动机

5.1 柴油发动机在全程调速范围内能稳定运转，熄火装置有效。

5.2 发动机功率应不小于标牌标定功率的85%。测量方法应符合GB/T 3871.3和GB/T 6229中的相关规定。

5.3 正常工作时的水温、机油温度、机油压力及燃油压力等应符合产品技术文件要求，蒸发式水箱浮标及机油压力指示器应齐全有效。

6 传动系

6.1 离合器、变速器、分动器、驱动桥、最终传动装置、动力输出装置及起动机传动机构的外壳无裂纹，运转时无异响、无异常温升现象。

6.2 离合器分离应彻底、结合平顺，其自由行程应符合产品技术文件要求。离合器操纵力：

a) 踏板应不大于350 N(双作用离合器应不大于400 N)；

b) 手柄应不大于100 N。

6.3 变速箱不应有乱挡和自动脱挡现象。

6.4 装有差速锁的拖拉机差速锁应可靠，操作手柄或踏板回位应迅速，无卡滞现象。

7 机架及行走系

7.1 机架应完整，不应有裂纹和影响安全的变形及严重锈蚀现象，螺栓和铆钉不应缺少和松动。

7.2 前、后桥不应有影响安全的变形和裂纹；发动机支架不应有裂纹。

7.3 轮毂、轮辋、辐板、锁圈不应有裂纹、不应有影响安全的变形；螺母齐全，并按规定力矩紧固。

7.4 轮胎型号应符合产品技术文件规定，运输作业时不应装用胎纹磨平的驱动轮和胎纹高度低于3.2 mm的转向轮，不应装用翻新的轮胎。轮胎胎壁和胎面不应有露线及长度大于25 mm、深度足以暴露出帘布层的破裂和割伤。

7.5 驱动轮胎纹方向不应装反(沙漠中除外)，同一轴上的左右轮胎型号、胎纹相同、磨损程度大致相等。

7.6 拖拉机运输机组不准装用高胎纹轮胎。

7.7 轮胎气压应符合产品技术文件要求，左右一致。

7.8 前轮前束值应符合产品技术文件要求规定。

7.9 前后轮应按技术文件要求设置挡泥板。

7.10 履带缓冲弹簧经预压后的长度符合规定，并且左右相等。引导轮轴及其叉臂装置应能无阻地前后运动。

8 转向系

8.1 转向盘应转向灵活，操纵方便，无阻滞现象；其最大自由转动量应不大于30°。

8.2 拖拉机转向应设置转向限位装置。转向系统在任何操作位置上，不允许与其他部件有干涉现象。

8.3 转向系转向应轻便灵活，在平坦、干硬的道路上不应有摆动、抖动、跑偏及其他异常现象。

8.4 转向盘的操纵力：

a) 机械式转向器应不大于 250 N；

b) 全液压式转向器失效时，应不大于 600 N。

8.5 转向机构应保证平稳转向，最小转向圆直径应符合产品技术文件要求。

8.6 转向垂臂、转向节臂及其间的纵、横拉杆连结可靠不变形，球头间隙及前轮轴承间隙适当，不应有松旷现象，在平坦道路区段高速行驶时，前轮不应有明显摆动。

8.7 全液压转向轮从一侧极限位置转到另一侧极限位置时，转向盘转数不应超过 5 圈。

8.8 液压转向系油位应正常，各处不应渗漏，油路中无空气。

8.9 履带拖拉机转向操纵杆的工作行程和自由行程符合产品技术文件要求。最大操纵力应不大于 250 N。

8.10 履带拖拉机转向操纵杆及制动踏板工作可靠，应能原地转向。

8.11 手扶拖拉机扶手把组合不应有裂纹和变形，紧固应牢靠；左右转向拉杆自由行程应调整一致，分离彻底，转向灵活，回位及时。彻底分离时，转向把手与扶手把套之间应有 2 mm～4 mm 间隙。手扶拖拉机运输机组的转向离合器把手操纵力应不大于 50 N。

9 制动系

9.1 一般要求

9.1.1 装有左右踏板的制动器，左右踏板的脚蹬面应位于同一平面上，应有可靠的联锁装置和定位装置。

9.1.2 制动踏板的自由行程应符合产品技术文件要求，制动应平稳、灵敏、可靠。

9.1.3 制动最大操纵力：

a) 踏板应不大于 700 N；

b) 手柄应不大于 400 N。

9.1.4 制动踏板在产生最大制动作用后，应留有储备行程，不得少于五分之一以上的总行程量。

9.1.5 轮式拖拉机运输机组牵引的载质量大于等于 3 t 的挂车与拖拉机意外脱离后，挂车应能自行制动，拖拉机的制动仍然有效。

9.2 气压制动系

9.2.1 储气筒应设置放水阀，其容量应保证在调压阀调定的最高气压下，且在不继续充气的情况下连续 5 次全行程制动后，气压不低于 400 kPa。

9.2.2 制动系各部位应不漏气，当气压升至 600 kPa 时，且不使用制动的情况下，停止空气压缩机 3 min 后，其气压降低值应不超过 10 kPa。

9.2.3 发动机在中速运转时，4 min 内(带挂车为 6 min)气压表的指示气压应从 0 kPa 升至 400 kPa。

9.2.4 储气筒应有限压装置，确保气压不超过允许的最高气压。

9.2.5 当制动系统的气压低于限压装置限制压力一半时，报警装置应能连续向驾驶员发出容易听到和/或看到的报警信号。

9.3 液压制动系

前后轮均采用液压制动系的拖拉机应为双管路制动系统，制动油位应正常，管路不应漏油或进气；当制动达到最大效能时，保持 1 min，踏板不应有缓慢向底板移动现象；当部分管路失效时，剩余制动效能仍能保持原规定值的30%以上。

9.4 **拖拉机行车制动性能**

9.4.1 拖拉机的路试检验的制动距离和制动稳定性应符合表2的规定。

制动距离:是指拖拉机在规定的初速度下紧急制动时,从脚接触制动踏板(或手触动制动手柄)时起至拖拉机停住时止,拖拉机行驶过的距离。

制动稳定性要求:是指制动过程中拖拉机的任何部位不应超出试车道宽度。

表2 制动距离和制动稳定性要求

拖拉机类型	制动初速度/(km/h)	空载制动距离要求/m	满载制动距离要求/m	试车道宽度/m	备注
轮式拖拉机	20	≤6.4	—	3.0	不带挂车和/或农具,加满油、水,装有规定的最大配重
轮式拖拉机运输机组	20	≤6.0	≤6.5	3.0	加满油、水
手扶拖拉机运输机组	15	≤3.2	≤3.4	2.3	加满油、水
手扶变型运输机	20	≤6.5		2.3	加满油、水

9.4.2 拖拉机的台试检验的制动力和制动力平衡要求应符合表3的要求。

表3 制动力和制动力平衡要求

拖拉机类型	制动力总和与整机重量的百分比		轴制动力与轴荷的百分比
	空载	满载	后轴(及其他轴)
轮式拖拉机	≥60	—	≥60
轮式拖拉机运输机组	≥60	≥50	≥60

注1:轴制动力与轴荷的百分比在空载和满载状态下测试均应满足要求;如前轴有制动功能,轴制动力与轴荷的比应≥60%。

注2:在制动力增长全过程中同时测得的左右轮制动力差的最大值,与全过程中测得的该轴左右轮最大制动力中大者之比,对于前轴应不大于20%;对于后轴(及其他轴)应不大于24%。

注3:用平板制动检验台检验时应按动态轴荷计算。

9.4.3 拖拉机行车制动性能路试检验和台试检验按附录A检验方法检验。

9.4.4 当拖拉机经台试检验后对其制动性能有质疑时,可采用9.4.1路试检验进行复检,并以路试结果为准。

9.5 **驻车制动**

9.5.1 轮式拖拉机、拖拉机运输机组在坡度为20%的干硬坡道上,挂空挡,使用驻车制动装置,应能沿上、下坡方向可靠停驻,时间应不小于5 min。

9.5.2 履带拖拉机可在坡度为30%的干硬坡道上停驻,挂空挡,使用驻车制动装置,应能沿上、下坡方向可靠停驻,时间应不小于5 min。

10 照明、信号装置及其他电气设备

10.1 灯具应安装牢靠，完好有效，不应因机体振动而松脱、损坏、失去作用或改变光照方向；所有灯光的开关应安装牢靠、开关自如，不应因机体振动而自行开关。开关的位置应便于驾驶员操纵。

10.2 照明和信号装置配置应符合表4的规定。

表4 照明和信号装置配置表

拖拉机类型	前照灯	前位灯	后位灯	后工作灯	制动灯	后牌照灯	前转向信号灯	后转向信号灯	后反射器
轮式拖拉机	√	—	—	√	√	—	√	√	√
履带拖拉机	√	—	—	√	—	—	—	—	√
手扶拖拉机	√	—	—	—	—	—	√	—	—
轮式拖拉机运输机组	√	√	√	—	√	√	√	√	√
手扶拖拉机运输机组	√	—	√	—	√	√	√	√	√
手扶变型运输机	√	√	√	—	√	√	√	√	√
注："√"表示应配置，"—"表示可不配置。									

10.3 照明和信号装置的光色应符合GB 4785的有关规定，其数量、位置、最小几何可见角度等参照GB 4785执行。

10.4 反射器应能保证夜间在其正面前方150 m处用前照灯照射时，在照射位置就能确认其反射光。

10.5 前照灯光束照射位置要求：

a) 轮式拖拉机运输机组装用的前照灯近光光束的照射位置，前照灯照射在距离10 m的屏幕上时，要求在屏幕上光束中点的离地高度不允许大于0.7 H（H为前照灯基准中心高度）；水平位置要求，向右偏移不允许大于350 mm，不允许向左偏移。

b) 前照灯光束照射位置检验方法见附录B。

10.6 前照灯的远光光束发光强度应不小于表5的要求。测试时，其电源系统应处于充电状态。

表5 前照灯远光光束发光强度

单位为坎[德拉]

拖拉机类型	新注册拖拉机		在用拖拉机	
	一灯制	两灯制	一灯制	两灯制
标定功率>18 kW	—	8 000	—	6 000
标定功率≤18 kW	6 000	6 000	5 000	5 000
注：采用四灯制的拖拉机其中两只对称的灯达到两灯制的要求时视为合格。				

10.7 照明和信号装置的一般要求（发动机12 h标定功率不大于14.7 kW的拖拉机可参照执行）：

a) 前照灯的近光不应眩目。

b) 前照灯应有远、近光变换装置，当远光变为近光时，所有远光应能同时熄灭。

c) 前照灯左、右远、近光灯不应交叉开亮。

d) 前位灯、后位灯、牌照灯和仪表灯应能同时启闭，当前照灯关闭和发动机熄灭时应能点亮。

e) 危险报警闪光灯，其操纵装置应不受电源总开关的控制。

f) 危险报警闪光灯和转向信号灯的闪光频率应为1.5 Hz±0.5 Hz，起动时间应不大于1.5 s。

g) 仪表灯点亮时，应能照清仪表板上所有的仪表并不应眩目。

h) 照明和信号装置的任一条线路出现故障，不应干扰其他线路的正常工作。

i) 制动灯的亮度应明显大于后位灯。

10.8 发电机工作良好，蓄电池应保持常态电压；电器导线均应捆扎成束，布置整齐，固定卡紧，接头牢靠并有绝缘封套，在导线穿越孔洞时，应设绝缘套管。

10.9 轮式拖拉机应设置低噪声喇叭，喇叭声级在距拖拉机前 2 m，离地高 1.2 m 处测量时，其值应为 90 dB(A)～115 dB(A)。

10.10 驾驶室前挡风玻璃应安装灵敏有效的刮水器，应设置遮阳装置。

11 液压悬挂及牵引装置

11.1 液压悬挂机构升降平稳，应有限位或锁定装置。

11.2 分置式液压系统升降操纵系统定位和回位作用正常。

11.3 液压系统操纵手柄应定位准确，手柄操纵工况应符合标注位置。

11.4 液压悬挂及牵引装置各杆件不应有裂纹、损坏和影响安全的变形；限位链、安全链及各插销、锁销应齐全完好，各零部件应无异常磨损。

11.5 拖拉机运输机组的牵引装置应牢固，无严重磨损，牵引销应有保险锁销，并配有保险索、链。

12 驾驶室等部件

12.1 乘员人数应符合技术文件规定。

12.2 驾驶室门窗启闭应轻便，应能严密关闭。

12.3 发动机标定功率 36.8 kW 以上从事农田作业的轮式拖拉机应安装安全框架。

12.4 驾驶室内至少有两个不在同侧上的、能够容易地从驾驶室内打开的应急出口，包括正常出入的门，应急出口横断面最小尺寸应为内包一个长轴 640 mm、短轴 440 mm 的椭圆。

12.5 驾驶室内、外部不应有任何能使人致伤的尖锐凸起物，内饰材料应具有较高抗燃烧特性。

12.6 驾驶室四周视野应良好，挡风玻璃及门窗玻璃应为安全玻璃。

12.7 轮式拖拉机驾驶员座椅应固定牢靠，位置可调。

12.8 各操纵部件布置合理、操纵方便，操纵符号及其他符号应符合 GB/T 4269.1～4269.2 的规定。

12.9 驾驶室应设置攀登用的防滑踏板和拉手，驾驶室第一级踏板距地面高度应不大于 550 mm。

12.10 拖拉机的前部左、右边应各装一面后视镜，位置应适宜，镜中影像应清晰。

12.11 拖拉机至少应设置前号牌座，拖拉机运输机组应设置前、后号牌座，前号牌座应在前面的中部或右部，后号牌座应在后面的中部或左部。号牌座的面积不应小于宽 300 mm、高 165 mm，应预设两个直径为 8 mm，中心距为 125.5 mm 的号牌安装孔，其中左边孔的定位尺寸为距号牌座左边 24.5 mm，距上边 17.5 mm。

12.12 带有自卸货厢功能的拖拉机或机组应设置举升后维修状态机械式锁定装置，侧翻式自卸货厢应设置运输状态锁定装置，锁定装置应可靠。

12.13 燃油箱、蓄电池不应安装在驾驶室内，与排气管之间的距离应不小于 300 mm，或设置有效的隔热装置。

12.14 从事田间收获、脱粒、运输易燃品等作业的拖拉机应配备灭火器，其排气管应加装安全可靠的熄灭废气火星的装置。

12.15 排气管出口不应直接朝向驾驶员或其他操作者。

12.16 拖拉机运输机组应配备警告标志牌。

13 排气污染物控制

拖拉机自由加速烟度测量方法参照 GB 3847—2005 附录 K，排放限值为新机应不大于 Rb 5.0，在用机应不大于 Rb 6.0。

14 噪声控制

拖拉机噪声应符合 GB 6376 的要求。环境噪声测量方法应符合 GB/T 3871.8 和 GB/T 6229 相关规定，驾驶员操作位置处噪声测量方法按附录 C。

附 录 A
（规范性附录）
制动性能检验方法

A.1 路试制动性能检验方法

A.1.1 路试检验制动性能应在平坦(坡度不应超过1%)、干燥和清洁的硬路面(轮胎与路面之间的附着系数应不小于0.7)上进行。

A.1.2 在试验路面上画出与9.4.1中表2所示制动稳定性要求相应宽度试车道的边线，被测拖拉机沿着试验车道的中线行驶至高于规定的初速度后，置变速器于空挡，当滑行到规定的初速度时，在制动踏板最大操纵力应不大于600 N，制动手柄最大操纵力应不大于400 N，急踩制动，使拖拉机停驻。

A.1.3 应用速度计、第五轮仪或用其他测试方法测量拖拉机的制动距离。

A.2 台试制动性能检验方法

A.2.1 用滚筒式制动试验台检验

a) 制动试验台滚筒表面应干燥，没有松散物质及油污。驾驶员将拖拉机驶上滚筒，位置摆正，启动滚筒，使用制动，测取9.4.2中表3所要求的参数值，并记录车轮是否抱死。

b) 在测量制动时，为了获得足够的附着力，以避免车轮抱死，允许在拖拉机上增加足够的附加质量或施加相当于附加质量的作用力(附加质量或作用力不计入轴荷)；也可采取防止拖拉机移动的措施(例如加三角垫块或采取牵引等方法)。

c) 当采取上述方法之后，仍出现车轮抱死并在滚筒上打滑或整机随滚筒滚动向后移出的现象，而制动力仍未达到合格要求时，可改用路试方法进行检验。

A.2.2 用平板式制动试验台检验

a) 制动试验台平板表面应干燥，没有松散物质及油污。

b) 驾驶员以5 km/h～10 km/h速度将拖拉机对正平板台并驶上平板，置变速操纵杆于空挡位置，急踩制动，使拖拉机停驻，测取9.4.2中表3所要求的参数值。

附　录　B
（规范性附录）
前照灯光束照射位置检验方法

将被检验的拖拉机按规定距离与前照灯校正仪对正，从前照灯校正仪的屏幕上分别测量左右远近光束的水平和垂直照射方位的偏移值，并检验前照灯光束的发光强度。

附 录 C
（规范性附录）
驾驶员操作位置处噪声检验方法

C.1 拖拉机处于静止状态且变速箱置于空挡，发动机应处于额定转速状态。

C.2 测量位置应符合 GB/T 3871.8 和 GB/T 6229 的相关规定。

C.3 声级计置于“A”计权、“快”挡。

GB 16151.1—2008《农业机械运行安全技术条件　第1部分：拖拉机》国家标准第1号修改单

本修改单经国家标准化管理委员会于2009年6月10日批准，自2009年7月1日起实施。

GB 16151.1—2008《农业机械运行安全技术条件　第1部分：拖拉机》国家标准修改内容如下：

一、将前言："本部分与GB 16151.1～16151.3—1996相比主要变化如下"中"——增加了驾驶室等部件部分对安全框架、设置号牌座、配备灭火器和警告标志牌的要求；"修改为"——增加了驾驶室等部件部分对设置号牌座、配备灭火器和警告标志牌的要求；"；删除"——增加了驾驶员操作位置处噪声试验方法；"。

二、将前言中"本部分的附录A、附录B、附录C为规范性附录。"修改为"本部分的附录A、附录B为规范性附录。"。

三、在第2章规范性引用文件中增加"NY 345.1　拖拉机号牌"。

四、将第4.1.2条中的"…标牌应标明品牌、型号、发动机标定功率、出厂编号、出厂年月及生产厂名。"修改为："标牌应标明商标或品牌、型号、发动机标定功率、出厂编号、制造年月及生产厂名。"。

五、将第4.9条中的"轮式拖拉机运输机组的比功率应不小于4.0 kW/t。"修改为："拖拉机运输机组的比功率应不小于4.0 kW/t。"。

六、将第5.3条修改为：

"应有水温和机油压力的指示装置，且能正常工作。蒸发式水箱应有水位指示器。"。

七、将第8.5条修改为：

"转向机构应保证平稳转向，最小转向圆半径应符合产品技术文件要求。"。

八、将第9.1.3条修改为"制动最大操纵力：a)踏板应不大于600 N；b)手柄应不大于400 N。"。

九、将第9.4.2条的表3修改为：

表3　制动力和制动力平衡要求

拖拉机类型	制动力总和与整机重量的百分比	轴制动力与轴荷[a]的百分比		制动力平衡要求
	空载	前轴	后轴(或其他轴)	
前轴有制动功能的轮式拖拉机及运输机组	≥60	≥60	≥60	在制动力增长全过程中同时测得的左右轮制动力差的最大值，与全过程中测得的该轴左右轮最大制动力中大者之比，对于前轴应不大于20%；对于后轴(或其他轴)应不大于24%
前轴无制动功能的轮式拖拉机及运输机组	≥60[b]	—	≥60	
手扶拖拉机运输机组及手扶变型运输机	≥35	—	≥60	

[a] 用平板制动检验台检验时应按动态轴荷计算。

[b] 前轴无制动功能的轮式拖拉机及运输机组的制动力总和与整机重量的百分比不计算前轴制动力和前轴重量。

十、删除第12.3条。

十一、将12.11条修改为：

"拖拉机至少应设置前号牌座，拖拉机运输机组应设置前、后号牌座，前号牌座应在前面的中部或右部，后号牌座应在后面的中部或左部。号牌座应能保证号牌安装牢固，并应按 NY 345.1 的要求预设水平安装孔。”。

十二、将第 14 章修改为：

“噪声控制

新注册拖拉机噪声应符合 GB 6376 的要求。”。

十三、删除附录 C。

ICS 65.060.01
T 54

中华人民共和国国家标准

GB 16151.5—2008
代替 GB 16151.5—1996

农业机械运行安全技术条件
第5部分:挂车

Safety technical requirements for agricultural machinery operating—
Part 5: Trailer

2008-07-04 发布　　2009-01-01 实施

中华人民共和国国家质量监督检验检疫总局
中国国家标准化管理委员会　发布

前　言

本部分的全部技术内容为强制性。

GB 16151《农业机械运行安全技术条件》包括以下部分：

——第1部分：拖拉机；

——第5部分：挂车；

——第12部分：谷物联合收割机。

本部分是GB 16151的第5部分。

本部分是对GB 16151.5—1996的修订。本部分与GB 16151.5—1996相比主要变化如下：

——增加了整车部分对商标或厂标、型号和出厂编号的打印和标记要求；

——增加了制动系统部分对挂车制动系统的要求；

——增加了液压倾卸系部分对设置举升锁定装置的要求；

——增加了信号装置部分对装置后反射器的要求；

——删除了所有与运行安全无关的条款；

——删除了操作性不强和不方便检查、检测的条款。

本部分自实施后代替GB 16151.5—1996。

本部分由中华人民共和国农业部提出。

本部分由全国农业机械标准化技术委员会归口。

本部分起草单位：农业部农机监理总站、农业部农业机械试验鉴定总站、江苏省农机监理所、南京农业大学、浙江大学动力机械及车辆工程研究所。

本部分主要起草人：丁翔文、姚海、吴晓玲、耿占斌、张耀春、程颖、张国凯、吴锋。

本部分所代替标准的历次版本发布情况为：

——GB 16151.5—1996。

农业机械运行安全技术条件
第5部分:挂车

1 范围

GB/T 16151的本部分规定了半挂、全挂挂车(以下简称挂车)整车及其车厢、车架和悬架、牵引架和转盘、行走装置、制动系统、液压倾卸系统、信号装置等有关运行安全的基本技术要求。

本部分适用在我国使用的农用挂车。

2 规范性引用文件

下列文件中的条款通过GB 16151的本部分的引用而成为本部分的条款。凡是注日期的引用文件,其随后所有的修改单(不包括勘误的内容)或修订版均不适用于本部分,然而,鼓励根据本部分达成协议的各方研究是否可使用这些文件的最新版本。凡是不注日期的引用文件,其最新版本适用于本部分。

GB 16151.1 农业机械运行安全技术条件 第1部分:拖拉机

3 整车

3.1 挂车应装置能持续保持的产品中文标牌,产品标牌应固定在一个明显的、不受更换部件影响的位置,其具体位置应在产品技术文件要求中指明。标牌应标明品牌、型号、总质量、载质量、出厂编号、出厂年、月及生产厂名。

3.2 挂车的型号和出厂编号应打印(或铸出)在车架上易见且易于拓印部位,打印字高为10 mm,深度应不小于0.3 mm,型号在前,出厂编号在后,两端应打印起止标记。其具体位置应在产品技术文件要求中指明。

3.3 挂车与拖拉机配套后的外廓尺寸应符合GB 16151.1的规定。

3.4 挂车外观整洁,零部件完好,联结紧固。

3.5 电缆线、制动气管和液压油管应设保护装置,其长度应适当、固定位置应合理,在转弯、倒车时应不受影响。

3.6 全挂挂车的车厢底部至地面距离应大于800 mm时,应在前后轮间两外侧装置防护网(架)。但本身结构已能防止行人和骑车人等卷入的除外。

3.7 挂车后面横梁上应设置号牌座,其位置在中部或左部。

4 车厢

4.1 车厢应完整,不应有严重变形、裂纹及锈蚀,螺栓和铆钉不应有缺少或松动。

4.2 车厢的内、外不应有任何能使人致伤的尖锐凸起物。

4.3 车厢的厢板开关应灵活、连接及锁定应可靠。

4.4 车厢应有前安全架、缆绳钩。

5 车架和悬架

5.1 车架和悬架不应有裂纹和影响安全的变形。

5.2 钢板弹簧固定应牢靠、无裂纹。

6 牵引架和转盘

6.1 牵引架不应变形，应装置有保险索、链。

6.2 牵引架与拖拉机连接插销应锁定可靠，牵引环在拖拉机牵引叉中转动灵活。

6.3 挂车与手扶拖拉机挂接后，插销与牵引框孔之间的间隙应保证操纵把手的上、下移动幅度应不大于200 mm。

6.4 全挂挂车的上下转盘相对转动灵活。

7 行走装置

7.1 轮胎型号应符合产品技术文件要求规定，同一轴上的左右轮胎型号、磨损程度大致相等，气压符合产品技术文件要求，不应使用内垫外包、胎纹磨平、胎面和胎壁有长度超过25 mm且深度足以暴露出帘布层的破裂和割伤的轮胎。

7.2 车轮轮辋应无裂纹、不变形，螺母齐全，紧固可靠。

7.3 车轮转动灵活，无碰擦及松旷现象，轴承处的调整螺母锁定可靠，并装置防尘罩。

8 制动系统

8.1 挂车应有可靠的制动系统。与轮式拖拉机配套的载质量大于1 t、小于3 t的挂车应装置液压和/或气压式制动系统；载质量不小于3 t的挂车应装置气压式断气制动系统。

8.2 手扶拖拉机挂车上的制动器在产生最大制动作用后，应留有五分之一以上的储备行程。

8.3 挂车与拖拉机挂接后，行驶于干燥平坦的混凝土或沥青路面上，其制动性能应符合GB 16151.1的规定。

8.4 拖拉机运输机组在坡度为20%的干硬坡道上，挂空挡，使用驻车制动装置，应能沿上、下坡方向可靠停驻，时间应不小于5 min。

9 液压倾卸系统

9.1 液压自卸挂车车厢应起落灵活，回位准确，油缸升、降平稳，可在任一位置可靠停住。

9.2 液压自卸挂车应设置举升后维修状态机械式锁定装置，侧翻式自卸货箱应设置运输状态锁定装置，锁定装置应可靠。

10 信号装置

10.1 手扶拖拉机挂车后部应装置制动灯、转向信号灯。

10.2 挂车(除手扶拖拉机挂车外)应装置制动灯、转向信号灯、后位灯及后号牌灯。

10.3 挂车应装有后反射器，反射器应能保证夜间在其正后方150 m处用前照灯照射时，在照射位置就能确认其反射光。

10.4 全挂挂车在挂车前部应设置红白相间的标杆。标杆上安装红色挂车标志灯，高度比前栏板应高出300 mm～400 mm，距车厢外侧应小于150 mm。

10.5 电气线路应安装可靠，并应设置外套绝缘管。

GB 16151.5—2008《农业机械运行安全技术条件　第5部分：挂车》国家标准第1号修改单

本修改单经国家标准化管理委员会于2009年6月10日批准，自2009年7月1日起实施。

GB 16151.5—2008《农业机械运行安全技术条件　第5部分：挂车》国家标准修改内容如下：

一、将第1章范围中“GB/T 16151的本部分…”修改为：“GB 16151的本部分…”。

二、在第2章规范性引用文件中增加“NY 345.1 拖拉机号牌”。

三、将第3.1条中的“…标牌应标明品牌、型号、总质量、载质量、出厂编号、出厂年、月及生产厂名。”修改为：

“标牌应标明商标或品牌、型号、总质量、载质量、出厂编号、制造年月及生产厂名。”。

四、将第3.6条修改为：

“全挂挂车的车厢底部至地面距离大于800 mm时，应在前后轮间两外侧装置防护网(架)。但本身结构已能防止行人和骑车人等卷入的除外。”。

五、将第3.7条修改为：

“挂车后面横梁上应设置号牌座，其位置在中部或左部。号牌座应能保证号牌安装牢固，并应按NY 345.1的要求预设水平安装孔。”。

六、将第9.1条修改为：

“液压自卸挂车车厢应起落灵活”，回位准确，油缸升、降平稳，可在任意位置可靠停住。”。

七、将第10.3条修改为：

“挂车应装有后反射器。反射器应能保证夜间在其正前方150 m处用前照灯照射时，在照射位置就能确认其反射光。”。

ICS 65.060.50
B 91

GB

中华人民共和国国家标准

GB 16151.12—2008
代替 GB 16151.12—1996

农业机械运行安全技术条件
第12部分:谷物联合收割机

Technical requirements of operating safety for agricultural machinery—Part 12:Grain combine-harvester

STANDARDS PRESS OF CHINA

2008-07-04 发布　　　　2009-01-01 实施

中华人民共和国国家质量监督检验检疫总局
中国国家标准化管理委员会　发布

前　言

本部分的3.1、3.3、3.9、3.11～3.22、4.2、4.4、4.5、7.2～7.9、9.1、9.4、9.5、10.1、10.2、10.5、11.1、11.2、12.2、12.4、12.5为强制性条款，其余条款为推荐性。

GB 16151《农业机械运行安全技术条件》包括以下部分：

——第1部分：拖拉机；

——第5部分：挂车；

——第12部分：谷物联合收割机。

本部分是GB 16151的第12部分。

本部分是对GB 16151.12—1996的修订。本标准与GB 16151.12—1996相比，主要技术内容存在如下差异：

——增加了使用说明书、发动机编号、车架编号的要求；

——增加了操作者工作位置的要求；

——增加了转向盘、操作装置、驾驶室的规定；

——增加了操作平台及座位的规定；

——增加了其他类型的梯子和平台的规定；

——增加了粮箱的安全标志的规定；

——增加了装置号牌座的要求；

——增加了装置故障警告标志牌的要求；

——删除了与安全无关的技术要求。

本部分自实施之日起代替GB 16151.12—1996。

本部分的附录A为资料性附录。

本部分由中华人民共和国农业部提出。

本部分由全国农业机械标准化技术委员会归口。

本部分起草单位：农业部农机监理总站、江苏省农业机械安全监理所、南京农业大学。

本部分主要起草人：丁翔文、姚海、吴晓玲、张耀春、谢传喜、程颖、姬长英、张国凯。

本部分所代替标准的历次版本发布情况为：

——GB 16151.12—1996。

农业机械运行安全技术条件
第12部分:谷物联合收割机

1 范围

GB 16151 的本部分规定了谷物联合收割机(以下简称收割机)的整机及其发动机、传动系、转向系、制动系、机架及行走系、割台、脱粒部分、粮箱、集草箱、集糠箱及茎秆切碎器、驾驶室和外罩壳、液压系统、照明和信号装置有关作业安全的技术要求。

本部分适用收割机的运行安全技术检验。

2 规范性引用文件

下列文件中的条款通过 GB 16151 的本部分的引用而成为本部分的条款。凡是注日期的引用文件,其随后所有的修改单(不包括勘误的内容)或修订版均不适用于本部分,然而,鼓励根据本部分达成协议的各方研究是否可使用这些文件的最新版本。凡是不注日期的引用文件,其最新版本适用于本部分。

GB 4785 汽车及挂车外部照明和光信号装置的安装规定(GB 4785—2007,ECE R48:2001,NEQ)

GB 10395.1 农林拖拉机和机械 安全技术要求 第1部分:总则(GB 10395—2001,eqv ISO 4254-1:1989)

GB 10395.7 农林拖拉机和机械 安全技术要求 第7部分:联合收割机、饲料和棉花收获机械(GB 10395.7—2006,ISO 4254-7:1995,MOD)

GB 10396 农林拖拉机和机械、草坪和园艺动力机械 安全标志和危险图形 总则(GB 10396—2006,ISO 11684:1995,MOD)

3 整机

3.1 收割机及其发动机的标牌、编号、标记齐全、字迹清晰。在机身前部外表面的易见部位上,应至少装置一个能永久保持的商标或厂标。

收割机应装置能永久保持的产品标牌。产品标牌应固定在一个明显的、不受更换部件影响的位置,其具体位置应在产品使用说明书中明示。标牌应标明商标品牌、收割机型号、发动机标定功率、总质量、出厂编号、出厂年月及生产制造厂名。

发动机型号应打印(或铸出)在气缸体易见部位,出厂编号应打印在气缸体易见拓印部位。打印字高不小于 7 mm,深度不小于 0.2 mm,在出厂编号两端应打印起止标记。

整机型号和出厂编号应打印在机架,对无机架的应打印在不能拆卸的构件上,易见且易于拓印的部位。打印字高为 10 mm,深度不小于 0.3 mm,型号在前,出厂编号在后。在出厂编号的两端应打印起止标记。

3.2 机件、仪表、铅封及附属设备应齐全,联结紧固。

3.3 承受交变载荷的紧固件强度等级,关键部位(如发动机、滚筒、割台、轮毂)的螺栓应不低于 8.8 级,螺母应不低于 8 级。

3.4 操纵件操作应灵活有效,旋转部件转动应无卡滞。自动回位的手柄、踏板应能及时回位。

3.5 仪表准确,指示器的指示位置应与各有关部位的实际情况相符。

3.6 各部位不应有妨碍操作,影响安全的改装。

3.7 各油管接头、阀门、螺塞、密封垫圈、油封、水封及结合面垫片，应结合严密，齐全完好。

3.8 各系统相应部件及各部位应无变形、破裂、脱焊、渗漏、严重锈蚀及连接松动的情况。

3.9 收割机动态环境噪声和操作者操作位置处噪声(驾驶员耳位噪声)的限值应符合表1规定。

表1 自走式收割机噪声限值

单位为分贝[dB(A)]

<table>
<tr><th colspan="2">机　型</th><th>动态环境噪声</th><th>操作者操作位置处噪声
(驾驶员耳位噪声)</th></tr>
<tr><td rowspan="3">驾驶室
形　式</td><td>封闭驾驶室</td><td>≤87</td><td>≤85</td></tr>
<tr><td>普通驾驶室</td><td rowspan="2">≤87</td><td>≤93</td></tr>
<tr><td>无驾驶室或简易驾驶室</td><td>≤95</td></tr>
</table>

3.10 链条、胶带、缆索、转轮、转轴等外露传动机件及风扇进风口、割刀端部、茎秆切碎器端部和发动机排气管高温处，应设置防护板(罩、网)。

3.11 万向节及其传动轴在防止身体接触的部位应设置安全防护罩。

3.12 对切割器、割台螺旋输送器、拨禾轮、茎秆切碎器等设计制造中无法置于防护罩内，有可能对身体产生伤害的运动部件，应在其附近醒目处设置永久性安全标志。

3.13 无护刃器的切割器的割台，在运输、转移及保管期间，切割器前方应装有刀片护板。

3.14 割台螺旋输送器、喂入轮、滚筒、逐稿轮等旋转部件的两端与侧壁之间，应设有挡草装置。

3.15 燃油箱与发动机排气管之间的距离应不小于300 mm，距裸露电气接头及电器开关200 mm以上，或设置有效的隔热装置。

3.16 上车通道应装有梯子。梯子除符合GB 10395.1中的要求外，还应满足下列要求。

3.16.1 梯子的结构不应有使人致伤的零件和凸起。梯子扶手及踏板材料强度可靠，踏板表面应能防滑。各部件应固定可靠。

3.16.2 梯子第一级踏板上平面到地面的高度应不大于550 mm，踏板间距应不大于300 mm。在特殊性情况下(水稻收割机、履带行走轮或倾斜补偿机构)，最低一级梯子表面离地高度可以大于550 mm，但应不超过700 mm。

3.16.3 梯子倾斜度应为：当从梯子上下来时，向下看可看到下一级梯子踏板外缘。

3.16.4 梯子向上或向下移动时，不应造成挤压、冲击操作者或在场者的现象。

3.16.5 梯子踏板深度(梯阶前缘到相邻部件的间距)：梯子后面有封闭挡板的应不小于150 mm，无封闭挡板的应不小于200 mm；其他上车通道的阶梯深度应不小于150 mm。

3.16.6 梯子踏板到轮胎的间距应不小于25 mm，驱动轮与上部机件的径向自由间隙应不小于60 mm。

3.16.7 梯子两侧应设置扶手，以使操作者与梯子始终保持三处接触。扶手横截面直径应在25 mm～35 mm之间，扶手最低端离地高度应不大于1 600 mm，扶手后侧应具有最小50 mm的放手间隙，距梯子最高级踏板高1 000 mm处应设抓手，抓手长度应至少为150 mm。

3.17 进入保养平台的梯子和通道应符合3.16规定的要求。在特殊情况下(受高度限制)，扶手高度可小于1 000 mm，但应不小于650 mm。

保养平台上应设高度为1 000 mm的防护栏，防止工作人员从机器上跌落。在特殊情况下(受高度限制)，防护栏/扶栏高度可小于1 000 mm，但应不小于650 mm。

3.18 整机易发生危险部位应按GB 10395.1的规定加设防护装置，并在明显处设置安全标志。

3.19 本部分中规定的安全标志应符合GB 10396的规定。

3.20 收割机上应配备可靠、有效的灭火器。

3.21 收割机应设置号牌座两处，分别在前面的中部或右部、后面的中部或左部。号牌座的面积应不小于宽300 mm、高165 mm，应预设两个直径为8 mm，中心距为125.5 mm的号牌安装孔，其中左边孔的定位尺寸为距号牌座左边 24.5 mm,距上边 17.5 mm。

3.22 收割机上应装备故障警告标志牌。

4 发动机

4.1 怠速及最高空转转速应正常,运转应平稳,没有异响。

4.2 关闭油门或拉出熄火拉钮,应即能停止运转。

4.3 应有水温表、机油温度表、机油压力表且能正常工作。

4.4 散热器外侧,应设有网罩等防护装置。

4.5 排气管应装有火星熄灭装置。

5 传动系

5.1 离合器、变速器、后桥、最终传动装置应紧固可靠,运转时应无异响、无异常温升。

5.2 离合器踏板的自由行程符合技术文件的规定,应分离彻底,接合平稳,不打滑,不抖动。踏板操纵力应不大于 350 N。

5.3 换挡操纵应平顺,不乱挡、不跳挡。

6 转向系

6.1 转向盘的最大自由转动量应不大于 30°。

6.2 在平坦、干硬的道路上转向应轻便灵活,不应有摆动、抖动、跑偏及其他异常现象。

6.3 转向盘操纵力:机械式转向器应不大于 250 N,全液压式转向器应不大于 15 N(当熄灭发动机,齿轮泵停转,手动转向泵起作用时,应不大于 600 N)。

6.4 全液压转向轮从一侧极限位置转到另一侧极限位置时,转向盘转数应不超过 5 圈。

6.5 液压转向系应工作正常,工作中各处液压部件及管路应无渗漏现象。

7 制动系

7.1 制动器踏板应防滑,左右踏板应有可靠的联锁装置和定位装置。

7.2 制动器工作应平稳、灵敏、可靠,两侧制动器的制动能力应基本一致,左右踏板的脚蹬面应位于同一平面上。

7.3 制动踏板的自由行程应符合技术文件的规定。

7.4 制动踏板或手柄在产生最大制动作用后,应留有五分之一以上的储备行程。

7.5 液压制动系的油位应正常,油品合格,不应漏油或进气。

7.6 制动踏板的操纵力应不大于 600 N,制动手柄的操纵力应不大于 400 N。

7.7 停车制动装置应保证收割机向上或向下可靠停驻在,轮式在坡度为 20%、链式在坡度为 25%的纵向干硬坡道上,时间大于 5 min。

7.8 轮式自走式收割机运输状态以 20 km/h(低于 20 km/h 的按该机最高速度)的速度行驶于干燥、平坦的混凝土路面或沥青路面上,其制动距离 S 应符合下列规定:

制动器冷态时:$S_{冷} \leqslant 6$ m;

制动器热态时:$S_{热} \leqslant 9$ m。

7.9 制动稳定性要求:减速度不大于 4.5 m/s^2 时,后轮不应跳起。

8 机架及行走系

8.1 轮毂应完好,安装松紧适度。轮辋、辐板、锁圈应无裂纹,不变形,螺母齐全,紧固可靠。

8.2 轮胎型号应符合技术文件的要求,不准内垫外包,不准装用胎纹磨平的驱动轮和胎纹高度低于

3.2 mm 的转向轮，不应有严重外伤及磨损露线现象。

8.3 驱动轮胎纹不应倒装。同一轴上的左右轮，应装相同型号胎纹及磨损大致相等的轮胎。

8.4 轮胎气压应符合规定，左右一致。

8.5 转向轮的前束值，应符合技术文件的要求。

8.6 左右履带与收割机纵向中心线应保持平行，驱动轮与履带板不应有顶齿及脱轨现象。

8.7 履带张紧装置应有效，张紧度应符合技术文件的要求。

9 割台

9.1 割台传动机构应具有防止意外接合的机构。

9.2 护刃器的定刀片铆合应可靠，护刃器安装牢固。

9.3 分禾器不应变形，安装可靠。

9.4 液压升降割台应有可靠的割台锁定装置。

9.5 割台或割台挂车与主机连接处的插销应有防止脱落的措施。

10 脱粒部分

10.1 滚筒的纹杆、辐盘应无裂纹。

10.2 A 型纹杆安装后，螺栓头部不应高出凸纹，纹杆螺栓紧固可靠。

10.3 滚筒轴不应弯曲，滚筒转动应灵活，无轴向窜动。

10.4 逐稿轮及喂入轮与轴的联结可靠，转动灵活，钉齿安装时不应反装，叶板不应变形。

10.5 收割机逐稿器后装有切碎器时，应设置茎秆堵塞报警器。

11 粮箱、集草箱、集糠箱及茎秆切碎器

11.1 粮箱的分配螺旋输送器出口侧，应安装栅格状防护板。

11.2 茎秆切碎器的动刀片在其滚筒上应安装可靠。

11.3 悬挂式茎秆切碎器的动力传动系统，在脱粒机构分离时也应分离。刀片顶点回转周围应至少有 850 mm 的安全距离。防护装置的下边缘离水平地面的高度如果小于 1 100 mm，安全距离可减至 550 mm。

12 驾驶室和外罩壳

12.1 驾驶室应保证良好的前视野，机器水平面与眼睛位置到切割器前端连线的夹角应不小于 70°。

12.2 驾驶室内部最小空间尺寸应符合 GB 10395.7 的规定。

12.3 座位及尺寸应符合 GB 10395.7 的规定。

12.4 操作者在座位上，手或脚触及范围内不应有剪切或挤压部件。

12.5 驾驶室前挡风玻璃应使用安全防护玻璃。

12.6 门窗应关闭严密，启闭轻便，门锁可靠。

12.7 驾驶室前挡风玻璃应安装灵敏有效的刮水器，应设置遮阳装置。

12.8 驾驶室内应至少有两个不在同侧上的、能够容易地从驾驶室内打开的应急出口，包括正常出入的门，应急出口横断面最小尺寸应为内包一个长轴 640 mm、短轴 440 mm 的椭圆。

13 液压系统

13.1 液压系统各机构工作灵敏。在最高压力下，元件和管路联结处或机件和管路结合处，均不应有泄漏现象；无异常的噪声、管道振动和温升。

13.2 液压转向、操纵系统的压力应符合技术文件的要求。

14 照明和信号装置

14.1 灯具应安装可靠,完好有效。所有开关应安装可靠、开关自如。开关的位置应便于驾驶员操纵。

14.2 照明和信号装置配置应符合表2的规定。

表2 照明和信号装置基本配置表

机型	前照灯	前位灯	后位灯	制动灯	后牌照灯	前转向信号灯	后转向信号灯	后反射器
轮式自走式联合收割机	√	√	√	√	√	√	√	√
链式(半喂入)联合收割机	√	√	√	—	√	—	—	√
注:"√"表示应配置,"—"表示可选配置;悬挂式联合收割机的拖拉机部分应按照有关规定配置灯光信号装置;割幅在1.2 m以下的小型简易自走式收割机至少应配置前照灯和手持工作灯。								

14.3 割幅大于等于3 m的轮式自走式联合收割机应至少装有3只大灯:2只照射割台前方,1只照射卸粮情况及后方。光源功率应不小于50 W,分别设立开关。除前照灯外,所有大灯均应安装在能转动的支架上。前照灯应有远、近光。应有危险报警闪光灯。

14.4 链式(半喂入)联合收割机应至少装有5只大灯:2只照射割台前方,1只照射作物进入主滚筒情况,1只照射卸粮台,1只照射后方。光源功率应不小于45 W,分别设立开关。除前照灯外,所有大灯应安装在能转动的支架上。

14.5 手持工作灯应带有绝缘手把和金属网灯泡护罩。

14.6 照明和信号装置的光色应符合GB 4785的有关规定。

14.7 反射器应能保证夜间在其正面前方150 m处用前照灯照射时,在照射位置就能确认其反射光。

14.8 前照灯的远光光束发光强度应不小于表3的要求。测试时,其电源系统应处于充电状态。

表3 收割机前照灯发光强度要求

单位为坎德拉(cd)

新注册联合收割机	在用联合收割机
两灯制	两灯制
8 000	6 000
注:采用四灯制的联合收割机其中两只对称的灯达到两灯制的要求视为合格。	

14.9 驾驶员向后视线进入盲区的收割机应设置倒车报警装置。

14.10 发电机应工作良好,蓄电池应保持常态电压;电器导线均应捆扎成束,布置整齐,固定卡紧,接头可靠并有绝缘封套,在导线穿越孔洞时,应设绝缘套管。

附 录 A
(资料性附录)
各类联合收割机与相关条款对应表

A.1 各类联合收割机与相关条款对应见下表。

表 A.1 各类联合收割机与相关条款对应表

条款号	割幅大于等于 3 m 的轮式自走式联合收割机	链式(半喂入)联合收割机	悬挂式联合收割机
3.1	√	√	√
3.3	√	√	√
3.6	√	√	√
3.8	√	√	√
3.10	√	√	√
3.12	√	√	√
3.13	√	√	√
3.14	√	—	—
3.16.1～3.16.7	√	—	—
3.17	√	—	—
3.18	√	√	√
3.19	√	√	√
3.20	√	√	√
9.1～9.4	√	√	√
9.5	√	—	—
10.1～10.4	√	√	√
10.5	√	—	√
11.1	√	—	—
11.2～11.3	√	√	√
14.3	√	—	—
14.4	—	√	—
14.8	√	√	—
14.9	√	√	√

注:"√"表示适用本条款,"—"表示不适用本条款;其他没有列入的条款,仅适用于割幅大于等于 3 m 的轮式自走式联合收割机和链式(半喂入)联合收割机。

GB 16151.12—2008《农业机械运行安全技术条件 第12部分：谷物联合收割机》国家标准第1号修改单

本修改单经国家标准化管理委员会于2009年6月10日批准，自2009年7月1日起实施。

GB 16151.12—2008《农业机械运行安全技术条件 第12部分：谷物联合收割机》国家标准修改内容如下：

一、将前言中"本部分的3.1、3.3、3.9、3.11～3.22、4.2、4.4、4.5、7.2～7.9、9.1、9.4、9.5、10.1、10.2、10.5、11.1、11.2、12.2、12.4、12.5为强制性条款，其余条款为推荐性。"修改为：

"本部分的3.1、3.3、3.9、3.11～3.22、4.2、4.4、4.5、7.2～7.9、9.1、9.4、9.5、10.1、10.2、10.5、11.1、11.2、12.2、12.3、12.4、12.5、12.8、12.9、14.9为强制性条款，其余条款为推荐性。"。

二、将前言中"增加了使用说明书、发动机编号、车架编号的要求；"修改为：

"增加了发动机型号、整机型号、出厂编号的打印要求；"。

三、在第2章规范性引用文件中增加"NY 345.2 联合收割机号牌"。

四、将第3.1条中的"…标牌应标明商标品牌、收割机型号、发动机标定功率、总质量、出厂编号、出厂年月及生产制造厂名。…"修改为：

"…标牌应标明商标或品牌、收割机型号、发动机标定功率、总质量、出厂编号、制造年月及生产制造厂名…。"。

五、将第3.1条中的"…整机型号和出厂编号应打印在机架，对无机架的应打印在不能拆卸的构件上，易见且易于拓印的部位。打印字高为10 mm，深度不小于0.3 mm，型号在前，出厂编号在后。在出厂编号的两端应打印起止标记。"修改为：

"…整机出厂编号应打印在机架上，对无机架的应打印在不能拆卸的构件上，易见且易于拓印的部位。打印字高为10 mm，深度不小于0.3 mm。在出厂编号的两端应打印起止标记。"。

六、将第3.9条"收割机动态环境噪声和操作者操作位置处噪声（驾驶员耳位噪声）的限值应符合表1规定。"修改为：

"新注册收割机动态环境噪声和操作者操作位置处噪声（驾驶员耳位噪声）的限值应符合表1规定。"。

七、将第3.10条修改为：

"链条、胶带、缆索、转轮、转轴等外露传动机件及风扇进风口、割刀端部、茎秆切碎器端部和发动机排气管高温处，会对人体产生伤害的地方，应设置防护板（罩、网）。"。

八、删除第3.13条。

九、删除第3.14条。

十、将第3.16条、第3.16.1条、第3.16.2条、第3.16.3条、第3.16.4条、第3.16.5条、第3.16.6条、第3.16.7条和第3.17条合并修改为：

"扶手、梯子、通道、操作平台等应符合GB 10395.1和GB 10395.7中的有关规定。"。

十一、将第3.18条修改为：

"整机易发生危险部位应按GB 10395.1的规定加设防护装置。可开启的防护装置上应有适当的安全标志。"。

十二、将第3.21条修改为：

“自走式收割机应设置号牌座两处，分别在前面的中部或右部、后面的中部或左部。号牌座应能保证号牌安装牢固，并应按 NY 345.2 的要求预设水平安装孔。”。

十三、将第 3.22 条修改为：

“轮式自走式联合收割机上应配备故障警告标志牌。”。

十四、将第 4.3 条修改为：

“应有水温和机油压力的指示装置，且能正常工作。”。

十五、将第 7.7 条修改为：

“停车制动装置应保证收割机向上或向下可靠停驻在：轮式在坡度为 20%、履带式在坡度为 25% 的纵向干硬坡道上，时间大于 5 min。”。

十六、将第 11.1 条修改为：

“粮箱的分配螺旋输送器应有防护装置。”。

十七、将第 11.3 条中的“…刀片顶点回转周围应至少有 850 mm 的安全距离。防护装置的下边缘离水平地面的高度如果小于 1 100 mm，安全距离可减至 550 mm。”修改为：

“…刀片顶点回转圆周围应至少有 850 mm 的安全距离。防护装置的下边缘离水平地面的高度如果小于 1 100 mm，850 mm 的安全距离可减至 550 mm。”。

十八、增加第 12.9 条：

“无驾驶室的半喂入收割机应至少设置一块足够大的后视镜；其他收割机应至少设置两块足够大的后视镜，每侧一个，以保证行驶安全。”。

十九、将第 14.2 条中表 2 修改为：

表 2　照明和信号装置基本配置表

机型	前照灯	前位灯	后位灯	倒车灯	制动灯	后牌照灯	前转向信号灯	后转向信号灯	后反射器	作业照明灯
轮式自走式联合收割机	√	√	√	√	√	—	√	√	√	√
履带式（半喂入、全喂入）联合收割机	√	—	—	—	—	—	—	—	—	√

注 1：“√”表示应配置，“—”表示可选配置。

注 2：割幅在 1.2 m 以下的小型简易自走式收割机至少应配置前照灯和手持工作灯。

二十、将第 14.3 条修改为：

“轮式自走式联合收割机应至少装有：前照灯（有远、近光）2 只、前位灯 2 只、后位灯 2 只、前转向信号灯 2 只、后转向信号灯 2 只、倒车灯 2 只、制动灯 2 只、作业照明灯 2 只（1 只照射割台前方、1 只照射卸粮区）。割幅大于等于 3 m 的应有危险报警闪光灯。有驾驶室的联合收割机应装驾驶室照明灯。”。

二十一、将第 14.4 条修改为：

“履带式联合收割机应至少装有：前照灯 2 只、作业照明灯 2 只（1 只照向割台前方、1 只照向卸粮区）。半喂入联合收割机还应装有 1 只照射作物进入主滚筒情况的作业灯。”。

二十二、将附录 A 修改为：

附 录 A
(资料性附录)
各类收割机与本部分条款的对应情况

A.1 各类收割机与本部分条款的对应情况见表 A.1。

表 A.1 各类收割机与本部分条款的对应表

条款号	轮式自走式联合收割机	履带式联合收割机		悬挂式联合收割机
		半喂入	全喂入	
3.1	√	√	√	√
3.3	√	√	√	√
3.6	√	√	√	√
3.8	√	√	√	√
3.10	√	√	√	√
3.12	√	√	√	√
3.16	√	—	√	—
3.18	√	√	√	√
3.19	√	√	√	√
3.20	√	√	√	√
9.1～9.4	√	—	√	√
9.5	√	—	—	—
10.1～10.4	√	√	√	√
10.5	√	—	√	√
11.1	√	√	√	√
11.2～11.3	√	√	√	√
14.3	√	—	—	—
14.4	—	√	√	—
14.7	√	—	—	—
14.8	√	√	√	—
14.9	√	√	√	√

注:"√"表示适用本条款,"—"表示不适用本条款;其他没有列入的条款,分别适用于轮式自走式联合收割机和履带式(半喂入、全喂入)联合收割机。

ICS 61.020
Y 75

中华人民共和国国家标准

GB/T 16160—2008
代替 GB/T 16160—1996

服装用人体测量的部位与方法

Location and method of anthropometric surveys for garments

(ISO 8559:1989, Garments construction and anthropometric surveys—Body dimensions, MOD)

2008-05-23 发布　　2008-12-01 实施

中华人民共和国国家质量监督检验检疫总局
中国国家标准化管理委员会　发布

前　言

本标准修改采用 ISO 8559:1989《服装结构和人体测量　人体尺寸》。

为便于使用,本标准对 ISO 8559:1989 做了下列修改:

——修改了标准名称;

——删除了 ISO 8559:1989 的前言部分;

——删除了 ISO 8559:1989 的引言部分;

——修改了标准的"范围";

——删除"3.1.3　链尺"的仪器内容,并使用"软尺"代替"链尺";

——增加了资料性附录 A 和附录 B。

本标准代替 GB/T 16160—1996《服装人体测量的部位与方法》。

本标准与 GB/T 16160—1996 相比主要变化如下:

——标准名称由《服装人体测量的部位与方法》变更为《服装用人体测量的部位与方法》;

——增加了测量程序内容;

——标准正文中增加了 31 个人体项目的测量方法;

——将原标准中"乳距"、"膝高"、"颈椎至膝弯长"和"颈椎至腕长"等项目的名称分别变更为"两乳头点间宽"、"膝围高"、"颈椎点至膝弯长"和"颈椎点至腕长";

——将标准正文中"颈椎至膝弯长(直线测量)"、"颈椎点高(直线测量)"、"臂长(直线测量)"项目的内容转移至附录 A,其中"颈椎至膝弯长(直线测量)"的项目名称变更为"颈椎点至膝长";

——将原标准中"背腰长"、"前腰长"和"肩颈点至乳峰点长"几个只针对女性测量的项目变更为男女通用的测量项目,其中"肩颈点至乳峰点长"项目的名称变更为"肩颈点至乳头点长";

——增加了婴儿的身高项目测量方法;

——增加了资料性附录 A"相关的人体测量部位与方法";

——增加了资料性附录 B"相关的人体测量点术语"。

本标准的附录 A、附录 B 为资料性附录。

本标准由中国纺织工业协会提出。

本标准由全国服装标准化技术委员会(SAC/TC 219)归口。

本标准由全国服装标准化技术委员会负责解释。

本标准主要起草单位:上海市服装研究所、东华大学、上海利乐服装研究有限公司。

本标准主要起草人:谢琴、许鉴、聂雅渊、张文斌、秦威、王宏明。

本标准于 1996 年首次发布,本次为第一次修订。

服装用人体测量的部位与方法

1 范围

本标准规定了服装用人体测量的部位与方法。

本标准适用于各类服装及服饰配件所需的人体尺寸数据的测量，但并不是所有的本标准定义的人体尺寸在人体测量和服装生产中都是必需的。

2 定义

以下定义按测量的自然顺序列出，测量包括以下三个部分：

a) 水平尺寸(包括围度尺寸)；

b) 垂直尺寸；

c) 其他尺寸。

垂直尺寸的测量顺序是，首先是使用人体测高仪测量的人体尺寸，然后是使用软尺测量的人体尺寸。

注 1：定义中提到的仪器及测量方法在第 3 章中具体说明。

注 2：附录 A 给出了本章未列出的一些服装用人体测量的部位与方法。

注 3：定义中提到的人体测量点术语参见附录 B。

2.1 水平尺寸

2.1.1

头围 head girth

两耳上方水平测量的头部最大围长(见图 1)。

2.1.2

颈围 neck girth

用软尺测量经第七颈椎点处的颈部水平围长(见图 1)。

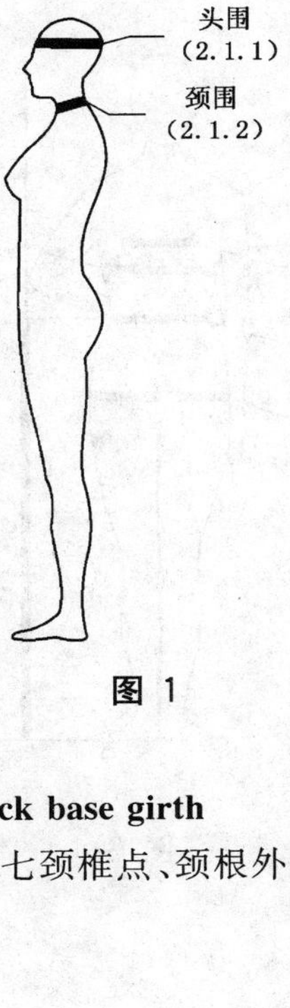

图 1

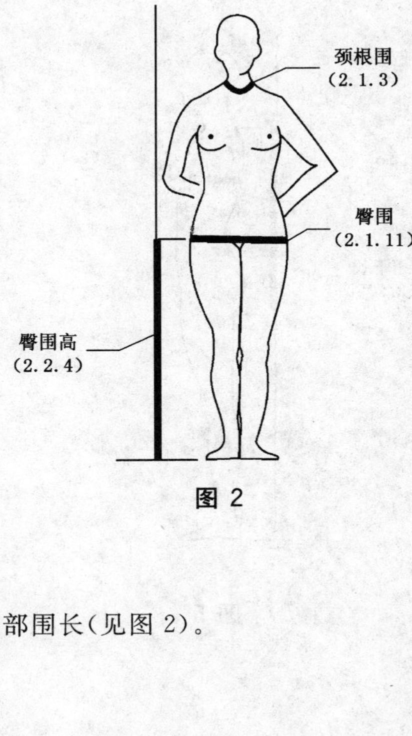

图 2

2.1.3

颈根围 neck base girth

用软尺经第七颈椎点、颈根外侧点及颈窝点测量的颈根部围长(见图 2)。

2.1.4

肩长　shoulder length

被测者手臂自然下垂，测量从颈根外侧点至肩峰点的直线距离(见图3)。

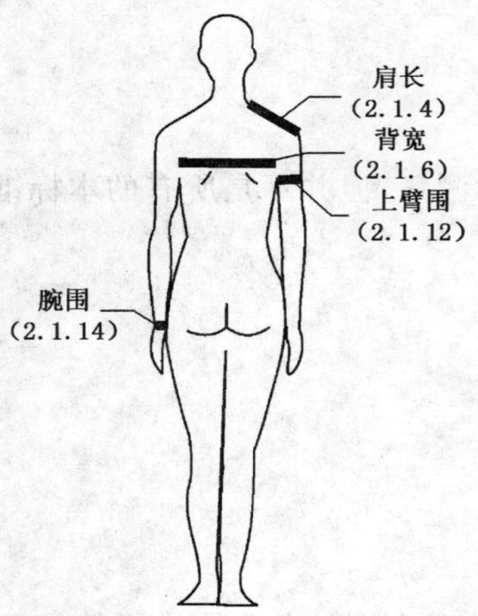

图3

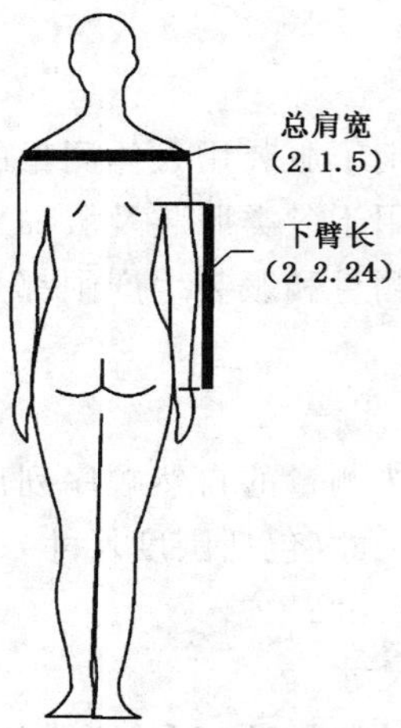

图4

2.1.5

总肩宽　shoulder width

被测者手臂自然下垂，测量左右肩峰点之间的水平弧长(见图4)。

2.1.6

背宽　back width

用软尺测量左右肩峰点分别与左右腋窝点连线的中点的水平弧长(见图3)。

2.1.7

胸围　chest girth；bust girth

被测者直立，正常呼吸，用软尺经肩胛骨、腋窝和乳头测量的最大水平围长(见图5)。

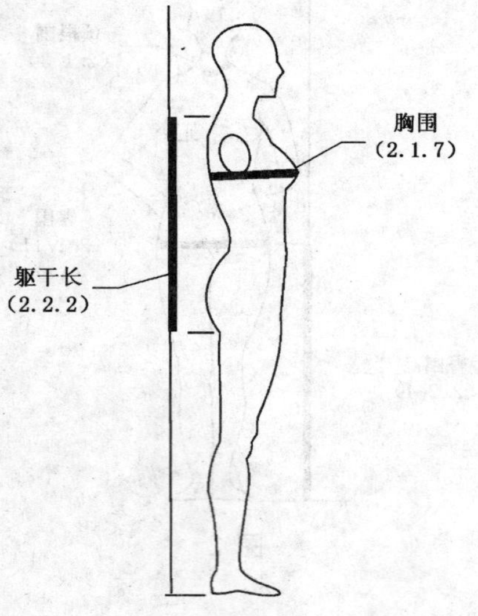

图5

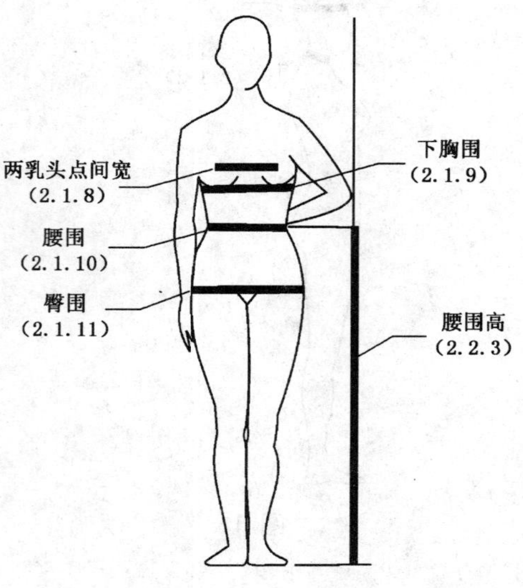

图6

2.1.8

两乳头点间宽(女)　bust width

左、右乳头之间的水平距离(见图6)。

2.1.9

下胸围(女)　underbust girth

紧贴着乳房下部的人体水平围长(见图6)。

2.1.10

腰围　waist girth

被测者直立,正常呼吸,腹部放松,胯骨上端与肋骨下缘之间自然腰际线的水平围长(见图6)。

2.1.11

臀围　hip girth

被测者直立,在臀部最丰满处测量的臀部水平围长(见图6)。

2.1.12

上臂围　upper-arm girth

被测者直立,手臂自然下垂,在腋窝下部测量上臂最粗处的水平围长(见图3)。

2.1.13

肘围　elbow girth

被测者直立,手臂弯曲约90°,手伸直,手指朝前,测量的肘部围长(见图7)。

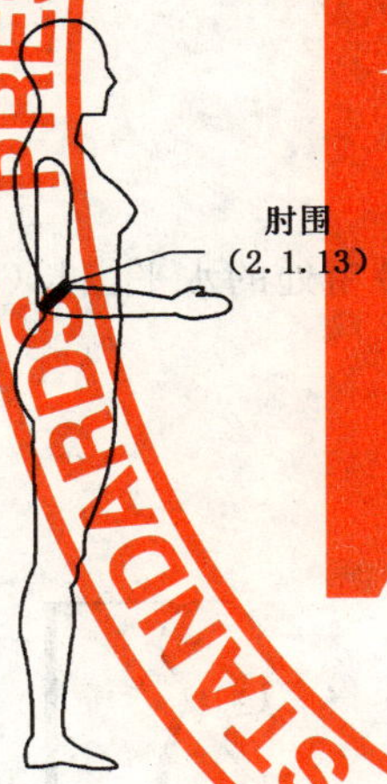

图7

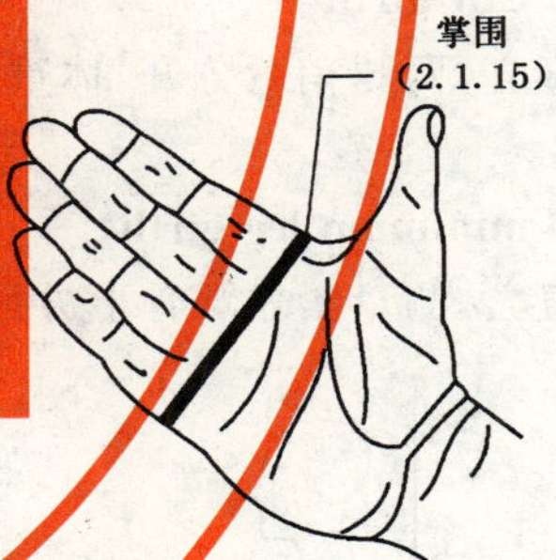

图8

2.1.14

腕围　wrist girth

被测者手臂自然下垂,测量的腕骨部位围长(见图3)。

2.1.15

掌围　hand girth

右手伸展,四指并拢,拇指分开,测量掌骨处的最大围长(见图8)。

2.1.16

手长　hand length

被测者右前臂与伸展的右手成直线,四指并拢,拇指分开,测量自中指尖至掌根部第一条皮肤皱折的距离(见图9)。

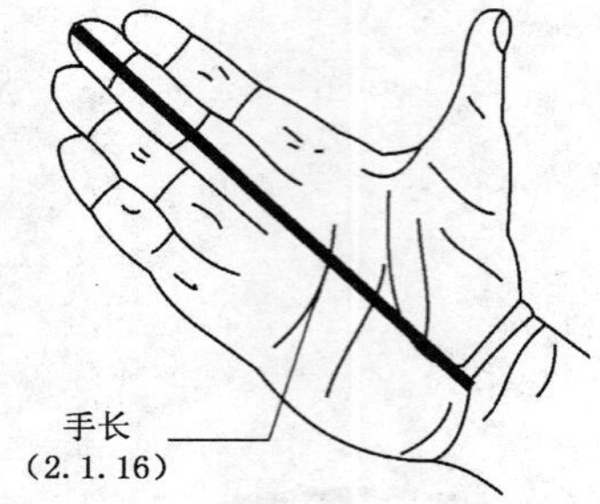

图 9

2.1.17

大腿根围　thigh girth

被测者直立，腿部放松，测量大腿最高部位的水平围长(见图 10)。

2.1.18

大腿中部围　mid-thigh girth

被测者直立，腿部放松，测量臀围线与膝围线中间位置的大腿水平围长(见图 10)。

2.1.19

膝围　knee girth

被测者直立，测量膝部的围长。测量时软尺上缘与胫骨点(膝部)对齐(见图 10)。

2.1.20

下膝围　lower knee girth

被测者直立，测量右膝盖骨下部的水平围长(见图 10)。

2.1.21

腿肚围　calf girth

被测者直立，两腿稍微分开，体重平均分布两腿，测量小腿腿肚最粗处的水平围长(见图 10)。

2.1.22

踝上围　minimum leg girth

被测者直立，测量紧靠踝骨上方最细处的水平围长(见图 10)。

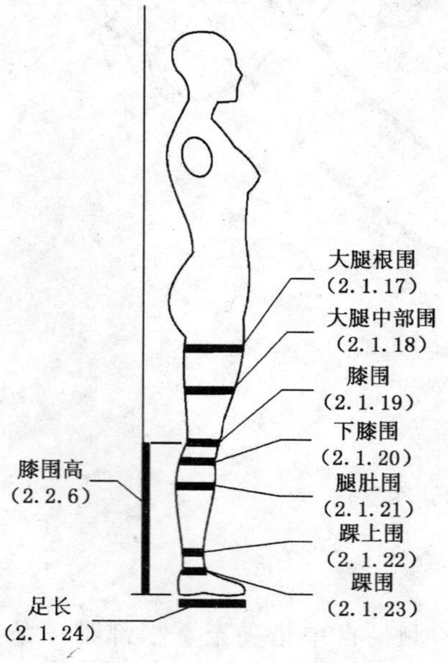

图 10

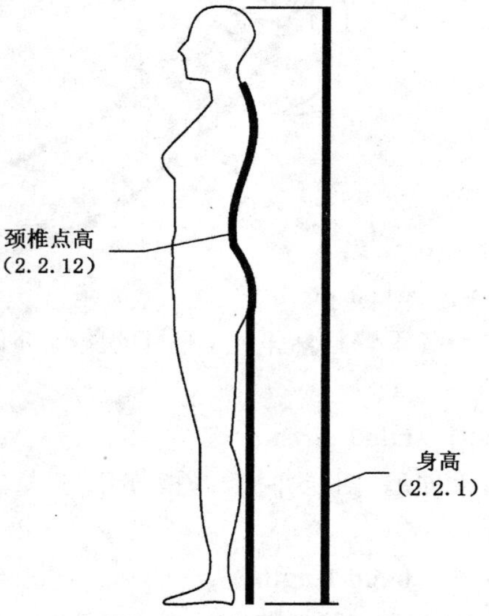

图 11

2.1.23

踝围 ankle girth

被测者直立,测量踝骨中部的围长(见图 10)。

2.1.24

足长 foot length

被测者赤足,脚趾伸展,测量最突出的足趾尖点与足后跟最突出点连线的最大直线距离(见图 10)。

2.1.25

身高(指尚不能站立的婴儿) height

被测者平躺于台面,测量自头顶至脚跟的直线距离。

2.2 垂直尺寸

2.2.1

身高(婴儿除外) height

被测者直立,赤足,两脚并拢,用人体测高仪测量自头顶至地面的垂直距离(见图 11)。

2.2.2

躯干长 truck length

被测者直立,用人体测高仪测量自第七颈椎点至会阴点的垂直距离(见图 5)。

2.2.3

腰围高 waist height

被测者直立,用人体测高仪在体侧测量从腰际线至地面的垂直距离(见图 6)。

2.2.4

臀围高 hip height

被测者直立,用人体测高仪测量从大转子点至地面的垂直距离(见图 2)。

2.2.5

直裆 body rise

用人体测高仪测量自腰际线至会阴点的垂直距离(见图 12)。

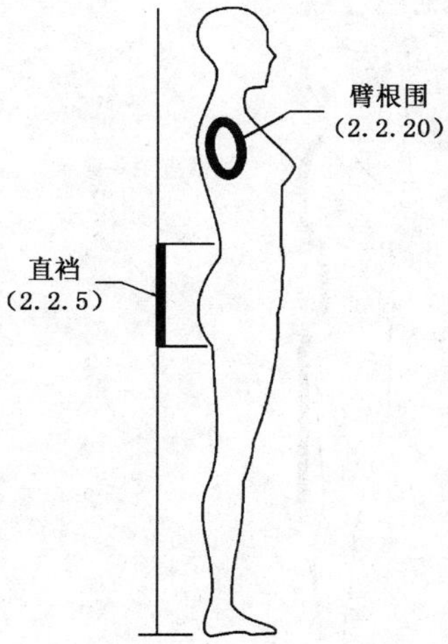

图 12

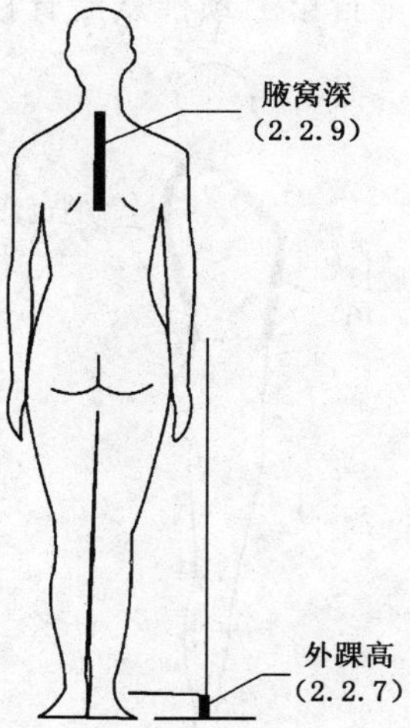

图 13

2.2.6

膝围高 knee height

用人体测高仪测量自胫骨点(膝部)至地面的垂直距离(见图 10)。

2.2.7

外踝高　ankle height

用人体测高仪测量自外踝点至地面的垂直距离(见图 13)。

2.2.8

坐姿颈椎点高　cervical height

被测者直坐于凳面,用人体测高仪测量自第七颈椎点至凳面的垂直距离(见图 14)。

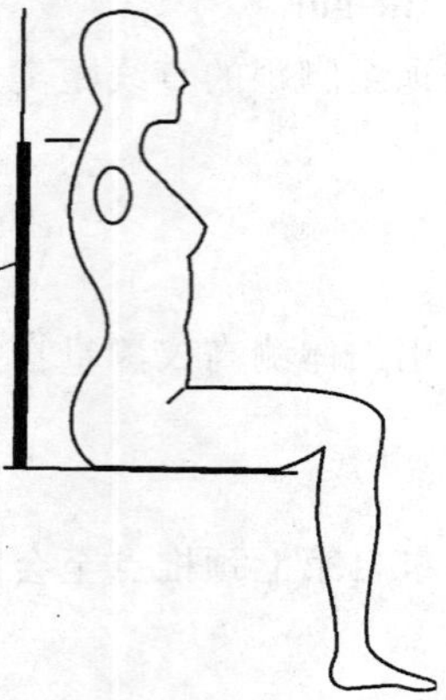

图 14

2.2.9

腋窝深　scye depth

用一根软尺经腋窝下水平绕人体一圈,用另一根软尺测量自第七颈椎至第一根软尺上缘部位的垂直距离(见图 13)。

2.2.10

背腰长　back waist length

用软尺测量自第七颈椎点沿脊柱曲线至腰际线的曲线长度(见图 15)。

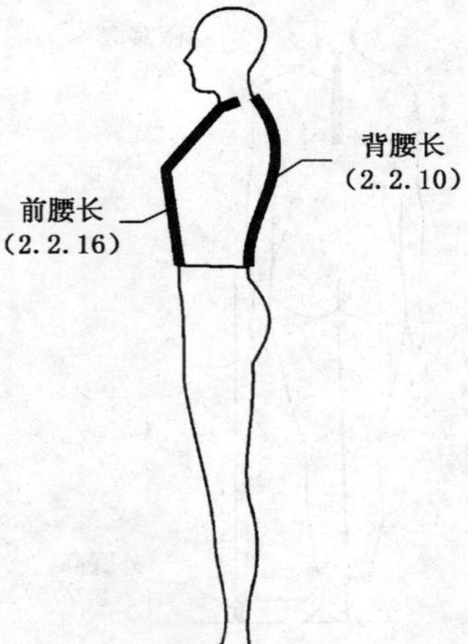

图 15

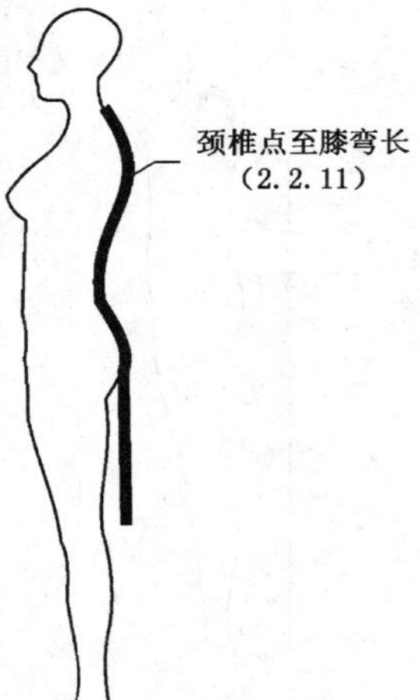

图 16

2.2.11

颈椎点至膝弯长　cervical to knee hollow

用软尺测量自第七颈椎点,沿背部脊柱曲线至臀围线,再垂直至胫骨点(膝部)的长度(见图 16)。

2.2.12

颈椎点高　cervical height

用软尺测量自第七颈椎点，沿背部脊柱曲线至臀围线，再垂直至地面的长度(见图 11)。

2.2.13

颈椎点至乳头点长　cervical to breast point

用软尺测量自第七颈椎点，沿颈部过颈根外侧点，再至乳头点的长度(见图 17)。

图 17

图 18

2.2.14

颈椎点至腰长(前身)　cervical to waist

用软尺测量，自第七颈椎点沿颈部过颈根外侧点，再经乳头点后至腰际线的长度(见图 18)。

2.2.15

肩颈点至乳头点长　neck shoulder point to breast point

用软尺测量自颈根外侧点至乳头点的长度(见图 19)。

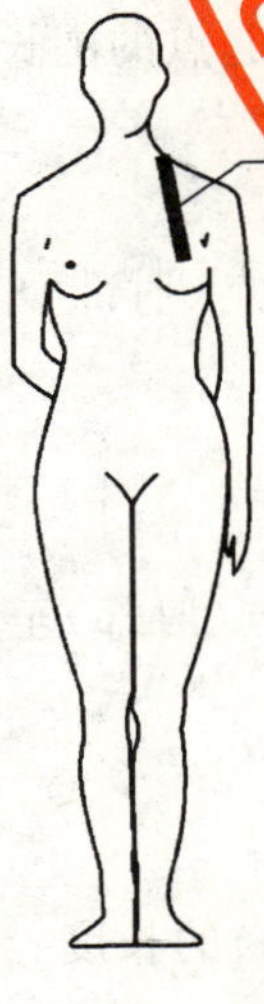

图 19

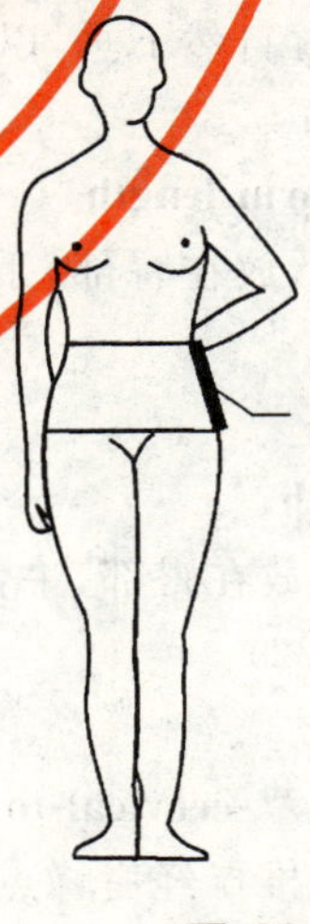

图 20

2.2.16

前腰长　front waist length

用软尺测量自颈根外侧点经乳头点，再至腰际线所得的距离(见图 15)。

2.2.17

腰至臀长　waist to hips

用软尺测量从腰际线，沿体侧臀部曲线至大转子点的长度（见图 20）。

2.2.18

躯干围　truck circumference

用软尺测量，以右肩线（颈根外侧点与肩峰点连线）的中点为起点，从背部经腿分叉处过会阴点，经右乳头再至起点的长度（见图 21）。

图 21

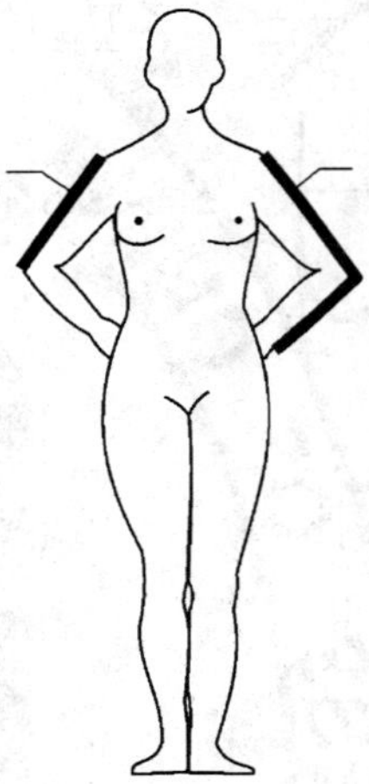

图 22

2.2.19

会阴上部前后长（下躯干弧长）　total crotch length

用软尺测量自前身腰际线中点经会阴点至背部腰际线中点的曲线长（见图 17）。

2.2.20

臂根围　armscye girth

被测者直立，手臂自然下垂，以肩峰点为起点，经前腋窝点和后腋窝点，再至起点的围长（见图 12）。

2.2.21

上臂长　upper arm length

被测者右手握拳，放在臀部，手臂弯曲成 90°，用软尺测量自肩峰点至桡骨点（肘部）的距离（见图 22）。

2.2.22

臂长　arm length

被测者右手握拳放在臀部，手臂弯曲成 90°，用软尺测量自肩峰点，经桡骨点（肘部）至尺骨茎突点（腕部）的长度（见图 22）。

2.2.23

颈椎点至腕长　7th-cervical-to-wrist length

用软尺测量自颈椎点经肩峰点，沿手臂过桡骨点（肘部）至尺骨茎突点（腕部）的长度。测量时手臂弯曲成 90°，呈水平状（见图 23）。

2.2.24

下臂长　under-arm length

被测者手臂自然下垂，用软尺测量自腋窝中点至桡骨茎突点（腕部）的垂直距离（见图 4）。

2.2.25

腿外侧长　outside leg length

用软尺从腰际线沿臀部曲线至大转子点，然后垂直至地面测量的长度(见图 24)。

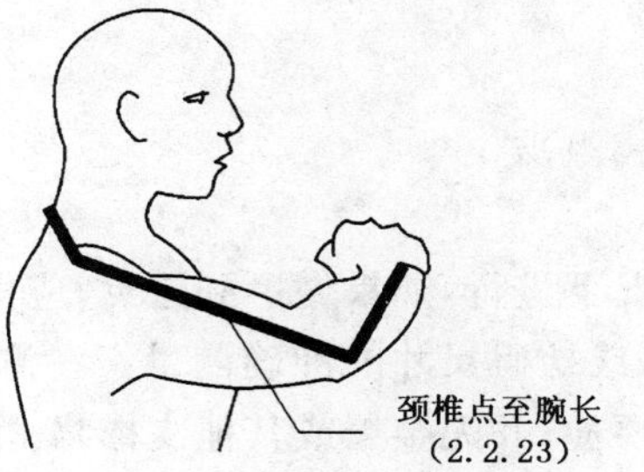

图 23

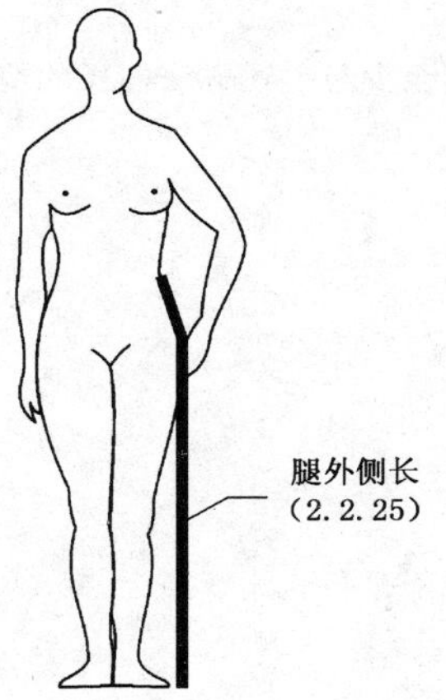

图 24

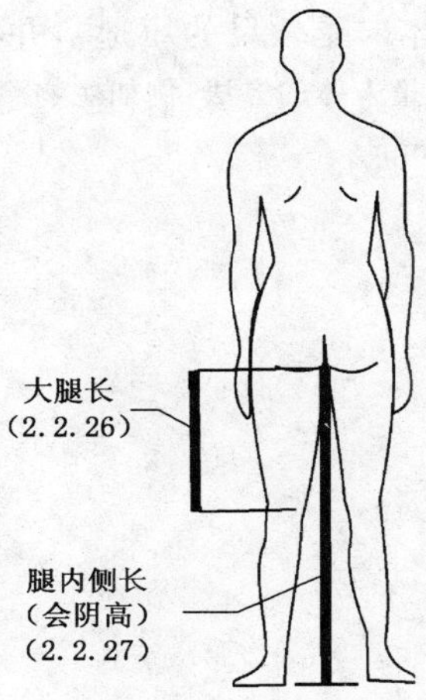

图 25

2.2.26

大腿长　thigh length

用软尺测量腿内侧自会阴点至胫骨点(膝部)的垂直距离(见图 25)。

2.2.27

腿内侧长(会阴高)　inside leg length;crotch height

被测者直立，两腿稍微分开，体重平均分布于两腿，用软尺测量自会阴点至地面的垂直距离(见图 25)。

2.3　其他尺寸

2.3.1

肩斜度　shoulder slope

将角度计放在被测者肩线(肩峰点与颈根外侧点的连线)上测量的倾角值，以度为单位。

2.3.2

体重　body mass

被测者稳定地站在体重计上，体重计显示的数，以公斤为单位。

3　人体尺寸测量

3.1　仪器

3.1.1　人体测高仪

主要由一杆刻度以毫米(mm)为单位，垂直安装的尺及一把可活动的尺臂(游标)组成。

3.1.2 **软尺**

尺寸稳定，刻度精确，以毫米(mm)为单位。

3.1.3 **体重计**

可测定体重，误差不超过1%。

3.1.4 **角度计**

刻度为度数，可测定肩斜度(2.3.1)。

3.2 **程序**

3.2.1 测体应在裸体及赤足的情况下进行，如果做不到这点，应保证测量时被测者穿尽可能少的衣服，且这些衣服不能严重影响人体形态或妨碍尺寸的准确测量。在测量有关妇女胸部尺寸时，被测者应穿戴完全合体的无衬垫胸罩，其质地要薄，并无金属或其他支撑物。

3.2.2 使用人体测高仪(3.1.1)测量除尚不能直立的婴儿外所有其他人的身高尺寸。

3.2.3 使用软尺(3.1.2)测量所有其他尺寸以及尚不能直立的婴儿的身高。测量时适度地拉紧软尺(但应保证人体未受软尺的压迫)，并将每个尺寸精确到0.1 cm。

注：其他测量人体的方法，例如生物测量法和摄影法都可应用，只要它们至少与上述方法同样的精确，精确度±1%或±5 mm。

附 录 A
（资料性附录）
相关的人体测量部位与方法

本标准正文未涉及的服装用人体测量部位与方法，推荐采用本附录的内容。

A.1 定义

A.1.1 水平尺寸

A.1.1.1

胸厚 chest depth

在乳头点高度上，躯干前、后最突出部位间厚度方向上的水平直线距离（见图 A.1）。

A.1.1.2

腰厚 waist depth

最小腰围高度上，腰部前、后最突出部位间厚度方向上的水平直线距离（见图 A.1）。

A.1.1.3

腹厚 abdominal depth

在髂嵴点高度上，腹部前、后最突出部位间厚度方向上的水平直线距离（见图 A.1）。

A.1.1.4

臀厚 hip depth

臀部向后最突出部位高度上，臀部前、后最突出部位间厚度方向上的水平直线距离（见图 A.1）。

A.1.1.5

胸宽 chest breadth

在乳头点高度上，胸廓两侧最突出部位间的水平直线距离（见图 A.2）。

A.1.1.6

臀宽 hip breadth

臀部左右大转子点间的水平直线距离（见图 A.2）。

A.1.1.7

腹围 abdominal girth

经髂嵴点的腹部水平围长（见图 A.2）。

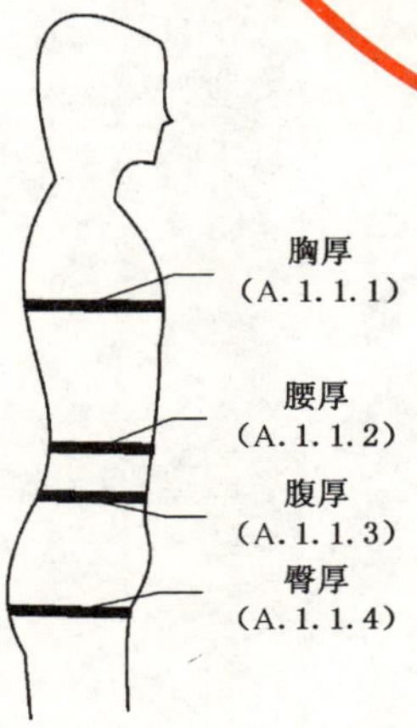

图 A.1

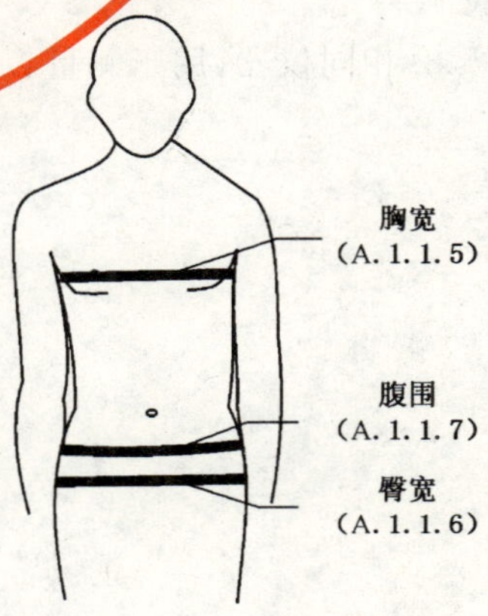

图 A.2

A.1.2　垂直尺寸

A.1.2.1

颈椎点至膝长　cervical to knee

被测者直立，用软尺测量自第七颈椎点至膝弯处（胫骨）所得的垂直距离（见图 A.3）。

A.1.2.2

颈椎点高（直线测量）　cervical height

被测者直立，用人体测高仪测量自第七颈椎点至地面的垂直距离（见图 A.3）。

A.1.2.3

臂长（直线测量）　arm length

被测者直立，手臂自然下垂，用软尺测量自肩峰点至尺骨茎突点所得的直线距离（见图 A.4）。

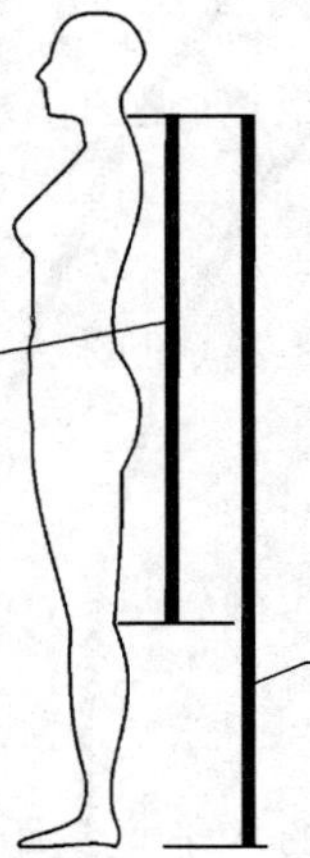

图 A.3

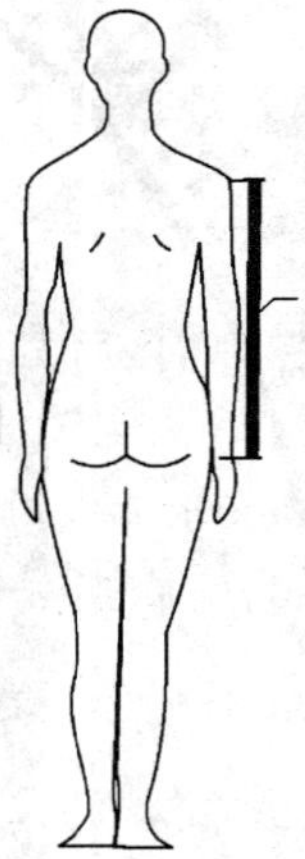

图 A.4

A.2　仪器

A.2.1　弯脚规

用于测量胸厚、腰厚、腹厚和臀厚。

A.2.2　直脚规

用于测量胸宽和臀宽。

A.2.3　人体测高仪

采用 3.1.1 相同仪器，用于测量颈椎点高和颈椎点至膝长。

A.2.4　软尺

采用 3.1.2 相同仪器，用于测量腹围和臂长。

附　录　B
（资料性附录）
相关的人体测量点术语

本标准涉及的人体测量点术语可参考本附录。

B.1

头顶点　vertex

头顶部最高点（见图 B.1）。

B.2

颈根外侧点　lateral neek root point

在外侧颈三角上，斜方肌前缘与颈外侧部位上联结颈窝点和颈椎点的曲线的交点（见图 B.1）。

B.3

颈窝点　fossa jugularis point

左、右锁骨的胸骨端上缘的连线的中点（见图 B.1）。

B.4

桡骨点　radiale

桡骨小头上缘的最高点（见图 B.1）。

B.5

大转子点　trochanterion

股骨大转子的最高点（见图 B.1）。

B.6

会阴点　perineum point

左、右坐骨结节最下点的连线的中点（见图 B.1）。

B.7

胫骨点　tibiale

胫骨上端内侧的髁内侧缘上最高的点（见图 B.1）。

B.8

外踝点　malleolus fibulae point

腓骨外踝的下端点（见图 B.1）。

B.9

腋窝前点　anterior armpit point

在腋窝前裂上，胸大肌附着处的最下端点（见图 B.1）。

B.10

乳头点　thelion

乳头的中心点（见图 B.1）。

B.11

桡骨茎突点　stylion radiale

桡骨茎突的下端点（见图 B.1）。

B.12

尺骨茎突点　ulna stylion

尺骨茎突的下端点（见图 B.1）。

B. 13

颈椎点　cervical

第七颈椎棘突尖端的点(见图 B. 2)。

B. 14

肩峰点　acromion

肩胛骨的肩峰外侧缘上,向外最突出的点(见图 B. 2)。

B. 15

腋窝后点　posterior armpit point

在腋窝后裂上,大圆肌附着处的最下端点(见图 B. 2)。

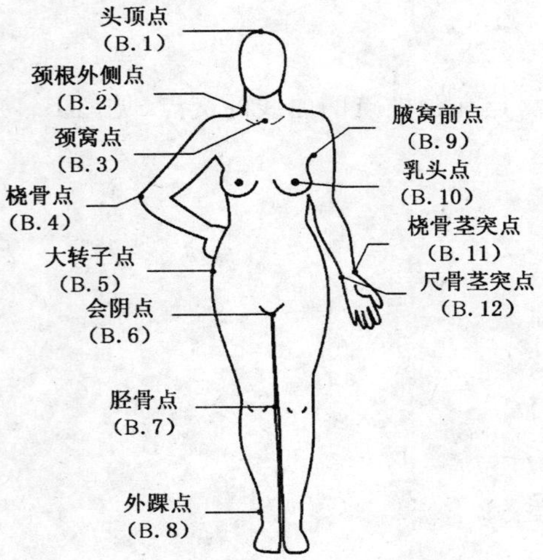

图 B. 1

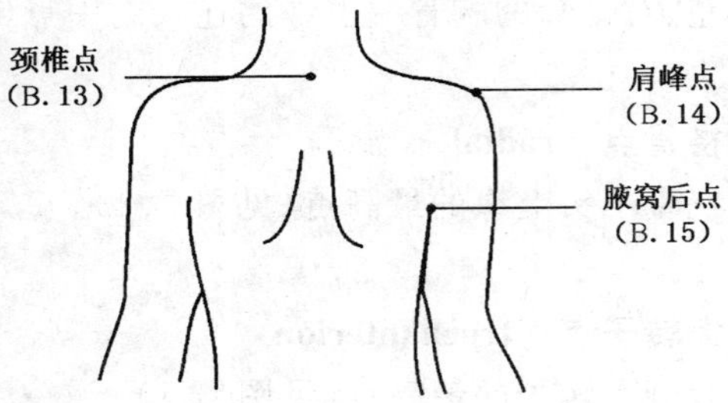

图 B. 2

ICS 11.100
C 30

中华人民共和国国家标准

GB/T 16175—2008
代替 GB/T 16175—1996

医用有机硅材料生物学评价试验方法

Biological evaluation test methods for medical organic silicon materials

2008-01-22 发布　　　　2008-09-01 实施

中华人民共和国国家质量监督检验检疫总局
中国国家标准化管理委员会　发布

前　言

本标准代替 GB/T 16175—1996《医用有机硅材料生物学评价试验方法》。本次修订按 GB/T 16886《医疗器械生物学评价》对标准内容进行了修改和调整。

本标准与 GB/T 16175—1996 的主要差异如下：

——增加了规范性引用文件；

——试验选择指南改为评价与试验选择，取消了试验选择表；

——修改了材料浸提液制备方法，取消了供试品表面积或重量与浸提介质比例表；

——修改了细胞毒性试验，包括浸提液和直接接触试验；

——过敏试验修改为迟发型超敏反应试验，增加了封闭贴敷迟发型超敏反应试验；

——将皮内刺激试验、原发性皮肤刺激试验和眼刺激试验整合为刺激试验，包括皮肤刺激试验、眼刺激试验和皮内反应试验。取消了口腔黏膜刺激试验；

——增加了亚急性（亚慢性）和慢性全身毒性试验；

——增加了遗传毒性试验，包括鼠伤寒沙门氏菌回复突变试验（Ames 试验）、小鼠淋巴瘤细胞突变试验和体外哺乳动物细胞染色体畸变试验；

——修改了植入试验，增加了皮下和骨植入试验；

——增加了附录 B 遗传毒性试验用试剂制备。

本标准的附录 A 和附录 B 为资料性附录。

本标准由国家食品药品监督管理局提出。

本标准由全国医疗器械生物学评价标准化技术委员会归口。

本标准起草单位：国家食品药品监督管理局济南医疗器械质量监督检验中心、上海生物材料研究测试中心。

本标准主要起草人：由少华、孙皎、朱雪涛、黄哲玮、黄经春、王昕、侯丽、曾冬明。

本标准于 1996 年 3 月首次发布。

引　言

本标准给出的试验方法是根据GB/T 16886.1《医疗器械生物学评价　第1部分:评价与试验》的基本原则,特别针对医用有机硅材料的生物学评价需求所设立的。本次修订是在GB/T 16886《医疗器械生物学评价》标准和《中华人民共和国药典》(以下简称《中国药典》)二部中相应试验方法学原理和试验步骤的基础上,并根据医用有机硅材料的特性制定而成,因此本标准是与GB/T 16886标准和《中国药典》方法具有方法学等同性、适用于医用有机硅材料生物学评价的方法标准。

本次修订对热原试验直接引用《中国药典》中的适用章节;对GB/T 16886标准中未给出详细试验步骤的试验项目进行了细化,例如细胞毒性、急性全身毒性、亚急性(亚慢性)和慢性全身毒性、遗传毒性和植入试验;对GB/T 16886标准中已详细给出试验步骤的刺激、迟发型超敏反应试验,本次修订采用直接引用相应GB/T 16886标准的方式。

鉴于亚急性(亚慢性)和慢性全身毒性、遗传毒性试验均为发展中的生物学试验,本标准给出的试验方法并非为唯一的方法,任何经确认符合GB/T 16886标准基本试验原理且适用于医用有机硅材料的试验方法均可视为与本标准具有方法学等同性。

医用有机硅材料生物学评价试验方法

1 范围

本标准规定了医用有机硅材料的生物学评价试验方法。

本标准适用于医用有机硅材料的生物学评价。

2 规范性引用文件

下列文件中的条款通过本标准的引用而成为本标准的条款。凡是注日期的引用文件，其随后所有的修改单(不包括勘误的内容)或修订版均不适用于本标准，然而，鼓励根据本标准达成协议的各方研究是否可使用这些文件的最新版本。凡是不注日期的引用文件，其最新版本适用于本标准。

GB/T 16886.1 医疗器械生物学评价 第1部分:评价与试验(GB/T 16886.1—2001,idt ISO 10993-1:1997)

GB/T 16886.3 医疗器械生物学评价 第3部分:遗传毒性、致癌性和生殖毒性试验(GB/T 16886.3—1997,idt ISO 10993-3:1992)

GB/T 16886.5 医疗器械生物学评价 第5部分:体外细胞毒性试验(GB/T 16886.5—2003,idt ISO 10993-5:1999)

GB/T 16886.6 医疗器械生物学评价 第6部分:植入后局部反应试验(GB/T 16886.6—1997,idt ISO 10993-6:1994)

GB/T 16886.10 医疗器械生物学评价 第10部分:刺激与迟发型超敏反应试验(GB/T 16886.10—2005,ISO 10993-10:2002,IDT)

GB/T 16886.11 医疗器械生物学评价 第11部分:全身毒性试验(GB/T 16886.11—1997,idt ISO 10993-11:1993)

GB/T 16886.12 医疗器械生物学评价 第12部分:样品制备与参照样品(GB/T 16886.12—2005,ISO 10993-12:2002,IDT)

中华人民共和国药典(二部)

3 评价与试验选择

3.1 总则

医用有机硅材料按其预期与人体接触的性质和接触时间按照GB/T 16886.1规定的基本原则进行生物学评价。

3.2 试验选择

GB/T 16886.1中给出了应考虑的评价试验。对于可能影响机体生殖功能的材料，应补充做生殖和发育毒性试验。

4 样品制备

4.1 总则

试验与对照样品制备应按GB/T 16886.12的要求进行。如果试验方案要求使用试验材料的浸提液，所用浸提介质和浸提条件应与最终产品的特性和使用以及试验目的相适应。在选择浸提条件时应考虑试验材料的理化特性、可溶出物或残留物。

4.2 浸提条件

如需制备浸提液，材料与浸提介质比例按 GB/T 16886.12 的规定。常规浸提条件见表 1。

表 1 常规浸提条件

浸提温度/℃	浸提时间/h	浸提设备
37±1	24±2	电热恒温培养箱
37±1	72±2	电热恒温培养箱
50±2	72±2	电热恒温培养箱
70±2	24±2	电热恒温干燥箱
121±2	1±0.1	电热蒸汽灭菌器
注：(37±1)℃浸提(24±2)h 一般仅用于浸提介质为含血清细胞培养基时。		

5 细胞毒性试验

5.1 方法提要

本试验系将试验样品接触培养细胞，通过对细胞形态、增殖和抑制影响的观察，评价试验材料对体外细胞的毒性作用。

注：也可采用其他等效的符合 GB/T 16886.5 要求的细胞毒性试验。

5.2 试剂

氯化钠、氯化钾、氯化钙、硫酸镁、磷酸氢二钠、磷酸二氢钾、氢氧化钠、葡萄糖、酚红、台盼蓝、乙二胺四乙酸二钠(EDTA)、胰蛋白酶、Eagle 培养基、RPMI 1640 培养基、胎(小)牛血清、青霉素 G(钠盐)、硫酸链霉素、乙醇、苯酚、二甲基亚砜(DMSO)。

5.3 主要设备和用具

超净工作台、CO_2 培养箱、恒温水浴箱、电冰箱、倒置显微镜、光学显微镜、压力蒸汽灭菌器、抽滤瓶、磁力搅拌器、培养板(皿)、液氮罐或超低温冰箱、天平。

5.4 细胞株

试验用细胞株可采用 ATCC CCL 1[NCTC clone 929(小鼠成纤维细胞)]或其他适宜细胞。试验采用传代 48 h～72 h 生长旺盛的细胞。

5.5 试验前准备

5.5.1 器具灭菌

与试验和对照样品接触的所有器具应采用可靠方法灭菌，置压力蒸汽灭菌器内 121℃ 30 min，或置电热干燥箱内 160℃ 2 h。

5.5.2 无菌室要求

无菌室操作台或超净工作台局部应符合洁净度 100 级单向流空气区域要求。

5.5.3 细胞培养基、细胞消化液、平衡盐溶液制备

按附录 A 给出的方法或其他经确认适宜的方法制备。

5.5.4 试验样品制备

5.5.4.1 无菌试验材料直接取样试验。未灭菌试验材料宜采用与成品相同的灭菌过程或其他适宜方法灭菌。

5.5.4.2 需制备浸提液时可采用含血清(或无血清)细胞培养基或质量浓度为 9 g/L 的氯化钠注射液为浸提介质，制备方法按 GB/T 16886.5 的规定。

5.5.5 对照品制备

5.5.5.1 阴性对照品：可采用经确认过的不产生细胞毒性反应的材料，例如高密度聚乙烯。

5.5.5.2 阳性对照品：可采用经确认过的可重现细胞毒性反应的材料，例如用有机锡作稳定剂的聚氯乙烯、质量浓度为 5 g/L 的苯酚溶液或体积分数为 5%的二甲基亚砜(DMSO)溶液。

5.5.5.3 需制备浸提液时同 5.5.4.2。

5.6 试验步骤

5.6.1 总则

根据试验材料特性选择下列试验中的一种或多种适宜方法进行评价。

5.6.2 浸提液试验

5.6.2.1 四唑盐(MTT)比色法

将配制好的 1×10^4/mL 细胞悬液接种于 96 孔培养板，设置空白对照、阴性对照、阳性对照和试验样品组，每组各设至少 6 孔，每孔接种 100 μL 细胞悬液。置 CO_2 培养箱(含体积分数 5%二氧化碳气体，下同)37℃培养 24 h 后，弃去原培养液。空白对照组加入新鲜细胞培养液，阴性对照组加入阴性对照品浸提液，阳性对照组加入阳性对照溶液或阳性对照品浸提液，试验样品组加入试验材料浸提液，每孔 100 μL，置 CO_2 培养箱继续培养 72 h。

注：如采用质量浓度为 9 g/L 的氯化钠注射液为浸提介质时，需使用浓缩培养基将浸提液稀释至规定浓度。

72 h 后，置显微镜下观察细胞形态。每孔加入 20 μL 质量浓度为 5 g/L 的 MTT 溶液，继续培养 4 h后弃去孔内液体，加入 150 μL DMSO，置振荡器上振荡 10 min，在酶标仪 570 nm 和 630 nm 波长下测定吸光度，按式(1)计算相对增殖率：

$$RGR = \frac{A}{A_0} \times 100\% \qquad \cdots\cdots(1)$$

式中：

RGR——相对增殖率，%；

A——试验样品组(阴性、阳性对照组)吸光度；

A_0——空白对照组吸光度。

根据 RGR 按表 2 分级判定。阴性对照组的反应应不大于 1 级，阳性对照组至少为 3 级反应。如阴性对照组和阳性对照组反应不成立时应重新试验。

表 2 细胞毒性反应分级

级别	相对增殖率/%
0	≥100
1	80～99
2	50～79
3	30～49
4	0～29

5.6.2.2 显微镜观察法

将配制好的 1×10^5/mL 细胞悬液接种于直径 35 mm 培养皿内，每皿 2 mL。置 CO_2 培养箱 37℃培养至近汇合单层细胞形成。

弃去原培养液。阴性对照组加入阴性对照品浸提液，阳性对照组加入阳性对照液或阳性对照品浸提液，试验样品组加入试验材料浸提液，每皿各加 2 mL。每组平行操作 3 皿，置 CO_2 培养箱继续培养 72 h。

注：如采用质量浓度为 9 g/L 的氯化钠注射液为浸提介质时，需使用浓缩培养基将浸提液稀释到规定浓度。

置显微镜下观察，按表3分级判定。阴性对照组应为0级反应，阳性对照组至少为3级反应。如阴性对照组和阳性对照组反应不成立时应重新试验。

表3 细胞毒性反应分级

级别	反应程度	反应观察
0	无	细胞形态正常，贴壁生长良好，胞浆内有离散颗粒；无细胞溶解
1	极轻微	至多20%的细胞呈圆形，疏松贴壁，无胞浆内颗粒；偶见细胞溶解
2	轻度	至多50%的细胞呈圆形，无胞浆内颗粒；明显可见细胞溶解和细胞间空区
3	中度	至多70%的细胞呈圆形或溶解
4	重度	细胞层几乎完全破坏

5.6.3 直接接触试验

注：本试验不适宜于极低密度和高密度材料，可能会导致细胞物理性损伤。

试验和对照材料应处置成直径为10 mm的圆片或表面积约为100 mm^2，接触细胞面为平面。

将配制好的1.5×10^5/mL细胞悬液接种于直径35 mm培养皿内，每皿2 mL。置CO_2培养箱37℃培养至近汇合单层细胞形成。

弃去原培养液，每皿加入2 mL新鲜细胞培养基。将试验和阴性对照、阳性对照样品分别轻轻放入培养皿内，每皿放置一片样品，使其沉于皿底与细胞单层直接接触。每组平行操作3皿。置CO_2培养箱继续培养48 h。

置显微镜下观察，按表4分级判定。阴性对照组应为0级反应，阳性对照组至少为3级反应。如阴性对照组和阳性对照组反应不成立时应重新试验。

表4 细胞毒性反应分级

级别	反应程度	反应观察
0	无	样品下面和周围区域细胞无异常迹象
1	极轻微	样品下面有些细胞出现形态异常或退化迹象
2	轻度	细胞反应区域局限在样品下方范围或超出样品边缘小于5 mm
3	中度	细胞反应区域超出样品下方范围5 mm～10 mm
4	重度	细胞反应区域超出样品下方范围10 mm以上

5.7 结果评价

在阴性对照和阳性对照产生预期反应的情况下，分析评价试验样品细胞毒性反应程度。

5.8 试验报告

试验报告中应给出下列信息：

a) 试验材料名称；

b) 批号；

c) 试验和对照样品制备；

d) 试验用培养基、细胞株制备；

e) 试验步骤；

f) 细胞反应和其他情况；

g) 观察结果；

h) 结果评价。

6 迟发型超敏反应试验

6.1 方法提要

本试验包括最大剂量迟发型超敏反应试验和封闭贴敷迟发型超敏反应试验，用以评价试验材料在试验条件下引发迟发型超敏反应的潜在性。

6.2 总则

最大剂量迟发型超敏反应试验为首选方法。试验样品如不适宜皮内注射或预期用于制造与皮肤接触器械的试验材料可选择封闭贴敷迟发型超敏反应试验。

6.3 试剂

质量浓度为 9 g/L 的氯化钠注射液、新鲜精制植物油、二硝基氯苯(dinitrochlorobenzene，DNCB)、十二烷基硫酸钠、弗氏完全佐剂。

注：本标准各试验中所用新鲜精制植物油推荐采用符合美国药典规定的棉籽油或芝麻油，也可使用其他经验证证实无生物学毒性反应的植物油。

6.4 主要设备和器具

压力蒸汽灭菌器、电剃刀、天平、动物天平、注射器、研钵。

6.5 试验前准备

6.5.1 器具灭菌

与试验和对照样品接触的所有器具置压力蒸汽灭菌器内 121℃ 30 min。

6.5.2 试验动物准备

按 GB/T 16886.10 的规定。

6.5.3 弗氏完全佐剂制备

6.5.3.1 无水羊毛脂与液体石蜡的体积比为 4∶6(冬季使用比例为 3∶5)。将无水羊毛脂加热溶解后取 40 mL 置研钵中，稍冷却后边研磨边加液体石蜡，直至 60 mL 液体石蜡加完。置压力蒸汽灭菌器内 121℃ 30 min，即制备成弗氏不完全佐剂，4℃保存备用。

6.5.3.2 在弗氏不完全佐剂中按 4 mg/mL～5 mg/mL 加入死的或减毒的分枝杆菌(如卡介苗或结核杆菌)，即得弗氏完全佐剂。

6.6 最大剂量迟发型超敏反应试验

6.6.1 浸提介质

质量浓度为 9 g/L 的氯化钠注射液、新鲜精制植物油。

6.6.2 阳性对照样品

质量浓度为 1 g/L 的二硝基氯苯溶液或其他能产生相应阳性反应的液体。

6.6.3 试验样品制备

按 GB/T 16886.10 规定选择适宜的浸提条件，每种试验材料制备质量浓度为 9 g/L 的氯化钠注射液和植物油浸提液。

6.6.4 试验步骤和结果评价

按 GB/T 16886.10—2005 的 7.4 进行操作和评价。

6.7 封闭贴敷迟发型超敏反应试验

6.7.1 浸提介质

质量浓度为 9 g/L 的氯化钠注射液、新鲜精制植物油。

6.7.2 阳性对照样品

质量浓度为 1 g/L 的二硝基氯苯溶液或其他能产生相应阳性反应的液体。

6.7.3 试验样品制备

按 GB/T 16886.10 规定制备试验样品。试验材料如不能直接贴敷，应按 GB/T 16886.10 规定选择适宜的浸提条件，每种试验材料制备质量浓度为 9 g/L 的氯化钠注射液和植物油浸提液。

6.7.4 试验步骤和结果评价

按 GB/T 16886.10—2005 的 7.5 进行操作和评价。

6.8 试验报告

试验报告中应给出下列信息：

a） 试验材料名称；

b） 批号；

c） 试验和对照样品制备；

d） 试验步骤；

e） 试验部位观察记录；

f） 结果评价。

7 刺激试验

7.1 方法提要

本试验包括皮肤刺激试验、眼刺激试验和皮内反应试验。皮肤刺激试验适用于评价预期与皮肤接触的材料。眼刺激试验适用于评价预期与眼接触的材料。皮内反应试验系将材料浸提液注入家兔皮内，适用于评价试验材料在试验条件下对接触组织的潜在刺激性。

7.2 试剂

质量浓度为 9 g/L 的氯化钠注射液、新鲜精制植物油、质量浓度为 50 g/L 的甲醛溶液。

7.3 主要设备和器具

压力蒸汽灭菌器、检眼镜、天平、动物天平、动物固定器、注射器。

7.4 试验前准备

7.4.1 器具灭菌

与试验和对照样品接触的所有器具置压力蒸汽灭菌器内 121℃ 30 min。

7.4.2 试验动物准备

按 GB/T 16886.10 的规定。

7.5 皮肤刺激试验

7.5.1 试验样品制备

按 GB/T 16886.10 规定制备试验样品。试验材料如不能直接贴敷，应按 GB/T 16886.10 规定选择适宜的浸提条件，每种试验材料制备质量浓度为 9 g/L 的氯化钠注射液和植物油两种浸提液。

7.5.2 试验步骤

按 GB/T 16886.10—2005 的 6.3 进行操作，每次与皮肤接触期为 24 h。阴性对照采用同批浸提介质，阳性对照采用质量浓度为 50 g/L 的甲醛溶液或其他能产生相应阳性反应的材料。

7.5.3 结果评价

按 GB/T 16886.10—2005 的 6.3 进行评价。

7.6 眼刺激试验

7.6.1 试验样品制备

按 GB/T 16886.10 规定制备试验样品。试验材料如不适宜直接与眼接触，应按 GB/T 16886.10 的规定选择适宜的浸提条件，每种试验材料制备质量浓度为 9 g/L 的氯化钠注射液和植物油两种浸提液。

7.6.2 试验步骤和结果评价

按 GB/T 16886.10—2005 的第 B.3 章进行操作和评价。

7.7 皮内反应试验

7.7.1 试验样品制备

按 GB/T 16886.10 规定选择适宜的浸提条件，每种试验材料制备质量浓度为 9 g/L 的氯化钠注射液和植物油两种浸提液。

7.7.2 试验步骤和结果评价

按 GB/T 16886.10—2005 的 B.2 进行操作和评价。

7.8 试验报告

试验报告中应给出下列信息：

a) 试验材料名称；

b) 批号；

c) 试验和对照样品制备；

d) 试验步骤；

e) 试验部位观察记分；

f) 结果评价。

8 急性全身毒性试验

8.1 方法提要

本试验系将试验样品注入小白鼠静脉和腹腔内，在规定时间内观察小白鼠有无毒性反应和死亡情况，以评价试验材料是否具有潜在的急性全身毒性作用。

8.2 试剂

质量浓度为 9 g/L 的氯化钠注射液、新鲜精制植物油。

8.3 主要设备和器具

压力蒸汽灭菌器、动物天平、小白鼠固定器、注射器。

8.4 试验前准备

8.4.1 器具灭菌

与试验和对照样品接触的所有器具置压力蒸汽灭菌器内 121℃ 30 min。

8.4.2 试验动物准备

8.4.2.1 试验采用健康、初成年小白鼠，同一品系并同一来源，雌鼠无孕，体重 17 g～23 g。试验前使小白鼠适应实验室环境。做过本试验的小白鼠不得重复使用。

8.4.2.2 每种浸提液用小白鼠 10 只，随机分为试验样品和对照样品两组，每组 5 只。复试时每组取 18 g～19 g 的小白鼠 10 只。

8.5 试验和对照样品制备

按 GB/T 16886.12 规定选择适宜的浸提条件，每种试验材料制备质量浓度为 9 g/L 的氯化钠注射液和植物油两种浸提液。同批号浸提介质作为对照样品。

8.6 试验步骤

8.6.1 样品注射

8.6.1.1 自尾静脉分别注入氯化钠注射液浸提液和介质对照液，以不超过 0.1 mL/s 的恒定速度注射，注射剂量为 50 mL/kg。

8.6.1.2 由腹腔分别注入植物油浸提液和介质对照液，注射剂量为 50 mL/kg。

8.6.2 注射后观察

注射完毕后，观察小白鼠即时反应，并于 4 h、24 h、48 h 和 72 h 观察和记录试验组和对照组动物的一般状态、毒性表现和死亡动物数，在 72 h 时称量动物体重。动物反应观察判定按表 5 规定。

表 5 毒性反应观察

反应程度	症　状
正常,无症状	注射后无毒性症状
轻微	注射后有轻微症状但无运动减少、呼吸困难或腹部刺激症
中度	注射后出现明显的腹部刺激症状、抽搐、俯卧、呼吸困难、运动减少、眼睑下垂或腹泻
重度	注射后出现虚脱、发绀、震颤或严重腹部刺激症状、腹泻、眼睑下垂或呼吸困难(体重急剧下降,一般低于 15 g)
死亡	注射后死亡

8.7 结果评价

8.7.1 在 72 h 观察期内,试验组动物的反应不大于对照组动物,则判定试验样品无急性全身毒性反应。

8.7.2 如试验组动物有 2 只或 2 只以上出现中度毒性症状或死亡,3 只或 3 只以上出现体重下降超过 10%,则判定试验样品有急性全身毒性反应。

8.7.3 如试验组动物出现轻微毒性症状,或不超过 1 只动物出现中度毒性症状或死亡,或虽无毒性症状但组内动物体重普遍下降,则另取小白鼠 10 只为 1 组进行复试,复试结果符合 8.7.1 要求,判定试验样品无急性全身毒性反应。

8.8 试验报告

试验报告中应给出下列信息:

a) 试验材料名称;

b) 批号;

c) 试验和对照样品制备;

d) 注射剂量;

e) 动物反应情况;

f) 结果评价。

9 亚急性(亚慢性)和慢性全身毒性试验

9.1 方法提要

本试验通过将试验样品植入动物体内或注入动物静脉、腹腔、皮下、皮内或肌内,在规定试验周期内,测定试验样品一次或多次接触对试验动物的影响,以评价试验材料是否具有潜在的亚急性(亚慢性)或慢性全身毒性作用。

注:也可采用其他符合 GB/T 16886.11 要求的亚急性(亚慢性)和慢性全身毒性试验。本试验可设计成与植入试验结合进行。

9.2 试剂

质量浓度为 9 g/L 的氯化钠注射液、新鲜精制植物油。

9.3 主要设备和器具

压力蒸汽灭菌器、动物天平、注射器。

9.4 试验途径选择

试验接触途径应尽可能与试验材料的临床应用相关,可选择下列适宜途径进行试验:

a) 植入途径适用于植入材料;

b) 静脉途径适用于直接或间接液路或与血液接触的材料;

c) 腹腔途径适用于液路或与腹腔接触材料以及不宜静脉途径接触的试验样品;

d) 皮下途径适用于皮下接触方式有利于评价材料毒性作用时；

e) 皮内途径适用于皮内接触方式有利于评价材料毒性作用时；

f) 肌内途径适用于肌内接触方式有利于评价材料毒性作用时。

9.5 试验组设定

9.5.1 每一种试验样品应设立试验样品组和对照组。对照组动物除了不接触试验样品，其他处置方式应与试验组动物完全一致。

9.5.2 除植入途径外，其他接触途径的试验样品组一般宜设高、中、低3个剂量水平组，也可采用适宜的单剂量组试验(即限度试验)。选择剂量水平时应考虑临床接触剂量与安全应用因素，如采用加严剂量组时应考虑下列参数：

——临床接触表面积的倍数；

——接触周期的倍数；

——浸提分数或具体化学物的倍数；

——24 h接触期的倍数。

注：与经典的化学物全身毒性试验不同，医用材料一般不会产生剂量反应作用，因此高剂量水平不一定必须产生毒性作用。然而，试验所采用的剂量范围宜提供有效的人体安全性极限评估。

9.6 试验前准备

9.6.1 器具灭菌

与试验和对照样品接触的所有器具置压力蒸汽灭菌器内121℃ 30 min。

9.6.2 试验动物选择

9.6.2.1 应按GB/T 16886.11的要求选择试验动物。植入途径首选家兔，静脉、腹腔、皮下、皮内、或肌内途径接触首选小白鼠或大白鼠。试验应采用健康、初成年动物，同一品系并同一来源，雌性动物未产并无孕。家兔体重在2.0 kg～3.0 kg范围内；啮齿动物最好在离乳后6周龄内，不大于8周龄；犬最好4月～6月龄，不大于9月龄；试验开始时，所用动物体重差异应不超过平均体重的±20%。每一试验剂量组需要的动物数量根据试验目的来确定，推荐的动物种属和每剂量组最少动物数量见表6。

表6 动物种属和数量

试验类型	啮齿动物(如小白鼠、大白鼠)	非啮齿类动物(如家兔、犬)
亚急性毒性	10只(雌、雄各5只)[a]	6只(雌、雄各3只)[a]
亚慢性毒性	20只(雌、雄各10只)[a]	8只(雌、雄各4只)[a]
慢性毒性	40只(雌、雄各20只)[b,c]	—

[a] 亦可采用单一性别动物，如预期试验材料仅用于女性时，试验应采用雌性动物。

[b] 采用加严剂量组时动物数量可减少至雌、雄各10只。

[c] 慢性毒性试验动物的数量应能保证可以对试验结果进行适当的统计学评价。

9.6.2.2 应在试验前使试验动物适应实验室环境。

9.7 试验和对照样品制备

9.7.1 采用植入方式时按GB/T 16886.6的规定制备适宜的试验和对照样品。

9.7.2 采用静脉注射途径时选择适宜的浸提条件，可用质量浓度为9 g/L的氯化钠注射液制备试验样品。同条件制备浸提介质对照液。

9.7.3 采用腹腔、皮下、皮内注射途径时选择适宜的浸提条件，根据试验评价目的可用质量浓度为9 g/L的氯化钠注射液和(或)植物油制备试验样品。同条件制备浸提介质对照液。

9.7.4 采用肌内注射途径时选择适宜的浸提条件，可用质量浓度为9 g/L的氯化钠注射液制备试验样品。同条件制备浸提介质对照液。

9.8　试验步骤

9.8.1　试验接触

9.8.1.1　体内植入时按 GB/T 16886.6 和本标准第 12 章的规定进行。对照组可植入阴性对照样品，或不植入对照样品仅进行与试验样品相同的手术步骤。

9.8.1.2　静脉、腹腔、皮下、皮内或肌内注射途径接触时，试验样品组和介质对照组分别自动物的静脉、腹腔、皮下、皮内或肌内注入试验样品和介质对照液。单次静脉快速注射时一般在 1 min 内注射完毕，亦可根据试验样品具体情况采用慢速注射，大白鼠静脉注射速度通常不超过 2 mL/min。各动物种属最大注射剂量体积见表 7。

表 7　最大注射剂量体积

动物种属	静脉注射体积/(mL/kg)	腹腔注射体积/(mL/kg)	皮下注射体积/(mL/kg)	肌内注射体积/(mL/kg)
小白鼠	50	50	50	2
大白鼠	40	20	20	1
兔	10	20	10	1
犬	10	20	2	1
注：啮齿动物肌内注射时推荐小白鼠每一注射点不超过 0.1 mL，大白鼠每一注射点不超过 0.2 mL。				

9.8.2　接触周期

9.8.2.1　除植入途径外，其他接触途径一般每周 7 d 进行试验操作，较长期接触试验也可根据试验样品具体情况每周操作 5 d。

9.8.2.2　亚急性全身毒性试验接触周期为 14 d～28 d，静脉接触时大于 24 h，但小于 14 d。亚慢性全身毒性试验接触周期啮齿动物通常为 90 d，其他种属动物不超过其寿命期的 10%，静脉接触时为 14 d～28 d。慢性全身毒性试验接触周期一般为 6 个月～12 个月。

9.8.3　接触后观察

9.8.3.1　体重和饲料、水消耗

试验接触前及试验终结时应测量体重，试验期间至少每周测量一次动物体重。

必要时长期接触试验应考虑测定饲料和水的消耗量。

9.8.3.2　临床观察

每日观察和记录试验样品组和对照组动物的一般状态，如皮肤、被毛、眼和黏膜改变，以及呼吸、循环、自主和中枢神经系统、躯体运动神经活动性和行为表现等状况。必要时，在接触试验样品之前和试验期间对高剂量组和对照组动物进行眼科检查，如发现有眼部改变迹象时应检查全部试验动物。

记录死亡的动物数并及时进行尸检，垂死动物及时隔离并处死。

9.8.3.3　临床病理学检查

应根据试验样品预期毒性作用，在试验接触周期内和(或)接触终结时，选择进行下列适宜的检查项目：

a)　血液学方面，包括：凝血(PT、APTT)、血红蛋白浓度、血细胞比容、血小板计数、红细胞计数、白细胞计数和白细胞分类计数等；

b)　临床血液生化方面，包括电解质平衡、碳水化合物代谢和肝、肾功能。某些试验样品由于其特定的作用模式，可能还需测定白蛋白、ALP、ALT、AST、钙、氯化物、胆固醇、肌酸酐、GGT、葡萄糖、无机磷、钾、钠、总胆红素、总蛋白、甘油三酯、尿氮、各种酶类等。需评价免疫毒性时可考虑测定总免疫球蛋白水平。

注：可根据试验接触周期确定适宜的检查次数，如试验周期为 26 周时在试验进行到 13 周时安排检查一次。

尿液检验不作为常规检验，仅在预期或观察到有这方面的毒性反应的情况下才考虑进行。检验时在试验接触的最后一周在一定时间间隔内(如 16 h～24 h)采集尿液，推荐检验的项目包括外观、胆红素、尿糖、酮体、隐血、蛋白、沉渣、比重或渗量、尿量等。

9.8.3.4 大体病理学检查

试验终结时，将全部试验动物无痛处死后进行大体尸检，包括体表及体表开孔、头部、胸（腹）腔及内脏等。

将试验动物的肾上腺、脑、附睾、心脏、肾、肝、卵巢、脾、睾丸、胸腺和子宫在取出后尽快称量其湿重。根据试验材料预期作用途径选择需进一步进行组织病理学检查的器官或组织，取下后置于适宜的固定液中。

9.8.3.5 组织病理学检查

应对高剂量组和对照组动物的器官和组织进行完整的组织病理学检查。

应对全部显示有大体损害迹象或尺寸改变的器官和组织进行检查。

如设有中、低剂量组，应对动物肺脏进行组织病理学检查是否有感染迹象，还应考虑对中、低剂量组进行肝、肾组织病理学检查，高剂量组如显示损害迹象应进行器官组织病理学检查。

9.9 结果评价

9.9.1 列表给出各种试验数据，并采用适宜的统计学方法对数据进行分析评价。

9.9.2 分析评价试验接触剂量与毒性反应产生的相关性、异常反应的发生率和严重程度，包括行为和临床性异常、大体损害、显微镜下改变、靶器官的鉴别、死亡率、以及任何其他有意义的一般性和特异性反应。

9.10 试验报告

试验报告中应给出下列信息：

a) 试验材料名称；

b) 批号；

c) 试验动物；

d) 试验和对照样品制备；

e) 试验步骤；

f) 观察记录；

g) 结果评价。

10 热原试验

10.1 方法提要

本试验系将试验样品注入家兔静脉，在规定的时间内观察家兔体温升高的情况，以评价试验材料是否具有潜在的致热作用。

10.2 试剂

质量浓度为 9 g/L 的无菌无热原氯化钠注射液。

10.3 主要设备

超净工作台、电热干燥箱、电热恒温水浴箱、压力蒸汽灭菌器、热原测试仪、动物天平、注射器、家兔固定器。

10.4 试验前准备

10.4.1 器具除热原

与供试液接触的所有玻璃器皿置电热干燥箱内 180℃干烤至少 2 h，或 250℃干烤至少 30 min。也可采用其他适宜的方法除热原。

10.4.2 测温器具

家兔体温测试应使用精密度为±0.1℃的热原测温仪或肛门体温计。

10.4.3 实验室环境

10.4.3.1 在试验前 1 d～2 d,供试用家兔应处于同一温度环境中,实验室和饲养室的温度相差不得大于 5℃,实验室温度应为 17℃～28℃。

10.4.3.2 在试验全过程中,室温变化应不大于 3℃,避免噪音干扰。

10.4.4 试验用家兔

按中华人民共和国药典二部附录Ⅺ D 的规定挑选试验用兔。

10.5 试验样品制备

按第 4 章中的规定选择适宜的浸提条件,采用质量浓度为 9 g/L 的无菌无热原氯化钠注射液制备试验样品。

10.6 试验步骤

按中华人民共和国药典(二部)附录Ⅺ D 的规定进行,家兔注射剂量为 10 mL/kg。

10.7 结果评价

试验样品经初试或复试后符合中华人民共和国药典(二部)附录Ⅺ D 的规定时,判定试验材料无致热作用。

10.8 试验报告

试验报告中应给出下列信息:

a) 试验材料名称;

b) 批号;

c) 试验样品制备;

d) 注射剂量;

e) 家兔体温记录;

f) 结果评价。

11 遗传毒性试验

注:也可采用其他经确认符合 GB/T 16886.3 要求的遗传毒性试验。

11.1 鼠伤寒沙门氏菌回复突变试验(Ames 试验)

11.1.1 方法提要

本试验是在有或无代谢活化系统的情况下,通过试验样品诱导组氨酸营养缺陷型鼠伤寒沙门氏菌的突变情况,以评价试验材料潜在的致突变性。本标准推荐的是平板掺入法。

注:其他信息参见 OECD 导则 471。

11.1.2 主要设备

超净工作台、电热干燥箱、恒温培养箱、恒温水浴箱、恒温振荡水浴箱、压力蒸汽灭菌器、低温高速离心机、低温冰箱(—80℃)或液氮罐、匀浆器。

11.1.3 活化系统、培养基和试剂

试验用活化系统(S9 和 S9 混合液)、培养基和试剂按附录 B 的规定制备或购买市售产品。

11.1.4 菌株及其鉴定和保存

11.1.4.1 菌株

本试验用于测试试验样品诱变性时应至少采用四个菌株,本试验推荐五株鼠伤寒沙门氏菌突变菌株:TA98、TA100、TA1535、TA1537、TA1538。适当时也可采用其他菌株,如 TA97、TA102 等。

11.1.4.2 菌株特性

菌株特性应与表 8 相符。突变型菌的某些特性易丢失或变异,在下列情况下应鉴定菌株的基因型:

a) 在收到培养菌株后;

b) 当制备一套新的冷冻保存或冰冻干燥菌株时;

c) 当每皿自发回变数不在正常范围时；

d) 当对诱变剂丧失敏感性时；

e) 使用主平板传代时；

f) 投入使用前。

表 8 菌株鉴定结果

菌株	基因型				自发回变菌落数[e]
	组氨酸缺陷[a]	脂多糖屏障缺失[b]	R因子（抗氨苄青霉素）[c]	uvrB修复缺陷[d]	
TA98	+	+	+	+	30～50
TA100	+	+	+	+	120～200
TA1535	+	+	—	+	10～35
TA1537	+	+	—	+	3～28
TA1538	+	+	—	+	7～25

a “+”表示需要组氨酸。

b “+”表示有抑制带。

c “+”表示具有 R 因子。

d “+”表示无修复能力。

e 该数值为参考值，可在验证的基础上确定本实验室的规定数值范围。

11.1.4.3 菌株鉴定方法

11.1.4.3.1 增菌培养

在 5 mL 营养肉汤培养基中接种贮存菌培养物，于(37±2)℃、(115 r/min～125 r/min)振荡培养10 h～12 h。

11.1.4.3.2 组氨酸缺陷型的鉴定

加热融化底层培养基两瓶（一瓶不加组氨酸，一瓶加组氨酸），不加组氨酸者每 100 mL 底层培养基中加 0.5 mmol D-生物素 0.6 mL；加组氨酸者每 100 mL 底层培养基中加 L-组氨酸（每 100 mL 中含0.404 3 g）1 mL 和 0.5 mmol D-生物素 0.6 mL，冷却至 50℃左右，各倒两个平皿。

接种：取有组氨酸和无组氨酸培养基平皿各一个，按菌株号顺序各取一白金耳菌液划线（直线）接种在培养基表面，37℃培养 48 h。

结果判定：五株菌在有组氨酸培养基平皿表面各长出一条菌膜，无组氨酸培养基平皿上除自发回变菌落外无菌膜，说明受试菌株确为组氨酸缺陷型。

11.1.4.3.3 脂多糖屏障缺陷的鉴定

加热融化营养肉汤培养基。

接种：取菌液 0.1 mL 移入平皿，迅速将营养肉汤琼脂培养基（冷却至 50℃左右）适量倒入平皿，混匀，平放凝固。将一片无菌滤纸片放入已凝固的培养基平皿中央，用移液器在滤纸片上滴加 0.1%结晶紫溶液 10 μL，37℃培养 24 h，每个菌株做一个平皿。

结果判定：阳性者在纸片周围出现一个透明的抑制带，说明存在 rfa（深粗型）突变。TA98、TA100、TA1535、TA1537、TA1538 均有抑制带，野生型鼠伤寒沙门氏菌没有抑制带。

11.1.4.3.4 **R 因子的鉴定**

加热融化营养肉汤琼脂培养基,冷却至 50℃左右,适量倒入平皿中,平放凝固,用移液器吸 0.8%氨苄青霉素 10 μL,在凝固的培养基表面依中线涂成一条带,待氨苄青霉素溶液干后,用接种环与氨苄青霉素带相交叉划线接种要鉴定的菌株,并且接种一个不具有 R 因子的菌株作氨苄青霉素抗性的对照(一个平皿可同时鉴定几个菌株),37℃培养 24 h。

结果判定:菌株经过 24 h 培养,在氨苄青霉素带的周围依然生长不受抑制,即有抗氨苄青霉素效应,证明带有 R 因子。

11.1.4.3.5 **uvrB 修复缺陷型的鉴定**

在营养肉汤琼脂培养基平皿表面用接种环划线接种需要的菌株。接种后的平皿一半用黑纸覆盖,在距 15 W 紫外线灭菌灯 33 cm 处照射 8 s,37℃培养 24 h。

结果判定:对紫外线敏感的菌株仅在没有照射过的一半生长。

11.1.4.3.6 **自发回变率的测定**

准备底层培养基平皿 8 个。融化顶层培养基 8 管,每管 2 mL,在 45℃水浴中保温。

在每管顶层培养基中,分别加入待鉴定的试验菌株菌液 0.1 mL,一式两份,轻轻摇匀,迅速将此试管的内容物倾入已固化的底层培养基平皿中,转动平皿,使顶层培养基均匀分布,平放固化,37℃培养 48 h 计数菌落数。

结果判定:每一菌株的自发回变率应落在表 8 所列正常范围内。

11.1.4.4 **菌株保存**

鉴定合格的菌种应保存在深低温(如−80℃)或加入 9%光谱级 DMSO 作为冷冻保护剂,保存在液氮条件下(−196℃),或者冰冻干燥制成干粉,4℃保存。除液氮条件外,保存期一般不超过 2 年。主平板贮存在 4℃,超过两月后丢弃。

11.1.5 **试验前准备**

11.1.5.1 **器具灭菌**

与试验和对照样品接触的所有器具应采用可靠方法灭菌,置压力蒸汽灭菌器内 121℃ 30 min,或置电热干燥箱内 160℃ 2 h。

11.1.5.2 **无菌室要求**

无菌室操作台或超净工作台局部应符合洁净度 100 级单向流空气区域要求。

11.1.6 **试验样品制备**

11.1.6.1 采用质量浓度为 9 g/L 的氯化钠注射液为浸提介质制备试验样品时选择适宜的浸提条件,宜制备高、中、低三个剂量组或适宜的单剂量组。

注:9.5.2 给出了剂量水平选择信息。

11.1.6.2 采用 DMSO 制备试验样品时,浸提比例应加倍,在(37±1)℃条件下浸提(24±2)h。

注:由于 DMSO 对细菌有毒性作用,试验时加液体积减半。

11.1.7 **对照样品制备**

11.1.7.1 **阴性对照**

同批号试验材料浸提介质,不加试验材料同条件制备。

11.1.7.2 **阳性对照**

每一试验菌株推荐的诱变剂和浓度见表 9 所列,适当时也可采用其他已知诱变剂。

表9 诱变剂

试验菌株	阳性对照	诱变剂浓度
TA98	Dexon(p-dimethylaminobenzenediazosulfonic Acid Sodium Salt)	1.0 mg/mL,用无菌注射用水配制
TA100	Dexon(p-dimethylaminobenzenediazosulfonic Acid Sodium Salt)	1.0 mg/mL,用无菌注射用水配制
	2-氨基芴	0.1 mg/mL,用 DMSO 配制
TA1535	叠氮化钠	1.0 mg/mL,用无菌注射用水配制
TA1537	Dexon(p-dimethylaminobenzenediazosulfonic Acid Sodium Salt)	1.0mg/mL,用无菌注射用水配制
TA1538	2-氨基芴	0.1 mg/mL,用 DMSO 配制
	2-硝基芴	1.0 mg/mL,用 DMSO 配制
注：诱变剂可配制为10倍贮备液,分装在具塞玻璃试管内2℃～8℃贮存,临用时稀释至上述浓度。		

11.1.8 **试验菌液制备**

取营养肉汤培养基5 mL,加入无菌小三角瓶或无菌试管中,将主平板或冷冻保存的菌株培养物接种于营养肉汤培养基内,在37℃±2℃、(115 r/min～125 r/min)振荡培养10 h～12 h至对数增长期,活菌数不少于1×10^{9}/mL。培养瓶用黑纸包裹,以防光线照射细菌。

11.1.9 **预试验试验步骤**

11.1.9.1 对未知或怀疑可能对试验菌株有抑制作用的试验样品,应进行预试验。

11.1.9.2 预试验步骤如下：

a) 融化顶层培养基分装于无菌小试管,每管2 mL,在45℃水浴中保温。在每管顶层培养基中,分别加入按11.1.8制备的试验菌株新鲜菌液0.1 mL,一式两份,轻轻摇匀,迅速将此试管的内容物倾入已固化的底层培养基平皿中,转动平皿,使顶层培养基均匀分布,平放固化。取无菌滤纸圆片(直径为6 mm)放在已固化的顶层培养基的中央位置上；
b) 用移液器分别取0.1 mL试验材料氯化钠浸提液和(或)0.05 mL DMSO试验材料浸提液点在纸片上；
c) 同a)法操作,阴性对照组加入0.1 mL氯化钠注射液和(或)0.05 mL DMSO;阳性对照加入10.0 mg/mL Dexon 0.1 mL;
d) 37℃培养48 h～72 h观察结果。

11.1.9.3 除阳性对照外,试验样品和浸提介质平皿应无抑制区域。如对试验菌株有抑制作用,可通过稀释调整至无毒性浓度。

11.1.10 **主试验(平板掺入法)试验步骤**

11.1.10.1 融化顶层培养基分装于无菌小试管,每管2 mL,在45℃水浴中保温。

11.1.10.2 在保温的顶层培养基中依次加入每种试验菌株新鲜菌液0.1 mL,混匀;试验样品组分别加0.1 mL氯化钠浸提液和(或)0.05 mL DMSO浸提液,每组三管,活化组再加10%S9混合液0.5 mL,无活化组加0.2 mol/ L磷酸盐缓冲液0.5 mL。再混匀,迅速倾入底层培养基上,转动平皿使顶层培养基均匀分布在底层上,平放固化。

11.1.10.3 阴性对照组分别加入0.1 mL氯化钠注射液和0.05 mL DMSO,活化组再加10%S9混合液0.5 mL,无活化组加0.2 mol/L磷酸盐缓冲液0.5 mL。阳性对照组分别加表9列出的诱变剂0.1 mL,活化组再加10%S9混合液0.5 mL,无活化组加0.2 mol/L磷酸盐缓冲液0.5 mL。阴性及阳性对照组分别设三个平行皿,其他步骤同11.1.10.2。

11.1.10.4 全部平皿置37℃培养48 h～72 h观察结果。

11.1.11 结果评价

11.1.11.1 计数并记录每一平皿的回变菌落数，计算出三个平行皿的平均值。

11.1.11.2 阴性对照组回变菌落数应在预期的范围内（见表 8），阳性对照组回变菌落数应至少为预期范围（见表 8）的 3 倍，否则对不在范围内的菌株应重新试验。

11.1.11.3 在背景生长良好条件下，试验样品组变异频率比阴性对照至少增加两倍（即回变菌落数≥2×阴性对照数）即为阳性反应。如回变菌落数的增加与剂量相关并具有统计学意义，或者至少在一个剂量水平出现可重复的并有统计学意义的阳性反应时，即可认为试验材料为 Ames 试验阳性物质。

11.1.12 试验报告

试验报告中应给出下列信息：

a) 试验材料名称；

b) 批号；

c) 试验和对照样品制备；

d) 试验用菌株；

e) 试验步骤；

f) 每皿计数和每组回变平均菌落数；

g) 结果评价。

11.2 小鼠淋巴瘤细胞突变试验

11.2.1 方法提要

本试验是在有或无代谢活化系统的情况下，通过试验样品诱导小鼠淋巴瘤细胞（L5178Y $tk^{+/-}$ 3.7.2C）基因正向突变情况，以评价试验材料潜在的致突变性。本标准推荐的是微孔板法。

注：其他信息参见 OECD 导则 476。

11.2.2 主要设备

超净工作台、CO_2 培养箱、恒温水浴箱、恒温振荡水浴箱、电冰箱、倒置显微镜、光学显微镜、压力蒸汽灭菌器、抽滤瓶、磁力搅拌器。

11.2.3 活化系统、培养基和试剂

11.2.3.1 试验用活化系统（S9 混合液）参照附录 B 的规定制备或购买市售产品。

11.2.3.2 RPMI 1640 培养基按附录 B 的规定制备。

11.2.3.3 THMG、THG 溶液按附录 B 的规定制备。

11.2.4 细胞株

11.2.4.1 细胞株

推荐使用小鼠淋巴瘤细胞株（L5178Y $tk^{+/-}$ 3.7.2C）。经过传代培养后，细胞呈对数生长状态，但细胞持续培养最多不超过 3 个月。鉴于细胞性状稳定性要求，试验细胞株最好新取自冻存细胞。细胞在 35℃～38℃振荡培养，增殖周期为 10 h 左右。

11.2.4.2 细胞自发突变清除

应适时检查冻存细胞的自发突变率。当细胞突变率偏高时，按下列步骤对自发突变细胞进行清除：

a) 将对数生长的细胞配制成 2×10^5 个/mL，加入 100 倍的 THMG 液，加入量为总体积的 1%。置 CO_2 培养箱（含体积分数 5%二氧化碳气体，下同）培养 24 h；

b) 培养 24 h 后以 200 *g* 离心 5 min，除去上清液，加入新鲜 RPMI 1640 培养基，细胞密度调整为 2×10^5 个/mL。加入 100 倍的 THG 液，加入量为总体积的 1%。培养 45 h～48 h，注意避免过度培养；

c) 将培养后的细胞以 200 *g* 离心 5 min，除去上清液后加入冻存液，细胞密度调整为 2×10^5 个/mL～5×10^6 个/mL。分装于冻存管中冻存。

11.2.4.3 **支原体污染检测**

在制备冻存细胞液之前以及准备丢弃过期的细胞之前进行支原体的检测，以保证在细胞培养周期中无支原体的污染。支原体污染的检测可以采用直接培养法或间接 Hoechst 染色法。

11.2.4.4 **核型稳定性检测**

通过检测平均染色体数目来判断核型稳定性，通常在细胞生长周期过程中和准备丢弃过期的细胞之前进行，以保证在细胞培养周期中没有发生核型的变化。核型分析，包括染色体分带在制备冻存细胞液前进行。

11.2.5 **试验前准备**

11.2.5.1 **器具灭菌**

与试验和对照样品接触的所有器具应采用可靠方法灭菌，置压力蒸汽灭菌器内 121℃ 30 min，或置电热干燥箱内 160℃ 2 h。

11.2.5.2 **无菌室要求**

无菌室操作台或超净工作台局部应符合洁净度 100 级单向流空气区域要求。

11.2.6 **试验样品制备**

可采用无血清 RPMI 1640 培养基或质量浓度为 9 g/L 的氯化钠注射液等其他适宜溶剂作为浸提介质，选择适宜的浸提条件，宜制备高、中、低三个剂量组。也可根据细胞毒性预试验的相对存活率进行剂量设计，一般在相对存活率为阴性对照组的 20%～80%范围内设三个剂量组。

注：9.5.2 给出了剂量水平选择信息。

11.2.7 **对照样品制备**

11.2.7.1 **阴性对照**

同批号浸提介质。

11.2.7.2 **阳性对照**

无活化系统采用甲磺酸甲酯(methyl methanesulphonate，MMS)，新鲜配制，浓度为 10 μg/mL；有活化系统采用 7,12-二甲基苯蒽[7,12-dimethylbenz(a)anthracene，DMBA]，浓度为 2.5 μg/mL。也可采用其他适宜的阳性对照品。

11.2.8 **试验步骤**

11.2.8.1 **接触处理**

取生长良好的细胞，调整细胞密度为 1×10^6/mL。无活化系统组取 10 mL 细胞悬液与 9 mL 试验或对照样品以及 150 mmol/L 氯化钾溶液 1 mL 混合；有活化系统组取 10 mL 细胞悬液，加入 9 mL 试验或对照样品以及 S9 混合液 1 mL。将上述各种混合液置于 50 mL 带盖离心管中 37℃振荡培养 4 h，振荡频率为 70 r/min～80 r/min。

11.2.8.2 **表达**

将上述各种混合液以 200 *g* 离心 5 min，去除上清液，用无血清 RPMI 1640 培养基洗涤细胞两次。重新悬浮于 RPMI 1640 培养基中，调整细胞密度为 3×10^5 个/mL，37℃培养 2 d。于 24 h 时检查细胞密度并调整为 3×10^5 个/mL。

11.2.8.3 **平板制备**

按下列方法制备各组微孔平板：

a) PE_0(0 天的平板接种效率)平板：取 11.2.8.1 接触处理后的细胞悬液，梯度稀释至细胞数量为 8 个/mL，接种 96 孔板，每孔加 0.2 mL(即每孔平均细胞接种数为 1.6 个)。每种剂量接种两块平板。

b) PE_2(第 2 d 的平板接种效率)平板：第 2 d 表达培养结束后，取适量细胞悬液，按 a)所述方法接种 96 孔板，每种剂量接种两块平板。

c) TFT 拮抗平板：第 2 d 表达培养结束后，取适量细胞悬液，调整细胞密度为 1×10^4 个/mL，加入 TFT(三氟胸苷,终浓度为 3 μg/mL),混匀,接种 96 孔板,每孔加 0.2 mL(即每孔平均细胞接种数为 2 000 个)。每种剂量接种两块平板。

将全部平板放置于 CO_2 培养箱 37℃培养 12 d。

11.2.8.4 集落计数

目视观察计数各平板无集落生长的孔数。突变集落按大集落(LC:直径≥1/4 孔径,密度低)和小集落(SC:直径<1/4 孔径,密度高)分别计数,极小集落可再继续培养 3 d 后计数。

11.2.9 数据处理

11.2.9.1 平板效率(PE_0 和 PE_2)

$$PE = \frac{-\ln(EW/TW)}{1.6} \quad \cdots\cdots\cdots\cdots\cdots\cdots\cdots\cdots\cdots\cdots (2)$$

式中:

PE——平板效率,PE_0 或 PE_2;

EW——无集落生长的孔数;

TW——平板总孔数;

1.6——每孔接种细胞数。

11.2.9.2 相对存活率

$$RS = \frac{PE_{0a}}{PE_{0b}} \times 100\% \quad \cdots\cdots\cdots\cdots\cdots\cdots\cdots\cdots\cdots\cdots (3)$$

式中:

RS——相对存活率,%;

PE_{0a}——试验样品组 PE_0 平板效率;

PE_{0b}——对照组 PE_0 平板效率。

11.2.9.3 TFT 抗性突变频率(MF)

按式(4)分别计算大集落突变频率(L-MF)、小集落突变频率(S-MF)和总突变频率(T-MF)。

$$MF \times 10^{-6} = \frac{-\ln(EW/TW)/n}{PE_2} \quad \cdots\cdots\cdots\cdots\cdots\cdots\cdots\cdots\cdots\cdots (4)$$

式中:

MF——TFT 抗性突变频率;

EW——无集落生长的孔数;

TW——平板总孔数;

n——每孔接种细胞数,2 000;

PE_2——PE_2 平板效率。

11.2.9.4 小集落突变百分率(SCM)

$$SCM(\%) = (S-MF)/(T-MF) \quad \cdots\cdots\cdots\cdots\cdots\cdots\cdots\cdots\cdots\cdots (5)$$

11.2.10 结果评价

试验成立条件:阴性对照的 PE_0 在 60%~140%范围内,PE_2 在 70%~130%之间,T-MF 小于本实验室历史记录的 2 倍(或<240×10^{-6})小集落突变百分率在 30%~60%范围内,阳性对照 T-MF 与阴性对照有显著差异,或比阴性对照高 100×10^{-6} 以上。否则应重新进行试验。

在试验成立的前提下,试验样品各剂量组 T-MF 出现有统计学意义的剂量反应性增长,或至少有一个剂量组 T-MF 与阴性对照有显著差异,或比阴性对照高 100×10^{-6} 以上并具重现性,为阳性结果。

11.2.11 试验报告

试验报告中应给出下列信息:

a) 试验材料名称;

b) 批号;

c) 试验和对照样品制备；

d) 细胞株名称；

e) 试验步骤；

f) 数据处理；

g) 结果评价。

11.3 体外哺乳动物细胞染色体畸变试验

11.3.1 方法提要

本试验是在有或无代谢活化系统的情况下，将培养细胞与试验样品接触后再用中期分裂相阻断剂（如秋水仙素和秋水仙胺）处理，以抑制处于有丝分裂中期阶段的细胞。然后采集细胞并分析中期细胞染色体畸变情况，以评价试验材料潜在的致突变性。

注：其他信息参见 OECD 导则 473。

11.3.2 主要设备

超净工作台、CO_2 培养箱、恒温水浴箱、电冰箱、倒置显微镜、光学显微镜、压力蒸汽灭菌器、抽滤瓶。

11.3.3 活化系统、培养基和试剂

11.3.3.1 试验用活化系统（S9 混合液）按照附录 B 的规定制备或购买市售产品。

11.3.3.2 RPMI 1640 培养基按附录 A 的规定制备。

11.3.3.3 Hanks 液、胰蛋白酶液按附录 A 的规定制备。

11.3.4 细胞株

可选用中国仓鼠肺细胞（CHL）或中国仓鼠卵巢细胞（CHO），推荐首选 CHL。需按照 11.2.4.3 和 11.2.4.4 的方法定期检查试验所用细胞核型和有无支原体污染。细胞应置于－80℃或液氮冻存。

11.3.5 试验前准备

11.3.5.1 器具灭菌

与供试液接触的所有器具应采用可靠方法灭菌，置压力蒸汽灭菌器内 121℃ 30 min，或置电热干燥箱内 160℃ 2 h。

11.3.5.2 无菌室要求

无菌室操作台或超净工作台局部应符合洁净度 100 级单向流空气区域要求。

11.3.6 试验样品制备

浸提介质可选用无血清 RPMI 1640 培养基或质量浓度为 9 g/L 的氯化钠注射液等其他适宜的溶剂，选择适宜的浸提条件，宜制备高、中、低三个剂量组。或高剂量采用 50％细胞生长抑制剂量，中、低剂量采用倍数稀释剂量。

注 1：9.5.2 给出了剂量水平选择信息。

注 2：如采用 DMSO 为浸提介质，使用时浓度应不大于 0.5％。

11.3.7 对照样品制备

11.3.7.1 阴性对照

同批号浸提介质。

11.3.7.2 阳性对照

无活化系统可采用甲磺酸甲酯（methyl methanesulphonate，MMS）、甲磺酸乙酯（ethyl methanesulphonate，EMS）、乙基亚硝基脲（ethyl nitrosourea）、丝裂霉素 C（mitomycin C）、4-硝基喹啉-N-氧化物（4-nitroquinoline-N-oxide）；有活化系统可采用苯并（a）芘［benzo (a) pyrene］、环磷酰胺（cyclophosphamide）。也可采用其他适宜的阳性对照品。采用 50％细胞生长抑制剂量为试验剂量。

11.3.7.3 空白对照

如不能证实所用浸提介质不具有致突变性,还应设空白对照。

11.3.8 试验步骤

11.3.8.1 预试验

对未知细胞毒性反应的试验样品和阳性对照材料应进行预试验,以确定50%细胞生长抑制剂量。试验步骤参照第5章中试验方法进行。

11.3.8.2 接触处理

试验在加入或不加入S9的条件下进行。按下列步骤操作:

a) 试验前一天,将一定数量的细胞接种于培养皿(瓶)内,置于CO_2培养箱内培养;

b) 吸去培养皿(瓶)中的培养液,加入试验或对照样品、S9混合液(不加S9混合液时,需用培养液补足)、以及不含血清的RPMI 1640培养液,置于培养箱中。有活化系统接触8 h,无活化系统接触24 h;

c) 吸去培养皿(瓶)中的液体,用Hanks液洗细胞3次,加入含血清RPMI 1640培养液,置于培养箱中,于24 h收获细胞。于收获前2 h～4 h加入细胞分裂中期阻断剂(如秋水仙素,作用时间为4 h,终浓度为1 μg/mL)。

11.3.8.3 收获细胞与制片

按下列步骤进行:

a) 消化:用胰蛋白酶液消化细胞,待细胞脱落后加入含血清RPMI 1640培养液终止胰蛋白酶作用,混匀,放入离心管内以1 000 r/min～1 200 r/min离心5 min～7 min,弃去上清液;

b) 低渗:加入0.075 mol/L氯化钾溶液7 mL,用滴管将细胞轻轻地吹打混匀,放入37℃水浴中低渗处理7 min,加入2 mL固定液(甲醇:冰醋酸,3:1)混匀。以1 500 r/min离心5 min～7 min,弃去上清液;

c) 固定:加入7 mL固定液,混匀后固定7 min,以1 500 r/min离心7 min,弃去上清液。同法再固定1～2次,弃去上清液;

d) 滴片:加入数滴新鲜固定液,混匀。用混悬液滴片,自然干燥;

e) 染色:用姬姆萨染液染色;

f) 镜检:在光学显微镜下每一试验组至少选择100个分散良好的中期分裂相(染色体数为$2n\pm2$)进行染色体畸变分析。分析时应记录每一观察细胞的染色体数目,对于畸变细胞还应记录显微镜视野的坐标位置及畸变类型。

11.3.9 数据处理

将结果数据按每试验组列表显示。计算指标包括细胞畸变数、染色体结构异常百分率、各剂量组及对照组不同类型染色体异常数与频率等。分裂细胞数应分别统计,一般不包括在总异常频率中。对染色体畸变细胞率用x^2检验进行统计学处理,以评价试验样品的致突变性。

11.3.10 结果评价

试验成立条件:阴性对照组染色体畸变率在正常范围内(小于4.9%),阳性对照组染色体畸变率应大于10.0%。否则应重新试验。

在试验成立的前提下,以下两种情况下可判定试验材料在本试验系统中在具有致突变性:

a) 试验样品引起染色体结构畸变数的增加具有统计学意义,并有与剂量相关的增加。

b) 试验样品在任何一个剂量条件下引起具有统计学意义并有可重复性的阳性反应。

11.3.11 试验报告

试验报告中应给出下列信息:

a) 试验材料名称；

b) 批号；

c) 试验和对照样品制备；

d) 细胞株名称；

e) 试验步骤；

f) 数据处理；

g) 结果评价。

12 植入试验

12.1 方法提要

本试验系将试验样品植入动物皮下、肌肉或骨组织内，通过观察植入后试验样品周围组织反应程度，以评价试验材料的组织相容性。

注：本试验还可设计为同时对试验材料的亚急性(亚慢性)毒性作用进行评价。

12.2 试剂

戊巴比妥钠、硫喷妥钠、2%碘酊、75%乙醇溶液、质量浓度为 9 g/L 的氯化钠注射液。

12.3 主要设备和用具

压力蒸汽灭菌器、电热干燥箱、切片机、显微镜、常规外科手术器械、穿刺针、骨钻。

12.4 试验前准备

12.4.1 器具灭菌

与试验和对照样品接触的所有器具置压力蒸汽灭菌器内 121℃ 30 min 或电热干燥箱内 160℃ 2 h。

12.4.2 试验动物准备

按 GB/T 16886.6 的规定选择适宜的试验动物。

12.5 试验途径选择

试验接触途径选择应按 GB/T 16886.6 的规定，可根据试验材料的临床应用和材料特性选择适宜的组织部位。

12.6 试验和对照样品制备

按 GB/T 16886.6 的规定制备相应尺寸的皮下、肌肉或骨植入样品。将植入样品清洗干净后沥干，采用适宜方法灭菌，植入前用质量浓度为 9 g/L 的无菌氯化钠注射液浸洗。

12.7 试验步骤

12.7.1 动物麻醉和消毒

动物麻醉可采用质量浓度 30 g/L 戊巴比妥钠或质量浓度 20 g/L 硫喷妥钠，亦可采用其他适宜麻醉剂。按外科常规手术要求以 2%碘酊和 75%乙醇溶液消毒试验区域。

注：推荐的动物麻醉方法：家兔用质量浓度 30 g/L 戊巴比妥钠静脉注射 1.0 mL/kg，或质量浓度 20 g/L 硫喷妥钠静脉注射 1.3 mL/kg～2.5 mL/kg；大白鼠、小鼠和家兔用质量浓度 20 g/L 戊巴比妥钠腹腔注射 2.3 mL/kg；大白鼠用质量浓度 10 g/L 硫喷妥钠静脉或腹腔注射 5.0 mL/kg～10.0 mL/kg。

12.7.2 皮下组织植入试验

根据试验所用动物选择下列之一方法：

a) 背部植入：按 GB/T 16886.6 中规定方法进行。可用手术刀片切开植入点皮肤，用止血钳分离皮下组织，在一个皮肤切口制备一个或数个皮下囊，囊的底部距离皮肤切口应约为 10 mm 以上，每个囊内放置一个植入物，植入物之间应不能互相接触。用医用缝合线缝合皮肤切口。亦可用穿刺针与皮肤成 30°角刺入皮下，取一探条插入针头内将试样推入皮下组织内。

注：套针植入法对试验部位组织的创伤轻微，可降低由于手术创伤造成的对试验结果的干扰。

b) 颈部植入：采用小白鼠时，在骶骨上方用手术刀片切一 10 mm 长的切口，用止血钳向颈部开一隧道，通过隧道向颈部推入植入物并使之固定。采用大白鼠时，在颈部两侧分别植入一个对照植入物和试验样品植入物，植入物之间应不能互相接触。离开植入物一段距离用适宜的缝合线封闭植入隧道，以防止植入物移动。

12.7.3 肌肉植入试验

按 GB/T 16886.6 中规定方法进行。优先采用套针植入法，可用手术刀片切一很小的切口，亦可直接用穿刺针刺入皮肤内，用探条将样品推入深度约 1 cm 的肌肉内。采用手术植入法时，切开植入点皮肤后分离皮下组织和筋膜，用止血钳分离肌肉，将样品推入肌肉内。用医用缝合线缝合肌筋膜和皮肤切口。植入时如有过量出血，应选择另一位置植入。

12.7.4 骨植入试验

按 GB/T 16886.6 中规定方法进行。采用常规手术操作切开植入部位皮肤，用止血钳分离组织暴露出股骨或胫骨的皮质，采用低转速间歇地在骨上钻孔，操作时用质量浓度为 9 g/L 的无菌氯化钠注射液和吸引器充分灌洗，以免过热使局部组织坏死。植入前将孔扩至所需直径或用丝锥攻出螺纹。柱状样品用手按压植入，螺纹状样品用器械按预定转距旋紧到位并记录该转距。用医用缝合线缝合肌筋膜和皮肤切口。

12.8 结果观察

12.8.1 临床观察

植入后 1 d、3 d 和 5 d 观察植入点皮肤反应，有无出血、红肿和样品排出等异常现象。在植入周期内每天观察动物的一般状态。记录死亡的动物数并及时进行尸检，垂死动物及时隔离并处死。

12.8.2 解剖观察

12.8.2.1 按 GB/T 16886.6 中规定，根据试验材料评价需求确定适宜的植入周期。植入后一般可于 2 周、4 周、12 周、26 周或更长周期时分别无痛处死试验动物，切取包裹样品周围约 0.5 cm～1.0 cm的组织，将切下的组织块置质量分数为 10%的甲醛溶液中固定。

注：甲醛溶液用质量浓度为 9 g/L 的氯化钠溶液进行 10 倍稀释。

12.8.2.2 肉眼观察植入部位组织有无异常病变。

12.8.3 组织病理学检查

12.8.3.1 将固定后的组织石蜡包埋后切片，进行 HE 和 VG 染色，在光学显微镜下观察。每只动物每一植入期至少各观察三片试验样品和对照组组织切片。比较试验样品与对照品周围组织反应，宜评价的生物学反应指标包括：

——纤维化、纤维囊腔和炎症程度；

——由组织形态学改变而确定的变性；

——材料、组织界面炎性细胞类型，即嗜中性白细胞、淋巴细胞、浆细胞、嗜酸性白细胞、巨噬细胞和多核细胞的数量及分布；

——根据核碎片和(或)毛细血管壁的破裂情况确定是否存在坏死；

——其他组织改变，如血管分布、脂肪浸润、肉芽肿和骨形成；

——材料变化，如破裂、纤维存在、降解材料残留物的形态和物质；

——对于多孔和降解植入物，定性、定量测定长入材料内的组织。

对于降解(吸收性)试验材料，在试验中期或接近完全降解水平阶段取出的组织样品内宜还存在一些降解植入物的残留材料。

对骨内植入物，要特别关注组织与试验样品之间界面反应情况。应评价骨接触部位和植入物周围骨的数量以及其间的非钙化组织，注意骨吸收和骨形成情况。

12.8.3.2 推荐的炎性反应分级见表10。

表10 炎性反应分级

级别	炎性反应
0	试验样品周围未见炎性细胞
Ⅰ	试验样品周围仅见极少量淋巴细胞
Ⅱ	试验样品周围可见少量嗜中性粒细胞和淋巴细胞，偶见多核异物巨细胞
Ⅲ	试验样品周围可见以嗜中性粒细胞浸润为主的炎性反应，并可见组织细胞、吞噬细胞、毛细血管和小血管

12.8.3.3 推荐的纤维囊腔形成分级见表11。

表11 纤维囊腔形成分级

级别	纤维囊腔形成
0	囊壁较薄，由少量胶原纤维和1～2层纤维细胞组成
Ⅰ	囊壁有变薄而致密趋势，由少量胶原纤维细胞组成，偶见纤维母细胞
Ⅱ	试验样品周围形成囊腔结构，主要由纤维母细胞、胶原纤维和少量纤维细胞组成
Ⅲ	试验样品周围形成疏松的囊壁，可见毛细血管和纤维母细胞

注：如试验设计为同时对试验样品的亚急性(亚慢性)和慢性全身毒性作用进行评价，应按照GB/T 16886.11中相关方法和本标准第9章的规定增加相应项目的检查。

12.9 结果评价

分析比较各植入期试验样品与阴性对照品之间组织反应的差异，综合评价试验样品与活体组织间的生物相容性。

12.10 试验报告

试验报告中应给出下列信息：

a) 试验材料名称；

b) 批号；

c) 试验步骤；

d) 临床观察情况；

e) 解剖观察情况；

f) 组织病理学观察结果；

g) 结果分析和评价。

13 溶血试验

注：其他血液相容性试验方法见GB/T 16886.4。

13.1 方法提要

本试验系将试验样品与血液直接接触，通过测定红细胞释放的血红蛋白量以评价试验材料的体外溶血程度。

13.2 试剂

草酸钾、质量浓度为9 g/L的氯化钠注射液、新鲜抗凝兔血。

注：采集时间不超过24 h的新鲜枸橼酸钠抗凝人体全血如经验证确认适用时可替代兔血用于本试验。

13.3 主要设备

电热恒温水浴、分光光度计、离心机、天平。

13.4 试验样品制备

13.4.1 称取试验样品 15 g。管类材料切成约 0.5 cm 长小段；其他类型材料切成约 0.5 cm×2 cm 条状或相应大小块状。

13.4.2 如为低密度材料或其他不适宜采用试验样品 15 g 的情况下，可按 GB/T 16886.12 规定的浸提比例制备试验样品，管类材料切成约 0.5 cm 长小段；其他类型材料切成约 0.5 cm×2 cm 条状或相应大小块状。

13.5 新鲜稀释抗凝兔血制备

根据试验用血量由健康家兔心脏采血。如采血 10 mL，加质量浓度 20 g/L 草酸钾溶液 0.5 mL，制备成新鲜抗凝兔血。取新鲜抗凝兔血 8 mL，加质量浓度 9 g/L 的氯化钠注射液 10 mL 稀释。

13.6 试验步骤

13.6.1 试验样品组每管加入试验样品 5 g，或是在 13.4.2 的情况下按 GB/T 16886.12 规定的浸提比例加入试验样品，再加入氯化钠注射液 10 mL；阴性对照组每管加入氯化钠注射液 10 mL；阳性对照组每管加入蒸馏水 10 mL。每组平行操作 3 管。

13.6.2 全部试管放入恒温水浴中 37℃±1℃保温 30 min 后，每支试管加入 0.2 mL 稀释兔血，轻轻混匀，置 37℃±1℃水浴中继续保温 60 min。

13.6.3 倒出管内液体以 800 *g* 离心 5 min。

13.6.4 吸取上清液移入比色皿内，用分光光度计在 545 nm 波长处测定吸光度。

13.7 结果计算

试验样品组和对照组吸光度均取 3 管的平均值。阴性对照管的吸光度应不大于 0.03，阳性对照管的吸光度应为 0.8±0.3，否则应重新试验。

试验样品溶血率按式(6)计算：

$$HR=\frac{A-B}{C-B}\times 100\% \qquad \cdots\cdots(6)$$

式中：

HR——试验样品溶血率，%；

A——试验样品组吸光度；

B——阴性对照组吸光度；

C——阳性对照组吸光度。

13.8 结果评价

试验样品溶血率小于 5%符合本试验要求。

13.9 试验报告

试验报告中应给出下列信息：

a) 试验材料名称；

b) 批号；

c) 试验步骤；

d) 各组吸光度；

e) 试验样品溶血率；

f) 结果评价。

附 录 A
（资料性附录）
细胞培养常用溶液和培养基制备

A.1 平衡盐溶液(BSS)制备

A.1.1 按表 A.1 配方准确称量各种试剂。

表 A.1 常用 BSS 配方

单位为克每升

试剂	PBS	Earle	Hanks	D-Hanks
NaCl	8.00	6.80	8.00	8.00
KCl	0.20	0.40	0.40	0.40
$CaCl_2$	—	0.20	0.14	—
$MgSO_4 \cdot 7H_2O$	—	0.20	0.20	—
$Na_2HPO_4 \cdot H_2O$	1.56	—	0.06	0.06
$NaH_2PO_4 \cdot 2H_2O$	—	0.14	—	—
KH_2PO_4	0.20	—	0.06	0.06
$NaHCO_3$	—	2.20	0.35	0.35
葡萄糖	—	1.00	1.00	—
酚红	—	0.02	0.02	0.02

A.1.2 配制方法

配制 BSS 时应注意避免钙、镁离子的沉淀，下面以 Hanks 液为例说明 BSS 配制步骤：

a) 按表 A.1 配方精确称量试剂，如含水分子与配方不同，应换算后称量；

b) 先将氯化钙溶解在 100 mL 水中，其他试剂依次溶解在 750 mL 水中；

c) 用数滴质量浓度为 56 g/L 的碳酸氢钠溶液溶解酚红；

d) 将氯化钙溶液缓缓倒入上述 750 mL 试剂溶液中，并不时搅动，防止出现沉淀。随即加入酚红溶液后，移入 1 000 mL 容量瓶内，加水至刻度；

e) 分装后置压力蒸汽灭菌器内 115℃灭菌 30 min，4℃保存。

注：细胞培养用溶液所用的水均指使用玻璃蒸馏器新鲜制备的三次蒸馏水。

A.2 消化液制备

A.2.1 胰蛋白酶溶液(质量浓度为 2.5 g/L)

胰蛋白酶粉	2.5 g
D-Hanks 液	1 000 mL

充分搅拌溶解后过滤除菌，分装入瓶，置冷冻箱内保存。使用前置 37℃水浴箱内溶解，用质量浓度为 56 g/L 的碳酸氢钠溶液调节 pH 至 7.2 左右。

A.2.2 乙二胺四乙酸二钠(EDTA)溶液

氯化钠	8.0 g
氯化钾	0.2 g
磷酸氢二钠	1.15 g
磷酸二氢钾	0.2 g

EDTA	0.2 g
水	1 000 mL

将前四种试剂溶解后加入 EDTA，搅拌溶解，过滤除菌或置压力蒸汽灭菌器内 115℃灭菌 30 min，分装入瓶，4℃保存。

A.3 四唑盐(MTT)染色液制备

MTT	0.5 g
PBS 液	100 mL

搅拌溶解，置压力蒸汽灭菌器内 115℃灭菌 30 min，4℃保存。

A.4 细胞培养基制备

A.4.1 RPMI 1640 培养基

RPMI 1640 干粉培养基	规定剂量
碳酸氢钠	规定剂量
L-谷氨酰胺(根据包装袋上说明添加)	规定剂量
水	1 000 mL

将培养基干粉溶于总量 1/3 的水中，搅拌溶解后补加水至 1 000 mL。根据包装袋上说明添加碳酸氢钠和 L-谷氨酰胺，搅拌溶解。加入抗生素，最终浓度为青霉素 100 U/mL，链霉素 100 μg/mL。过滤除菌，分装后 4℃保存。

使用前加入胎牛血清(或小牛血清)100 mL/L，pH 调至 7.2～7.4。

附 录 B
（资料性附录）
遗传毒性试验用试剂制备

B.1 活化系统（S9 和 S9 混合液）

B.1.1 大鼠肝 S9 液

B.1.1.1 选健康雄性成年 SD 或 Wistar 大白鼠，体重 150 g 左右，约 5～6 周龄。将多氯联苯（Aroclor 1254或国产 PCB-五氯）溶于玉米油中，浓度为 200 mg/mL，按 500 mg/kg（体重）无菌操作一次腹腔注射。

B.1.1.2 第 6 天用颈动脉放血法处死动物，打开腹腔，用 20 mL 新鲜冷至 4℃的 0.15 mol/L 氯化钾溶液进行肝门静脉灌注后，小心分离并将肝脏完整取出。取出肝脏称重后，用 0.15 mol/L 氯化钾溶液连续冲洗数次，以便除去能抑制微粒体酶活性的血红蛋白。每克肝（湿重）加 0.1 mol/L 氯化钾溶液 3 mL，连同烧杯移入冰浴中，用灭菌剪刀剪碎肝脏，在玻璃匀浆器（低于 4 000 r/min，往复 1 min～2 min），或组织匀浆器（20 000 r /min，1 min）中制成肝匀浆。以上操作需注意无菌和局部冷环境（4℃）。

B.1.1.3 将制成的肝匀浆在低温（0～4℃）高速离心机上，以 9 000 *g* 离心 10 min，吸出上清液为肝 S9 液。

B.1.1.4 S9 制成后，经无菌检查，测定蛋白含量（Lowry 法），每毫升蛋白含量宜不超过 40 mg，并经间接致癌物（诱变剂）鉴定其生物活性合格后，分装于无菌冷冻管或安瓿中，每安瓿 2 mL 左右，用液氮或干冰速冻后置－80℃低温保存，保存期不超过一年。

B.1.2 S9 混合液辅助因子

B.1.2.1 0.4 mol/L 氯化镁（MgCl）溶液：称取 3.8 g，加蒸馏水稀释至 100 mL。灭菌或滤菌。4℃保存。

B.1.2.2 1.65 mol/L 氯化钾（KCl）溶液：称取 12.3 g，加蒸馏水稀释至 100 mL。灭菌或滤菌。4℃保存。

B.1.2.3 0.2 mol/L 磷酸盐缓冲液（pH7.4），每 500 mL 由以下成分组成：

磷酸氢二钠（Na_2HPO_4）（14.2 g / 500 mL）	440 mL
磷酸二氢钠（$NaH_2PO_4 \cdot H_2O$）（13.8 g/500 mL）	60 mL

调 pH 值为 7.4，0.103 MPa 20 min 灭菌或滤菌。4℃保存。

B.1.2.4 辅酶－Ⅱ（氧化型）溶液：准确称取辅酶－Ⅱ，用无菌蒸馏水溶解配制成 0.025 mol/L 溶液，低温保存（－20℃以下）。

B.1.2.5 葡萄糖-6-磷酸钠盐溶液：称取葡萄糖-6-磷酸钠盐，用无菌蒸馏水溶解配制成 0.05 mol/L，低温保存（－20℃以下）。

B.1.3 10%S9 混合液

每 10 mL 由以下成分组成：

磷酸盐缓冲液（0.2 mol/L，pH7.4）	6.0 mL
氯化钾溶液（1.65 mol/L）	0.2 mL
氯化镁溶液（0.4 mol/L）	0.2 mL
葡萄糖-6-磷酸盐溶液（0.05 mol/L）	1.0 mL
辅酶－Ⅱ溶液（0.025 mol/L）	1.6 mL
肝 S9 液	1.0 mL

临用时新鲜无菌配制，或滤过除菌。混匀，置冰浴中待用。

B.2 培养基与试剂

B.2.1 营养肉汤培养基

牛肉膏	2.5 g
胰胨(或混合蛋白胨)	5.0 g
氯化钠	2.5 g
磷酸氢二钾($K_2HPO_4 \cdot 3H_2O$)	1.3 g
蒸馏水	500 mL

加热溶解,调节 pH 值为 7.4,分装后 0.103 MPa 20 min 灭菌。4℃保存。

B.2.2 营养肉汤琼脂培养基

琼脂粉	1.5 g
营养肉汤培养基	100 mL

加热融化后调节 pH 值为 7.4,0.103 MPa 20 min 灭菌。

B.2.3 底层培养基

B.2.3.1 磷酸盐贮备液

磷酸氢钠铵($NaNH_4HPO_4 \cdot 4H_2O$)	17.5 g
柠檬酸($C_6H_8O_7 \cdot H_2O$)	10.0 g
磷酸氢二钾(K_2HPO_4)	50.0 g
硫酸镁($MgSO_4 \cdot 7H_2O$)	1.0 g

加蒸馏水至 100 mL,0.103 MPa 20 min 灭菌。4℃保存。

注:待其他试剂完全溶解后再将硫酸镁缓慢放入其中继续溶解,否则易析出沉淀。

B.2.3.2 40%葡萄糖溶液

葡萄糖	40.0 g

加蒸馏水至 100 mL,0.055 MPa 20 min 灭菌。4℃保存。

B.2.3.3 1.5%琼脂培养基

琼脂粉	6.0 g
加蒸馏水至	400 mL

融化后 0.103 MPa 20 min 灭菌。

B.2.3.4 底层培养基制备

趁热(80℃),无菌操作在灭菌琼脂培养基中(400 mL)依次加入:

磷酸盐贮备液	8 mL
40%葡萄糖溶液	20 mL

充分混匀,待冷却至 80℃左右时注入培养皿,每皿(ϕ90 mm)约 25 mL,待培养基凝固后放入 37℃恒温箱内,培养过夜以除去水分并检查有无污染。

B.2.4 顶层培养基

B.2.4.1 顶层琼脂

琼脂粉	3.0 g
氯化钠	2.5 g
加蒸馏水至	500 mL

B.2.4.2 0.5 mmol/L 组氨酸-生物素溶液

D-生物素(分子量 244)	30.5 mg
L-组氨酸(分子量 155)	19.5 mg

加蒸馏水至 250 mL,4℃保存。

B.2.4.3 顶层培养基制备

加热融化顶层琼脂，每 100 mL 顶层琼脂中加 0.5 mmol/L 组氨酸-生物素溶液 10 mL。混匀，分装在 100 mL 三角瓶中，0.103 MPa 20 min 灭菌。用时融化分装小试管，每管 2 mL，在 45℃水浴中保温。

B.2.5 特殊试剂和培养基

B.2.5.1 0.8%氨苄青霉素溶液

称取氨苄青霉素 40 mg，用 0.02 mol/L 氢氧化钠溶液稀释至 5 mL。无菌配制，4℃保存。

B.2.5.2 0.1%结晶紫溶液

称取 100 mg 结晶紫，溶于 100 mL 无菌水。4℃保存。

B.2.5.3 L-组氨酸溶液和 0.5 mmol/L D-生物素溶液

称取 L-组氨酸 0.404 3 g 和 D-生物素 12.2 mg，分别溶于 100 mL 蒸馏水。0.103 MPa 20 min 灭菌，4℃保存。

B.2.5.4 氨苄青霉素平板

每 1 000 mL 中由以下成分组成：

底层培养基	910 mL
磷酸盐贮备液	20 mL
40%葡萄糖溶液	50 mL
组氨酸水溶液(0.404 3 g / 100 mL)	10 mL
0.5 mmol/L D-生物素溶液	6 mL
0.8%氨苄青霉素溶液	3.15 mL

以上成分均分别灭菌或无菌制备。

B.2.5.5 组氨酸-生物素平板

每 1 000 mL 中由以下成分组成：

底层培养基	914 mL
磷酸盐贮备液	20 mL
40%葡萄糖溶液	50 mL
组氨酸水溶液(0.404 3 g /100 mL)	10 mL
0.5 mmol/L D-生物素溶液	6 mL

以上成分均分别灭菌或无菌制备。

B.2.5.6 二甲基亚砜

光谱纯，0.103 MPa 20 min 灭菌。

B.2.5.7 THG 溶液(100 倍)

胸腺嘧啶核苷	30 mg
次黄嘌呤	50 mg
甘氨酸	75 mg

以上成分用 100 mL 无血清 RPMI 1640 培养基溶解后过滤除菌，－20℃保存。

B.2.5.8 THMG 溶液(100 倍)

按下列步骤配制：

a) 配制氨甲喋呤溶液(1 000 倍)：向避光的容器中加入 3.0 mg 氨甲喋呤、19.45 mL 质量浓度 9 g/L的氯化钠溶液、1 mol/L 氢氧化钠溶液 0.35 mL，溶解后加入 1 mol/L 盐酸溶液0.2 mL；
b) 配制 THMG 溶液(100 倍)：取上述氨甲喋呤溶液 0.55 mL，加入按 B.2.5.7 制备的 THG 溶液 4.95 mL。过滤除菌。

B.2.5.9 RPMI 1640 培养基

RPMI 1640 干粉培养基	规定剂量
碳酸氢钠	规定剂量
L-谷氨酰胺(根据包装袋上说明添加)	规定剂量
水	1 000 mL

将培养基干粉溶于总量1/3的水中,搅拌溶解后补加水至1 000 mL。根据包装袋上说明添加碳酸氢钠和L-谷氨酰胺,以及丙酮酸钠200 μg/mL,搅拌溶解。加入抗生素,最终浓度为青霉素100 U/mL,链霉素100 μg /mL。过滤除菌,分装后4℃保存。

使用前加入马血清100 mL/L,pH调至7.2~7.4。

参 考 文 献

[1] GB/T 14233.2—2005 医用输液、输血、注射器具检验方法 第2部分:生物学试验方法
[2] GB/T 16886.4—2003 医疗器械生物学评价 第4部分:与血液相互作用试验选择(ISO 10993-4:2002,IDT)
[3] OECD导则471 遗传毒理学:鼠伤寒沙门氏菌回复突变试验
[4] OECD导则473 遗传毒理学:体外哺乳动物细胞遗传学试验
[5] OECD导则476 遗传毒理学:体外哺乳动物细胞基因突变试验

ICS 13.180
A 25

中华人民共和国国家标准

GB/T 16251—2008/ISO 6385:2004
代替 GB/T 16251—1996

工作系统设计的人类工效学原则

Ergonomic principles in the design of work systems

(ISO 6385:2004,IDT)

2008-07-16 发布　　　　2009-01-01 实施

中华人民共和国国家质量监督检验检疫总局
中国国家标准化管理委员会　发布

前言

本标准等同采用 ISO 6385:2004《工作系统设计的人类工效学原则》(英文版)。

本标准代替 GB/T 16251—1996《工作系统设计的人类工效学原则》。

本标准与 GB/T 16251—1996 相比,主要变化如下:

——本标准强调基于人类工效学的系统化设计方法而不只是设计原则本身;

——原标准的内容结构根据设计对象展开(如工作空间设计、工作环境设计、工作过程设计等),本标准的内容结构则是根据系统设计的步骤展开;

——在适用范围一章中增加了对工作系统的详细描述;

——增加了功能分配、设计目标人群、人类工效学(人因学)、工作、系统功能、工作者、工作站和工作组织 8 个新的术语和定义;

——增加了第 3 章;

——将工作系统设计划分为目标界定、功能分析和分配、概念设计、详细设计、系统实现和实施验证、评价 6 个阶段,对每个阶段进行了描述和规定,并提出了相应的技术和方法。

本标准由全国人类工效学标准化技术委员会提出并归口。

本标准起草单位:清华大学、中国标准化研究院、中国科学院心理研究所。

本标准主要起草人:皋琴、冉令华、张欣、张伟、肖惠、李志忠、傅小兰、戴雨森。

本标准所代替标准的历次版本发布情况为:

——GB/T 16251—1996。

引　言

工作系统中的技术、经济、组织以及人的因素会影响人的工作行为和身心健康。在工作系统设计中应根据实际经验应用人类工效学知识来满足人的需求。

本标准为从事与人类工效学、工作系统和工作环境相关工作的专业人士和其他人员提供了一个基本的人类工效学框架，其规定同样适用于产品设计(如消费类产品)。

依据本标准，工作系统设计过程应考虑到人类工效学的知识体系。对已有的或新建的工作系统的人类工效学评估，需有系统中的工作者参与。这种评估也会增强对这些系统中的工作者角色的关注。

工作系统设计的人类工效学原则

1 范围

本标准规定了工作系统设计中的人类工效学基本原则，定义了相关的基本术语，描述了工作系统设计的整体方法。该方法需要工效学家同其他参与系统设计的人员协同合作，在设计过程中注重人的需求、社会需求和技术要求之间的平衡。

本标准的使用者包括管理人员、工作者(或其代表)，以及参与工作系统设计或再设计的相应专业人士，如工效学家、项目经理、设计师等。了解人类工效学(人因学)、工程学、设计、质量以及项目管理方面的一般知识，有助于更好地使用本标准。

本标准中的“工作系统”泛指各种不同的工作环境。本标准旨在为工作系统的改善、设计(或再设计)或改造提供指导。工作系统牵涉到在给定的空间和环境中人和设备的组合以及工作组织之间各个组成部分的相互作用。不同工作系统的复杂程度和特性各不相同。以下是一些工作系统的例子：一台机器和一个操作员；一座加工厂及其操作和维护人员；一座机场及其用户和职员；一间办公室及其内部的工作者；基于计算机的交互系统。人类工效学的原理同样可以应用于工作系统的安装、调试、维护、清理、维修、移除和运输。

本标准中的系统化方法能够为现有环境和新环境下的使用者提供指导。

本标准中规定的定义和人类工效学的指导准则适用于最优工作环境的设计，该类设计关注人类生活质量、安全和健康(包括对已有技能的发展以及新技能的获取)，同时也考虑技术和经济上的效果和效率。

本标准中的准则不仅适用于工作系统的设计，也适用于其他任何与人类活动相关的设计(例如，用于家用和休闲活动的产品的设计)。

注：本标准是人类工效学的核心标准，很多其他针对特定问题的标准均来自本标准。

2 术语和定义

下列术语和定义适用于本标准。

2.1

功能分配 allocation of functions

决定系统的功能应如何通过人、设备硬件和(或)软件实施的过程。

2.2

设计目标人群 design population

根据性别、年龄、技能等相关特点定义的处于全体人群一定百分位数范围的指定工作群体。

2.3

人类工效学 ergonomics

人因学 study of human factors

研究人和系统中其他要素之间相互作用的学科；将理论、原则、数据和方法应用于设计来优化人类生活质量以及整体系统绩效的专业。

2.4

作业 job

个人的任务在时间和空间上的组织和顺序，或者在一个工作系统中单个工作者所有任务的组合。

2.5

系统功能 system function

一个系统能够进行的活动的总称。

2.6

工作环境 work environment

工作者周围的物理的、化学的、生物的、组织的、社会的和文化的因素。

2.7

工作设备 work equipment

在工作系统中所使用的工具、软件、硬件、机器、运载工具、器件、设施、装置和其他元素。

2.8

工作者 worker

操作者 operator

在工作系统中执行一个或者多个任务的人员。

2.9

工作疲劳 work fatigue

由于工作过度紧张引起的心理上或者生理上、局部性或者全身性的各种非病理表现，可通过休息完全恢复。

2.10

工作组织 work organization

为了产生某个特定结果而组合起来的工作系统之间的顺序和相互作用。

2.11

工作过程 work process

在工作系统中，人员、设备、材料、能量以及信息在时间和空间上相互作用的顺序。

2.12

工作站 workstation

被工作环境包围，受到工作任务所要求的条件限制的工作设备的组合和空间上的布局。

2.13

工作紧张 work strain

个体对工作压力的内部反应，受个体特性(例如体格、年龄、素质、能力、技能等)的影响。

2.14

工作压力 work stress

外部负荷 external load

在工作系统中干扰人的生理和(或)心理状态的外部条件和要求的总和。

2.15

工作空间 workspace

为了完成工作任务，在工作系统中分配给一个或多个人的空间范围。

2.16

工作系统 work system

为了完成工作任务，在所设定的条件下，由工作环境、工作空间和工作过程中共同起作用的一个或多个人和工作设备组合而成的系统。

2.17

工作任务 work task

工作者为了取得某个预期的结果所需进行的一项或一系列活动。

3 工作系统设计

3.1 一般原则

在设计过程中，应考虑单个或多个工作者和工作系统的其他要素(例如任务、装备、工作空间和环境等)之间的主要交互作用。

这些交互作用对工作者提出了各种要求，这些要求组合在一起便形成了工作压力。工作压力会使其产生相应的工作紧张，工作紧张的程度取决于工作者的个人特性(例如体格、年龄、素质、能力、技能等)。工作紧张会导致弱化效应(例如工作疲劳)或易化效应(例如技能的提升)，并以闭环反馈的方式来影响工作者的个人特性。

注：工作压力和工作紧张在人类工效学中是中性的描述，不具有负面性。

工作系统的工效学设计旨在降低工作紧张，避免弱化效应，促进易化效应。同时，未被弱化的人员绩效会提高系统的效果和效率，这是人类工效学工作系统设计的另一个目标。

工作系统设计应将工作者作为主要考虑因素点，并将工作者看作待设计的系统(包括工作过程和工作环境)中一个不可分离的部分。

应在工作系统设计的初期就应用人类工效学作为预防性措施，而不是在设计完成之后再来解决出现的问题。不过，对存在不足的现有工作系统，也可运用人类工效学原则对其进行再设计。

在工作系统设计中，对整个设计最重要的决定往往是在设计过程初期做出的。因此在设计过程初期，对人类工效学方面的投入宜最大。人类工效学对于系统设计的贡献贯穿整个设计过程，其输入的层面将随着设计过程的进行而变化，从系统需求分析阶段(目标界定)的基础性和一般性输入，过渡到完整的系统实施(系统实现、系统实施和系统验证)之后的细微调节。在设计过程中，对人类工效学的原则应始终给予足够的重视，直到设计过程的后期，以避免弱化效应，例如项目延迟、用于改进的额外成本、较低的设计质量以及较差的可用性等。

应让工作者有效地参与工作系统的设计。因为工作者的经验能够为系统设计提供一个不可或缺的知识基础，所以在工作系统设计中，要排除次优方案选择最优方案，工作者的参与是必不可少的。在设计过程中应在任何可能的时间及阶段都应让工作者参与。

设计工作系统时，宜以一个尽可能广泛的群体作为设计目标人群，从而尽可能地满足具备不同特点的工作者的需求，包括那些有着特殊需求的人群。这样可以最小化为个人设计特定系统的可能性。

工作系统设计过程(3.2)可分为以下的阶段：

——目标界定(需求分析)(3.3)；

——功能分析和分配(3.4)；

——概念设计(3.5)；

——详细设计(3.6)；

——实现、实施和验证(3.7)；

——评价(第4章)。

这些步骤将会在相关的条目或者子条目中加以解释。

3.2 工作系统设计过程

“设计”是为了提出新的设计方案或现有系统的再设计方案，而进行的由一系列设计阶段组成的、迭代的结构化过程。跨学科的设计团队能够最好地完成这一过程。跨学科的设计团队对于设计过程的每一个阶段都很重要。在设计的各个阶段中涉及到的活动包括分析、综合、仿真和评价。

设计过程中的每个因素很有可能会对其他因素产生影响。例如针对人机之间的任务分配、界面的设计以及训练的需求等方面的决策会相互影响，因此系统设计者必须在做出最后决定之前对多个备选方案进行评价。

对合适的备选方案的评价过程很可能需要反复进行，直到在每一个方面都获取了足够多的信息。

在设计过程的以下阶段中，将编集信息并对信息进行最后考察。在设计一个新工作系统时，应确保采用了适当的方法和技术。

注：参见 GB/T 21051—2007。

3.3 目标界定(需求分析)

在新系统的设计中，进行系统需求分析需要了解工作过程中生产或绩效的需求，以及新系统中工作者的特点和局限。如果存在相同或相似的系统，还需要了解已有的工作系统中存在的人类工效学问题。这些信息可能来自于已有的来源，也可能来自于为这一目的而进行的研究。针对这一目的适用的人类工效学方法和技术包括：使用工作环境评价工具、进行实地观察和访谈等。

在搜集和分析这些信息之后，应创建一个包括系统需求、具体要求和详细规格的纲要。这份纲要既包含与工作者的绩效、安全、健康和生活质量相关的工作系统详细规格，也包含和系统技术绩效需求相关的工作系统详细规格。

工作系统中任何一个可能影响到人或者系统绩效的组成部分(参见 3.6)，在其运行时，都应从操作和维护这两个方面对其加以描述。

3.4 功能分析和分配

确定了系统需求之后，功能分析和分配阶段的第一步是确定为了满足这些需求，该工作系统应实现的功能。功能确定后，还需要决定这些功能如何在人和机器之间分配。功能分配旨在保证每一个功能都能有效的执行，同时兼顾之前提出的工作系统设计的注意事项(参见 3.3)。

要进行人机功能的合理分配，需要分析所设计的系统中的人和技术元素在满足功能需求方面的能力和局限性。此分析以及之后的人机功能分配旨在设计适当的任务和工作，促进工作者的健康、生活质量和安全，且有利于达到预期工作绩效。

适用于这一目的的人类工效学方法和技术包括方案规划、评估工具、人因(计算机)模型以及实验室试验。通过功能分配所产生的任务和工作应符合本标准中提出的人类工效学原则。

3.5 概念设计

确定功能分配方案后，下一步是将分配给人或者技术系统的功能转化为概念设计。概念设计的作用是展示工作系统的结构以及其内部成分之间的相互作用。在进行概念设计的过程中，应始终遵循以人为中心的方法和原则。

分配给工作者的功能需转化为对任务、工作以及工作组织的需求列表。这些要素的设计将以这份需求列表为基础。

分配给设备的功能需转化为对工作设备设计、工具(包括软件)、工作站和工作环境的需求列表。这些部分的设计和选择要以这份需求列表为基础。

适用于这一目的的人类工效学方法和技术包括仿真和任务分析技术、比例模型或原型以及小组讨论等。

注：关于以人为中心方法的细节信息可参见 GB/T 18976—2003。

3.6 详细设计

这一部分将考察用以组成所需工作系统的各个要素的设计，以便更好地理解人类工效学工作系统设计的范畴和需求。

工作系统的设计包括下列要素的设计：

——工作组织的设计(3.6.1)；

——工作任务的设计(3.6.2)；

——作业的设计(3.6.3)；

——工作环境的设计(3.6.4)；

——工作设备、硬件和软件的设计(3.6.5)；

——工作空间和工作站的设计(3.6.6)。

设计上述各要素时，应充分考虑到它们之间的相互依赖关系。在设计过程中不必严格遵循上述顺序。为了得到最优方案，通常需要进行迭代设计。

3.6.1 工作组织的设计

个体的工作和工作系统之间会相互影响。应分析不同工作系统（例如公司内部各个部门之间）对其他工作系统造成的约束和压力。应重视这种约束和压力对工作组织、所有工作系统以及工作者绩效的影响。

同时还应考虑工作系统中不同成分之间的关系对个人的工作压力的影响程度。在3.6.6（工作空间和工作站的设计）中描述的许多因素，如果被看作是统筹不同工作环节之间组合的方法的一部分，也可能对个人工作压力产生显著的影响。

如果经由以上考虑产生的结果不符合系统需求，应考虑其他的设计方案。

3.6.2 工作任务设计

将分配给人的功能转化为工作任务时，应实现以下目标：

——理解工作群体的经验和能力；

——工作者可以运用不同类型的技能和能力，进行不同种类的活动；

——确保所执行的工作任务可被视为一个整体，而不只是零碎的任务；

——确保所执行的工作任务对整个工作系统有显著的贡献，且工作者能够理解这一点；

——允许工作者在决定优先顺序、节拍和过程的时候有适当的自主权；

——为执行工作任务的人员提供足够的有意义的反馈；

——为工作者提供机会，使他们能够提升与工作任务相关的现有技能和获取相关的新技能；

——避免分配对工作者来说过重或过轻的任务。过轻或过重的任务可能带来不必要的甚至过度的紧张、疲劳或失误；

——避免重复。重复可能引起不平衡的工作紧张，并进一步导致生理上的不适和心理上的单调感、厌烦感、乏味感或不满；

——避免让工作者单独工作，应为工作者提供社交性交流和功能性交流的机会。

注：参见GB/T 18978.2—2004和GB/T 15241.2—1999。

3.6.3 作业设计

作业设计一方面应促进工作系统实现绩效目标，另一方面应使设计目标人群的总体工作压力水平处于最优水平。如果由于设计上的限制，工作任务不能够根据3.6.2中的要求进行设计，应通过适当的作业设计来补偿，从而使工作者处于最佳压力水平。

工作压力与设计目标人群能力的不匹配将会造成过度负荷或者负荷不足，导致工作者的弱化效应。应通过适当的作业设计来避免这些问题。

注：参见GB/T 18978.2—2004和GB/T 15241.2—1999。

生理和心理工作压力的整体水平不仅取决于已在本标准其他部分中考虑到的因素（例如3.6.2），同时还取决于一项工作中各个任务的组合方式、操作的内容和重复程度以及工作者对于工作过程的控制水平。

在作业设计中同样应力求实现在3.6.2中提出的目标。如果所设计的作业不能充分满足这些目标，应运用下列方法来提高工作的质量：

——有组织的或无组织的工间休息；

——变换工作，例如在装配线上或者在工作班组内组织工作者自愿变换工种；

——由一名（而非多名操作者）来完成属于同一系统功能的几项连续操作（作业扩展），如让一名操作员完成装配操作中的一系列连续操作；

——由一名（而非多名操作者）来完成属于不同系统功能的连续操作（作业充实），如质量检验前的装配操作可由次品检出人员来完成。

3.6.4 工作环境设计

工作环境的设计和维护应保证环境中物理的、化学的、生物的和社会的因素对人无负面影响，且这些因素有助于保证工作者的健康、确保他们的工作能力和维持他们执行特定任务的意愿。

在任何可能的情况下，应同时使用客观和主观的评价手段来确定工作条件。在保证环境条件达到了经认可的可维持健康和生活质量的标准的同时，还应注意工作环境对安全和任务执行效率可能造成的影响。例如，不适当的背景声音可能会掩盖有用的声音信号，而恰当的光照将提高视觉检查任务的绩效。在任何可能的情况下，应允许工作者调整或改变自已所处工作环境中的各种条件(例如照明、温度、通风等)。

社会的、风俗的和种族方面的因素可能影响某项工作和工作组织的可接受程度。这类影响会广泛存在，例如着装要求、工作过程中使用的物质(例如来自动物的材料)以及工作的小时和天数。在任何可能的情况下，应在工作系统设计中考虑这些因素。来自社会和家庭的压力还有可能影响工作安全和绩效。例如，工作者对于家庭问题的忧虑可能导致注意力不集中，容易出现失误。可能的解决方法包括有:设计工作空间来最大程度降低人为失误的概率，或者在特别需要注意力集中的情况下，向工作者提供额外的社会性支持。

3.6.5 工作装备、硬件和软件的设计

鉴于现今的工作任务对于工作者心智方面的要求越来越高，在设计工作系统的时候，不仅要考虑设备的物理(机械)特性，也要考虑设备的认知特性。

一般来说，界面是人和设备之间制定决策、传递信息或进行沟通的部件。显示器和控制器是界面主要的组成部分。显示器和控制器可能是传统的设备，也可能是视觉显示终端的组成部分。界面设计应适合人的特点：

——界面应当提供足够的信息让工作者既可以快速了解系统全局状况，同时也能获取具体参数的详细信息；
——原则上来说，最需要触及的系统部件应被放置在最容易触及和操作的位置，最需要看到的系统部件应被放置在最容易看到的位置；
——信号、显示器和控制器应以最大程度降低人为错误概率的方式工作；
——信号和显示器的选择、设计和布置应与人类认知特性和所要执行的任务相符；
——控制器的选择、设计和布置应与人体操作部分的特性和所要执行的任务相符。应考虑对技巧、准确度、速度和力的要求；
——控制器的选择和布置应与设计目标人群的典型特点、控制过程的动态特性和作业空间要求相符；
——需要同时操作或者快速地依次操作多个控制器时，控制器的位置应当相互足够接近以利于正确的操作；但不能过于接近，避免无意产生的操作。

3.6.6 工作空间和工作站的设计

3.6.6.1 一般原则

工作空间和工作站的设计应同时考虑人员姿态的稳定性和灵活性。

应给人员提供一个尽量安全、稳固和稳定的基础借以施力。

工作站的设计应考虑人体尺寸、姿势、肌肉力量和动作的因素。例如，应提供充分的作业空间，使工作者可以使用良好的工作姿态和动作的完成任务；允许工作者调整身体姿势，灵活进出工作空间。

避免可能造成长时间静态肌肉紧张并导致工作疲劳的身体姿态。应允许工作者变换身体姿态。

3.6.6.2 人体尺寸和姿态

主要应注意以下几点：

——工作站的设计应考虑人体尺寸带来的限制，同时还要考虑到着装和其他随身携带物品的影响；

——对于持续性的任务，操作者应能交替采用坐姿和站姿。如果只能选择一种姿态，通常坐姿优于站姿，除非工作过程要求站姿。对于持续性任务，应避免蹲姿或跪姿；

——如果必须施用较大的肌力，则应通过采取合适的身体姿势和提供适当的身体支撑，使通过身体的力链或力矩矢量最短或最简单。在执行需要精细动作的任务时尤其如此。

3.6.6.3 肌力

主要应注意下列各点：

——力的要求应与操作者的肌力相适合，而且必须考虑力、施力频率、姿态和疲劳之间的关系；

——作业设计应避免肌肉、关节、韧带以及呼吸和循环系统不必要的或者过度的紧张；

——所涉及的肌肉群必须在肌力上能够满足力的要求。如果力的要求过大，则应在工作系统中引入助力系统，或者重新设计任务以使用更加有力的肌肉。

3.6.6.4 身体动作

主要应注意下列各点：

——身体各动作之间应保持良好的平衡；应允许工作者变换姿态，而不是长期保持静止的姿态；

——身体或者肢体的运动的频率、速度、方向、范围不应超出解剖学和生理学的限制范围；

——对需要高精度的运动，不应要求使用很大的肌力；

——需要时，宜使用引导设备，以便于实施动作和明确先后排序。

3.7 系统实现、实施和验证

系统实现包括对工作系统中新的技术设计的研发、生产或采购，在实地安装，同时还包括为了符合当地环境和用户的要求和特点而进行的细微调整。

在实施阶段，应把新工作系统介绍给所有相关人员，特别是(可能的)工作者，包括在适宜条件下提供必要的信息和培训。此外，还应提供一份从旧系统向新系统转换的详细步骤说明。如果可能的话，还应提供一个备份系统。

应为目标用户人群提供说明文档。对工作者进行指导和培训，以帮助他们迅速和可靠地适应新环境。

在设计过程中应将人类工效学的原理作为一种预防性的手段，尽量减少培训的需要。在必须要通过培训才能让工作系统发挥全部潜力的时候，应针对新工作系统的运作进行充分和适当的培训。

系统验证的目的是确认新系统的运行是否符合预期。如果新设计实现了系统目标和工作绩效，但有害于工作者的健康、生活质量和安全，则应以本标准中描述的方法重新设计。在系统验证的过程中应邀请工作者来参与。一个验证合格的工作系统，应从设计初期就将人类工效学的原则和方法整合到系统设计过程中。如果在验证过程中发现某工作系统虽然达到性能要求，但危害用户的身体健康、生活质量或者人身安全，则其不符合本标准的要求。

4 评价

适当地运用人类工效学，能够优化工作系统和工作者的绩效和效能，且不会损害工作者的身心健康、生活质量和人身安全。

除了设计过程中的验证(参见3.7)外，对工作系统设计的整体评价有助于对项目的结果形成完整的了解，将项目初期规划输出和最终结果进行对比，还可以积累经验。应持续监控系统的影响，以避免其对用户的工作绩效或者身心健康产生长时间损害。整体评价应在系统进入稳定工作状态之后进行。

在评价中应考虑工作的质量，以便于在工作环境中建立一个能保证工作者的长期有效绩效的良好基础。

各种关于绩效、健康、生活质量和安全的参数为评价和验证工作系统设计的有效性提供了度量方法和标准。用于评价的方法可分为三类，每一类各包括一些具体指标，如下所示：

分类：	健康和生活质量	安全	绩效
	↓	↓	↓
方法：	医学的/生理的 主观的 心理学的	可靠性 失误 不安全的行为 未遂事故 事故	质量 数量

可用性方法涵盖了上述三类评估方法，因此可用性的概念可为评估工作系统中技术成分的设计质量提供一个适当的框架。

可使用成本效益模型对新设计的效果进行准定量评价。例如，通过减少病假、生产损失和系统维护可降低成本。良好的工作环境能够产生显著的正面效应，并而优化成本-效益比。

注：参见 GB/T 18978.11—2004。

参 考 文 献

[1] EN 614-1:1995 机械安全 人类工效学设计原则 第1部分:术语和一般原则

[2] EN 614-2:2000 机械安全 人类工效学设计原则 第2部分:机械设计和工作任务间的交互

[3] GB/T 15241—1994 人类工效学 与心理负荷相关的术语(eqv ISO 10075:1991)

[4] GB/T 15241.2—1999 与心理负荷相关的工效学原则 第2部分:设计原则(idt ISO 10075-2:1996)

[5] GB/T 18976—2003 以人为中心的交互系统设计过程(ISO 13407:1999,IDT)

[6] GB/T 18978.2—2004 使用视觉显示终端(VDTs)办公的人类工效学要求 第2部分:任务要求指南(ISO 9241-2:1992,IDT)

[7] GB/T 18978.11—2004 使用视觉显示终端(VDTs)办公的人类工效学要求 第11部分:可用性指南(ISO 9241-11:1998,IDT)

[8] GB/T 21051—2007 人-系统交互工效学 支持以人为中心设计的可用性方法(ISO/TR 16982:2002,IDT)

ICS 59.060.10
W 21

GB

中华人民共和国国家标准

GB/T 16254—2008
代替 GB/T 16254—1996

马海毛

Mohair

2008-08-20 发布　　　　2008-12-01 实施

中华人民共和国国家质量监督检验检疫总局
中国国家标准化管理委员会　发布

前言

本标准代替 GB/T 16254—1996《马海毛》。

本标准与 GB/T 16254—1996 相比，主要变化如下：

——增加了术语：疵点毛（草刺毛、黄残毛、印记毛、杂色毛、毡并毛和边肷毛）、死毛、毛丛卷曲数（本版的 3.5、3.6、3.7、3.8、3.9、3.10、3.11、3.12、3.13）；

——增加了马海羔毛二等品及其指标（本版的 5.1）；

——修改成年马海毛特等指标范围（1996 版的 5.1，本版的 5.1）；

——修改了马海羔毛含草率的二等品指标（1996 版的 5.1，本版的 5.1）；

——将原参考指标毛丛自然长度、含草率改为考核指标（1996 版的 5.2，本版的 5.2）；

——增加了毛丛卷曲数作为参考指标（本版的 5.1）；

——增加了“不应混入非动物纤维和其他动物纤维”的要求（本版的 5.5）；

——将扦取部位改为“按 GB/T 14269 的规定执行”，即改为“在毛包的两个不同部位扦取，其中一个部位必须从毛包中心抽取”（1996 版的 6.1.1.3，本版的 6.1）；

——外观特征检验比照实物标样改为“按照 5.1 评定等级”（1996 版的 6.1.2，本版的 8.1）；

——明确了外观特征检验的条件为北向昼光或照度约为 750 lx（1996 版的 6.1.2，本版的 8.1）；

——增加了死毛含量、其他动物纤维含量、非动物纤维含量的检验方法（本版的 8.8、8.9、8.10）。

本标准由中国纤维检验局提出。

本标准由中国纤维检验局归口。

本标准起草单位：陕西省纤维检验局、浙江省纤维检验局。

本标准主要起草人：负秀琴、黄超、陈武成、余素英、黄怡、田永杰、雷一厉。

本标准所代替标准的历次版本发布情况为：

——GB/T 16254—1996。

马 海 毛

1 范围

本标准规定了马海羔毛、成年马海毛的术语和定义、分类、要求、仪器和用具、检验方法、检验规则、包装、标志、贮存和运输要求。

本标准适用于马海羔毛、成年马海毛的生产、交易、加工、使用和质量鉴定。

2 规范性引用文件

下列文件中的条款通过本标准的引用而成为本标准的条款。凡是注日期的引用文件，其随后所有的修改单(不包括勘误的内容)或修订版均不适用于本标准，然而，鼓励根据本标准达成协议的各方研究是否可使用这些文件的最新版本。凡是不注日期的引用文件，其最新版本适用于本标准。

GB/T 2910 纺织品 二组分纤维混纺产品定量化学分析方法

GB/T 6976 羊毛毛丛自然长度试验方法

GB/T 6978 含脂毛洗净率试验方法 烘箱法

GB/T 8170 数值修约规则

GB/T 10685 羊毛纤维直径试验方法 投影显微镜法

GB/T 14269 羊毛试验取样方法

GB/T 14270 毛绒纤维类型含量试验方法

GB/T 16255.2 洗净马海毛含草、杂率试验方法

GB/T 16988 特种动物纤维与绵羊毛混合物含量的测定

3 术语和定义

下列术语和定义适用于本标准。

3.1

马海毛 mohair

从安哥拉山羊及以安哥拉山羊为父本改良后，具有安哥拉山羊毛特征的山羊身上采集的毛。

3.2

马海羔毛 kid mohair

从18月龄以内的山羊身上采集的马海毛。

3.3

成年马海毛 adult goat mohair

从18月龄以上的山羊身上采集的马海毛。

3.4

马海毛的毛尖 Staple tip

马海毛毛丛顶端形成收缩毛辫状的部分。

3.5

疵点毛 faulty wool

非正常的马海毛，主要包括：草刺毛、黄残毛、印记毛、杂色毛、毡并毛和边肷毛。

3.6

草刺毛　burry wool

马海毛中植物性草杂含量超过净毛量3%的毛。

3.7

黄残毛　yellow oddments

毛质变黄并超过全毛长度一半以上的毛。

3.8

印记毛　unscourable colour

被洗不掉的印记色污染的毛。

3.9

杂色毛　coloured wool

非白色，而有其他颜色的毛。

3.10

毡并毛　cotted wool

结成毡片，不能扯成单根纤维状的毛。

3.11

边肷毛　skirtings

从套毛周边除下与正身有明显差异的毛。

3.12

死毛　kemp

一般纤维呈扁带状、色骨白、无光泽、僵直，少数也有呈铅丝状弯曲；此类纤维放入苯液中清晰可见；在投影屏幕内纤维出现髓腔，且髓腔连续长度在25 mm及以上，髓腔宽度占纤维总宽度的60%及以上者。

3.13

毛丛卷曲数　staple crimp frequency

从毛丛的一个卷曲峰到相邻的一个卷曲峰为一个卷曲。卷曲数为同一毛丛100 mm内的卷曲个数。

4　分类

分为马海羔毛与成年马海毛两类。

5　要求

5.1　马海羔毛、成年马海毛的要求见表1。

表1　要求

类别	等级	平均直径/μm	死毛含量/%	毛丛自然长度/mm	含草率/%	毛丛卷曲数/(个/100 mm)	外观特征
马海羔毛	特等	≤25.0	≤3	≥75	≤1	≥2	自然白色，光泽明亮而柔和，手感光滑细腻，毛质均匀，毛丛呈螺旋形或波浪形卷曲
	一等	25.1～30.0					
	二等	>30.0			≤2		
成年马海毛	特等	≤35.0		≥85	≤1		自然白色，光泽明亮，手感滑爽，毛质均匀，毛丛呈螺旋形或波浪形卷曲
	一等	35.1～40.0					

表 1（续）

类别	等级	平均直径/μm	死毛含量/%	毛丛自然长度/mm	含草率/%	毛丛卷曲数/(个/100 mm)	外 观 特 征
成年马海毛	二等	40.1～45.0	≤3	≥85	≤1	≥2	自然白色，有光泽，手感尚好，大波浪形卷曲
	三等	45.1～52.0					自然白色，有光泽，手感尚好，有少量姜黄色毛尖，纤维趋于平直
	四等	>52.0		≥65			光泽暗，手感硬而粗糙，毛丛散乱

5.2 马海毛以平均直径、毛丛自然长度、含草率、死毛含量为考核指标，以其最低一项等级作为该批马海毛的等级；毛丛卷曲数和外观特征为参考指标。

5.3 边肷毛按其平均直径、外观特征确定相应等级，并单独包装。

5.4 疵点毛中的草刺毛、黄残毛、印记毛、杂色毛、毡并毛应拣出，并单独包装。

5.5 不应混入非动物纤维和其他动物纤维。

6 取样

6.1 按 GB/T 14269 的规定执行。

6.2 批样取样包数见表 2。

表 2 取样包数

单位为包

批样数	≤5	6～10	11～20	21～50	51～100	>100
取样数	5	6	9	12	13	15

6.3 采用开包方式扦取，原毛批样的质量应不少于 2.5 kg。

7 仪器和用具

a) 纤维投影仪；

b) 纤维细度分析仪；

c) 烘箱：温度控制范围 50 ℃～150 ℃，温控偏差±1 ℃；

d) 衡器：量程 100 kg，分度值 0.5 kg；量程 5 kg，分度值 10 g；

e) 天平：量程 200 g，分度值 0.01 g；量程 200 g，分度值 0.000 1 g；

f) 钢板尺：分度值 1 mm。

8 检验方法

8.1 外观特征检验

在北向昼光或光照度约为 750 lx 的条件下，将试样平铺在试验台上，按照 5.1 评定等级。

8.2 平均直径检验

按 GB/T 10685 进行检验。

8.3 毛丛自然长度检验

按 GB/T 6976 进行检验。

8.4 卷曲数检测

8.4.1 用检测毛丛自然长度的试样，在测量长度的同时，数其毛丛的卷曲数。毛尖部分的卷曲不计入内，计数准确到 0.5 个。

8.4.2 毛丛卷曲数按式(1)计算：

$$C = \frac{\sum_{i=1}^{n} N_i}{\sum_{i=1}^{n} L_i} \times 100 \quad \cdots\cdots\cdots\cdots (1)$$

式中：

C——毛丛卷曲数，单位为个/每百毫米(个/100 mm)；

N_i——第 i 个毛丛卷曲数，单位为个；

L_i——第 i 个毛丛长度，单位为毫米(mm)。

8.4.3 数值修约至整数位。

8.5 洗净率检验

8.5.1 按 GB/T 6978 的规定进行。

8.5.2 从试验室样品中随机抽取 3 份试样，每份试样 100 g，称量精确到 0.01 g。

8.5.3 洗涤工艺见表 3。

表 3 洗涤工艺

项目	槽别				
	1	2	3	4	5
洗涤溶液	清水	0.4%元明粉、0.05%中性洗剂	0.4%元明粉、0.05%中性洗剂	清水	清水
控制温度/℃	40±2	45±2	45±2	40±2	40±2
洗涤时间/min	3	3	3	3	3
注：洗槽浴比 1∶100。					

8.5.4 公定回潮率为 14%。

8.6 含草率、含杂率检验

按 GB/T 16255.2 进行检验。

8.7 公量检验

8.7.1 毛重

用衡器，在抽取批量的同时对同一批马海毛逐包称量，并记录每包重量，精确至 0.5 kg。

8.7.2 皮重

抽取两个样包，去皮，分别称量皮重，精确至 0.01 kg。以其平均值作为本批每包的平均皮重。

8.7.3 净重

由总毛重扣除皮重，求得总净重。

8.7.4 结果计算

8.7.4.1 净毛公定重量按式(2)计算：

$$m = m_n(1 - F - Z)Y \quad \cdots\cdots\cdots\cdots (2)$$

式中：

m——净毛公定重量，单位为千克(kg)；

m_n——原毛总净重，单位为千克(kg)；

F——含草率，%；

Z——含杂率，%；

Y——洗净率，%。

8.7.4.2 数值修约至一位小数。

8.7.4.3 净毛中含草率超过净毛公量3%,按草刺毛处理;小于3%时,按实测含草率扣减净毛公量。

8.8 死毛含量

按GB/T 14270进行检验。

8.9 其他动物纤维含量

按GB/T 16988进行检验。

8.10 非动物纤维含量

按GB/T 2910进行检验。

8.11 数值修约

按GB/T 8170执行。

9 检验规则

9.1 检验以批为单位进行分等。

9.2 检验证书内容包括:产品名称、批号、颜色、包数、重量、产地、检验项目及检验结果。

10 包装、标志、贮存和运输

10.1 包装

10.1.1 包装应以便于管理、贮存和运输,且保证其品质不受影响为原则。

10.1.2 经过分类、分等的原毛应按不同产地、不同类别及相应等级分别打包。

10.1.3 应采用不易破损、通风、透气的材料包装。

10.1.4 若需方有特殊要求,供需双方自行商定。

10.2 标志

10.2.1 每包应有标志。标志的字迹应醒目、清晰、持久。

10.2.2 标志包括以下内容:产品名称、产地、类别、等级、批号、包号、毛重、净重、交货单位。

10.3 贮存和运输

10.3.1 以批为单位堆放,将刷有唛头的包面朝外整齐排列。

10.3.2 应在干燥通风的库房内贮存,包不应与地面直接接触,不可被污染。

10.3.3 运输工具应具备洁净、防腐、防潮、防包装破裂损伤的条件。运输过程中,不可污染毛包,不应使用有损包装的器械。

ICS 59.060.10
W 21

GB

中华人民共和国国家标准

GB/T 16255.1—2008
代替 GB/T 16255.1—1996

洗净马海毛

Scoured mohair

2008-08-20 发布　　　　2008-12-01 实施

中华人民共和国国家质量监督检验检疫总局
中国国家标准化管理委员会　发布

前　言

GB/T 16255《洗净马海毛》分为三个部分：

——GB/T 16255.1《洗净马海毛》；

——GB/T 16255.2《洗净马海毛含草、杂率试验方法》；

——GB/T 16255.3《洗净马海毛纤维长度试验方法　手排法》。

本部分为 GB/T 16255 的第 1 部分。

本部分代替 GB/T 16255.1—1996。

本部分与 GB/T 16255.1—1996 相比，主要变化如下：

——增加了马海羔毛二等品及其指标(本版的 3.1)；

——修改了成年马海毛特等指标范围(1996 版的 3.1，本版的 3.1)；

——将光泽、白度、膨松度改为外观特征，并将比照实物标样改为文字描述(1996 版的 3.1，本版的 3.1)；

——将原参考指标手排长度改为考核指标；原考核指标光泽、白度、膨松度改为参考指标(1996 版的 3.2，本版的 3.2)；

——增加了“不得混入非动物纤维和其他动物纤维”的要求(本版的 3.5)；

——将取样方法由按 GB/T 16254 执行改为按 GB/T 14269 规定执行(1996 版的 4.1.1，本版的第 4 章)；

——将外观检验比照标准样品改为“按照 3.1 评定等级”(1996 版的 4.1.2，本版的 6.1)；

——明确了外观检验的条件为北向昼光或照度约为 750 lx(1996 版的 4.1.2，本版的 6.1)；

——增加了其他动物纤维含量、非动物纤维含量的检验方法(本版的 6.8、6.9)。

本部分由中国纤维检验局提出。

本部分由中国纤维检验局归口。

本部分起草单位：陕西省纤维检验局、浙江省纤维检验局。

本部分主要起草人：贠秀琴、黄超、陈武成、余素英、黄怡、雷一厉、田永杰。

本部分所代替标准的历次版本发布情况为：

——GB/T 16255.1—1996。

洗 净 马 海 毛

1 范围

GB/T 16255 的本部分规定了洗净马海羔毛与洗净成年马海毛的要求、仪器和用具、检验方法、检验规则、包装、标志、储存和运输要求等。

本部分适用于洗净马海羔毛和洗净成年马海毛的生产、交易、加工、使用和质量鉴定。

2 规范性引用文件

下列文件中的条款通过 GB/T 16255 的本部分的引用而成为本部分的条款。凡是注日期的引用文件,其随后所有的修改单(不包括勘误的内容)或修订版均不适用于本部分,然而,鼓励根据本部分达成协议的各方研究是否可使用这些文件的最新版本。凡是不注日期的引用文件,其最新版本适用于本部分。

GB/T 2910 纺织品 二组分纤维混纺产品定量化学分析方法

GB/T 6500 毛绒纤维回潮率试验方法 烘箱法

GB/T 6977 洗净羊毛乙醇萃取物、灰分、植物性杂质、总碱不溶物含量试验方法

GB/T 8170 数值修约规则

GB/T 10685 羊毛纤维直径试验方法 投影显微镜法

GB/T 14269 羊毛试验取样方法

GB/T 16255.2 洗净马海毛含草、杂率试验方法

GB/T 16255.3 洗净马海毛纤维长度试验方法 手排法

GB/T 16988 特种动物纤维与绵羊毛混合物含量的测定

3 要求

3.1 洗净马海羔毛、洗净成年马海毛的要求见表1。

表1 要求

<table>
<tr><th>类别</th><th>等级</th><th>平均直径/μm</th><th>手排长度/mm</th><th>含杂率/%</th><th>含草率/%</th><th>回潮率/%</th><th>含油脂率/%</th><th>外观特征</th></tr>
<tr><td rowspan="3">洗净马海羔毛</td><td>特等</td><td>≤25.0</td><td rowspan="3">≥70</td><td rowspan="5">≤1.5</td><td rowspan="8">≤0.8</td><td rowspan="8">≤17.0</td><td rowspan="8">0.3～1.0</td><td rowspan="3">自然白色,光泽明亮而柔和、蓬松</td></tr>
<tr><td>一等</td><td>25.1～30.0</td></tr>
<tr><td>二等</td><td>>30.0</td></tr>
<tr><td rowspan="5">洗净成年马海毛</td><td>特等</td><td>≤35.0</td><td rowspan="4">≥75</td><td rowspan="2">自然白色,光泽明亮、蓬松</td></tr>
<tr><td>一等</td><td>35.1～40.0</td></tr>
<tr><td>二等</td><td>40.1～45.0</td><td rowspan="3">≤2.0</td><td>自然白色,有光泽、蓬松</td></tr>
<tr><td>三等</td><td>45.1～52.0</td><td>自然白色,有光泽、蓬松</td></tr>
<tr><td>四等</td><td>>52.0</td><td>≥50</td><td>自然白色,光泽暗、蓬松</td></tr>
</table>

3.2 平均直径、手排长度、含杂率、含草率为考核指标,以其最低一项等级作为该批马海毛的等级;外观特征、回潮率、含油脂率为参考指标。

3.3 草刺毛、黄残毛、印记毛、杂色毛、毡并毛和边肷毛不得混入洗净马海毛内。

3.4 公定回潮率为15%,公定含油脂率为1%。

3.5 不得混入非动物纤维和其他动物纤维。

4 取样

按GB/T 14269规定进行。

5 仪器和用具

a) 纤维投影仪;

b) 纤维细度仪;

c) 烘箱:温度控制范围50 ℃～150 ℃,温控偏差±1 ℃;

d) 衡器:量程100 kg,分度值0.5 kg;量程5 kg,分度值10 g;

e) 天平:量程200 g,分度值0.01 g;量程200 g,分度值0.000 1 g;

f) 钢板尺:分度值1 mm。

6 检验方法

6.1 外观特征检验

在北向昼光或照度约为750 lx的条件下,将试样平铺在试验台上,按照3.1评定等级。

6.2 平均直径检验

按GB/T 10685进行检验。

6.3 手排长度

按GB/T 16255.3进行检验。

6.4 回潮率

按GB/T 6500进行检验。

6.5 含草率、含杂率检验

按GB/T 16255.2进行检验。

6.6 含油脂率检验

按GB/T 6977进行检验。

6.7 公量检验

6.7.1 毛重

用衡器,在抽取批量的同时对同一批洗净马海毛逐包称重,并记录每包重量,精确至0.5 kg。求得总毛重。在逐包过秤的同时按GB/T 6500抽取回潮率试验样品。

6.7.2 皮重

抽取两个样包,去皮,分别称量皮重,精确至0.01 kg。以其平均值作为本批每包的平均皮重。

6.7.3 净重

由总毛重扣除皮重,求得总净重。

6.7.4 结果计算

6.7.4.1 净毛公定重量按式(1)计算:

$$m = m_n(1 - Z - F)\frac{1+R}{1+r} \quad \cdots\cdots(1)$$

式中:

m——净毛公定重量,单位为千克(kg);

m_n——洗净毛总净重,单位为千克(kg);

F——含草率,%;

Z——含杂率，%；

R——公定回潮率，%；

r——实际回潮率，%。

6.7.4.2 数值计算修约至一位小数。

6.8 其他动物纤维含量

按 GB/T 16988 进行检验。

6.9 非动物纤维含量

按 GB/T 2910 进行检验。

6.10 数值修约

按 GB/T 8170 执行。

7 检验规则

7.1 检验以批为单位进行分等。

7.2 检验证书内容包括：产品名称、批号、颜色、包数、重量、产地、加工单位、检验项目及检验结果。

8 包装、标志、贮存和运输

8.1 包装

8.1.1 包装应以便于管理、贮存和运输，且保证其品质不受影响为原则。

8.1.2 经过分类、分等的原毛应按不同产地、不同类别及相应等级分别打包。

8.1.3 应采用不易破损、通风、透气的材料包装。

8.1.4 若需方有特殊要求，供需双方自行商定。

8.2 标志

8.2.1 每包应有标志。标志的字迹醒目、清晰、持久。

8.2.2 标志包括以下内容：产品名称、产地、类别、等级、批号、包号、毛重、净重、交货单位。

8.3 贮存和运输

8.3.1 以批为单位堆放，将刷有唛头的包面朝外整齐排列。

8.3.2 应在干燥通风的库房内贮存，包不应与地面直接接触，不可被污染。

8.3.3 运输工具应具备洁净、防腐、防潮、防包装破裂损伤的条件。运输过程中，不可污染毛包，不应使用有损包装的器械。

ICS 59.060.10
W 21

中华人民共和国国家标准

GB/T 16255.2—2008
代替 GB/T 16255.2—1996

洗净马海毛含草、杂率试验方法

Test method for the percentage of burry and impurities in scoured mohair

2008-08-20 发布　　2008-12-01 实施

中华人民共和国国家质量监督检验检疫总局
中国国家标准化管理委员会　发布

前　言

GB/T 16255《洗净马海毛》分为三个部分：

——GB/T 16255.1《洗净马海毛》；

——GB/T 16255.2《洗净马海毛含草、杂率试验方法》；

——GB/T 16255.3《洗净马海毛纤维长度试验方法　手排法》。

本部分为 GB/T 16255 的第 2 部分。

本部分代替 GB/T 16255.2—1996。

本部分与 GB/T 16255.2—1996 相比，主要变化如下：

——增加了实验室样品充分混合步骤(本版的 4.1.2)；

——将试样质量从 20 g 减少到 5 g(1996 版的 5.2，本版的 4.1.4)；

——去掉了烘干步骤(1996 版的 5.3)。

本部分由中国纤维检验局提出。

本部分由中国纤维检验局归口。

本部分起草单位：陕西省纤维检验局、浙江省纤维检验局。

本部分主要起草人：贠秀琴、黄超、陈武成、余素英、黄怡、田永杰、雷一厉。

本部分所代替标准的历次版本发布情况为：

——GB/T 16255.2—1996。

洗净马海毛含草、杂率试验方法

1 范围

GB/T 16255的本部分规定了以手工分拣方式测定洗净马海毛含草率、含杂率试验方法。

本部分适用于洗净马海羔毛、洗净成年马海毛的含草率、含杂率的测定。

2 规范性引用文件

下列文件中的条款通过GB/T 16255的本部分的引用而成为本部分的条款。凡是注日期的引用文件,其随后所有的修改单(不包括勘误的内容)或修订版均不适用于本部分,然而,鼓励根据本部分达成协议的各方研究是否可使用这些文件的最新版本。凡是不注日期的引用文件,其最新版本适用于本部分。

GB/T 8170 数值修约规则

GB/T 14269 羊毛试验取样方法

3 仪器和工具

a) 天平:量程200 g,分度值0.01 g;量程200 g,分度值0.000 1 g;

b) 筛网,60目;

c) 镊子;

d) 盛物盘。

4 试验方法

4.1 取样和试样制备

4.1.1 按照GB/T 14269的规定抽取洗净马海毛实验室样品。

4.1.2 将实验室样品充分混合后,平铺在试验台上。

4.1.3 采用多点法从实验室样品的正反两面随机抽取试验样品,每面不少于20个点。

4.1.4 将抽取的试验样品分为三份试样,其中一份作为备样。每份试样质量为5 g,精确到0.01 g。

4.2 试验步骤

4.2.1 在盛物盘中铺放白光纸或黑光纸,以便明显区分杂质。

4.2.2 将筛网放在纸上,再将试样放在筛网上。

4.2.3 以手工分拣方式先撕松试样,然后,把能明显分辨的,夹杂附着在试样上的草和杂质用镊子拣出来,分别放置。

4.2.4 称取草、杂质的质量,精确到0.000 1 g。

4.3 结果计算

4.3.1 含草率按式(1)计算。

$$F = \frac{m_1}{m_2} \times 100\% \qquad \cdots\cdots(1)$$

式中:

F——含草率,%;

m_1——草的质量,单位为克(g);

m_2——试样的质量,单位为克(g)。

4.3.2 含杂率按式(2)计算。

$$Z = \frac{m_3}{m_2} \times 100\% \qquad \cdots\cdots\cdots\cdots(2)$$

式中：

Z——含杂率，%；

m_3——杂质的质量，单位为克(g)；

m_2——试样的质量，单位为克(g)。

4.3.3 以两份试样的平均值作为该样品的检验结果。若两份试样结果的相对差值超过5%，则应增试一个试样，以三个试样结果的平均值为最终检验结果。

4.3.4 数值按GB/T 8170修约到两位小数。

5 试验报告

试验报告内容应包括采用标准和试验结果，并注明试样来源、批号、类别、样品编号、试验日期、试验人员。

ICS 59.060.10
W 21

中华人民共和国国家标准

GB/T 16255.3—2008
代替 GB/T 16255.3—1996

洗净马海毛纤维长度试验方法 手排法

Test method for the percentage of length of scoured mohair—Array diagram method

2008-08-20 发布　　　　2008-12-01 实施

中华人民共和国国家质量监督检验检疫总局
中国国家标准化管理委员会　发布

前　言

GB/T 16255《洗净马海毛》分为三个部分：

——GB/T 16255.1《洗净马海毛》；

——GB/T 16255.2《洗净马海毛含草、杂率试验方法》；

——GB/T 16255.3《洗净马海毛纤维长度试验方法　手排法》。

本部分为 GB/T 16255 的第 3 部分。

本部分代替 GB/T 16255.3—1996。

本部分与 GB/T 16255.3—1996 相比，主要变化如下：

——增加了实验室样品多次充分混合步骤(本版的 4.2.2)；

——把玻璃板描图，透明坐标纸再次描图改为用钢板尺测量后直接读数，再绘图(1996 版的 7.3，本版的 4.3.3)。

本部分由中国纤维检验局提出。

本部分由中国纤维检验局归口。

本部分起草单位：陕西省纤维检验局、浙江省纤维检验局。

本部分主要起草人：贠秀琴、黄超、陈武成、余素英、黄怡、雷一厉、田永杰。

本部分所代替标准的历次版本发布情况为：

——GB/T 16255.3—1996。

洗净马海毛纤维长度试验方法
手排法

1 范围

GB/T 16255 的本部分规定了以手工排图测量洗净马海毛纤维长度的试验方法。

本部分适用于洗净马海羔毛、洗净成年马海毛的长度的测定。

2 规范性引用文件

下列文件中的条款通过 GB/T 16255 的本部分的引用而成为本部分的条款。凡是注日期的引用文件，其随后所有的修改单(不包括勘误的内容)或修订版均不适用于本部分，然而，鼓励根据本部分达成协议的各方研究是否可使用这些文件的最新版本。凡是不注日期的引用文件，其最新版本适用于本部分。

GB/T 6529 纺织品 调湿和试验用标准大气

GB/T 8170 数值修约规则

GB/T 14269 羊毛试验取样方法

3 仪器和工具

a) 天平：量程 200 g，分度值 0.001 g；

b) 钢板尺：分度值 1 mm；

c) 直角三角尺：分度值 1 mm；

d) 绒板；

e) 镊子；

f) 坐标纸；

g) 绘图笔。

4 试验方法

4.1 试验用标准大气

采用 GB/T 6529 规定的标准大气。

4.2 取样和试样制备

4.2.1 按照 GB/T 14269 的规定抽取洗净马海毛实验室样品。

4.2.2 将实验室样品充分混合后，平铺在试验台上。

4.2.3 采用多点法从实验室样品的正反两面随机抽取试验样品，每面不少于 20 个点，共 90 g。

4.2.4 将试验样品充分混合，随机抽取 0.6 g～0.8 g 的试验用试样，精确到 0.001 g，再经充分混合后平分成三份。其中两份为用于平行试验的试样，一份留作备样。

4.3 试验步骤

4.3.1 整理毛束

用拇指和食指将试样撕松，反复整理成一端平齐且纤维自然顺直的毛束，或在黑绒板上反复整理成一端平齐的纺锤状毛束。在整理过程中，要防止纤维断裂，剔除缠结纤维，游离纤维加以整理后仍要放入毛束内。

4.3.2 排图

将已整理的毛束,用拇指和食指夹持住毛束平齐的一端,另一端轻轻捻成笔尖状,将毛束尖端纤维放在黑绒板底线上,贴于绒板并用另一只手的大拇指摁住毛束尖端,将纤维由长至短从毛束中缓缓拔出,使逐次被拔出的纤维沿绒板左(右)上端自上而下、自左(右)而右(左)、一端平齐地贴覆在绒板上,当手中的纤维全部被拔完后用镊子将试样起出,再理成毛束。如此反复操作数遍(不多于五遍),直至将试样按纤维长短顺序,密度均匀地排成底线平直,底边长度为 350 mm±10 mm,纤维分布均匀的长度分布图(如图 1 所示)。

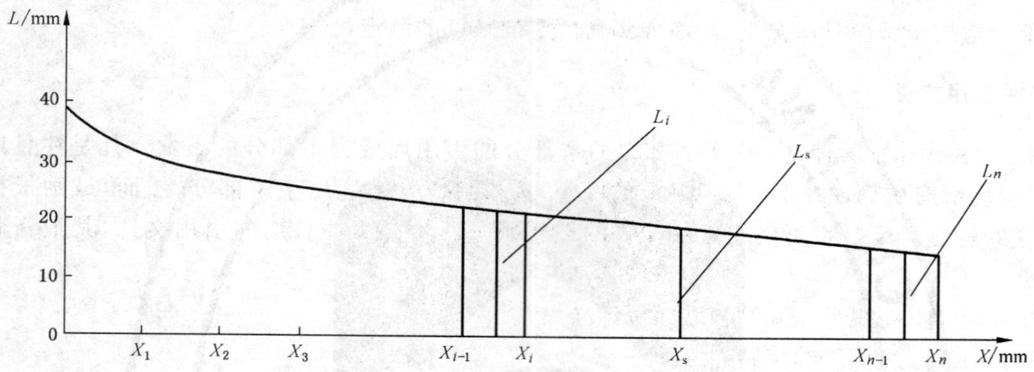

图 1 长度分布图

4.3.3 作图

将钢板尺放在手排长度图形的底边,目光直视手排长度图形的每一个观测点,沿纤维方向读取直角三角尺上的刻度值,记录相关的数值。在坐标纸上,以长度分布图的底边为横坐标,以纤维长度为纵坐标,从原点自左向右每间隔 10 mm 标出横坐标 X_1、X_2、…、X_i、…、X_{n-1},如果末组组距小于 10 mm,标出终点坐标点 X_n,测量每一组中点对应的纤维长度 L_1、L_2、…、L_i、…、L_n,长度分布图底边总长度为 X_n。

4.4 结果计算

4.4.1 平均长度按式(1)计算。

$$L=\frac{10\sum_{i=1}^{n-1}L_i+(X_n-X_{n-1})L_n}{X_n}\qquad\cdots\cdots(1)$$

式中:

L——平均长度,单位为毫米(mm);

L_i——第 i 组中点坐标对应的纤维长度,单位为毫米(mm);

X_n——长度分布图底边总长度,单位为毫米(mm);

L_n——末组中点坐标对应的纤维长度,单位为毫米(mm)。

4.4.2 短纤维率按式(2)计算。

$$S=\frac{X_n-X_s}{X_n}\times 100\%\qquad\cdots\cdots(2)$$

式中:

S——短纤维率,%;

X_n——长度分布图底边总长度,单位为毫米(mm);

X_s——45 mm 长度纤维对应的横坐标值,单位为毫米(mm)。

4.4.3 以两份试样的平均值作为该样品的检验结果。若两份试样长度结果的差值超过其平均值的5%，则应增试一个试样，以三个试样结果的平均值为最终检验结果。

4.4.4 数值修约按 GB/T 8170 规定进行，平均长度计算修约到整数位，短纤维率计算修约到一位小数。

4.5 试验报告

试验报告内容应包括采用标准和试验结果，并注明试样来源、批号、类别、样品编号、试验日期、试验人员。

ICS 59.060
W 04

GB

中华人民共和国国家标准

GB/T 16256—2008
代替 GB/T 16256—1996

纺织纤维　线密度试验方法 振动仪法

Textile fibres—Test method for linear density—Vibroscope method

2008-08-07 发布　　2008-12-01 实施

中华人民共和国国家质量监督检验检疫总局
中国国家标准化管理委员会　发布

前　言

本标准代替 GB/T 16256—1996《纺织纤维　线密度试验方法　振动仪法》。

本标准与 GB/T 16256—1996 相比主要变化如下：

a) 修改了“范围”(1996 版的第 1 章，本版的第 1 章)；

b) 增加了引用标准(本版的第 2 章)；

c) 删除了“定义”(1996 版的第 3 章)；

d) 修改了“原理”(1996 版的第 4 章，本版的第 3 章)；

e) 增加了仪器和器具(本版的 4.2，4.3，4.4，4.5)；

f) 修改了单位线密度预加张力(1996 版的 8.1，本版的 7.3)；

g) 增加了预调湿、调湿和试验用标准大气(本版的第 5 章)；

h) 修改了取样及试验样品制备(1996 版的第 7 章，本版的第 6 章)；

i) 增加了结果的计算公式(本版的 8.1，8.2，8.3)；

j) 增加了纤维样品称量校准法校准振动仪(本版的 A.1.2)。

本标准的附录 A 为资料性附录。

本标准由中国纤维检验局提出并归口。

本标准由上海市纤维检验所负责起草。

本标准主要起草人：徐云、薛咏梅。

本标准于 1996 年首次发布，本次为第一次修订。

纺织纤维　线密度试验方法
振动仪法

1　范围

本标准规定了用振动仪测谐振频率的技术测定纺织纤维线密度的试验方法。

本标准适用于测试长度范围内单位线密度均匀的单根纺织纤维。异形度高的中空和扁平的化学纤维可参照采用。

2　规范性引用文件

下列文件中的条款通过本标准的引用而成为本标准的条款。凡是注日期的引用文件，其随后所有的修改单(不包括勘误的内容)或修订版均不适用于本标准，然而，鼓励根据本标准达成协议的各方研究是否可使用这些文件的最新版本。凡是不注日期的引用文件，其最新版本适用于本标准。

GB 6529　纺织品的调湿和试验用标准大气

GB/T 8170　数值修约规则

GB/T 14334　化学纤维　短纤维取样方法

3　原理

对长度范围内单位线密度均匀的单根纤维在规定的张力下以谐振频率振动，根据纤维断面惯性矩、纤维的初始模量、谐振频率、纤维振弦长度和预加张力值，自动计算并显示试样的线密度。

4　仪器和器具

4.1　振动仪应具有以下精度：

a)　振动仪配备的张力钳质量，应在规定值的±0.5%范围内；

b)　谐振频率的测量误差不超过±0.5%；

c)　纤维振弦长度的误差不超过±1%。

4.2　镊子、剪刀、绒板、刷子。

4.3　张力钳。

4.4　切断器：10 mm、20 mm，允许误差±0.01 mm。

4.5　扭力天平：量程 5 mg，分度值 0.01 mg。

5　预调湿、调湿和试验用标准大气

5.1　预调湿

当试样回潮率超过标准回潮率时，需要进行预调湿：

——温度不超过 50 ℃；

——相对湿度 10%～25%；

——时间大于 30 min。

5.2　调湿和试验用标准大气

5.2.1　聚酯(涤纶)、聚丙烯腈(腈纶)、聚丙烯(丙纶)试样按 GB 6529 规定的温带三级标准大气执行，推荐调湿时间 1 h。

5.2.2 其他纺织纤维试样按 GB 6529 规定的温带二级标准大气执行，推荐调湿时间 1 h。

6 取样及试验样品制备

6.1 纤维

按 GB/T 14334 规定取出不少于 2 000 根纤维的试验样品，按式(1)计算纤维的取样质量：

$$m = \frac{T_m \times L_m}{5} \qquad \cdots\cdots(1)$$

式中：

m——试验样品质量，单位为毫克(mg)；

T_m——名义线密度，单位为分特克斯(dtex)；

L_m——名义长度，单位为毫米(mm)。

6.2 纤维条

从批样中抽取 20 根实验室样品，每根条样随机取出约 100 根纤维，总计不少于 2 000 根作为试验样品。

6.3 丝束或长丝纤维

从批样中抽取实验室样品后，剪取 10 段，每段长约 50 mm。每段随机取出约 200 根纤维，总计不少于 2 000 根纤维作为试验样品。

7 试验步骤

7.1 按附录 A 对振动仪进行校准。

7.2 将制备好的试验样品分别平铺在和纤维成对比色的绒板上。用镊子从每 10 根纤维取出 1 根用作试验，舍弃其余 9 根，直至取得所需的纤维试验根数。

7.3 按(0.150±0.015)cN/dtex 确定预加张力。

7.4 用张力钳夹持纤维试样一端，将另一端夹入振动仪的夹持器，操作中应避免拉伸。

7.5 振动试样，记录线密度值。

7.6 重复 7.4、7.5，测试不少于 50 根试样。

8 结果计算

8.1 平均线密度

平均线密度按式(2)计算。

$$T_t = \frac{\sum_{i=1}^{n} T_i}{n} \qquad \cdots\cdots(2)$$

式中：

T_t——平均线密度，单位为分特克斯(dtex)；

T_i——第 i 根纤维线密度值，单位为分特克斯(dtex)；

n——试验次数。

计算结果按 GB/T 8170 规定修约至三位有效数字。

8.2 线密度标准差

线密度标准差按式(3)计算。

$$s = \sqrt{\frac{\sum_{i=1}^{n} (T_i - T_t)^2}{n-1}} \qquad \cdots\cdots(3)$$

式中：

s——线密度标准差，单位为分特克斯(dtex)；

T_i——第 i 根纤维线密度值，单位为分特克斯(dtex)；

T_t——平均线密度，单位为分特克斯(dtex)；

n——试验次数。

计算结果按 GB/T 8170 规定修约至三位有效数字。

8.3 变异系数

变异系数按式(4)计算。

$$CV = \frac{s}{T_t} \times 100 \quad \cdots\cdots(4)$$

式中：

CV——变异系数，%；

s——标准差，单位为分特克斯(dtex)；

T_t——平均线密度，单位为分特克斯(dtex)。

计算结果按 GB/T 8170 规定修约至三位有效数字。

8.4 线密度偏差率

线密度偏差率按式(5)计算。

$$P_T = \frac{T_t - T_m}{T_m} \times 100 \quad \cdots\cdots(5)$$

式中：

P_T——线密度偏差率，%；

T_t——平均线密度，单位为分特克斯(dtex)；

T_m——名义线密度，单位为分特克斯(dtex)。

计算结果按 GB/T 8170 规定修约至小数点后两位。

9 试验报告

试验报告应包括以下内容：

a) 样品的名称和规格；

b) 采用的标准编号、仪器设备及试验参数；

c) 试验结果；

d) 试验用的温湿度；

e) 试验日期和试验者；

f) 备注。

附 录 A
（资料性附录）
振动仪校准及试验结果的修正方法

A.1 振动仪的校准

A.1.1 标准样品校准法

A.1.1.1 对带校准拨盘的振动仪，记下校准拨盘上的读数 K_1；无校准拨盘的振动仪，取 $K_1=1$。

A.1.1.2 从标准样品或有证标准样品中，按第6章规定取出100根纤维。

A.1.1.3 根据标准样品的线密度值，按7.3规定确定预张力，选择张力钳的质量。用振动仪测试100根纤维，计算平均线密度。

A.1.2 纤维样品称量校准法

纤维样品称量校准法适用于常规纤维和异形纤维、中空纤维等特殊纤维。

A.1.2.1 对带校准拨盘的振动仪，记下校准拨盘上的读数 K_1；无校准拨盘的振动仪，取 $K_1=1$。

A.1.2.2 从与待测纤维同种类的纤维样品中，抽取100根纤维，按7.3规定确定预张力，选择张力钳的质量，用振动仪测试。计算其平均线密度和变异系数。当变异系数不大于10%，该样品可以用于校准。

A.1.2.3 没有名义线密度的样品以GB/T 14335—2008中规定的方法A测得的线密度视作其线密度的标准值。

A.1.3 校准系数的计算

按式(A.1)计算校准系数K。

$$K=\frac{K_1T_s}{T_0} \qquad \cdots\cdots(A.1)$$

式中：

K——校准系数；

K_1——校准拨盘的读数；无校准拨盘的振动仪，$K_1=1$；

T_s——标准样品的标称线密度值或样品的标准值，单位为分特克斯(dtex)；

T_0——标准样品的平均线密度值，单位为分特克斯(dtex)。

计算结果按GB/T 8170规定修约至四位有效数字。

A.2 试样测试结果的修正

对拨盘已校准的振动仪，测试结果不再修正。

对无校准拨盘的振动仪，按式(A.2)修正试验结果。

$$T_A=K\times T_t \qquad \cdots\cdots(A.2)$$

式中：

T_A——试验样品修正后的结果，单位为分特克斯(dtex)；

K——校准系数；

T_t——试验样品的测定值，单位为分特克斯(dtex)。

计算结果按 GB/T 8170 规定修约至四位有效数字。

ICS 59.060
W 21

中华人民共和国国家标准

GB/T 16257—2008
代替 GB/T 16257—1996

纺织纤维 短纤维长度和长度分布的测定 单纤维测量法

Textile fibres—Test method for length and length distribution of staple fibres—Measurement of single fibres

[ISO 6989:1981, Textile fibres—Determination of length and length distribution of staple fibres(by measurement of single fibres), NEQ]

2008-08-07 发布 2008-12-01 实施

中华人民共和国国家质量监督检验检疫总局
中国国家标准化管理委员会 发布

前　言

本标准与 ISO 6989:1981《纺织纤维　短纤维长度和长度分布的测定　单纤维测量法》(英文版)的一致性程度是非等效。

本标准与 ISO 6989:1981 相比,主要技术性差异如下:

a) 本标准不采用 ISO 6989 第 3 种测试方法:投影法;

b) 试验根数:ISO 6989 中测试根数为 500 根,本标准规定天然纤维和牵切纤维测试 500 根,正切和斜切纤维测试 100 根。

本标准代替 GB/T 16257—1996《纺织纤维　短纤维长度和长度分布的测定　单纤维测量法》。

本标准与 GB/T 16257—1996 相比,主要变化如下:

a) 在范围中,删除"本标准不适用于难于实施本标准方法的纤维,也不适用于紧密粘着在一起的纤维束";

b) 删除了两个引用标准;

c) 修改了原理的内容;

d) 修改了仪器和工具一章的内容;

e) 修改了试样预调湿、调湿和试验用标准大气;

f) 删除了取样中"或按有关方面商定的方法进行";

g) 删除了散纤维试样制备计算公式,并将散纤维与纤维条试样制备合并,同时对文字描述进行修改;

h) 删除了补充试验纤维根数及计算公式,调整了测试方法次序;

i) 将公式进行了调整,并删除了两个不常用的计算公式;

j) 将纤维长度分布(示例)作为附录 A。

本标准的附录 A 为资料性附录。

本标准由中国纤维检验局提出并归口。

本标准起草单位:上海市纤维检验所。

本标准主要起草人:浦松丹、施浩洁。

本标准于 1996 年首次发布,本次修订为第一次修订。

纺织纤维　短纤维长度和长度分布的测定　单纤维测量法

1　范围

本标准规定了用单纤维逐根测量短纤维长度和长度分布的试验方法。

本标准适用于纺织短纤维。

2　规范性引用文件

下列文件中的条款通过本标准的引用而成为本标准的条款。凡是注日期的引用文件，其随后所有的修改单(不包括勘误的内容)或修订版均不适用于本标准，然而，鼓励根据本标准达成协议的各方研究是否可使用这些文件的最新版本。凡是不注日期的引用文件，其最新版本适用于本标准。

GB 6529　纺织品的调湿和试验用标准大气

GB/T 8170　数值修约规则

3　原理

逐根测量伸直纤维的长度，按一定长度间距分组，根据各组纤维长度和根数计算，获得纤维长度和长度分布。

4　仪器和工具

a)　单纤维长度测量仪。

b)　透明玻璃板。

c)　绒板(其颜色与测量纤维颜色成对比色)。

d)　石蜡油。

e)　尖嘴镊子和弯头镊子。

f)　钢尺：量程 150 mm、300 mm，分度值 0.5 mm。

5　预调湿、调湿和试验用标准大气

预调湿、调湿和试验用标准大气采用 GB 6529 温带二级标准大气规定。

6　取样

按照测试纤维种类对应的产品标准抽取试验样品。

7　试样制备

7.1　将取得的试验样品混匀后，随机均匀地取出 10 g 纤维，调湿后的纤维轻轻扯松(不损伤纤维)，混匀后从正反面不少于 20 处用弯头镊子随机夹取约 2 000 根纤维(如试验样品为纤维条，应从纵向劈取)。

7.2　手扯整理后在绒板上将试样整理成一端平齐的纤维束，然后握住平齐的一端，将另一端捋成笔尖状，抽取纤维，依绒板底线自左向右按长短次序均匀地排成底线宽约 25 cm 的纤维排列图。

8 试验方法

8.1 试验根数

沿底线将纤维等分成25组，从最长组开始依次在每组中随机抽取测试纤维：天然纤维和牵切纤维每组抽取20根，共500根；正切纤维和斜切纤维每组抽取4根，共100根。

8.2 油板法测试

将玻璃板放在绒板上，涂一薄层石蜡油，用镊子从最长组开始抽取一根纤维，放在玻璃板上，用镊子轻轻地将纤维拉直，但不能使纤维伸长，测量其长度(精确至0.5 mm)并记录，依次测量全部试样。

8.3 单纤维长度测量仪法

用镊子从最长组开始抽取一根纤维，在单纤维长度测量仪上测定其长度，依次测量全部试样。

8.4 纤维长度的分组

纤维长度的分组规定见表1。

表1 纤维长度的分组规定 单位为毫米

纤维平均长度					
<45		45～80		>80	
组中值	组限	组中值	组限	组中值	组限
1.0	0.51～1.50	2.0	1.01～3.00	5.0	2.51～7.50
2.0	1.51～2.50	4.0	3.01～5.00	10.0	7.51～12.50
3.0	2.51～3.50	6.0	5.01～7.00	15.0	12.51～17.50
4.0	3.51～4.50	8.0	7.01～9.00	20.0	17.51～22.50
……	……	……	……	……	……

9 试验结果

9.1 各长度组的根数频率

各长度组的根数频率按式(1)计算。

$$f_i = \frac{n_i}{\sum n_i} \times 100 \qquad \cdots\cdots(1)$$

式中：

f_i——第 i 长度组的根数频率，%；

n_i——第 i 长度组纤维的根数，单位为根；

$\sum n_i$——纤维总根数，单位为根。

计算结果按GB/T 8170规定修约到小数点后2位。

9.2 纤维的根数平均长度、标准差、变异系数

纤维的根数平均长度按式(2)计算，标准差按式(3)计算，变异系数按式(4)计算。

$$L = \frac{\sum l_i n_i}{\sum n_i} \qquad \cdots\cdots(2)$$

$$s = \sqrt{\frac{\sum (L - l_i)^2 n_i}{\sum n_i}} \qquad \cdots\cdots(3)$$

$$CV = \frac{s}{L} \times 100 \qquad \cdots\cdots(4)$$

式中：

L——单根纤维的根数平均长度，单位为毫米(mm)；

l_i——第 i 组纤维的组中值长度，单位为毫米(mm)；

s——标准差，单位为毫米(mm)；

CV——变异系数，%。

计算结果按 GB/T 8170 修约到小数点后两位。

9.3 纤维长度分布

9.3.1 从最长的一组开始，依次累积各长度组根数频率，获得每个长度组的根数累积频率(参见表 A.1)。

9.3.2 以每个长度组的根数频率为纵坐标，以纤维各组组限为横坐标(参见表 A.1)，画出纤维长度根数频率直方图。

9.3.3 以根数累积频率为纵坐标，以纤维各组的组中值为横坐标(参见表 A.1)，画出纤维长度根数累积频率曲线。

10 试验报告

试验报告应包括下列内容：

a) 样品的名称和规格；

b) 采用的标准；

c) 采用的试验方法和参数；

d) 试验结果；

e) 纤维长度根数频率直方图和纤维长度根数累积频率曲线；

f) 试验时的温湿度；

g) 备注；

h) 试验日期和试验者。

附 录 A
（资料性附录）
纤维长度分布(示例)

纤维长度分布试验计算示例见表 A.1。

表 A.1 纤维长度分布表

组中值/mm	组限/mm	纤维根数	根数频率/%	根数累积频率/%
165	162.51～167.50	1	0.2	0.2
160	157.51～162.50	2	0.4	0.6
155	152.51～157.50	4	0.8	1.4
150	147.51～152.50	3	0.6	2.0
145	142.51～147.50	3	0.6	2.6
140	137.51～142.50	6	1.2	3.8
135	132.51～137.50	8	1.6	5.4
130	127.51～132.50	5	1.0	6.4
125	117.51～122.50	5	1.0	7.4
120	122.51～127.50	8	1.6	9.0
115	112.51～117.50	12	2.4	11.4
110	107.51～112.50	14	2.8	14.2
105	102.51～107.50	23	4.6	18.8
100	97.51～102.50	39	7.8	26.6
95	92.51～97.50	47	9.4	36.0
90	87.51～92.50	58	11.6	47.6
85	82.51～87.50	49	9.8	57.4
80	77.51～82.50	74	14.8	72.2
75	72.51～77.50	67	13.4	85.6
70	67.51～72.50	48	9.6	95.2
65	62.51～67.50	17	3.4	98.6
60	57.51～62.50	5	1.0	99.6
55	52.51～57.50	2	0.4	100.0
共计		500	100.0	

ICS 59.060
W 10

中华人民共和国国家标准

GB/T 16258—2008
代替 GB/T 16258—1996

棉纤维　含糖试验方法　定量法

Cotton fibers—Test method for sugar content—Quantitative method

2008-08-07 发布　　2008-12-01 实施

中华人民共和国国家质量监督检验检疫总局
中国国家标准化管理委员会　发布

前 言

本标准代替 GB/T 16258—1996《棉纤维含糖试验方法　定量法》。

本标准与 GB/T 16258—1996 相比，主要变化如下：

a) 增加了警示内容；

b) 修改了第 1 章“范围”的内容；

c) 修改了规范性引用文件，并增加了引用标准；

d) 增加了真空抽滤设备和烘箱；

e) 对第 7 章“样品的制备”增加了棉样的贮存说明，并对内容进行了修改；

f) 增加了回潮率的测试，按公定回潮率折算含糖率作为试验结果；

g) 调整与修改了第 8 章“试验步骤”的内容；

h) 修改了计算公式；

i) 删除了回收率；

j) 删除了附录 A。

本标准由中国纤维检验局提出并归口。

本标准起草单位：湖北省纤维检验局。

本标准主要起草人：宋丛珊、陈春梅、何力、柳汉梅。

本标准于 1996 年首次发布，本次为第一次修订。

棉纤维　含糖试验方法　定量法

警告:使用本标准的人员应有正规实验室工作实践经验。本标准并未指出所有可能的安全问题。使用者有责任采取适当的安全和健康措施,并保证符合国家有关法规规定的条件。

1　范围

本标准规定了用3,5-二羟基甲苯-硫酸溶液作显色剂,使用分光光度计定量测定棉花所含总糖的测定方法。

本标准适用于原棉、棉条、棉卷等。

2　规范性引用文件

下列文件中的条款通过本标准的引用而成为本标准的条款。凡是注日期的引用文件,其随后所有的修改单(不包括勘误的内容)或修订版均不适用于本标准,然而,鼓励根据本标准达成协议的各方研究是否可使用这些文件的最新版本。凡是不注日期的引用文件,其最新版本适用于本标准。

GB/T 6097　棉纤维试验取样方法

GB/T 6102.1　原棉回潮率试验方法　烘箱法

GB/T 6682　分析实验室用水规格和试验方法

GB/T 8170　数值修约规则

3　术语和定义

下列术语和定义适用于本标准。

3.1

含糖率　percentage of sugars

棉纤维所含总糖(包括还原糖、非还原糖)质量占棉纤维试样质量的百分数。

4　原理

在非离子表面活性剂的作用下,使棉纤维中的糖溶于水中,糖在强酸性介质中转化为醛类,与3,5-二羟基甲苯发生显色反应,生成橙黄色化合物,用分光光度计在波长$\lambda=425$ nm处与标准工作曲线比较定量。

5　仪器和设备

5.1　分光光度计:波长范围200 nm～800 nm;1 cm玻璃比色皿。

5.2　附装有天平,能进行箱内称量,自动控温在(105±3)℃的通风式烘箱。

5.3　电子天平:量程≥100 g,分度值0.01 g、0.001 g。

5.4　恒温水浴振荡器:(70±2)℃。

5.5　250 mL磨口具塞锥形瓶或250 mL碘量瓶。

5.6　移液管:1 mL、2 mL、5 mL;或移液枪:1 000 μL～5 000 μL。

5.7　容量瓶:50 mL、100 mL。

5.8　量筒:100 mL、1000 mL。

5.9 25 mL 比色管及试管架。

5.10 真空抽气泵。

5.11 玻璃砂芯坩埚 G_2 及抽气滤瓶。

6 材料和试剂的配制

6.1 水：不低于 GB/T 6682 规定的三级水。

6.2 硫酸：分析纯，密度 1.84 g/mL。

6.3 3,5-二羟基甲苯：分析纯。

6.4 脂肪酸烷醇酰胺(尼纳尔)：工业级。

6.5 D-果糖：分析纯。

6.6 试剂的配制

6.6.1 3,5-二羟基甲苯-硫酸溶液(质量分数 0.2%)

称取 3,5-二羟基甲苯 0.2 g，置于 100 mL 烧杯中，在通风橱内边搅拌边加入 100 g(约 54 mL)硫酸，使之全部溶解。新鲜制备。

6.6.2 测定用脂肪酸烷醇酰胺(0.04%)溶液

称取 0.4 g 脂肪酸烷醇酰胺溶于 1 000 mL 水中，搅拌均匀。

6.6.3 提取用脂肪酸烷醇酰胺(0.005%)溶液

量取 6.6.2 溶液 100 mL，溶于 700 mL 水中，搅拌均匀。

7 试样的制备

7.1 按 GB/T 6097 规定抽取实验室样品。为防止因温湿度条件变化影响测试结果，取样后应将样品放在聚乙烯包装袋内密封。

7.2 从实验室样品中随机抽取不少于 150 g 的试验样品，将试验样品中粗大杂质去除，充分混匀。

7.2.1 从试验样品中称取 2.000 g ±0.001 g 试样 3 份，记为 m。余样备用。

7.2.2 从试验样品中称取 50.00 g ±0.01 g 试样 2 份，余样备用。

8 试验步骤

8.1 空白试验

8.1.1 吸取 0.04%脂肪酸烷醇酰胺溶液 1.0 mL，注于 25 mL 比色管中，作为空白溶液。

8.1.2 将比色管置于 70 ℃恒温水浴锅中，快速加入 3,5-二羟基甲苯-硫酸溶液 2.0 mL，摇匀，继续置于水浴锅中 40 min，取出，加入 0.04%脂肪酸烷醇酰胺溶液 20 mL，摇匀，冷却至室温，用 0.04 %脂肪酸烷醇酰胺溶液定容至刻度。待其静置 5 min，倒入 1 cm 玻璃比色皿中，放入已调整好的分光光度计内，在 425 nm 波长处测定溶液的吸光值，记录其读数。

8.2 工作曲线制作

8.2.1 糖标准溶液配制

8.2.1.1 糖标准储备溶液

称取 D-果糖 0.200 g，用水溶解后，定容至 100 mL。浓度为 2.0 mg/mL。

8.2.1.2 糖标准工作溶液

用移液管吸取 0.5、1.0、1.5、2.0、2.5、3.0、4.0、5.0 mL 糖标准储备溶液，分别注入 50 mL 容量瓶中，用水稀释至刻度，该糖标准系列浓度分别为 0.02、0.04、0.06、0.08、0.10、0.12、0.16、0.20 mg/mL。

8.2.2 **糖标准溶液测试**

吸取糖标准工作溶液各 1.0 mL,注于 25 mL 比色管中,以下按 8.1.2 步骤进行。

8.2.3 **工作曲线绘制**

糖的标准工作溶液浓度(mg/mL)为横坐标,以吸光值(糖标准工作溶液的吸光值与空白溶液的吸光值之差)为纵坐标绘制工作曲线。

注:由于脂肪酸烷醇酰胺溶液长期贮存后其灵敏度会发生变化,宜每周做一次曲线。

8.3 试样的测定

8.3.1 取 7.2.1 的试样,分别置于 250 mL 锥形瓶中,加入 0.005%脂肪酸烷醇酰胺溶液 200 mL,将其充分润湿,在振荡器上振荡 10 min,用玻璃棒将棉花翻过后,继续振荡 10 min。用玻璃砂芯坩埚抽滤,得到 3 份试样溶液。

8.3.2 吸取试样溶液各 1.0 mL,注于 25 mL 比色管中,以下按 8.1.2 步骤进行。

8.4 原棉实际回潮率的测试

按 GB/T 6102.1 规定进行。

9 试验结果的计算

9.1 计算公式

将试样溶液的吸光值减去空白溶液的吸光值,在工作曲线上查出试样溶液的浓度,按式(1)计算含糖率:

$$X=\frac{200\times c(1+R_0)}{m\times 1\,000(1+R)}\times 100 \qquad \cdots\cdots(1)$$

式中:

X——试样含糖率,%;

c——在标准曲线上查得试样溶液中糖的浓度值,单位为毫克每毫升(mg/mL);

m——试样质量,单位为克(g);

R_0——原棉公定回潮率,$R_0=8.5\%$;

R——原棉实际回潮率,%。

9.2 结果表示和数值修约

以三次试验的算术平均值作为试验结果,按 GB/T 8170 规定修约至 2 位小数。

10 精密度

本标准方法的重复性标准偏差(s)为 0.014。

ICS 91.100.01
Q 10

中华人民共和国国家标准

GB/T 16259—2008
代替 GB/T 16259—1996

建筑材料人工气候加速老化试验方法

Test method for in accel erated weathering building materials

2008-05-04 发布　　　　2008-10-01 实施

中华人民共和国国家质量监督检验检疫总局
中国国家标准化管理委员会　发布

前　言

本标准代替 GB/T 16259—1996《彩色建筑材料人工气候加速颜色老化试验方法》。

本标准与 GB/T 16259—1996 相比，主要内容变化如下：

——本标准 4.1.3 对波长 290 nm～800 nm 之间的光源辐照度选择（550±50）W/m^2，原标准则规定在 300 nm～890 nm 波长间辐射强度为（1 000±200）W/m^2；

——本标准 5.2 选择两种黑标准温度（65±3）℃和（100±3）℃，而原标准规定黑板温度为（63±3）℃。

本标准由中国建筑材料联合会提出。

本标准由全国白度标准样品标准化技术工作组归口。

本标准起草单位：建筑材料工业技术监督研究中心、北京康光仪器有限公司、桂林桂广滑石开发有限公司、山东省平度市滑石矿业有限公司、辽宁艾海滑石矿业有限公司、北京兴光测色仪器公司、柯尼卡美能达公司、大连建筑科学研究设计院股份有限公司、北京光学仪器厂、大连市金州区建筑工程质量监督站。

本标准主要起草人：王桓、王峰、卢德云、于忠章、齐颖、马煜、吴新涛、尹泰安、王国发、于勇。

本标准所代替标准的历次版本发布情况为：

——GB/T 16259—1996。

建筑材料人工气候加速老化试验方法

1 范围

本标准规定了建筑材料产品以氙灯为光源人工气候加速老化试验装置、试验条件、试验步骤、试验结果的表示及试验报告等内容。

本标准适用于建筑材料人工气候加速老化的测定。

2 规范性引用文件

下列文件中的条款通过本标准的引用而成为本标准的条款。凡是注日期的引用文件，其随后所有的修改单(不包括勘误的内容)或修订版均不适用于本标准，然而，鼓励根据本标准达成协议的各方研究是否可使用这些文件的最新版本。凡是不注日期的引用文件，其最新版本适用于本标准。

GB/T 11942　彩色建筑材料色度测量方法

GB/T 16422.1—1996　塑料实验室光源暴露试验方法　第1部分：总则

3 原理

3.1　配备了合适滤光器的氙弧灯维护得当时，其产生的辐射类似于地面日光的紫外和可见区的光谱能量分布。

3.2　把试样暴露于规定环境条件的光源下。

3.3　试验程序包括测定试样表面的辐照度和辐照量。

3.4　建议采用一种已知性能的类似材料作为参考，与受试材料同时暴露。

3.5　不同型号的装置所得的试验结果不宜进行比较，除非受试材料在这些装置间的重现性已被确定。

4 试验装置

4.1 光源

4.1.1　石英套管的氙弧灯的光谱范围包括波长大于270 nm的紫外光、可见光和红外辐射。

为了模拟直接的自然暴露，辐射光源必须采用滤光罩过滤，以便提供与地球上的日光相似的光谱能量分布(方法A)，见表1。

表1　人工气候老化的相对光谱辐照度(方法A)

波长 λ/nm	相对光谱辐照度/%
290<λ≤800	100
λ≤290	0
290<λ≤320	0.6±0.2
320<λ≤360	4.2±0.5
360<λ≤400	6.2±1.0

注1：290 nm～800 nm间的光谱辐照度定为100%。

注2：按方法A操作的氙灯光源发出少量低于290 nm的辐射会发生的降解反应，在某些情况下，在户外暴露时并不会发生。

采用可减少波长 320 nm 以下光谱辐照度的滤光器来模拟透过窗玻璃滤光后的日光(方法 B),见表 2。

表 2　透过窗玻璃的日光的相对光谱辐照度(方法 B)

波长 λ/nm	相对光谱辐照度/%
300<λ≤800	100
λ≤300	0
300<λ≤320	<0.1
320<λ≤360	3.0±0.5
360<λ≤400	6.0±1.0
注 1：300 nm～800 nm 间的光谱辐照度定为 100%。	

当加热试样对光化学反应速度有不利影响,或在自然暴露下并不会引起热老化时,可以使用附加的滤光器来减少非光化作用的红外能量。

氙弧灯和滤光器的特性在使用时会因老化而变化,因此应定期更换。此外,氙弧灯和滤光器积聚污垢时也会改变其特性,因此应定期清洗。氙弧灯和滤光器的更换和清洗应按制造厂家的说明进行。

4.1.2　经滤光的氙弧灯光源的紫外光辐射分布和允差列于表 1 和表 2。表 1 列出的适用于人工气候老化(方法 A),表 2 列出的适用于透过窗玻璃日光的模拟暴露(方法 B)。

4.1.3　波长 290 nm～800 nm 之间的通带,选择 550 W/m^2 的辐照度用作暴露试验的首选的辐照度。若经有关方面协商,也可以选择其他的辐照度,但应在试验报告中说明所选择的辐照度和通带。

4.1.4　在平行于灯轴的试样架平面上的试样,其表面上任意两点之间的辐照度差别不应大于 10%。如果不能达到这种要求,应定期变换试样的位置,以保证试样在任意部位上有相同的暴露量。

注：只要所用试验箱(4.2)的设计准确,光谱辐照度可以是对时间的平均值。

4.2　试验箱

试验箱中设置框架,放置试样,应保持试样表面空气流通以便温度和湿度的控制。

调整试样及氙灯的位置,使试样表面辐照度符合 4.1.3 和 4.1.4 的要求。

为了使样品表面接受辐射均匀,可以采用样架旋转的方式或者定期变换每件试样的位置的方式实现。

如果试验箱内的氙灯产生臭氧,应及时把臭氧排到户外。

可以设定程序利用熄灭光源而得到黑暗循环,以模拟无日光辐射时的受控暴露条件。

无论使用何种操作方式或设定程序,都应在报告中详细说明。

4.3　辐照度测定仪

辐照度测定仪应符合 GB/T 16422.1—1996 中 5.2 的要求。

4.4　黑标准温度计或黑板温度计

黑标准温度计或黑板温度计应符合 GB/T 16422.1—1996 中 5.1.5 的规定。

4.5　控湿装置

试样表面流通空气的相对湿度应予以控制,并用适当的仪器进行测量。人工加速老化试验箱应能根据设定的温度和湿度自动进行加热和冷却,加湿和除湿。

4.6　喷水系统

在规定条件下,可用蒸馏水或软化水间歇地喷淋试样表面。喷水系统应由不污染用水的惰性材料制成。喷水不应在试样表面上留下明显的污迹和沉淀物,水的固体含量小于 1 mg/L 或水的电导率小于 5 μS/cm。在试验报告中应说明水的 pH 值。

4.7 试样架

试样架可以是有背板或无背板形式。应采用不影响试验结果的惰性材料(例如铝合金或不锈钢)制成。与试样接触的物件不应使用黄铜、钢或铜。有背板时,可能会影响试验结果,因此应由有关方面商定。

5 试验条件

5.1 辐照度

辐照度应符合 4.1.3 的要求。

5.2 黑标准温度或黑板温度

选择黑标准温度作暴露试验时应参考以下两种温度:

65℃±3℃或 100℃±3℃。

注:较高的温度是为特殊的试验而设,它有可能使试样更加容易经受热老化而影响试验结果。

以上温度并不是首选的试验温度,应根据产品标准的规定进行选用或者由有关方面协商一致时选用其他温度,但应在试验报告中说明。

黑标准温度正确读数为不降雨时温度达到稳定后的读数。

如果使用黑板温度计应在试验报告中说明温度计的类型、安置方式和选择的工作温度。

5.3 相对湿度

试验所使用的湿度应根据产品标准的规定进行选用或有关方商定,推荐使用以下任何一种条件:(50±5)%和(65±5)%。

注:因为不同颜色和厚度的试样温度不同,所以试验箱内测得的相对湿度不一定等于试样表面邻近空气的相对湿度。

相对湿度的正确读数为不降雨时湿度达到稳定的读数。

5.4 喷水周期

优先选用:

——喷水时间:18 min±0.5 min;

——两次喷水之间的无水时间:102 min±0.5 min。

试验所用的喷水周期也可由有关方面商定。

6 试样

6.1 规格

应根据产品相应标准的规定确定试样规格。

6.2 数量

试样应选取相同的三块。

6.3 制备

按有关产品标准制备试样。

6.4 黑暗周期

6.1 和 6.3 所规定的条件适用于连续光照的试验。黑暗周期可选用更复杂的循环周期。并应在试验报告中说明黑暗周期循环试验的具体条件。

7 试验步骤

7.1 试样固定

将试样以不受任何外加应力的方式固定于试样架上，每件试样应作不易消除的标记，标记不应标在后续试验要用的部位上。为了检查方便，可以设计试样放置的布置图。

如果必要，在试样被用于测定颜色和外观的变化试验时，在整个试验期间可用不透明物遮盖每个试样的一部分，以比较遮盖面与暴露面，这对于检查试样的暴露过程是有用的。但试验结果应以试样暴露面与保存在暗处的对照试样的比较为准。

7.2 暴露

在试样置入试验箱前，应保证设备是在所选定的试验条件下运转，在试验过程中应保持恒定。

试样暴露应达到规定的暴露期。如果需要，可将辐照度测定装置同时暴露。最好是经常变换试样的位置，以减少任何暴露的局部不均匀性。变换试样的位置时，应保持试样初始固定时的取向。

如果需要取出试样作定期检查，应注意不要触摸或破坏试样表面。检查后，试样应按原状放回各自试样架或试验箱，保持试验表面的取向与检查前一致。

7.3 辐射能量的测量

如果使用辐照度测定仪，它的安装应能够显示试样暴露面上的辐照度。

对于所选择的通带，在暴露周期内的辐射能量，用在暴露平面上单位面积的入射光谱辐射能量表示，单位为 J/m^2。

7.4 试样暴露后性能变化的测定

7.4.1 颜色老化程度的测定

7.4.1.1 颜色测定准备

当达到产品标准中规定的或协商同意的时间间隔和辐射能量时，关闭老化试验设备，将试样从试验箱中取出，用毛巾擦干背面的水珠，用吸水纸轻轻吸去其正面的水分，再正面朝上置于实验台上晾于备用。

7.4.1.2 色差的确定

按 GB/T 11942 测定经人工气候加速老化试验后试样的色度数据，并根据老化前测得的色度数据计算其老化前后的色差，取两块老化程度接近的试样的色差平均值作为该试样的老化前后色差。

7.4.1.3 试验的终止

以产品标准中规定的或协商同意的曝露时间和辐射能，或以色差达到某一规定值时停止试验。

7.4.2 老化后力学性能变化

老化后力学性能变化根据产品标准确定。

8 结果的表示

建筑材料老化的最终结果是以累积单位面积辐射能（MJ/m^2）、色差或者老化前后力学性能变化及暴露时间表示。

9 试验报告

试验报告应包括如下内容：

a) 暴露设备的类型和型号；

b) 光源的类型和功率；

c) 试样的规格和制备方法；

d) 试样材料的名称和型号；

e) 试样位置的辐照度（W/m^2），黑标准温度和相对湿度；

f） 喷水周期和水的类型；

g） 辐照度测定仪型号及试样位置的辐射能（MJ/m^2）；

h） 试验人员和日期；

i） 试验结果；

j） 试验日期；

k） 试验单位、试验人员。

ICS 35.100.70
L 79

中华人民共和国国家标准

GB/T 16264.1—2008/ISO/IEC 9594-1:2005
代替 GB/T 16264.1—1996

信息技术　开放系统互连　目录 第1部分：概念、模型和服务的概述

Information technology—Open Systems Interconnection—The Directory—Part 1:Overview of concepts,models and services

(ISO/IEC 9594-1:2005,Information technology—Open Systems Interconnection—The Directory:Overview of concepts,models and services,IDT)

2008-07-28 发布　　2009-01-01 实施

中华人民共和国国家质量监督检验检疫总局
中国国家标准化管理委员会　发布

前言

GB/T 16264《信息技术　开放系统互连　目录》分为10个部分：

——第1部分：概念、模型和服务的概述；

——第2部分：模型；

——第3部分：抽象服务定义；

——第4部分：分布式操作规程；

——第5部分：协议规范；

——第6部分：选定的属性类型；

——第7部分：选定的客体类；

——第8部分：公钥和属性证书框架；

——第9部分：复制（待发布）；

——第10部分：公用目录管理机构的系统管理用法（待发布）。

本部分为GB/T 16264的第1部分。

本部分等同采用国际标准ISO/IEC 9594-1:2005《信息技术　开放系统互连　目录：概念、模型和服务的概述》，仅有编辑性修改。

本部分代替GB/T 16264.1—1996。

本部分与GB/T 16264.1—1996的差异在于：

——增加了模型操作的方法；

——增加了目录访问的控制；

——增加了服务管理；

——增加了目录复制。

本部分的附录A是规范性附录。

本部分由中华人民共和国信息产业部提出。

本部分由全国信息技术标准化技术委员会归口。

本部分起草单位：中国电子技术标准化研究所。

本部分主要起草人：徐冬梅、冯惠、张翠、胡顺。

本部分于1996年首次发布。

引　言

GB/T 16264 的本部分连同本标准其他部分是为方便信息处理系统之间的互连以提供目录服务而制定的。所有这些系统的集合，连同它们所拥有的目录信息可被视为一个整体，被称为“目录”。目录所拥有的信息，总称为目录信息库(DIB)，典型地被用于方便客体之间的通信、与客体的通信或有关客体的通信等，这些客体如应用实体、个人、终端和分布列表等。

目录在开放系统互连中扮演了重要角色，其目标是，在它们自身的互连标准之外做最少的技术约定的情况下，允许下述各种信息处理系统之间的互连：

——来自不同生产厂商；

——具有不同的管理；

——具有不同的复杂程度，以及

——有不同的年代。

本部分介绍了目录和 DIB 的概念并对其建模，同时对它们所提供的服务和能力进行了概述。其他部分在定义目录所提供的抽象服务以及定义获取或传播这些服务所使用的协议时，使用了该模型。

本部分提供了一些基础框架，在此框架基础上，其他标准化组织和业界论坛可以定义工业配置集。在这些框架中定义为可选的许多特性，可通过配置集的说明，在某种环境下作为必选特性来使用。ISO/IEC 9594 的第 5 版是原有国际标准第 4 版的修订和增强，但不是替代。在系统实现时仍可以声明为符合第 4 版。然而，在某些方面，将不再支持第 4 版(即不再消除一些报告上来的错误)。建议在系统实现时尽快符合第 5 版。

第 5 版详细定义了目录协议的第 1 版和第 2 版。

第 1 版和第 2 版仅定义了协议第 1 版。本版本(第 5 版)中定义的许多服务和协议被设计为可运行在第 1 版下。然而，一些增强的服务和协议，如署名错误，只有包含在操作中的所有的目录条目都协商支持协议第 2 版时才可运行。无论协商的是哪一版，第 5 版中所定义的服务之间的差异和协议之间的差异，除了那些特别分配给第 2 版的外，都可以使用 GB/T 16264.5—2008 中定义的扩展规则调节。

本部分使用术语“第 1 版系统”来指遵循国际标准第 1 版的所有系统，即 ISO/IEC 9594:1990 版本；本部分使用术语“第 2 版系统”来指遵循国际标准第 2 版本的所有系统，即 ISO/IEC 9594:1995 版本；本部分使用术语“第 3 版系统”来指遵循国际标准第 3 版的所有系统，即 ISO/IEC 9594:1998 版本；本部分使用术语“第 4 版系统”来指遵循国际标准第 4 版的所有系统，即 ISO/IEC 9594:2001 版本的第 1 到第 10 部分；本部分使用术语“第 5 版系统”来指遵循国际标准第 5 版的所有系统，即 ISO/IEC 9594:2005 版本。

GB/T 16264—1996 是参照 ISO/IEC 9594:1990 而制定的。我国没有制定与国际标准第 2 版、第 3 版、第 4 版对应的国家标准。本部分提到的版本号是指国际标准的版本号。

附录 A 是规范性附录，描述了目录应用的类型。

信息技术 开放系统互连 目录 第1部分:概念、模型和服务的概述

1 范围

目录提供了OSI应用进程、OSI管理进程、其他OSI层实体以及远程通信服务所要求的目录能力。它所提供的能力包括:“用户友好的命名”,即客体可以以人类用户适合记忆的名字被引用(尽管并不是所有的客体都需要拥有用户友好名);“名字与地址之间的映射”,即允许客体与它们位置之间动态地绑定。例如,后一个能力使得OSI网络可以是“自配置的”,当增加、删除和更新客体所在位置时,不会影响到OSI网络的运行。

目录并不是一个具有通用目的的数据库系统,尽管它可以是建立在这样的系统之上。例如,对于一个典型的通信目录来说,一般假定出现频度相当高的是“搜索”而非“更新”。“更新”的频度是由个人和组织而非网络来动态管理。另外,也没有必要承诺对全局信息进行即时更新,存在同一信息的新旧版本均可用的瞬变过渡状态也是完全可以接受的。

除了区分访问权限或不传播的更新结果以外,目录的另一个特性是其目录搜索结果将不取决于搜索者的身份或位置。这个特性使得目录不适合应用在某些远程通信应用中,如一些路由类型的应用。在结果取决于搜索者身份的情况下,对目录信息的访问和更新可被拒绝。

2 规范性引用文件

下列文件中的条款通过GB/T 16264的本部分的引用而成为本部分的条款。凡是注日期的引用文件,其随后所有的修改单(不包括勘误的内容)或修订版均不适用于本部分,然而,鼓励根据本部分达成协议的各方研究是否可使用这些文件的最新版本。凡是不注日期的引用文件,其最新版本适用于本部分。

GB/T 9387.1—1998 信息技术 开放系统互连 基本参考模型 第1部分:基本模型(idt ISO/IEC 7498-1:1994)

GB/T 16264.2—2008 信息技术 开放系统互连 目录 第2部分:模型(ISO/IEC 9594-2:2005,IDT)

GB/T 16264.3—2008 信息技术 开放系统互连 目录 第3部分:抽象服务定义(ISO/IEC 9594-3:2005,IDT)

GB/T 16264.4—2008 信息技术 开放系统互连 目录 第4部分:分布式操作规程(ISO/IEC 9594-4:2005,IDT)

GB/T 16264.5—2008 信息技术 开放系统互连 目录 第5部分:协议规范(ISO/IEC 9594-5:2005,IDT)

GB/T 16264.6—2008 信息技术 开放系统互连 目录 第6部分:选定的属性类型(ISO/IEC 9594-6:2005,IDT)

GB/T 16264.7—2008 信息技术 开放系统互连 目录 第7部分:选定的客体类(ISO/IEC 9594-7:2005,IDT)

ISO/IEC 9594-8:2005 信息技术 开放系统互连 目录:公共密钥和属性证书框架

ISO/IEC 9594-9:2005 信息技术 开放系统互连 目录:复制

ISO/IEC 9594-10:2005 信息技术 开放系统互连 目录:公用目录管理机构的系统管理用法

3 术语和定义

下列术语和定义适用于 GB/T 16264 的本部分。

3.1 通信模型定义

本部分使用 GB/T 16264.5—2008 中定义的下列术语：

a) 应用实体 application entity；

b) 应用层 application layer；

c) 应用进程 application process。

3.2 目录模型定义

本部分使用 GB/T 16264.2 中定义的下列术语：

a) 访问控制 access control；

b) 公用目录管理域 Administration Directory Management Domain；

c) 别名 alias；

d) 祖先 ancestor；

e) 属性 attribute；

f) 属性类型 attribute type；

g) 属性值 attribute value；

h) 鉴别 authentication；

i) 复合条目 compound entry；

j) 上下文 context；

k) 目录信息树(DIT) Directory Information Tree(DIT)；

l) 目录管理域(DMD) Directory Management Domain(DMD)；

m) 目录系统代理(DSA) Directory System Agent(DSA)；

n) 目录用户代理(DUA) Directory User Agent(DUA)；

o) 可辨别名 distinguished name；

p) 条目 entry；

q) (条目的)家族 family (of entries)；

r) 层次分组 hierarchical group；

s) LDAP 客户 LDAP client；

t) LDAP 请求者 LDAP requester；

u) LDAP 响应者 LDAP responder；

v) LDAP 服务器 LDAP server；

w) 名称 name；

x) (关注的)客体 object (of interest)；

y) 专用目录管理域 private directory management domain；

z) 相关的条目 related entries；

aa) 相关可辨别名 relative distinguished name；

bb) 根 root；

cc) 模式 schema；

dd) 安全策略 security policy；

ee) 下级客体 subordinate object；

ff) 上级条目 superior entry；

gg) 上级客体 superior object；

hh) 树 tree。

3.3 分布式操作定义

本部分使用 GB/T 16264.4 中定义的下列术语：

a) 单链接 uni-chaining；

b) 多链接 multi-chaining；

c) 转向推荐 referral。

3.4 复制定义

本部分使用 ISO/IEC 9594-9 中定义的下列术语：

a) 高速缓冲 caching；

b) 高速缓冲拷贝 cache copy；

c) 条目拷贝 entry copy；

d) 主 DSA master DSA；

e) 复制 replication；

f) 影像使用者 shadow consumer；

g) 影像提供者 shadow supplier；

h) 影像信息 shadowed information；

i) 影像商定 shadowing agreement。

3.5 基本目录定义

本部分使用下列定义。

3.5.1

目录 the directory

用以提供目录服务的一组协作的开放系统。

3.5.2

目录信息库 directory information base；DIB

由目录管理的信息的集合。

3.5.3

（目录）用户 （directory）user

目录的最终用户，即访问目录的实体或个人。

4 缩略语

下列缩略语适用于 GB/T 16264 的本部分：

ACI	访问控制信息	Access Control Information
ADDMD	公用目录管理域	Administration Directory Management Domain
DAP	目录访问协议	Directory Access Protocol
DIB	目录信息库	Directory Information Base
DISP	目录信息影像协议	Directory Information Shadowing Protocol
DIT	目录信息树	Directory Information Tree
DMD	目录管理域	Directory Management Domain
DOP	目录操作绑定管理协议	Directory Operational Binding Management Protocol
DSA	目录系统代理	Directory System Agent
DSP	目录系统协议	Directory System Protocol

DUA	目录用户代理	Directory User Agent
LDAP	轻量级目录访问协议	Lightweight Directory Access Protocol
OSI	开放系统互连	Open Systems Interconnection
PRDMD	专用目录管理域	Private Directory Management Domain
RDN	相关可辨别名	Relative Distinguished Name

5 约定

术语"目录规范(或本目录规范)"指的是 GB/T 16264-1。术语"系列目录规范"指的是 GB/T 16264(或者 ISO/IEC 9594)的所有部分。

本目录规范使用术语"第 1 版系统"来指遵循系列目录规范第 1 版的所有系统,即 GB/T 16264—1996 版本。本目录规范使用术语"第 2 版系统"来指遵循系列目录规范第 2 版本的所有系统,即 ISO/IEC 9594:1995 版本。本目录规范使用术语"第 3 版系统"来指遵循系列目录规范第 3 版的所有系统,即 ISO/IEC 9594:1998 版本。本目录规范使用术语"第 4 版系统"来指遵循系列目录规范第 4 版的所有系统,即 ISO/IEC 9594:2001 版本的第 1 到第 10 部分。本目录规范使用术语"第 5 版系统"来指遵循系列目录规范第 5 版的所有系统,即 GB/T 16264—2008 版本的第 1 到第 7 部分以及 ISO/IEC 9544-8:2005、ISO/IEC 9594-9:2005 和 ISO/IEC 9594-10:2005。

本目录规范使用粗体字体来表示 ASN.1 符号。若在常规文本中要表示 ASN.1 的类型和值时,为了区别于常规文本,使用了粗体字表示。为了表示过程的语义而引用过程名时,为了区别于常规文本,使用了粗体字表示。访问控制许可使用斜体字表示。

6 目录概述

*目录*是为提供目录服务而协作的开放系统的集合,这些开放系统拥有一个关于现实世界中各种客体信息的逻辑数据库。目录的*用户*,包括个人和计算机程序,在拥有权限的情况下,能够读取或修改这些信息的全部或一部分。每个用户通过一个目录用户代理(DUA)或一个 LDAP 客户机来访问目录,DUA 或 LDAP 客户机都被认为是一个应用进程。上述概念在图 1 中举例说明。

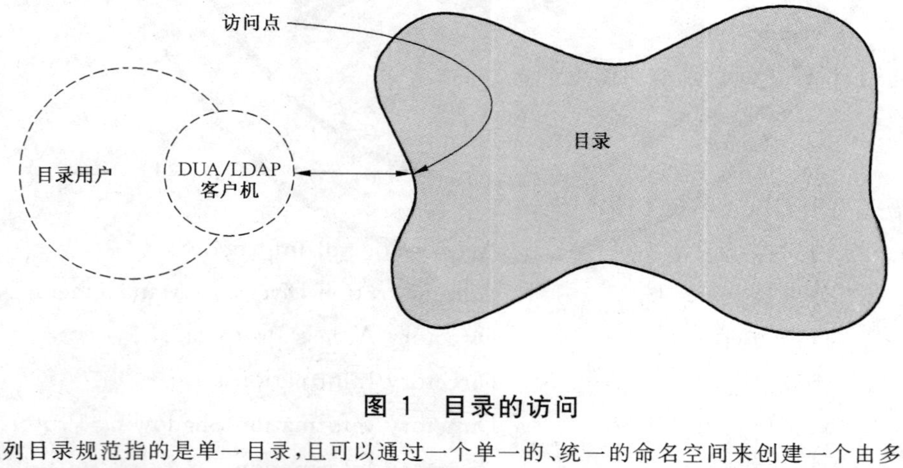

图 1 目录的访问

注:本系列目录规范指的是单一目录,且可以通过一个单一的、统一的命名空间来创建一个由多个系统组成的,为多种应用服务的逻辑目录。这些系统之间是否选择要进行交互将取决于它们所支持的应用。如果应用处理的是不需要交互的客体,则系统间没有交互需求。若该需求有变化,则单一的命名空间将会简化未来所需的交互。由于各种原因,如安全、连接性或商业决定等,对使用第 3 版的目录系统来说,有可能目录的某些部分对目录的其他部分来说是不可获取的。这就使得所看到的目录视图不相同。这种视图的不同可能包括与某个现实世界中客体相关的条目。这些相关的条目可以具有相同的可辨别名或不同的可辨别名。若使用第 4 版或

后续版本规范的系统，则可以跨多个不同的视图来执行操作，以便对用户提供一个整体的响应。具体说明如下：

——DMD 的主管部门(见 9.2)可有发布他们自己对某些特定的现实世界客体的视图的需要，因此一个现实世界的客体在目录中可通过多个独立的条目来建模。无论这些客体间是否需要进行交互都可发生这种情况。使用 DSP 的交互可不被支持。

——尽管如本注的最后一句话所说，但对某些 DMD 来说，还是有可能选择在他们自己独特的目录命名空间(即 DIT 之一)中发布关于现实世界客体的信息；在这种情况下，某一个特定的现实世界的客体在相同的或不同的 DIT 命名空间中可被建模为不同的条目，每个条目都有相同的或不同的可辨别名。注意，当不同的客体被允许共享可辨别名时，某些类型的目录工具(例如，证书的获取以及基于数字签名的相关功能等)是无法实现的。

——相关条目的目的是提供一种方法，由此用户能够访问到这些条目，并且在可能的情况下共同提供结果信息。这将应用于上述两条所描述的情况。

目录中存储的信息被统称为"*目录信息库(DIB)*"。第 7 章给出了 DIB 结构的概述。

目录向用户提供了一个严格定义的访问能力集，它被称为目录抽象服务。该服务提供了一个简单的修改和搜索能力，在第 8 章中给出了概要描述。该服务与本地 DUA 功能联合，可提供终端用户所要求的能力。

目录在功能上和组织上都是分布式的。第 9 章给出了相应的目录模型的概述。这些模型的开发，为不同组件间进行协作提供了一个框架。

目录存在于这样的环境中，即不同的管理机构分别对他们所拥有的部分信息的访问进行控制。第 10 章给出了访问控制的概述。

由于目录是分布式的，因此为了提高性能和可用性，可有复制信息的需求。第 12 章给出了目录复制机制的概述。

目录服务的指配和使用将要求用户(实际上是 DUA 和/或 LDAP 客户机)与目录的各种功能组件间相互合作。在许多情况下，会要求不同开放系统中的不同应用进程间进行合作，因此会要求一个标准化的应用协议，第 13 章将对影响这些合作的应用协议给出概要描述。

由于需求的多种可能性，目录被设计为可以支持多种应用。根据所支持应用的特性决定了目录中应列有哪些客体、哪些用户可以访问信息以及用户可以执行哪种类型的访问等。应用可非常特定，如电子邮件分发列表的指配；可很通用，如"个人间通信目录"应用等。目录可以提供机会在不同的应用间挖掘到共性，如：

——一个单独的客体可与多个应用相关，甚至可以一个客体内的一部分信息就具有这种相关性(与多个应用相关)。

——为了支持该特性，定义了一系列的客体类和属性类型，可跨多个应用来使用。这些定义包含在 GB/T 16264.6—2008 和 GB/T 16264.7—2008 中。

——在不同的应用中使用这些目录的方式是相同的：附录 A 给出了这方面的概述。

7 目录信息库(DIB)

注 1：DIB 及其结构在 GB/T 16264.2—2008 中定义。

DIB 由有关客体的信息构成。它由(*目录的*)*条目*组成，每个条目包括一个客体的信息集合。一个条目可以由一个成员条目集组成，每个成员条目都包含一个客体的某个特定方面的信息。这样的条目聚合体称为一个复合条目。每个条目都由*属性*组成，每个属性拥有一个属性类型和一个或多个属性值。出现在一个特定条目中的属性类型独立于该条目所描述的客体类。一个属性的每个*值*可加上一个或多个上下文的标记，这些上下文描述了关于该值的特定信息，可用来对属性值的适用性进行判断。

DIB的条目以树型结构排列，在目录信息树(DIT)中，各顶点代表条目。树中较高的条目(接近根节点)常常代表如国家、组织等客体，而较低的条目常常代表个人或应用进程。

注2：在本系列目录规范中定义的服务仅对树型结构的DIT进行操作。本系列目录规范不排除未来(根据需求)存在其他结构的可能性。

每个条目都具有一个可辨别名，唯一地、无二义性地标识了条目。可辨别名的这种特性来自信息的树型结构。每个条目的可辨别名由其上级条目的可辨别名加上本条目的特定命名属性值(即可辨别值)共同组成。

位于树叶节点的条目有一些是别名条目，而其他条目则是客体条目和复合条目。别名条目指向客体条目，并且为相应客体提供了可替代名称的基础。

复合条目代表了一个单独的客体，它是由多个成员条目组合而成的，每个成员条目都代表了客体的某部分信息。

目录执行一系列的规则，确保经过长期的修改后DIB仍能够保持良好的形状。这些规则被称为"*目录模式(Schema)*"，防止条目具有客体类错误的属性类型，防止属性类型具有错误的属性值形式，甚至防止条目具有类不匹配的子条目等。

图2说明了上述关于DIT及其组件的概念。

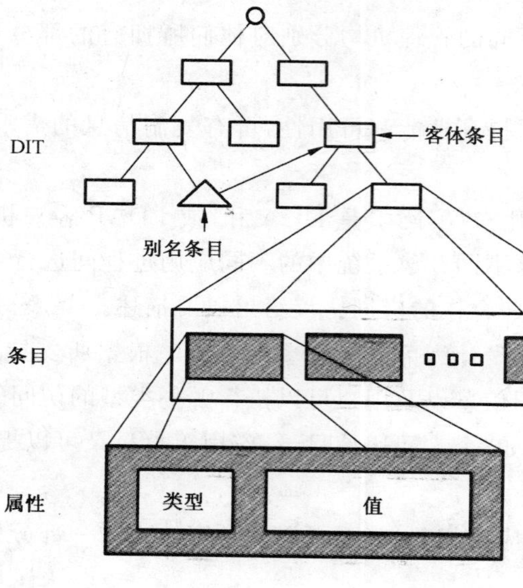

图2 DIT和条目的结构

图3给出了一个DIT的假设示例。该树提供了用于标识不同客体的属性类型示例，例如，名字

{C=CN,L=成都,O=电子所,CN=激光打印机}

表示应用实体"激光打印机"，在它的可辨别名中包含了其所在地的地理属性。

居民张三，他的名字是{C=CN,L=成都,CN=张三}，在他的可辨别名中包含了同样的地理属性。

DIT的发展和构成形式、目录模式的定义和增加条目时对可辨别名的选择等，可由不同的主管当局来负责，它们之间的层次关系可以从树的形状中体现出来。这些管理机构必须通过认真地管理可辨别名中出现的属性类型和属性值，来确保在他们的权限范围内所有的条目都具有无二义性的可辨别名。通过对模式执行控制，这些职责从树的上级主管部门传递到下级主管部门。

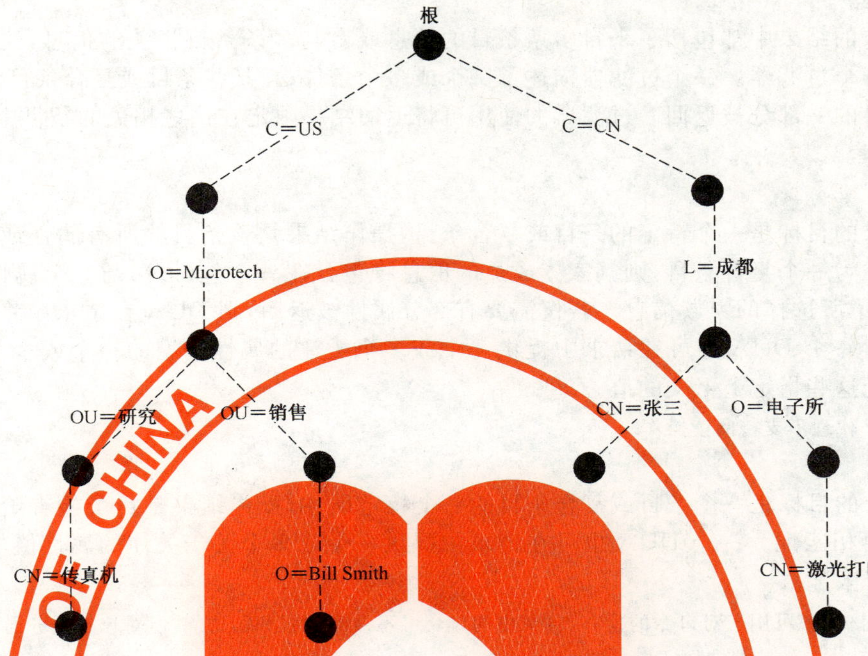

图 3 目录信息树示意图

层次分组功能允许在条目间建立可替换的层次关系，这种层次关系独立于 DIT 结构所反映出的层次关系。目录搜索操作(见 8.3.4)不仅能够返回匹配条目的信息，而且能够返回匹配条目可以属于的层次分组中其他成员的信息。层次分组功能还有一个好处是它允许改变层次关系，而不会改变 DIT 的结构，因此也不会改变条目的可辨别名。

8 目录服务

注：目录抽象服务的定义见 GB/T 16264.3—2008。

8.1 综述

本章概述了目录通过它们的 DUA 和/或 LDAP 客户机提供给用户的服务。目录提供的所有服务都是对 DUA 和/或 LDAP 客户机服务请求的响应。这些请求可以允许对目录进行搜索，在 8.3 描述；可以允许对目录进行修改，在 8.4 条描述。另外，对服务的请求可以进行限定，在 8.2 描述。目录总是会报告对每个请求的响应结果。正常结果的格式是与特定请求相对应的，并且会在请求中给出明确的描述。许多异常结果对多种请求来说是通用的。这些可能性在 8.5 描述。

目录将确保 DIB 的任何改变，无论是由于服务请求引起的，还是其他原因(如本地)引起的，都不会影响 DIB 继续遵循目录模式中的规则。

在对目录进行访问的访问点，用户和目录将被绑定一段时间。在绑定的时间内，用户和目录可以可选地验证对方的身份。

8.2 服务限定

8.2.1 服务控制

许多控制可应用于各种服务请求，主要是允许用户对资源的使用加以限制，使得目录不应超越该限制，同时还可以控制目录操作的进展。控制可以应用在如次数、结果的长度、搜索的范围、交互模式以及请求的优先级等方面。

8.2.2 安全参数

为保护目录中的信息，每一个请求都可以携带支持安全机制的信息。这些信息可以包括用户为各种类型的保护而提出的请求、服务请求的数字签名以及帮助合法方验证签名的信息等。

8.2.3 过滤器

许多请求的结果中都包括了来自多条条目的信息或者与多条条目相关的信息，这样的请求一般都带有一个或多个过滤器。一个过滤器描述了一个或多个条件；当某些条目或复合条目满足这些条件后，才会作为结果的一部分被返回。过滤器的使用可将返回结果限定在这些相关的条目中。

8.3 目录搜索

8.3.1 阅读

阅读请求的目标是一个特定的条目或复合条目，操作结果是该条目的所有属性或部分属性的值被返回。若目标为一个复合条目，则其家族成员的信息将包含在一个包（语法与一个属性语法类似）中返回，包中包含了所选择的家族信息。若仅需要有部分属性被返回，则 DUA 在请求中将提供关注的属性类型的列表。一个 DUA 还可在请求中提供一个或多个关注的属性类型的一个或多个上下文，以便仅仅选择适用于这些指定上下文的值。

注：LDAP 代理不支持阅读操作。

8.3.2 比较

比较请求的目标是一个条目或复合条目的一个特定属性，操作结果是目录检查给出的属性值是否与该属性的值相匹配。一个 DUA 也可在请求中提供一个或多个关于关注的属性值的上下文，以便对比较操作进行限定。

注：例如，该服务可用于对口令的检查，目录中的口令可不被阅读服务所访问，但对比较服务而言是可访问的。

8.3.3 列表

列表请求将使目录返回 DIT 中某个特定条目的直接下属列表。一个 DUA 也可在请求中提供一个或多个上下文，以便用于在返回的 RDN 中进行选择。

注：LDAP 客户机不支持列表操作。

8.3.4 搜索

搜索请求将使目录返回符合某些过滤条件的一个或多个 DIT 部分中的所有条目或复合条目的信息。从每个条目中返回的信息包括该条目的部分或所有属性，与阅读服务的返回信息相同。从其他相关条目中返回的信息可根据某些联合条件进行组合。

可以对搜索的类型加以限制，这些限制通过使用搜索规则来执行。或者作为搜索规则的一种方便用法，可在一个单独的目录操作中逐渐地放宽或加强搜索条件，否则太少的或太多的条目信息将被返回。

8.3.5 放弃

放弃请求应用于一个正在进行的搜索请求，通知目录该请求的发起者不再关注正在执行的请求了。结果是，目录可终止请求的执行，并放弃到目前为止获取到的任何结果。

8.4 目录修改

8.4.1 增加条目

增加条目请求的结果是一个新的叶节点条目增加到 DIT 中。在新条目的属性值中可以包括上下文。

8.4.2 删除条目

删除条目请求的结果是一个叶节点条目从 DIT 中删除，或者如果需要时，组成一个复合条目的成员条目从 DIT 中删除。

8.4.3 修改条目

修改条目请求的结果是目录对某个特定的条目或某个家族成员执行一系列的修改。或者是所有的修改都被执行，或者是没有任何修改被执行，而 DIB 总是处于与模式保持一致的状态。所允许的修改包括对属性或属性值的增加、删除、替代等。在增加条目的属性值时，可以在属性值中包括上下文。修改条目操作仅可应用于一个单独的家族成员，而不能将整个复合条目作为一个整体来修改。

如果需要的话，当一个修改条目操作成功执行后，该操作的返回结果中可以提供条目或复合条目所包含的信息。

8.4.4 修改可辨别名

修改可辨别名(DN)请求用来修改一个条目(或者是客体条目,或者是别名,或者是一个家族成员)的相关可辨别名,或者用来将一个条目(非家族成员条目)移动到DIT中的另一个上级条目下。如果这个条目有下级条目,则所有的下级条目都被相应地重命名或移动。在条目的新相关可辨别名RDN中可包含上下文。如果条目是家族成员,则只有当它们仍然处于同一个复合条目中时,它们才可以被移动到一个新的上级条目下。

8.5 其他结果

8.5.1 差错

任何服务都可失败,例如由于用户提供的参数有问题,在这种情况下,将会报告差错。在返回的差错中会携带信息,以便尽可能地帮助纠正差错。然而,一般来说,仅仅是目录遇到的第一个差错被上报。除了上面提到的由于用户提供的参数差错的例子(尤其是不合法的条目名称或不合法的属性类型)外,其他如违反了安全策略、模式规则以及服务控制等也会引起差错。

8.5.2 转向推荐

当DUA或LDAP客户机绑定的某个服务的特定访问点不是很适合执行某个请求时,该服务也可失败,例如,一个请求所影响到的信息(在逻辑上)距离访问点很远。在这种情况下,目录可返回一个转向推荐,给出一个替代访问点的建议,DUA或LDAP客户机可以对这个替代访问点发起相应请求。

注:关于是否使用转向推荐,或者请求是否被链接(见9.3),目录和DUA可各自都会有一个倾向。DUA可以通过服务控制来表达自己的倾向,最后由目录决定使用哪种方法。

9 分布式目录

注:目录模型在GB/T 16264.2—2008中定义,同时,分布式目录的操作过程在GB/T 16264.4—2008中定义。

9.1 功能模型

目录的功能模型如图4所示。

*目录系统代理(DSA)*是一个应用进程,构成目录的一部分,它的作用是为DUA、LDAP客户机和/或其他DSA提供对DIB的访问。DSA在执行请求时,可使用存储在本地数据库中的信息,也可与其他DSA或LDAP服务器交互来获取信息。作为一种选择方案,DSA可以将请求者直接转到另一个DSA来帮其执行请求。DSA如果它能够发起一个LDAP请求,并且理解相应的LDAP响应,则被称为LDAP请求者。DSA如果它能够理解一个LDAP请求,并且可对此LDAP请求进行响应,则被称为LDAP响应者。本地数据库完全取决于本地实现。

*LDAP服务器*是一个应用进程,构成目录的一部分,它通过LDAP协议响应请求,它的作用是为LDAP客户机和/或LDAP请求者提供对DIB的访问。LDAP服务器可使用存储在本地数据库中的信息,也可直接将请求者转接到另一个能够帮助其执行请求的LDAP响应者或LDAP服务器。与DSA类似,本地数据库完全取决于本地实现。

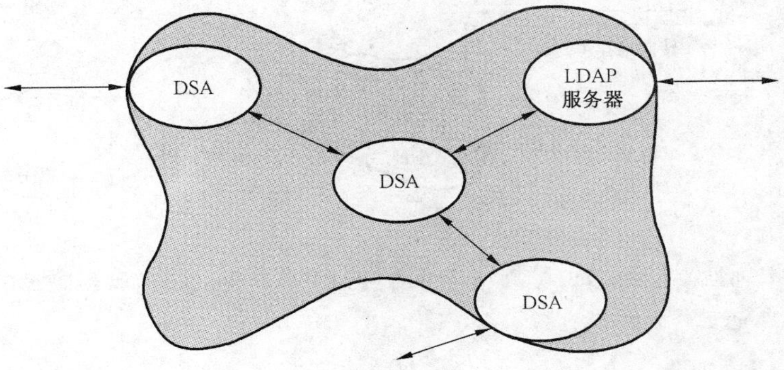

图4 目录的功能模型

9.2 组织模型

由一个独立的组织所管理的一个或多个 DSA、LDAP 服务器、零个或多个 DUA 以及 LDAP 客户机等的集合，构成了一个目录管理域(DMD)。相应的组织可选择或不选择使用本标准来管理 DMD 内的各功能组件之间的通信。

本标准其他部分定义了 DSA 行为的某些特定方面。为了这个目的，根据管理该 DMD 的组织的选择，一个 DMD 内的 DSA 组的行为可与一个单独的 DSA 相同。

DMD 可以是一个公用目录管理域(ADDMD)，或者是一个专用目录管理域(PRDMD)，这取决于它是否被一个公用远程通信组织来管理。

9.3 模型的操作

DUA 或者 LDAP 客户机通过与一个或多个 DSA 和/或 LDAP 服务器来与目录进行交互，一个 DUA 或 LDAP 客户机不必绑定到某个特定的 DSA 或 LDAP 服务器。它可直接与不同的 DSA 和/或 LDAP 服务器进行交互发出请求。由于某些管理方面的原因，它可不能总是与执行请求(如返回目录信息)的 DSA 或 LDAP 服务器直接交互。还有一种可能是 DUA 或 LDAP 客户机通过一个单独的 DSA 访问目录。为了这个目的，不同的 DSA 之间需要进行交互。

DSA 的工作是执行 DUA 和 LDAP 客户机的请求，并且获取它所没有具备的信息。它可还负责代表 DUA 或 LDAP 客户机，通过与其他 DSA 和/或 LDAP 服务器交互来获取信息。

图 5～图 7 举例说明了一些请求处理的情况，描述如下。

在图 5a)中，DSA C 从 DSA A 中获得了一个转向推荐，它将负责或者将请求转发到 DSA B(在 DSA A 给出的转向推荐中的 DSA 名称)，或者将转向推荐返回给发起请求的 DUA。

图 5b)中，DSA C 从 DSA A 获得了一个转向推荐，它将负责或者将请求转发到 DSA B(在 DSA A 给出的转向推荐中的 DSA 名称)，或者将转向推荐返回给发起请求的 LDAP 客户机。

在图 5c)中，DUA 从 DSA C 中获得了一个转向推荐，它将负责重新将请求直接发给 DSA A(在 DSA C 给出的转向推荐中的 DSA 名称)。

在图 5d)中，LDAP 客户机从 DSA C 中获得了一个转向推荐，它将负责重新将请求直接发给 DSA A(在 DSA C 给出的转向推荐中的 DSA 名称)。

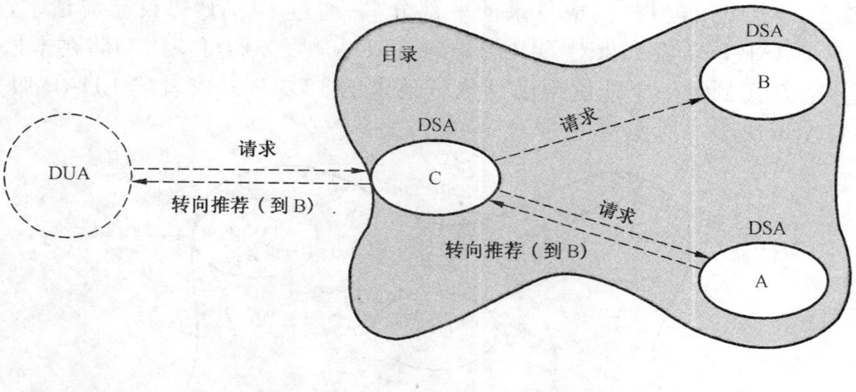

注：如果 DSA C 将转向推荐返回给 DUA，则"转向推荐(到 B)"将存在。同样，如果 DSA C 将请求转发到 DSA B，它将不会给 DUA 返回转向推荐。

a)

图 5 转向推荐

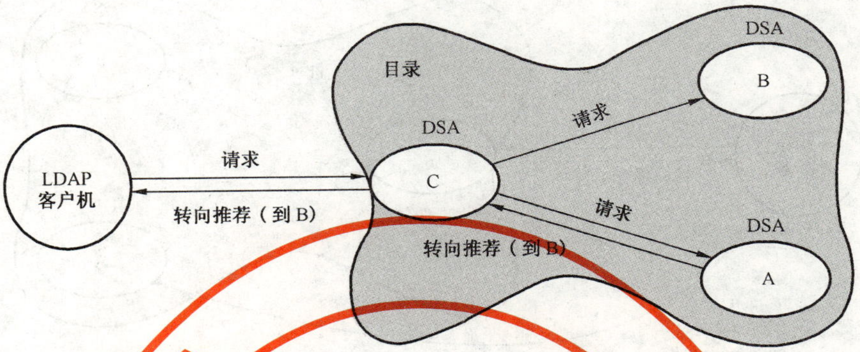

注1：图5b)中的DSA C,除了可支持本部分中定义的其他协议外，还应当是一个LDAP响应者。

注2：如果DSA C将转向推荐返回给LDAP客户机，则“转向推荐(到B)”将存在。同样，如果DSA C将请求转发到DSA B,它将不会给LDAP客户机返回转向推荐。

注3：如果DSA C将转向推荐返回给LDAP客户机，转向推荐应当以LDAP转向推荐的形式存在。如果DSA A返回的转向推荐是LDAP转向推荐的形式，则DSA C可直接将该转向推荐返回给LDAP客户机；否则，DSA C应当或者将请求转发给DSA B,或者将转向推荐翻译为LDAP转向推荐的形式。如果DSA C将转向推荐返回给LDAP客户机，则客户机将直接与DSA B绑定，因此DSA B也应当是一个LDAP响应者。当DSA A返回一个LDAP转向推荐，且DSA C将请求直接转发给DSA B时，DSA B作为一个LDAP响应者也是必要的。

b)

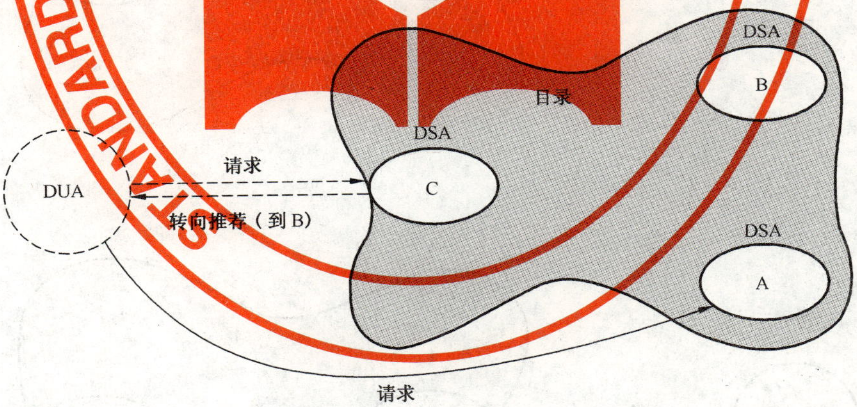

c)

图5（续）

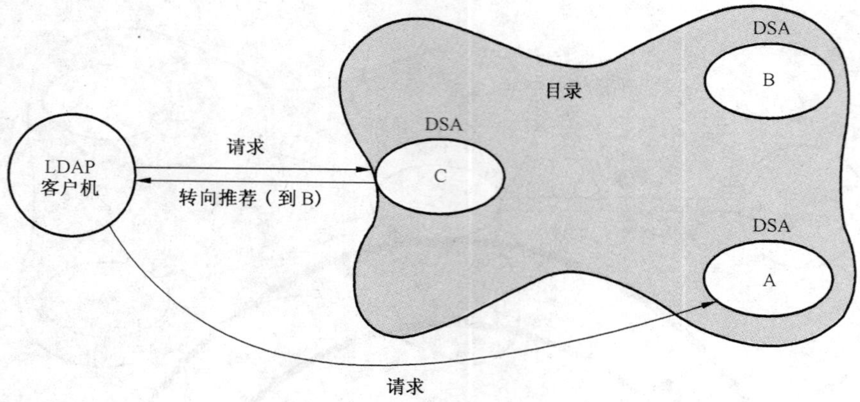

注1：图5d)中的DSA A和DSA C都应当是LDAP响应者。替代方案是这两个DSA中的任何一个可以是LDAP服务器。

注2：返回给LDAP客户机的转向推荐必须是LDAP转向推荐的形式。

d)

图5（续）

图6a)～6c)示出DSA的单一链接方式，这种方式下，在返回响应之前，请求能够通过多个DSA。

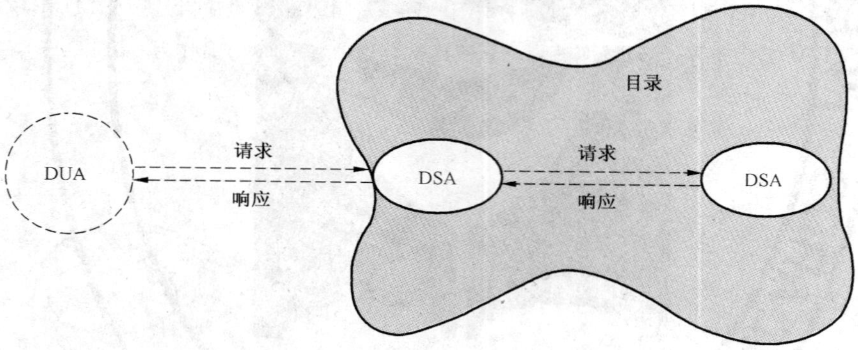

a)

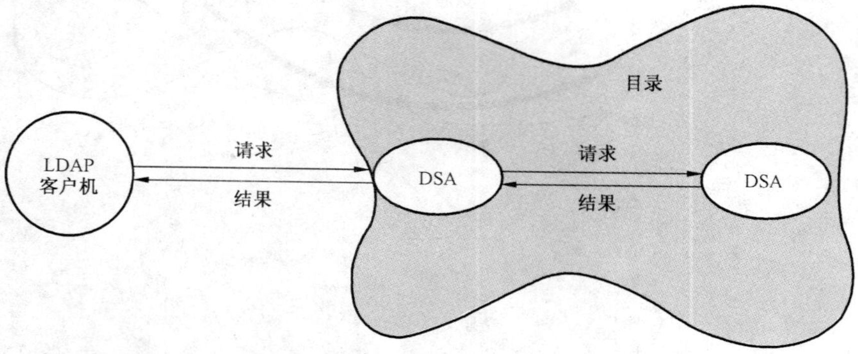

注：左侧的DSA，除了可支持本部分中的其他任何协议外，还必须是一个LDAP响应者。

b)

图6　单链接

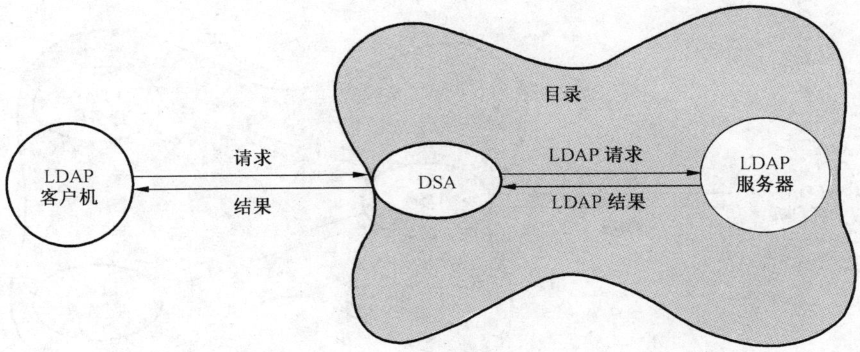

注：图中的 DSA，除了可支持本部分中的其他任何协议外，还必须既是一个 LDAP 响应者，又是一个 LDAP 请求者。

c)

图 6（续）

图 7a)～7c)显示了多链接方式。在这种方式下，DSA 联合 DUA 和 LDAP 客户机将请求发送到两个或多个其他 DSA 和/或 LDAP 服务器上，发送到每个 DSA 或 LDAP 服务器上的请求是相同的。

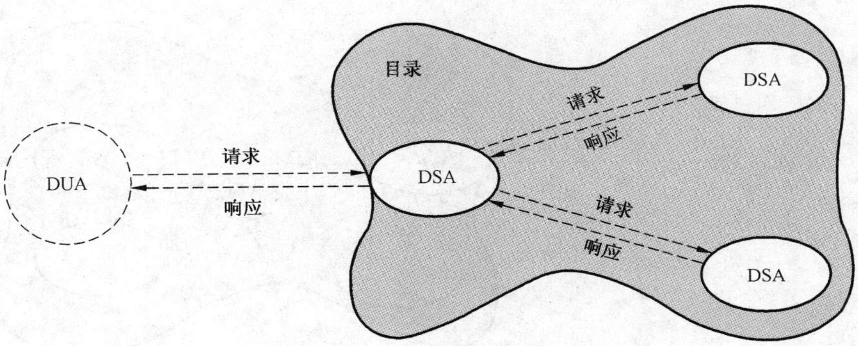

a)

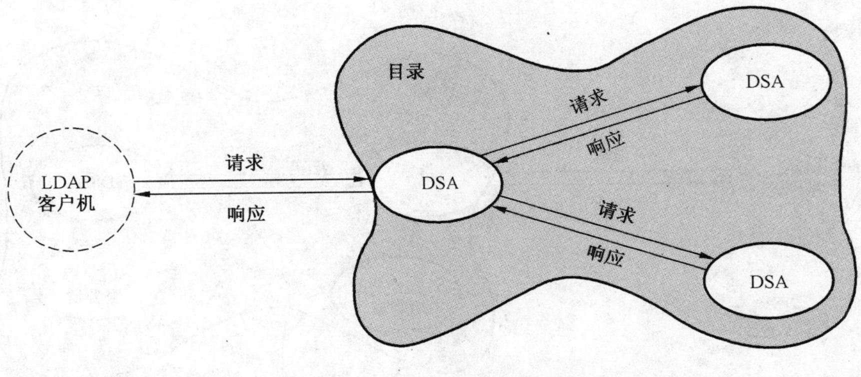

注：图中左侧的 DSA，除了可支持本部分中的其他任何协议外，还必须是一个 LDAP 响应者。

b)

图 7 多链接

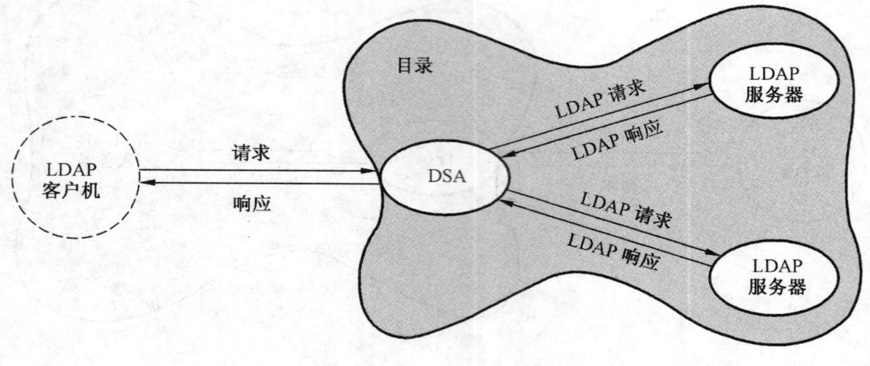

注：图中左侧的 DSA，除了可支持本部分中的其他任何协议外，还必须既是一个 LDAP 响应者，又是一个 LDAP 请求者。

c)

图 7（续）

所有的方法都有其价值。例如，当希望降低本地 DSA 的负荷时，可采用图 5b) 和 5d) 中的方法。在其他环境下，可使用一种结合了多种功能交互集合的混合方法来满足发起者的请求，如图 8a) 和 8b) 显示的那样。

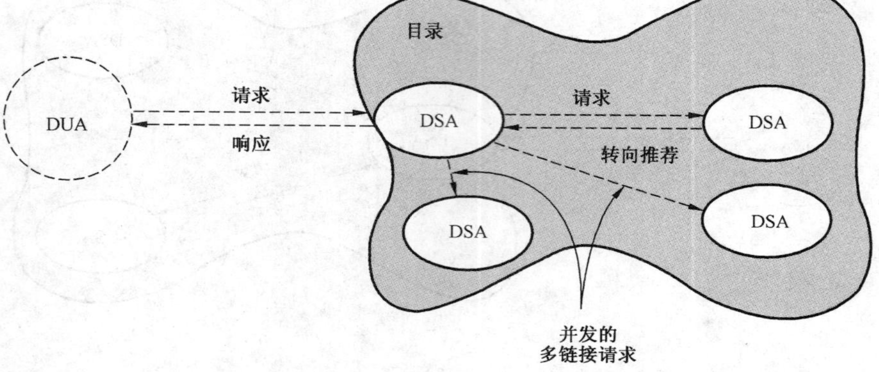

a)

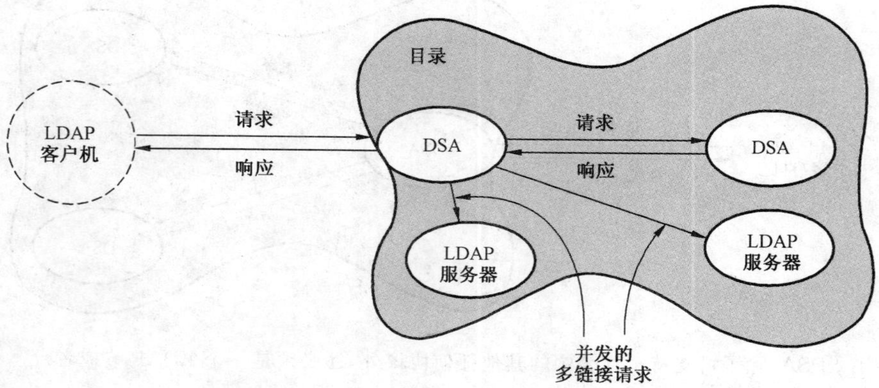

b)

图 8　混合模式混合途径

10 目录的访问控制

注：目录访问控制模型在 GB/T 16264.2—2008 中定义。

对目录信息的访问由一些管理控制的安全策略来决定。对目录的访问有影响的两个安全策略的方面是鉴别过程和访问控制方案。

支持目录的鉴别过程和机制包括验证和传播身份的方法，在必要时，可使用这些方法对 DSA、目录用户、访问点所接收信息的发起者等的身份进行验证和传播。通用的鉴别过程在 GB/T 16264.8—2008 中定义。

支持目录的访问控制方案的定义包括这样一些方法：指定访问控制信息、执行该访问控制信息所定义的访问权限以及维护访问控制信息等。访问权限的执行指的是对 DIT 结构相关的目录信息、目录用户信息以及包括访问控制信息在内的目录操作信息等的访问做出控制。

GB/T 16264.2—2008 定义了一个特定的访问控制方案（或者潜在为多个），它被认为是目录的“基本访问控制”。主管当局在实现其安全策略时，可以使用该方案的全部或部分内容，或者可以根据他们的判断力自由地定义他们自己的方案。基本访问控制方案提供了一种方法来控制对 DIB 中的目录信息（潜在地，包括结构信息和访问控制信息）的访问。对信息的访问控制保护了信息不被非授权地检测、泄漏，或对信息进行修改等。

对信息的访问控制可用来防止非授权的检测、泄漏或对信息的修改等。GB/T 16264.2—2008 为目录定义了 3 种特定的访问控制方案，它们被称为“基本的访问控制”、“简化的访问控制”和“基于规则的访问控制”。主管当局在实现其安全策略时，可使用全部或部分方案，或者可根据他们的决定自由地定义他们自己的方案。基本的访问控制方案提供了一种途径来控制对 DIB 中的目录信息（潜在地，包括结构信息和访问控制的信息）的访问。简化的访问控制方案提供的功能是基本访问控制方案的一个子集。基于规则的访问控制方案，提供了一些基于许可和标记的附加途径来控制对 DIB 内目录信息（潜在地，包括结构信息和访问控制信息）的访问。基于规则的访问控制方案能够与简化的或基本的访问控制方案共同使用，或者独自使用。

目录的基本访问控制模型为每个操作都定义了一个或多个点，在这些点上可执行访问控制决定。每个访问控制决定包括：

——在目录中正在被访问的组件，可以是一个完整的复合条目；

——发起操作请求的用户；

——组成操作完整部分的必要的特定权限；以及

——控制对该条目访问的安全策略。

目录的基于规则的访问控制模型为每个操作都定义了一个或多个点，在这些点上可执行访问控制决定。每个访问控制决定包括：

——与用户访问请求相关的清晰说明；

——与被访问的信息相关的安全标记；

——控制该访问的安全策略规则，这些规则定义了根据给定的清晰说明和安全标记之间的关系，访问是否应当被拒绝。

11 服务管理

GB/T 16264.2—2008 中定义的目录抽象服务，向用户提供了浏览和阅读目录信息的有效的方法。

本标准提供了广泛的服务管理能力，允许管理机构能够管理和限制向用户提供的业务。管理机构需要限制和调整提供给用户的业务，可有如下一些原因：

——主管当局知道它所拥有的信息的质量。为了提高目录搜索成功的速度，并且确保只返回高质量的信息，主管当局应能够限制在一个搜索过滤器中允许出现的属性类型，以及什么样的信息可以返回等。

——为了保护在检测和清除信息方面的投资,主管当局可根据采用信息的用户类型,以及所提供的特定类型的服务等,对可返回的信息执行非常严格的限制。

——一个主管当局可想要保护信息不被非法使用,例如为了大规模的市场目的,提取某个特定街道上的所有人员信息,或者提取某个特定职业的所有人员信息等。

——比使用访问控制还要更大可能地保护个人数据。这种情况包括返回假的邮政地址,不允许在搜索时使用非常短的字符串,不允许在搜索时使用某些属性的组合,或者不允许搜索某些组合,等等。

——对于所提供的服务使用什么样的限制以及如何进行适应等,取决于服务的用户群。

12 目录复制

注:目录复制在 ISO/IEC 9594-9:2005 中定义。

12.1 综述

目录的复制指的是除了对信息创建和修改负有责任的 DSA 外,在其他 DSA 内也存在对目录条目信息和操作信息的拷贝。包含原始信息的 DSA 被称为主 DSA。

在构建目录系统时可以定义其不使用复制的信息。

目录信息的复制服务是为了满足两类通用需求,一类与目录所提供的服务质量相关,另一类与目录系统的管理相关。

对目录条目信息部署额外的拷贝,可用于提高目录所提供的服务质量,体现在以下方面:

a) 通过将目录信息移到与特定的目录用户"更近的"地点,来提高目录系统的性能;

b) 通过引入冗余的目录信息和目录组件,使得一个单独组件的失效不会影响到对 DIT 中同一部分信息的所有访问,这样可以提高目录服务的可用性。

对目录条目信息部署额外的拷贝,可用于对目录信息的管理,体现在以下方面:

a) 方便某些操作信息(如知识)的分布;以及

b) 可通过拷贝目录的某个组件中拥有的信息来重建另一个组件中的信息,这样就为从严重的系统故障中进行恢复提供了一种机会。

12.2 目录复制的形式

目录组件所拥有的复制的条目信息有 3 种形式:高速缓冲拷贝、影像信息和多主实现。

高速缓冲拷贝是目录的一个组件获取的条目信息的拷贝,其使用方法不在本系列目录规范中定义。

影像拷贝是目录的一个组件获取的目录信息的拷贝,其使用方法在 ISO/IEC 9594-9:2005 中定义。

多主实现是在一个给定的目录条目集中,为每一个条目都维护了多于一个的可写实例。每一个可写的目录条目的拷贝是完整的(即它拥有所有的用户属性和 DSA 共享的操作属性)。严格地说,仅有一个实例可被定义为允许目录将其标识为最基本的主实例,以便支持一种场景的部署,在这种场景中,有必要执行对单一 DSA 的更新(例如当增大某个用做计数器的属性值时)。目录组件获取某个条目的可写拷贝的方式以及在修改后这些可写拷贝如何保持一致性的方式,不在本部分的范围之内。

只有在信息最初提供时所达成的策略或商定中允许时,DSA 才可保持从其他 DSA 中获取到的信息。一个保持了这些信息的 DSA 只有在与信息的访问控制策略相符合的情况下,才可将这些信息提供给 DUA 和/或 LDAP 客户机。如果已知对某信息没有阅读方面的访问控制,则在信息提供时可认为是允许阅读的。

一个拥有高速缓冲信息或影像信息的 DSA,会将所有可能修改拷贝信息的请求传送到拥有该信息的主 DSA。一个拥有拷贝信息的 DSA 会将所有指示了不能使用该拷贝信息的请求传送到拥有该信息的主 DSA。

在使用高速缓冲信息或影像拷贝信息响应搜索请求时,拥有该信息的 DSA 会指示此拷贝信息曾经用来满足过此请求。

分别负责两个 DSA 的主管当局间可建立一个影像商定，根据商定，一个影像提供者 DSA 将向另一个影像使用者 DSA 提供约定的 DIT 中某部分的影像信息。如果在影像信息获取的影像商定中允许的话，影像使用者本身还可以作为一个影像提供者，与其他 DSA 之间再建立信息影像商定。

除了对影像使用者所拥有的条目信息的拷贝提供修改外，影像提供者也可提供一些操作信息（如知识）给影像使用者。

在任何影像商定中，典型的要被复制的信息包括下面 3 个元素：

——从 DIT 的一棵子树中复制的条目信息；

——要对复制信息提供完全的阅读访问，需要一些相关的操作信息，包括访问控制信息；

——一些从属的知识信息（可选项）。

复制信息可组成子树内完整信息的一个子集，在该子集内：

——可通过仅仅指定客体类的某些条件来选择条目；

——在每个条目内，可根据属性的详细说明来选择属性；

——在每个属性内，可基于属性值的上下文来选择属性值。

12.3 目录信息的复制和一致性

当一个特定属性的所有拷贝都相同时，则称目录具有一致性。有时，一致性可以需要妥协，因为在目录内，影像信息可存在临时的不一致性，而高速缓冲信息可存在永久的不一致性。

高速缓冲的条目信息可与目录中直接对信息进行修改的组件所存储的信息是不一致的，并且这种不一致可以是不确定的。与之相反，影像使用者所拥有的影像信息，可以根据影像商定中已约定好的时间表与影像提供者所拥有的相应信息达成一致。

基本的要素是包含在一个单独客体条目实例中的信息在内部应当是一致的。任何复制机制都应当与维护复制信息内部一致性以及服务可靠性的机制共同实现。目录定义了模式过程来确保一个条目信息的内部一致性。

另外一个基本的要素是允许 DIT 在 DSA 间分布的知识信息应当是正确的。任何复制机制都应当与维护知识信息正确性以及服务可靠性的机制共同实现。目录定义了如何使用 DSA 所需的最少的知识信息的过程来确保每个 DIT 视图的一致。

在目录信息被复制的环境下，目录对获得一致性没有特别的时间限制。影像信息的使用者应当高度信任其一致性，因为：

——影像信息在内部是一致的；

——将影像信息与 DIT 视图相关联起来的知识是正确的；以及

——被影像的条目最终将变得与主 DSA 中的条目一致起来。

12.4 复制视图

本条描述了一些不同的方法，利用这些方法，当前存在的目录复制信息将提供给下列各方：

a) 目录用户；

b) 管理用户；以及

c) 目录（DSA）的操作组件。

12.4.1 目录用户视图

由于目录操作的自然特性，一般来说，复制的信息将与主 DSA 中所拥有的信息保持一致。因此，在一般情况下，返回给最终用户的信息拥有可接受的自然特性，而该信息是否是一个拷贝并不重要。

应当总是通知目录用户条目的拷贝信息是否能够满足用户的请求。在用户有特别严格的需求或者用户能够检测到不一致性时，用户可以选择请求访问主 DSA 所拥有的信息。

因此，可向目录的用户提供两种选择，一种是性能和可用性提高，代价是偶然会收到过时的信息；另一种是具有最大程度的信息时效性，但代价是性能和可用性会潜在地降低。

12.4.2 管理用户视图

管理用户负责对 DSA 所拥有的信息和所提供的服务进行管理。为了执行这种管理功能，管理用户需要相应的工具来进行监视、控制并对 DSA 的服务进行优化等。

支持复制的 DSA 标准化能力（和本地能力）是管理用户可用的一种主要工具，用来优化 DSA 提供的服务。

12.4.3 DSA 视图

尽管 DSA 能够检测出复制信息与主 DSA 所拥有的信息的不同，但一般来说，它用同样的方法来使用这两种信息，即它选择使用两种信息中的哪种信息来满足用户的搜索请求，取决于哪个信息最为方便使用。

在这种主信息与复制信息的同等性上，有两个例外：DSA 将仅使用条目信息来满足修改 DIB 的请求；当搜索请求明确表示复制信息不可接受时，将仅使用条目信息来满足搜索请求。

另外，由于可知道本地所拥有的信息是部分的（见 12.2 条），因此一个 DSA 可将请求转到另一个能更好提供所需信息的 DSA 上。

注：一个 DSA 可以包含从多个源获得的复制信息，这些复制信息之间可存在交叉。在这种情况下，DSA 必须分别维护每个信息，如同复制时提供的一样。

12.5 复制和访问控制

访问控制模型允许对 DIT 的一个域定义访问控制信息。这个域可跨越 DSA 的边界。如果一个域包含了多个 DSA，则每个 DSA 都将拥有相应的访问控制信息。

任何时候，当条目被复制给其他 DSA 时，访问控制信息也必须被复制。

13 目录协议

注：允许处于不同开放系统中的 DUA 和 DSA 间协作的目录协议在 GB/T 16264.5—2008 中定义。

有 4 种目录协议：

——目录访问协议（DAP），该协议定义了一个 DUA 与一个 DSA 间对请求和结果的交互；

——目录系统协议（DSP），该协议定义了两个 DSA 间对请求和结果的交互；

——目录信息影像协议（DISP），该协议定义了两个建立了影像商定的 DSA 间对复制信息的交互；

——目录操作绑定管理协议（DOP），该协议定义了两个 DSA 间为管理它们之间的操作绑定而对管理信息的交互。

每个协议都被定义为一个协议元素集。例如，DAP 包括与搜索和修改目录相关的协议元素。

14 目录系统管理

注：目录系统管理在 ISO/IEC 9594-10:2005 中定义。

14.1 综述

目录管理的目的是确保所需的、正确的目录信息能够在预定的期望的响应时间内提供给用户，并具有完整性、安全性和某种程度的一致性等。此外，系统管理的实现还应当对平台和通信系统带来最小的处理时间负荷和内存负荷。

目录的管理可分为如下 4 个主要部分：

a) 对 DIT 域的管理：管理目录信息；

b) 对单个 DSA 操作的管理；

c) 对单个 DUA 的管理；以及

d) 对 DMD 的管理——目录功能组件的集中管理。

系统管理规范定义了前 3 部分。目录管理域（DMD）的管理有待进一步研究。

14.2 DIT域的管理

目录中的用户属性由目录访问协议(DAP)进行管理。操作属性也可由DAP进行管理。这些属性包括信息框架中的属性、子模式(subschema)属性、访问控制属性以及DSA信息树中的属性、知识等。知识的管理还可使用目录操作绑定管理协议(DOP)、目录信息影像协议(DISP)以及目录系统协议(DSP)等。

14.3 目录组件的管理

系统管理规范定义了在目录域内用于管理目录组件(DUA和DSA)的OSI系统管理的被管客体。对这些目录组件的管理可使用公共管理信息服务和协议来实现。

一些目录或管理服务没有实现的管理需求,可以通过本地定义的服务来实现。

附　录　A
（规范性附录）
目录的应用

A.1　目录环境

注：本章中提到的术语“网络”指的是它的通用含义，即表示与任何电信业务相关的一系列相连的系统和进程，而不仅仅是指与 OSI 网络层相关的系统和进程。

目录所处的环境（并且在这种环境下提供服务）如下：

a）许多电信网络规模都很大，并且在不断地发生着变化，如：
   1）各种类型的客体会在没有任何通告的情况下进入或离开网络，而且可以是单独的，也可以是成组地进入或离开；
   2）由于客体（尤其是网络节点）之间的路径被增加或删除，因此它们之间的连接性会发生改变；
   3）客体的各种特性，如它们的地址、可用性、物理位置等，在任何时间都可发生变化。

b）尽管发生变化的整体频率比较高，但任何一个特定客体的有用的生命周期并不短。一个客体被典型地包含在通信中的频率将远高于它变化的频率，如地址、可用性、物理位置的变化等。

c）当前通信服务中所包含的客体，典型地被表示为数量类型或其他符号的字符串类型，这些类型的选择是从便于定位和处理的角度出发，而不是从便于人使用的角度出发的。

A.2　目录服务特性

对目录能力的要求在增长，体现在：

a）要求尽可能将网络用户从频繁改变的网络中分离出来。这可通过在用户和他们所处理的客体之间放置一个“间接级别”来实现，包括用户在引用客体时通过名字来引用，而不是通过地址来引用等。目录提供必要的映射服务。

b）要求提供一个更“用户友好的”网络视图，例如使用别名、指配黄页（见 A.3.5）等，可以在查找和使用网络信息时帮助减轻负担。目录允许用户获取关于网络的各种各样的信息，并且提供对信息的维护、分布和安全性。

A.3　目录的使用方式

注：本章仅关注目录搜索，假设目录修改服务仅仅是应用程序在必要时用来维护 DIB 的。

A.3.1　综述

在系列目录规范中，对目录服务是这样定义的：DUA 能够发出的特定请求以及请求中的参数。但对于一个应用设计者来说，当考虑到该应用对目录信息搜索的需求时，希望能有一种更加面向目标的术语。本节相应地描述了一些目录服务的高层使用方式，这些目录服务可与许多应用是相关的。

A.3.2　查找

直接的目录查找包括提供了客体的可辨别名以及一个属性类型的 DUA。目录将返回与该属性类型相应的任何值。这是传统的目录功能的一般化定义，当所要求的属性类型与某个特定的地址类型相符合时将获得信息。各种类型地址的属性类型已被标准化，包括 OSI-PSAP 地址、消息处理 O/R 地址以及电话和电报号码等。

查找由阅读服务支持，该服务还提供如下更进一步的一般化服务：

——查找可基于客体的可辨别名之外的客体名字，如别名等。

——在一个请求内，可以请求多个属性类型的值，极端的情况是一个条目内的所有属性值都被返回。

——可基于上下文(如某个组织名称的法语值)请求一个属性的某个特定的值。

A.3.3 用户友好的命名

给客体赋予的名字最好是能够让人类能够预知到(或可记住)的名字。具有这种特性的名字一般来说可以由客体本身所特有的、内在的属性来组成，而不是专门为了起名而虚构一个。客体的名字在所有引用该客体的应用中是相同的。

A.3.4 浏览

在许多面向人的目录使用中，对用户(或DUA)来说，直接提供包含要搜索信息的客体名称有时是不可能的，而不管名字是用户友好的还是不友好的。然而，有可能是这种情况，即用户"如果看到它就知道是它"。这时，就需要浏览能力来允许用户在DIB中浏览查找合适的条目。

浏览应用可以通过联合列表和搜索服务，同时也可联合阅读服务(尽管搜索业务已经包含了阅读能力)来完成。

A.3.5 黄页

有多种途径可以提供*黄页类型*的能力。最简单的一种是基于过滤的，即使用关于某些特定属性的断言，这些属性的值是有分类的(GB/T 16264.6中定义的"商务类别"属性类型)。这种方法除了要确保存在一些必要的属性外，不会要求在DIT中建立任何特别的信息。然而，在一般情况下，当人数众多时，这种搜索可是昂贵的，因为过滤可要求对全集进行过滤。

一个可替代的方法是建立一棵特定的子树，这棵子树的命名结构是特别为*黄页类型*的搜索而设计的。图A.1中示出一个*黄页*子树的例子，这棵子树仅具有别名条目。在具体实现时，*黄页*子树中的条目可以是混合了客体和别名条目的条目，只要对每个存储在目录中的客体而言仅存在一个客体条目即可。

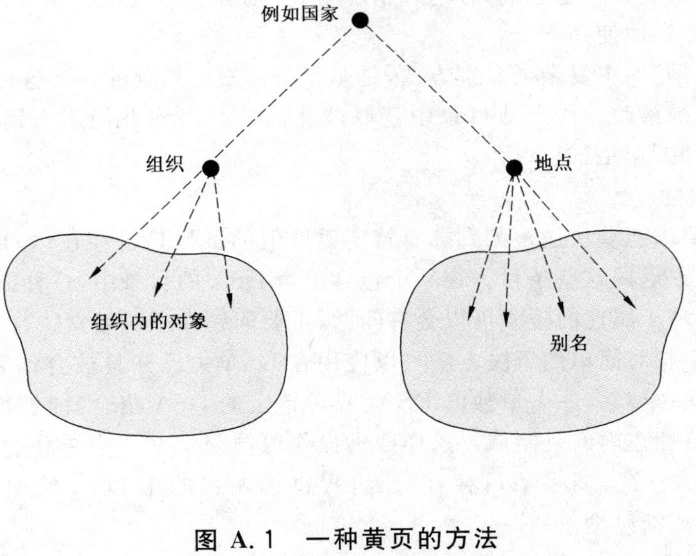

图A.1 一种黄页的方法

A.3.6 搜索限制和放宽

在许多搜索请求中，信息搜索的最初尝试结果将返回太少或者太多的信息。目录包括了这样一些指配功能，可以允许将搜索"放宽"以便获得更多的成功机会(如自动执行语音匹配的第二轮搜索，而不是严格的字符串匹配)，或者将搜索"收紧"以便减少"命中"的数量。目录还允许使用本地的、更适合的匹配规则来替代可应用的标准的匹配规则。

例如，利用地理信息来匹配某地点和所存储地点的匹配规则，可替代一个字符串匹配规则来使用。这两种方法也可以组合使用。如果一个严格的地理匹配不会产生任何结果（如匹配“Warfield”和“Bracknell”可失败，没有任何结果），则基于一个放宽的地理匹配可成功（如匹配“Warfield”与“Bracknell”时，将其放宽为包含 Bracknell 以及周围相邻的村庄，包括 Warfield，则匹配就会成功）。放宽还可用于扩展黄页搜索的能力，即使用更通用的类别来替代特定的类别。例如，“餐馆”作为一个字符串不能与“中国餐馆”相匹配，但是可通过匹配规则的替换或放宽来达到匹配目的。

A.3.7 分组

分组是这样一个集合，该集合内的成员可通过显式地增加和删除而发生变化。分组是一个客体，它的成员也都是客体。能够请求目录提供如下功能：

——指示一个特定的客体是否为一个分组内的成员；

——列出一个分组内的所有成员。

对分组的支持可以通过在条目中包含一个具有多个值的“成员”属性（这样的属性类型在 GB/T 16264.6—2008中定义）来实现。上述提到的两个功能可以分别通过对该属性的比较和阅读功能来实现。

如果对应用程序来说是有意义的，则分组内的成员本身还可以是一个分组。然而，除了所提供的非递归版本外，DUA 还必须创建一个必要的递归证明和扩展服务。

A.3.8 鉴别

许多应用程序要求客体在被允许执行某些动作之前，还需要提供一些证明来验证它们的身份。目录提供了对该鉴别过程的支持（作为一个分离的事务，目录本身也会要求对它的用户进行鉴别，以便支持访问控制）。

一种被称为“简单鉴别”的更直接的鉴别方式，是基于这样一种情况——目录在条目中为每个希望鉴别自己的用户拥有一个“用户口令”属性。在服务请求中，目录将证实或否认用户所提供的特定值是用户真正的口令。这就避免了用户为每一个服务都需要一个不同的口令。在使用简单鉴别的本地环境中，对口令进行交互被认为是不适当的，在这种情况下，目录可以可选地提供方法来保护这些口令不被某个单向功能重放或错误地使用。

一种被称为“强鉴别”的更复杂的鉴别方式，是基于公钥密码系统的。在这种方式中，目录存储了用户的公共密钥，并防止被窜改。用户从目录中获取彼此的公共密钥并使用密钥来相互鉴别的步骤，在 GB/T 16264.8—2008 中详细描述。

A.3.9 基于属性的定位

许多应用程序都要求能够快速检测到拥有特定属性值的条目是否存在；如果检测到有这样的条目存在，则要求快速查找并返回这些条目。在一个包含单个 DSA 的目录中，这种能力是直接的。然而，在一个分布式的目录中，基于属性的搜索可以会有问题，主要问题在于对搜索执行时间的上限很难控制。

对上述需求的一个相对简单的解决方法可以应用在 DSA 集已知且被合作管理的环境下。为了支持对某个特定属性的快速搜索，一个单独的 DSA（或者特定的 DSA 集合）能够被配置为拥有一个过滤后的包含这些关注的属性在内的复制域。这样搜索操作可被限定在一个单独的 DSA 上，该 DSA 将快速提供“有”或“没有”的答案，如果条目存在，还将提供该条目的主 DSA 的相关知识。复制在 ISO/IEC 16264.9—2005中详细讨论。

A.4 一般应用

A.4.1 综述

有许多一般的应用可被假设为是目录隐含支持的，这些应用不是专门应用于某一个特定的电信服务的。这里描述了两个这样的应用：个人间通信目录和系统间通信目录（OSI）。

注：在 A.3.8 中描述的作为一种访问方式的鉴别，也可以被认为是一种通用的目录应用。

A.4.2 个人间通信

本应用的目的是为个人或其代理提供如何与其他人员或分组内人员进行通信的信息。

本应用包含下述客体类:个人、组织角色和分组。其他类(如国家、组织、组织单元等)也可被包含,但可不是直接包含。

除了那些用在命名中的属性类型外,这里涉及的属性类型主要是地址类属性。典型地,某个特定个人的条目中将拥有与每种通信方式相适应的地址,通过这些地址可访问到该人员,其中至少应包括电话、电子邮件、电报、ISDN、物理投递(如邮政系统)、传真等的号码(地址)。在某些情况下,如电子邮件地址,条目中还应当具有一些附加的信息,如用户设备可以处理的信息类型等。如果支持鉴别,则需要用户口令和/或证书。

用于各种客体类的命名方案应当是用户友好的,适当时候还可建立别名以提供一个替代名称,在名字改变后别名不变以保持连贯性等。

本应用中可出现下述访问模式:查找、用户友好命名、浏览、黄页和分组。为了使级别多样化,也可以使用鉴别。

A.4.3 系统间通信(用于 OSI)

根据 OSI 参考模型,在 OSI 中要求有两个目录功能,一个在应用层,将应用实体名映射到表示层地址;另一个在网络层,将 NSAP 地址映射到 SNPA 地址(SNPA:子网附着点)。

注:本条后续部分,仅描述应用层功能。

如果完成映射所需的信息通过其他方法不方便获得,该功能通过咨询目录完成。

用户是应用实体、所关注的客体类或子类。

除了那些用于命名的属性类型外,这里涉及的属性类型主要是表示层地址。其他对本目录功能本身来说不是必需的属性类型,能够支持验证或查找应用实体类型,或者所支持的应用上下文列表、抽象语法列表等。鉴别相关的属性类型也可以是相关的。